电力建设工程
施工安全检查指南

田福兴　等　编著

中国水利水电出版社
www.waterpub.com.cn
·北京·

内 容 提 要

　　本书对电力建设工程施工现场安全检查和综合基础资料检查重点环节进行了梳理，旨在帮助和指导安全、技术管理人员，在对安全管理基础资料检查，在进行文明施工、基坑工程、模板工程、脚手架搭设、高处作业、有限空间、起重施工、焊接作业、土石方、地基与基础处理、爆破作业、输变电工程、海上风电、消防、施工用电、施工机械等各专业板块现场安全检查时，掌握检查重点内容及检查方法。对检查内容相应地列举了有关主要标准规范的条款要求，并给出了在检查基础综合资料时的基本指导。同时，对近些年因安全检查不到位、发现问题及整改不力而造成的各类典型事故案例进行了剖析；并对施工管理过程中易出错、混淆的有关安全技术及管理问题进行了解读。

　　本书可供从事电力建设工程施工的各相关专业安全、技术管理人员检查施工现场安全和综合基础资料时参考使用，也可作为施工人员及学员的安全教育、专业技能培训教材，还可供工程项目建设方、监理及安全专家组专家检查安全管理工作时参考。

图书在版编目（ＣＩＰ）数据

电力建设工程施工安全检查指南 ／ 田福兴等编著
. －－ 北京：中国水利水电出版社，2022.7
ISBN 978-7-5226-0935-5

Ⅰ．①电… Ⅱ．①田… Ⅲ．①电力工程－工程施工－安全检查－指南 Ⅳ．①TM08-62

中国版本图书馆CIP数据核字(2022)第153206号

书　　名	电力建设工程施工安全检查指南 DIANLI JIANSHE GONGCHENG SHIGONG ANQUAN JIANCHA ZHINAN
作　　者	田福兴　等 编著
出版发行	中国水利水电出版社 （北京市海淀区玉渊潭南路1号D座　100038） 网址：www.waterpub.com.cn E-mail：sales@mwr.gov.cn 电话：（010）68545888（营销中心）
经　　售	北京科水图书销售有限公司 电话：（010）68545874、63202643 全国各地新华书店和相关出版物销售网点
排　　版	中国水利水电出版社微机排版中心
印　　刷	天津嘉恒印务有限公司
规　　格	184mm×260mm　16开本　38.75印张　943千字
版　　次	2022年7月第1版　2022年7月第1次印刷
印　　数	0001—2500册
定　　价	**198.00元**

《电力建设工程施工安全检查指南》编委会

前言

　　历经一年多的筹备、编著、审查，《电力建设工程施工安全检查指南》终于与大家见面了。作者多年来经常参加各种安全检查活动，经常遇到检查组专家对即使本人专业涉及的国家、行业标准规范条款也有不甚熟悉的情况。实践经验相对丰富的专家尚且如此，广大安全管理、技术人员对标准、规范的掌握就更是捉襟见肘，也就是说年轻的安全技术管理人员对于标准的学习和掌握比较欠缺，这是一个相当普遍的问题。另外，虽然电力工程施工企业安全生产标准化达标评级工作实施了多年，但在检查安全管理的基础资料时，也经常遇到企业不是十分清楚该留存、形成哪些资料，或形成的资料不完善、不规范。

　　有鉴于此，我们组织编著了此书。目的就是指导安全管理、技术人员在加强标准规范学习的同时，清楚安全管理的重点，明白这个容易出现隐患的重点内容是哪个标准的哪个条款规定的，在现场知道如何进行检查，也能够帮助检查人员进一步了解相近专业的安全检查是如何做的，做到必要时可以兼顾相近专业或对常规的安全管理一并检查。

　　本书第一篇主要阐述了电力建设工程施工安全管理现状及隐患排查治理的相关内容。第二篇是本书的核心，内容编排也较多，涉及文明施工、基坑工程、模板工程及支撑体系、脚手架搭设、高处作业、有限空间、焊接作业、土石方工程、地基与基础处理、砂石料生产、爆破作业、输变电工程、海上风电、起重施工、消防、施工机械、施工用电等各专业板块施工安全检查重点、要求及方法。需要特别说明的是，个别章节中的内容看似与本篇其他通用章节内容有重复，但因有其特殊性，所以仍然有重点地进行了重复描述，需要两者结合查阅。第三篇主要从安全管理的基础资料入手，明确企业项目部或总部应该形成、留存哪些基础资料及如何去做、做到什么程度是符合标准要求的等。第四篇则是一些典型事故案例的剖析，尤其是点明了这些事故的直接原因是违反了国家、行业哪些标准规范的哪些条款，可以看出，不管是哪类事故，都是违规违章造成的。至于间接原因，大都是管理不到位造成的，其根源不言自明，所以未再进行详细分析。第五篇还对一些大家认为比较模糊或易出事故的安全技术、管理问题进行了解析，这些对年轻技术人员、安全管理人员尤为重要。

明确了安全检查的重点内容，也就清楚了施工过程中管理的重点和风险防控重点。因此，本书不仅有助于安全检查，同时对于技术管理及操作层的技能、安全意识培训也具重要意义。

参加本书编著和审稿的主要单位有中国电建集团核电工程有限公司、湖北工程有限公司、海外投资有限公司、中国水电建设集团十五工程局有限公司、中国水利水电第八工程局有限公司、中国水电基础局有限公司、中国水利水电第十一工程局有限公司、中国水利水电第四工程局有限公司、山东电力建设第一工程有限公司、山东电力建设第三工程有限公司、山东电力建设工程有限公司、中电建生态环境集团有限公司，浙江浙盾检测技术研究有限公司、中国能源建设集团湖南火电建设有限公司、西北电力建设工程有限公司、中能建西北城市建设有限公司、安徽电力建设第二工程有限公司、浙江火电建设有限公司、广东力特工程机械有限公司、中能建建筑集团有限公司，国网山东省电力公司电力科学研究院、吉林省送变电工程有限公司、北京送变电有限公司、广东电网有限责任公司佛山供电局、山东富友科技有限公司，山东大学，山东建筑大学，山东电力工程咨询院有限公司，上海能源科技发展有限公司，大唐山东发电有限公司，华能山东发电有限公司等。内蒙古能源建设投资（集团）有限公司张三奇专家给出了很好的建议，浙江火电建设有限公司程建棠专家对书中所涉标准进行了系统的校核，在此一并表示感谢！

最后，还要感谢中国水利水电出版社王春学副总编辑的鼓励和支持，否则，就没有本书的问世。虽然作者力求完善，但限于作者的水平和能力，书中定有不妥之处，在此恳请读者批评指正！

作者

2022 年 7 月 18 日

目录

第三篇　管理资料检查

第四篇　事故案例剖析

第一篇

概　述

第一章

电力建设工程施工安全管理现状及存在问题

第一节　电力建设工程施工安全管理的形势

施工安全管理作为电力建设工程管理的一项主要管理工作，贯穿施工生产的全过程。随着我国安全生产领域法治建设的日趋完善，安全生产"人民至上、生命至上"的理念不断牢固，安全管理工作在电力建设工程施工中占据越来越重要的地位。安全管理涉及生产的各要素、各个环节，因而对其绩效的影响因素多、情况复杂，加之随着我国建筑市场的结构变化、施工企业用工机制的变化，安全管理的形势也变得更加复杂，影响电力建设工程施工安全管理的因素不断增加，形势也更加严峻。

一、安全管理的法治化建设日趋完善

自我国 2002 年颁布《中华人民共和国安全生产法》以来，我国在安全生产法治建设方面不断出台法律、行政法规、安全规范标准，安全法规体系日趋完善。同时，电力行业的安全管理规范标准也在不断完善。近几年陆续颁布实施了《电力工程建设项目安全生产标准化规范及达标评级标准》《电力勘测设计企业安全生产标准化规范及达标评级标准》《电力建设施工企业安全生产标准化规范及达标评级标准》《电力建设工程施工安全管理导则》《防止电力建设工程施工安全事故三十项重点要求》等行业标准规范。同时，电力施工企业作为建筑企业，住房与城乡建设领域的有关安全生产的部门规章、规范标准也适用电力建设工程施工，为电力建设工程施工依法管理提供了强有力的支撑。另外，随着我国对事故惩处力度的加大，电力施工企业安全不合规的成本也在同时增加。

二、竞争激烈的电力市场环境增加了安全风险

当前电力市场项目比较萎缩，特别是随着各发电企业在招标设计部分放宽参与投标资质范围，电力施工企业与非电力施工企业同台竞技，电力施工企业为了取得项目，在市场中获得一席之地，投标报价会较以往降低。加之一些民营企业投资项目，在安全生产费用上的投入相对较少，项目投标报价的降低，使得施工企业在项目实施过程中安全生产投入减少，现场安全设施的规范化、标准化程度有所降低。

三、工程建设速度快、工期紧带来的风险骤升

一方面，目前火电工程建设总体建设期短、工期紧，电力施工企业要按期完美履约，

满足业主需要，在生产组织中势必会超常规组织施工，造成交叉作业、夜间施工作业、特殊天气下的连续作业等作业增多，作业安全风险上升。另一方面，工期紧缩也造成资源组织规模增大，施工人员增加，施工机具设备增加，特别是大型起重机械增多，转场快，安拆频繁，施工机械安全管理的压力增加。

四、队伍结构变化及人员变化造成安全管理的复杂化

随着电力施工企业承建项目规模的扩张，项目管理人员需求的增多，新上岗人员数量的增大，从业人员对本岗位专业知识、标准规范掌握不足的问题比较突出，存在管理能力与岗位安全需要不匹配的问题。电力建设工程施工一线作业人员主要来自于分包单位，分包单位及其作业人员素质良莠不齐，加之现场作业人员流动性大，变动快，即便百分之百接受了入场三级安全教育，由于从事电力建设时间短，有些甚至刚从农业生产转入电力施工，个人安全生产的意识和操作技能距离管理要求存在很大差距。根据国家能源局近三年事故分析报告的统计数据，2018—2020 年，电力建设人身伤亡事故共 40 起，死亡 50 人，基本上都发生在分包单位。

第二节　电力建设工程施工安全管理的特点

一、系统性

电力建设工程施工安全管理贯穿于工程管理的各个系统，人力资源、工程技术、生产组织、物资材料、工程经营分包、党建工作等各项管理都会给安全生产管理带来影响。因此，做好安全管理工作，需要管理的各个子系统都能正常运转，才能保证整个工程的施工安全处于受控状态。安全管理是工程项目管理的晴雨表，安全绩效突出，也侧面反映出项目的各项子系统管理处于正常、有序的状态。

二、全过程性

从施工企业接到中标通知书，开始组建项目部，进行前期策划、临建建设，工程施工安全管理就开始了，直至项目的竣工移交，工程安全管理的周期才结束。而且在不同的阶段，安全管理的重点也有所不同。临建及工程基础施工阶段、项目收尾阶段相对于施工高峰期，作业人员少、机械使用少，施工工艺及方法简单，往往会使管理人员在思想上降低对施工安全的重视程度，而从以往事故发生的阶段统计来看，这些阶段也经常发生事故。因此，电力建设工程安全管理的全过程性必须引起高度重视。

三、风险的多样性和复杂性

电力建设工程建设从地基基础施工到竣工验收，包含了土建、安装、调试、试运等阶段，具有显著的多专业、多工种特点，且分部分项工程多，包括了深基坑工程、脚手架工程、临时用电工程、起重机械及吊装作业、焊接作业、有限空间作业等，加之人员、机械、材料、施工方法及工艺等的影响，决定了电力建设安全生产风险的多样性和复杂性。

四、动态性

工程安全管理的动态性最根本的因素是人员的动态性。机械的高频率转运场，作业部位、作业工序的变化等都决定了安全管理的动态性，因此，在电力建设工程施工安全管理中，加强动态管理尤为重要。

第三节　电力建设工程施工易发事故及预防策略与建议

一、易发事故

（1）高处坠落。主要集中在高处、临边、孔洞边作业、移位、行走等，因安全防护设施不完善、个人行为不规范等易造成此类事故。

（2）物体打击。主要集中在高处、临边及上下交叉作业等，因放置物件不稳等易造成此类事故。

（3）坍塌。主要集中在深基坑开挖、大型网架施工、模板支撑脚手架等，因未按方案施工导致位移等易造成此类事故。

（4）机械伤害。主要集中在操作钢筋机械、木工机械等，因操作不规范或机械本身防护缺陷易造成此类事故。

（5）触电。主要集中在现场用电设备等，因存在缺陷、非电气作业人员违规操作等易造成此类事故。

（6）起重伤害。主要集中在起重机械运行及吊装作业等，因机械设备及吊索具本身存在的隐患、人员不规范操作等易导致此类事故。

二、预防策略及建议

（1）源头入手，选择优质的分包商，强化过程管控。施工分包商的施工经验、管理水平、人员能力、施工信誉等因素直接影响项目安全管理的结果。实践证明，一个优质的分包商对项目完善履约、项目安全质量目标的实现起着至关重要的作用。如果选择的施工队伍自我安全管理水平低、自我安全意识弱，施工过程安全风险会上移至项目部，造成项目部安全管理难度和压力增大。鉴于项目部在现场对施工人员的管理属于间接性的，现场也会出现作业人员不服从管理的现象。因此，选择优质的分包商，是项目安全管理的关键。在分包商的管理中，要在入场前通过项目安全协议的签订和交底、安全教育培训、召开会议等手段使分包单位明确项目安全管理的各项规定和要求，树立遵章守纪意识。同时要将分包方纳入项目安全管理体系，同标准、同要求、同培训、同检查、同考核，建立良好的沟通与联系，最终使得各项安全管理要求得以落实。

（2）强化安全组织体系建设，健全安全生产责任体系。项目部要根据项目规模设置项目管理机构，配备满足安全生产需要的专业管理人员。特别是技术、质量、机械、消防、物资、安全等影响安全绩效的关键岗位人员，确保事事有人管。要建立项目全员安全生产责任制，进行安全责任制的告知，并进行定期的安全生产责任考核，将考核结果与绩效考核挂钩，才能真正起到促进安全生产责任落实的效果。目前有些工程项目是按要求建立了安全责任体系，也定期进行了考核，但仅仅是安监部门进行了考核，考核结束也就结束了，并没有真正纳入项目的绩效考核体系，增加了工作量却没有实效。因此，在安全生产责任考核工作中，项目负责人应亲自负责组织，并由人资部门最后将结果纳入项目的绩效考核体系。

（3）建立健全安全生产管理制度。项目安全生产管理制度是项目开展各项安全生产管理工作的依据。项目部在成立初期，要根据所属企业的管理要求、项目建设方对本项目安全管理的规定，组织制订本项目的安全生产管理制度，经项目主要负责人审批后实施。要组织项目管理人员、分包商管理人员对安全管理制度进行宣贯学习，并严格按照制度执行。

（4）强化安全技术管理。技术是安全管理的保障，项目要建立健全安全技术保证体系，明确岗位职责，制订安全技术管理相关规定，规范施工方案的编、审、批管理，强化安全技术措施的执行落实。

（5）强化员工的安全教育培训。人是安全管理的精髓，人的意识决定行为，安全管理要以人为本，分层开展有针对性的安全教育培训工作。管理人员重点加强相关安全生产法规、标准规范的学习，作业人员重点做好岗位安全操作规程、典型事故案例等的学习，同时要加强作业人员安全操作技能的培训，特别是特种作业岗位人员，除取得政府职能部门颁发的相关资格证书外，工程项目应根据项目进展情况，组织包括脚手架、焊接作业、起重作业、电气作业等专项培训工作。安全教育要长期化，要通过组织入场安全教育、每年年初定期安全教育等定期安全教育形式，加上过程检查纠偏、班前安全交底等动态安全教育形式，将安全理念深入每一位员工的内心，从而形成一种"要我安全"到"我要安全"的自觉性。

（6）建立健全安全风险分级管控与事故隐患排查治理双重预防机制。按照分部分项工程全面识别人的行为、机械设备、作业方法及工艺、作业环境中的危险源，评价风险大小，确定不可容许风险，并从组织、制度、技术、教育培训等方面入手，明确并落实控制措施。同时要对危险源进行动态管理，强化分部分项作业危险源的辨识与作业前的交底工作，使作业人员"知危、知措、知应急"。电力建设工程施工推行安全生产风险分级预控管理，实行企业、项目部、施工队三级预控机制，明确各级预控的风险作业范围，并落实过程预控措施及监护责任，确保风险全面全过程管控到位。

健全项目事故隐患排查治理体系，发挥专业管理与综合监督管理的双重责任，建立事故隐患排查清单，可保证监督检查"动态化、全覆盖、无死角"，切实通过事故隐患排查，查找安全生产管理的短板、弱项。通过对事故隐患的定期统计分析，及时发现管理和体系运行存在的系统性障碍、缺陷，强化事故隐患的管理源头治理。

第二章

事故隐患排查治理概述

安全管理重在预防，重点通过安全组织体系建设、安全制度体系建设、安全风险防控体系建设、教育培训、安全检查及事故隐患排查等措施的有效实施，消除可能导致事故发生的各类隐患。事故隐患排查治理作为预防事故的一项重要机制，在 2021 年新修订的《中华人民共和国安全生产法》也做了进一步明确。第二十一条生产经营单位主要负责人的安全职责中增加了"组织建立并落实安全风险分级管控和事故隐患排查治理双重预防工作机制，督促、检查本单位的安全生产工作，及时消除生产安全事故隐患"；第四十一条规定："生产经营单位应当建立健全并落实生产安全事故隐患排查治理制度，采取技术、管理措施，及时发现并消除事故隐患。事故隐患排查治理情况应当如实记录，并通过职工大会或者职工代表大会、信息公示栏等方式向从业人员通报。其中，重大事故隐患排查治理情况应当及时向负有安全生产监督管理职责的部门和职工大会或者职工代表大会报告。"对事故隐患的排查治理从法律的层面进行了确定，如果事故隐患排查治理机制不建立就是一种违法行为。

第一节　事故隐患分级及管理要求

一、事故隐患的概念

事故隐患是指生产经营单位违反安全生产法律、法规、规章、标准、规程和安全生产管理制度的规定，或者因其他因素在生产经营活动中存在可能导致事故发生的物的危险状态、人的不安全行为和管理上的缺陷。

二、事故隐患的分级及分类

（1）事故隐患分为一般事故隐患和重大事故隐患。

1）一般事故隐患是指危害和整改难度较小，发现后能够立即整改排除的隐患。

2）重大事故隐患是指危害和整改难度较大，应当全部或者局部停产停业，并经过一定时间整改治理方能排除的隐患，或者因外部因素影响致使生产经营单位自身难以排除的隐患。

（2）事故隐患主要分基础管理类隐患和现场管理类隐患两类。

1）基础管理类隐患主要指安全生产管理机构及人员、安全生产责任制、安全生产管理制度、安全操作规程、安全技术方案、教育培训、安全生产管理档案、安全生产投入、应急救援、特种设备基础管理、职业健康基础管理、承（分）包单位资质证照与管理等方面存在的缺陷。

2）现场管理类隐患主要指特种设备现场管理、生产设备设施、场所环境、防护设施、从业人员作业行为、消防安全、用电安全、职业健康现场安全、有（受）限空间现场安全、辅助动力系统等方面存在的缺陷。

三、管理要求

（1）明确事故隐患排查责任。主要负责人对本单位事故隐患排查治理工作全面负责，并要逐级建立并落实从主要负责人到每个从业人员的事故隐患排查治理和监控责任。

（2）确保事故隐患排查资金到位。应当保证事故隐患排查治理所需的资金，建立资金使用专项制度。一般在项目安全生产费用计划中体现。

（3）定期组织开展事故隐患排查治理工作。定期组织安全生产管理人员、工程技术人员和其他相关人员排查本单位的事故隐患。对排查出的事故隐患，应当按照事故隐患的等级进行登记，建立事故隐患信息档案。

（4）建立事故隐患排查的报告制度。应当每季、每年对本单位事故隐患排查治理情况进行统计分析，并分别向安全监管监察部门和有关部门报送经项目负责人签字的书面统计分析表。对于重大事故隐患，生产经营单位除依照前款规定报送外，应当及时向安全监管监察部门和有关部门报告，报告内容包括重大事故隐患的现状及其产生原因、隐患的危害程度和整改难易程度分析、隐患的治理方案等。

（5）及时进行事故隐患的整改治理。事故隐患排查一方面是要及时发现问题，更重要的是对发现的隐患及时进行整改闭环管理。对发现的一般事故隐患，一般以"事故隐患通知单（书）"的形式下发责任单位，由责任单位按照整改措施、责任、资金、时限和预案的"五到位"原则组织整改，并在规定期限内将整改情况进行反馈，经复查验证后关闭。对于重大事故隐患，一般情况下要停工停产，无法停工停产的，要在采取保证安全措施的同时，制订包括治理的目标和任务、采取的方法和措施、经费和物资的落实、负责治理的机构和人员、治理的时限和要求、安全措施和应急预案的治理方案，进行全面治理，消除事故隐患。重大事故隐患治理后并经过评估，符合安全生产条件的，生产经营单位应当向安全监管监察部门和有关部门提出恢复生产的书面申请，经安全监管监察部门和有关部门审查同意后，方可恢复生产经营。

第二节 事故隐患排查的形式与方法

一、排查形式

（1）综合事故隐患排查。综合事故隐患排查是指对整个工程所有作业区域内的人员、机械材料、设备设施、作业环境等进行全面的事故隐患排查工作，通常定期安全检查均采取综合事故隐患排查形式，由项目负责人或生产负责人组织，安全监督、工程技术等部门人员参与检查。综合事故隐患排查是对整个项目近期安全管理情况的一次综合检查，查找项目安全管理的薄弱环节，采取改进措施。

（2）专项事故隐患排查。专项事故隐患排查是指就某类作业、某一分部分项工程、某一管理进行的专项检查，旨在全面排查此专项工作中存在的各类事故隐患，进行专项整治。专项事故隐患排查包括脚手架工程、临时用电、起重机械、分包安全管理等，此类检查通常由专业职能部门负责，安全监督部门参与检查。

（3）季节性事故隐患排查。季节性事故隐患排查通常是指在春季、夏季、秋冬季，结合季节特点开展的有针对性的事故隐患排查治理工作，一般也是综合性的事故隐患排查。

（4）节假日事故隐患排查。节假日事故隐患排查是指在各种节假日前后组织的事故隐患排查治理工作，主要是考虑到节假日人的思想容易受到影响，人的不安全因素增加，通过事故隐患排查，一方面提醒作业人员，另一方面通过排查消除导致事故发生的物的不安全因素，避免事故的发生。

（5）日常事故隐患排查。日常事故隐患排查是指安全监督人员、现场专业管理人员在日常管理中对现场的隐患进行排查，日常排查通常以施工现场事故隐患排查为主。

二、排查方法

（1）现场检查法。包括目测与实测两种方法。

1）目测主要是对现场人的行为表现、各类装置、设施的设置情况，如孔洞、临边防护栏杆的设置、施工机械安全保护装置的设置、用电设备的接地（接零）、脚手架的剪刀撑、连墙件的设置等进行现场的目测检查，从而发现人的不安全行为和物的不安全状态。

2）实测主要是利用安全检查测试工具，如利用电阻测试仪测定用电设备、施工机械、脚手架等工作接地电阻、防雷接地冲击电阻值，利用游标卡尺测定钢管的外径及壁厚，利用卷尺检查脚手架杆件的间距等，进行现场的实测实量，通过检测出的数量来判定是否符合规范要求。

（2）记录检查法。对安全管理过程形成的记录进行核查，如作业人员安全教育记录、特种作业人员资格证书、各项作业的施工方案及安全技术交底、机械入场验收及检验记录、脚手架的验收记录、临时用电投入使用前的验收、基坑检测记录等，通过管理记录的完善性、有效性来排查是否符合相关安全生产法规、标准的要求。

（3）询问法。事故隐患排查治理过程中，对相关管理人员从本岗位安全责任及落实情况、本专业管理制度的设置及执行情况，对现场作业人员从所操作和使用工具的安全操作规程掌握情况、个人安全教育及安全技术交底情况、相关安全资格证的持有情况等方面进行询问，从而判断管理是否符合相关法规、规定的要求。

在事故隐患排查过程中，往往是三种方法一并使用，使事故隐患排查更加全面和深入。

第三章

电力建设工程事故隐患排查治理

第一节 电力建设工程事故隐患排查治理的有关规定

一、《电力建设工程施工安全监督管理办法》（国家发展与改革委员会令 第28号）

第二十六条规定："施工单位应当定期组织施工现场安全检查和事故隐患排查治理，严格落实施工现场安全措施，杜绝违章指挥、违章作业、违反劳动纪律行为发生。"

二、《电力工程建设项目安全生产标准化规范及达标评级标准（试行）》（电监安全〔2012〕39号）

（1）事故隐患排查。应建立事故隐患排查治理的管理制度，明确责任部门、人员、范围、方法等内容；在安全职责中，逐级明确全体人员的事故隐患排查治理责任；各参建单位应定期组织安全生产管理人员、工程技术人员和其他相关人员排查本单位的事故隐患。并对排查出的事故隐患进行分析评估，确定隐患等级，登记建档，及时采取有效的治理措施，形成"查找──→分析──→评估──→报告──→治理（控制）──→验收"的闭环管理流程；法律法规、标准规范发生变更或更新，以及施工条件或工艺改变，对事故、事件或其他信息有新的认识，组织机构和人员发生大的调整的，应及时组织事故隐患排查；事故隐患排查前应制订实施方案，明确排查的目的、范围、时间、人员，结合安全检查、安全性评价，组织事故隐患排查工作。

（2）排查范围及方法。各单位开展事故隐患排查工作的范围，应包括所有与工程建设相关的场所、环境、人员、设备设施和活动；各单位应根据安全生产的需要和特点，采用综合检查、专项检查、季节性检查、节假日检查、日常检查等方式进行事故隐患排查。

（3）隐患治理。对于危害和整改难度较小，发现后能够立即整改排除的一般事故隐患，应立即组织整改排除；对于重大事故隐患，应制订隐患治理方案，隐患治理方案应包括目标和任务、方法和措施、经费和物资、机构和人员、时限和要求；对于重大事故隐患，在治理前应采取临时控制措施并制订应急预案。隐患治理措施包括工程技术措施、管理措施、教育措施、防护措施和应急措施；各单位应保证事故隐患排查治理所需的各类资源；隐患治理完成后，应对治理情况进行验证和效果评估。

三、《电力建设工程施工安全管理导则》（NB/T 10096—2018）

此导则对事故隐患排查治理闭环管理、重大事故隐患治理的规定遵循了电力建设项目安全标准化规范标准的要求。此导则对一般隐患的整改进行了补充：对危险和难度较小，发现后能立即整改排除的，应立即组织整改，对属于一般隐患但不能立即整改到位的应下达"隐患整改通知书"，制订隐患整改措施，限期落实整改。

第二节　电力建设工程施工事故隐患排查治理工作中存在的问题

一、事故隐患排查治理的责任不清晰

部分企业及项目部未建立覆盖所有岗位、全部生产和管理过程的事故隐患排查治理工作机制，主要负责人、专业管理部门和安全监督部门的事故隐患排查职责不清晰、责任不明确。

二、事故隐患排查的标准不完善

未根据本企业生产经营实际及承建工程的特点，建立健全各专业及综合监管的事故隐患排查标准。一般事故隐患与重大事故隐患的界定不明确，企业未根据实际建立重大事故隐患的判定标准。

三、事故隐患排查责任不落实

企业负责人未严格履行法定的生产安全事故隐患排查治理职责，未组织事故隐患排查或事故隐患排查的频次不满足制度要求。专业管理事故隐患排查治理责任不落实，企业本部或项目层面未组织专业事故隐患排查或事故隐患排查的频次不满足要求。部分企业或及项目部存在以综合监管事故隐患排查代替专业管理事故隐患排查现象。综合监管事故隐患排查不深入，项目层面在组织定期事故隐患排查过程中，侧重现场设施隐患的排查，对基础管理事故隐患排查在思想上存在畏难情绪，放松或放弃对基础管理隐患的排查责任。

四、事故隐患整改责任不清晰

大多以安全监督部门的名义对事故隐患整改提出要求，专业管理的隐患治理管理责任虚化、弱化。

五、事故隐患整改不彻底

受外部环境和内部管理各方面因素制约，基础管理隐患的治理不深入、不彻底，现场设施隐患和作业行为违章屡屡整改、重复发生。

六、事故隐患排查的统计分析不够

对工程项目事故隐患排查的结果未进行或未认真进行统计、分析，不能深挖造成现场问题隐患的本源性、系统性原因，往往导致同一类事故隐患不能得到彻底整改。

第三节　电力建设工程施工事故隐患排查治理的对策与建议

一、健全企业和项目层面事故隐患排查工作机制、明晰专业管理与综合监管的事故隐患排查责任边界

企业及项目部应根据管理职责界定，明确公司本部、项目部各专业管理部门的事故隐患排查治理范围及责任，明确安全监督管理部门对事故隐患排查治理的综合监管责任。明确日常巡查和定期检查的频次及治理要求。

二、完善企业、项目层面事故隐患排查的标准

企业及项目部应根据企业生产经营实际和项目特点，分专业编制事故隐患排查的标准或细则，明确基础管理隐患、现场设施隐患的范围和特征。

三、提升专业人员事故隐患排查治理的工作能力

承担事故隐患排查治理综合监管的安全人员、相关专业的业务人员要加强对相关标准规范的学习和掌握，熟悉事故隐患排查标准，才能更有效地开展事故隐患排查治理工作。

四、强化项目部对基础管理隐患的排查治理力度

基础管理隐患是造成现场设施隐患及作业行为违章的主要管理根源。强化对基础管理隐患的治理，有利于降低现场设施隐患和作业行为违章的发生频率。项目部作为项目履约执行机构，应坚持基础管理隐患与现场事故隐患排查、作业行为违章治理并重，以管理规范、措施落实提升现场设施的标准化和可靠性，促进施工人员作业行为规范。

五、健全完善事故隐患排查治理的信息共享机制

企业及项目部应通过信息化办公系统、会议等形式建立事故隐患排查治理信息的共享工作机制，确保专业管理之间，专业管理与综合监管之间的信息通畅。发挥安全监督部门对事故隐患排查治理的综合监管与协调职能，防止因信息沟通不畅造成的事故隐患未及时整改关闭，引发或诱发生产安全事故。

六、健全完善事故隐患的定期分析机制

企业及项目部应定期对事故隐患排查治理情况组织分析，进行定性或定量评价。结合生产经营实际或施工生产状态对事故隐患的发生频率，结合现场施工人员、产值完成、后续施工作业安全风险等管理因素等进行趋势性分析，从制度、措施的适宜性和责任落实两个方面查找问题发生的根源，强化事故隐患排查治理的结果运用，研究改进和加强事故隐患治理、现场风险预控的有效刚性措施。

七、严肃事故隐患的管理责任倒查和责任追究

企业及项目部应强化事故隐患的激励约束，树立"教育千遍不如问责一遍"的观念，对事故隐患组织责任倒查，对直接责任人和其他管理、监督责任人员进行责任追究，强化问责约束，促进事故隐患排查治理责任落实，防范生产安全事故。

第二篇

作业安全检查

第一章

文明施工与主要设施布置

　　项目文明施工是指保持施工场地整洁、卫生，施工组织科学，施工程序合理的一种施工活动。实现文明施工，不仅要着重做好现场的场容管理工作，而且还要相应做好现场材料、设备、安全、技术、保卫、消防和生活、卫生等方面的管理工作。施工现场的临时设施，包括生产、办公、生活用房，仓库、料场、临时上下水管道，以及照明、动力线路，要严格按施工组织设计确定的施工平面图布置、搭设或埋设整齐。

　　文明施工是现场管理工作的一个重要组成部分，是安全生产的基本保证，是项目综合管理水平的体现。项目文明施工可保证工程质量，同时也可提升项目的经济效益。做好文明施工，可以确保安全施工，减少安全事故隐患。

第一节　施工现场总体规划布置

　　施工现场总体规划布置安全检查重点、要求及方法见表 2-1-1。

表 2-1-1　　　施工现场总体规划布置安全检查重点、要求及方法

序号	检查重点	标　准　要　求	检查方法
1	现场施工总体规划布置要求	电力行业标准《水电水利工程施工通用安全技术规程》（DL/T 5370—2017） **4.1.1**　施工区域宜实行封闭管理。主要进出口处应设有施工警示标志和危险告知，与施工无关的人员、设备不应进入封闭作业区。在危险作业场所应设报警装置、设施及应急疏散通道。 **4.1.5**　施工设施的设置应符合防汛、防火、防砸、防风、防雷及职业健康等要求	现场检查施工区域封闭情况、危险作业场所应急设施情况。查看并测量现场施工设施的防汛、防火、防砸、防风、防雷及职业健康等要求
2	现场分区布置要求	**1. 电力行业标准《水电水利工程施工通用安全技术规程》（DL/T 5370—2017）** **4.2.1**　生产、生活、办公区和危险化学品仓库的布置，应遵守下列规定： 1　与工程施工顺序和施工方法相适应。 2　选址应进行地质灾害隐患排查，应地质稳定，不受洪水、滑坡、泥石流、塌方及危石等自然灾害威胁。 3　交通道路畅通，区域道路宜避免与施工主干线交叉。 4　生产车间、生活及办公房、仓库的间距应符合防火安全要求。 5　与危险化学品仓库的安全距离符合标准规定。 6　与高压线、燃气管道及输油管道的安全距离符合标准规定	现场检查生产、生活、办公区和危险化学品仓库的选址；测量防火等安全距离等

序号	检查重点	标　准　要　求	检查方法
2	现场分区布置要求	**2. 建筑行业标准《建筑施工安全检查标准》(JGJ 59—2011)** 3.2.3　文明施工保证项目的检查评定应符合下列规定： 　5　现场办公和宿舍 　1）施工作业、材料存放区与办公、生活区应划分并应采取相应的隔离措施。 **3. 国务院令第 393 号《建设工程安全生产管理条例》** 　第二十九条　施工单位应当将施工现场的办公、生活区与作业区分开设置，并保持安全距离；办公、生活区的选址应当符合安全性要求。	

第二节　主要设备设施布置及安全距离

主要设备设施布置及安全距离检查重点、要求及方法见表 2-1-2。

表 2-1-2　　　　　　主要设备设施布置及安全距离检查重点、要求及方法

序号	检查重点	标　准　要　求	检查方法
1	临时道路	**电力行业标准《电力建设安全工作规程 第1部分：火力发电》(DL 5009.1—2014)** 4.3.4　道路应符合下列规定： 　1　施工现场的道路应畅通，路面应平整、坚实、清洁。 　2　临时道路及通道宜采取硬化路面，并尽量避免与铁路交叉。主干道两侧应设置限速等符合国家标准的交通标志。 　3　混凝土搅拌站、砂石堆放场、材料加工场等区域地面应在场地使用前进行硬化处理。 　4　主厂房周围的道路在施工准备阶段应筑成环形并与附属建（构）筑物的道路连通。双车道的宽度不得小于6m，单车道的宽度不得小于3.5m；在道路上方施工的栈桥或架空管线，其通行空间的高度不得小于5m。 　5　现场道路两侧应设置畅通的排水沟渠系统。各种器材、废料、堆土等应堆放在排水沟外侧 500mm 以外。 　6　运输道路应尽量减少弯道和交叉。载重汽车的弯道半径一般不得小于15m，并应有良好的瞭望条件。有行车盲区的转弯处应设广角镜。 　7　现场道路跨越沟槽时应搭设两侧带有安全护栏的便桥。人行便桥的宽度不得小于1m；手推车便桥的宽度不得小于1.5m；机动车便桥应有设计，其宽度不得小于3.5m。 　8　现场道路不得任意开挖或切断，因工程需要必须开挖或切断道路时，应经主管部门批准，开挖期间应有保证安全通行的措施。 　9　现场的机动车辆应限速行驶。危险地区应设"危险""禁止通行"等安全标志，夜间应设红灯示警。场地狭小、运输繁忙的地点应设临时交通指挥人员	现场检查测量道路平整、硬化、清洁、宽度、距离、标志、断路措施
2	防护栏杆	**电力行业标准《电力建设安全工作规程 第1部分：火力发电》(DL 5009.1—2014)** **4.2.22　防护栏杆** 　1　防护栏杆材质一般选用外径为48mm，壁厚不小于2mm的钢管。当选用其他材质材料时，防护栏杆应进行承载力试验。	检查验证栏杆的各项尺寸、承载力大小

序号	检查重点	标 准 要 求	检查方法
2	防护栏杆	2 防护栏杆应由上、下两道横杆及立杆柱组成，上杆离基准面高度为1.2m，中间栏杆与上、下构件的间距不大于500mm。立杆间距不得大于2m。坡度大于1∶22的屋面，防护栏杆应设三道横杆，上杆离基准面不得低于1.5m，中间横杆离基准面高度为1m，并加挂安全立网。 3 防护栏杆应能经受1000N水平集中力。当栏杆所处位置有发生人群拥挤、车辆冲击或物件碰撞等可能时，应加大横杆截面或减小立杆间距。 4 安全通道的防护栏杆宜采用安全立网封闭	
3	仓库的布设要求	**1. 国家标准《建设工程施工现场消防安全技术规范》（GB 50720—2011）** **3.2.1** 易燃易爆危险品库房与在建工程的防火间距不应小于15m，可燃材料堆场及其加工厂、固定动火作业场与在建工程的防火间距不应小于10m，其他临时用房、临时设施与在建工程的防火间距不应小于6m。 **2. 电力行业标准《电力建设安全工作规程 第1部分：火力发电》（DL 5009.1—2014）** **4.13.3** 气焊气割应符合下列规定： 4 气瓶库 7）乙炔气瓶仓库不得设在高压线路的下方、人员集中的地方或交通道路附近 **4.14.3** 防火应符合下列规定： 1 库房应通风良好，配置足够的消防器材，设置"严禁烟火"警示牌，严禁住人。	现场测量距离，查看消防器材、警示牌
4	临时办公室、工具房的布设要求	**1. 国家标准《塔式起重机安全规程》（GB 5144—2006）** **10.3** 塔机的尾部与周围建筑物及其外围施工设施之间的安全距离不小于4m。 **2. 电力行业标准《电力建设安全工作规程 第1部分：火力发电》（DL 5009.1—2014）** **4.5.5** 接地及接零应符合下列规定： 8 施工现场，下列电气设备的外露可导电部分及设施均应接地： 13）铁制集装箱式办公室、休息室、工具房及储物间的金属外壳。 **4.14.1** 通用规定： 8 施工现场的办公场所、员工集体宿舍与作业区应分开设置，并保持安全距离。 **2. 建筑行业标准《建筑施工安全检查标准》（JGJ 59—2011）** **3.2.3** 文明施工保证项目的检查评定应符合下列规定： 5 现场办公和宿舍 1）施工作业、材料存放区与办公、生活区应划分并应采取相应的隔离措施。 **3. 建筑行业标准《建筑施工易发事故防治安全标准》（JGJ/T 429—2018）** **4.8.10** 临时建筑严禁设置在建筑起重机械安装、使用和拆除期间可能倒塌覆盖的范围内。 **4.《建筑工程安全生产管理条例》（国务院令第393号）** 第二十九条 施工单位应当将施工现场的办公、生活区与作业区分开设置，并保持安全距离；办公、生活区的选址应当符合安全性要求	现场查看接地，办公室设置、距离

序号	检查重点	标 准 要 求	检查方法
5	氢站	电力行业标准《电力建设安全工作规程 第1部分：火力发电》（DL 5009.1—2014） 7.1.1　工作场所应符合下列规定： 　7　试运前应划定易燃易爆等危险区域，设置警示标识，设专人值班管理 7.6.5　制氢与供氢应符合下列规定： 　1　氢气站、发电机氢系统和其他装有氢气的设备附近，应严禁烟火，严禁放置易爆易燃物品，并应设"严禁烟火"的警示牌。 　2　氢气站周围应设有不低于2m的实体围墙，进出大门应关闭，并悬挂"未经许可，不得进入""严禁烟火"等明显的警示标识牌和相应管理制度，入口处应装设静电释放器。 　3　进入氢气站的人员实行登记准入制度，不得携带无线通信设备、不得穿带铁钉的鞋，严禁携带火种。进入氢气站前应先消除静电。严禁无关人员进入制氢室和氢罐区。 　4　氢气站应装防雷装置，防雷装置接地电阻值不大于4Ω。 　5　氢气站应有二氧化碳灭火器、砂子、石棉布等消防器材。 　6　室外架空敷设的氢气管道，应设防雷接地装置。架空敷设氢气管道，每隔20m～25m处，应安装防雷接地线；法兰、阀门的连接处应有可靠的电气连接；对有振动、位移的设备和管道，其连接处应加挠性连接线过渡。	1.　查看附近是否存放易爆易燃物品、设置警示牌。 2.　查看管理制度、警示标识牌。 3.　查看登记表、消除静电的设施。 4.　查看接地电阻测试记录。 5.　查看消防器材配置情况。 6.　现场查看防雷接地装置、电气连接状况
6	氨站	电力行业标准《电力建设安全工作规程 第1部分：火力发电》（DL 5009.1—2014） 7.1.1　工作场所应符合下列规定： 　7　试运前应划定易燃易爆等危险区域，设置警示标识，设专人值班管理。 7.2.7　脱硝系统试运应符合下列规定： 　3　脱硝装置区、脱硝剂制备区应配置氨气探测器，并在高处明显部位安装风向指示装置。 　4　氨区卸氨时，应有专人就地检查，发现跑、冒、漏立即进行处理。严禁在雷雨天进行卸氨工作。 　7　氨系统首次充氨时： 　1）氨区电气设备、防爆设施、跨接线完整、可靠。 　4）氨系统氮气置换时，应告知施工区域内作业人员暂停作业。 7.6.2　化学药品使用与管理应符合下列规定： 　10　氨水、联氨管道系统应有"剧毒、危险、易燃易爆"警示标志	1.　检查卸氨检查记录。 2.　现场检查防爆设施、跨接线。 3.　检查是否设置警示标志。 4.　检查制定管理制度，查看现场执行情况。 5.　检查现场是否安装风向指示装置。 6.　检查停止作业的书面告知记录
7	烟囱	电力行业标准《电力建设安全工作规程 第1部分：火力发电》（DL 5009.1—2014） 5.7.1　烟囱工程应符合下列规定： 　1　筒身施工时应划定危险区并设置围栏，悬挂警示牌。当烟囱施工在100m以下时，其周围10m范围内为危险区；当烟囱施工到100m以上时，其周围30m范围内为危险区。危险区的进出口处应设专人管理。 　2　烟囱出入口应设置安全通道，搭设安全防护棚，其宽度不得小于4m，高度以3m～5m为宜。施工人员必须由通道内出入，严禁在通道外逗留或通过	1.　现场查看设置的围栏，并测量距离。 2.　现场查看安全通道

序号	检查重点	标　准　要　求	检查方法
8	冷却塔	电力行业标准《电力建设安全工作规程 第1部分：火力发电》（DL 5009.1—2014） **5.7.2** 冷却水塔工程应符合下列规定： 　1　水塔施工周围30m范围内为危险区，应设置围栏，悬挂警示标识，严禁无关人员和车辆进入；危险区的进出口处应设专人管理。 　2　水塔进出口应设置安全通道，搭设安全防护棚，其宽度不应小于6m，高度以3m～5m为宜。施工人员必须由通道内出入，严禁在通道外逗留或通过。	1. 查看是否设置围栏，悬挂警示标识。 　2. 现场检查安全通道，测量宽度、高度尺寸

第三节　生活临建的设置

生活临建设置安全检查重点、要求及方法见表2-1-3。

表2-1-3　　　　　生活临建设置安全检查重点、要求及方法

序号	检查重点	标　准　要　求	检查方法
1	宿舍	建筑行业标准《建筑施工现场环境与卫生标准》（JGJ 146—2013） **5.1.5** 宿舍内应保证必要的生活空间，室内净高不得小于2.5m，通道宽度不得小于0.9m，宿舍人员人均面积不得小于2.5m²，每间宿舍居住人员不得超过16人。 **5.1.6** 施工现场生活区宿舍、休息室必设施可开启式外窗，床铺不得超过2层，不得使用通铺。 **5.1.9** 宿舍照明电源宜选用安全电压，采用强电照明的宜使用限流器	米尺测量宿舍内高度、通道宽度，人均居住面积、设施配置
2	食堂	建筑行业标准《建筑施工现场环境与卫生标准》（JGJ 146—2013） **5.1.10** 食堂应设置在远离厕所、垃圾站、有毒有害场所等有污染源的地方。 **5.1.12** 食堂应设置独立的制作间、储藏室、门扇下放应设不低于0.2m的防鼠挡板。制作间灶台及周边应采取清洁、耐磨洗措施，墙面处理高度大于1.5m。 **5.2.2** 食堂应取得相关部门颁发的许可证，应悬挂在制作间醒目位置。炊事人员必须经体检合格并持证上岗	查看食堂周围是否有污染源；食堂的设施标准；人员证照
3	其他临时设施	1. 建筑行业标准《建筑施工现场环境与卫生标准》（JGJ 146—2013） **5.1.3** 办公区和生活区应设置封闭式垃圾容器。生活垃圾应分类存放，并应及时清运、消纳。 **5.1.18** 施工现场应设置水冲式或移动式厕所，厕所地面应硬化，门窗应齐全并通风良好。厕位宜设置门及隔板，高度不应小于0.9m。 **5.1.20** 沐浴间内应设置满足需要的淋浴喷头，并应设置储衣柜或挂衣架。	1. 现场查看垃圾容器、厕所、沐浴间设置使用、卫生情况。 　2. 现场检查活动板房的出厂合格证、芯材检验报告；测量防火距离等要求

序号	检查重点	标　准　要　求	检查方法
3	其他临时设施	**2. 电力行业标准《水电水利工程施工通用安全技术规程》（DL/T 5370—2017）** **4.2.7**　员工宿舍、办公用房、仓库采用活动板房时应符合以下规定： 　　1　采用非燃性材料的金属夹芯板，其芯材的燃烧性能等级应符合 A 级的强制性要求。 　　2　活动板房应有产品出厂合格证。 　　3　对于两层的活动用房，当每层的建筑面积大于 $200m^2$ 时，应至少设两个安全出口或疏散楼梯；当每层的建筑面积不大于 $200m^2$ 且第二层使用人数不超过 30 人时，可只设置一个安全出口或疏散楼梯。活动房栋与栋之间的防火距离不小于 3.5m。 　　4　活动房搭设不宜超过两层，其耐火等级达到四级要求，超过两层时，应按《建筑设计防火规范》GB 50016 执行	

第二章

基 坑 工 程

第一节 概述

一、术语或定义

（1）基坑：指为进行建（构）筑物基础、地下建（构）筑物施工所开挖形成的地面以下空间。

（2）临时性边坡：指安全使用年限不超过 2 年的边坡。

（3）支护：指为保证边坡、基坑及其周边环境的安全，采取的支挡、加固与防护措施。

（4）地下水控制：指为保证土方开挖及基坑周边环境安全而采取的排水、降水、截水或回灌等工程措施。

（5）基坑工程监测：指在建筑基坑施工及使用阶段，采用仪器量测、现场巡视等手段和方法对基坑及周边环境的安全状况、变化特征及其发展趋势实施的定期或连续巡查、量测、监视以及数据采集、分析、反馈活动。

二、主要检查要求综述

因建筑基坑工程所处地域环境、工程地质、基坑大小、基坑深度及作业方式等不同，基坑工程存在较大的安全风险，且根据《危险性较大的分部分项工程安全管理规定》（住房和城乡建设部令第 37 号）及《关于实施〈危险性较大的分部分项工程安全管理规定〉有关问题的通知》（建办质〔2018〕31 号）的有关要求，基坑工程开挖深度超过 3m（含 3m）的基坑（槽）及开挖深度虽未超过 3m，但地质条件、周围环境等较为复杂的属于危险性较大的分部分项工程，施工前需编制专项施工方案（开挖深度超过 5m 的基坑工程，需进行专家论证）。为此，基坑工程主要针对施工方案与交底、地下水控制（降排水）、基坑开挖、基坑支护、坡顶（肩）堆载及安全防护、基坑验收及基坑监测、应急预案等内容进行安全检查。

第二节 主要检查内容

基坑工程施工安全检查重点、要求及方法见表 2-2-1。

表 2-2-1　　　　　　　　基坑工程施工安全检查重点、要求及方法

序号	检查重点	标　准　要　求	检查方法
1	施工方案与交底	**1. 国家标准《土方与爆破工程施工及验收规范》（GB 50201—2012）** **3.0.3** 施工单位应结合工程实际情况，在土方与爆破工程施工前编制专项施工方案。 **5.1.2** 爆破工程应编制专项施工方案，方案应依据有关规定进行安全评估，并报经所在地公安部批准后，再进行爆破作业。 **2. 电力行业标准《电力建设施工技术规范 第1部分：土建结构工程》（DL 5190.1—2012）** **8.1.4** 地下结构基坑开挖及下部结构的施工方案，应根据施工区域的水文地质、工程地质、自然条件及工程的具体情况，通过分析核算与技术经济比较后确定，经批准后方可施工。 **8.1.7** 施工单位应当组织专家对以下专项方案进行论证： 　1 开挖深度超过 5m（含 5m）的基坑（槽）的土方开挖、支护、降水工程； 　2 开挖深度虽未超过 5m，但地质条件、周围环境和地下线复杂，或影响毗邻建（构）筑物安全的基坑（槽）的土方开挖、支护、降水工程。 **3. 建筑行业标准《建筑施工安全检查标准》（JGJ 59—2011）** **3.11.3** 基坑工程保证项目的检查评定应符合下列规定： 　1 施工方案 　1）基坑工程施工前应编制专项施工方案，开挖深度超过 3m 或虽未超过 3m 但地质条件和周边环境复杂的基坑土方开挖、支护、降水工程，应单独编制专项施工方案； 　2）专项施工方案应按规定进行审核、审批； 　3）开挖深度超过 5m 的基坑土方开挖、支护、降水工程或开挖深度虽未超过 5m 但地质条件、周围环境复杂的基坑土方开挖、支护、降水工程专项施工方案，应组织专家进行论证； 　4）当基坑周边环境或施工条件发生变化时，专项施工方案应重新进行审核、审批	查看技术资料、基坑支护方案、基坑开挖方案、专家论证资料、技术交底记录
2	地下水控制（降排水）	**1. 国家标准《土方与爆破工程施工及验收规范》（GB 50201—2012）** **4.1.4** 土方开挖前应制定地下水控制和排水方案。 **4.1.5** 临时排水和降水时，应防止损坏附近建（构）筑物的地基和基础，并应避免污染环境和损害农田、植被、道路。 **4.2.3** 临时截水沟和临时排水沟的设置，应防止破坏挖、回填的边坡，并应符合下列规定： 　1 临时截水沟至挖方边坡上缘的距离，应根据施工区域内的土质确定，不宜小于 3m； 　2 临时排水沟至回填坡脚应有适当距离； 　3 排水沟底宜低于开挖面 300mm～500mm。 **4.2.8** 地下水位宜保持低于开挖作业面和基坑（槽）底面 500mm。	1. 查阅工程地质及地下水资料及地下水控制和排水方案。 2. 查看基坑积水及排水设施设置情况。 3. 查看基坑降水情况。 4. 查看降水过程中，基坑周边临近建（构）筑物沉降监测情况

序号	检查重点	标 准 要 求	检查方法
2	地下水控制（降排水）	**4.2.10** 当基底下有承压水时，进行坑底突涌验算，必要时，应采取封底隔渗透或钻孔减压措施；当出现流沙、管涌现象时，应及时处理。 **4.2.11** 降水施工应满足下列要求： 　2 降水过程中应进行降水监测。 　3 降水过程中应配备保持连续抽水的备用电源。 **2. 国家标准《建筑地基基础工程施工质量验收标准》（GB 50202—2018）** **8.2.3** 降水井正式施工时应进行试成井。试成井数量不应少于2口（组），并应根据试成井检验成孔工艺、泥浆配比，复核地层情况等。 **8.2.7** 降水运行过程中，应监测和记录降水场区内和周边的地下水位。采用悬挂式帷幕基坑降水的，尚应计量和记录降水井抽水量。 **3. 国家标准《建筑地基基础工程施工规范》（GB 51004—2015）** **7.2.1** 应在基坑外侧设置由集水井和排水沟组成的地表排水系统，集水井、排水沟与坑边的距离不宜小于0.5m。基坑外侧地面集水井、排水沟应有可靠的防渗措施。 **7.2.2** 多级放坡开挖时，宜在分级平台上设置排水沟。 **7.2.3** 基坑内宜设集水井和排水明沟（或盲沟）。 **4. 建筑行业标准《建筑施工安全检查标准》（JGJ 59—2011）** **3.11.3** 基坑工程保证项目的检查评定应符合下列规定： 　3 降排水 　1）当基坑开挖深度范围内有地下水时，应采取有效的降排水措施； 　2）基坑边沿周围地面应设排水沟；放坡开挖时，应对坡顶、坡面、坡脚采取降排水措施； 　3）基坑底四周应按专项施工方案设排水沟和集水井，并应及时排除积水； 　4）深基坑降水施工应分层降水，随时观测支护外观测井水位，防止临近建（构）筑物等沉降倾斜变形	
3	基坑开挖	**1. 国家标准《土方与爆破工程施工及验收规范》（GB 50201—2012）** **4.4.1** 土方开挖的坡度应符合下列规定： 　2 临时性挖方边坡坡度应根据工程地质和开挖边坡高度要求，结合当地同类土体的稳定坡度确定。 　3 在坡体整体稳定的情况下，如地质条件良好、土（岩）质较均匀，高度在3m以内的临时性挖方边坡坡度宜符合下表规定：	1. 对灌注桩支护工程，开挖前检查支护桩混凝土试块强度报告。支护桩混凝土强度达到要求后方可开挖。 2. 现场检查基坑开挖施工是否按方案要求进

续表

序号	检查重点	标　准　要　求	检查方法
3	基坑开挖	**临时性挖方边坡坡度值** | 土的类别		边坡坡度
---	---	---
砂土	不包括细砂、粉砂	1∶1.25～1∶1.50
一般黏性土	坚硬	1∶0.75～1∶1.00
	硬塑	1∶1.00～1∶1.25
碎石类土	密实、中密	1∶0.50～1∶1.00
	稍密	1∶1.00～1∶1.50 | 4.4.7　在滑坡地段挖方时，应符合下列规定： 　2　不宜在雨期施工； 　3　宜遵守先整治后开挖的施工程序； 　5　在施工过程中，应设置位移观测点，定时观测滑坡体平面位移和沉降变化，并做好记录，当出现位移突变或滑坡迹象时，应立即暂停施工，必要时，所有人员和机械撤至安全地点； 　6　严禁在滑坡体上堆载； 　7　必须遵循由上至下的开挖顺序，严禁先切除坡脚。 **2. 国家标准《建筑地基基础工程施工质量验收标准》（GB 50202—2018）** 9.1.1　在土石方工程开挖施工前，应完成支护结构、地面排水、地下水控制、基坑及周边环境监测、施工条件验收和应急预案准备等工作的验收，合格后方可进行土石方开挖。 9.1.3　土石方开挖的顺序、方法必须与设计工况和施工方案相一致，并应遵循"开槽支撑，先撑后挖，分层开挖，严禁超挖"的原则。 **3. 国家标准《建筑地基基础工程施工规范》（GB 51004—2015）** 8.2.5　设有内支撑的基坑开挖应遵循"先撑后挖、限时支撑"的原则，减小基坑无支撑暴露的时间和空间。 8.2.6　下层土方的开挖应在支撑达到设计要求后方可进行。挖土机械和车辆不得直接在支撑上行走或作业，严禁在底部已经挖空的支撑上行走或作业。 **4. 电力行业标准《电力建设施工技术规范　第1部分：土建结构工程》（DL 5190.1—2012）** 8.2.4　土方开挖的顺序、方法应与设计工况相一致。有支撑的基坑，需遵循"分层开挖，限时挖土，限时支撑，严禁超挖"的原则。对沟槽的开挖，还应遵循"对称平衡"的原则。 **5. 建筑行业标准《建筑施工安全检查标准》（JGJ 59—2011）** 3.11.3　基坑工程保证项目的检查评定应符合下列规定： 　4　基坑开挖 　　1）基坑支护结构必须在达到设计要求的强度后，方可开挖下层土方，严禁提前开挖和超挖； 　　2）基坑开挖应按设计和施工方案的要求，分层、分段、均衡开挖，保证土体受力均衡和稳定； 　　3）基坑开挖应采取措施防止碰撞支护结构、工程桩或扰动基底原状土土层； 　　4）当采用机械在软土场地作业时，应采取铺设渣土或砂石等硬化措施，防止机械发生倾覆事故	行。尤其是支护桩的锚索、支撑等结构。 　3. 现场检查施工机械地基是否稳定，是否有大型机械倾覆的风险

序号	检查重点	标　准　要　求	检查方法
4	基坑支护	**1. 国家标准《土方与爆破工程施工及验收规范》（GB 50201—2012）** **4.3.2** 三级及以上安全等级边坡及基坑工程施工前，应由具有相应资质的单位进行边坡及基坑支护设计，由支护施工单位根据设计方案编制施工组织设计，并报送相关单位审核批准。 **4.4.5** 不具备自然放坡条件或有重要建（构）筑物地段的开挖，应根据具体情况采用支护措施。土方施工应按设计方案要求分层开挖，严禁超挖，且上一层支护结构施工完成，强度达到设计要求后，再进行下一层土方开挖，并对支护结构进行保护。 **2. 国家标准《建筑地基基础工程施工规范》（GB 51004—2015）** **6.1.3** 在基坑支护结构施工与拆除时，应采取对周边环境的保护措施，不得影响周围建（构）筑物及邻近市政管线与地下设施等的正常使用功能。 **6.9.1** （内）支撑系统的施工与拆除顺序应与支护结构的设计工况一致，应严格执行先撑后挖的原则。立柱穿过主体结构底板以及支撑穿越地下室外墙的部位应有止水构造措施。 **6.9.8** （内）支撑结构爆破拆除前，应对永久结构及周边环境采取隔离防护措施。 **3. 电力行业标准《电力建设施工技术规范 第1部分：土建结构工程》（DL 5190.1—2012）** **8.1.6** 地下结构的基坑支护设计应综合考虑工程地质与水文地质条件、基础类型、基坑开挖深度、降排水条件、周边条件对基坑侧壁位移的要求、基坑周边荷载、施工季节、支护结构使用期限等因素。对于膨胀土、软土、湿陷性黄土、冻土等特殊地质条件地区，应结合当地工程经验，编制专项措施。 **8.4.1** 开挖深度大于5m，或地基为软弱土层，地下水渗透系数较大或场地受到限制不能放坡开挖时，应采取支护措施。 **4. 建筑行业标准《建筑施工安全检查标准》（JGJ 59—2011）** **3.11.3** 基坑工程保证项目的检查评定应符合下列规定： 　2　基坑支护 　1）人工开挖的狭窄基槽，开挖深度较大并存在边坡塌方危险时，应采取支护措施； 　2）地质条件良好、土质均匀且无地下水的自然放坡的坡率应符合规范要求； 　3）基坑支护结构应符合设计要求； 　4）基坑支护结构水平位移应在设计允许范围内。 **3.11.4** 基坑工程一般项目的检查评定应符合下列规定： 　2　支撑拆除 　1）基坑支撑结构的拆除方式、拆除顺序应符合专项施工方案的要求； 　2）当采用机械拆除时，施工荷载应小于支撑结构承载能力； 　3）人工拆除时，应设置防护设施。 **5. 建筑行业标准《建筑基坑支护技术规程》（JGJ 120—2012）** **4.8.8** 支护结构锚杆，应对锚杆的锁定力进行检测符合方案设计要求。 **5.4.10.1** 土钉墙基础支护，应对土钉抗拔承载力进行检测，抗拔力需符合基坑支护方案设计要求。 **6.3.2** 水泥土重力式挡墙，应对墙身完整性进行检查，墙体强度应符合方案设计要求	1. 检查基坑支护是否有设计方案。 2. 结合施工方案进行现场复查。 3. 基坑边坡坡度现场采用角尺或经纬仪、全站仪进行检查。 4. 支护结构及位移监测检查施工验收资料及施工记录。 5. 检查支护结构强度检测报告是否符合方案设计要求。 6. 检查基坑支撑结构拆除施工是否符合方案要求

序号	检查重点	标 准 要 求	检查方法
5	坡顶（肩）堆载及安全防护	**1. 国家标准《土方与爆破工程施工及验收规范》（GB 50201—2012）** **4.1.8** 基坑、管沟边沿及边坡等危险地段施工时，应设置安全护栏和明显警示标志。夜间施工时，现场照明条件应满足施工需要。 **4.3.4** 边坡及基坑支护施工应符合下列规定： 　3 坡肩荷载应满足设计要求，不得随意堆载。 **4.4.3** 在坡地开挖时，挖方上侧不宜堆土；对于临时性堆土，应视挖方土坡处的土质情况、边坡坡度和高度，设计确定堆放的安全距离，确保边坡的稳定。在挖方下侧堆土时，应将土堆表面平整，其高程应低于相邻挖方场地设计标高，保持排水畅通，堆土边坡不宜大于1:1.5；在河岸处堆土时，不得影响河堤稳定安全和排水，不得阻塞污染河道。 **4.7.7** 雨期开挖基坑（槽）或管沟时，应注意边坡稳定，必要时可适当减小边坡坡度或设置支撑。施工中应加强对边坡和支撑的检查。 **2. 国家标准《建筑地基基础工程施工质量验收标准》（GB 50202—2018）** **9.4.3** 在基坑（槽）、管沟等周边堆土的堆载限值和堆载范围应符合基坑围护设计要求，严禁在基坑（槽）、管沟、地铁及建构（筑）物周边影响范围内堆土。 **3. 国家标准《建筑地基基础工程施工规范》（GB 51004—2015）** **10.0.7** 相邻基坑工程同时或相继施工时，应先协调施工进度，避免造成不利影响。 **4. 电力行业标准《电力建设安全工作规程 第1部分：火力发电》（DL 5009.1—2014）** **5.2.2** 土石方机械应符合下列规定： 　9 挖掘机 　2）拉铲或反铲作业时，履带式挖掘机的履带距工作面边缘安全距离应大于1m，轮胎式挖掘机的轮胎距工作面边缘安全距离应大于1.5m。 　10 推土机 　3）在基坑、深沟或陡坡处作业时，当垂直边坡高度超过2m时应放出安全边坡并采取可靠加固措施，同时禁止用推土刀侧面推土。 　5）两台及以上推土机在同一区域作业时，前后距离应大于8m，左右距离应大于1.5m。 **5.3.1** 通用规定： 　4 挖掘土石方应自上而下进行，严禁底脚挖空。挖掘前应将斜坡上的浮石、悬石清理干净，堆土的距离及高度应按《土方与爆破工程施工及验收规范》GB 50201 的规定执行。 　5 在深坑及井内作业应采取可靠的防坍塌措施，坑、井内通风应良好。作业中应定时检测，发现异常现象或可疑情况，应立即停止作业，撤离人员。 　8 在交通道路、广场或施工区域内挖掘沟道或坑井时，应在其周围设置围栏及警示标志，夜间应设红灯示警，围栏离坑边不应小于800mm。	1. 现场检查基坑边堆载及坑边临时道路情况是否符合方案要求。 2. 检查现场基坑边设置防护围栏的高度及距离基坑边沿的距离满足方案要求。 3. 现场检查坑边是否设置了挡水沿、防护围栏、降水井口防护、悬挂警示标识等安全防护措施是否齐全。 4. 采用钢尺测量防护栏杆的高度是否符合标准要求。 5. 基坑周围应有夜间照明及警示灯

续表

序号	检查重点	标　准　要　求	检查方法
5	坡顶（肩）堆载及安全防护	9　上下基坑时，应挖设台阶或铺设防滑走道板。坑边狭窄时，宜使用靠梯，严禁攀登挡土支撑架上下或在坑井边坡脚下休息。 10　夜间进行土石方施工时，施工区域照明应充足。 **5.3.3**　边坡及支撑应符合下列规定： 3　在边坡上侧堆土、堆放材料或移动施工机械时，应与边坡边缘保持一定的距离。当土质良好时，堆土或材料应距边缘800mm以外，高度不宜超过1.5m。 **5. 建筑行业标准《建筑施工安全检查标准》（JGJ 59—2011）** **3.11.3**　基坑工程保证项目的检查评定应符合下列规定： 5　坑边荷载 1）基坑边堆土、料具等荷载应在基坑支护设计允许范围内。 2）施工机械与基坑边沿的安全距离应符合设计要求，防止基坑支护结构超载。 6　安全防护 1）开挖深度超过2m及以上的基坑周边必须安装防护栏杆，并设置专用梯道，确保作业人员安全。 2）基坑内应设置供施工人员上下的专用梯道。梯道应设置扶手栏杆，梯道的宽度不应小于1m，梯道搭设应符合规范要求。 3）降水井口应设置防护盖板或围栏，并应设置明显的警示标志。 **3.11.4**　基坑工程一般项目的检查评定应符合下列规定： 3　作业环境 2）上下垂直作业应在施工方案中明确防护措施。 3）在电力、通信、燃气、上下水等管线2m范围内挖土时，应采取安全保护措施，并应设专人监护。 4）施工作业区域应采光良好，当光线较弱时应设置有足够照度的光源	
6	基坑验收及基坑监测	**1. 国家标准《土方与爆破工程施工及验收规范》（GB 50201—2012）** **4.3.4**　边坡及基坑支护施工应符合下列规定： 4　施工过程中，应进行边坡及基坑的变形监测。 **2. 国家标准《建筑地基基础工程施工质量验收标准》（GB 50202—2018）** **7.1.5**　基坑支护工程验收应以保证支护结构安全和周围环境安全为前提。 **3. 国家标准《建筑基坑工程监测技术标准》（GB 50497—2019）** **3.0.3**　基坑工程施工前，应由建设方委托具备相应能力的第三方对基坑工程实施现场监测。监测单位应编制监测方案，监测方案应经建设方、设计方等认可，必要时还应与基坑周边环境涉及的有关管理单位协商一致后方可实施。 **7.0.6**　当出现可能危及工程及周边环境安全的事故征兆时，应实时跟踪监测。 **8.0.9**　当出现下列情况之一时，必须立即进行危险报警，并应通知有关各方对基坑支护结构和周边环境保护对象采取应急措施。 1　基坑支护结构的位移值突然明显增大或基坑出现流沙、管涌、隆起、陷落等；	1. 检查基坑检测方案，检查方案内是否包含明确"监测项目、监测报警值、监测方法和监测点的布置、监测周期"等内容，是否齐全符合标准要求。 2. 检查基坑开挖监测过程中是否提交阶段性监测报告。 3. 检查边坡位移监测方案，检查基坑边坡稳定性，是否符合方案要求。 4. 检查现场基坑边坡是否有沉降、位移及渗水等不安全隐患

序号	检查重点	标　准　要　求	检查方法
6	基坑验收及基坑监测	2　基坑支护结构的支撑或锚杆体系出现过大变形、压屈、断裂、松弛或拔出的迹象； 3　基坑周边建筑的结构部分出现危害结构的变形裂缝； 4　基坑周边地面出现较严重的突发裂缝或地下空洞、地面下陷； 5　基坑周边管线变形突然明显增长或出现裂缝、泄漏等； 6　冻土基坑经受冻融循环时，基坑周边土体温度显著上升，发生明显的冻融变形； 7　出现基坑工程设计方提出的其他危险报警情况，或根据当地工程经验判断，出现其他必须进行危险报警的情况。 **4. 建筑行业标准《建筑施工安全检查标准》（JGJ 59—2011）** 3.11.4　基坑工程一般项目的检查评定应符合下列规定： 1　基坑监测 1）基坑开挖前应编制基坑监测方案，并应明确监测项目、监测报警值、监测方法和监测点的布置、监测周期等内容； 2）监测的时间间隔应根据施工进度确定。当监测结果变化速率较大时，应加密观测次数； 3）基坑开挖监测工程中，应根据设计要求提交阶段性监测报告	
7	应急预案	**1. 电力行业标准《电力建设施工技术规范 第 1 部分：土建结构工程》（DL 5190.1—2012）** 8.4.6　支护出现险情时，应立即进行处理，启动应急预案。 **2. 建筑行业标准《建筑施工安全检查标准》（JGJ 59—2011）** 3.11.4　基坑工程一般项目的检查评定应符合下列规定： 4　应急预案 1）基坑工程应按规范要求结合工程施工过程中可能出现的支护变形、漏水等影响基坑工程安全的不利因素制订应急预案； 2）应急组织机构应健全，应急的物资、材料、工具、机具等品种、规格、数量应满足应急的需要，并应符合应急预案的要求	1. 检查深基坑施工是否编制应急预案及应急预案编制、审批及执行情况。 2. 检查应急组织机构、应急物资准备是否满足，是否符合应急预案的要求

第三章

模板工程及支撑体系

第一节　概述

一、术语或定义

（1）支撑架、临时支承（撑）结构：支撑架指为钢结构安装或浇筑混凝土结构而搭设的承力支架；临时支承（撑）结构指在为建筑施工临时搭设的由立杆、水平杆及斜杆等构配件组成的支撑结构，施工期间存在的、施工结束后需要拆除的结构。

（2）液压滑模：指以筒（墙）壁预埋支撑杆为支点，利用液压千斤顶提升工作平台和滑动模板，连续施工的工艺。滑动模板一次组装完成，上面设置有施工作业人员的操作平台。并从下而上采用液压或其他提升装置沿现浇混凝土表面边浇筑混凝土边进行同步滑动提升和连续作业，直到现浇结构的作业部分或全部完成。其特点是施工速度快、结构整体性能好、操作条件方便和工业化程度较高。

（3）电动（液压）提模：指以筒（墙）壁预留孔或预埋支撑杆为支点，利用电动机或液压千斤顶提升工作平台和模板，倒模间歇性施工的工艺。

（4）爬模：指以建筑物的钢筋混凝土墙体为支承主体，依靠自升式爬升支架使大模板完成提升、下降、就位、校正和固定等工作的模板系统。

二、主要检查要求综述

模板及承重支撑体系是工程施工过程中重要的作业工序，直接影响到工程施工质量及现场作业安全，因此模板及承重支撑体系作业作为电力建设工程施工安全检查的重点，主要从钢管满堂模板支撑架、液压爬升（提升）模板、悬挂式脚手架翻模、承重支撑体系等方面进行现场检查。

第二节　满堂扣件式钢管支撑架

满堂扣件式钢管支撑架是指在纵、横方向由不少于三排立杆并与水平杆、水平剪刀撑、竖向剪刀撑、扣件等构成的承力支架。该架体顶部的钢结构安装等（同类工程）施工荷载通过可调托撑轴心传力给立杆，顶部立杆呈轴心受压状态，满堂扣件式钢管支撑架简称满堂支撑架。

满堂支撑架主要检查重点包括施工（专项）方案与交底、构配件材质、支架基础、支架搭设、支架稳定、杆件连接、底座与托撑、安全防护、使用与检测、支架拆除、应急预案等内容，具体见表 2－3－1。

表 2－3－1　　　　　　满堂扣件式钢管支撑架安全检查重点、要求及方法

序号	检查重点	标　准　要　求	检查方法
1	施工（专项）方案与交底	**1. 国家标准《混凝土结构工程施工规范》（GB 50666—2011）** **4.1.1**　模板工程应编制专项施工方案。滑模、爬模等工具式模板工程及高大模板支架工程的专项施工方案，应进行技术论证。 **2. 建筑行业标准《建筑施工易发生事故防治安全标准》（JGJ/T 429—2018）** **4.6.1**　模板及支架应根据施工过程中的各种工况进行设计，应具有足够的承载力、刚度和整体稳定性。施工中，模板支架应按专项施工方案及相关标准构造要求进行搭设。 **3. 建筑行业标准《建筑施工临时支撑结构技术规范》（JGJ 300—2013）** **3.0.6**　施工前，应按有关规定编制、评审和审批施工方案，并应进行技术交底。 **7.2.1**　支撑结构专项施工方案应包括：工程概况、编制依据、施工计划、施工工艺、施工安全保证措施、劳动力计划、计算书及相关图纸等。 **4.《危险性较大的分部分项工程安全管理规定》（住房和城乡建设部令 第 37 号）** 　　第十条　施工单位应当在危大工程施工前组织工程技术人员编制专项施工方案。 　　第十二条　对于超过一定规模的危大工程，施工单位应当组织召开专家论证会对专项施工方案进行论证。实行施工总承包的，由施工总承包单位组织召开专家论证会。专家论证前专项施工方案应当通过施工单位审核和总监理工程师审查。 **5.《关于实施〈危险性较大的分部分项工程安全管理规定〉有关问题的通知》（建办质〔2018〕31 号）** 附件 1：危险性较大的分部分项工程范围 　　二、模板工程及支撑体系 　　（二）混凝土模板支撑工程：搭设高度 5m 及以上，或搭设跨度 10m 及以上，或施工总荷载（荷载效应基本组合的设计值，以下简称设计值）10kN/m² 及以上，或集中线荷载（设计值）15kN/m 及以上，或高度大于支撑水平投影宽度且相对独立无联系构件的混凝土模板支撑工程。 附件 2：超过一定规模的危险性较大的分部分项工程范围 　　二、模板工程及支撑体系 　　（二）混凝土模板支撑工程：搭设高度 8m 及以上，或搭设跨度 18m 及以上，或施工总荷载（设计值）15kN/m² 及以上，或集中线荷载（设计值）20kN/m 及以上。	查看方案的编审批及报审手续及方案论证资料（如有）、交底记录等

序号	检查重点	标 准 要 求	检查方法
2	构配件材质	**1. 建筑行业标准《建筑施工扣件式钢管脚手架安全技术规范》（JGJ 130—2011）** **3.1.1** 脚手架钢管应采用现行国家标准《直缝电焊钢管》GB/T 13793 或《低压流体输送用焊接钢管》GB/T 3091 中规定的 Q235 普通钢管，钢管的钢材质量应符合现行国家标准《碳素结构钢》GB/T 700 中 Q235 级钢的规定。 **3.1.2** 脚手架钢管宜采用 $\phi48.3×3.6$ 钢管。每根钢管的最大质量不应大于 25.8kg。 **3.2.1** 扣件应采用可锻铸铁或铸钢制作，其质量和性能应符合现行国家标准《钢管脚手架扣件》GB 15831 的规定，采用其他材料制作的扣件，应经试验证明其质量符合该标准的规定后方可使用。 **3.2.2** 扣件在螺栓拧紧扭力矩达到 65N·m 时，不得发生破坏。 **3.4.1** 可调托撑螺杆外径不得小于 36mm，直径与螺距应符合现行国家标准《梯形螺纹 第 2 部分：直径与螺距系列》GB/T 5796.2 和《梯形螺纹 第 3 部分：基本尺寸》GB/T 5796.3 的规定。 **3.4.2** 可调托撑的螺杆与支托板焊接应牢固，焊缝高度不得小于 6mm；可调托撑螺杆与螺母旋合长度不得少于 5 扣，螺母厚度不得小于 30mm。 **3.4.3** 可调托撑受压承载力设计值不应小于 40kN，支托板厚不应小于 5mm。 **2. 建筑行业标准《建筑施工临时支撑结构技术规范》（JGJ 300—2013）** **3.0.3** 支撑结构所使用的构配件宜选用标准定型产品。 **3. 建筑行业标准《建筑施工易发事故防治安全标准》（JGJ/T 429—2018）** **4.6.2** 模板支撑架构配件进场应进行验收，构配件及材质应符合专项施工方案及相关标准的规定，不得使用严重锈蚀、变形、断裂、脱焊的钢管或型钢作模板支撑架，亦不得使用竹、木材和钢材混搭的结构。所采用的扣件应进行复试	现场检查、尺量、称重及力矩检测
3	支架基础	**1. 国家标准《混凝土结构工程施工规范》（GB 50666—2011）** **4.4.4** 支架立柱和竖向模板安装在土层上时，应符合下列规定： 　1　应设置具有足够强度和支承面积的垫板； 　2　土层应坚实，并应有排水措施，对湿陷性黄土、膨胀土，应有防水措施；对冻胀性土，应有防冻胀措施； 　3　对软土地基，必要时可采用堆载预压的方法调整模板面板安装高度。 **4.4.16** 后浇带的模板及支架应独立设置。 **2. 建筑行业标准《建筑施工扣件式钢管脚手架安全技术规范》（JGJ 130—2011）** **7.2.3** 立杆垫板或底座底面标高宜高于自然地坪 50m～100mm。 **3. 建筑行业标准《建筑施工模板安全技术规范》（JGJ 162—2008）** **6.1.2** 模板构造与安装应符合下列规定： 　3　当满堂或共享空间模板支架立柱高度超过 8m 时，若地基土达不到承载要求，无法防止立柱下沉，则应先施工地面下的工程，再分层回填夯实基土，浇筑地面混凝土垫层，达到强度后方可支模。	1. 检查支架基础及排水措施。 2. 检查支撑架底部垫板设置情况。 3. 检查支撑架立杆支撑处结构的强度（承载力）情况

续表

序号	检查重点	标 准 要 求	检查方法
3	支架基础	6 现浇多层或高层房屋和构筑物，安装上层模板及其支架应符合下列规定： 1）下层楼板应具有承受上层施工荷载的承载能力，否则应加设支撑支架； 2）上层支架立柱应对准下层支架立柱，并应在立柱底铺设垫板。 **4. 建筑行业标准《建筑施工临时支撑结构技术规范》（JGJ 300—2013）** **3.0.4** 支撑结构地基应坚实可靠。当地基土不均匀时，应进行处理。 **5.1.2** 支撑结构的地基应符合下列规定： 1 搭设场地应坚实、平整，并应有排水措施。 2 支撑在地基土上的立杆下应设具有足够强度和支撑面积的垫板。 3 混凝土结构层上宜设可调底座或垫板。 4 对承载力不足的地基土或楼板，应进行加固处理。 5 对冻胀性土层，应有防冻胀措施。 6 湿陷性黄土、膨胀土、软土应有防水措施。 **5. 建筑行业标准《建筑施工易发事故防治安全标准》（JGJ/T 429—2018）** **4.6.3** 满堂钢管支撑架的构造应符合下列规定： 1 立杆地基应坚实、平整，土层场地应有排水措施，不应有积水，并应加设满足承载力要求的垫板；当支撑架支撑在楼板等结构物上时，应验算立杆支承处的结构承载力，当不能满足要求时，应采取加固措施	
4	支架搭设	**1. 国家标准《混凝土结构工程施工规范》（GB 50666—2011）** **4.3.10** 支架的高宽比不宜大于3；当高宽比大于3时，应加强整体稳固性措施。 **4.3.16** 采用门式、碗扣式、盘扣式或盘销式等钢管架搭设的支架，应采用支架立柱杆端插入可调托座的中心传力方式，其承载力及刚度可按国家现行有关标准的规定进行验算。 **4.4.7** 采用扣件式钢管作模板支架时，支架搭设应符合下列规定： 2 立杆纵距、立杆横距不应大于1.5m，支架步距不应大于2.0m；立杆纵向和横向宜设置扫地杆，纵向扫地杆距立杆底部不宜大于200mm，横向扫地杆宜设置在纵向扫地杆的下方；立杆底部宜设置底座或垫板。 4 立杆步距的上下两端应设置双向水平杆，水平杆与立杆的交错点应采用扣件连接，双向水平杆与立杆的连接扣件之间的距离不应大于150mm。 5 支架周边应连续设置竖向剪刀撑。支架长度或宽度大于6m时，应设置中部纵向或横向的竖向剪刀撑，剪刀撑的间距和单幅剪刀撑的宽度均不宜大于8m，剪刀撑与水平杆的夹角宜为45°～60°；支架高度大于3倍步距时，支架顶部宜设置一道水平剪刀撑，剪刀撑应延伸至周边。 8 支架立杆搭设的垂直偏差不宜大于1/200。 **4.4.8** 采用扣件式钢管作高大模板支架时，支架搭设除应符合本规范第4.4.7条的规定外，尚应符合下列规定：	1. 核查方案。 2. 检查支架结构。 3. 检查支架与结构的拉结情况

序号	检查重点	标 准 要 求	检查方法
4	支架搭设	1　宜在支架立杆顶端插可调托座，可调托座螺杆外径不应小于36mm，螺杆插钢管的长度不应小于150mm，螺杆伸出钢管的长度不应大于300mm，可调托座伸出顶层水平杆的悬臂长度不应大于500mm。 2　立杆纵距、横距不应大于1.2m，支架步距不应大于1.8m。 4　立杆纵向和横向应设置扫地杆，纵向扫地杆距立杆底部不宜大于200mm。 5　宜设置中部纵向或横向的竖向剪刀撑，剪刀撑的间距不宜大于5m；沿支架高度方向搭设的水平剪刀撑的间距不宜大于6m。 6　立杆的搭设垂直偏差不宜大于1/200，且不宜大于100mm。 **4.4.9**　采用碗扣式、盘扣式或盘销式钢管架作模板支架时，支架搭设应符合下列规定： 2　立杆上的上、下层水平杆间距不应大于1.8m。 3　插立杆顶端可调托座伸出顶层水平杆的悬臂长度不应大于650mm，螺杆插钢管的长度不应小于150mm，其直径应满足与钢管内径间隙不大于6mm的要求。架体最顶层的水平杆步距应比标准步距缩小一个节点间距。 4　立柱间应设置专用斜杆或扣件钢管斜杆加强模板支架。 **4.4.12**　对现浇多层、高层混凝土结构，上、下楼层模板支架的立杆宜对准。 **2. 建筑行业标准《建筑施工扣件式钢管脚手架安全技术规范》（JGJ 130—2011）** **6.9.3**　满堂支撑架应根据架体的类型设置剪刀撑，并应符合下列规定： 1　普通型： 1）在架体外侧周边及内部纵、横向每5m～8m，应由底至顶设置连续竖向剪刀撑，剪刀撑宽度应为5m～8m。 2）在竖向剪刀撑顶部交点平面应设置连续水平剪刀撑。当支撑高度超过8m，或施工总荷载大于15kN/m²，或集中线荷载大于20kN/m的支撑架，扫地杆的设置层应设置水平剪刀撑。水平剪刀撑至架体底平面距离与水平剪刀撑间距不宜超过8m。 2　加强型： 1）当立杆纵、横间距为0.9m×0.9m～1.2m×1.2m时，在架体外侧周边及内部纵、横向每4跨（且不大于5m），应由底至顶设置连续竖向剪刀撑，剪刀撑宽度应为4跨。 2）当立杆纵、横间距为0.6m×0.6m～0.9m×0.9m（含0.6m×0.6m，0.9m×0.9m）时，在架体外侧周边及内部纵、横向每5跨（且不小于3m），应由底至顶设置连续竖向剪刀撑，剪刀撑宽度应为5跨。 3）当立杆纵、横间距为0.4m×0.4m～0.6m×0.6m（含0.4m×0.4m）时，在架体外侧周边及内部纵、横向每3m～3.2m应由底至顶设置连续竖向剪刀撑，剪刀撑宽度应为3m～3.2m。 4）在竖向剪刀撑顶部交点平面应设置水平剪刀撑，扫地杆的设置层水平剪刀撑的设置应符合6.9.3条第1款第2项的规定，水平剪刀撑至架体底平面距离与水平剪刀撑间距不宜超过6m，剪刀撑宽度应为3m～5m。	

序号	检查重点	标　准　要　求	检查方法
4	支架搭设	**6.9.4** 竖向剪刀撑斜杆与地面的倾角应为 45°～60°，水平剪刀撑与支架纵（或横）向夹角应为 45°～60°，剪刀撑斜杆的接长应符合本规范第 6.3.6 条的规定。 **3. 建筑行业标准《建筑施工临时支撑结构技术规范》（JGJ 300—2013）** **5.1.3** 立杆宜符合下列规定： 　1　起步立杆宜采用不同长度立杆交错布置。 　2　立杆的接头宜采用对接。 **5.4** 支撑结构应设置纵向和横向扫地杆，且宜符合下列规定： 　1　对扣件式支撑结构，扫地杆高度不宜超过 200mm。 　2　对碗扣式支撑结构，扫地杆高度不宜超过 350mm。 　3　对承插式支撑结构，扫地杆高度不宜超过 550mm。 **7.3.2** 支撑结构搭设应按施工方案进行，并应符合下列规定： 　1　剪刀撑、斜杆与连墙件应随立杆、纵横向水平杆同步搭设，不得滞后安装。 　2　每搭完一步，应按规定校正步距、纵距、横距、立杆的垂直度及水平杆的水平偏差。 　3　每步的纵向、横向水平杆应双向拉通。 　4　在多层楼板上连续搭设支撑结构时，上下层支撑立杆宜对准。 **4. 建筑行业标准《建筑施工易发事故防治安全标准》（JGJ/T 429—2018）** **4.6.3** 满堂钢管支架的构造应符合下列规定： 　2　立杆间距、水平杆步距应符合专项施工方案的要求。 　3　扫地杆离地间距、立杆伸出顶层水平杆中心线至支撑点的长度应符合相关标准的规定。 　4　水平杆应按步距沿纵向和横向通长连续设置，不得缺失。在立杆底部应设置纵向和横向扫地杆，水平杆和扫地杆应与相邻立杆连接牢固。 　5　架体应均匀、对称设置剪刀撑或斜撑杆、交叉拉杆，并应与架体连接牢固，连成整体，其设置跨度、间距应符合相关标准的规定。 　6　顶部施工荷载应通过可调托撑向立杆轴心传力，可调托撑伸出顶层水平杆的悬臂长度应符合相关标准要求，插入立杆长度不应小于 150mm，螺杆外径与立杆钢管内径的间隙不应大于 3mm	
5	支架稳定	**1. 国家标准《混凝土结构工程施工规范》（GB 50666—2011）** **4.1.2** 模板及支架应根据施工过程中的各种工况进行设计，应具有足够的承载力和刚度，并应保证其整体稳固性。 **4.4.11** 支架的竖向斜撑和水平斜撑应与支架同步搭设，支架应与成型的混凝土结构拉结。钢管支架的竖向斜撑和水平斜撑的搭设，应符合国家现行有关钢管脚手架标准的规定。 **2. 建筑行业标准《建筑施工临时支撑结构技术规范》（JGJ 300—2013）** **5.1.6** 当有既有结构时，支撑结构应与既有结构可靠连接，并宜符合下列规定： 　1　竖向连接间隔不宜超过 2 步，优先布置在水平剪刀撑或水平斜杆层处。	1. 核查方案。 2. 检查支架与结构的拉结情况

续表

序号	检查重点	标　准　要　求	检查方法
5	支架稳定	2　水平方向连接间隔不宜超过8m。 　　3　附柱（墙）拉结杆件距支撑结构主节点宜不大于300mm。 　　4　当遇柱时，宜采用抱柱连接措施。 **5.1.7**　在坡道、台阶、坑槽和凸台等部位的支撑结构，应符合下列规定： 　　1　支撑结构地基高差变化时，在高处扫地杆应与此处的纵横向水平杆拉通。 　　2　设置在坡面上的立杆底部应有可靠的固定措施。 **5.1.8**　当支撑结构高宽比大于3，且四周无可靠连接时，宜在支撑结构上对称设置缆风绳或采取其他防止倾覆的措施。 **3. 建筑行业标准《建筑施工易发事故防治安全标准》（JGJ/T 429—2018）** **4.6.3**　满堂钢管支撑架的构造应符合下列规定： 　　7　支撑架高宽比超过3时，应采用将架体与既有结构连接、扩大架体平面尺寸或对称设置缆风绳等加强措施。 　　8　桥梁满堂支撑架搭设完成后应进行预压试验	
6	杆件连接	**国家标准《混凝土结构工程施工规范》（GB 50666—2011）** **4.4.7**　采用扣件式钢管作模板支架时，支架搭设应符合下列规定： 　　3　立杆接长除顶层步距可采用搭接外，其余各层步距接头应采用对接扣件连接，两个相邻立杆的接头不应设置在同一步距内。 　　6　立杆、水平杆、剪刀撑的搭接长度，不应小于0.8m，且不应少于2个扣件连接，扣件盖板边缘至杆端不应小于100mm。 **4.4.8**　采用扣件式钢管作高大模板支架时，支架搭设除应符合本规范第4.4.7条的规定外，尚应符合下列规定： 　　3　立杆顶层步距内采用搭接时，搭接长度不应小于1m，且不应少于3个扣件连接。 　　7　应根据周边结构的情况，采取有效的连接措施加强支架整体稳固性。 **4.4.9**　采用碗扣式、盘扣式或盘销式钢管架作模板支架时，支架搭设应符合下列规定： 　　1　碗扣架、盘扣架或盘销架的水平杆与立柱的扣接应牢靠，不应滑脱	1. 支撑架杆件连接可靠性。 2. 支撑架杆件搭接情况。 3. 杆件与周边结构的连接情况
7	底座与托撑	**建筑行业标准《建筑施工扣件式钢管脚手架安全技术规范》（JGJ 130—2011）** **6.9.6**　满堂支撑架的可调底座、可调托撑螺杆伸出长度不宜超过300mm，插入立杆内的长度不得小于150mm。 **7.3.3**　底座安放应符合下列规定： 　　1　底座、垫板均应准确地放在定位线上。 　　2　垫板应采用长度不少于2跨、厚度不小于50mm、宽度不小于200mm的木垫板	1. 现场查看。 2. 米尺测量

续表

序号	检查重点	标　准　要　求	检查方法
8	安全防护	**1. 建筑行业标准《建筑施工扣件式钢管脚手架安全技术规范》（JGJ 130—2011）** 9.0.8　当有六级强风及以上风、浓雾、雨或雪天气时应停止脚手架搭设与拆除作业。雨、雪后上架作业应有防滑措施，并应扫除积雪。 9.0.9　夜间不宜进行脚手架搭设与拆除作业。 9.0.14　当在脚手架使用过程中开挖脚手架基础下的设备基础或管沟时，必须对脚手架采取加固措施。 9.0.15　满堂脚手架与满堂支撑架在安装过程中，应采取防倾覆的临时固定措施。 **2. 建筑行业标准《建筑施工临时支撑结构技术规范》（JGJ 300—2013）** 5.1.9　支撑结构应采取防雷接地措施，并应符合国家相关标准的规定。 7.1.1　支撑结构严禁与起重机械设备、施工脚手架等连接。 7.1.3　支撑结构使用过程中，严禁拆除构配件。 7.3.3　当支撑结构搭设过程中临时停工，应采取安全稳固措施。 7.3.4　支撑结构作业面应铺设脚手板，并应设置防护措施。 7.7.2　支撑结构作业层上的施工荷载不得超过设计允许荷载。 7.7.4　支撑结构在使用过程中，应设专人监护施工，当发现异常情况，应立即停止施工，并应迅速撤离作业面上的人员，启动应急预案。排除险情后，方可继续施工。 7.7.6　支撑结构搭设和拆除过程中，地面应设置围栏和警戒标志，派专人看守，严禁非操作人员进入作业范围。 7.7.7　支撑结构与架空输电线应保持安全距离，接地防雷措施等应符合现行行业标准《施工现场临时用电安全技术规范》JGJ 46 的有关规定。 **3. 建筑行业标准《建筑施工易发事故防治安全标准》（JGJ/T 429—2018）** 3.0.8　施工现场出入口、施工起重机械、临时用电设施以及脚手架、模板支撑架等施工临时设施、临边与洞口等危险部位，应设置明显的安全警示标志和必要的安全防护设施，并应经验收合格后方可使用。临时拆除或变动安全防护设施时，应按程序审批，经验收合格后方可使用。 4.6.10　支撑架严禁与施工起重设备、施工脚手架等设施、设备连接。 4.6.11　支撑架使用期间，严禁擅自拆除架体构配件。 4.6.16　在浇筑混凝土作业时，支撑架下部范围内严禁人员作业、行走或停留。 5.4.1　上下模板支撑架应设置专用攀登通道，不得在连接件和支撑件上攀登，不得在上下同一垂直面上装拆模板	1. 支撑架防雷接地措施。 2. 支撑架安全警示标志及防护措施。 3. 支撑架使用过程的交叉情况。 4. 支撑架安拆作业顺序
9	使用与检测	**1. 国家标准《混凝土结构工程施工规范》（GB 50666—2011）** 4.2.2　模板及支架宜选用轻质、高强、耐用的材料。连接件宜选用标准定型产品。 4.6.1　模板、支架杆件和连接件的进场检查，应符合下列规定：	现场查看

续表

序号	检查重点	标 准 要 求	检查方法
9	使用与检测	2 模板的规格和尺寸,支架杆件的直径和壁厚,及连接件的质量,应符合设计要求。 4 必要时,应对模板、支架杆件和连接件的力学性能进行抽样检查。 5 应在进场时和周转使用前全数检查外观质量。 **2. 建筑行业标准《建筑施工扣件式钢管脚手架安全技术规范》(JGJ 130—2011)** 8.1.4 扣件进入施工现场应检查产品合格证,并应进行抽样复试,技术性能应符合现行国家标准《钢管脚手架扣件》GB 15831 的规定。扣件在使用前应逐个挑选,有裂缝、变形、螺栓出现滑丝的严禁使用。 **3. 建筑行业标准《建筑施工临时支撑结构技术规范》(JGJ 300—2013)** 7.1.2 当有下列条件之一时,宜对支撑结构进行预压或监测: 1 承受重载或设计有特殊要求时。 2 特殊支撑结构或需了解其内力和变形时。 3 地基为不良的地质条件时。 4 跨空和悬挑支撑结构。 5 其他认为危险性大的重要临时支撑结构。 7.5.1 支撑结构使用中构造或用途发生变化时,必须重新对施工方案进行设计和审批。 7.5.2 在沟槽开挖等影响支撑结构地基与地基的安全时,必须对其采取加固措施。 7.5.3 在支撑结构上进行施焊作业时,必须有防火措施。 **4. 建筑行业标准《建筑施工易发事故防治安全标准》(JGJ/T 429—2018)** 4.6.15 支撑架在使用过程中应实施监测,出现异常或监测数据达到监测报警值时,应立即停止作业,待查明原因并经处理合格后方可继续施工	
10	支架拆除	**1. 国家标准《混凝土结构工程施工规范》(GB 50666—2011)** 4.5.2 底模及支架应在混凝土强度达到设计要求后再拆除。 4.5.4 多个楼层间连续支模的底层支架拆除时间,应根据连续支模的楼层间荷载分配和混凝土强度的增长情况确定。 4.5.5 快拆支架体系的支架立杆间距不应大于2m。拆模时,应保留立杆并顶托支承楼板,拆模时的混凝土强度应达到构件设计强度的50%。 **2. 建筑行业标准《建筑施工扣件式钢管脚手架安全技术规范》(JGJ 130—2011)** 7.4.4 架体拆除作业应设专人指挥,当有多人同时操作时,应明确分工、统一行动,且应具有足够的操作面。 7.4.5 卸料时各构配件严禁抛掷至地面。 **3. 建筑行业标准《建筑施工临时支撑结构技术规范》(JGJ 300—2013)** 7.1.4 支撑结构搭设和拆除应设专人负责监督检查。特种作业人员应取得相应资格证书,持证上岗。	1. 现场查看支撑架安拆作业顺序。 2. 查看支撑架拆除时混凝土同条件试件强度报告。 3. 现场查看支撑架拆除过程如有暂停拆除施工时采取的临时固定措施

序号	检查重点	标 准 要 求	检查方法
10	支架拆除	**7.1.5** 当有六级及以上强风、浓雾、雨或雪天气时，应停止支撑结构的搭设、使用或拆除作业。 **7.6.1** 支撑结构拆除应按专项施工方案确定的方法和顺序进行。 **7.6.2** 支撑结构的拆除应符合下列规定： 　1　拆除作业前，应先对支撑结构的稳定性进行检查确认。 　2　拆除作业应分层、分段，由上至下顺序拆除。 　3　当只拆除部分支撑结构时，拆除前应对不拆除支撑结构进行加固，确保稳定。 　4　对多层支撑结构，当楼层结构不能满足承载要求时，严禁拆除下层支撑。 　5　严禁抛掷拆除的构配件。 　6　对设有缆风绳的支撑结构，缆风绳应对称拆除。 　7　有六级及以上强风或雨、雪时，应停止作业。 **7.6.3** 在暂停拆除施工时，应采取临时固定措施，已拆除和松开的构配件应妥善放置。 **7.7.5** 模板支撑结构拆除前，项目技术负责人、项目总监理工程师应核查混凝土同条件试块强度报告，达到拆模强度后方可拆除，并履行拆模审批签字手续。 **4. 建筑行业标准《建筑施工易发事故防治安全标准》（JGJ/T 429—2018）** **4.6.17** 混凝土浇筑顺序及支撑架拆除顺序应按专项施工方案的规定进行	
11	应急预案	**建筑行业标准《建筑施工扣件式钢管脚手架安全技术规范》（JGJ 130—2011）** **9.0.6** 满堂支撑架在使用过程中，应设有专人监护施工，当出现异常情况时，应立即停止施工，并应迅速撤离作业面上人员。应在采取确保安全的措施后，查明原因、做出判断和处理。 **9.0.7** 满堂支撑架顶部的实际荷载不得超过设计规定	现场查看

第三节　液压爬升（提升）模板

　　液压爬升（提升）模板系统主要检查重点包括模板及支撑设计和选用、模板安装及使用、安全防护以及施工方案与交底、构配件材质、检查验收、使用与检测、模板拆除、应急预案等内容，其中施工方案与交底、构配件材质、检查验收、使用与检测、模板拆除、应急预案等，检查要求及检查方法可参见本章第二节相关内容。液压爬升（提升）模板系统安全检查重点、要求及方法见表2-3-2。

表 2－3－2　　　液压爬升（提升）模板系统安全检查重点、要求及方法

序号	检查重点	标　准　要　求	检查方法
1	模板及支撑设计和选用	**1. 国家标准《烟囱工程施工验收规范》（GB 50078—2008）** 4.3.3　预留洞口处的模板支设应采取防止变形的加固措施。洞口处弧顶模板及支撑设计应满足上部混凝土自重、钢筋自重、模板及支架自重、振捣混凝土产生的荷载作用下的安全要求。 6.1.3　采用滑动模板工艺施工时，筒壁的厚度不宜小于160mm；采用电动（液压）提模工艺或移置模板工艺施工时，筒壁厚度不宜小于140mm。 6.1.4　采用滑动模板工艺施工时，混凝土在脱模后不应坍落，不应拉裂，其脱模强度不得低于0.2MPa。 6.1.5　采用电动（液压）提模工艺施工时，受力层混凝土的强度值应根据平台荷载经过计算确定，低于该值时不得提升平台。 6.3.1　模板及其支撑结构必须满足承载能力、刚度和稳定性的要求。 **2. 建筑行业标准《建筑施工模板安全技术规程》（JGJ 162—2008）** 5.1.11　烟囱、水塔和其他高大构筑物的模板工程，应根据其特点进行专项设计，制定专项施工安全措施。 6.1.1.2　应进行全面的安全技术交底，操作班组应熟悉设计与施工说明书，并应做好模板安装作业的分工准备。采用爬模、飞模、隧道模等特殊模板施工时，所有参加作业人员必须经过专门技术培训，考核合格后方可上岗。	查看施工方案、方案论证资料（如有）、交底记录
2	模板安装及使用	**1. 国家标准《烟囱工程施工验收规范》（GB 50078—2008）** 6.2.5　滑动模板支承杆的长度宜为3～5m。第一批插入的支承杆应有四种以上的不同长度，相邻高差不得小于支承杆直径的20倍。 6.2.6　滑动模板支承杆的接头应连接牢固，支承杆应与筒壁的环向钢筋间隔点焊。环向钢筋的接头应焊接。 6.3.2　滑动模板在滑升中出现扭转时，应及时纠正，其环向扭转值应按筒壁外表面的弧长计算，在任意10m高度内不得超过100mm，全高范围不得超过500mm。 6.3.3　滑动模板中心偏移时，应及时、逐渐地进行纠正。当利用工作台的倾斜度来纠正中心偏移时，其倾斜度宜控制在1%以内。 6.3.4　采用电动（液压）提模工艺安装模板时，内外模板应设置对拉螺杆，对拉螺杆的间距、规格、位置应经计算确定。上下层模板宜采用承插方式连接，模板上口应设置对撑。内外均应设置收分模板，外模板应捆紧，缝隙应堵严，内模板应支顶牢固。 6.3.5　采用电动（液压）提模工艺施工时，平台系统应每提升一次检查一次中心偏移。 **2. 建筑行业标准《建筑施工模板安全技术规范》（JGJ 162—2008）** 6.4.3　施工过程中爬升大模板及支架时，应符合下列规定： 　4　大模板爬升时，新浇混凝土的强度不应低于 $1.2N/mm^2$。支架爬升时的附墙架穿墙螺栓受力处的新浇混凝土强度应达到 $10N/mm^2$ 以上。 　5　爬升设备每次使用前均应检查，液压设备应由专人操作。 6.4.9　所有螺栓孔均应安装螺栓，螺栓应采用 $50～60N \cdot m$ 的扭矩紧固。	1. 现场查看。 2. 米尺测量

序号	检查重点	标 准 要 求	检查方法
2	模板安装及使用	**3. 建筑行业标准《建筑施工易发事故防治安全标准》（JGJ/T 429—2018）** 4.6.8 当采用液压滑动模板施工时，应符合下列规定： 　1 液压提升系统所需的千斤顶和支承杆的数量和布置方式应符合现行国家标准《滑动模板工程技术规范》GB 50113 及专项施工方案的规定；支承杆的直径、规格应与所使用的千斤顶相适应。 　2 提升架、操作平台、料台和吊脚手架应具有足够的承载力和刚度。 　3 模板的滑升速度、混凝土出模强度应符合现行国家标准《滑动模板工程技术规范》GB 50113 及专项施工方案的规定。 5.4.4 翻模、爬模、滑模等工具式模板应设置操作平台，上下操作平台间应设置专用攀登通道	
3	安全防护	**1. 国家标准《烟囱工程施工验收规范》（GB 50078—2008）** 6.2.7 在滑升过程中应检查支承杆是否倾斜。当支承杆有失稳或被千斤顶带起时，应及时进行处理。 6.2.8 穿过较高的烟道口、采光窗及模板滑空时，除应加固支承杆外，还应采取其他的稳定措施。 **2. 建筑行业标准《建筑施工模板安全技术规范》（JGJ 162—2008）** 6.4.6 爬模的外附脚手架或悬挂脚手架应满铺脚手板，脚手架外侧应设防护栏杆和安全网。爬架底部亦应满铺脚手板和设置安全网。 **3. 建筑行业标准《建筑施工易发事故防治安全标准》（JGJ/T 429—2018）** 3.0.8 施工现场出入口、施工起重机械、临时用电设施以及脚手架、模板支撑架等施工临时设施、临边与洞口等危险部位，应设置明显的安全警示标志和必要的安全防护设施，并应经验收合格后方可使用。临时拆除或变动安全防护设施时，应按程序审批，经验收合格后方可使用	现场查看

第四章

脚 手 架 施 工

第一节 概述

一、术语或定义

（1）脚手架：指由杆件或结构单元、配件通过可靠连接而组成，能承受相应荷载，具有安全防护功能，为建筑施工提供作业条件的结构架体。包括作业脚手架和支撑脚手架。

（2）作业脚手架：指由杆件或结构单元、配件通过可靠连接而组成，支撑于地面、建筑物上或附着于工程结构上，为建筑施工提供作业平台和安全防护的脚手架。包括以各类不同杆件（构件）和节点形式构成的落地作业脚手架、悬挑脚手架、附着式升降脚手架等。

（3）架体构造：指由架体杆件、结构单元、配件组成的脚手架结构形式、连接方式及其相互关系。

二、主要检查要求综述

脚手架是建筑施工现场不可缺少的临时设施之一，因脚手架存在的缺陷所造成的高处坠落、坍塌和物体打击事故占比一直较高，为建筑施工伤害之首。其安全隐患总量也长期居于建筑施工现场安全隐患前列，给现场作业人员带来极大的人身伤害安全风险，严重危害着施工人员的生命和健康。本节从电力建设工程施工常用的扣件式钢管脚手架、悬挑式脚手架、承插型盘扣式脚手架、附着式升降脚手架及外挂防护架入手，详细讲述脚手架的安全检查要点和检查方法。

第二节 通用规定

脚手架施工通用安全检查重点、要求及方法见表 2-4-1。

表 2-4-1　　　　脚手架施工通用安全检查重点、要求及方法

序号	检查重点	标　准　要　求	检查方法
1	脚手架搭拆人员资格要求	**1.《中华人民共和国安全生产法》（2021 年 6 月 10 日第十三届全国人民代表大会常务委员会第二十九次会议第三次修订）** 第三十条　生产经营单位的特种作业人员必须按照国家有关规定经专门的安全作业培训，取得相应资格，方可上岗作业。	

序号	检查重点	标 准 要 求	检查方法
1	脚手架搭拆人员资格要求	2.《建设工程安全生产管理条例》(国务院令 第 393 号) 第二十五条　垂直运输机械作业人员、安装拆卸工、爆破作业人员、起重信号工、登高架设作业人员等特种作业人员,必须按照国家有关规定经过专门的安全作业培训,并取得特种作业操作资格证书后,方可上岗作业。 3.《特种作业人员安全技术培训考核管理规定》[国家安全生产监督管理总局令 第 30 号(2015 年 5 月 29 日国家安全生产监督管理总局令第 80 号,第二次修订)] 第五条　特种作业人员必须经专门的安全技术培训并考核合格,取得《中华人民共和国特种作业操作证》后,方可上岗作业。 附件:特种作业目录 3.1　登高架设作业 指在高处从事脚手架、跨越架架设或拆除的作业。 3.2　高处安装、维护、拆除作业 指在高处从事安装、维护、拆除的作业。 4. 住建部《建筑施工特种作业人员管理规定》(建质〔2008〕75 号) 第三条　建筑施工特种作业包括: (二)建筑架子工。 第四条　建筑施工特种作业人员必须经建设主管部门考核合格,取得建筑施工特种作业人员操作资格证书(以下简称"资格证书"),方可上岗从事相应作业。 5. 国家标准《建筑施工脚手架安全技术统一标准》(GB 51210—2016) 11.1.3　脚手架的搭设和拆除作业应由专业架子工担任,并应持证上岗。 6. 电力行业标准《电力建设安全工作规程 第 1 部分:火力发电》(DL 5009.1—2014) 4.8.1　通用规定 1　脚手架搭、拆人员应经过培训考核合格,取得特种作业人员操作证	主要通过现场询问、查看证件、网上验证等方式方法查验脚手架搭拆人员资格是否符合要求。资格证书查验方式见第五篇第一章第一节
2	施工方案与交底	1. 国家标准《建筑施工脚手架安全技术统一标准》(GB 51210—2016) 3.1.1　在脚手架搭设和拆除作业前,应根据工程特点编制专项施工方案,并应经审批后组织实施。 9.0.1　脚手架搭设和拆除作业应按专项施工方案施工。 9.0.2　脚手架搭设作业前,应向作业人员进行安全技术交底。 11.1.2　脚手架工程应按下列规定实施安全管理: 1　搭设和拆除作业前,应审核专项施工方案。 2. 电力行业标准《电力建设安全工作规程 第 1 部分:火力发电》(DL 5009.1—2014) 4.8.1　通用规定 3　脚手架搭、拆应有经过审批的专项施工方案或安全技术措施。 5　超高、超重、大跨度的脚手架搭、拆应编制专项安全技术措施。	主要通过查阅专项施工方案、安全技术交底记录,现场询问作业人员等方式方法,验证施工方案的合规性及安全技术交底是否符合标准。 1. 查看专项施工方案编制、审核、批准手续是否齐全、完善。超过一定规模的危险性较大的脚手架工程是否经专家论证。脚手架结构设计计算是否正确等。

序号	检查重点	标 准 要 求	检查方法
2	施工方案与交底	7 施工作业前必须进行安全技术交底，交底人和被交底人应签字并保存记录。 **3.《危险性较大的分部分项工程安全管理规定》住房和城乡建设部令 第 37 号** 第十条 施工单位应当在危大工程施工前组织工程技术人员编制专项施工方案。 第十二条 对于超过一定规模的危大工程，施工单位应当组织召开专家论证会对专项施工方案进行论证。 第十五条 专项施工方案实施前，编制人员或者项目技术负责人应当向施工现场管理人员进行方案交底。 施工现场管理人员应向作业人员进行安全技术交底，并由双方和项目专职安全生产管理人员共同签字确认。 **4.《关于实施〈危险性较大的分部分项工程安全管理规定〉有关问题的通知》（建办质〔2018〕31 号）** 附件 1 危险性较大的分部分项工程范围 四、脚手架工程： （一）搭设高度 24m 及以上的落地式钢管脚手架工程（包括采光井、电梯井脚手架）。 （二）附着式升降脚手架工程。 （三）悬挑式脚手架工程。 （四）高处作业吊篮。 （五）卸料平台、操作平台工程。 （六）异型脚手架工程。 附件 2 超过一定规模的危险性较大的分部分项工程范围 四、脚手架工程： （一）搭设高度 50m 及以上的落地式钢管脚手架工程。 （二）提升高度在 150m 及以上的附着式升降脚手架工程或附着式升降操作平台工程。 （三）分段架体搭设高度 20m 及以上的悬挑式脚手架工程	2. 查看安全技术交底记录，交底人及所有参与施工人员均需参加交底并签字。查看交底内容是否与专项方案安全技术措施一致。 3. 现场抽查作业人员，询问了解安全技术交底情况
3	构配件材质	**1. 国家标准《建筑施工脚手架安全技术统一标准》（GB 51210—2016）** 4.0.1 脚手架所用钢管宜采用现行国家标准《直缝电焊钢管》GB/T 13793 或《低压流体输送用焊接钢管》GB/T 3091 中规定的普通钢管，其材质应符合现行国家标准《碳素结构钢》GB/T 700 中 Q235 级钢或《低合金高强度结构钢》GB/T 1591 中 Q345 级钢的规定。 4.0.2 脚手架所使用的型钢、钢板、圆钢应符合国家现行相关标准的规定，其材质应符合现行国家标准《碳素结构钢》GB/T 700 中 Q235 级钢或《低合金高强度结构钢》GB/T 1591 中 Q345 级钢的规定。 4.0.3 铸铁或铸钢制作的构配件材质应符合现行国家标准《可锻铸铁件》GB/T 9440 中 KTH-330-08 或《一般工程用铸造碳钢件》GB/T 11352 中 ZG270-500 的规定。 4.0.7 底座和托座应经设计计算后加工制作，其材质应符合现行国家标准《碳素结构钢》GB/T 700 中 Q235 级钢或《低合金高强度结构钢》GB/T 1591 中 Q345 级钢的规定，并应符合下列要求：	主要采用查阅资料、现场观察、实地测量、抽查询问等方式方法检查。 1. 新采购的构配件查阅厂家产品质量合格证、质量检验报告。 2. 周转使用的旧构配件查阅构配件检查验收报告等资料。 3. 查阅设计计算书。 4. 现场观察。 5. 卷尺、钢板尺测量。 6. 游标卡尺测量。 7. 扭力扳手抽查扣件紧固力矩。 8. 抽查询问现场作业人员和管理人员

续表

序号	检查重点	标　准　要　求	检查方法
3	构配件材质	1　底座的钢板厚度不得小于 6mm，托座 U 形钢板厚度不得小于 5mm，钢板与螺杆应采用环焊，焊缝高度不应小于钢板厚度，并宜设置加劲板； 2　可调底座和可调托座螺杆插入脚手架立杆钢管的配合公差应小于 2.5mm； 3　可调底座和可调托座螺杆与可调螺母啮合的承载力应高于可调底座和可调托座的承载力，应通过计算确定螺杆与调节螺母啮合的齿数，螺母厚度不得小于 30mm。 **4.0.9**　钢筋吊环或预埋锚固螺栓材质应符合现行国家标准《混凝土结构设计规范》GB 50010 的规定。 **4.0.10**　脚手架所用钢丝绳应符合现行国家标准《一般用途钢丝绳》GB/T 20118、《重要用途钢丝绳》GB/T 8918、《钢丝绳用普通套环》GB/T 5974.1 和《钢丝绳夹》GB/T 5976 的规定。 **4.0.14**　脚手架构配件应具有良好的互换性，且可重复使用。杆件、构配件的外观质量应符合下列规定： 1　不得使用带有裂纹、折痕、表面明显凹陷、严重锈蚀的钢管。 2　铸件表面应光滑、不得有砂眼、气孔、裂纹、浇冒口残余等缺陷，表面粘砂应清除干净。 3　冲压件不得有毛刺、裂纹、明显变形、氧化皮等缺陷。 4　焊接件的焊缝应饱满，焊渣应清除干净，不得有未焊透、夹渣、咬肉、裂纹等缺陷。 **2. 电力行业标准《电力建设安全工作规程 第 1 部分：火力发电》（DL 5009.1—2014）** **4.8.1**　通用规定 7　扣件式钢脚手架材料： 1）脚手架钢管宜采用 $\phi48.3\times3.6$ 钢管，长度宜为 4m～6.5m 及 2.1m～2.8m。凡弯曲、压扁、有裂纹或已严重锈蚀的钢管，严禁使用。 2）扣件应有出厂合格证，在螺栓拧紧扭力矩达到 65N·m 时，不得发生破坏。凡有脆裂、变形或滑丝的，严禁使用	
4	立杆基础	**1. 国家标准《建筑施工脚手架安全技术统一标准》（GB 51210—2016）** **8.2.5**　作业脚手架底部立杆上应设置纵向和横向扫地杆。 **9.0.3**　脚手架的搭设场地应平整、坚实，场地排水应顺畅，不应有积水。脚手架附着于建筑结构处的混凝土强度应满足安全承载要求。 **2. 电力行业标准《电力建设安全工作规程 第 1 部分：火力发电》（DL 5009.1—2014）** **4.8.1**　通用规定 14　脚手架搭设处地基必须稳固，承载力达不到要求时应进行地基处理；搭设前应清除地面杂物，排水畅通，经验收合格后方可搭设。 16　脚手架的立杆应垂直，底部应设置扫地杆。钢管立杆底部应设置金属底座或垫木。竹、木立杆应埋入地下 300mm～500mm，杆坑底部应夯实并垫砖石。遇松土或无法挖坑时应设置扫地杆。横杆应平行并与立杆成直角搭设。 **4.8.2**　扣件式钢管脚手架应符合下列规定： 2　脚手架垫板、底座应平稳铺放，不得悬空	主要采用查阅资料、现场观察、实地测量、询问等方式方法检查。 1. 现场实地观察。 2. 卷尺、钢板尺等工具测量。 3. 抽查询问现场作业人员和管理人员

序号	检查重点	标 准 要 求	检查方法
5	架体搭设	**1. 国家标准《建筑施工脚手架安全技术统一标准》（GB 51210—2016）** **9.0.4** 脚手架应按顺序搭设，并应符合下列规定： 　1　落地作业脚手架、悬挑脚手架的搭设应与工程施工同步，一次搭设高度不应超过最上层连墙件两步，且自由高度不应大于4m。 　3　剪刀撑、斜撑杆等加固杆件应随架体同步搭设，不得滞后安装。 　5　每搭设完一步架体后，应按规定校正立杆间距、步距、垂直度及水平杆的水平度。 **11.1.4** 搭设和拆除脚手架作业应有相应的安全设施，操作人员应佩戴个人防护用品，穿防滑鞋。 **11.2.3** 雷雨天气、6级及以上强风天气应停止架上作业；雨、雪、雾天气应停止脚手架的搭设和拆除作业；雨、雪、霜后上架作业应采取有效的防滑措施，并应清除积雪。 **2. 电力行业标准《电力建设安全工作规程 第1部分：火力发电》（DL 5009.1—2014）** **4.8.1** 通用规定 　2　脚手架搭、拆作业人员应无妨碍所从事工作的生理缺陷和禁忌证。非专业工种人员不得搭、拆脚手架。搭设脚手架时作业人员应挂好安全带，穿防滑鞋，递杆、撑杆作业人员应密切配合。 　4　在建（构）筑物上搭设脚手架、承重平台应验算建（构）筑物的强度。 　6　脚手架不得钢、木、竹混搭，不同外径的钢管严禁混合使用。钢管上严禁打孔。 　22　斜道板、跳板的坡度不得大于1∶3，宽度不得小于1.5m，并应钉防滑条。防滑条的间距不得大于300mm。 　25　在通道及扶梯处的脚手架横杆不得阻碍通行。阻碍通行时应抬高并加固。在搬运器材的或有车辆通行的通道处的脚手架，立杆应设围栏并挂警示牌。 　34　夜间不宜进行脚手架、承重平台搭、拆作业。 　35　当有六级及以上强风、雾霾、雨或雪天气时应停止脚手架、承重平台搭、拆作业。雨、雪后上架作业应有防滑措施，并应及时清扫积雪	主要采用查阅专项施工方案、阶段施工质量检查记录、完工验收记录等资料、现场外观检查、实量实测检查、性能测试、抽查询问等方式方法检查。 1. 查阅专项施工方案和阶段验收记录等资料。 2. 现场实地观察检查。 3. 卷尺或钢板尺测量。 4.抽查询问现场作业人员和管理人员
6	架体稳定	**1. 国家标准《建筑施工脚手架安全技术统一标准》（GB 51210—2016）** **3.1.2** 脚手架的构造设计应能保证脚手架结构体系的稳定。 **3.1.3** 脚手架的设计、搭设、使用和维护应满足下列要求： 　2　结构应稳固，不得发生影响使用的变形； 　4　在使用中，脚手架结构性能不得发生明显改变； 　5　当遇意外作用或偶然超载时，不得发生整体破坏； 　6　脚手架所依附、承受的工程结构不应受到损害。 **3.1.4** 脚手架应构造合理、连接牢固、搭设与拆除方便、使用安全可靠。	主要采用查阅专项施工方案、现场外观检查、实量实测检查、抽查询问等方式方法检查。 1. 查阅专项施工方案。 2. 现场实地观测检查。

序号	检查重点	标 准 要 求	检查方法
6	架体稳定	**4.0.12** 脚手架挂扣式连接、承插式连接的连接件应有防止退出或防止脱落的措施。 **6.1.2** 脚手架承重结构应按承载能力极限状态和正常使用极限状态设计。 **8.1.1** 脚手架的构造和组架工艺应能满足施工需求，并应保证架体牢固、稳定。 **8.1.4** 脚手架的竖向和水平剪刀撑应根据其种类、荷载、结构和构造设置，剪刀撑斜杆应与相邻立杆连接牢固；可采用斜撑杆、交叉拉杆代替剪刀撑。 **8.2.1** 作业脚手架的宽度不应小于 0.8m，且不宜大于 1.2m。作业层高度不应小于 1.7m，且不宜大于 2.0m。 **8.2.2** 作业脚手架应按设计计算和构造要求设置连墙件，并应符合下列规定： 　1 连墙件应采用能承受压力和拉力的构造，并应与建筑结构和架体连接牢固。 　2 连墙件的水平间距不得超过 3 跨，竖向间距不得超过 3 步，连墙点之上架体的悬臂高度不应超过 2 步。 　3 在架体的转角处、开口型作业脚手架端部应增设连墙件，连墙件的垂直间距不应大于建筑物层高，且不应大于 4.0m。 **8.2.3** 在作业脚手架的纵向外侧立面上应设置竖向剪刀撑，并应符合下列规定： 　1 每道剪刀撑的宽度应为 4 跨～6 跨，且不应小于 6m，也不应大于 9m；剪刀撑斜杆与水平面的倾角应在 45°～60°之间。 　2 搭设高度在 24m 以下时，应在架体两端、转角及中间每隔不超过 15m 各设置一道剪刀撑，并由底至顶连续设置；搭设高度在 24m 及以上时，应在全外侧立面上由底至顶连续设置。 　3 悬挑脚手架、附着式升降脚手架应在全外侧立面上由底至顶连续设置。 **8.2.4** 当采用竖向斜撑杆、竖向交叉拉杆替代作业脚手架竖向剪刀撑时，应符合下列规定： 　1 在作业脚手架的端部、转角处应各设置一道。 　2 搭设高度在 24m 以下时，应每隔 5 跨～7 跨设置一道；搭设高度在 24m 及以上时，应每隔 1 跨～3 跨设置一道，相邻竖向斜撑杆应朝向对称呈八字形设置。 　3 每道竖向斜撑杆、竖向交叉拉杆应在作业脚手架外侧相邻纵向立杆由底至顶按步连续设置。 **2.电力行业标准《电力建设安全工作规程 第 1 部分：火力发电》（DL 5009.1—2014）** **4.8.1** 通用规定 　3 脚手架载荷一般不超过 270kg/m^2。承重平台、特殊形式脚手架或载荷大于 270kg/m^2 时应进行设计、载荷计算，计算时宜附图说明	3. 卷尺、钢板尺等工具测量。 4. 经纬仪、角度测量仪等测量。 5. 现场抽查询问作业人员和管理人员

续表

序号	检查重点	标 准 要 求	检查方法
7	脚手板与防护栏杆	**1. 国家标准《建筑施工脚手架安全技术统一标准》（GB 51210—2016）** **4.0.6** 脚手板应满足强度、耐久性和重复使用要求，钢脚手板材质应符合现行国家标准《碳素结构钢》GB/T 700 中 Q235 级钢的规定；冲压钢板脚手板的钢板厚度不宜小于 1.5mm，板面冲孔内切圆直径应小于 25mm。 **8.2.8** 作业脚手架的作业层上应满铺脚手板，并应采取可靠的连接方式与水平杆固定。当作业层边缘与建筑物间隙大于 150mm 时，应采取防护措施。作业层外侧应设置栏杆和挡脚板。 **11.2.5** 作业脚手架临街的外侧立面、转角处采取硬防护措施，硬防护的高度不应小于 1.2m，转角处硬防护的宽度应为作业脚手架的宽度。 **2. 电力行业标准《电力建设安全工作规程 第 1 部分：火力发电》（DL 5009.1—2014）** **4.8.1** 通用规定 7 扣件式钢脚手架材料： 3）钢脚手板应用厚 2mm～3mm 的 Q235－A 级钢板，规格长度宜为 1.5m～3.6m，宽度为 230mm～250mm，肋高为 50mm。板的两端应有连接装置，板面应有防滑孔。凡有裂纹、扭曲的不得使用。 8 木脚手架材料： 3）木脚手架应用不小于 50mm 厚的杉木或松木板，宽度宜为 200mm～300mm，长度不宜超过 6m。严禁使用腐朽、扭曲、破裂的，或有大横透节及多节疤的脚手板。距板两端 80mm 处应用 8 号～10 号镀锌铁丝箍绕 2 圈～3 圈或用铁皮钉牢。 9 竹脚手架材料： 2）竹片脚手板的厚度不得小于 50mm，螺栓直径应为 8mm～10mm，间距应为 500mm～600mm 螺栓孔不得大于 10mm，螺栓必须拧紧。竹片脚手板的长度宜为 2m～3.5m，宽度宜为 250mm～300mm。竹片应立放，严禁平放。 20 脚手板的铺设： 1）脚手板应满铺，不应有空隙和探头板。脚手板与墙面的间距不得大于 200mm。 2）脚手板的搭接长度不得小于 200mm。对头搭接处应设双排小横杆。双排小横杆的间距不得大于 200mm。 3）在架子拐弯处，脚手板应交错搭接。 4）脚手板应铺设平稳并绑牢，不平处用木块垫平并钉牢，严禁垫砖。 5）在架子上翻脚手板时，应由两人从里向外按顺序进行。工作时必须挂好安全带，下方应设安全网。 21 脚手架的外侧、斜道和平台应搭设由上下两道横杆及立杆组成的防护栏杆。上杆离基准面高度 1.2m，中间栏杆与上、下构件的间距不大于 500mm，并设 180mm 高的挡脚板或设防护立网，里脚手的高度应低于外墙 200mm	主要采用查阅资料、现场观察、实地测量、抽查询问等方式方法检查。 1. 新采购的构配件查阅厂家产品质量合格证、质量检验报告。 2. 周转使用的旧构配件查阅钢管、扣件及脚手板检查验收报告等资料。 3. 卷尺、钢板尺等工具测量。 4. 游标卡尺测量。 5. 现场观察检查。 6. 现场抽查询问作业人员和管理人员

续表

序号	检查重点	标 准 要 求	检查方法
8	杆件连接	**1. 国家标准《建筑施工脚手架安全技术统一标准》（GB 51210—2016）** **8.1.2** 脚手架杆件连接节点应满足其强度和转动刚度要求，应确保架体在使用期内安全，节点无松动。 **8.1.3** 脚手架所用杆件、节点连接件、构配件等应能配套使用，并应能满足各种组架方法和构造要求。 **2. 电力行业标准《电力建设安全工作规程 第 1 部分：火力发电》（DL 5009.1—2014）** **4.8.1** 通用规定 17 脚手架的立杆间距不得大于 2m，大横杆间距不得大于 1.2m，小横杆间距不得大于 1.5m。 18 钢管立杆、大横杆的接头应错开，横杆搭接长度不得小于 500mm	主要采用查阅资料、现场观察、实地测量、抽查询问等方式方法检查。 1. 新采购的杆件、节点连接件、构配件等查阅厂家产品型号规格、合格证等资料。 2. 周转使用的旧杆件、节点连接件、构配件查阅抽检报告等资料。 3. 卷尺测量。 4. 现场实地观察检查。 5. 现场抽查询问作业和管理人员
9	安全防护	**1. 国家标准《建筑施工脚手架安全技术统一标准》（GB 51210—2016）** **11.2.4** 作业脚手架外侧和支撑脚手架作业层栏杆应采用密目式安全网或其他措施全封闭防护。密目式安全网应为阻燃产品。 **11.2.9** 在搭设和拆除脚手架作业时，应设置安全警戒线、警戒标志，并应派专人监护，严禁非作业人员入内。 **11.2.10** 脚手架与架空输电线路的安全距离、工地临时用电线路架设及脚手架接地、防雷措施，应按现行行业标准《施工现场临时用电安全技术规范》JGJ 46 执行。 **2. 电力行业标准《电力建设安全工作规程 第 1 部分：火力发电》（DL 5009.1—2014）** **4.8.1** 通用规定 12 脚手架、承重平台搭拆施工区周围应设围栏或警示标志，设专人监护，严禁无关人员入内。 13 临近道路搭设脚手架时，外侧应有防止坠物伤人的防护措施。 27 脚手架最高点在施工现场避雷设施保护范围以外时，20m 及以上钢管脚手架应安装避雷装置。附近有架空线路时，应符合规定并采取可靠的隔离防护措施	主要采用查阅资料、现场观察、实地测量、抽查询问等方式方法检查。 1. 查阅专项施工方案。 2. 查阅密目式安全网质量合格证及验收记录等资料。 3. 卷尺等工具测量。 4. 接地电阻测试仪器测量。 5. 现场观测检查
10	检查验收	**1. 国家标准《建筑施工脚手架安全技术统一标准》（GB 51210—2016）** **10.0.1** 施工现场应建立健全脚手架工程的质量管理制度和搭设质量检查验收制度。 **10.0.2** 脚手架工程应按下列规定进行质量控制： 1 对搭设脚手架的材料、构配件和设备应进行现场检验。 2 脚手架搭设过程中应分步校验，并应进行阶段施工质量检查。 3 在脚手架搭设完工后应进行验收，并应在验收合格后方可使用。	主要采用查阅资料、现场观察、实地测量、抽查询问等方式检查。 1. 查阅产品质量合格证、质量检验报告、复验记录等。 2. 查阅阶段检查与验收记录。 3. 外观观测检查。

序号	检查重点	标 准 要 求	检查方法
10	检查验收	**10.0.3** 搭设脚手架的材料、构配件和设备应按进入施工现场的批次分品种、规格进行检验，检验合格后方可搭设施工，并应符合下列规定： 　1　产品应有产品质量合格证，工厂化生产的主要承力杆件、涉及结构安全的构件应具有型式检验报告。 　2　材料、构配件和设备质量应符合本标准及国家现行相关标准的规定。 　3　按规定应进行施工现场抽样复验的构配件，应经抽样复验合格。 　4　周转使用的材料、构配件和设备，应经维修检验合格。 **10.0.4**　在对脚手架材料、构配件和设备进行现场检验时，应采用随机抽样的方法抽取样品进行外观检验、实量实测检验、功能测试检验。抽样比例应符合下列规定： 　1　按材料、构配件和设备的品种、规格应抽检1%～3%。 　2　安全锁扣、防坠装置、支座等重要构配件应全数检验。 　3　经过维修的材料、构配件抽检比例不应少于3%。 **10.0.5**　脚手架在搭设过程中和阶段使用前，应进行阶段施工质量检查，确认合格后方可进行下道工序施工或阶段使用，在下列阶段应进行阶段施工质量检查： 　1　搭设场地完工后及脚手架搭设前；附着式升降脚手架支座、悬挑脚手架悬挑结构固定后。 　2　首层水平杆搭设安装后。 　3　落地作业脚手架和悬挑作业脚手架每搭设一个楼层高度，阶段使用前。 　4　附着式升降脚手架在每次提升前、提升就位后和每次下降前、下降就位后。 **10.0.6**　脚手架在进行阶段施工质量检查时，应依据本标准及脚手架相关的国家现行标准的要求，采用外观检查、实量实测检查、性能测试等方法进行检查。 **10.0.7**　在落地作业脚手架、悬挑脚手架达到设计高度后，附着式升降脚手架安装就位后，应对脚手架搭设施工质量进行完工验收。脚手架搭设施工质量合格判定应符合下列规定： 　1　所用材料、构配件和设备质量应经现场检验合格。 　2　搭设场地、支承结构件固定应满足稳定承载的要求。 　3　阶段施工质量检查合格，符合本标准及脚手架相关的国家现行标准、专项施工方案的要求。 　4　观感质量检查应符合要求。 　5　专项施工方案、产品合格证及型式检验报告、检查记录、测试记录等技术资料应完整。 **2. 电力行业标准《电力建设安全工作规程 第1部分：火力发电》（DL 5009.1—2014）** 　4.8.1　通用规定 　10　脚手架材料、各构配件使用前应进行验收，验收结果应符合国家现行标准。新进场材料、构配件须有厂家质量证明材料，严禁使用不合格的材料、构配件。 　28　脚手架搭设完成后，宜使用检定合格的扭力扳手抽查扣件紧固力矩，抽检数量应符合国家现行标准。 　29　搭设好的脚手架应经相关管理部门及使用单位验收合格并挂牌后方可使用，使用中应定期检查和维护	4. 现场检查观测。 　5. 现场抽查询问搭设人员、技术人员及其他相关人员等

序号	检查重点	标　准　要　求	检查方法
11	使用与检测	**1. 国家标准《建筑施工脚手架安全技术统一标准》（GB 51210—2016）** **4.0.13** 周转使用的脚手架杆件、构配件应制定维修检验标准，每使用一个安装拆除周期后，应及时检查、分类、维护、保养，对不合格品应及时报废。 **9.0.12** 脚手架在使用过程中应分阶段进行检查、监护、维护、保养。 **11.1.1** 施工现场应建立脚手架工程施工安全管理体系和安全检查、安全考核制度。 **11.1.2** 脚手架工程应按下列规定实施安全管理： 　1　搭设和拆除作业前，应审核专项施工方案； 　2　应查验搭设脚手架的材料、构配件、设备检验和施工质量检查验收结果； 　3　使用过程中，应检查脚手架安全使用制度的落实情况。 **11.1.5** 脚手架在使用过程中，应定期进行检查，检查项目应符合下列规定： 　1　主要受力杆件、剪刀撑等加固杆件、连墙件应无缺失、无松动，架体应无明显变形。 　2　场地应无积水，立杆底端应无松动、无悬空。 　3　安全防护设施应齐全、有效，应无损坏缺失。 　4　附着式升降脚手架支座应牢固，防倾、防坠装置应处于良好工作状态，架体升降应正常平稳。 　5　悬挑脚手架的悬挑支承结构应固定牢固。 **11.1.6** 当脚手架遇有下列情况之一时，应进行检查，确认安全后方可继续使用： 　1　遇有6级及以上强风或大雨过后。 　2　冻结的地基土解冻后。 　3　停用超过1个月。 　4　架体部分拆除。 　5　其他特殊情况。 **11.2.1** 脚手架作业层上的荷载不得超过设计允许荷载。 **11.2.2** 严禁将支撑脚手架、缆风绳、混凝土输送泵管、卸料平台及大型设备的支承件等固定在作业脚手架上。严禁在作业脚手架上悬挂起重设备。 **11.2.6** 作业脚手架同时满载作业的层数不应超过2层。 **11.2.7** 在脚手架作业层上进行电焊、气焊和其他动火作业时，应采取防火措施，并应设专人监护。 **11.2.8** 在脚手架使用期间，立杆基础下及附近不宜进行挖掘作业。当因施工需要进行挖掘作业时，应对架体采取加固措施。 **2. 电力行业标准《电力建设安全工作规程　第1部分：火力发电》（DL 5009.1—2014）** **4.8.1** 通用规定 　15　严禁将电缆桥架、仪表管等作为脚手架或作业平台支承点。 　31　脚手架应在大风、暴雨后及解冻期加强检查。长期停用的脚手架，在恢复使用前应经检查、重新验收合格后方可使用。 　32　严禁超负荷使用脚手架及承重平台；严禁将脚手架、承重平台作为重物支点、悬挂吊点、牵拉承力点。 　33　不得将模板支架、缆风绳、泵送混凝土和砂浆的输送管等固定在架体上；严禁拆除或移动架体上安全防护设施	主要采用查阅资料、现场观察、实地测量、抽查询问等方式检查。 1. 查阅安全检查、维护保养等记录。 2. 现场检查观测。 3. 抽查询问作业人员及管理人员、技术人员

续表

序号	检查重点	标　准　要　求	检查方法
12	架体拆除	1. 国家标准《建筑施工脚手架安全技术统一标准》（GB 51210—2016） 9.0.1　脚手架搭设和拆除作业应按专项施工方案施工。 9.0.8　脚手架的拆除作业必须符合下列规定： 　1　架体的拆除应从上而下逐层进行，严禁上下同时作业。 　2　同层杆件和构配件必须按先外后内的顺序拆除；剪刀撑、斜撑杆等加固杆件必须在拆卸至该杆件所在部位时再拆除。 　3　作业脚手架连墙件必须随架体逐层拆除，严禁先将连墙件整层或数层拆除后再拆架体。拆除作业过程中，当架体的自由端高度超过2个步距时，必须采取临时拉结措施。 9.0.10　脚手架的拆除作业不得重锤击打、撬别。拆除的杆件、构配件应采用机械或人工运至地面，严禁抛掷。 2. 电力行业标准《电力建设安全工作规程 第1部分：火力发电》（DL 5009.1—2014） 4.8.1　通用规定 　30　脚手架使用期间，严禁拆除主节点处的纵、横向水平杆，纵、横向扫地杆，连墙件等。 　36　脚手架拆除前应清除脚手架上杂物及地面障碍物。 　37　脚手架拆除前应全面检查扣件连接、连墙件及支撑体系，确认可靠后方可拆除。对不符合拆除要求的，应采取可靠的措施。 　38　拆除脚手架应按自上而下的顺序进行，严禁上下同时作业或将脚手架整体推倒。连墙件或拉结点应随脚手架逐层拆除，严禁先将连墙件整层或数层拆除后再拆脚手架；拆下的构配件应及时集中运至地面，严禁抛扔	主要采用查阅资料、现场观察、实地测量、抽查询问等方式检查。 　1．查阅专项施工方案。 　2．实地检查观测。 　3．抽查询问拆除作业人员、技术人员、安全管理人员等相关人员

第三节　扣件式钢管脚手架

一、术语或定义

扣件式钢管脚手架是指为建筑施工而搭设的、承受荷载的由扣件和钢管等构成的脚手架与支撑架，主要包括落地式单、双排扣件式钢管脚手架、满堂扣件式钢管脚手架、型钢悬挑扣件式钢管脚手架、满堂扣件式钢管支撑架等。

（1）扣件：指采用螺栓紧固的扣接连接件为扣件，包括直角扣件、旋转扣件、对接扣件。

（2）水平杆：指脚手架中的水平杆件。沿脚手架纵向设置的水平杆为纵向水平杆；沿脚手架横向设置的水平杆为横向水平杆。

（3）扫地杆：指贴近楼（地）面，连接立杆根部的纵、横向水平杆件，包括纵向扫地杆、横向扫地杆。

（4）连墙件：指将脚手架架体与建筑物主体构件连接，能够传递拉力和压力的构件。

（5）剪刀撑：指在脚手架竖向或水平向成对设置的交叉斜杆。

（6）主节点：指立杆、纵向水平杆、横向水平杆三杆紧靠的扣接点。

二、主要检查内容

扣件式钢管脚手架安全检查重点、要求及方法见表2-4-2。

表 2－4－2　　　　　　　扣件式钢管脚手架安全检查重点、要求及方法

序号	检查重点	标　准　要　求	检查方法
1	脚手架搭拆人员资格要求	建筑行业标准《建筑施工扣件式钢管脚手架安全技术规范》（JGJ 130—2011） 9.0.1　扣件式钢管脚手架安装与拆除人员必须是经考核合格的专业架子工。架子工应持证上岗。	通用要求及检查方法见本章第二节通用规定
2	施工方案与交底	1. 建筑行业标准《建筑施工扣件式钢管脚手架安全技术规范》（JGJ 130—2011） 1.0.3　扣件式钢管脚手架施工前，应对其结构构件与立杆地基承载力进行设计计算，并编制专项施工方案。 7.1.1　脚手架搭设前，应按专项施工方案向施工人员进行交底。 2. 建筑行业标准《建筑施工安全检查标准》（JGJ 59—2011） 3.3.3　扣件式钢管脚手架保证项目的检查评定应符合下列规定： 　1　施工方案 　1）架体搭设应编制专项施工方案，结构设计应进行计算，并按规定进行审核、审批。 　6　交底与验收 　1）架体搭设前应进行安全技术交底，并应有文字记录。	通用要求及检查方法见本章第二节通用规定
3	构配件材质	1. 建筑行业标准《建筑施工扣件式钢管脚手架安全技术规范》（JGJ 130—2011） 3.1.2　脚手架钢管宜采用 $\phi48.3\times3.6$ 钢管。每根钢管的最大质量不应大于 25.8kg。 3.2.2　扣件在螺栓拧紧扭力矩达到 65N·m 时，不得发生破坏。 3.4.1　可调托撑螺杆外径不得小于 36mm。 3.4.2　可调托撑螺杆与螺母旋合长度不得少于 5 扣，螺母厚度不得小于 30mm。 3.4.3　可调托撑受压承载力设计值不应小于 40kN，支托板厚不应小于 5mm。 2. 建筑行业标准《建筑施工安全检查标准》（JGJ 59—2011） 3.3.4.4　构配件材质 　1）钢管直径、壁厚、材质应符合规范要求。 　2）钢管弯曲、变形、锈蚀应在规范允许范围内。 　3）扣件应进行复试且技术性能符合规范要求	1. 通用要求及检查方法见本章第二节通用规定。 2. 游标卡尺等工具测量。 3. 扭力扳手抽查扣件紧固力矩
4	立杆基础	1. 建筑行业标准《建筑施工扣件式钢管脚手架安全技术规范》（JGJ 130—2011） 6.3.1　每根立杆底部应设置底座或垫板。 6.3.2　脚手架必须设置纵、横向扫地杆。纵向扫地杆应采用直角扣件固定在距钢管底端不大于 200mm 处的立杆上。横向扫地杆应采用直角扣件固定在紧靠纵向扫地杆下方的立杆上。 6.3.3　脚手架立杆基础不在同一高度上时，必须将高处的纵向扫地杆向低处延长两跨与立杆固定，高低差不应大于 1m。靠边坡上方的立杆轴线到边坡的距离不应小于 500mm。 6.3.4　单、双排脚手架底层步距均不应大于 2m。 7.2.3　立杆垫板或底座底面标高宜高于自然地坪 50mm～100mm。 7.2.4　脚手架基础经验收合格后，应按施工组织设计或专项施工方案的要求放线定位。	1. 通用要求及检查方法见本章第二节通用规定。 2. 现场观察检查。 3. 卷尺、钢板尺等工具测量

序号	检查重点	标 准 要 求	检查方法
4	立杆基础	7.3.3 底座安放应符合下列规定： 2 垫板宜采用长度不少于2跨、厚度不小于50mm、宽度不小于200mm的木垫板。 **2. 建筑行业标准《建筑施工安全检查标准》（JGJ 59—2011）** 3.3.3 扣件式钢管脚手架保证项目的检查评定应符合下列规定： 2 立杆基础 1）立杆基础应按方案要求平整、夯实，并应采取排水措施，立杆底部设置的垫板、底座应符合规范要求； 2）架体应在距立杆底端高度不大于200mm处设置纵、横向扫地杆，并应用直角扣件固定在立杆上，横向扫地杆应设置在纵向扫地杆的下方	
5	架体搭设	建筑行业标准《建筑施工扣件式钢管脚手架安全技术规范》（JGJ 130—2011） 6.7.1 人行并兼作材料运输的斜道的形式宜按下列要求确定： 1 高度不大于6m的脚手架，宜采用一字形斜道。 2 高度大于6m的脚手架，宜采用之字形斜道。 7.1.4 应清除搭设场地杂物，平整搭设场地，并应使排水畅通。 7.3.1 单、双排脚手架必须配合施工进度搭设，一次搭设高度不应超过相邻连墙件以上两步；如果超过相邻连墙件以上两步，无法设置连墙件时，应采取撑拉固定等措施与建筑结构拉结。 7.3.2 每搭完一步脚手架后，应按规定校正步距、纵距、横距及立杆的垂直度。 9.0.2 搭拆脚手架人员必须戴安全帽、系安全带、穿防滑鞋。 9.0.4 钢管上严禁打孔。 9.0.8 当有六级强风及以上风、浓雾、雨或雪天气时应停止脚手架搭设与拆除作业。雨、雪后上架作业应有防滑措施，并应扫除积雪。 9.0.9 夜间不宜进行脚手架搭设与拆除作业	1. 通用要求及检查方法见本章第二节通用规定。 2. 现场实地观察检查。 3. 卷尺、钢板尺等工具检查。 4. 经纬仪或吊线和卷尺等工具，检查立杆垂直度
6	架体稳定	**1. 建筑行业标准《建筑施工扣件式钢管脚手架安全技术规范》（JGJ 130—2011）** 6.4.3 连墙件的布置应符合下列规定： 1 应靠近主节点设置，偏离主节点的距离不应大于300mm； 2 应从底层第一步纵向水平杆处开始设置，当该处设置有困难时，应采用其他可靠措施固定； 3 应优先采用菱形布置，或采用方形、矩形布置。 6.4.4 开口型脚手架的两端必须设置连墙件，连墙件的垂直间距不应大于建筑物的层高，并且不应大于4m。 6.4.5 连墙件中的连墙杆应水平设置，当不能水平设置时，应向脚手架一端下斜连接。 6.4.6 连墙件必须采用可承受拉力和压力的构造。对高度24m以上的双排脚手架，应采用刚性连墙件与建筑物连接。 6.4.7 当脚手架下部暂不能设连墙件时应采取防倾覆措施。当搭设抛撑时，抛撑应采用通长杆件，并用旋转扣件固定在脚手架上，与地面的倾角应在45°～60°之间；连接点中心至主节点的距离不应大于300mm。抛撑应在连墙件搭设后方可拆除。	1. 通用要求及检查方法见本章第二节通用规定。 2. 现场观测检查。 3. 卷尺、钢板尺等工具测量。 4. 经纬仪、角度测量仪等仪器测量

序号	检查重点	标 准 要 求	检查方法
6	架体稳定	**6.6.1** 双排脚手架应设剪刀撑与横向斜撑，单排脚手架应设剪刀撑。 **6.6.2** 单、双排脚手架剪刀撑的设置应符合下列规定： 　1　每道剪刀撑宽度不应小于4跨，且不应小于6m，斜杆与地面的倾角宜在45°～60°之间。 　2　剪刀撑斜杆的接长应采用搭接或对接。 　3　剪刀撑斜杆应用旋转扣件固定在与之相交的横向水平杆的伸出端或立杆上，旋转扣件中心线至主节点的距离不宜大于150mm。 **6.6.3** 高度在24m及以上的双排脚手架应在外侧全立面连续设置剪刀撑；高度在24m以下的单、双排脚手架，均必须在外侧两端、转角及中间间隔不超过15m的立面上，各设置一道剪刀撑，并应由底至顶连续设置。 **6.6.4** 双排脚手架横向斜撑的设置应符合下列规定： 　1　横向斜撑应在同一节间，由底至顶层呈之字形连续布置。 　2　高度在24m以下的封闭型双排脚手架可不设横向斜撑，高度在24m以上的封闭型脚手架，除拐角应设置横向斜撑外，中间应每隔6跨距设置一道。 **6.6.5** 开口型双排脚手架的两端均必须设置横向斜撑。 **7.3.4** 立杆搭设应符合下列规定： 　2　脚手架开始搭立立杆时，应每隔6跨设置一根抛撑，直至连墙件安装稳定后，方可根据情况拆除。 　3　当架体搭设至有连墙件的主节点时，在搭设完该处的立杆、纵向水平杆、横向水平杆后，应立即设置连墙件。 **2. 建筑行业标准《建筑施工安全检查标准》(JGJ 59—2011)** **3.3.3** 扣件式钢管脚手架保证项目的检查评定应符合下列规定： 　3　架体与建筑结构拉结 　2）连墙件应从架体底层第一步纵向水平杆处开始设置，当该处设置有困难时应采取其他可靠措施固定。 　3）对搭设高度超过24m的双排脚手架，应采用刚性连墙件与建筑结构可靠拉结。 **3. 电力行业标准《电力建设安全工作规程 第1部分：火力发电》(DL 5009.1—2014)** **4.8.2** 扣件式钢管脚手架应符合下列规定： 　1　脚手架的两端、转角处以及每隔6根～7根立杆，应设支杆及剪刀撑。支杆和剪刀撑与地面的夹角不得大于60°。架子高度在7m以上或无法设支杆时，竖向每隔4m，横向每隔7m必须与建(构)筑物连接牢固。 　4　纵、横向水平杆对接接头应交错布置，不应设在同步、同跨内，相邻接头水平距离不应小于500mm，并应避免设在纵向水平杆的跨中。 　5　架体连墙件和拉结点应均匀布置。 　6　剪刀撑、横向支撑应随立柱、纵横向水平杆等同步搭设。每道剪刀撑跨越立柱的根数宜在5根～7根之间。每道剪刀撑宽度不应小于4跨，且不应小于6m，斜杆与地面的倾角宜在45°～60°之间	

序号	检查重点	标 准 要 求	检查方法
7	脚手板与防护栏杆	**1. 建筑行业标准《建筑施工扣件式钢管脚手架安全技术规范》（JGJ 130—2011）** **3.3.1** 脚手板可采用钢、木、竹材料制作，单块脚手板的质量不宜大于30kg。 **3.3.3** 木脚手板厚度不应小于50mm，两端宜各设直径不小于4mm的镀锌钢丝箍两道。 **6.2.4** 脚手板的设置应符合下列规定： 　1 作业层脚手板应铺满、铺稳、铺实。 　2 冲压钢脚手板、木脚手板、竹串片脚手板等，应设置在三根横向水平杆上。当脚手板长度小于2m时，可采用两根横向水平杆支承，但应将脚手板两端与横向水平杆可靠固定，严防倾翻。脚手板的铺设应采用对接平铺或搭接铺设。脚手板对接平铺时，接头处应设两根横向水平杆，脚手板外伸长度应取130mm～150mm，两块脚手板外伸长度的和不应大于300mm；脚手板搭接铺设时，接头应支在横向水平杆上，搭接长度不应小于200mm，其伸出横向水平杆的长度不应小于100mm。 　3 竹笆脚手板应按其主竹筋垂直于纵向水平杆方向铺设，且应对接平铺，四个角应用直径不小于1.2mm的镀锌钢丝固定在纵向水平杆上。 　4 作业层端部脚手板探头长度应取150mm，其板的两端均应固定于支承杆件上。 **6.7.2** 斜道的构造应符合下列规定： 　4 斜道两侧及平台外围均应设置栏杆及挡脚板。栏杆高度应为1.2m，挡脚板高度不应小于180mm。 **6.7.3** 斜道脚手板构造应符合下列规定： 　1 脚手板横铺时，应在横向水平杆下增设纵向支托杆，纵向支托杆间距不应大于500mm。 　2 脚手板顺铺时，接头宜采用搭接；下面的板头应压住上面的板头，板头的凸棱外宜采用三角木填顺。 　3 人行斜道和运料斜道的脚手板上应每隔250mm～300mm设置一根防滑木条，木条厚度应为20mm～30mm。 **7.3.12** 作业层、斜道的栏杆和挡脚板的搭设应符合下列规定： 　1 栏杆和挡脚板均应搭设在外立杆的内侧。 　2 上栏杆上皮高度应为1.2m。 　3 挡脚板高度不应小于180mm。 　4 中栏杆应居中设置。 **7.3.13** 脚手板的铺设应符合下列规定： 　1 脚手板应铺满、铺稳，离墙面的距离不应大于150mm。 　2 脚手板探头应用直径3.2mm镀锌钢丝固定在支承杆件上。 　3 在拐角、斜道平台口处的脚手板，应用镀锌钢丝固定在横向水平杆上，防止滑动。 **8.1.5** 脚手板的检查应符合下列规定： 　1 冲压钢脚手板 　1）新脚手板应有产品质量合格证。 　2）尺寸偏差应符合规定，且不得有裂纹、开焊与硬弯。 　3）新、旧脚手板均应涂防锈漆。	1. 通用要求及检查方法见本章第二节通用规定。 　2. 新采购的脚手板、扣件等配件查阅厂家产品质量合格证、质量检验报告。 　3. 周转使用的脚手板、扣件等旧构配件查阅检查验收报告等资料。 　4. 卷尺、钢板尺等工具测量。 　5. 游标卡尺测量。 　6. 现场观察检查

序号	检查重点	标　准　要　求	检查方法
7	脚手板与防护栏杆	4）应有防滑措施。 2　木脚手板、竹脚手板： 1）不得使用扭曲变形、劈裂、腐朽的脚手板。 **9.0.11**　脚手板应铺设牢靠、严实，并应用安全网双层兜底。施工层以下每隔10m应用安全网封闭。 **2. 建筑行业标准《建筑施工安全检查标准》（JGJ 59—2011）** **3.3.3**　扣件式钢管脚手架保证项目的检查评定应符合下列规定： 5　脚手板与防护栏杆 1）脚手板材质、规格应符合规范要求，铺板应严密、牢靠。 2）架体外侧应采用密目式安全网封闭，网间连接应严密。 3）作业层应按规范要求设置防护栏杆。 4）作业层外侧应设置高度不小于180mm的挡脚板	
8	杆件连接	**1. 建筑行业标准《建筑施工扣件式钢管脚手架安全技术规范》（JGJ 130—2011）** **6.2.1**　纵向水平杆的构造应符合下列规定： 1　纵向水平杆应设置在立杆内侧，单根杆长度不应小于3跨。 2　纵向水平杆接长应采用对接扣件连接或搭接。并应符合下列规定： 1）两根相邻纵向水平杆的接头不应设置在同步或同跨内；不同步或不同跨两个相邻接头在水平方向错开的距离不应小于500mm；各接头中心至最近主节点的距离不应大于纵距的1/3。 2）搭接长度不应小于1m，应间距设置3个旋转扣件固定，端部扣件盖板边缘至搭接纵向水平杆杆端的距离不应小于100mm。 **6.2.2**　横向水平杆的构造应符合下列规定： 1　作业层上非主节点处的横向水平杆，宜根据支承脚手板的需要等间距设置，最大间距不应大于纵距的1/2。 2　当使用冲压钢脚手板、木脚手板、竹串片脚手板时，双排脚手架的横向水平杆两端均应采用直角扣件固定在纵向水平杆上；单排脚手架的横向水平杆的一端应用直角扣件固定在纵向水平杆上，另一端应插入墙内，插入长度不应小于180mm。 3　当使用竹笆脚手板时，双排脚手架的横向水平杆两端，应用直角扣件固定在立杆上；单排脚手架的横向水平杆的一端，应用直角扣件固定在立杆上，另一端应插入墙内，插入长度亦不应小于180mm。 **6.2.3**　主节点处必须设置一根横向水平杆，用直角扣件扣接且严禁拆除。 **6.3.5**　单排、双排与满堂脚手架立杆接长除顶层顶步外，其余各层各步接头必须采用对接扣件连接。 **6.3.6**　脚手架立杆对接、搭接应符合下列规定： 1　当立杆采用对接接长时，立杆的对接扣件应交错布置，两根相邻立杆的接头不应设置在同步内，同步内隔一根立杆的两个相隔接头在高度方向错开的距离不宜小于500mm；各接头中心至主节点的距离不宜大于步距的1/3。 2　当立杆采用搭接接长时，搭接长度不应小于1m，并应采用不少于2个旋转扣件固定。端部扣件盖板的边缘至杆端距离不应小于100mm。	1. 通用要求及检查方法见本章第二节通用规定。 2. 新采购的杆件、节点连接件、构配件查阅厂家产品型号规格、合格证等，验证是否能配套使用，满足构造要求。 3. 周转使用的旧杆件、节点连接件、构配件查阅抽检报告等资料，验证是否能配套使用，满足构造要求。 4. 可采用观测或卷尺等工具，检查搭接长度、相邻接头错开距离等指标。 5. 卷尺或钢板尺测量

续表

序号	检查重点	标　准　要　求	检查方法
8	杆件连接	**6.3.7** 脚手架立杆顶端栏杆宜高出女儿墙上端1m，宜高出檐口上端1.5m。 **7.3.5** 脚手架纵向水平杆的搭设应符合下列规定： 　1　脚手架纵向水平杆应随立杆按步搭设，并应采用直角扣件与立杆固定。 　2　纵向水平杆的搭设应符合本规范的规定。 　3　在封闭型脚手架的同一步中，纵向水平杆应四周交圈设置，并应用直角扣件与内外角部立杆固定。 **7.3.6** 脚手架横向水平杆搭设应符合下列规定： 　1　搭设横向水平杆应符合本规范的规定。 　2　双排脚手架横向水平杆的靠墙一端至墙装饰面的距离不应大于100mm。 　3　单排脚手架的横向水平杆不应设置在下列部位： 　1）设计上不允许留脚手眼的部位。 　2）过梁上与过梁两端成60°角的三角形范围内及过梁净跨度1/2的高度范围内。 　3）宽度小于1m的窗间墙。 **7.3.11** 扣件安装应符合下列规定： 　1　扣件规格必须与钢管外径相同。 　2　螺栓拧紧扭力矩不应小于40N·m，且不应大于65N·m。 　3　在主节点处固定横向水平杆、纵向水平杆、剪刀撑、横向斜撑等用的直角扣件、旋转扣件的中心点的相互距离不应大于150mm。 　4　对接扣件开口应朝上或朝内。 　5　各杆件端头伸出扣件盖板边缘长度不应小于100mm。 **2. 建筑行业标准《建筑施工安全检查标准》（JGJ 59—2011）** **3.3.4** 扣件式钢管脚手架一般项目的检查评定符合下列规定： 　1　横向水平杆设置 　1）横向水平杆应设置在纵向水平杆与立杆相交的主节点处，两端应与纵向水平杆固定。 　2）作业层应按铺设脚手板的需要增加设置横向水平杆。 　3）单排脚手架横向水平杆插入墙内不应小于180mm。 　2　杆件连接 　1）纵向水平杆杆件宜采用对接，若采用搭接，其搭接长度不应小于1m，且固定应符合规范要求。 　2）立杆除顶层顶步外，不得采用搭接。 　3）扣件紧固力矩不应小于40N·m，且不应大于65N·m。 **3. 电力行业标准《电力建设安全工作规程　第1部分：火力发电》（DL 5009.1—2014）** **4.8.2** 扣件式钢管脚手架应符合下列规定： 　3　立柱上的对接扣件应交错布置，两个相邻立柱接头不应设在同步同跨内，两相邻立柱接头在高度方向错开的距离不应小于500mm。 　7　扣件规格应与钢管外径相同，各杆件端头伸出扣件盖板边缘的长度不应小于100mm	

续表

序号	检查重点	标 准 要 求	检查方法
9	安全防护	**1. 建筑行业标准《建筑施工扣件式钢管脚手架安全技术规范》（JGJ 130—2011）** 9.0.12 单、双排脚手架沿架体外围应用密目式安全网全封闭，密目式安全网宜设置在脚手架外立杆的内侧，并应与架体绑扎牢固。 9.0.16 临街搭设脚手架时，外侧应有防止坠物伤人的防护措施。 9.0.18 工地临时用电线路的架设及脚手架接地、避雷措施等，应按现行行业标准《施工现场临时用电安全技术规范》JGJ 46 的有关规定执行。 9.0.19 搭拆脚手架时，地面应设围栏和警戒标志，并应派专人看守，严禁非操作人员入内。 **2. 建筑行业标准《建筑施工安全检查标准》（JGJ 59—2011）** 3.3.4 扣件式钢管脚手架一般项目的检查评定应符合下列规定： 3 层间防护 1）作业层脚手板下应采用安全平网兜底，以下每隔 10m 应采用安全平网封闭。 2）作业层里排架体与建筑物之间应采用脚手板或安全平网封闭。 5 通道 1）架体应设置供人员上下的专用通道。 2）专用通道的设置应符合规范要求	1. 通用要求及检查方法见本章第二节通用规定。 2. 卷尺或钢板尺等工具测量。 3. 接地电阻测试仪器测量。 4. 现场观测检查
10	检查验收	**1. 建筑行业标准《建筑施工扣件式钢管脚手架安全技术规范》（JGJ 130—2011）** 7.1.2 应按本规范规定和脚手架专项施工方案要求对钢管、扣件、脚手板、可调托撑等进行检查验收，不合格产品不得使用。 8.1.1 新钢管的检查应符合下列规定： 1 应有产品质量合格证。 3 钢管表面应平直光滑，不应有裂缝、结疤、分层、错位、硬弯、毛刺、压痕和深的划道。 8.1.2 旧钢管的检查应符合下列规定： 1 锈蚀检查应每年一次。检查时，应在锈蚀严重的钢管中抽取三根，在每根锈蚀严重的部位横向截断取样检查，当锈蚀深度超过规定值时不得使用。 8.1.3 扣件验收应符合下列规定： 1 扣件应有生产许可证、法定检测单位的测试报告和产品质量合格证。 2 新、旧扣件均应进行防锈处理。 8.1.4 扣件进入施工现场应检查产品合格证，并应进行抽样复试。扣件在使用前应逐个挑选，有裂缝、变形、螺栓出现滑丝的严禁使用。 8.2.1 脚手架及其地基基础应在下列阶段进行检查与验收： 1 基础完工后及脚手架搭设前。 2 作业层上施加荷载前。 3 每搭设完 6m～8m 高度后。 4 达到设计高度后。 5 遇有六级强风及以上风或大雨后，冻结地区解冻后。 6 停用超过一个月。	1. 通用要求及检查方法见本章第二节通用规定。 2. 查阅产品质量合格证、质量检验报告、复验记录等资料。 3. 查阅阶段检查与验收记录、技术交底文件。 4. 外观检查。 5. 扭力扳手检查拧紧扭力矩

序号	检查重点	标 准 要 求	检查方法
10	检查验收	**8.2.2** 应根据下列技术文件进行脚手架检查、验收： 1 本规范第8.2.3～8.2.5条的规定； 2 专项施工方案及变更文件。 3 技术交底文件。 4 构配件质量检查表。 **8.2.5** 安装后的扣件螺栓拧紧扭力矩应采用扭力扳手检查，抽样方法应按随机分布原则进行。不合格的必须重新拧紧至合格。 **9.0.3** 脚手架的构配件质量与搭设质量，应进行检查验收，并应确认合格后使用。 **2. 建筑行业标准《建筑施工安全检查标准》（JGJ 59—2011）** **3.3.3** 扣件式钢管脚手架保证项目的检查评定应符合下列规定： 6 交底与验收 2）当架体分段搭设、分段使用时，应进行分段验收。 3）搭设完毕应办理验收手续，验收应有量化内容并经责任人签字确认	
11	使用与检测	**建筑行业标准《建筑施工扣件式钢管脚手架安全技术规范》（JGJ 130—2011）** **8.2.3** 脚手架使用中，应定期检查下列要求内容： 1 杆件的设置和连接，连墙件、支撑、门洞桁架等的构造应符合本规范和专项施工方案要求。 2 地基应无积水，底座应无松动，立杆应无悬空。 3 扣件螺栓应无松动。 4 高度在24m以上的双排、满堂脚手架，其立杆的沉降与垂直度的偏差应符合本规范的规定。 5 安全防护措施应符合本规范要求。 6 应无超载使用。 **9.0.5** 作业层上的施工荷载应符合设计要求，不得超载。不得将模板支架、缆风绳、泵送混凝土和砂浆的输送管等固定在架体上；严禁悬挂起重设备，严禁拆除或移动架体上安全防护设施。 **9.0.14** 当在脚手架使用过程中开挖脚手架基础下的设备或管沟时，必须对脚手架采取加固措施。 **9.0.17** 在脚手架上进行电、气焊作业时，应有防火措施和专人看守	1. 通用要求及检查方法见本章第二节通用规定。 2. 查阅安全检查记录等资料。 3. 现场观察检查
12	架体拆除	**1. 建筑行业标准《建筑施工扣件式钢管脚手架安全技术规范》（JGJ 130—2011）** **7.4.1** 脚手架拆除应按专项方案施工，拆除前应做好下列准备工作： 1 应全面检查脚手架的扣件连接、连墙件、支撑体系等是否符合构造要求。 2 应根据检查结果补充完善脚手架专项方案中的拆除顺序和措施，经审批后方可实施。 3 拆除前应对施工人员进行交底。 4 应清除脚手架上杂物及地面障碍物。	1. 通用要求及检查方法见本章第二节通用规定。 2. 查阅专项施工方案、交底记录。 3. 现场观察检查

续表

序号	检查重点	标 准 要 求	检查方法
12	架体拆除	**7.4.2** 单、双排脚手架拆除作业必须由上而下逐层进行，严禁上下同时作业；连墙件必须随脚手架逐层拆除，严禁先将连墙件整层或数层拆除后再拆脚手架；分段拆除高差大于两步时，应增设连墙件加固。 **7.4.3** 当脚手架拆至下部最后一根长立杆的高度（约6.5m）时，应先在适当位置搭设临时抛撑加固后，再拆除连墙件。当单、双排脚手架采取分段、分立面拆除时，对不拆除的脚手架两端，应先按本规范的有关规定设置连墙件和横向斜撑加固。 **7.4.4** 架体拆除作业应设专人指挥，当有多人同时操作时，应明确分工、统一行动，且应具有足够的操作面。 **7.4.5** 卸料时各构配件严禁抛掷至地面。 **9.0.13** 在脚手架使用期间，严禁拆除下列杆件： 1 主节点处的纵、横向水平杆，纵、横向扫地杆。 2 连墙件。 **2. 电力行业标准《电力建设安全工作规程 第1部分：火力发电》（DL 5009.1—2014）** **4.8.2** 扣件式钢管脚手架应符合下列规定： 8 当脚手架采取分段、分立面拆除时，对不拆除的脚手架两端，应先设置连墙件和横向支撑加固	

第四节 悬挑式脚手架

一、术语或定义

悬挑式脚手架是指架体结构卸荷在附着于建筑结构的刚性悬挑梁（架）上的脚手架，用于建筑施工中的主体或装修工程的作业及其安全防护需要，每段搭设高度不宜大于20m。通常适用于钢筋混凝土结构、钢结构高层或超高层，建筑施工中的主体或装修工程的作业平台和安全防护需要。

（1）门式钢管脚手架：指以门架、交叉支撑、连接棒、水平架、锁臂、底座等组成基本结构，再以水平加固杆、剪刀撑、扫地杆加固，能承受相应荷载，具有安全防护功能，为建筑施工提供作业条件的一种定型化钢管脚手架。包括门式作业脚手架和门式支撑架。简称门式脚手架。

（2）门式脚手架：指采用连墙件与建筑物主体结构附着连接，为建筑施工提供作业平台和安全防护的门式钢管脚手架。包括落地作业脚手架、悬挑脚手架、架体构架以门架搭设的建筑施工用附着式升降作业安全防护平台。

（3）门架：是门式脚手架的主要构件，其受力杆件为焊接钢管，为由立杆、横杆、加强杆及锁销等相互焊接组成的门字形框架式结构件。

二、主要检查内容

悬挑式脚手架安全检查重点、要求及方法见表2-4-3。

表 2－4－3　　　　　　　悬挑式脚手架安全检查重点、要求及方法

序号	检查重点	标 准 要 求	检查方法
1	脚手架搭拆人员资格要求	建筑行业标准《建筑施工门式钢管脚手架安全技术标准》（JGJ/T 128—2019） 9.0.1　搭拆门式脚手架应由架子工担任，并应经岗位作业能力培训考核合格后，持证上岗	通用要求及检查方法见本章第二节通用规定
2	施工方案与交底	1. 建筑行业标准《建筑施工门式钢管脚手架安全技术标准》（JGJ/T 128—2019） 7.1.1　门式脚手架搭设与拆除作业前，应根据工程特点编制专项施工方案，经审核批准后方可实施。专项施工方案应向作业人员进行安全技术交底，并应由安全技术交底双方书面签字确认。 7.1.2　门式脚手架搭拆施工的专项施工方案，应包括下列内容： 　1　工程概况、设计依据、搭设条件、搭设方案设计。 　2　搭设施工图： 　　1）架体的平面图、立面图、剖面图。 　　2）脚手架连墙件的布置及构造图。 　　3）脚手架转角、通道口的构造图。 　　4）脚手架斜梯布置及构造图。 　　5）重要节点构造图。 　3　基础做法及要求。 　4　架体搭设及拆除的程序和方法。 　5　季节性施工措施。 　6　质量保证措施。 　7　架体搭设、使用、拆除的安全、环保、绿色文明施工措施。 　8　设计计算书。 　9　悬挑脚手架搭设方案设计。 　10　应急预案。 9.0.3　门式脚手架使用前，应向作业人员进行安全技术交底。 2. 建筑行业标准《建筑施工安全检查标准》（JGJ 59—2011） 3.8.3　悬挑式脚手架保证项目的检查评定应符合下列规定： 　1　施工方案 　　1）架体搭设应编制专项施工方案，结构设计应进行计算。 　　2）架体搭设超过规范允许高度，专项施工方案应按规定组织专家论证。 　　3）专项施工方案应按规定进行审核、审批。 　6　交底与验收 　　1）架体搭设前应进行安全技术交底，并应有文字记录	通用要求及检查方法见本章第二节通用规定
3	构配件材质	1. 建筑行业标准《建筑施工扣件式钢管脚手架安全技术规范》（JGJ 130—2011） 6.10.3　用于锚固的 U 形钢筋拉环或螺栓应采用冷弯成型。U 形钢筋拉环、锚固螺栓与型钢间隙应用钢楔或硬木楔楔紧。 6.10.4　钢丝绳与建筑结构拉结的吊环应使用 HPB235 级钢筋，其直径不宜小于 20mm，吊环预埋锚固长度应符合现行国家标准《混凝土结构设计规范》GB 50010 中钢筋锚固的规定 2. 建筑行业标准《建筑施工门式钢管脚手架安全技术标准》（JGJ/T 128—2019） 3.0.4　门式脚手架所用门架及配套的钢管应符合现行国家标准	1. 通用要求及检查方法见本章第二节通用规定。 2. 卷尺、钢板尺等工具测量。 3. 游标卡尺测量。 4. 扭力扳手抽查扣件紧固力矩。 5. 现场观察检查。

续表

序号	检查重点	标 准 要 求	检查方法
3	构配件材质	《直缝电焊钢管》GB/T 13793 或《低压流体输送用焊接钢管》GB/T 3091 中规定的普通钢管，其材质应符合现行国家标准《碳素结构钢》GB/T 700 中 Q235 级钢或《低合金高强度结构钢》GB/T 1591 中 Q345 级钢的规定。宜采用规格为 $\phi42mm\times2.5mm$ 的钢管，也可采用直径 $\phi48mm\times3.5mm$ 的钢管；相应的扣件规格也应分别为 $\phi42mm$、$\phi48mm$ 或 $\phi42mm/\phi48mm$。水平加固杆、剪刀撑、斜撑杆等加固杆件的材质与规格应与门架配套，其承载力不应低于门架立杆。 3.0.5 门架钢管不得接长使用。当门架钢管壁厚存在负偏差时，宜选用热镀锌钢管。 3.0.6 门架与配件规格、型号应统一，应具有良好的互换性，应有生产厂商的标志，其外观质量应符合下列规定： 　1 不得使用带有裂纹、折痕、表面明显凹陷、严重锈蚀的钢管。 　2 冲压件不得有毛刺、裂纹、明显变形、氧化皮等缺陷。 　3 焊接件的焊缝应饱满，焊渣应清除干净，不得有未焊透、夹渣、咬肉、裂纹等缺陷。 3.0.8 铸造生产的扣件应采用可锻铸铁或铸钢制作。连接外径为 $\phi42mm/\phi48mm$ 钢管的扣件应有明显标记。 3.0.9 底座和托座应经设计计算后加工制作，……并应符合下列规定： 　1 底座和托座的承载力极限值不应小于 40kN。 　2 底座的钢板厚度不应小于 6mm，托座 U 形钢板厚度不应小于 5mm，钢板与螺杆应采用环焊，焊缝高度不应小于钢板厚度，并宜设置加劲板。 　3 可调底座和可调托座螺杆直径应与门架立杆钢管直径配套，插入门架立杆钢管内的间隙不应大于 2mm。 　4 可调底座和可调托座螺杆与可调螺母啮合的承载力应高于可调底座和可调托座的承载力，螺母厚度不应小于 30mm，螺母与螺杆的啮合齿数不应少于 6 扣。 　5 可调托座和可调底座螺杆宜采用实心螺杆；当采用空心螺杆时，壁厚不应小于 6mm，并应进行承载力试验。 3.0.10 连墙件宜采用钢管或型钢制作，其材质应符合现行国家标准《碳素结构钢》GB/T 700 中 Q235 级钢或《低合金高强度结构钢》GB/T 1591 中 Q345 级钢的规定。 6.3.5 用于型钢悬挑梁锚固的 U 形钢筋拉环或螺栓应采用冷弯成型，钢筋直径不应小于 16mm。 6.3.11 每个型钢悬挑梁外端宜设置钢拉杆或钢丝绳与上部建筑结构斜拉结，并应符合下列规定： 　2 刚性拉杆或钢丝绳与建筑结构拉结的吊环宜采用 HPB300 级钢筋制作，其直径不宜小于 $\phi18mm$，吊环预埋锚固长度应符合现行国家标准《混凝土结构设计规范》GB 50010 的规定。 **3. 建筑行业标准《建筑施工安全检查标准》（JGJ 59—2011）** 3.8.4 悬挑式脚手架一般项目的检查评定应符合下列规定： 　4 构配件材质 　1）型钢、钢管、构配件规格材质应符合规范要求。 　2）型钢、钢管弯曲、变形、锈蚀应在规范允许范围内。 **4. 电力行业标准《电力建设安全工作规程 第 1 部分：火力发电》（DL 5009.1—2014）** 4.8.6 悬挑式脚手架应符合下列规定： 　3 构件焊缝的高度和长度应满足设计要求，不得有焊接裂缝、构件变形、锈蚀等缺陷。 　6 不得采用冷加工钢筋制作拉环和锚环	

序号	检查重点	标 准 要 求	检查方法
4	立杆基础	**1. 国家标准《建筑施工脚手架安全技术统一标准》（GB 51210—2016）** **8.2.6** 悬挑脚手架立杆底部应与悬挑支承结构可靠连接；应在立杆底部设置纵向扫地杆，并应间断设置水平剪刀撑或水平斜撑杆。 **2. 建筑行业标准《建筑施工门式钢管脚手架安全技术标准》（JGJ/T 128—2019）** **6.1.2** 上下榀门架立杆应在同一轴线位置上，门架立杆轴线的对接偏差不应大于 2mm。 **6.1.6** 底部门架的立杆下端可设置固定底座或可调底座。 **6.1.7** 可调底座和可调托座插入门架立杆的长度不应小于 150mm，调节螺杆伸出长度不应大于 200mm。 **6.6.2** 门式脚手架的搭设场地应平整坚实，并应符合下列规定： 1 回填土应分层回填，逐层夯实。 2 场地排水应顺畅，不应有积水。 **6.6.3** 搭设门式作业脚手架的地面标高宜高于自然地坪标高 50mm～100mm。 **6.6.4** 当门式脚手架搭设在楼面等建筑结构上时，门架立杆下宜铺设垫板。 **7.1.4** 应清除搭设场地杂物，平整搭设场地，并应使排水畅通。 **7.1.7** 在搭设前，应根据架体结构布置先在基础上弹出门架立杆位置线，垫板、底座安放位置应准确，标高应一致。 **3. 电力行业标准《电力建设安全工作规程 第 1 部分：火力发电》（DL 5009.1—2014）** **4.8.6** 悬挑式脚手架应符合下列规定： 7 支承悬挑梁的混凝土结构的强度应大于 25MPa	1. 通用要求及检查方法见本章第二节通用规定。 2. 卷尺、钢板尺等工具测量。 3. 现场观察检查
5	架体搭设	**1. 建筑行业标准《建筑施工门式钢管脚手架安全技术标准》（JGJ/T 128—2019）** **7.1.5** 对搭设场地应进行清理、平整，并应采取排水措施。 **7.2.1** 门式脚手架的搭设程序应符合下列规定： 1 作业脚手架的搭设应与施工进度同步，一次搭设高度不宜超过最上层连墙件两步，且自由高度不应大于 4m。 3 门架的组装应自一端向另一端延伸，应自下而上按步架设，并应逐层改变搭设方向。 4 每搭设完两步门架后，应校验门架的水平度及立杆的垂直度。 5 安全网、挡脚板和栏杆应随架体的搭设及时安装。 **7.2.2** 搭设门架及配件应符合下列规定： 1 交叉支撑、水平架、脚手板应与门架同时安装。 2 连接门架的锁臂、挂钩应处于锁住状态。 3 钢梯的设置应符合专项施工方案组装布置图的要求，底层钢梯底部应加设钢管，并应采用扣件与门架立杆扣紧。 **7.2.6** 门式作业脚手架通道口的斜撑杆、托架梁及通道口两侧门架立杆的加强杆件应与门架同步搭设。 **9.0.2** 当搭拆架体时，施工作业层应临时铺设脚手板，操作人员应站在临时设置的脚手板上进行作业，并应按规定使用安全防护品，穿防滑鞋。	1. 通用要求及检查方法见本章第二节通用规定。 2. 查阅分段检查验收记录。 3. 现场观察检查。 4. 卷尺、钢板尺等工具测量。 5. 经纬仪或吊线、卷尺等工具测量。 6. 扭力扳手抽查扣件扭紧力矩

序号	检查重点	标 准 要 求	检查方法
5	架体搭设	**9.0.6** 6 级及以上强风天气应停止架上作业；雨、雪、雾天应停止门式脚手架的搭拆作业；雨、雪、霜后上架作业应采取有效的防滑措施，并应扫除积雪。 **2. 电力行业标准《电力建设安全工作规程 第 1 部分：火力发电》（DL 5009.1—2014）** **4.8.6** 悬挑式脚手架应符合下列规定： 　1 搭、拆应符合扣件式脚手架相关规定，一次悬挑脚手架高度不宜超过 20m。 　12 以钢丝绳、钢筋等作为吊拉构件的悬挑式脚手架，应有可靠的调紧装置	
6	架体稳定	**1. 建筑行业标准《建筑施工扣件式钢管脚手架安全技术规范》（JGJ 130—2011）** **6.10.1** 一次悬挑脚手架高度不宜超过 20m。 **6.10.4** 每个型钢悬挑梁外端宜设置钢丝绳或钢拉杆与上一层建筑结构斜拉结。 **6.10.10** 悬挑架的外立面剪刀撑应自下而上连续设置。 **2. 建筑行业标准《建筑施工安全检查标准》（JGJ 59—2011）** **3.8.3** 悬挑式脚手架保证项目的检查评定应符合下列规定： 　3 架体稳定 　1）立杆底部应与钢梁连接柱固定。 　2）承插式立杆接长应采用螺栓或销钉固定。 　3）纵横向扫地杆的设置应符合规范要求。 　4）剪刀撑应沿悬挑架体高度连续设置，角度应为 45°～60°。 　5）架体应按规定设置横向斜撑。 　6）架体应采用刚性连墙件与建筑结构拉结，设置的位置、数量应符合设计和规范要求。 **3. 建筑行业标准《建筑施工门式钢管脚手架安全技术标准》（JGJ/T 128—2019）** **6.1.3** 门式脚手架设置的交叉支撑应与门架立杆上的锁销锁牢，交叉支撑的设置应符合下列规定： 　1 门式作业脚手架的外侧应按步满设交叉支撑，内侧宜设置交叉支撑；当门式作业脚手架的内侧不设交叉支撑时，应符合下列规定： 　1）在门式作业脚手架内侧应按步设置水平加固杆。 　2）当门式作业脚手架按步设置挂扣式脚手板或水平架时，可在内侧的门架立杆上每 2 步设置一道水平加固杆。 **6.1.8** 门式脚手架应设置水平加固杆，水平加固杆的构造应符合下列规定： 　1 每道水平加固杆均应通长连续设置。 　2 水平加固杆应靠近门架横杆设置，应采用扣件与相关门架立杆扣紧。 　3 水平加固杆的接长应采用搭接，搭接长度不宜小于 1000mm，搭接处宜采用 2 个及以上旋转扣件扣紧。 **6.1.9** 门式脚手架应设置剪刀撑，剪刀撑的构造应符合下列规定： 　1 剪刀撑斜杆的倾角应为 45°～60°。	1. 通用要求及检查方法见本章第二节通用规定。 2. 现场观察检查。 3. 卷尺、钢板尺等工具测量。 4. 可经纬仪、角度测量仪等仪器测量

序号	检查重点	标　准　要　求	检查方法
6	架体稳定	2　剪刀撑应采用旋转扣件与门架立杆及相关杆件扣紧。 　3　每道剪刀撑的宽度不应大于6个跨距，且不应大于9m；也不宜小于4个跨距，且不宜小于6m。 　4　每道竖向剪刀撑均应由底至顶连续设置。 　5　剪刀撑斜杆的接长应符合本标准6.1.8条第3款的规定。 **6.3.9**　悬挑脚手架的底层门架立杆上应设置纵向通长扫地杆，并应在脚手架的转角处、开口处和中间间隔不超过15m的底层门架上各设置一道单跨距的水平剪刀撑，剪刀撑斜杆应与门架立杆底部扣紧。 **6.3.10**　在建筑平面转角处，型钢悬挑梁应经单独设计后设置；架体应按规定设置水平连接杆和斜撑杆。 **7.2.3**　加固杆的搭设应符合下列规定： 　1　水平加固杆、剪刀撑斜杆等加固杆件应与门架同步搭设。 　2　水平加固杆应设于门架立杆内侧，剪刀撑斜杆应设于门架立杆外侧。 **7.2.4**　门式作业脚手架连墙件的安装应符合下列规定： 　1　连墙件应随作业脚手架的搭设进度同步进行安装。 　2　当操作层高出相邻连墙件以上2步时，在上层连墙件安装完毕前，应采取临时拉结措施，直到上一层连墙件安装完毕后方可根据实际情况拆除。 **4. 电力行业标准《电力建设安全工作规程 第1部分：火力发电》（DL 5009.1—2014）** **4.8.6**　悬挑式脚手架符合下列规定： 　9　脚手架立杆应支承于悬挑承力架或纵向承力钢梁上，在脚手架全外侧立面上应设置连续剪刀撑。 　11　承力架、斜撑杆应与各主体结构连接稳固，并有防失稳措施	
7	脚手板与防护栏杆	**1. 建筑行业标准《建筑施工安全检查标准》（JGJ 59—20111）** **3.8.3**　悬挑式脚手架保证项目的检查评定应符合下列规定： 　4　脚手板 　1）脚手板材质、规格应符合规范要求。 　2）脚手板铺设应严密、牢固，探出横向水平杆长度不应大于150mm。 **3.8.4**　悬挑式脚手架一般项目的检查评定应符合下列规定： 　2　架体防护 　1）作业层应按规范要求设置防护栏杆。 　2）作业层外侧应设置高度不小于180mm的挡脚板。 　3）架体外侧应采用密目式安全网封闭，网间连接应严密。 **2. 建筑行业标准《建筑施工门式钢管脚手架安全技术标准》（JGJ/T 128—2019）** **6.3.13**　悬挑脚手架在底层应满铺脚手板，并应将脚手板固定。 **7.2.2**　搭设门架及配件应符合下列规定： 　4　在施工作业层外侧周边应设置180mm高的挡脚板和两道栏杆，上道栏杆高度应为1.2m，下道栏杆应居中设置。挡脚板和栏杆均应设置在门架立杆的内侧	1. 通用要求及检查方法见本章第二节通用规定。 2. 卷尺、钢板尺等工具测量。 3. 游标卡尺测量。 4. 现场观察检查

续表

序号	检查重点	标 准 要 求	检查方法
8	杆件连接	**1. 建筑行业标准《建筑施工安全检查标准》（JGJ 59—2011）** 3.8.4 悬挑式脚手架一般项目的检查评定应符合下列规定： 1 杆件间距 1）立杆纵、横向间距、纵向水平杆步距应符合设计和规范要求。 2）作业层应按脚手板铺设的需要增加横向水平杆。 **2. 建筑行业标准《建筑施工门式钢管脚手架安全技术标准》（JGJ/T 128—2019）** 3.0.3 门架立杆加强杆的长度不应小于门架高度的70%；门架宽度外部尺寸不宜小于800mm；门架高度不宜小于1700mm。 6.1.4 上下榀门架的组装必须设置连接棒，连接棒插入立杆的深度不应小于30mm，连接棒与门架立杆配合间隙不应大于2mm。 6.1.5 门式脚手架上下榀门架间应设置锁臂。当采用插销式或弹销式连接棒时，可不设锁臂。 6.3.6 当型钢悬挑梁与建筑结构采用螺栓钢压板连接固定时，钢压板宽厚尺寸不应小于100mm×10mm；当压板采用角钢时，角钢的规格不应小于63mm×63mm×6mm。 6.3.7 型钢悬挑梁与U形钢筋拉环或螺栓连接应紧固。当采用钢筋拉环连接时，应采用钢楔或硬木楔塞紧；当采用螺栓钢压板连接时，应采用双螺帽拧紧。 6.3.8 悬挑脚手架底层门架立杆与型钢悬挑梁应可靠连接，门架立杆不得滑动或窜动。型钢梁上应设置定位销，定位销的直径不应小于30mm，长度不应小于100mm，并应与型钢梁焊接牢固。门架立杆插入定位销后与门架立杆的间隙不宜大于3mm。 6.3.11 每个型钢悬挑梁外端宜设置钢拉杆或钢丝绳与上部建筑结构斜拉结，并应符合下列规定：1 刚性拉杆可参与型钢悬挑梁的受力计算，钢丝绳不宜参与型钢悬挑梁的受力计算，刚性拉杆与钢丝绳应有张紧措施。刚性拉杆的规格应经设计确定，钢丝绳的直径不宜小于15.5mm。 7.2.5 当加固杆、连墙件等杆件与门架采用扣件连接时，应符合下列规定： 1 扣件规格应与所连接钢管的外径相匹配。 2 扣件螺栓拧紧扭力矩值应为40N·m～65N·m。 3 杆件端头伸出扣件盖板边缘长度不应小于100mm。 **3. 电力行业标准《电力建设安全工作规程 第1部分：火力发电》（DL 5009.1—2014）** 4.8.6 悬挑式脚手架应符合下列规定： 10 悬挂式钢管吊架在搭设过程中，除立杆与横杆的扣件必须牢固外，立杆的上下两端还应加设一道保险扣件。立杆两端伸出横杆的长度不得少于200mm	1. 通用要求及检查方法见本章第二节通用规定。 2. 卷尺等工具测量。 3. 游标卡尺等工具测量。 4. 力矩扳手检查扣件螺栓拧紧力矩。 5. 现场观察检查
9	悬挑钢梁	**1. 建筑行业标准《建筑施工扣件式钢管脚手架安全技术规范》（JGJ 130—2011）** 6.10.2 型钢悬挑梁宜采用双轴对称截面的型钢。钢梁截面高度不应小于160mm。悬挑梁尾端应在两处及以上固定于钢筋混凝土梁板结构上。锚固型钢悬挑梁的U形钢筋拉环或锚固螺栓直径不小于16mm。	1. 新采购的型钢，查阅厂家产品型号规格、合格证等资料。 2. 钢尺、卷尺等工具测量。

序号	检查重点	标 准 要 求	检查方法
9	悬挑钢梁	**6.10.5** 悬挑梁悬挑长度按设计确定。固定段长度不应小于悬挑段长度的 1.25 倍。型钢悬挑梁固定端应采用 2 个（对）及以上 U 形钢筋拉环或锚固螺栓与建筑结构梁板固定，U 形钢筋拉环或锚固螺栓应预埋至混凝土梁、板底层钢筋位置，并应与混凝土梁、板底层钢筋焊接或绑扎牢固，其锚固长度应符合现行国家标准《混凝土结构设计规范》GB 50010 中钢筋锚固的规定。 **6.10.6** 当型钢悬挑梁与建筑结构采用螺栓钢压板连接固定时，钢压板尺寸不应小于 100mm×10mm（宽×厚）；当采用螺栓角钢压板连接时，角钢规格不应小于 63mm×63mm×6mm。 **6.10.7** 型钢悬挑梁悬挑端应设置能使脚手架立杆与钢梁可靠固定的定位点，定位点离悬挑梁端部不应小于 100mm。 **6.10.9** 悬挑梁间距应按悬挑架架体立杆纵距设置，每一纵距设置一根。 **2. 建筑行业标准《建筑施工安全检查标准》（JGJ 59—2011）** **3.8.3** 悬挑式脚手架保证项目的检查评定应符合下列规定： 　2 悬挑钢梁 　1）钢梁截面尺寸应经设计计算确定，且截面型式应符合设计和规范要求。 　2）钢梁锚固端长度不应小于悬挑长度的 1.25 倍。 　3）钢梁锚固处结构强度、锚固措施应符合设计和规范要求。 　4）钢梁外端应设置钢丝绳或钢拉杆与上层建筑结构拉结。 　5）钢梁间距应按悬挑架体立杆纵距设置。 **3. 建筑行业标准《建筑施工门式钢管脚手架安全技术标准》（JGJ/T 128—2019）** **3.0.11** 悬挑脚手架的悬挑梁或悬挑桁架应采用型钢制作。其材质应符合现行国家标准《碳素结构钢》GB/T 700 中 Q235B 级钢或《低合金高强度结构钢》GB/T 1591 中 Q345 级钢的规定。用于固定型钢悬挑梁或悬挑桁架的 U 形钢筋拉环或锚固螺栓材质应符合现行国家标准《钢筋混凝土用钢 第 1 部分：热轧光圆钢筋》GB 1499.1 中 HPB300 级钢筋的规定。 **6.3.1** 悬挑脚手架的悬挑支承结构应根据施工方案布设，其位置宜与门架立杆对应，每一跨距宜设置一根型钢悬挑梁，并应按确定的位置设置预埋件。 **6.3.2** 当型钢悬挑梁与建筑结构采用螺栓钢压板连接固定时，钢压板尺寸不应小于 100mm×10mm（宽×厚）；当采用螺栓角钢压板连接时，角钢规格不应小于 63mm×63mm×6mm。 **6.3.3** 型钢悬挑梁宜采用双轴对称截面的型钢，型钢截面型号应经设计确定。 **6.3.4** 对锚固型钢悬挑梁的楼板应进行设计验算，当承载力不能满足要求时，应采取在楼板内增配钢筋、对楼板进行反支撑等措施。型钢悬挑梁的锚固段压点宜采用不少于 2 个（对）预埋 U 形钢筋拉环或螺栓固定；锚固位置的楼板厚度不应小于 100mm，混凝土强度不应低于 20MPa。U 形钢筋拉环或螺栓应埋在梁板下排钢筋的上边，用于锚固 U 形钢筋拉环或螺栓的锚固钢筋应与结构钢筋焊接或绑扎牢固，其锚固长度应符合现行国家标准《混凝土结构设计规范》GB 50010 中钢筋锚固的规定。	3. 现场观察检查。 4. 现场抽查询问作业人员

续表

序号	检查重点	标　准　要　求	检查方法
9	悬挑钢梁	**4. 电力行业标准《电力建设安全工作规程 第 1 部分：火力发电》（DL 5009.1—2014）** 4.8.6　悬挑式脚手架应符合下列规定： 　2　悬挑梁应选用双轴对称截面的型钢。 　5　悬挑梁尾端应至少有两处固定于建（构）筑物的结构上，固定段长度不应小于悬挑段长度的 1.25 倍。 　6　锚固型钢悬挑梁的 U 形钢筋拉环或锚固螺栓直径不宜小于 16mm。钢筋拉环、锚固螺栓与型钢间隙应用钢楔或硬木楔楔紧，悬挑梁严禁晃动	
10	安全防护	**1. 建筑行业标准《建筑施工安全检查标准》（JGJ 59—2011）** 3.8.4　悬挑式脚手架一般项目的检查评定应符合下列规定： 　3　层间防护 　1）架体作业层脚手板下应采用安全平网兜底，以下每隔 10m 应采用安全平网封闭。 　2）作业层里排架体与建筑物之间应采用脚手板或安全平网封闭。 　3）架体底层沿建筑结构边缘在悬挑钢梁与悬挑钢梁之间应采取措施封闭。 　4）架体底层应进行封闭。 **2. 建筑行业标准《建筑施工门式钢管脚手架安全技术标准》（JGJ/T 128—2019）** 3.0.7　当交叉支撑、锁臂、连接棒等配件与门架相连时，应有防止退出松脱的构造，当连接棒与锁臂一起应用时，连接棒可不受此限。水平架、脚手板、钢梯与门架的挂扣连接应有防止脱落的构造。 9.0.11　门式作业脚手架临街及转角处的外侧立面应按步采取硬防护措施，硬防护的高度不应小于 1.2m，转角处硬防护的宽度应为作业脚手架宽度。 9.0.12　门式作业脚手架外侧应设置密目式安全网，网间应严密。 9.0.13　门式作业脚手架与架空输电线路的安全距离、工地临时用电线路架设及作业脚手架接地、防雷措施，应按现行行业标准《施工现场临时用电安全技术规范》JGJ 46 的有关规定执行	1. 通用要求及检查方法见本章第二节通用规定。 2. 查阅密目式安全网质量合格证及验收记录等资料。 3. 卷尺、钢板尺等工具测量。 4. 接地电阻测试仪器测量。 5. 现场观察检查
11	检查验收	**1. 建筑行业标准《建筑施工安全检查标准》（JGJ 59—2011）** 3.8.3　悬挑式脚手架保证项目的检查评定应符合下列规定： 　6　交底与验收 　2）架体分段搭设、分段使用时，应进行分段验收。 　3）搭设完毕应办理验收手续，验收应有量化内容并经责任人签字确认。 **2. 建筑行业标准《建筑施工门式钢管脚手架安全技术标准》（JGJ/T 128—2019）** 7.1.3　门架与配件、加固杆等在使用前应进行检查和验收。 7.1.6　悬挑脚手架搭设前应检查预埋件和支撑型钢悬挑梁的混凝土强度。 8.1.1　门式脚手架搭设前，应按现行行业标准《门式钢管脚手架》JG 13 的规定对门架与配件的基本尺寸、质量和性能进行检查，确认合格后方可使用。	1. 通用要求及检查方法见本章第二节通用规定。 2. 查阅产品质量合格证、质量检验报告、复验记录等资料。 3. 查阅阶段检查与验收记录、定期维护检查记录。 4. 卷尺、钢板尺等工具测量。 5. 游标卡尺等工具测量。 6. 现场观察检查

序号	检查重点	标 准 要 求	检查方法
11	检查验收	**8.1.2** 施工现场使用的门架与配件应具有产品质量合格证，应标志清晰，并应符合下列规定： 　1　门架与配件表面应平直光滑，焊缝应饱满，不应有裂缝、开焊、焊缝错位、硬弯、凹痕、毛刺、锁柱弯曲等缺陷。 　2　门架与配件表面应涂刷防锈漆或镀锌。 　3　门架与配件上的止退和锁紧装置应齐全、有效。 **8.1.3** 周转使用的门架与配件，应按本标准附录 A 的规定经分类检查确认为 A 类方可使用；B 类、C 类应经维修或试验后维修达到 A 类方可使用；不得使用 D 类门架与配件。 **8.1.4** 在施工现场每使用一个安装拆除周期后，应对门架和配件采用目测、尺量的方法检查一次。当进行锈蚀深度检查时，应按本标准附录 A 第 A.3 节的规定抽取样品，在每个样品锈蚀严重的部位宜采用测厚仪或横向截断的方法取样检测，当锈蚀深度超过规定值时不得使用。 **8.1.5** 加固杆、连接杆等所用钢管和扣件的质量应符合下列规定： 　1　当钢管壁厚的负偏差超过 −0.2mm 时，不得使用。 　2　不得使用有裂缝、变形的扣件，出现滑丝的螺栓应进行更换。 　3　钢管和扣件宜涂有防锈漆。 **8.1.6** 底座和托座在使用前应对调节螺杆与门架立杆配合间隙进行检查。 **8.1.7** 连墙件、型钢悬挑梁、U 形钢筋拉环或锚固螺栓，在使用前应进行外观质量检查。 **8.2.1** 搭设前，应对门式脚手架的地基与基础进行检查，经检验合格后方可搭设。 **8.2.2** 门式作业脚手架每搭设 2 个楼层高度或搭设完毕，门式支撑架每搭设 4 步高度或搭设完毕，应对搭设质量及安全进行一次检查，经检验合格后方可交付使用或继续搭设。 **8.2.3** 在门式脚手架搭设质量验收时，应具备下列文件： 　1　专项施工方案。 　2　构配件与材料质量的检验记录。 　3　安全技术交底及搭设质量检验记录。 **8.2.4** 门式脚手架搭设质量验收应进行现场检验，在进行全数检查的基础上，应对下列项目进行重点检验，并应记入搭设质量验收记录： 　1　构配件和加固杆的规格、品种应符合设计要求，质量应合格，构造设置应齐全，连接和挂扣应紧固可靠。 　2　基础应符合设计要求，应平整坚实。 　3　门架跨距、间距应符合设计要求。 　4　连墙件设置应符合设计要求，与建筑结构、架体连接应可靠。 　5　加固杆的设置应符合设计要求。 　6　门式作业脚手架的通道口、转角等部位搭设应符合构造要求。 　7　架体垂直度及水平度应经检验合格。 　8　悬挑脚手架的悬挑支承结构及与建筑结构的连接固定应符合设计要求，U 形钢筋拉环或锚固螺栓的隐蔽验收应合格。 　9　安全网的张挂及防护栏杆的设置应齐全、牢固。	

续表

序号	检查重点	标准要求	检查方法
11	检查验收	**8.2.6** 门式脚手架扣件拧紧力矩的检查与验收，应符合现行行业标准《建筑施工扣件式钢管脚手架安全技术规范》JGJ 130 的规定。 **3. 电力行业标准《电力建设安全工作规程 第 1 部分：火力发电》（DL 5009.1—2014）** **4.8.6** 悬挑式脚手架应符合下列规定： 　3 制作悬挑承力架的材料应有产品合格证、质量检验报告等质量证明文件	
12	使用与检测	**建筑行业标准《建筑施工门式钢管脚手架安全技术标准》（JGJ/T 128—2019）** **8.3.1** 门式脚手架在使用过程中应进行日常维护检查，发现问题应及时处理，并应符合下列规定： 　1 地基应无积水，垫板及底座应无松动，门架立杆应无悬空。 　2 架体构造应完整，无人为拆除，加固杆、连墙件应无松动，架体应无明显变形。 　3 锁臂、挂扣件、扣件螺栓应无松动。 　4 杆件、构配件应无锈蚀、无泥浆等污染。 　5 安全网、防护栏杆应无缺失、损坏。 　6 架体上或架体附近不得长期堆放可燃易燃物料。 　7 应无超载使用。 **8.3.2** 门式脚手架在使用过程中遇有下列情况时，应进行检查，确认安全后方可继续使用： 　1 遇有 8 级以上强风或大雨后。 　2 冻结的地基土解冻后。 　3 停用超过一个月，复工前。 　4 架体遭受外力撞击等作用后。 　5 架体部分拆除后。 　6 其他特殊情况。 **9.0.4** 门式脚手架作业层上的荷载不得超过设计荷载，门式作业脚手架同时满载作业的层数不应超过 2 层。 **9.0.5** 严禁将支撑架、缆风绳、混凝土输送泵管、卸料平台及大型设备的支承件等固定在作业脚手架上；严禁在门式作业脚手架上悬挂起重设备。 **9.0.7** 门式脚手架在使用期间，当预见可能有强风天气所产生的风压值超出设计的基本风压值时，应对架体采取临时加固等防风措施。 **9.0.8** 在门式脚手架使用期间，立杆基础下及附近不宜进行挖掘作业；当因施工需进行挖掘作业时，应对架体采取加固措施。 **9.0.14** 在门式脚手架上进行电气焊和其他动火作业时，应符合现行国家标准《建设工程施工现场消防安全技术规范》GB 50720 的规定，应采取防火措施，并应设专人监护。 **9.0.15** 不得攀爬门式作业脚手架。 **9.0.17** 对门式脚手架应进行日常性的检查和维护，架体上的建筑垃圾或杂物应及时清理。 **9.0.19** 当门式脚手架在使用过程中出现安全隐患时，应及时排除；当出现可能危及人身安全的重大隐患时，应停止架上作业，撤离作业人员，并应由专业人员组织检查、处置	1. 通用要求及检查方法见本章第二节通用规定。 2. 查阅安全检查记录、维护保养记录等资料。 3. 现场观察检查

续表

序号	检查重点	标 准 要 求	检查方法
13	架体拆除	**1. 建筑行业标准《建筑施工门式钢管脚手架安全技术标准》(JGJ/T 128—2019)** **7.3.1** 架体拆除应按专项施工方案实施，并应在拆除前做好下列准备工作： 1 应对拆除的架体进行拆除前检查，当发现有连墙件、加固杆缺失，拆除过程中架体可能倾斜失稳的情况时，应先行加固后再拆除。 2 应根据拆除前的检查结果补充完善专项施工方案。 3 应清除架体上的材料、杂物及作业面的障碍物。 **7.3.2** 门式脚手架拆除作业应符合下列规定： 1 架体的拆除应从上而下逐层进行。 2 同层杆件和构配件应按先外后内的顺序拆除，剪刀撑、斜撑杆等加固件应在拆卸至该部位杆件时再拆除。 3 连墙件应随门式作业脚手架逐层拆除，不得先将连墙件整层或数层拆除后再拆架体。拆除作业过程中，当架体的自由高度大于2步时，应加设临时拉结。 **7.3.3** 当拆卸连接部件时，应先将止退装置旋转至开启位置，然后拆除，不得硬拉、敲击。拆除作业中，不应使用手锤等硬物击打、撬别。 **7.3.4** 当门式作业脚手架分段拆除时，应先对不拆除部分架体的两端加固后再进行拆除作业。 **7.3.5** 门架与配件应采用机械或人工运至地面，严禁抛掷。 **7.3.6** 拆卸的门架与配件、加固杆等不得集中堆放在未拆架体上，并应及时检查、整修和保养，宜按品种、规格分别存放。 **9.0.10** 门式作业脚手架在使用期间，不应拆除加固杆、连墙件、转角处连接杆、通道口斜撑杆等加固杆件。 **2. 电力行业标准《电力建设安全工作规程 第 1 部分：火力发电》(DL 5009.1—2014)** **4.8.6** 悬挑式脚手架应符合下列规定： 13 严禁任意拆除型钢悬挑构件、松动型钢悬挑结构锚环、螺栓及其锁定装置	1. 通用要求及检查方法见本章第二节通用规定。 2. 查阅专项施工方案。 3. 查阅拆除前安全检查记录。 4. 实地观察检查

第五节 承插型盘扣式脚手架

一、术语或定义

承插型盘扣式脚手架根据使用用途可分为支撑脚手架和作业脚手架。立杆之间采用外套管或内插管连接，水平杆和斜杆采用杆端扣接头卡入连接盘，用楔形插销连接，能承受相应的荷载，并具有作业安全和防护功能的结构架体。

（1）基座：指焊接有连接盘和连接套管，底部插入可调底座，顶部可插接立杆的竖向杆件。

（2）可调底座：指插入立杆底端可调节高度的底座。

（3）可调托撑：指插入立杆顶端可调节高度的托撑。

（4）连接盘：指焊接于立杆上可扣接8个方向扣接头的八边形或圆环形八孔板。

（5）盘扣节点：指脚手架立杆上的连接盘与水平杆及斜杆端上的扣接头用插销组合的连接。

（6）扣接头：指位于水平杆或斜杆杆件端头与立杆上的连接盘快速扣接的零件。

（7）插销：指装配在扣接头内，用于固定扣接头与连接盘的专用楔形零件。

二、主要检查内容

承插型盘扣式脚手架安全检查重点、要求及方法见表2-4-4。

表2-4-4　　　　　承插型盘扣式脚手架安全检查重点、要求及方法

序号	检查重点	标 准 要 求	检查方法
1	脚手架搭拆人员资格要求	建筑行业标准《建筑施工承插型盘扣式钢管脚手架安全技术标准》（JGJ/T 231—2021） 7.1.2 操作人员应经过专业技术培训和专业考试合格后，持证上岗	通用要求及检查方法见本章第二节通用规定
2	施工方案与交底	1. 建筑行业标准《建筑施工承插型盘扣式钢管脚手架安全技术标准》（JGJ/T 231—2021） 7.1.1 脚手架施工前应根据施工现场情况、地基承载力、搭设高度编制专项施工方案，并应经审核批准后实施。 7.1.2 ……脚手架搭设前，应按专项施工方案的要求对操作人员进行技术和安全作业交底。 7.2.1 专项施工方案应包括下列内容： 1 编制依据：相关法律、法规、规范性文件、标准及施工图设计文件、施工组织设计等。 2 工程概况：危险性较大的分部分项工程概况和特点、施工平面布置、施工要求和技术保证条件。 3 施工计划：包括施工进度计划、材料与设备计划。 4 施工工艺技术：技术参数、工艺流程、施工方法、操作要求、检查要求等。 5 施工安全质量保证措施：组织保障措施、技术措施、监测监控措施。 6 施工管理及作业人员配备和分工：施工管理人员、专职安全生产管理人员、特种作业人员、其他作业人员等。 7 验收要求：验收标准、验收程序、验收内容、验收人员等。 8 应急处置措施。 9 计算书及相关施工图纸。 2. 建筑行业标准《建筑施工安全检查标准》（JGJ 59—2011） 3.6.3 承插型盘扣式钢管脚手架保证项目的检查评定应符合下列规定： 1 施工方案 1）架体搭设应编制专项施工方案，结构设计应进行计算。 2）专项施工方案应按规定进行审核、审批。 6 交底与验收 1）架体搭设前应进行安全技术交底，并应有文字记录	通用要求及检查方法见本章第二节通用规定

续表

序号	检查重点	标 准 要 求	检查方法
3	构配件材质	**1. 建筑行业标准《建筑施工承插型盘扣式钢管脚手架安全技术标准》（JGJ/T 231—2021）** 3.0.1 脚手架构件、材料及其制作质量应符合现行行业标准《承插型盘扣式钢管支架构件》JG/T 503 的规定。 **2. 建筑行业标准《承插型盘扣式钢管支架构件》（JG/T 503—2016）** 4.1.2 标准型支架的立杆钢管的外径应为 48.3mm，水平杆和水平斜杆钢管的外径应为 48.3mm，竖向斜杆钢管的外径可为 33.7mm、38mm、42.4mm 和 48.3mm，可调底座和可调托撑丝杆的外径应为 38mm。 4.1.3 重型支架的立杆钢管的外径应为 60.3mm，水平杆和水平斜杆钢管的外径应为 48.3mm，竖向斜杆钢管的外径可为 33.7mm、38mm、42.4mm 和 48.3mm，可调底座和可调托撑丝杆的外径应为 48mm。 5.1.2 立杆不应低于 GB/T 1591 中 Q345 的规定；水平杆和水平斜杆不应低于 GB/T 700 中 Q235 的规定；竖向斜杆不应低于 GB/T 700 中 Q195 的规定。 5.2.1 立杆、水平杆、斜杆及构配件内外表面应热浸镀锌，不应涂刷油漆和电镀锌，构件表面应光滑，在连接处不应有毛刺、滴瘤和结块，镀层应均匀、牢固。 5.2.3 铸件表面应做光整处理，不应有裂纹、气孔、缩松、砂眼等铸造缺陷，应将粘砂、浇冒口残余、批缝、毛刺、氧化皮等清除干净。 5.2.4 冲压件应去毛刺，无裂纹、氧化皮等缺陷。 5.2.5 制作构件的钢管不应接长使用。 **3. 建筑行业标准《建筑施工安全检查标准》（JGJ 59—2011）** 3.6.4 承插型盘扣式钢管脚手架一般项目的检查评定应符合下列规定： 　3 构配件材质 　1) 架体构配件的规格、型号、材质应符合规范要求。 　2) 钢管不应有严重的弯曲、变形、锈蚀。 **4. 电力行业标准《电力建设安全工作规程 第 1 部分：火力发电》（DL 5009.1—2014）** 4.8.5 承插型盘扣式钢管脚手架应符合下列规定： 　1 主要构件种类、规格、材质、质量标准、地基承载力计算应符合《建筑施工承插型盘扣式钢管支架安全技术规程》JGJ 231 的要求	1. 通用要求及检查方法见本章第二节通用规定。 2. 游标卡尺测量。 3. 现场观察检查
4	架体基础	**1. 建筑行业标准《建筑施工承插型盘扣式钢管脚手架安全技术标准》（JGJ/T 231—2021）** 7.3.1 脚手架基础应按专项施工方案进行施工。 7.3.2 土层地基上的立杆下应采用可调底座和垫板，垫板的长度不宜少于 2 跨。 7.3.3 当地基高差较大时，可利用立杆节点位差配合可调底座进行调整。 **2. 建筑行业标准《建筑施工安全检查标准》（JGJ 59—2011）** 3.6.3 承插型盘扣式钢管脚手架保证项目的检查评定应符合下列规定：	1. 通用要求及检查方法见本章第二节通用规定。 2. 查阅专项施工方案。 3. 现场观察检查

序号	检查重点	标 准 要 求	检查方法
4	架体基础	2 架体基础 1）立杆基础应按方案要求平整、夯实，并应采取排水措施。 2）土层地基上立杆底部必须设置垫板和可调底座，并应符合规范要求。 3）架体纵、横向扫地杆设置应符合规范要求。 **3. 电力行业标准《电力建设安全工作规程 第 1 部分：火力发电》（DL 5009.1—2014）** **4.8.5** 承插型盘扣式钢管脚手架应符合下列规定： 5 直接支承在土体上的模板支架及脚手架，立杆底部应设置可调底座，土体应采取压实、铺设块石或浇筑混凝土垫层等加固措施，也可在立杆底部垫设垫板，垫板的长度不宜少于两跨	
5	架体搭设	**1. 建筑行业标准《建筑施工承插型盘扣式钢管脚手架安全技术标准》（JGJ/T 231—2021）** **7.5.1** 作业架立杆应定位准确，并应配合施工进度搭设，双排外作业架一次搭设高度不应超过最上层连墙件两步，且自由高度不应大于 4m。 **9.0.1** 脚手架搭设作业人员应正确佩戴使用安全帽、安全带和防滑鞋。 **9.0.2** 应执行施工方案要求，遵循脚手架安装及拆除工艺流程。 **2. 建筑行业标准《建筑施工安全检查标准》（JGJ 59—2011）** **3.6.3** 承插型盘扣式钢管脚手架保证项目的检查评定应符合下列规定： 4 杆件设置 1）架体立杆间距、水平杆步距应符合设计和规范要求。 2）应按专项施工方案设计的步距在立杆连接插盘处设置纵、横向水平杆。 3）当双排脚手架的水平杆层未设挂扣式钢脚手板时，应按规范要求设置水平斜杆。 **3.6.4** 承插型盘扣式钢管脚手架一般项目的检查评定应符合下列规定： 4 通道 1）架体应设置供人员上下的专用通道。 2）专用通道的设置应符合规范要求	1. 通用要求及检查方法见本章第二节通用规定。 2. 查阅施工方案和阶段检查验收记录并现场查证。 3. 现场观察检查。 4. 卷尺、钢板尺等工具测量
6	架体稳定	**1. 建筑行业标准《建筑施工承插型盘扣式钢管脚手架安全技术标准》（JGJ/T 231—2021）** **6.1.1** 脚手架的构造体系应完整，脚手架应具有整体稳定性。 **6.1.2** 应根据施工方案计算得出的立杆纵横向间距选用定长的水平杆和斜杆，并应根据搭设高度组合立杆、基座、可调托撑和可调底座。 **6.3.1** 作业架的高宽比宜控制在 3 以内；当作业架高宽比大于 3 时，应设置抛撑或揽风绳等抗倾覆措施。 **6.3.2** 当搭设双排外作业架或搭设高度 24m 及以上时，应根据使用要求选择架体几何尺寸，相邻水平杆步距不宜大于 2m。	1. 通用要求及检查方法见本章第二节通用规定。 2. 查阅施工方案。 3. 现场观察检查。 4. 卷尺、钢板尺等工具测量。 5. 经纬仪、角度测量仪等仪器测量

续表

序号	检查重点	标　准　要　求	检查方法
6	架体稳定	**6.3.3**　双排外作业架首层立杆宜采用不同长度的立杆交错布置，立杆底部宜配置可调底座或垫板。 **6.3.4**　当设置双排外作业架人行通道时，应在通道上部架设支撑横梁，横梁截面大小应按跨度以及承受的荷载计算确定，通道两侧作业架应加设斜杆。 **6.3.5**　双排作业架的外侧立面上应设置竖向斜杆，并应符合下列规定： 　　1　在脚手架的转角处、开口型脚手架端部应由架体底部至顶部连续设置斜杆。 　　2　应每隔不大于4跨设置一道竖向或斜向连续斜杆；当架体搭设高度在24m以上时，应每隔不大于3跨设置一道竖向斜杆。 　　3　竖向斜杆应在双排作业架外侧相邻立杆间由底至顶连续设置。 **6.3.6**　连墙件的设置应符合下列规定： 　　1　连墙件应采用可承受拉、压荷载的刚性杆件，并应与建筑主体结构和架体连接牢固。 　　2　连墙件应靠近水平杆的盘扣节点设置。 　　3　同一层连墙件宜在同一水平面，水平间距不应大于3跨，连墙件之上架体的悬臂高度不得超过2步。 　　4　在架体的转角处或开口型双排脚手架的端部应按楼层设置，且竖向间距不应大于4m。 　　5　连墙件宜从底层第一道水平杆处开始设置。 　　6　连墙件宜采用菱形布置，也可采用矩形布置。 　　7　连墙件应均匀分布。 　　8　当脚手架下部不能搭设连墙件时，宜外扩搭设多排脚手架并设置斜杆，形成外侧斜面状附加梯形架。 **6.3.7**　三脚架与立杆连接及接触的地方，应沿三脚架长度方向增设水平杆，相邻三脚架应连接牢固。 **7.1.4**　作业架连墙件、托架、悬挑梁固定螺栓或吊环等预埋件的设置，应按设计要求预埋。 **7.5.2**　双排外作业架连墙件应随脚手架高度上升，在规定位置处同步设置，不得滞后安装和任意拆除。 **2. 建筑行业标准《建筑施工安全检查标准》（JGJ 59—2011）** **3.6.3**　承插型盘扣式钢管脚手架保证项目的检查评定应符合下列规定： 　　3　架体稳定 　　1）架体与建筑结构拉结应符合规范要求，并应从架体底层第一步水平杆处开始设置连墙件，当该处设置有困难时应采取其他可靠措施固定。 　　2）架体拉结点应牢固可靠。 　　3）连墙件应采用刚性杆件。 　　4）架体竖向斜杆、剪刀撑的设置应符合规范要求。 　　5）竖向斜杆的两端应固定在纵、横向水平杆与立杆汇交的盘扣节点处。 　　6）斜杆及剪刀撑应沿脚手架高度连续设置，角度应符合规范要求。	

序号	检查重点	标 准 要 求	检查方法
6	架体稳定	**3. 电力行业标准《电力建设安全工作规程 第 1 部分：火力发电》（DL 5009.1—2014）** 4.8.5 承插型盘扣式钢管脚手架应符合下列规定： 3 双排脚手架的连墙件必须采用可承受拉压荷载的刚性杆件，连墙件与脚手架立面及墙体应保持垂直，同一层连墙件应在同一平面，水平间距不应大于 3 跨；连墙件应设置在有水平杆的盘扣节点旁。 4 当双排脚手架下部暂不能搭设连墙件时，应用扣件钢管搭设抛撑。抛撑杆与地面的倾角应在 45°～60°之间，并与脚手架通长杆件可靠连接。 7 搭设高度不宜大于 24m	
7	脚手板与防护栏杆	**1. 建筑行业标准《建筑施工承插型盘扣式钢管脚手架安全技术标准》（JGJ/T 231—2021）** 7.5.3 作业层设置应符合下列规定： 1 应满铺脚手板。 2 双排外作业架外侧应设挡脚板和防护栏杆，防护栏杆可在每层作业面立杆 0.5m 和 1.0m 的连接盘处布置两道水平杆，并应在外侧满挂密目安全网。 3 作业层与主体结构间的空隙应设置水平防护网。 4 当采用钢脚手板时，钢脚手板的挂钩应稳固扣在水平杆上，挂钩应处于锁住状态。 7.5.5 作业架顶层的外侧防护栏杆高出顶层作业层的高度不应小于 1500mm。 **2. 建筑行业标准《建筑施工安全检查标准》（JGJ 59—2011）** 3.6.3 承插型盘扣式钢管脚手架保证项目的检查评定应符合下列规定： 5 脚手板 1）脚手板材质、规格应符合规范要求。 2）脚手板应铺设严密、平整、牢固。 3）挂扣式钢脚手板的挂扣必须完全挂扣在水平杆上，挂钩应处于锁住状态。 3.6.4 承插型盘扣式钢管脚手架一般项目的检查评定应符合下列规定： 1 架体防护 1）架体外侧应采用密目式安全网进行封闭，网间连接应严密。 2）作业层应按规范要求设置防护栏杆。 3）作业层外侧应设置高度不小于 180mm 的挡脚板。 4）作业层脚手板下应采用安全平网兜底，以下每隔 10m 应采用安全平网封闭	1. 通用要求及检查方法见本章第二节通用规定。 2. 卷尺、钢板尺等工具测量。 3. 游标卡尺测量。 4. 现场观察检查
8	杆件连接	**1. 建筑行业标准《建筑施工承插型盘扣式钢管脚手架安全技术标准》（JGJ/T 231—2021）** 3.0.2 杆端扣接头与连接盘的插销连接锤击自锁后不应脱落。搭设脚手架时，宜采用不小于 0.5kg 锤子敲击插销顶面不少于 2 次，直至插销销紧。销紧后应再次击打，插销下沉量不应大于 3mm。	1. 通用要求及检查方法见本章第二节通用规定。 2. 卷尺、钢直尺等工具测量。

序号	检查重点	标 准 要 求	检查方法
8	杆件连接	**3.0.3** 插销销紧后，扣接头端部弧面应与立杆外表面贴合。 **7.5.4** 加固件、斜杆应与作业架同步搭设。当加固件、斜杆采用扣件钢管时，应符合现行行业标准《建筑施工扣件式钢管脚手架安全技术规范》JGJ 130 的有关规定。 **2. 建筑行业标准《建筑施工安全检查标准》（JGJ 59—2011）** **3.6.4** 承插型盘扣式钢管脚手架一般项目的检查评定应符合下列规定： 　2　杆件连接 　1）立杆的接长位置应符合规范要求。 　2）剪刀撑的接长应符合规范要求。 **3. 电力行业标准《电力建设安全工作规程 第 1 部分：火力发电》（DL 5009.1—2014）** **4.8.1** 通用规定 　18　钢管立杆、大横杆的接头应错开，横杆搭接长度不得小于500mm。承插式的管接头插接长度不得小于80mm；水平承插式接头应有穿销并用扣件连接，不得用铁丝或绳子绑扎。 　26　盘扣式、碗扣式脚手架插销连接应有防滑脱措施	3. 经纬仪或吊线和卷尺等工具测量。 4. 现场观察检查
9	安全防护	建筑行业标准《建筑施工承插型盘扣式钢管脚手架安全技术标准》（JGJ/T 231—2021） **9.0.10** 脚手架应与架空输电线路保持安全距离、野外空旷地区搭设脚手架应按现行行业标准《施工现场临时用电安全技术规范》JGJ 46 的有关规定设置防雷措施。 **9.0.11** 架体门洞、过车通道，应设置明显警示标识及防超限栏杆	1. 通用要求及检查方法见本章第二节通用规定。 2. 现场观察检查
10	检查验收	建筑行业标准《建筑施工承插型盘扣式钢管脚手架安全技术标准》（JGJ/T 231—2021） **7.5.7** 作业架应分段搭设、分段使用，应经验收合格后方可使用。 **8.0.1** 对进入施工现场的脚手架构配件的检查与验收应符合下列规定： 　1　应有脚手架产品标识及产品质量合格证、型式检验报告。 　2　应有脚手架产品主要技术参数及产品使用说明书。 　3　当对脚手架及构件质量有疑问时，应进行质量抽检和整架试验。 **8.0.4** 当出现下列情况之一时，作业架应进行检查和验收： 　1　基础完工后及作业架搭设前。 　2　首段高度达到 6m 时。 　3　架体随施工进度逐层升高时。 　4　搭设高度达到设计高度后。 　5　停用 1 个月以上，恢复使用前。 　6　遇 6 级及以上强风、大雨或冻结的地基土解冻后。 **8.0.5** 作业架检查与验收应符合下列规定：	1. 通用要求及检查方法见本章第二节通用规定。 2. 查阅产品标识、产品质量合格证、型式检验报告、产品主要技术参数及产品使用说明书等资料。 3. 查阅阶段检查与验收记录。 4. 外观检查。 5. 现场观察检查

续表

序号	检查重点	标 准 要 求	检查方法
10	检查验收	1 搭设的架体应符合设计要求，斜杆或剪刀撑设置应符合本标准第6章的规定。 2 立杆基础不应有不均匀沉降，可调底座与基础间的接触不应有松动和悬空现象。 3 连墙件设置应符合设计要求，并应与主体结构、架体可靠连接。 4 外侧安全立网、内侧层间水平网的张挂及防护栏杆的设置应齐全、牢固。 5 周转使用的脚手架构配件使用前应进行外观检查，并应作记录。 6 搭设的施工记录和质量检查记录应及时、齐全。 7 水平杆扣接头、斜杆扣接头与连接盘的插销应销紧。 **8.0.7** 支撑架和作业架验收后应形成记录。 **2. 建筑行业标准《建筑施工安全检查标准》（JGJ 59—2011）** **3.6.3** 承插型盘扣式钢管脚手架保证项目的检查评定应符合下列规定： 　6 交底与验收 　2）架体分段搭设、分段使用时，应进行分段验收。 　3）搭设完毕应办理验收手续，验收应有量化内容并经责任人签字确认。	
11	使用与检测	**1. 建筑行业标准《建筑施工承插型盘扣式钢管脚手架安全技术标准》（JGJ/T 231—2021）** **9.0.3** 脚手架使用过程应明确专人管理。 **9.0.4** 应控制作业层上的施工荷载，不得超过设计值。 **9.0.5** 如需预压，荷载的分布应与设计方案一致。 **9.0.6** 脚手架受荷过程中，应按对称、分层、分级的原则进行，不应集中堆载、卸载，并应派专人在安全区域内监测脚手架的工作状态。 **9.0.7** 脚手架使用期间，不得擅自拆改架体结构杆件或在架体上增设其他设施。 **9.0.8** 不得在脚手架基础影响范围内进行挖掘作业。 **9.0.9** 在脚手架上进行电气焊作业时，应有防火措施和专人监护。 **9.0.10** 脚手架应与架空输电线路保持安全距离，野外空旷地区搭设脚手架应按现行行业标准《施工现场临时用电安全技术规范》JGJ 46 的有关规定设置防雷措施。 **9.0.12** 脚手架工作区域内应整洁卫生，物料码放应整齐有序，通道应畅通。 **9.0.13** 当遇有重大突发天气变化时，应提前做好防御措施。 **2. 电力行业标准《电力建设安全工作规程 第1部分：火力发电》（DL 5009.1—2014）** **4.8.5** 承插型盘扣式钢管脚手架应符合下列规定： 　2 装修脚手架同时作业不宜超过3层，结构脚手架同时作业不宜超过2层。 　6 应对连墙件、立杆基础、可调底座、斜杆和剪刀撑等进行经常性检查	1. 通用要求及检查方法见本章第二节通用规定。 2. 查阅专项施工方案和检查记录等资料。 3. 现场观察检查

续表

序号	检查重点	标　准　要　求	检查方法
12	架体拆除	建筑行业标准《建筑施工承插型盘扣式钢管脚手架安全技术标准》（JGJ/T 231—2021） 7.5.8　作业架应经单位工程负责人确认并签署拆除许可令后，方可拆除。 7.5.9　当作业架拆除时，应划出安全区，应设置警戒标志，并应派专人看管。 7.5.10　拆除前应清理脚手架上的器具、多余的材料和杂物。 7.5.11　作业架拆除应按先装后拆、后装先拆的原则进行，不应上下同时作业。双排外脚手架连墙件应随脚手架逐层拆除，分段拆除的高度差不应大于两步。当作业条件限制，出现高度差大于两步时，应增设连墙件加固。 7.5.12　拆除至地面的脚手架及构配件应及时检查、维修及保养，并应按品种、规格分类存放	1. 通用要求及检查方法见本章第二节通用规定。 2. 查阅拆除许可令。 3. 现场观察检查

第六节　附着式升降脚手架

一、术语或定义

附着式升降脚手架是指搭设一定高度并附着于工程结构上，依靠自身的升降设备和装置，可随工程结构逐层爬升或下降，具有防倾覆、防坠落装置的外脚手架。

（1）整体式附着升降脚手架：指有三个以上提升装置的连跨升降的附着式升降脚手架。

（2）单跨式附着升降脚手架：指仅有两个提升装置并独自升降的附着升降脚手架。

（3）附着支承结构：指直接附着在工程结构上，并与竖向主框架相连接，承受并传递脚手架荷载的支承结构。

（4）架体结构：指附着式升降脚手架的组成结构，一般由竖向主框架、水平支承桁架和架体构架等3部分组成。

（5）防倾覆装置：指防止架体在升降和使用过程中发生倾覆的装置。

（6）防坠落装置：指架体在升降或使用过程中发生意外坠落时的制动装置。

（7）升降机构：指控制架体升降运行的动力机构，有电动和液压两种。

（8）荷载控制系统：指能够反映、控制升降机构在工作中所承受荷载的装置系统。

（9）悬臂梁：指一端固定在附墙支座上，悬挂升降设备或防坠落装置的悬挑钢梁，又称悬吊梁。

（10）导轨：指附着在附墙支承结构或者附着在竖向主框架上，引导脚手架上升和下降的轨道。

（11）同步控制装置：指在架体升降中控制各升降点的升降速度，使各升降点的荷载或高差在设计范围内，即控制各点相对垂直位移的装置。

二、主要检查内容

附着式升降脚手架安全检查重点、要求及方法见表2-4-5。

表 2-4-5 附着式升降脚手架安全检查重点、要求及方法

序号	检查重点	标 准 要 求	检查方法
1	脚手架搭拆人员资格要求	**1. 建筑行业标准《建筑施工工具式脚手架安全技术规范》（JGJ 202—2010）** **7.0.5** 工具式脚手架专业施工单位应设置专业技术人员、安全管理人员及相应的特种作业人员。特种作业人员应经专门培训，并应经建设行政主管部门考核合格，取得特种作业操作资格证书后，方可上岗作业。 **7.0.6** 施工现场使用工具式脚手架应由总承包单位统一监督，并应符合下列规定： 2 应对专业承包人员的配备和特种作业人员的资格进行审查。 **7.0.7** 监理单位应对施工现场的工具式脚手架使用状况进行安全监理并应记录，出现隐患应要求及时整改，并应符合下列规定： 1 应对专业承包单位的资质及有关人员的资格进行审查。 **2. 建筑行业标准《建筑施工安全检查标准》（JGJ 59—2011）** **3.9.4** 附着式升降脚手架一般项目的检查评定应符合下列规定： 4 安全作业 3）安装拆除单位资质应符合要求，特种作业人员应持证上岗	通用要求及检查方法见本章第二节通用规定
2	施工方案与交底	**1. 建筑行业标准《建筑施工工具式脚手架安全技术规范》（JGJ 202—2010）** **7.0.1** 工具式脚手架安装前，应根据工程结构、施工环境等特点编制专项施工方案，并应经总承包单位技术负责人审批、项目总监理工程师审核后实施。 **7.0.2** 专项施工方案应包括下列内容： 1 工程特点。 2 平面布置情况。 3 安全措施。 4 特殊部位的加固措施。 5 工程结构受力核算。 6 安装、升降、拆除程序及措施。 7 使用规定。 **7.0.6** 施工现场使用工具式脚手架应由总承包单位统一监督，并应符合下列规定： 1 安装、升降、使用、拆除等作业前，应向有关作业人员进行安全教育；并应监督对作业人员的安全技术交底。 **2. 建筑行业标准《建筑施工安全检查标准》（JGJ 59—2011）** **3.9.3** 附着式升降脚手架保证项目的检查评定应符合下列规定： 1 施工方案 1）附着式升降脚手架搭设作业应编制专项施工方案，结构设计应进行计算。 2）专项施工方案应按规定进行审核、审批。 3）脚手架提升超过规定允许高度，应组织专家对专项施工方案进行论证。 **3.9.4** 附着式升降脚手架一般项目的检查评定应符合下列规定： 4 安全作业 1）操作前应对有关技术人员和作业人员进行安全技术交底，并应有文字记录。 2）作业人员应经培训并定岗作业	通用要求及检查方法见本章第二节通用规定

序号	检查重点	标 准 要 求	检查方法

3	构配件材质	**建筑行业标准《建筑施工工具式脚手架安全技术规范》（JGJ 202—2010）**
		
		3.0.1 附着式升降脚手架和外挂防护架架体用的钢管，应采用现行国家标准《直缝电焊钢管》GB/T 13793 和《低压流体输送用焊接钢管》GB/T 3091 中的 Q235 号普通钢管，应符合现行国家标准《焊接钢管尺寸及单位长度重量》GB/T 21835 的规定，其钢材质量应符合现行国家标准《碳素结构钢》GB/T 700 中 Q235-A 级钢的规定，且应满足下列规定：
		  1 钢管应采用 $\phi48.3\times3.6$mm 的规格。
		  2 钢管应具有产品质量合格证和符合现行国家标准《金属材料室温拉伸试验方法》GB/T 228 有关规定的检验报告。
		  3 钢管应平直，其弯曲度不得大于管长的 1/500，两端端面应平整，不得有斜口，有裂缝、表面分层硬伤、压扁、硬弯、深划痕、毛刺和结疤等不得使用。
		  4 钢管表面的锈蚀深度不得超过 0.25mm。
		  5 钢管在使用前应涂刷防锈漆。
		
		3.0.2 工具式脚手架主要的构配件应包括：水平支承桁架、竖向主框架、附墙支座、悬臂梁、钢拉杆、竖向桁架、三角臂等。当使用型钢、钢板和圆钢制作时，其材质应符合现行国家标准《碳素结构钢》GB/T 700 中 Q235-A 级钢的规定。
		
		3.0.3 当室外温度大于或等于-20℃时，宜采用 Q235 钢和 Q345 钢。承重桁架或承受冲击荷载作用的结构，应具有 0℃冲击韧性的合格保证。当冬季室外温度低于-20℃时，尚应具有-20℃冲击韧性的合格保证。
		
		3.0.4 钢管脚手架的连接扣件应符合现行国家标准《钢管脚手架扣件》GB 15831 的规定。在螺栓拧紧的扭力矩达到 65N·m 时，不得发生破坏。
		
		3.0.5 架体结构的连接材料应符合下列规定：
		  1 手工焊接所采用的焊条，应符合现行国家标准《碳钢焊条》GB/T 5117 或《低合金钢焊条》GB/T 5118 的规定，焊条型号应与结构主体金属力学性能相适应，对于承受动力荷载或振动荷载的桁架结构宜采用低氢型焊条。
		  2 自动焊接或半自动焊接采用的焊丝和焊剂，应与结构主体金属力学性能相适应，并应符合国家现行有关标准的规定。
		  3 普通螺栓应符合现行国家标准《六角头螺栓 C级》GB/T 5780 和《六角头螺栓》GB/T 5782 的规定；4 锚栓可采用现行国家标准《碳素结构钢》GB/T 700 中规定的 Q235 钢或《低合金高强度结构钢》GB/T 1591 中规定的 Q345 钢制成。
		
		3.0.15 工具式脚手架的构配件，当出现下列情况之一时，应更换或报废：
		  1 构配件出现塑性变形的。
		  2 构配件锈蚀严重，影响承载能力和使用功能的。
		  3 防坠落装置的组成部件任何一个发生明显变形的。
		  5 穿墙螺栓在使用一个单体工程后，凡发生变形、磨损、锈蚀的。
		  6 钢拉杆上端连接板在单项工程完成后，出现变形和裂纹的。
		  7 电动葫芦链条出现深度超过 0.5mm 咬伤的
			1. 通用要求及检查方法见本章第二节通用规定。
			2. 卷尺、钢板尺等工具测量。
			3. 游标卡尺测量。
			4. 扭力扳手抽查扣件紧固力矩。
			5. 现场观察检查

续表

序号	检查重点	标 准 要 求	检查方法
4	安全装置	**1. 建筑行业标准《建筑施工工具式脚手架安全技术规范》（JGJ 202—2010）** **4.5.1** 附着式升降脚手架必须具有防倾覆、防坠落和同步升降控制的安全装置。 **4.5.2** 防倾覆装置应符合下列规定： 　1　防倾覆装置中应包括导轨和两个以上与导轨连接的可滑动的导向件。 　2　在防倾导向件的范围内应设置防倾覆导轨，且应与竖向主框架可靠连接。 　3　在升降和使用两种工况下，最上和最下两个导向件之间的最小间距不得小于 2.8m 或架体高度的 1/4。 　4　应具有防止竖向主框架倾斜的功能。 　5　应采用螺栓与附墙支座连接，其装置与导轨之间的间隙应小于 5mm。 **4.5.3** 防坠落装置必须符合下列规定： 　1　防坠落装置应设置在竖向主框架处并附着在建筑结构上，每一升降点不得少于一个防坠落装置，防坠落装置在使用和升降工况下都必须起作用。 　2　防坠落装置必须采用机械式的全自动装置，严禁使用每次升降都需重组的手动装置。 　3　防坠落装置技术性能除应满足承载能力要求外，整体式升降脚手架，制动距离不大于 80mm；单跨式升降脚手架，制动距离不大于 150mm。 　4　防坠落装置应具有防尘、防污染的措施，并应灵敏可靠和运转自如。 　5　防坠落装置与升降设备必须分别独立固定在建筑结构上。 　6　钢吊杆式防坠落装置，钢吊杆规格应由计算确定，且不应小于 $\phi 25mm$。 **4.5.4** 同步控制装置应符合下列规定： 　1　附着式升降脚手架升降时，必须配备有限制荷载或水平高差的同步控制系统。连续式水平支承桁架，应采用限制荷载自控系统；简支静定水平支承桁架，应采用水平高差同步自控系统；当设备受限时，可选择限制荷载自控系统。 　2　限制荷载自控系统应具有下列功能： 　1）当某一机位的荷载超过设计值的 15％ 时，应采用声光形式自动报警和显示报警机位；当超过 30％ 时，应能使该升降设备自动停机。 　2）应具有超载、失载、报警和停机的功能；宜增设显示记忆和储存功能。 　3）应具有自身故障报警功能，并应能适应施工现场环境。 　4）性能应可靠、稳定，控制精度应在 5％ 以内。 　3　水平高差同步控制系统应具有下列功能： 　1）当水平支承桁架两端高差达到 30mm 时，应能自动停机。 　2）应具有显示各提升点的实际升高和超高的数据，并应有记忆和储存的功能。 　3）不得采用附加重量的措施控制同步。	1. 查验附着式升降脚手架的鉴定或验收证书，产品进场前的自检记录，各种材料、工具的质量合格证、材质单、测试报告，主要部件及提升机构的合格证等资料。 2. 卷尺、钢板尺等工具测量。 3. 现场观察检查。 4. 抽查询问现场管理人员及作业人员

序号	检查重点	标 准 要 求	检查方法
4	安全装置	**2. 建筑行业标准《建筑施工安全检查标准》（JGJ 59—2011）** 3.9.3 附着式升降脚手架保证项目的检查评定应符合下列规定： 2 安全装置 1）附着式升降脚手架应安装防坠落装置，技术性能应符合规范要求。 2）防坠落装置与升降设备应分别独立固定在建筑结构上。 3）防坠落装置应设置在竖向主框架处，与建筑结构附着。 4）附着式升降脚手架应安装防倾覆装置，技术性能应符合规范要求。 5）升降和使用工况时，最上和最下两个防倾装置之间最小间距应符合规范要求。 6）附着式升降脚手架应安装同步控制装置，并应符合规范要求。 **3. 电力行业标准《电力建设安全工作规程 第1部分：火力发电》（DL 5009.1—2014）** 4.8.7 附着式升降脚手架应符合下列规定： 1 脚手架的提升装置、防倾覆装置、附着支撑装置、同步控制系统等构配件质量应符合国家现行标准，并有出厂质量证明材料。 2 升降设备、同步控制系统及防坠落装置等专项设备应配套，宜选用同一厂家产品。 4 架体结构、附着支承结构、防倾装置、防坠装置、索具、吊具、导轨（或导向柱）、升降动力设备的设计计算应符合《建筑施工工具式脚手架安全技术规范》JGJ 202 的规定	
5	架体构造	**1. 建筑行业标准《建筑施工工具式脚手架安全技术规范》（JGJ 202—2010）** 4.4.1 附着式升降脚手架应由竖向主框架、水平支承桁架、架体构架、附着支承结构、防倾装置、防坠装置等组成。 4.4.2 附着式升降脚手架结构构造的尺寸应符合下列规定： 1 架体高度不得大于5倍楼层高。 2 架体宽度不得大于1.2m。 3 直线布置的架体支承跨度不得大于7m，折线或曲线布置的架体，相邻两主框架支撑点处的架体外侧距离不得大于5.4m。 4 架体的水平悬挑长度不得大于2m，且不得大于跨度的1/2。 5 架体全高与支承跨度的乘积不得大于110m²。 4.4.3 附着式升降脚手架应在附着支承结构部位设置与架体高度相等的与墙面垂直的定型的竖向主框架，竖向主框架应是桁架或刚架结构，其杆件连接的节点应采用焊接或螺栓连接，并应与水平支承桁架和架体构架构成有足够强度和支撑刚度的空间几何不可变体系的稳定结构。竖向主框架结构构造应符合下列规定： 1 竖向主框架可采用整体结构或分段对接式结构。结构形式应为竖向桁架或门形刚架形式等。各杆件的轴线应汇交于节点处，并应采用螺栓或焊接连接，如不交汇于一点，应进行附加弯矩验算。 2 当架体升降采用中心吊时，在悬臂梁行程范围内竖向主框架内侧水平杆去掉部分的断面，应采取可靠的加固措施。 3 主框架内侧应设有导轨。 4 竖向主框架宜采用单片式主框架；或可采用空间桁架式主框架。	1. 通用要求及检查方法见本章第二节通用规定。 2. 查阅产品合格证、质量报告等资料。 3. 现场观察检查。 4. 卷尺、钢板尺等工具测量

序号	检查重点	标　准　要　求	检查方法
5	架体构造	**4.4.4**　在竖向主框架的底部应设置水平支承桁架，其宽度应与主框架相同，平行于墙面，其高度不宜小于 1.8m。水平支承桁架结构构造应符合下列规定： 　1　桁架各杆件的轴线应相交于节点上，并宜采用节点板构造连接，节点板的厚度不得小于 6mm。 　2　桁架上下弦应采用整根通长杆件或设置刚性接头。腹杆上下弦连接应采用焊接或螺栓连接。 　3　桁架与主框架连接处的斜腹杆宜设计成拉杆。 　4　架体构架的立杆底端应放置在上弦节点各轴线的交汇处。 　5　内外两片水平桁架的上弦和下弦之间应设置水平支撑杆件，各节点应采用焊接或螺栓连接。 　6　水平支承桁架的两端与主框架的连接，可采用杆件轴线交汇于一点，且为能活动的铰接点；或可将水平支承桁架放在竖向主框架的底端的桁架底框中。 **4.4.5**　附着支承结构应包括附墙支座、悬臂梁及斜拉杆，其构造应符合下列规定： 　1　竖向主框架所覆盖的每个楼层处应设置一道附墙支座。 　2　在使用工况时，应将竖向主框架固定于附墙支座上。 　3　在升降工况时，附墙支座上应设有防倾、导向的结构装置。 　4　附墙支座应采用锚固螺栓与建筑物连接，受拉螺栓的螺母不得少于两个或应采用弹簧垫圈加单螺母，螺杆露出螺母端部的长度不应少于 3 扣，并不得小于 10mm，垫板尺寸应由设计确定，且不得小于 100mm×100mm×10mm。 　5　附墙支座支承在建筑物上连接处混凝土的强度应按设计要求确定，且不得小于 C10。 **4.4.6**　架体构架宜采用扣件式钢管脚手架，其结构构造应符合现行行业标准《建筑施工扣件式钢管脚手架安全技术规范》JGJ 130 的规定。架体构架应设置在两竖向主框架之间，并应以纵向水平杆与之相连，其立杆应设置在水平支承桁架的节点上。 **4.4.16**　附着式升降脚手架应在每个竖向主框架处设置升降设备，升降设备应采用电动葫芦或电动液压设备，单跨升降时可采用手动葫芦，并应符合下列规定： 　1　升降设备应与建筑结构和架体有可靠连接。 　2　固定电动升降动力设备的建筑结构应安全可靠。 　3　设置电动液压设备的架体部位，应有加强措施。 **4.6.7**　采用扣件式脚手架搭设的架体构架，其构造应符合现行行业标准《建筑施工扣件式钢管脚手架安全技术规范》JGJ 130 的要求。 **4.6.8**　升降设备、同步控制系统及防坠落装置等专项设备，均应采用同一厂家的产品。 **2. 建筑行业标准《建筑施工安全检查标准》（JGJ 59—2011）** **3.9.3**　附着式升降脚手架保证项目的检查评定应符合下列规定： 　3　架体构造 　1）架体高度不应大于 5 倍楼层高度，宽度不应大于 1.2m。 　2）直线布置的架体支承跨度不应大于 7m，折线、曲线布置的架体支撑点处的架体外侧距离不应大于 5.4m。	

序号	检查重点	标　准　要　求	检查方法
5	架体构造	3）架体水平悬挑长度不应大于 2m，且不应大于跨度的 1/2。 4）架体悬臂高度不应大于架体高度的 2/5，且不应大于 6m。 5）架体高度与支承跨度的乘积不应大于 110m^2。 4　附着支座 1）附着支座数量、间距应符合规范要求。 2）使用工况应将竖向主框架与附着支座固定。 3）升降工况应将防倾、导向装置设置在附着支座上。 4）附着支座与建筑结构连接固定方式应符合规范要求。 **3. 电力行业标准《电力建设安全工作规程 第 1 部分：火力发电》（DL 5009.1—2014）** **4.8.7** 附着式升降脚手架应符合下列规定： 3　架体宜采用扣件式钢管脚手架	
6	架体安装	**1. 建筑行业标准《建筑施工工具式脚手架安全技术规范》（JGJ 202—2010）** **4.6.1** 附着式升降脚手架应按专项施工方案进行安装，可采用单片式主框架的架体，也可采用空间桁架式主框架的架体。 **4.6.2** 附着式升降脚手架在首层安装前应设置安装平台，安装平台应有保障施工人员安全的防护设施，安装平台的水平精度和承载能力应满足架体安装的要求。 **4.6.3** 安装时应符合下列规定 1　相邻竖向主框架的高差不应大于 20mm。 2　竖向主框架和防倾导向装置的垂直偏差不应大于 5‰，且不得大于 60mm。 3　预留穿墙螺栓孔和预埋件应垂直于建筑结构外表面，其中心误差应小于 15mm。 4　连接处所需要的建筑结构混凝土强度应由计算确定，但不应小于 C10。 5　升降机构连接应正确且牢固可靠。 6　安全控制系统的设置和试运行效果应符合设计要求。 7　升降动力设备工作正常。 **4.6.4** 附着支承结构的安装应符合设计规定，不得少装和使用不合格螺栓及连接件。 **7.0.21** 工具式脚手架作业人员在施工过程中应戴安全帽、系安全带、穿防滑鞋，酒后不得上岗作业。 **2. 建筑行业标准《建筑施工安全检查标准》（JGJ 59—2011）** **3.9.3** 附着式升降脚手架保证项目的检查评定应符合下列规定： 5　架体安装 1）主框架和水平支承桁架的节点应采用焊接或螺栓连接，各杆件的轴线应汇交于节点。 2）内外两片水平支承桁架的上弦和下弦之间应设置水平支撑杆件，各节点应采用焊接或螺栓连接。 3）架体立杆底端应设在水平桁架上弦杆的节点处。 4）竖向主框架组装高度应与架体高度相等。 5）剪刀撑应沿架体高度连续设置，并应将竖向主框架、水平支承桁架和架体构架连成一体，剪刀撑斜杆水平夹角为 45°～60°	1. 通用要求及检查方法见本章第二节通用规定。 2. 水平仪等工具测量。 3. 经纬仪或吊线和卷尺、钢板尺·等工具测量。 4. 现场观察检查

序号	检查重点	标　准　要　求	检查方法
7	架体稳定	**建筑行业标准《建筑施工工具式脚手架安全技术规范》（JGJ 202—2010）** **4.4.6** 架体构架应设置在两竖向主框架之间，并应以纵向水平杆与之相连，其立杆应设置在水平支承桁架的节点上。 **4.4.8** 架体悬臂高度不得大于架体高度的2/5，且不得大于6m。 **4.4.9** 当水平支承桁架不能连续设置时，局部可采用脚手架杆件进行连接，但其长度不得大于2.0m，且应采取加强措施，确保其强度和刚度不得低于原有的桁架。 **4.4.10** 物料平台不得与附着式升降脚手架各部位和各结构构件相连，其荷载应直接传递给建筑工程结构。 **4.4.12** 架体外立面应沿全高连续设置剪刀撑，并应将竖向主框架、水平支承桁架和架体构架连成一体，剪刀撑斜杆水平夹角应为45°~60°；应与所覆盖架体构架上每个主节点的立杆或横向水平杆伸出端扣紧；悬挑端应以竖向主框架为中心成对设置对称斜拉杆，其水平夹角不应小于45°。 **4.4.13** 架体结构应在以下部位采取可靠的加强构造措施： 　1　与附墙支座的连接处。 　2　架体上提升机构的设置处。 　3　架体上防坠、防倾装置的设置处。 　4　架体吊拉点设置处。 　5　架体平面的转角处。 　6　架体因碰到塔吊、施工升降机、物料平台等设施而需要断开或开洞处。 　7　其他有加强要求的部位。 **4.4.17** 两主框架之间架体的搭设应符合现行行业标准《建筑施工扣件式钢管脚手架安全技术规范》JGJ 130 的规定。 **7.0.17** 剪刀撑应随立杆同步搭设	1. 通用要求及检查方法见本章第二节通用规定。 2. 卷尺、钢板尺等工具测量。 3. 经纬仪、角度测量仪等仪器测量 4. 现场观察检查
8	架体升降	**1. 建筑行业标准《建筑施工工具式脚手架安全技术规范》（JGJ 202—2010）** **4.7.1** 附着式升降脚手架可采用手动、电动和液压三种升降形式，并应符合下列规定： 　1　单跨架体升降时，可采用手动、电动和液压三种升降形式。 　2　当两跨以上的架体同时整体升降时，应采用电动或液压设备。 **4.7.3** 附着式升降脚手架的升降操作应符合下列规定： 　1　应按升降作业程序和操作规程进行作业。 　2　操作人员不得停留在架体上。 　3　升降过程中不得有施工荷载。 　4　所有妨碍升降的障碍物应已拆除。 　5　所有影响升降作业的约束应已解除。 　6　各相邻提升点间的高差不得大于30mm，整体架最大升降差不得大于80mm。 **4.7.4** 升降过程中应实行统一指挥、统一指令。升降指令应由总指挥一人下达；当有异常情况出现时，任何人均可立即发出停止指令。 **4.7.5** 当采用环链葫芦作升降动力时，应严密监视其运行情况，及时排除翻链、绞链和其他影响正常运行的故障。	1. 通过查验升降机构产品进场前的自检记录、质量合格证、材质单、测试报告等资料，验证升降机构是否符合规范要求。 2. 查阅专项施工方案、作业程序和操作规程。 3. 钢板尺等工具测量。 4. 现场观察检查。 5. 抽查询问管理人员及作业人员

序号	检查重点	标　准　要　求	检查方法
8	架体升降	**4.7.6**　当采用液压设备作升降动力时，应排除液压系统的泄漏、失压、颤动、油缸爬行和不同步等问题和故障，确保正常工作。 **4.7.7**　架体升降到位后，应及时按使用状况要求进行附着固定；在没有完成架体固定工作前，施工人员不得擅自离岗或下班。 **7.0.15**　遇5级以上大风和雨天，不得提升或下降工具式脚手架。 **2. 建筑行业标准《建筑施工安全检查标准》（JGJ 59—2011）** **3.9.3**　附着升降脚手架保证项目的检查评定应符合下列规定： 　　6　架体升降 　　1）两跨以上架体同时升降应采用电动或液压动力装置，不得采用手动装置。 　　2）升降工况附着支座处建筑结构混凝土强度应符合设计和规范要求。 　　3）升降工况架体上不得有施工荷载，严禁人员在架体上停留。 **3. 电力行业标准《电力建设安全工作规程　第1部分：火力发电》（DL 5009.1—2014）** **4.8.7**　附着式升降脚手架应符合下列规定： 　　7　升降路径不得有妨碍脚手架运行的障碍物。 　　10　脚手架升降时应统一指挥，架体上不得有施工人员，不得有施工荷载。 　　11　架体升降到位后，应及时进行附着固定。架体未固定前，架体固定作业人员不得擅自离开。 　　12　在五级及以上大风、雷雨、大雪、雾霾等恶劣天气时不得进行升降作业	
9	脚手板与防护栏杆	**1. 建筑行业标准《建筑施工工具式脚手架安全技术规范》（JGJ 202—2010）** **3.0.6**　脚手板可采用钢、木、竹材料制作，其材质应符合下列规定： 　　1　冲压钢板和钢板网脚手板，其材质应符合现行国家标准《碳素结构钢》GB/T 700中Q235A级钢的规定。新脚手板应有产品质量合格证；板面挠曲不得大于12mm和任一角翘起不得大于5mm；不得有裂纹、开焊和硬弯。使用前应涂刷防锈漆。钢板网脚手板的网孔内切圆直径应小于25mm。 　　2　竹脚手板包括竹胶合板、竹笆板和竹串片脚手板。可采用毛竹或楠竹制成；竹胶合板、竹笆板宽度不得小于600mm，竹胶合板厚度不得小于8mm，竹笆板厚度不得小于6mm，竹串片脚手板厚度不得小于50mm；不得使用腐朽、发霉的竹脚手板。 　　3　木脚手板应采用杉木或松木制作，其材质应符合现行国家标准《木结构设计规范》GB 50005中Ⅱ级材质的规定。板宽度不得小于200mm，厚度不得小于50mm，两端应用直径为4mm镀锌钢丝各绑扎两道。 　　4　胶合板脚手板，应选用现行国家标准《胶合板　第3部分：普通胶合板通用技术条件》GB/T 9846.3中的Ⅱ类普通耐水胶合板，厚度不得小于18mm，底部木方间距不得大于400mm，木方与脚手架杆件应用钢丝绑扎牢固，胶合板脚手板与木方应用钉子钉牢。	1. 通用要求及检查方法见本章第二节通用规定。 2. 卷尺、钢板尺等工具测量。 3. 力矩扳手检查扣件螺栓的拧紧力矩。 4. 卷尺、钢板尺测量。 5. 游标卡尺测量。 6. 现场观察检查

序号	检查重点	标　准　要　求	检查方法
9	脚手板与防护栏杆	**4.4.7** 水平支承桁架最底层应设置脚手板，并应铺满铺牢，与建筑物墙面之间也应设置脚手全封闭，宜设置可翻转的密封翻板。在脚手板的下面应采用安全网兜底。 **4.4.14** 附着式升降脚手架的安全防护措施应符合下列规定： 　1 架体外侧应采用密目式安全立网全封闭，密目式安全立网的网目密度不应低于 2000 目/100cm²，且应可靠地固定在架体上。 　2 作业层外侧应设置 1.2m 高的防护栏杆和 180mm 高的挡脚板。 　3 作业层应设置固定牢靠的脚手板，其与结构之间的间距应满足现行行业标准《建筑施工扣件式钢管脚手架安全技术规范》JGJ 130 的相关规定。 **7.0.18** 扣件的螺栓拧紧力矩不应小于 40N·m，且不应大于 65N·m。 **2. 建筑行业标准《建筑施工安全检查标准》（JGJ 59—2011）** **3.9.4** 附着式升降脚手架一般项目的检查评定应符合下列规定： 　2 脚手板 　1）脚手板应铺设严密、平整、牢固。 　2）作业层里排架体与建筑物之间应采用脚手板或安全平网封闭。 　3）脚手板材质、规格应符合规范要求。 **3. 电力行业标准《电力建设安全工作规程 第 1 部分：火力发电》（DL 5009.1—2014）** **4.8.7** 附着式升降脚手架应符合下列规定： 　5 水平支承桁架最底层应满铺脚手板，挂设安全兜网	
10	安全防护	**1. 建筑行业标准《建筑施工工具式脚手架安全技术规范》（JGJ 202—2010）** **4.4.11** 当架体遇到塔吊、施工升降机、物料平台需断开或开洞时，断开处应加设栏杆和封闭，开口处应有可靠的防止人员及物料坠落的措施。 **4.6.5** 安全保险装置应全部合格，安全防护设施应齐备，且应符合设计要求，并应设置必要的消防设施。 **4.6.6** 电源、电缆及控制柜等的设置应符合现行行业标准《施工现场临时用电安全技术规范》JGJ 46 的有关规定。 **4.6.9** 升降设备、控制系统、防坠落装置等应采取防雨、防砸、防尘等措施。 **7.0.8** 工具式脚手架所使用的电气设施、线路及接地、避雷措施等应符合现行行业标准《施工现场临时用电安全技术规范》JGJ 46 的规定。 **7.0.11** 临街搭设时，外侧应有防止坠物伤人的防护措施。 **7.0.12** 安装、拆除时，在地面应设置围栏和警戒标志，并应派专人看守，非操作人员不得入内。 **8.1.6** 附着式升降脚手架所使用的电气设施和线路应符合现行行业标准《施工现场临时用电安全技术规范》JGJ 46 的要求。 **2. 建筑行业标准《建筑施工安全检查标准》（JGJ 59—2011）** **3.9.4** 附着式升降脚手架一般项目的检查评定应符合下列规定： 　3 架体防护	1. 通用要求及检查方法见本章第二节通用规定。 2. 接地电阻测试仪器测量。 3. 现场观察检查

序号	检查重点	标 准 要 求	检查方法
10	安全防护	1）架体外侧应采用密目式安全网封闭，网间连接应严密； 2）作业层应按规范要求设置防护栏杆； 3）作业层外侧应设置高度不小于 180mm 的挡脚板。 4 安全作业 4）架体安装、升降、拆除时应设置安全警戒区，并应设置专人监护； 5）荷载分布应均匀，荷载最大值应在规范允许范围内。 **3. 电力行业标准《电力建设安全工作规程 第 1 部分：火力发电》（DL 5009.1—2014）** **4.8.7** 附着式升降脚手架应符合下列规定： 6 架体升降需断开时，临边应加设防护栏杆。 8 脚手架上应设置消防设施。升降设备、控制系统、防坠落装置等应采取防雨、防砸、防尘措施	
11	检查验收	**1. 建筑行业标准《建筑施工工具式脚手架安全技术规范》（JGJ 202—2010）** **4.7.8** 附着式升降脚手架架体升降到位固定后，应按本规范进行检查，合格后方可使用；遇 5 级及以上大风和大雨、大雪、浓雾和雷雨等恶劣天气时，不得进行升降作业。 **7.0.6** 施工现场使用工具式脚手架应由总承包单位统一监督，并应符合下列规定： 3 安装、升降、拆卸等作业时，应派专人进行监督。 4 应组织工具式脚手架的检查验收。 5 应定期对工具式脚手架使用情况进行安全巡检。 **7.0.7** 监理单位应对施工现场的工具式脚手架使用状况进行安全监理并应记录，出现隐患应要求及时整改，并应符合下列规定： 2 在工具式脚手架的安装、升降、拆除等作业时应进行监理。 3 应参加工具式脚手架的检查验收。 4 应定期对工具式脚手架使用情况进行安全巡检。 5 发现存在隐患时，应要求限期整改，对拒不整改的，应及时向建设单位和建设行政主管部门报告。 **7.0.9** 进入施工现场的附着式升降脚手架产品应具有国务院建设行政主管部门组织鉴定或验收的合格证书，并应符合本规范的有关规定。 **7.0.10** 工具式脚手架的防坠落装置应经法定检测机构标定后方可使用；使用过程中，使用单位应定期对其有效性和可靠性进行检测。安全装置受冲击载荷后应进行解体检验。 **7.0.20** 工具式脚手架在施工现场安装完成后应进行整机检测。 **8.1.1** 附着式升降脚手架安装前应具有下列文件： 1 相应资质证书及安全生产许可证。 2 附着式升降脚手架的鉴定或验收证书。 3 产品进场前的自检记录。 4 特种作业人员和管理人员岗位证书。 5 各种材料、工具的质量合格证、材质单、测试报告。 6 主要部件及提升机构的合格证。 **8.1.2** 附着式升降脚手架应在下列阶段进行检查与验收：	1. 通用要求及检查方法见本章第二节通用规定。 2. 查阅施工单位资质证书及安全生产许可证、特种作业人员和管理人员岗位证书等资料。 3. 查阅阶段检查与验收记录。 4. 查验总承包单位和监理单位定期检查检测记录或监理旁站记录等。 5. 查阅建设行政主管部门鉴定或验收的合格证书；查阅检测机构检验合格证。 6. 外观检查。 7. 现场检查观察脚手架检查验收及使用是否有违章行为

序号	检查重点	标　准　要　求	检查方法
11	检查验收	1　首次安装完毕。 2　提升或下降前。 3　提升、下降到位，投入使用前。 **8.1.3**　附着式升降脚手架首次安装完毕及使用前，应按规定进行检验，合格后方可使用。 **8.1.4**　附着式升降脚手架提升、下降作业前应按规定进行检验，合格后方可实施提升或下降作业。 **8.1.5**　在附着式升降脚手架使用、提升和下降阶段均应对防坠、防倾装置进行检查，合格后方可作业。 **2. 建筑行业标准《建筑施工安全检查标准》（JGJ 59—2011）** **3.9.4**　附着式升降脚手架一般项目的检查评定应符合下列规定： 1　检查验收 1）动力装置、主要结构配件进场应按规定进行验收。 2）架体分区段安装、分区段使用时，应进行分区段验收。 3）架体安装完毕应按规定进行整体验收，验收应有量化内容并经责任人签字确认。 4）架体每次升、降前应按规定进行检查，并应填写检查记录	
12	使用与检测	**1. 建筑行业标准《建筑施工工具式脚手架安全技术规范》（JGJ 202—2010）** **4.8.1**　附着式升降脚手架应按设计性能指标进行使用，不得随意扩大使用范围；架体上的施工荷载应符合设计规定，不得超载，不得放置影响局部杆件安全的集中荷载。 **4.8.2**　架体内的建筑垃圾和杂物应及时清理干净。 **4.8.3**　附着式升降脚手架在使用过程中不得进行下列作业： 1　利用架体吊运物料。 2　在架体上拉结吊装缆绳（或缆索）。 3　在架体上推车。 4　任意拆除结构件或松动连接件。 5　拆除或移动架体上的安全防护设施。 6　利用架体支撑模板或卸料平台。 7　其他影响架体安全的作业。 **4.8.4**　当附着式升降脚手架停用超过 3 个月时，应提前采取加固措施。 **4.8.5**　当附着式升降脚手架停用超过 1 个月或遇 6 级及以上大风后复工时，应进行检查，确认合格后方可使用。 **4.8.6**　螺栓连接件、升降设备、防倾装置、防坠落装置、电控设备、同步控制装置等应每月进行维护保养。 **7.0.3**　总承包单位必须将工具式脚手架专业工程发包给具有相应资质等级的专业队伍，并应签订专业承包合同，明确总包、分包或租赁等各方的安全生产责任。 **7.0.4**　工具式脚手架专业施工单位应当建立健全安全生产管理制度，制订相应的安全操作规程和检验规程，应制定设计、制作、安装、升降、使用、拆除和日常维护保养等的管理规定。 **7.0.14**　作业层上的施工荷载应符合设计要求，不得超载。不得将模板支架、缆风绳、泵送混凝土和砂浆的输送管等固定在架体上；不得用其悬挂起重设备。	1. 通用要求及检查方法见本章第二节通用规定。 2. 查阅制度、规程、承包合同、检查记录、会议记录、培训记录、交底记录、设备技术档案、日常运行检查记录等资料。 3. 查阅检查验收及维护保养记录等资料。 4. 现场观察检查

序号	检查重点	标 准 要 求	检查方法
12	使用与检测	**7.0.16** 当施工中发现工具式脚手架故障和存在安全隐患时，应及时排除，对可能危及人身安全时，应停止作业。应由专业人员进行整改。整改后的工具式脚手架应重新进行验收检查，合格后方可使用。 **7.0.19** 各地建筑安全主管部门及产权单位和使用单位应对工具式脚手架建立设备技术档案，其主要内容应包含：机型、编号、出厂日期、验收、检修、试验、检修记录及故障事故情况。 **2. 电力行业标准《电力建设安全工作规程 第1部分：火力发电》(DL 5009.1—2014)** **4.8.7** 附着式升降脚手架应符合下列规定： 　9　每次使用前应对防倾覆、防坠落和同步升降控制的安全装置进行检查。 　13　架体上不得放置影响局部杆件安全的集中荷载。 　14　严禁使用附着式升降脚手架吊运物料、悬挂起重设备，严禁在架体上拉结吊装缆绳，严禁任意拆除结构件或松动连结件、拆除或移动架体上的安全防护设施。 　15　安全装置受冲击载荷后应重新检测并合格。 　16　附着式脚手架存在故障和事故隐患时，应及时查明原因，处理后的脚手架应重新验收	
13	架体拆除	**建筑行业标准《建筑施工工具式脚手架安全技术规范》(JGJ 202—2010)** **4.9.1** 附着式升降脚手架的拆除工作应按专项施工方案及安全操作规程的有关要求进行。 **4.9.2** 应对拆除作业人员进行安全技术交底。 **4.9.3** 拆除时应有可靠的防止人员或物料坠落的措施，拆除的材料及设备不得抛扔。 **4.9.4** 拆除作业应在白天进行。遇5级及以上大风和大雨、大雪、浓雾和雷雨等恶劣天气时，不得进行拆除作业。 **7.0.13** 在工具式脚手架使用期间，不得拆除下列杆件： 　1　架体上的杆件。 　2　与建筑物连接的各类杆件（如连墙件、附墙支座）等	1. 通用要求及检查方法见本章第二节通用规定。 2. 查阅专项施工方案、安全技术交底记录等资料。 3. 现场观察检查

第七节　外挂防护架

一、术语或定义

外挂防护架是指用于建筑主体施工时临边防护而分片设置的外防护架。每片防护架由架体、两套钢结构构件及预埋件组成。架体为钢管扣件式单排架，通过扣件与钢结构构件连接，钢结构构件与设置在建筑物上的预埋件连接，将防护架的自重及使用荷载传递到建筑物上。在使用过程中，利用起重设备为提升动力，每次向上提升一层并固定，建筑主体施工完毕后，用起重设备将防护架吊至地面并拆除。适用于层高4m以下的建筑主体施工。

（1）水平防护层：指防护架内起防护作用的铺板层或水平网。

（2）钢结构构件：为支承防护架的主要构件，由钢结构竖向桁架、三角臂、连墙件组成。竖向桁架与架体连接，承受架体自重和使用荷载。三角臂支承竖向桁架，通过与建筑物上预埋件的临时固定连接，将竖向桁架、架体自重及使用荷载传递到建筑物上。连墙件一端与竖向桁架连接，另一端临时固定在建筑物的预埋件上，起防止防护架倾覆的作用。预埋件由圆钢制作，预先埋设在建筑结构中，用于临时固定三角臂和连墙件。

二、主要检查内容

外挂防护架安全检查重点、要求及方法见表2-4-6。

表2-4-6　　　　　　　　　　　外挂防护架安全检查重点、要求及方法

序号	检查重点	标　准　要　求	检查方法
1	脚手架搭拆人员资格要求	建筑行业标准《建筑施工工具式脚手架安全技术规范》（JGJ 202—2010） **7.0.5**　工具式脚手架专业施工单位应设置专业技术人员、安全管理人员及相应的特种作业人员。特种作业人员应经专门培训，并应经建设行政主管部门考核合格，取得特种作业操作资格证书后，方可上岗作业。 **7.0.6**　施工现场使用工具式脚手架应由总承包单位统一监督，并应符合下列规定： 　2　应对专业承包人员的配备和特种作业人员的资格进行审查。 **7.0.7**　监理单位应对施工现场的工具式脚手架使用状况进行安全监理并应记录，出现隐患应要求及时整改，并应符合下列规定： 　1　应对专业承包单位的资质及有关人员的资格进行审查	通用要求及检查方法见本章第二节通用规定
2	施工方案与交底	建筑行业标准《建筑施工工具式脚手架安全技术规范》（JGJ 202—2010） **7.0.1**　工具式脚手架安装前，应根据工程结构、施工环境等特点编制专项施工方案，并应经总承包单位技术负责人审批、项目总监理工程师审核后实施。 **7.0.2**　专项施工方案应包括下列内容： 　1　工程特点。 　2　平面布置情况。 　3　安全措施。 　4　特殊部位的加固措施。 　5　工程结构受力核算。 　6　安装、升降、拆除程序及措施。 　7　使用规定。 **7.0.6**　施工现场使用工具式脚手架应由总承包单位统一监督，并应符合下列规定： 　1　安装、升降、使用、拆除等作业前，应向有关作业人员进行安全教育；并应监督对作业人员的安全技术交底	通用要求及检查方法见本章第二节通用规定
3	构配件材质	标准要求及检查方法按本章第六节附着式升降脚手架执行	
4	架体构造	建筑行业标准《建筑施工工具式脚手架安全技术规范》（JGJ 202—2010） **6.3.1**　在升降状况下，三角臂应能绕竖向桁架自由转动；在工作状况下，三角臂与竖向桁架之间应采用定位装置防止三角臂转动。	1. 通用要求及检查方法见本章第二节通用规定。 2. 卷尺、钢板尺等工

序号	检查重点	标　准　要　求	检查方法
4	架体构造	**6.3.5**　每榀竖向桁架的外节点处应设置纵向水平杆，与节点距离不应大于 150mm。 **6.3.6**　每片防护架的竖向桁架在靠建筑物一侧从底到顶部，应设置横向钢管且不得少于 3 道，并应采用扣件连接牢固，其中位于竖向桁架底部的一道应采用双钢管。 **6.3.7**　防护层应根据工作需要确定其设置位置，防护层与建筑物的距离不得大于 150mm。 **6.3.8**　竖向桁架与架体的连接应采用直角扣件，架体纵向水平杆应搭设在竖向桁架的上面。竖向桁架安装位置与架体主节点距离不得大于 300mm。 **6.3.9**　架体底部的横向水平杆与建筑物的距离不得大于 50mm。 **6.3.10**　预埋件宜采用直径不小于 12mm 的圆钢，在建筑结构中的埋设长度不应小于其直径的 35 倍，其端头应带弯钩	具测量。 3. 游标卡尺等工具测量。 4. 现场观察检查
5	架体安装	**建筑行业标准《建筑施工工具式脚手架安全技术规范》（JGJ 202—2010）** **6.4.1**　应根据专项施工方案的要求，在建筑结构上设置预埋件。预埋件应经验收合格后方可浇筑混凝土，并应做好隐蔽工程记录。 **6.4.2**　安装防护架时，应先搭设操作平台。 **6.4.3**　防护架应配合施工进度搭设，一次搭设的高度不应超过相邻连墙件以上两个步距。 **6.4.4**　每搭完一步架后，应校正步距、纵距、横距及立杆的垂直度，确认合格后方可进行下道工序。 **6.4.5**　竖向桁架安装宜在起重机械辅助下进行。 **6.4.6**　同一片防护架的相邻立杆的对接扣件应交错布置，在高度方向错开的距离不宜小于 500mm；各接头中心至主节点的距离不宜大于步距的 1/3。 **6.4.7**　纵向水平杆应通长设置，不得搭接。 **7.0.21**　工具式脚手架作业人员在施工过程中应戴安全帽、系安全带、穿防滑鞋，酒后不得上岗作业	1. 通用要求及检查方法见本章第二节通用规定。 2. 查阅施工方案、隐蔽工程验收记录等资料。 3. 卷尺、钢板尺等工具测量。 4. 经纬仪或吊线和卷尺、钢板尺等工具测量。 5. 现场观察检查
6	架体稳定	**建筑行业标准《建筑施工工具式脚手架安全技术规范》（JGJ 202—2010）** **6.3.2**　连墙件应与竖向桁架连接，其连接点应在竖向桁架上部并应与建筑物上设置的连接点高度一致。 **6.3.3**　连墙件与竖向桁架宜采用水平铰接的方式连接，应使连墙件能水平转动。 **6.3.4**　每一处连墙件应至少有 2 套杆件，每一套杆件应能够独立承受架体上的全部荷载。 **6.4.8**　当安装防护架的作业层高出辅助架二步时，应搭设临时墙杆，待防护架升时方可拆除。临时连墙杆可采用 2.5m～3.5m 长钢管，一端与防护架第三步相连，一端与建筑结构相连。每片架体与建筑结构连接的临时连墙杆不得少于 2 处。 **6.4.9**　防护架应将设置在桁架底部的三角臂和上部的刚性连墙件及柔性连墙件分别与建筑物上的预埋件相连接。根据不同的建筑结构形式，防护架的固定位置可分为在建筑结构边梁处、檐板处和剪力墙处	1. 通用要求及检查方法见本章第二节通用规定。 2. 卷尺或钢板尺测量。 3. 现场观察检查

续表

序号	检查重点	标　准　要　求	检查方法
7	架体提升	建筑行业标准《建筑施工工具式脚手架安全技术规范》(JGJ 202—2010) **6.5.1** 防护架的提升索具应使用现行国家标准《重要用途钢丝绳》GB 8918 规定的钢丝绳。钢丝绳直径不应小于 12.5mm。 **6.5.2** 提升防护架的起重设备能力应满足要求,公称起重力矩值不得小于 400kN·m,其额定起升重量的 90％应大于架体重量。 **6.5.3** 钢丝绳与防护架的连接点应在竖向桁架的顶部,连接处不得有尖锐凸角等。 **6.5.4** 提升钢丝绳的长度应能保证提升平稳。 **6.5.5** 提升速度不得大于 3.5m/min。 **6.5.6** 在防护架从准备提升到提升到位交付使用前,除操作人员以外的其他人员不得从事临边防护等作业。操作人员应佩带安全带。 **6.5.7** 当防护架提升、下降时,操作人员必须站在建筑物内或相邻的架体上,严禁站在防护架上操作;架体安装完毕前,严禁上人。 **6.5.8** 每片架体均应分别与建筑物直接连接;不得在提升钢丝绳受力前拆除连墙件;不得在施工过程中拆除连墙件。 **6.5.9** 当采用辅助架时,第一次提升前应在钢丝绳收紧受力后,才能拆除连墙杆件及与辅助架相连接的扣件。指挥人员应持证上岗,信号工、操作工应服从指挥、协调一致,不得缺岗。 **6.5.10** 防护架在提升时,必须按照"提升一片、固定一片、封闭一片"的原则进行,严禁提前拆除两片以上的架体、分片处的连接杆、立面及底部封闭设施。 **6.5.11** 在每次防护架提升后,必须逐一检查扣件紧固程度;所有连接扣件拧紧力矩必须达到 40N·m～65N·m	1. 查验防护架提升索具质量合格证、测试报告及起重设备合格证、检验标志等资料。 2. 查阅专项施工方案、作业程序、特种作业人员证件和操作规程等资料。 3. 游标卡尺等工具测量。 4. 力矩扳手等工具测量扣件的拧紧力矩。 5. 秒表等工具测量提升速度。 6. 现场观察检查
8	脚手板与防护栏杆	建筑行业标准《建筑施工工具式脚手架安全技术规范》(JGJ 202—2010) **3.0.6** 脚手板可采用钢、木、竹材料制作,其材质应符合下列规定: 　1 冲压钢板和钢板网脚手板,其材质应符合现行国家标准《碳素结构钢》GB/T 700 中 Q235A 级钢的规定。新脚手板应有产品质量合格证;板面挠曲不得大于 12mm 和任一角翘起不得大于 5mm;不得有裂纹、开焊和硬弯。使用前应涂刷防锈漆。钢板网脚手板的网孔内切圆直径应小于 25mm。 　2 竹脚手板包括竹胶合板、竹笆板和竹串片脚手板。可采用毛竹或楠竹制成;竹胶合板、竹笆板宽度不得小于 600mm,竹胶合板厚度不得小于 8mm,竹笆板厚度不得小于 6mm,竹串片脚手板厚度不得小于 50mm;不得使用腐朽、发霉的竹脚手板。 　3 木脚手板应采用杉木或松木制作,其材质应符合现行国家标准《木结构设计规范》GB 50005 中Ⅱ级材质的规定。板宽度不得小于 200mm,厚度不得小于 50mm,两端应用直径为 4mm 镀锌钢丝各绑扎两道。 　4 胶合板脚手板,应选用现行国家标准《胶合板 第3部分:普通胶合板通用技术条件》GB/T 9846.3 中的Ⅱ类普通耐水胶合板,厚度不得小于 18mm,底部木方间距不得大于 400mm,木方与脚手架杆件应用钢丝绑扎牢固,胶合板脚手板与木方应用钉子钉牢。 **7.0.18** 扣件的螺栓拧紧力矩不应小于 40N·m,且不应大于 65N·m	1. 通用要求及检查方法见本章第二节通用规定。 2. 卷尺、钢板尺等工具测量。 3. 力矩扳手检查扣件螺栓的拧紧力矩。 4. 现场观察检查

序号	检查重点	标 准 要 求	检查方法
9	安全防护	建筑行业标准《建筑施工工具式脚手架安全技术规范》(JGJ 202—2010) **6.3.11** 每片防护架应设置不少于 3 道水平防护层,其中最底部的一道应满铺脚手板,外侧应设挡脚板。 **6.3.12** 外挂防护架底层除满铺脚手板外,应采用水平安全网将底层及与建筑物之间全封闭。 **7.0.8** 工具式脚手架所使用的电气设施、线路及接地、避雷措施等应符合现行行业标准《施工现场临时用电安全技术规范》JGJ 46 的规定。 **7.0.11** 临街搭设时,外侧应有防止坠物伤人的防护措施。 **7.0.12** 安装、拆除时,在地面应设围栏和警戒标志,并应派专人看守,非操作人员不得入内。	1. 通用要求及检查方法见本章第二节通用规定。 2. 接地电阻测试仪器测量。 3. 现场观察检查

10	检查验收	建筑行业标准《建筑施工工具式脚手架安全技术规范》(JGJ 202—2010)
		
		8.3.1 外挂防护架在使用前应经过施工、安装、监理等单位的验收。未经验收或验收不合格的防护架不得使用。
		
		8.3.2 外挂防护架应按表 8.3.2 的规定逐项验收,合格后方可使用。
		
		7.0.6 施工现场使用工具式脚手架应由总承包单位统一监督,并应符合下列规定:
		  3 安装、升降、拆卸等作业时,应派专人进行监督。
		  4 应组织工具式脚手架的检查验收。
		  5 应定期对工具式脚手架使用情况进行安全巡检。
		
		7.0.7 监理单位应对施工现场的工具式脚手架使用状况进行安全监理并应记录,出现隐患应要求及时整改,并应符合下列规定:
		  2 在工具式脚手架的安装、升降、拆除等作业时应进行监理。
		  3 应参加工具式脚手架的检查验收。
		  4 应定期对工具式脚手架使用情况进行安全巡检。
		  5 发现存在隐患时,应要求限期整改,对拒不整改的,应及时向建设单位和建设行政主管部门报告。
		
		7.0.10 工具式脚手架的防坠落装置应经法定检测机构标定后方可使用;使用过程中,使用单位应定期对其有效性和可靠性进行检测。安全装置受冲击载荷后应进行解体检验。
		
		7.0.20 工具式脚手架在施工现场安装完成后应进行整机检测
			1. 通用要求及检查方法见本章第二节通用规定。
			2. 查阅阶段检查与验收记录、使用前验收记录及整机检测记录等资料。
			3. 查验总承包单位和监理单位定期检查检测记录或监理旁站记录等资料。
			4. 查阅检测机构检验合格证。
			5. 现场观察检查

11	使用与检测	建筑行业标准《建筑施工工具式脚手架安全技术规范》(JGJ 202—2010) **7.0.3** 总承包单位必须将工具式脚手架专业工程发包给具有相应资质等级的专业队伍,并应签订专业承包合同,明确总包、分包或租赁等各方的安全生产责任。 **7.0.4** 工具式脚手架专业施工单位应当建立健全安全生产管理制度,制订相应的安全操作规程和检验规程,应制定设计、制作、安装、升降、使用、拆除和日常维护保养等的管理规定。 **7.0.14** 作业层上的施工荷载应符合设计要求,不得超载。不得将模板支架、缆风绳、泵送混凝土和砂浆的输送管等固定在架体上;不得用其悬挂起重设备。	1. 通用要求及检查方法见本章第二节通用规定。 2. 查阅制度、规程、检查记录、会议记录、培训记录、设备技术档案等,验证脚手架设计、制作、安装、升降、使用、拆除和日常维护保养是否管理到位。

续表

序号	检查重点	标准要求	检查方法
11	使用与检测	**7.0.16** 当施工中发现工具式脚手架故障和存在安全隐患时,应及时排除,对可能危及人身安全时,应停止作业。应由专业人员进行整改。整改后的工具式脚手架应重新进行验收检查,合格后方可使用。 **7.0.19** 各地建筑安全主管部门及产权单位和使用单位应对工具式脚手架建立设备技术档案,其主要内容应包含:机型、编号、出厂日期、验收、检修、试验、检修记录及故障事故情况	3. 现场观察检查
12	架体拆除	**建筑行业标准《建筑施工工具式脚手架安全技术规范》(JGJ 202—2010)** **6.6.1** 拆除防护架的准备工作应符合下列规定: 　1 对防护架的连接扣件、连墙件、竖向桁架、三角臂应进行全面检查,并应符合构造要求。 　2 应根据检查结果补充完善专项施工方案中的拆除顺序和措施,并应经总包和监理单位批准后方可实施。 　3 应对操作人员进行拆除安全技术交底。 　4 应清除防护架上杂物及地面障碍物。 **6.6.2** 拆除防护架时,应符合下列规定: 　1 应采用起重机械把防护架吊运到地面进行拆除。 　2 拆除的构配件应按品种、规格随时码堆存放,不得抛掷。 **7.0.13** 在工具式脚手架使用期间,不得拆除下列杆件: 　1 架体上的杆件。 　2 与建筑物连接的各类杆件(如连墙件、附墙支座)等	1. 通用要求及检查方法见本章第二节通用规定。 2. 查阅专项施工方案和交底记录。 3. 现场检查

第五章

高 处 作 业 吊 篮

一、术语或定义

（1）高处作业吊篮：指悬挂装置架设于建筑物或构筑物上，起升机构通过钢丝绳驱动平台沿立面上下运行的一种非常设悬挂接近设备。

（2）悬挂平台：指通过钢丝绳悬挂于空中，四周装有护栏，用于搭载操作者，工具和材料的工作装置。

（3）悬挂装置：指作为吊篮的一部分用于悬挂平台的装置。

（4）爬升式起升机构：指依靠钢丝绳和驱动绳轮间的摩擦力驱动钢丝绳上下的机构，钢丝绳尾端无作用力。

（5）防坠落装置：指安全锁，直接作用在安全钢丝绳上，可自动停止和保持平台位置的装置。

（6）限位装置：指限制运动部件或装置超过预设极限位置的装置。

（7）工作钢丝绳：指悬挂钢丝绳，承担悬挂载荷的钢丝绳。

（8）安全钢丝绳：指后备钢丝绳，通常不承担悬挂载荷，装有防坠落装置的钢丝绳。

二、主要检查要求综述

本章主要描述了高空作业吊篮保护装置、各机构结构设施、悬挂装置、配重等方面的检查重点、检查要求和检查方法。

第二节 安全防护装置

一、安全装置

安全装置检查重点、要求及方法见表 2－5－1。

表 2－5－1　　　　　　　　　安全装置检查重点、要求及方法

序号	检查重点	标　准　要　求	检查方法
1	安全保护装置	**1. 国家标准《高处作业吊篮》（GB/T 19155—2017）** **7.1.10** 应根据平台内的人数配备独立的防坠落安全绳，与每根防	

序号	检查重点	标　准　要　求	检查方法
1	安全保护装置	坠落保护安全绳相系的人数不应超过两人。 **8.3.8　防倾斜装置** **8.3.8.1**　装有两台或多台独立的起升机构应安装自动防倾斜装置，当平台纵向倾斜角度大于14°时，应能自动停止平台升降运动。 **8.3.10**　起升与下降限位开关 **8.3.10.1**　应安装起升开关并正确定位。 **8.3.10.2**　应安装下降开关并正确定位。 **8.3.10.6**　在地面安装的悬吊平台，不需要安装下降限位开关。 **8.8.2**　防坠落装置 **8.8.2.1**　当工作钢丝绳失效、平台下降速度大于30m/min、工作装置无负载或平台纵向倾斜角度大于14°等情况发生时，防坠落装置应能自动起作用。 **2. 建筑行业标准《建筑施工安全检查标准》（JGJ 59—2011）** **3.10.3**　高处作业吊篮保证项目的检查评定应符合下列规定： 　2　安全装置 　1）吊篮应安装防坠安全锁，并灵敏有效。 　2）防坠安全锁不应超过标定期限。 　3）吊篮应设置为作业人员挂设安全带专用的安全绳及安全锁扣，安全绳应固定在建筑物可靠位置，不得与吊篮上的任何部位连接。 　4）吊篮应安装上限位装置，并灵敏可靠有效	1. 目测检查。 　2. 试验防倾斜装置、安全锁、限位装置功能。 防倾斜装置如图2-5-1所示，防坠安全锁如图2-5-2所示，起升限位装置如图2-5-3所示，安全绳单独固定如图2-5-4所示

图 2-5-1　防倾斜装置

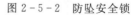
安全锁　　　锁绳状态　　　工作状态

图 2-5-2　防坠安全锁

图 2-5-3　起升限位装置

图2-5-4 安全绳单独固定

二、防护装置

防护装置检查重点、要求及方法见表2-5-2。

表2-5-2   防护装置检查重点、要求及方法

序号	检查重点	标 准 要 求	检查方法
1	悬吊平台防护	**1. 国家标准《高处作业吊篮》(GB/T 19155—2017)** **7.1.2** 平台底面应为坚固、防滑表面，并固定可靠。 **7.1.3** 平台四周应安装护栏、中间护栏和踢脚板，护栏高度不应小于1000mm。 **7.1.4** 踢脚板应高于平台底板表面150mm。 **2. 建筑行业标准《建筑施工安全检查标准》(JGJ 59—2011)** **3.10.4** 高处作业吊篮一般项目的检查评定应符合下列规定： 2 安全防护 1) 悬吊平台周边的防护栏杆、挡脚板的设置应符合规范要求。 2) 上下或立体交叉作业应设置防护顶板。 **3. 建筑行业标准《施工现场机械设备检查技术规范》(JGJ 160—2016)** **8.2.2** 悬吊平台应符合下列规定： 3 底板应完好，应有防滑设施；应有排水孔，且不应堵塞； 4 在靠建筑物的一面应设有靠墙轮、导向轮和缓冲装置	目测检查。 悬吊平台护栏、踢脚板如图2-5-5所示

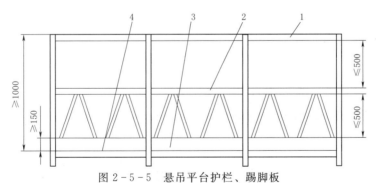

图2-5-5 悬吊平台护栏、踢脚板
1—护栏；2—中间护栏；3—踢脚板；4—平台底板

第三节 悬挂机构

悬挂机构安全检查重点、要求及方法见表2-5-3。

表 2-5-3　　　　　　　　　悬挂机构安全检查重点、要求及方法

序号	检查重点	标　准　要　求	检查方法
1	悬挂	**1. 国家标准《高处作业吊篮》（GB/T 19155—2017）** **9.3.2** 配重应坚固地安装在配重悬挂支架上，只有在需要拆除时方可拆卸，配重应锁住以防止未授权人员拆卸 **2. 建筑行业标准《建筑施工安全检查标准》（JGJ 59—2011）** **3.10.3** 高处作业吊篮保证项目的检查评定应符合下列规定： 　3　悬挂机构 　1）悬挂机构前支架不得支撑在建筑物女儿墙上或挑檐边缘等非承重结构上。 　2）悬挂机构前梁外伸长度应符合产品说明书规定。 　3）前支架应与支撑面应垂直，且脚轮不受力。 　4）上支架应固定在前支架调节杆与悬挑梁连接处节点处。 　5）严禁使用破损的配重块或其他替代物。 　6）配重块应固定可靠，重量应符合设计规定	目测检查 配重固定、防丢失如图 2-5-6 所示

配重块破损且未锁固

图 2-5-6　配重固定、防丢失

第四节　悬吊平台

悬吊平台安全检查重点、要求及方法见表 2-5-4。

表 2-5-4　　　　　　　　　悬吊平台安全检查重点、要求及方法

序号	检查重点	标　准　要　求	检查方法
1	平台	**1. 国家标准《高处作业吊篮》（GB/T 19155—2017）** **7.1.6** 应在平台明显部位永久醒目地注明额定起重量和允许承载人数及其他注意事项。 **2. 建筑行业标准《施工现场机械设备检查技术规范》（JGJ 160—2016）** **8.2.2** 悬吊平台应符合下列规定： 　1　悬吊平台应有足够的强度和刚度，不应有焊缝开裂、裂纹、严重锈蚀、连接螺栓或铆钉松动、结构不应破损。 **3. 建筑行业标准《建筑施工安全检查标准》（JGJ 59—2011）** **3.10.3** 高处作业吊篮保证项目的检查评定应符合下列规定： 　5　安装作业 　1）吊篮平台组装长度应符合产品说明书和规范要求。 　2）吊篮的构配件为同一厂家的产品	目测检查

第五节 钢丝绳

钢丝绳安全检查重点、要求及方法见表 2－5－5。

表 2－5－5　　　　　　　　　钢丝绳安全检查重点、要求及方法

序号	检查重点	标 准 要 求	检查方法
1	工作、安全钢丝绳	**1. 国家标准《高处作业吊篮》（GB/T 19155—2017）** 8.10.1　悬吊平台的钢丝绳应经过镀锌或其他类似的防腐措施 8.10.2　钢丝绳最小直径 6mm。安全钢丝绳直径应不小于工作钢丝绳直径。 8.10.3.2　钢丝绳端头形式应为金属压制接头、自紧楔形接头等，或采用其他相同安全等级的形式。如失效会影响安全时，则不能使用 U 形钢丝绳夹。 9.4　工作钢丝绳和安全钢丝绳应独立悬挂在各自的悬挂点上。 **2. 机械行业标准《高处作业吊篮安装、拆卸、使用技术规程》（JB/T 11699—2013）** 5.2.12　吊篮的整机组装与调试要求如下： c）钢丝绳端固定应符合下列规定： 1）绳夹数量：最少 3 只。 2）绳夹的布置：把夹座扣在钢丝绳的工作段上，U 型螺栓扣在钢丝绳的尾段上。 3）绳夹间距为钢丝绳直径的 6～7 倍。 **3. 建筑行业标准《建筑施工安全检查标准》（JGJ 59—2011）** 3.10.3　高处作业吊篮保证项目的检查评定应符合下列规定： 4　钢丝绳 1）钢丝绳不应有断丝、断股、松股、锈蚀、硬弯，及有油污和附着物。 2）安全钢丝绳应单独设立，型号规格应与工作钢丝绳一致。 3）吊篮运行时安全钢丝绳应张紧悬垂。 4）电焊作业时应对钢丝绳采取保护措施	1. 目测检查。典型的钢丝绳报废缺陷如图 2－5－7 所示，工作和安全钢丝绳独立悬挂如图 2－5－8 所示，安全钢丝绳张紧如图 2－5－9 所示。 2. 测量钢丝绳直径

局部扁平

扭结

图 2－5－7　典型的钢丝绳报废缺陷

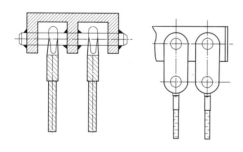

图 2－5－8　工作和安全钢丝绳独立悬挂

图 2－5－9　安全钢丝绳张紧

第六节 电气安全

电气安全检查重点、要求及方法见表2-5-6。

表2-5-6　　　　　　　　　　电气安全检查重点、要求及方法

序号	检查重点	标 准 要 求	检查方法
1	电气装置	**国家标准《高处作业吊篮》（GB/T 19155—2017）** **10.2.1** 应设置相序继电器，确保电源缺相、错相连接时不会导致错误的控制响应。 **10.2.2** 供电应采用三相五线制，接零、接地线应始终分开。 **10.3.1** 主电路回路应有过电流保护和漏电保护装置。 **10.5** 应采取防止电缆碰撞建筑物的措施。 **11.1.4** 应提供停止吊篮控制系统运行的急停按钮，此按钮为红色并有明显的"急停"标志，不能自动复位，急停按钮按下后停止吊篮的所有动作	1. 目测检查。 2. 试验保护及急停装置功能

第七节 安拆及使用

安拆及使用安全检查重点、要求及方法见表2-5-7。

表2-5-7　　　　　　　　安拆及使用安全检查重点、要求及方法

序号	检查重点	标 准 要 求	检查方法
1	安装、拆卸	**1.《建筑施工特种作业人员管理规定》（建质〔2008〕75号）** 第三条 建筑施工特种作业包括： （六）高处作业吊篮安装拆卸工。 第四条 建筑施工特种作业人员必须经建设主管部门考核合格，取得建筑施工特种作业人员操作资格证书（以下简称"资格证书"），方可上岗从事相应作业。 **2.建筑行业标准《建筑施工安全检查标准》（JGJ 59—2011）** **3.10.3** 高处作业吊篮保证项目的检查评定应符合下列规定： 1 施工方案 1）吊篮安拆作业应编制专项施工方案，吊篮支架支撑处的结构承载力应经过验算。 2）专项施工方案应按规定进行审核、审批。 **3.10.4** 高处作业吊篮一般项目的检查评定应符合下列规定： 1 交底与验收 1）吊篮安装完毕，应按照规范要求进行验收，验收表应由责任人签字确认。 3）吊篮安装、使用前对作业人员进行安全技术交底，并应有文字记录。 **3.机械行业标准《高处作业吊篮安装、拆卸、使用技术规程》（JB/T 11699—2013）** **5.1.4** 吊篮安装前，安装单位应对各部件进行清点、核对及检查。 **5.2.1** 安装作业人员应按施工安全技术交底内容进行作业。 **5.2.2** 安装单位的专业技术人员、专职安全生产管理人员应进行现场指导与监督	1. 目测检查。 2. 查看方案、记录、证书

序号	检查重点	标　准　要　求	检查方法
2	检查、保养、交接班	**1. 国家标准《高处作业吊篮》(GB/T 19155—2017)** **15.2.8** 吊篮应……按照手册的要求进行定期检查和维护。 **2. 建筑行业标准《建筑机械使用安全技术规程》(JGJ 33—2012)** **2.0.9** 实行多班作业的机械，应执行交接班制度，填写交接班记录。 **3. 建筑行业标准《建筑施工安全检查标准》(JGJ 59—2011)** **3.10.4** 高处作业吊篮一般项目的检查评定应符合下列规定： 1　交底与验收。 2) 班前、班后应按规定对吊篮进行检查	查看检查、保养、交接班记录
3	操作使用	**建筑行业标准《建筑施工安全检查标准》(JGJ 59—2011)** **3.10.3** 高处作业吊篮保证项目的检查评定应符合下列规定： 6　升降作业 1) 必须由经过培训合格的人员操作吊篮升降。 2) 吊篮内的作业人员数量不应超过2人。 3) 悬吊平台内作业人员应将安全带安全锁扣挂在独立设置的专用安全绳上。 4) 作业人员应从地面进出悬吊平台。 **3.10.4** 高处作业吊篮一般项目的检查评定应符合下列规定： 1　交底与验收。 3) 吊篮安装、使用前应对作业人员进行安全技术交底。	1. 目测检查。 2. 查看人员培训合格、交底资料

第六章

高 处 作 业

第一节 概述

一、术语或定义

高处作业指凡在坠落高度基准面 2m 以上（含 2m）有可能坠落的高处进行的作业，均称为高处作业。

二、主要检查要求综述

高处作业普遍存在于电力建设工程施工现场，如果未采取防护措施或防护措施不到位、作业不当，都可能引发人员坠落伤害、物体打击伤害，后果往往非常严重，因此高处作业安全作为电力建设工程施工安全检查的重点，主要包括个人安全防护、孔洞、临边及通道防护等方面。

第二节 个人安全防护

一、安全帽

安全帽作为工作人员现场必备防护用具，其质量和正确使用与否，关系到工人现场头部防护甚至生命安全。安全帽检查重点、要求及方法见表 2-6-1。

表 2-6-1　　　　　　　　　　安全帽检查重点、要求及方法

序号	检查重点	标 准 要 求	检查方法
1	安全帽材质、规格、性能等要求	**1. 国家标准《头部防护 安全帽》（GB 2811—2019）** **7.2　永久标识** 安全帽的永久标识是指位于产品主体内侧，并在产品整个生命周期内一直保持清晰可辨的标识，至少应包括以下内容： a）本标准编号。 b）制造厂名。 c）生产日期（年、月）。 d）产品名称（由生产厂命名）。 e）产品的分类标记。 f）产品的强制报废期限。	1. 查看产品。 2. 查看安全标志

续表

序号	检查重点	标　准　要　求	检查方法
1	安全帽材质、规格、性能等要求	**2. 电力行业标准《水电水利工程施工通用安全技术规程》（DL/T 5370—2017）** **6.6.1** 安全帽、安全带、安全网等防护用具，应符合国家规定的质量标准，具有产品合格证和安全鉴定合格证书。 **6.6.2** 安全防护用具不得超过使用期限。 **6.6.3** 安全防护用具定期试验，其检查试验的要求和周期见下表。 **常用安全用具的检验标准与试验周期** （见下表）	
2	安全帽耐冲击试验	**国家标准《头部防护 安全帽》（GB 2811—2019）** 具体内容可详见此标准	查看到货抽检试验报告
3	安全帽的使用	**电力行业标准《电力建设安全工作规程 第1部分：火力发电》（DL 5009.1—2014）** **4.2.7** 进入施工现场人员必须正确佩戴安全帽，……长发应放入安全帽内	现场查看

常用安全用具的检验标准与试验周期

名称	检查与试验质量标准要求	检查试验周期
塑料安全帽	1）外表完整、光洁。 2）帽内缓冲带、帽带齐全无损。 3）耐40℃～120℃高温不变形。 4）耐水、油、化学腐蚀性良好。 5）可抗3kg的钢球从5m垂直坠落的冲击力	一年一次

二、安全带

安全带是指防止高处作业人员发生坠落或发生坠落后将作业人员安全吊挂的个体防护装备。在电力建设施工高处作业过程中，应全程正确使用安全带。

（1）坠落悬挂用安全带：指当作业人员发生坠落时，通过制动作用将作业人员安全悬挂的个体坠落防护系统。

（2）速差自控器：指串联在系带和挂点之间、具备可随人员移动而伸缩长度的绳或带，在坠落发生时可由速度变化引发锁止制动作用的部件。

安全带检查重点、要求及方法见表2-6-2。

表2-6-2　　　　　　　　　安全带检查重点、要求及方法

序号	检查重点	标　准　要　求	检查方法
1	安全带标志要求	**国家标准《防护坠落安全带》（GB 6095—2021）** **7.1** 安全带标识应固定于系带。 **7.3** 安全带标识应至少包括以下内容： a）产品名称。 b）执行标准。 c）分类标记。 d）制造商名称或标记及产地。 e）合格品标记。	1. 查看产品合格证。 2. 查看安全标志

续表

序号	检查重点	标　准　要　求	检查方法
1	安全带标志要求	f）生产日期（年、月）。 g）不同类型零部件组合使用时的伸展长度。 h）醒目的标记或文字提醒用户使用前应仔细阅读制造商提供的信息。 i）国家法律法规要求的其他标识	
2	安全带冲击试验	国家标准《防护坠落安全带》（GB 6095—2021） 具体内容可详见此标准	查看到货抽检试验报告
3	安全带一般要求及使用	**1. 国家标准《防护坠落安全带》（GB 6095—2021）** **5.1.1** 安全带中使用的零部件应圆滑，不应有锋利边缘，与织带接触的部分应采用圆角过渡。 **5.1.3** 安全带中的织带应为整根，同一织带两连接点之间不应接缝。 **5.1.5** 安全带中的主带扎紧扣应可靠，不应意外开启，不应对织带造成伤损。 **5.1.6** 安全带中的腰带应与护腰带同时应用。 **5.1.8** 安全带中使用的金属环类零件不应使用焊接件，不应留有开口。 **5.1.9** 安全带中与系带连接的安全绳在设计结构中不应出现打结。 **5.1.10** 安全带中的安全绳在与连接器连接时应增加支架或垫层。 **5.3.3.2** 坠落悬挂用安全带的设计应至少符合下列要求： a）坠落悬挂用系带应为全身式系带。 b）系带应包含一个或多个坠落悬挂用连接点。 c）系带连接点应位于使用者前胸或后背。 d）当安全带中的坠落悬挂用零部件仅含坠落悬挂安全绳时，安全绳应具备能量吸收功能或与缓冲器一起使用。 e）包含未展开缓冲器的坠落悬挂安全绳长度应小于或等于2m。 **2. 电力行业标准《电力建设安全工作规程　第1部分：火力发电》（DL 5009.1—2014）** **4.10.1** 高处作业应符合下列规定： 2 高处作业应设置牢固、可靠的安全防护设施；作业人员应正确使用劳动防护用品。 8 高处作业应系好安全带，安全带应挂在上方牢固可靠处。 9 高处作业人员在从事活动范围较大的作业时，应使用速差自控器。 **3. 建筑行业标准《建筑施工高处作业安全技术规范》（JGJ 80—2016）** **3.0.5** 高处作业人员应根据作业的实际情况配备相应的高处作业安全防护用品，按规定正确佩戴和使用高处作业安全防护用品、用具，并应经专人检查	1. 现场查看。 2. 对照检查标准所列数据现场用米尺进行测量、核验。 3. 对速差式自控器用手快速拉伸进行测试

第三节　孔洞、临边及通道防护

一、安全网

在电力建设工程施工过程中，现场存在很多高处作业，需要在主厂房等建筑厂房的外脚手架上、电梯井道、冷却塔、烟囱、锅炉钢结构、受热面安装、厂房钢屋架安装等位置设置相应的安全网，表2-6-3包含了电力建设工程施工中安全网的设置、检查标准和方法。

（1）安全网：指用来防止人、物坠落，或用来避免、减轻坠落及物击伤害的网具。一般由网体、边绳、系绳等组成。

（2）安全平网：指安装平面不垂直于水平面，用来防止人、物坠落，或用来避免、减轻坠落及物击伤害的安全网，简称为平网。

（3）安全立网：指安装平面垂直于水平面，用来防止人、物坠落，或用来避免、减轻坠落及物击伤害的安全网，简称为立网。

（4）密目式安全立网：指网眼孔径不大于12mm，垂直于水平面安装，用于阻挡人员、视线、自然风、飞溅及失控小物体的网，简称为密目网。一般由网体、开眼环扣、边绳和附加系绳组成。

安全网检查重点、要求及方法见表2-6-3。

表2-6-3　　　　　　　　　安全网检查重点、要求及方法

序号	检查重点	标 准 要 求	检查方法
1	安全网，材质、规格、性能等要求	**1. 国家标准《安全网》（GB 5725—2009）** **8.1** 安全网的标识由永久标识和产品说明书组成。 **8.1.1** 安全网的永久标识： 　a）本标准号。 　b）产品合格证。 　c）产品名称及分类标记。 　d）制造商名称、地址。 　e）生产日期。 　f）其他国家有关法律法规所规定必须具备的标记或标志。 **8.1.2** 平（立）网产品说明书应包括但不限于以下内容： 　a）平（立）网安装、使用及拆除的注意事项。 　b）储存、维护及检查。 　c）使用期限。 　d）在何种情况下应停止使用。 **8.1.3** 密目式安全立网产品说明书应包括但不限于以下内容： 　a）密目网的适用和不适用场所。 　b）使用期限。 　c）整体报废条件或要求。 　d）清洁、维护、储存的方法。 　e）拴挂方法。 　f）日常检查的方法和部位。 　g）使用注意事项。 　h）警示"不得作为平网使用"。 　i）警示"B级产品必须配合立网或护栏使用才能起到坠落防护作用"。 　j）为合格品的声明。 **2. 电力行业标准《电力建设安全工作规程　第1部分：火力发电》（DL 5009.1—2014）** **4.2.1** 通用规定 　2 安全防护设施和劳动防护用品的采购、检验、发放、使用、监督、保管等应有专人负责，并建立台账。	1. 查看产品说明书。 2. 查看出厂检验合格证。 3. 称重，单张平（立）网不宜超过15kg

续表

序号	检查重点	标 准 要 求	检查方法
1	安全网，材质、规格、性能等要求	3 安全防护设施和劳动防护用品应从具备相应资质的单位采购，特种劳动防护用品生产许可证、产品合格证、安全鉴定证、安全标识应齐全。 **3. 建筑行业标准《建筑施工高处作业安全技术规范》（JGJ 80—2016）** **8.1.1** 建筑施工安全网的选用应符合下列规定： 1 安全网的材质、规格、要求及其物理性能、耐火性、阻燃性应满足现行国家标准《安全网》GB 5725 的规定。 2 密目式安全立网网目密度应为 10cm×10cm 面积上大于或等于 2000 目。 **8.1.2** 当需采用平网进行防护时，严禁使用密目式安全立网代替平网使用。 **8.1.3** 施工现场在使用密目式安全立网前，应检查产品分类标记、产品合格证、网目数及网体重量，确认合格方可使用	
2	安全网耐冲击试验	**国家标准《安全网》（GB 5725—2009）** 附录 A 安全网的耐冲击性能测试 附录 C 4 如安全网的贮存期超过两年，应按 0.2% 抽样，不足 1000 张时抽样 2 张进行耐冲击性能测试测试，合格后方可销售使用	查看"到货抽检试验报告书"
3	建筑物脚手架外侧设置阻燃密目式安全网	**1. 国家标准《建筑施工脚手架安全技术统一标准》（GB 51210—2016）** **11.2.4** 作业脚手架外侧和支撑脚手架作业层栏杆应采用密目式安全网或其他措施全封闭防护。密目式安全网应为阻燃产品。 **2. 建筑行业标准《建筑施工安全检查标准》（JGJ 59—2011）** **3.3.3** 扣件式钢管脚手架保证项目的检查评定应符合下列规定： 5 脚手板与防护栏杆。 2）架体外侧应采用密目式安全网封闭，网间连接应严密	1. 查看是否设置（严密性、有无破损、拼接牢固等）。 2. 查看产品说明书是否为阻燃产品
4	脚手架作业层脚手板下铺设安全平网兜底	**建筑行业标准《建筑施工安全检查标准》（JGJ 59—2011）** **3.3.4** 扣件式钢管脚手架一般项目的检查评定应符合下列规定： 3 层间防护 1）作业层脚手板下应采用安全平网兜底，以下每隔 10m 应采用安全平网封闭。	1. 查看安全网是否设置。 2. 根据建筑标高，米尺测量设置间隔
5	安全网设置技术要求	**建筑行业标准《建筑施工高处作业安全技术规范》（JGJ 80—2016）** **8.2.1** 安全网搭设应绑扎牢固、网间严密。安全网的支撑架应具有足够的强度和稳定性。 **8.2.2** 密目式安全立网搭设时，每个开眼环扣应穿入系绳，系绳应绑扎在支撑架上，间距不得大于 450mm。相邻密目网间应紧密结合或重叠。 **8.2.3** 当立网用于龙门架、物料提升架及井架的封闭防护时，四周边绳应与支撑架贴紧，边绳的断裂张力不得小于 3kN，系绳应绑在支撑架上，间距不得大于 750mm。	1. 米尺测量现场安全网敷设数据是否满足要求。 2. 系绳是否绑扎牢固，绑扎在钢结构等棱角处是否采取保护措施；系绳无漏系现象。 3. 用游标卡尺测量悬挑式平网支撑架钢丝绳

序号	检查重点	标 准 要 求	检查方法
5	安全网设置技术要求	8.2.4 用于电梯井、钢结构和框架结构及构筑物封闭防护的平网应符合下列规定： 1 平网每个系结点上的边绳应与支撑架靠紧，边绳的断裂张力不得小于 7kN，系绳沿网边均匀分布，间距不得大于 750mm； 2 钢结构厂房和框架结构及构筑物在作业层下部应搭设平网，落地式支撑架应采用脚手钢管，悬挑式平网支撑架应采用直径不小于 9.3mm 的钢丝绳； 3 电梯井内平网网体与井壁的空隙不得大于 25mm。安全网拉结应牢固	
6	火力发电厂井道施工间隔不超过 10m 设置一道安全平网	电力行业标准《电力建设安全工作规程 第 1 部分：火力发电》(DL 5009.1—2014) 4.2.2 安全防护设施应符合下列规定： 4 井道 2) 应在电梯井、管井口内每隔两层且不超过 10m 设置一道安全平网。 3) 施工层的下一层的井道内设置一道硬质隔断，施工层以及其他层采用安全平网防护，安全网应张挂于预插在井壁的钢管上，网与井壁的间隙不得大于 100mm。	1. 检查井道内是否设置安全网。 2. 根据标高或采用卷尺检测安全网间隔是否不超过 10m。
7	火力发电厂冷却塔施工操作架（三脚架）内外必须设全兜式安全网	电力行业标准《电力建设安全工作规程 第 1 部分：火力发电》(DL 5009.1—2014) 5.7.2 冷却水塔工程应符合下列规定： 9 悬挂式操作架使用： 5) ……，内外操作架必须拉设全兜式安全网。 17 安全网布设： 1) 塔内 15m 标高处宜设一层全兜式安全网。 2) 塔外壁 10m 标高处宜设一圈宽 10m 的安全网。 3) 顶层脚手架的外侧应设栏杆及安全网。 4) 钢制三角形吊架下应设兜底安全网	1. 检查是否设置全兜安全网，是否有缺失或漏洞。 2. 使用卷尺测量塔外壁安全网
8	火力发电厂锅炉钢架、受热面施工时炉膛内设置安全平网	电力行业标准《电力建设安全工作规程 第 1 部分：火力发电》(DL 5009.1—2014) 6.2.3 锅炉安装应符合下列规定： 10 锅炉钢架、受热面施工过程中应在炉膛内设置安全网	1. 检查是否设置安全网。 2. 安全网有无破损，是否设置支撑钢丝绳
9	高处作业平台临边、走道两侧设置安全立网	1. 电力行业标准《电力建设安全工作规程 第 1 部分：火力发电》(DL 5009.1—2014) 4.10.1 高处作业应符合下列规定： 3 高处作业的平台、走道、斜道等应装设防护栏杆和挡脚板或设防护立网。 2. 建筑行业标准《建筑施工高处作业安全技术规范》(JGJ 80—2016) 4.1.1 坠落高度基准面 2m 及以上进行临边作业时，应在临空一侧设置防护栏杆，并应采用密目式安全立网或工具式栏板封闭	检查是否设置安全立网，是否有缺失、破损；安全网搭接是否严密

续表

序号	检查重点	标 准 要 求	检查方法
10	垂直洞口短边边长大于或等于500mm；非竖向洞口短边边长大于1500mm时，按要求设置安全网	**1. 电力行业标准《电力建设安全工作规程　第1部分：火力发电》（DL 5009.1—2014）** **4.2.2** 安全防护设施应符合下列规定： 　3 孔、洞 　3）直径大于1m或短边大于500mm的各类洞口，四周应设防护栏杆，装设挡脚板，洞下装设安全平网。 　4）楼板、平台与墙之间的孔、洞，在长边大于500mm时和墙角处，不得铺设盖板，必须设置牢固的防护栏杆、挡脚板和安全网。 **2. 建筑行业标准《建筑施工高处作业安全技术规范》（JGJ 80—2016）** **4.2.1** 在洞口作业时，应采取防坠落措施，并应符合下列规定： 　1 当垂直洞口短边边长大于或等于500mm时，应在临空一侧设置高度不小于1.2m的防护栏杆，并应采用密目式安全立网或工具式栏板封闭。 　4 当非竖向洞口短边边长大于或等于1500mm时，应在洞口作业侧设置高度不小于1.2m的防护栏杆，并应采用密目式安全立网或工具式栏板封闭；洞口应采用安全平网封闭	1. 使用米尺测量，各类洞口是否按要求设置安全网。 2. 安全网设置检查同第5项"安全网设置技术要求"
11	屋面等悬空作业临边设置密目式安全立网，下方设置安全平网	**建筑行业标准《建筑施工高处作业安全技术规范》（JGJ 80—2016）** **5.2.8** 屋面作业时符合下列规定： 　1 在坡度大于25°的屋面上作业，当无外脚手架时，应在屋檐边设置高度不低于1.5m的防护栏杆，并应采用密目式安全立网全封闭。 　2 在轻质型材屋面上作业，应采取在梁下支设安全平网或搭设脚手架等安全防护措施	1. 检查是否设置安全网。 2. 安全网设置检查同第5项"安全网设置技术要求"
12	交叉作业区域设置安全网	**1. 电力行业标准《电力建设安全工作规程　第1部分：火力发电》（DL 5009.1—2014）** **4.10.2** 交叉作业应符合下列规定： 　3 隔离层、孔洞盖板、栏杆、安全网等安全防护设施严禁任意拆除。 **2. 建筑行业标准《建筑施工高处作业安全技术规范》（JGJ 80—2016）** **7.1.7** 对不搭设脚手架和设置安全防护棚时的交叉作业，应设置安全防护网，当在多层、高层建筑物外立面施工时，应在二层及每隔四层设置一道固定的安全防护网，同时设置一道随施工高度提升的安全防护网	1. 检查交叉作业区域是否设置安全网。 2. 安全网设置检查同第5项"安全网设置技术要求"

二、临边防护

在电力建设工程的锅炉钢结构、主厂房等构筑物施工中，很容易产生高处临边，如果防护不及时、不可靠、不规范，极易发生高坠和落物伤害，因此高处临边防护尤为重要。临边防护安全检查重点、要求及方法见表2-6-4。

表 2 - 6 - 4 　　　　　　　　　临边防护安全检查重点、要求及方法

序号	检查重点	标 准 要 求	检查方法
1	施工现场（基坑、地下管沟、厂房各层封闭前、汽轮机基础承台、锅炉平台安装等位置）的临边均要进行可靠的防护	**1. 电力行业标准《电力建设安全工作规程　第 1 部分：火力发电》（DL 5009.1—2014）** **4.2.2** 安全防护设施应符合下列规定： 　1　临边作业： 　1）深度超过 1m（含）的沟、坑周边，屋面、楼面、平台、料台周边，尚未安装栏杆或栏板的阳台、窗台，高度超过 2m（含）的作业层周边，必须设置安全防护栏杆。 　2）分层施工的建（构）筑物楼梯口和梯段边必须装设临时护栏。顶层楼梯口应随工程进度安装正式防护栏杆。 　3）各种垂直运输接料平台、施工升降机，除两侧应设防护栏杆外，平台口应设置安全门或活动防护栏杆。 **4.10.1** 高处作业应符合下列规定： 　3　高处作业的平台、走道斜道等应装设防护栏杆和挡脚板或设防护立网。 **2. 建筑行业标准《建筑施工高处作业安全技术规范》（JGJ 80—2016）** **4.1.2** 施工的楼梯口、楼梯平台和梯段边，应安装防护栏杆；外设楼梯口、楼梯平台和梯段边还应采用密目式安全网封闭。 **4.1.3** 建筑物外围边沿处，对没有设置外脚手架的工程，应设置防护栏杆；对有外脚手架的工程，应采用密目式安全立网全封闭。 **4.1.4** 施工升降机、龙门架和井架物料提升机等在建筑物间设置的停层平台两侧边，应设置防护栏杆、挡脚板，并应采用密目式安全立网或工具式栏板封闭。 **4.1.5** 停层平台应设置高度不低于 1.8m 的楼层防护门，并应设置防外开装置。井架物料提升机通道中间，应分别设置隔离设施。	1. 查看是否存在高处临边，必要时米尺测量。 2. 查看属于高处临边的是否设置了符合要求的安全防护设施
2	临边防护栏杆安全技术要求	**1. 电力行业标准《电力建设安全工作规程　第 1 部分：火力发电》（DL 5009.1—2014）** **4.2.2** 安全防护设施应符合下列规定： 　2　防护栏杆： 　1）防护栏杆材质一般选用外径 48mm，壁厚不小于 2mm 的钢管，当选用其他材质材料时，防护栏杆应进行承载力试验。 　2）防护栏杆应由上、下两道横杆及立杆柱组成，上杆离基准面高度为 1.2m，中间栏杆与上、下构件的间距不大于 500mm。栏杆间距不得大于 2m。坡度大于 1：22 的屋面，防护栏杆应设三道横杆，上杆离基准面高度为 1.5m，中间横杆离基准面高度为 1m，并加挂安全立网。 　3）防护栏杆应能经受 1000N 水平集中力。当栏杆所处位置有发生人群拥挤、车辆冲击或物件碰撞等可能时，应加大横杆截面或减少栏杆间距。 　4）安全通道的防护栏杆宜采用安全立网封闭。 **2. 建筑行业标准《建筑施工高处作业安全技术规范》（JGJ 80—2016）** **4.3.1** 临边作业的防护栏杆应由横杆、立杆及挡脚板组成，防护栏杆应符合下列规定：	1. 采用米尺等测量高处临边的防护是否满足标准要求。 2. 查看高处安全设施的设计（如果有）、验收、检查等记录等

续表

序号	检查重点	标 准 要 求	检查方法
2	临边防护栏杆安全技术要求	1 防护栏杆应为两道横杆，上杆距地面高度应为1.2m，下杆应在上杆和挡脚板中间设置。 2 当防护栏杆高度大于1.2m时，应增设横杆，横杆间距不应大于600mm。 3 防护栏杆立杆间距不应大于2m。 4 挡脚板高度不应小于180mm。 **4.3.2** 防护栏杆立杆底端应固定牢固，并应符合下列规定： 1 当在土体上固定时，应采用预埋或打入方式固定。 2 当在混凝土楼面、地面、屋面或墙面固定时，应将预埋件与立杆连接牢固。 3 当在砌体上固定时，应预先砌入相应规格含有预埋件的混凝土块，预埋件应与立杆连接牢固。 **4.3.3** 防护栏杆杆件的规格及连接，应符合下列规定： 1 当采用钢管作为防护栏杆杆件时，横杆及栏杆立杆应采用脚手钢管，并应采用扣件、焊接、定型套管等方式进行连接固定。 2 当采用其他材料作防护栏杆杆件时，应选用与钢管材质强度相当的材料，并应采用螺栓、销轴或焊接等方式进行连接固定。 **4.3.4** 防护栏杆的立杆和横杆的设置、固定及连接，应确保防护栏杆在上下横杆和立杆任何部位处，均能承受任何方向1kN的外力作用。当栏杆所处位置有人群拥挤、物件碰撞等可能时，应加大横杆截面或加密立杆间距。 **4.3.5** 防护栏杆应张密目式安全立网或其他材料封闭	
3	手扶水平安全绳的设置要求	**电力行业标准《电力建设安全工作规程 第1部分：火力发电》（DL 5009.1—2014）** **4.10.1** 高处作业应符合下列规定： 4 当高处行走区域不便装设防护栏杆时，应设置手扶水平安全绳，且应符合下列规定： 1）手扶水平安全绳宜采用带有塑胶套的纤维芯6×37+1钢丝绳，其技术含量性能应符合《重要用途钢丝绳》GB/T 8918—2006的规定，并有产品生产许可证和出厂合格证。 2）钢丝绳两端应固定在牢固可靠的构架上，在构架上缠绕得不得少于两圈，与构架棱角处相接触时应加衬垫。宜每隔5m设牢固支撑点，中间不应有接头。 3）钢丝绳端部固定和连接应使用绳夹，绳夹数量应不少于三个，绳夹应同向排列；钢丝绳夹座应在受力绳头的一边，每两个钢丝绳绳夹的间距不应小于钢丝绳直径的6倍；末端绳夹与中间绳夹之间应设置安全观察弯，末端绳夹与绳头末端应留有不小于200mm的安全距离。 4）钢丝绳固定高度应为1.1m～1.4m，钢丝绳固定后弧垂不得超过30mm。 5）手扶水平安全绳应作为高处作业人员行走时使用。钢丝绳应无损伤、腐蚀和断股，固定应牢固，弯折绳头不得反复使用	查看手扶水平安全绳的外观、设置位置及测量相应的尺寸

三、洞口防护

在电力工程主厂房、辅助厂房建设中，为了安装的需要会在各层平台预留安装孔洞，用于穿设管道、电缆等，这些预留孔洞在拆模后应及时设置防护。洞口防护安全检查重点、要求及方法见表 2－6－5。

表 2－6－5　　　　　　　　　　洞口防护安全检查重点、要求及方法

序号	检查重点	标 准 要 求	检查方法
1	所有平台的孔、洞、井道口防护与警示	**1. 电力行业标准《电力建设安全工作规程　第 1 部分：火力发电》（DL 5009.1—2014）** **4.2.2**　安全防护设施应符合下列规定： 　3　孔、洞 　1）人与物有坠落危险的孔、洞，必须设置有效防护设施。 　4　井道 　1）电梯井、管井必须设置防止人员坠落和落物伤人的防护设施，并加设明显的警示标志。 　2）应在电梯井、管井口外侧设置防护栏杆或固定栅门，井内每隔两层且不超过 10m 设置一道安全平网。 　3）施工层的下一层的井道内设置一道硬质隔断，施工层以及其他层采用安全平网防护，安全网应张挂于预插在井壁上的钢管上，网与井壁的间隙不得大于 100mm。 **2. 建筑行业标准《建筑施工高处作业安全技术规范》（JGJ 80—2016）** **3.0.4**　应根据要求将各类安全警示标志悬挂于施工现场各相应部位，夜间应设红灯警示	1. 查看是否存在孔、洞。 2. 查看及测量孔、洞、井道口是否设置了符合要求的防护及警示
2	孔、洞、井道防护安全要求	**1. 电力行业标准《电力建设安全工作规程　第 1 部分：火力发电》（DL 5009.1—2014）** **4.2.2**　安全防护设施应符合下列规定： 　3　孔、洞 　2）楼板、屋面和平台等面上短边小于 500mm（含）且短边尺寸大于 25mm 和直径小于 1m（含）的各类孔、洞，应使用坚实的盖板盖严，盖板外边缘应至少大于洞口边缘 100mm，且应加设止挡。盖板宜采用厚度 4mm～5mm 的花纹钢板。 　3）直径大于 1m 或短边大于 500mm 的各类洞口，四周应设防护栏杆，装设挡脚板，洞口下边设安全平网。 　4）楼板、平台与墙之间的孔、洞，在长边大于 500mm 时和墙角处，不得铺设盖板，必须设置牢固的防护栏杆、挡脚板和安全网。 　5）下边沿至楼板或底面低于 1m 的窗台等竖向洞口，应加设防护栏杆。 　6）墙面竖向落地洞口，应加装防护栏杆或防护门，防护门网格间距不应大于 150mm。 　7）施工现场通道附近的各类孔、洞，除设置安全防护设施和安全标志外，夜间尚应设警示红灯。 **2. 建筑行业标准《建筑施工高处作业安全技术规范》（JGJ 80—2016）** **4.2.1**　洞口作业时，应采取防坠落措施，并应符合下列规定： 　1　当竖向洞口短边边长小于 500mm 时，应采取封堵措施；当垂直洞口短边边长大于或等于 500mm 时，应在临空一侧设置高度不小于 1.2m 的防护栏杆，并应采用密目式安全立网或工具式栏板封闭，设置挡脚板。	1. 使用米尺测量相关防护数据是否满足标准要求。 2. 查看设计（如果有）、验收、检查记录等

续表

序号	检查重点	标 准 要 求	检查方法
2	孔、洞、井道防护安全要求	2 当非竖向洞口短边边长为 25mm - 500mm 时，应采用承载力满足使用要求的盖板覆盖，盖板四周搁置应均衡，且应防止盖板移位。 3 当非竖向洞口短边边长为 500mm - 1500mm 时，应采用盖板覆盖或防护栏杆等措施，并应固定牢固。 4 当非竖向洞口短边边长大于或等于 1500mm 时，应在洞口作业侧设置高度不小于 1.2m 的防护栏杆，洞口应采用安全平网封闭。 **4.2.2** 电梯井口应设置防护门，其高度不应小于 1.5m，防护门底端距地面高度不大于 50mm，并应设置挡脚板。 **4.2.3** 在电梯施工前，电梯井道内应每隔 2 层且不大于 10m 加设一道安全平网。电梯井内的施工层上部，应设置隔离防护设施。 **4.2.4** 洞口盖板应能承受不小于 1KN 的集中荷载和不小于 $2kN/m^2$ 的均布荷载，有特殊要求的盖板应另行设计。 **4.2.5** 墙面等处落地的竖向洞口、窗台高度低于 800mm 的竖向洞口及框架结构在浇筑完混凝土未砌筑墙体时的洞口，应按临边防护要求设置防护栏杆。	

四、通道防护与防护棚

电力建设工程中，主厂房、烟囱、冷却塔、锅炉房等高大构（建）筑物的坠落防护半径及吊车起重臂回转半径内的通道，应设置安全通道及防护棚，防止高处落物伤害。通道防护与防护棚安全检查重点、要求及方法见表 2 - 6 - 6。

表 2 - 6 - 6 　　　　　　　　通道防护与防护棚安全检查重点、要求及方法

序号	检查重点	标 准 要 求	检查方法
1	安全通道及防护棚设置安全要求	**电力行业标准《电力建设安全工作规程　第 1 部分：火力发电》（DL 5009. 1—2014）** **4.2.2** 安全防护设施应符合下列规定： 5 安全通道及防护棚： 1）场内通道处于建（构）筑物坠落半径或处于起重机起重臂回转范围内时，应设置安全通道。 2）建筑、安装结构施工各操作层宜设置安全通道，安全通道应满铺脚手板，设挡脚板，通道宽度不小于 1m。 3）安全通道存在高处坠物风险时应搭设防护棚。 4）建（构）筑物、施工升降机出入口及物料提升机地面进料口，应设置防护棚。 5）防护棚应采用扣件式钢管脚手架或其他型钢材料搭设。 6）防护棚顶层应使用脚手板铺设双层防护。当坠落高度大于 20m 时，应加设厚度不小于 5mm 的钢板防护。 7）大型的安全通道、防护棚及悬挑式防护设施必须制定专项施工方案。 8）带电线路附近设置的安全防护棚严禁采用金属材料搭设	1. 现场查看应该设置安全通道及防护棚的位置是否进行了设置。 2. 查看安全通道的设计、验收、检查记录。 3. 现场对安全通道设置的数据进行测量核实

第四节 作业防护

高处坠落、高空落物是高处作业易发事故，并且后果往往非常严重，因此高处作业防护应当作为电力建设工程安全管理和检查的重点，以确保作业防护符合要求。作业防护安全检查重点、要求及方法见表 2-6-7。

表 2-6-7　　　　　作业防护安全检查重点、要求及方法

序号	检查重点	标　准　要　求	检查方法
1	高处作业的通用要求	**1. 电力行业标准《电力建设安全工作规程　第 1 部分：火力发电》（DL 5009.1—2014）** **4.10.1**　高处作业应符合下列规定： 　1　在编制施工组织设计及施工方案时，应尽量减少高处作业。技术人员编制高处作业的施工方案中应制定安全技术措施。 　6　在夜间或光线不足的地方进行高处作业，应设足够的照明。 　7　遇六级及以上大风或恶劣天气时，应停止露天高处作业。 　11　高处作业人员应配带工具袋，工具应系安全绳；传递物品时严禁抛掷。 　12　高处作业人员不得坐在平台或孔洞的边缘，不得骑坐在栏杆上，不得躺在走道上或安全网内休息，不得站在栏杆外作业或凭借栏杆起吊物件。 　13　高处作业时，点焊的物件不得移动；切割的工件、边角余料等有可能坠落的物件，应放置在安全处或固定牢固。 　14　高处作业区附近有带电体时，传递绳应使用干燥的麻绳或尼龙绳，严禁使用金属线。 　15　应根据物体可能坠落的方位设定危险区域，危险区域应设围栏及"严禁靠近"的警示牌，严禁人员逗留或通行。 　16　高处作业过程中需要与配合、指挥人员沟通时，应确定联系信号或配备通信装置，专人管理。 　17　悬空作业应使用吊篮、单人吊具或搭设操作平台，且应设置独立悬挂的安全绳、使用攀登自锁器，安全绳应拴挂牢固，索具、吊具、操作平台、安全绳应经验收合格后方可使用。 　18　上下脚手架应走上下通道或梯子，不得沿脚手杆或栏杆等攀爬。不得任意攀登高层建（构）筑物。 　19　高处作业时应及时清除积水、霜、雪、冰，必要时应采取可靠的防滑措施。 　20　非有关作业人员不得攀登高处，登高参观人员应有专人陪同，并严格执行有关安全规定。 　21　在屋面上作业时，应有防止坠落的可靠措施。 　注：在安全带、安全网、孔洞防护等章节中已经明确的要求，不在此再次重复 **2. 建筑行业标准《建筑施工高处作业安全技术规范》（JGJ 80—2016）** **3.0.1**　建筑施工中凡涉及临边与洞口作业、攀登与悬空作业、操作平台、交叉作业及安全网搭设的，应在施工组织设计或施工方案中制定高处作业安全技术措施。	1. 现场检查人员防护是否到位，是否违章。 　2. 检查安全防护设施验收资料。 　3. 现场查看环境、设施是否满足高处作业要求

续表

序号	检查重点	标 准 要 求	检查方法
1	高处作业的通用要求	**3.0.2** 高处作业施工前，应按类别对安全防护设施进行检查、验收，验收合格后方可进行作业，并应做验收记录。验收可分层或分阶段进行。 **3.0.3** 高处作业施工前，应对作业人员进行安全技术交底，并应记录。应对初次作业人员进行培训。 **3.0.4** 应根据要求将各类安全警示标志悬挂于施工现场各相应部位，夜间应设红灯警示。高处作业施工前，应检查高处作业的安全标志、工具、仪表、电气设施和设备，确认其完好后，方可进行施工。 **3.0.5** 高处作业人员应根据作业的实际情况配备相应的高处作业安全防护用品，并应按规定正确佩戴和使用相应的安全防护用品、用具。 **3.0.6** 对施工作业现场可能坠落的物料，应及时拆除或采取固定措施。高处作业所用的物料应堆放平稳，不得妨碍通行和装卸。工具应随手放入工具袋；作业中的走道、通道板和登高用具，应随时清理干净；拆卸下的物料及余料和废料应及时清理运走，不得随意放置或向下丢弃。传递物料时不得抛掷。 **3.0.7** 高处作业应按现行国家标准《建设工程施工现场消防安全技术规范》GB 50720 的规定，采取防火措施。 **3.0.8** 在雨、霜、雾、雪等天气进行高处作业时，应采取防滑、防冻和防雷措施，并应及时清除作业面上的水、冰、雪、霜。 　当遇有 6 级及以上强风、浓雾、沙尘暴等恶劣气候，不得进行露天攀登与悬空高处作业。雨雪天气后，应对高处作业安全设施进行检查，当发现有松动、变形、损坏或脱落等现象时，应立即修理完善，维修合格后方可使用。 **3.0.9** 对需临时拆除或变动的安全防护设施，应采取可靠措施，作业后应立即恢复。 **3.0.10** 安全防护设施验收应包括下列主要内容： 　1 防护栏杆的设置与搭设。 　2 攀登与悬空作业的用具与设施搭设。 　3 操作平台及平台防护设施的搭设。 　4 防护棚的搭设。 　5 安全网的设置。 　6 安全防护设施、设备的性能与质量、所用的材料、配件的规格。 　7 设施的节点构造，材料配件的规格、材质及其与建筑物的固定、连接状况。 **3.0.11** 安全防护设施验收资料应包括下列主要内容： 　1 施工组织设计中的安全技术措施或施工方案。 　2 安全防护用品用具、材料和设备产品合格证明。 　3 安全防护设施验收记录。 　4 预埋件隐蔽验收记录。 　5 安全防护设施变更记录。 **3.0.12** 应有专人对各类安全防护设施进行检查和维修保养，发现隐患应及时采取整改措施。 **3.0.13** 安全防护设施宜采用定型化、工具化设施，防护栏应为黑黄或红白相间的条纹标示，盖件应为黄或红色标示。	

序号	检查重点	标 准 要 求	检查方法
2	攀登作业	**建筑行业标准《建筑施工高处作业安全技术规范》（JGJ 80—2016）** **5.1.1** 登高作业应借助施工通道、梯子及其他攀登设施和用具。 **5.1.2** 攀登作业设施和用具应牢固可靠；当采用梯子攀爬作用时，踏面荷载不应大于 1.1kN；当梯面上有特殊作业时，应按实际情况进行专项设计。 **5.1.3** 同一梯子上不得两人同时作业。在通道处使用梯子作业时，应有专人监护或设置围栏。脚手架操作层上严禁架设梯子作业。 **5.1.4** 便携式梯子宜采用金属材料或木材制作，并应符合现行国家标准《便携式金属梯安全要求》GB 12142 和《便携式木梯安全要求》GB 7059 的规定。 **5.1.5** 使用单梯时梯面应与水平面成 75°夹角，踏步不得缺失，梯格间距宜为 300mm，不得垫高使用。 **5.1.6** 折梯张开到工作位置的倾角应符合现行国家标准《便携式金属梯安全要求》GB 12142 和《便携式木梯安全要求》GB 7059 的规定，并应有整体的金属撑杆或可靠的锁定装置。 **5.1.7** 固定式直梯应采用金属材料制成，并应符合现行国家标准《固定式钢梯及平台安全要求 第 1 部分：钢直梯》GB 4053.1 的规定；梯子净宽应为 400mm～600mm，固定直梯的支撑应采用不小于┗70×6 的角钢，埋设与焊接应牢固。直梯顶端的踏步应与攀登顶面齐平，并应加设 1.1m～1.5m 高的扶手。 **5.1.8** 使用固定式直梯攀登作业时，当攀登高度超过 3m 时，宜加设护笼；当攀登高度超过 8m 时，应设置梯间平台。 **5.1.9** 钢结构安装时，应使用梯子或其他登高设施攀登作业。坠落高度超过 2m 时，应设置操作平台。 **5.1.10** 当安装屋架时，应在屋脊处设置扶梯。扶梯踏步间距不应大于 400mm。屋架杆件安装时搭设的操作平台，应设置防护栏杆或使用作业人员拴挂安全带的安全绳。 **5.1.11** 深基坑施工应设置扶梯、入坑踏步及专用载人设备或斜道等设施。采用斜道时，应加设间距不大于 400mm 的防滑条等防滑措施。作业人员严禁沿坑壁、支撑或乘运土工具上下	现场对照标准进行检查、测量
3	悬空作业	**1. 电力行业标准《电力建设安全工作规程 第 1 部分：火力发电》（DL 5009.1—2014）** **4.10.1** 高处作业应符合下列规定： 17 悬空作业应使用吊篮、单人吊具或搭设操作平台，且应设置独立悬挂安全绳、使用攀登自锁器，安全绳应拴挂牢固。 **2. 建筑行业标准《建筑施工高处作业安全技术规范》（JGJ 80—2016）** **5.2.1** 悬空作业的立足处的设置应牢固，并应配置登高和防坠落装置和设施。 **5.2.2** 构件吊装和管道安装时的悬空作业应符合下列规定： 1 钢结构吊装，构件宜在地面组装，安全设施应一并设置。 2 吊装钢筋混凝土屋架、梁、柱等大型构件前，应在构件上预先设置登高通道、操作立足点等安全设施。 3 在高空安装大模板、吊装第一块预制构件或单独的大中型预制构件时，应站在作业平台上操作。	现场对照标准进行检查

续表

序号	检查重点	标 准 要 求	检查方法
3	悬空作业	4 钢结构安装施工宜在施工层搭设水平通道，水平通道两侧应设置防护栏杆；当利用钢梁作为水平通道时，应在钢梁一侧设置连续的安全绳，安全绳宜采用钢丝绳。 5 钢结构、管道等安装施工的安全防护宜采用工具化、定型化设施。 **5.2.3** 严禁在未固定、无防护设施的构件及管道上进行作业或通行。 **5.2.4** 当利用吊车梁等构件作为水平通道时，临空面的一侧应设置连续的栏杆等防护措施。当安全绳为钢索时，钢索的一端应采用花篮螺栓收紧；当安全绳为钢丝绳时，钢丝绳的自然下垂度不应大于绳长的1/20，并不应大于100mm。 **5.2.5** 模板支撑体系搭设和拆卸的悬空作业，应符合下列规定： 1 模板支撑的搭设和拆卸应按规定程序进行，不得在上下同一垂直面上同时装拆模板。 2 在坠落基准面2m及以上高处搭设与拆除柱模板及悬挑结构的模板时，应设置操作平台。 3 在进行高处拆模作业时应配置登高用具或搭设支架。 **5.2.6** 绑扎钢筋和预应力张拉的悬空作业应符合下列规定： 1 绑扎立柱和墙体钢筋，不得沿钢筋骨架攀登或站在骨架上作业。 2 在坠落基准面2m及以上高处绑扎柱钢筋和进行预应力张拉时，应搭设操作平台。 **5.2.7** 混凝土浇筑与结构施工的悬空作业应符合下列规定： 1 浇筑高度2m及以上的混凝土结构构件时，应设置脚手架或操作平台。 2 悬挑的混凝土梁和檐、外墙和边柱等结构施工时，应搭设脚手架或操作平台。 **5.2.9** 外墙作业时应符合下列规定： 1 门窗作业时，应有防坠落措施，操作人员在无安全防护措施时，不得站立在樘子、阳台栏板上作业。 2 高处作业不使用座板式单人吊具，不得使用自制吊篮	

第七章

有 限 空 间

第一节 概述

一、术语或定义

有限空间是指封闭或部分封闭、进出口受限但人员可以进入，未被设计为固定工作场所，通风不良，易造成有毒有害、易燃易爆物质积聚或氧含量不足的空间。

之前，在石油化工行业，一般称作"受限空间"［出自《化学品生产单位特殊作业安全规范》（GB 30871）］；在工贸行业，包括煤矿、非煤矿企业等，一般称作"有限空间"（出自《工贸企业有限空间作业安全管理与监督暂行规定》国家安全生产监督管理总局令第 59 号）。国家安全生产应急救援中心 2021 年 5 月 11 日下发《关于印发〈有限空间作业事故安全施救指南〉的通知》中"一、适用范围 适用于生产经营单位有限空间（也称受限空间或密闭空间）作业事故的应急准备和救援行动"，将原"受限空间"或"密闭空间"统一称为"有限空间"。

本章引用标准中对"受限空间"的要求全部适用于"有限空间"。

二、主要检查要求综述

在电力建设工程现场（特备是设备检修）中，有限空间作业也比较多，如在炉膛内、烟风道、循环水管道、管道坑、井内部施工及一些容器内安装作业，往往环境空间受限、出入不便，并有可能存在人员窒息等风险，因此带来的安全风险也较高，必须要严格加强过程管控，防止发生意外。

第二节 有限空间作业

有限空间作业安全检查重点、要求及方法见表 2-7-1。

表 2-7-1　　　　　　　有限空间作业安全检查重点、要求及方法

序号	检查重点	标 准 要 求	检查方法
1	施工方案与交底	电力行业标准《电力建设安全工作规程　第 1 部分：火力发电》（DL 5009.1—2014） **4.1.8** 安全技术应符合下列规定：	检查安全技术措施、作业票、交底

序号	检查重点	标 准 要 求	检查方法
1	施工方案与交底	7 施工前必须进行安全技术交底，交底人和被交底人应签字并保存记录。 **4.10.3** 受限空间作业应符合下列规定： 1 作业前，应对受限空间进行危险和有害因素辨识，制定安全技术措施，措施中应包括紧急情况下的处置方案。 2 受限空间作业应办理施工作业票，严格履行审批手续	
2	作业前准备	**1. 电力行业标准《电力建设安全工作规程 第 1 部分：火力发电》（DL 5009.1—2014）** **4.10.3** 受限空间作业应符合下列规定： 3 进入受限空间前，监护人应会同作业人员检查安全技术措施，统一联系信号。在风险较大的受限空间作业，应增设监护人员，并随时保持与受限空间内作业人员的联络。监护人员不得脱离岗位，并应掌握进入受限空间作业人员的数量和身份，对人员和工器具进行清点。 4 进入受限空间前，应确保其内部无可燃或有毒、有害等可能引起中毒、窒息的气体，符合安全要求方可进入。 5 受限空间与其他系统连通的可能危及安全作业的管道应采取有效隔离措施，不得以关闭阀门代替隔离措施。 **2. 国家标准《化学品生产单位特殊作业安全规范》（GB 30871—2014）** **6.1** 作业前，应对受限空间进行安全隔绝，要求如下： a）与受限空间相连通的可能危及安全作业的管道应采用插入盲板或拆除一段管道进行隔绝。 b）与受限空间联通的可能危及安全作业的孔、洞应进行严密地封堵。 c）受限空间内用电设备应停止运行并有效切断电源，在电源开关处上锁加挂警示牌。 **6.2** 作业前，应根据受限空间盛装（过）的物料特性，对受限空间进行清洗或置换，并达到如下要求： a）含氧量为 18%～21%，富氧环境下不应大于 23.5%。 b）有毒气体（物质）浓度应符合 GBZ 2.1 的规定。 c）可燃气体浓度要求同 5.4.2 规定	1. 检查人员、工器具等出入受限空间登记台账，并对应交底记录和作业票记录人员是否一致。 2. 检查监护人是否在岗。 3. 检查喊话记录。 4. 测量气体记录、系统隔离措施落实记录
3	作业环境通风	**1. 电力行业标准《电力建设安全工作规程 第 1 部分：火力发电》（DL 5009.1—2014）** **4.10.3** 受限空间作业应符合下列规定： 6 受限空间内作业时，应有满足安全需要的通风换气、人员逃生、防止火灾和塌方等设施及措施。 **2. 国家标准《化学品生产单位特殊作业安全规范》（GB 30871—2014）** **6.3** 应保持受限空间空气流通良好，可采取如下措施： a）打开人孔、手孔、料孔、烟门等与大气相通的设施进行自然通风。 b）必要时，应采用风机强制通风或管道送风，管道送风前应对管道内介质和风源进行分析确认	现场查看。检查作业环境是否具备标准要求的条件，检查过程形成的记录、资料

序号	检查重点	标 准 要 求	检查方法
4	作业环境监测	国家标准《化学品生产单位特殊作业安全规范》（GB 30871—2014） **6.4** 应对受限空间内的气体浓度进行严格监测，监测要求如下： a）作业前30min内，应对受限空间进行气体采样分析，分析合格后方可进入，如现场条件不允许，时间可适当放宽，但不应超过60min。 b）监测点应具有代表性，容积较大的受限空间，应对上、中、下各部位进行监测分析。 c）分析仪器应在校验有效期内，使用前应保证其处于正常工作状态。 d）监测人员深入或探入受限空间采样时应采取6.5中规定的个体防护措施。 e）作业中应定时监测，至少每2h监测一次，如监测分析结果有明显变化，应立即停止作业，撤离人员，对现场进行处理，分析合格后方可恢复作业。 f）对可能释放有害物质的受限空间，应连续监测，情况异常时应立即停止作业，撤离人员，对现场处理，分析合格后可恢复作业。 g）涂刷具有挥发性溶剂的涂料时，应做连续分析，并采取强制通风措施。 h）作业中断时间超过30min时，应重新进行取样分析	现场查看检测设备器具性能及相关证书，检查过程形成的记录、资料
5	作业防护	1. 电力行业标准《电力建设安全工作规程 第1部分：火力发电》（DL 5009.1—2014） **4.10.3** 受限空间作业应符合下列规定： 7 在产生噪声的受限空间作业时，作业人员应佩戴耳塞或耳罩等防噪声护具。 2. 国家标准《化学品生产单位特殊作业安全规范》（GB 30871—2014） **6.5** 进入下列受限空间作业应采取如下防护措施： a）缺氧或有毒的受限空间经清洗或置换仍达不到要求的，应佩戴隔离式呼吸器，必要时应拴带救生绳。 b）易燃易爆的受限空间经清洗置换仍达不到6.2要求的，应穿防静电工作服及防静电工作鞋，使用防爆型低压灯具及防爆工具。 c）酸碱等腐蚀性介质的受限空间，应穿戴防酸碱防护服、防护鞋、防护手套等防腐蚀护品。 d）有噪声产生的受限空间，应佩戴耳塞或耳罩等防噪声护具。 e）有粉尘产生的受限空间，应佩戴防尘口罩、眼罩等防尘护具。 f）高温的受限空间，进入时应穿戴高温防护用品，必要时应采取通风、隔热、佩戴通讯设备等防护措施。 g）低温的受限空间，进入时应穿戴低温防护用品，必要时采取供暖、佩戴通讯设备等措施	现场查看个体防护用品佩戴与使用，检查劳保用品发放的记录
6	有限空间用电及照明	1. 电力行业标准《电力建设安全工作规程 第1部分：火力发电》（DL 5009.1—2014） **4.10.3** 受限空间作业应符合下列规定：	

续表

序号	检查重点	标　准　要　求	检查方法
6	有限空间用电及照明	12　受限空间照明电压应不大于36V，在潮湿、狭小空间内作业电压应不大于12V。严禁用220V的灯具作为行灯使用。 13　严禁将行灯照明的隔离变压器带进受限空间内使用。 14　受限空间内必须使用220V电动工具时，其电源侧必须装设漏电保护器，电源线应使用橡胶软电缆，穿过墙洞、管口处加绝缘保护。所有电气设备应在受限空间出入口便于操作处设置开关，专人管理。 **2. 国家标准《化学品生产单位特殊作业安全规范》（GB 30871—2014）** **6.6**　照明及用电安全要求如下： 　a）受限空间照明电压应小于或等于36V，在潮湿容器、狭小容器内作业电压应小于或等于12V。 　b）在潮湿容器内，作业人员应站在绝缘板上，同时保证金属容器可靠接地	现场查看施工用电设施情况是否符合规定要求，检查漏电保护开关是否灵敏可靠，检查绝缘情况等
7	作业监护要求	**1. 电力行业标准《电力建设安全工作规程　第1部分：火力发电》（DL 5009.1—2014）** **4.10.3**　受限空间作业应符合下列规定： 　9　受限空间出入口应保持畅通，设专人看护，严禁无关人员进入。 **2. 国家标准《化学品生产单位特殊作业安全规范》（GB 30871—2014）** **6.7**　作业监护要求如下： 　a）在受限空间外应设有专人监护，作业期间监护人不应离开。 　b）在风险较大的受限空间作业时，应增设监护人员，并随时与受限空间内作业人员保持联络	现场查看，监护人是否到位，检查监护人的记录、资料
8	其他要求	**1. 电力行业标准《电力建设安全工作规程　第1部分：火力发电》（DL 5009.1—2014）** **4.10.3**　受限空间作业应符合下列规定： 　8　作业时应在受限空间外设置安全警示标志。 　10　作业人员不得携带与作业无关的物品进入受限空间，作业中不得抛掷材料、工器具等物品，多工种、多层交叉作业应采取避免人员互相伤害的措施。 　11　难度大、劳动强度大、时间长的受限空间作业应轮换作业。 　15　在受限空间进行动火作业应办理动火作业票，在金属容器内不得同时进行电焊、气焊或气割工作。 　16　氧气、乙炔等压力气瓶不等放置在受限空间内，火焰切割作业时宜先在受限空间外部点燃。 **2. 国家标准《化学品生产单位特殊作业安全规范》（GB 30871—2014）** **6.8**　应满足的其他要求如下： 　a）受限空间外应设置安全警示标志，备有空气呼吸器（氧气呼吸器）、消防器材和清水等相应的应急用品。 　b）受限空间出口应保持畅通。 　c）作业前后应清点作业人员和作业工器具。	现场查看警示标志设置；动火作业票的办理与执行；人员清点记录等

续表

序号	检查重点	标 准 要 求	检查方法
8	其他要求	d）作业人员不应携带与作业无关的物品进入受限空间；作业中不应抛掷材料、工器具等物品；在有毒缺氧环境下不应摘下防护面具；不应向受限空间充氧气或富氧空气；离开受限空间时应将气割（焊）工器具带出。 e）难度大、劳动强度大、时间长的受限空间作业应采取轮换作业方式	
9	工作结束清理封闭作业场所要求	**1. 电力行业标准《电力建设安全工作规程 第1部分：火力发电》（DL 5009.1—2014）** 4.10.3 受限空间作业应符合下列规定： 17 作业人员离开受限空间作业点时，应将所有作业工器具带出。作业后应清点作业人员和作业工器具。 18 每次作业结束后应对受限空间内部进行检查，确认无人员滞留和遗留物方可封闭。 **2. 国家标准《化学品生产单位特殊作业安全规范》（GB 30871—2014）** 6.8 应满足的其他要求如下： f）作业结束后，受限空间所在单位和作业单位共同检查受限空间内外，确认无问题后方可封闭受限空间。 g）最长作业时间不应超过24h，特殊情况超过时限的应办理作业延期手续	现场查看，检查过程形成的记录、资料

第八章

焊　接　作　业

第一节 概述

一、术语或定义

（1）焊接：指通过加热、加压，或两者并用，使同性或异性两工件产生原子间结合的加工工艺和联接方式。

（2）焊接作业：指在工程建设中，焊接作业泛指将两工件通过焊接的工艺方法联接在一起的焊前准备、焊接过程及焊接接头的后续处理等全部施工操作。通常可分为电焊作业、气焊气割作业和热处理作业。

二、主要检查要求综述

焊接作业安全检查主要是对焊接作业中的人员、工机具和作业环境进行检查，确认这些要素是否符合相关标准、规程、规范和规定的要求，避免触电、灼伤、火灾、爆炸和切割物坠落等事故的发生。

第二节　通用规定

焊接作业通用安全检查重点、要求及方法见表 2-8-1。

表 2-8-1　　　　　　　焊接作业通用安全检查重点、要求及方法

序号	检查重点	标　准　要　求	检查方法
1	焊接、切割员资格要求	**1. 电力行业标准《电力建设安全工作规程 第 1 部分 火力发电》（DL 5009.1—2014）** **4.13.1 通用规定** 1 从事焊接、切割与热处理的人员应经专业安全技术教育培训、考试合格、取得资格证。 **2. 电力行业标准《火力发电厂焊接热处理技术规程》（DL/T 819—2010）** **4.1.1** 焊接热处理人员应经过专门的培训，取得资格证书。未取得资格证书的人员只能从事焊接热处理的辅助工作。	1. 查看应急管理部门颁发的"焊接与热切割作业特种作业操作证"。应急管理部特种作业证查询网址为 cx. mem. gov.cn，有效期为 6 年，每 3 年一复审。 2. 查看"电力行业焊接热处理操作人员证

序号	检查重点	标 准 要 求	检查方法
1	焊接、切割员资格要求	**3. 电力行业标准《火力发电厂焊接技术规程》（DL/T 869—2021）** 4.2.2.5 焊接热处理人员应具备下列条件： a）焊接热处理操作人员应具备初中及以上文化程度，经专门培训考核并取得证书。 b）焊接热处理技术人员应具备中专及以上文化程度，经专门培训考核并取得证书。 **4. 电力行业标准《水电水利工程施工通用安全技术规程》（DL/T 5370—2017）** 9.1.3 凡从事焊接与切割的工作人员，应熟知本标准及有关安全知识，并经过专业培训考核取得操作证，持证上岗，按规定穿戴劳动保护用品。 **5. 建筑行业标准《建筑施工安全检查标准》（JGJ 59—2011）** 3.1.4 安全管理一般项目的检查评定应符合下列规定： 2 持证上岗 1）从事建筑施工的项目经理、专职安全员和特种作业人员，必须经行业主管部门培训考核合格，取得相应资格证书，方可上岗作业。 2）项目经理、专职安全员和特种作业人员应持证上岗。 **6. 城市建设行业标准《市政工程施工安全检查标准》（CJJ/T 275—2018）** 3.1.2 安全管理保证项目的检查评定应符合下列规定： 3 人员配备应符合下列规定： 5）特种作业人员应取得特种作业操作证。 **7. 水利行业标准《水利水电工程施工通用安全技术规程》（SL 398—2007）** 9.1.2 凡从事焊接与气割的工作人员，应熟知本标准及有关安全知识，并经过专业考核取得操作证，持证上岗	书"（由"中国电机工程学会焊接专业委员会""国家电网公司""电力行业锅炉压容器安全监督管理委员会"颁发）
2	职业病检查	**电力行业标准《电力建设安全工作规程 第1部分 火力发电》（DL 5009.1—2014）** 4.13.1 通用规定 2 从事焊接、热处理操作的人员，每年应进行一次职业病检查	检查焊接、热处理人员年度体检报告
3	人员防护	**1. 国家标准《焊接与切割安全》（GB 9448—1999）** 4.2.1 眼睛及面部防护 作业人员在观察电弧时，必须使用带有滤光镜的头罩或手持面罩，或佩戴安全镜、护目镜或其他合适的眼镜。辅助人员亦应佩戴类似的眼保护装置。 面罩及护目镜必须符合GB/T 3609.1的要求。 对于大面积观察（诸如培训、展示、演示及一些自动焊操作），可以使用一个大面积的滤光窗、幕而不必使用单个的面罩、手提罩或护目镜。窗或幕材料必须对观察者提供安全的保护效果、使其免受弧光、碎渣飞溅的伤害。 4.2.2 身体防护 4.2.2.1 防护服 防护服应根据具体的焊接和切割操作特点选择。防护服必须符合GB 8965.2的要求，并可以提供足够的保护面积。 4.2.2.2 手套 所有焊工和切割工必须佩戴耐火的防护手套。 4.2.2.3 围裙	现场检查焊接防护服、防护护眼镜、手套、焊工安全绝缘鞋等专用防护用品的配备使用情况

续表

序号	检查重点	标 准 要 求	检查方法
3	人员防护	当身体前部需要对火花和辐射做附加保护时，必须使用经久耐火的皮制或其他材质的围裙。 4.2.2.4 护腿 　需要对腿做附加保护时，必须使用耐火的护腿或其他等效的用具。 4.2.2.5 披肩、斗篷及套袖 　在进行仰焊、切割或其他操作过程中，必要时必须佩戴皮制或其他耐火材质的套袖或披肩罩，也可以在头罩下佩戴耐火质地的斗篷以防头部灼伤。 4.2.2.6 其他防护 　当噪声无法控制在 GBJ 87 规定的允许声级范围内时，必须采用保护装置（诸如耳套、耳塞或用其他适当的方式保护）。 4.3 呼吸保护设备 　利用通风手段无法将作业区域内的空气污染降至允许限值或这类控制手段无法实施时，必须使用呼吸保护装置，如：长管面具、防毒面具等。 **2. 国家标准《建设工程施工现场供用电安全规范》（GB 50194—2014）** **9.4.9** 使用电焊机焊接时应穿戴防护用品。不得冒雨从事电焊作业。 **3. 国家标准《防护服装 阻燃防护 第 2 部分：焊接服》（GB 8965.2—2009）** **5.3** 结构设计 **5.3.3** 防护服的设计及连接部位应能保证方便和快速的去除。 **5.3.4** 上衣长度应盖住裤子上端 20cm 以上，袖口、脚口、领子应用可调松紧结构，尽可能不设外衣袋。明衣袋应带袋盖，袋盖长应超过袋盖口 2cm，上衣门襟以右压左为宜，裤子两侧口袋不得斜插袋，避免明省、活褶向上倒，衣物外部接缝的折叠部位向下，以免集存飞溅熔融金属或火花。 **5.3.6** 防护服所必需的袋、闭合件等，应采用阻燃材料，外露的金属件应用阻燃材料完全遮盖，以免粘附熔融飞溅的金属。 **5.3.7** 防护服应为"三紧式"，与配用的防护用品接合部位，尤其是领口、袖口处应严格闭合，与配用的其他防护用品紧密配合，防止飞溅的熔融金属或火花从接合部位进入。 **4. 电力行业标准《电力建设安全工作规程 第 1 部分 火力发电》（DL 5009.1—2014）** **4.13.1** 通用规定 　3 焊接、切割与热处理作业人员应穿戴符合专用防护要求的劳动防护用品。 **5. 电力行业标准《水电水利工程施工安全防护设施技术规范》（DL 5162—2013）** **3.1.2** 进入施工现场的工作人员，必须按规定佩戴安全帽和使用其他相应的个体防护用品。防护用品应符合 GB/T 11651 的有关规定。 **6. 电力行业标准《水电水利工程施工通用安全技术规程》（DL/T 5370—2017）** **9.1.3** 凡从事焊接与切割的工作人员，应熟知本标准及有关安全知识，并经过专业培训考核取得操作证，持证上岗，按规定穿戴劳动保护用品。 **9.2.2** 从事焊条电弧焊、气体保护焊、手工钨极氢弧焊、碳弧气刨、等离子切割作业人员或观察电弧时，应配备个人劳动防护用品。面罩和护目镜应符合《职业眼面防护 焊接防护 第 1 部分：焊接防护具》GB/T 3609.1、《焊接防护鞋》LD 4 的规定。	

序号	检查重点	标 准 要 求	检查方法
3	人员防护	**7. 建筑行业标准《建筑施工作业劳动防护用品配备及使用标准》（JGJ 184—2009）** **3.0.3** 电焊工、气割工的劳动防护用品配备应符合下列规定： 　1 电焊工、气割工应配备阻燃防护服、绝缘鞋、鞋盖、电焊手套和焊接防护面罩。在高处作业时，应配备安全帽与面罩连接式焊接防护面罩和阻燃安全带。 　2 从事清除焊渣作业时，应配备防护眼镜。 　3 从事磨削钨极作业时，应配备手套、防尘口罩和防护眼镜。 　4 从事酸碱等腐蚀性作业时，应配备防腐蚀性工作服、耐酸碱胶鞋，戴耐酸碱手套、防护口罩和防护眼镜。 　5 在密闭环境或通风不良的情况下，应配备送风式防护面罩。 **8. 水利行业标准《水利水电工程施工通用安全技术规程》（SL 398—2007）** **9.1.3** 从事焊接与气割的工作人员应严格遵守各项规章制度，作业时不应擅离职守，进入岗位应按规定穿戴劳动防护用品	
4	消防措施	**1. 国家标准《焊接与切割安全》（GB 9448—1999）** **6.1 防火职责** 　必须明确焊接操作人员、监督人员及管理人员的防火职责，并建立切实可行的安全防火管理制度。 **6.2 指定的操作区域** 　焊接及切割应在为减少火灾隐患而设计、建造（或特殊指定）的区域内进行，因特殊原因需要在非指定的区域内进行焊接或切割操作时，必须经检查、核准。 **6.3 放有易燃物区域的热作业条件** 　焊接或切割作业只能在无火灾隐患的条件下实施。 **6.3.1 转移工件** 　有条件时，首先要将工件移至指定的安全区域进行焊接。 **6.3.2 转移火源** 　工件不可移时，应将火灾隐患周围所有可移动物移至安全位置。 **6.3.3 工件及火源无法转移** 　工件及火源在无法转移时，要采取措施限制火源以免发生火灾。如： 　a）易燃地板要请扫干净，并以洒水、铺盖湿沙、金属薄板或类似物品的方法加以保护。 　b）地板上的所有开口或裂缝应覆盖或封好，或者采取其他措施以防地板下面的易燃物与可能由开口处落下的火花接触。对墙壁上的裂缝或开口、敞开或损坏的门、窗亦要采取类似的措施。 **6.4.1 灭火器及喷水器** 　在进行焊接及切割操作的地方必须配置足够的灭火设备。其配置取决于现场易燃物品的性质和数量，可以水池、沙箱、水龙带、消防栓或手提灭火器。在有喷水器的地方，在焊接或切割过程中，喷水器必须牌可使用状态。如果焊接地点距自动喷水头很近，可根据需要用不可燃的薄材或潮湿的棉布将喷水头临时遮蔽。而且这种临时遮蔽要便于迅速拆除。 **6.4.2 火灾警戒人员的设置**	1. 检查消防管理制度。 2. 检查焊接及切割场消防设施和所采取的消防措施。 3. 检查焊接及切割区域火灾警戒人员的配备

续表

序号	检查重点	标 准 要 求	检查方法
4	消防措施	在下列焊接或切割的作业点及可能引发火灾的地点，应设置火灾警戒人员： a）靠近易燃物之处建筑结构或材料中的易燃物距作业点 10m 以内。 b）开口在墙壁或地板有开口的 10m 半径范围内（包括墙壁或地板内的隐蔽空间）放有外露的易燃物。 c）金属墙壁靠近金属间壁、墙壁、天花板、屋顶等处另一侧易受传热或辐射而引燃的易燃物。 **6.4.3 火灾警戒职责** 火灾警戒人员必须经必要的消防训练，并熟知消防紧急处理程序。 火灾警戒人员的职责是监视作业区域内火灾情况；在焊接或切割完成后检查并消灭可能存在的残火。 火灾警戒人员可同时承担其他职责，但不得对其火灾警戒任务有干扰。 **6.5 装有易燃物容器的焊接与切割** 当焊接或切割装有易燃物的容器时，必须采取特殊的安全措施并经严格检查批准方可作业，否则严禁开始工作。 **2. 电力行业标准《电力建设安全工作规程 第 1 部分 火力发电》（DL 5009.1—2014）** **4.13.1 通用规定** 5 进行焊接、切割与热处理作业时，应有防止触电、火灾、爆炸和切割物坠落的措施。 **3. 电力行业标准《水电水利工程施工通用安全技术规程》（DL/T 5370—2017）** **4.1.16** 施工区应按消防标准的规定设置消防池、消防栓等设施，配备消防器材，并保持消防通道畅通。 **9.1.4** 焊接和气割的场所，应设有消防设施，并应保证其处于完好状态。焊工应熟练掌握其使用方法，能够准确使用。 **4. 水利行业标准《水利水电工程施工通用安全技术规程》（SL 398—2007）** **9.1.4** 焊接和气割的场所，应设有消防设施，并保证其处于完好状态。焊工应熟练掌握其使用方法，能够正确使用	
5	警告标志	**国家标准《焊接与切割安全》（GB 9448—1999）** **9 警告标志** 在焊接及切割作业所产生的烟尘、气体、弧光、火花、电击、热、辐射及噪声可能导致危害的地方，应通过使用适当的警告标志使人们对这些危害有清楚的了解	现场查看

第三节 电焊及电弧切割

电焊及电弧切割作业安全检查重点、要求及方法见表 2-8-2。

表 2 - 8 - 2 　　　　　　电焊及电弧切割作业安全检查重点、要求及方法

序号	检查重点	标 准 要 求	检查方法
1	设备布置及环境条件	**1. 国家标准《焊接与切割安全》(GB 9448—1999)** **11.2.1** 设备的工作环境与其技术说明书规定相符，安放在通风、干燥、无碰撞或无剧烈震动、无高温、无易燃品存在的地方。 **11.2.2** 在特殊环境条件下（如：室外的雨雪中；温度、湿度、气压超出正常范围或具有腐蚀、爆炸危险的环境），必须对设备采取特殊的防护措施以保证其正常的工作性能。 **11.2.3** 当特殊工艺需要高于规定的空载电压值时，必须对设备提供相应的绝缘方法（如：采用空载自动断电保护装置）或其他措施。 **11.2.4** 弧焊设备外露的带电部分必须设置完好的保护，以防人员或金属物体（如：货车、起重机吊钩等）与之相接触。 **11.6.1.2** 露天设备 为了防止恶劣气候的影响，露天使用的焊接设备应予以保护。保护罩不得妨碍其散热通风。 **2. 国家标准《建设工程施工现场供用电安全规范》(GB 50194—2014)** **9.4.1** 电焊机应放置在防雨、干燥和通风良好的地方。焊接现场不得有易燃、易爆物品。 **3. 电力行业标准《电力建设安全工作规程 第 1 部分 火力发电》(DL 5009.1—2014)** **4.13.2** 电焊应符合下列规定： 　1 施工现场的电焊机宜采用集装箱形式统一布置，保持通风良好。电焊机及其接线端子均应有相应的标牌及编号。 　2 露天装设的电焊机应设置在干燥的场所并应有防护棚遮蔽，装设地点距易燃易爆品应满足安全距离的要求。 **4. 电力行业标准《水电水利工程施工通用安全技术规程》(DL/T 5370—2017)** **4.1.14** 施工现场机电设备应绝缘可靠，线路敷设整齐，按规范设置接地线。配电箱应设漏电保护装置。 **5. 建筑行业标准《建筑施工安全检查标准》(JGJ 59—2011)** **3.19.3** 施工机具的检查评定应符合下列规定： 　5 电焊机 　1) 电焊机安装完毕应按规定履行验收程序，并应经责任人签字确认。 　6) 电焊机应设置防雨罩，接线柱处设置防护装置。 **6. 水利行业标准《水利水电工程施工通用安全技术规程》(SL 398—2007)** **9.2.2** 焊接设备 　3 焊接设备应设置在固定或移动式的工作台上，电弧焊机的金属机壳应有可靠的独立的保护接地或保护接零装置。焊机的结构应牢固和便于维修，各个接线点和连接件应连接牢靠且接触良好，不应出现松动或松脱现象。 　4 电弧焊机所有带电的外露部分应有完好的隔离防护装置。焊机的接线桩、极板和接线端子应有防护罩。 　7 露天工作的焊机应设置在干燥和通风的场所，其下方应防潮且高于周围地面，上方应设棚遮盖和有防砸措施。	现场查看。焊接设备现场集中布置正确方式如图 2 - 8 - 1 所示

续表

序号	检查重点	标 准 要 求	检查方法
2	设备供用电要求	**1. 国家标准《焊接与切割安全》(GB 9448—1999)** **11.3 接地** 焊机必须以正确的方法接地（或接零）。接地（或接零）装置必须连接良好，永久性的接地（或接零）应做定期检查。 禁止使用氧气、乙炔等易燃易爆气体管道作为接地装置。 在有接地（或接零）装置的焊件上进行弧焊操作，或焊接与大地密切连接的焊件（如：管道、房屋、的金属支架等）时，应特别注意避免焊机和工件的双重接地。 **11.4.1** 构成焊接回路的焊接电缆必须适合于焊接的实际操作条件。 **11.4.2** 构成焊接回路的电缆外皮必须完整、绝缘良好（绝缘电阻大于 1MΩ）。用于高频、高压振荡器设备的电缆，必须具有相应的绝缘性能。 **11.4.3** 焊机的电缆应使用整根导线。尽量不带连接接头。需要接长导线时，接头处要连接牢固、绝缘良好。 **11.4.4** 构成焊接回路的电缆禁止搭在气瓶等易燃品上，禁止与油脂将易燃物质接触。在经过通道、马路时，必须采取保护措施（如：使用保护套）。 **11.4.5** 能导电的物体（如：管道、轨道、金属支架、暖气设备等）不得用做焊接回路的永久部分。但在建造、延长或维修时可以考虑作为临时使用，其前提是必须经检查确认所有接头处的电气连接良好。任何部位不会出现火花或过热。此外，必须采取特殊措施以防事故的发生。锁链、钢丝绳、起重机、卷扬机或升降机不得用来传输焊接电流。 **11.6.3 焊接电缆** 焊接电缆必须经常进行检查。损坏的电缆必须及时更换或修复。更换或修复后的电缆必须具备合适的强度、绝缘性能、导电性能和密封性能。电缆的长度可根据实际需要连接。其连接方法必须具备合适的绝缘性能。 **2. 国家标准《建设工程施工现场供用电安全规范》(GB 50194—2014)** **9.4.2** 电焊机的外壳应可靠接地，不串联接地。 **9.4.4** 电焊机的电源开关应单独设置。发电机式直流电焊机械的电源应采用启动器控制。 **9.4.5** 电焊把钳绝缘应良好。 **9.4.6** 施工现场使用交流电焊机时宜装配防触电保护器。 **9.4.7** 电焊机一次侧的电源电缆应绝缘良好，其长度不宜大于 5m。 **9.4.8** 电焊机的二次线应采用橡皮绝缘橡皮护套铜芯软电缆，电缆长度不宜大于 30m，不得采用金属构件或结构钢筋代替二次线的地线。 **3. 电力行业标准《电力建设安全工作规程 第 1 部分 火力发电》(DL 5009.1—2014)** **4.13.2** 电焊应符合下列规定： 3 严禁电焊机导电体外露。	1. 现场查看及测量。设备接地方法检查如图 2-8-2、图 2-8-3 所示。 2. 查看接地电阻测量记录

续表

序号	检查重点	标　准　要　求	检查方法
2	设备供用电要求	4　电焊机一次侧电源线就绝缘良好，长度一般不得超过5m，电焊机二次线应采用防水橡皮护套铜芯软电缆，电缆长度不应大于30m，不得有接头，绝缘良好；不得采用铝芯导线。 5　电焊机必须装设独立的电源控制装置，其容量应满足要求，宜具备在停止施焊时将二次电压转化为安全电压的功能。 6　电焊机的外壳必须可靠接地，接地电阻不得大于4Ω。严禁多台电焊机串联接地。 7　电焊工作台应可靠接地。 9　电焊设备应经常维修、保养。使用前应进行检查，确认无异常后方可合闸。 10　长期停用的电焊机使用前必须测试其绝缘电阻，电阻值不得低于0.5MΩ，接线部分不得有腐蚀和受潮现象。 11　焊钳及二次线的绝缘必须良好，导线截面应与工作参数相适应。焊钳手柄应有良好的隔热性能。 12　严禁将电焊导线靠近热源、接触钢丝绳、转动机械，或搭设在氧气瓶、乙炔瓶及易燃易爆物品上。 13　严禁用电缆保护管、轨道、管道、结构钢筋或其他金属构件等代替二次线的地线。 14　电焊机二次线应布设整齐、固定牢固。电焊机及其二次线集中布置且与作业点距离较远时，宜使用专用插座。电焊导线通过道路时，必须将其高架敷设或加保护管地下敷设；通过铁道时，应从轨道下方加保护套管穿过。 15　拆、装电焊机一、二次侧接线、转移作业地点、发生故障或电焊工离开作业场所时，应切断电源。 **4. 电力行业标准《水电水利工程施工通用安全技术规程》（DL/T 5370—2017）** 5.2.5　施工现场用电的接地与接零应符合以下要求： 1　保护零线除应在配电室或总配电箱处作重复接地外，还应在配电线路的中间处和末端处作重复接地。保护零线每一重复接地装置的接地电阻值应不大于10Ω。 2　每一接地装置的接地线应采用2根以上导体，在不同点与接地装置作电气连接，不得用铝导体作接地体或地下接地线，垂直接地体宜采用角钢、钢管或圆钢，不宜采用螺纹钢材。 3　机电设备应采用专用芯线作保护接零，专用芯线不得通过工作电流。 6　施工现场所有用电设备，除作保护接零外，应在设备负荷线的首端处设置有可靠的电气连接。 9.1.17　不得通过使用管道、设备、容器、钢轨、脚手架、钢丝绳等作为接地线。 **5. 电力行业标准《水电水利工程施工安全防护设施技术规范》（DL 5162—2013）** 8.2.5　钢筋绑扎焊接施工中，电焊机应接地可靠，电缆绝缘良好并装有漏电保护器。 **6. 建筑行业标准《建筑施工安全检查标准》（JGJ 59—2011）** 3.19.3　施工机具的检查评定应符合下列规定： 5　电焊机	

续表

序号	检查重点	标 准 要 求	检查方法
2	设备供用电要求	2）保护零线应单独设置，并应安装漏电保护装置。 3）电焊机应设置二次空载降压保护装置。 4）电焊机一次线长度不得超过5m，并应穿管保护。 5）二次线应采用防水橡皮护套铜芯软电缆。 **7. 水利行业标准《水利水电工程施工通用安全技术规程》（SL 398—2007）** **9.1.18** 工作结束后应拉下焊机闸刀，切断电源。 **9.1.20** 禁止通过使用管道、设备、容器、钢轨、脚手架、钢丝绳等作为临时接地线（接零线）的通路。 **9.2.2 焊接设备** 1 电弧焊电源应有独立而容量足够的安全控制系统，如熔断器或自动断电装置、漏电保护装置等。控制装置应能可靠地切断设备最大额定电流。 2 电弧焊电源熔断器应单独设置，严禁两台或以上的电焊机共用一组熔断器，熔断丝应根据焊机工作的最大电流来选定，严禁使用其他金属丝代替。 5 电焊把线应采用绝缘良好的橡皮软导线，其长度不应超过50m。 6 焊接设备使用的空气开关、磁力启动器及熔断器等电气元件应装在木制开关板或绝缘性能良好的操作台上，严禁直接装在金属板上	
3	作业条件检查	**1. 国家标准《建设工程施工现场消防安全技术规范》（GB 50720—2011）** **6.3.1** 施工现场用火，应符合下列要求： 3 焊接、切割、烘烤或加热等动火作业前，应对作业现场的可燃物进行清理；作业现场及其附近无法移走的可燃物，应采用不燃材料对其覆盖或隔离。 7 五级（含五级）以上风力时，应停止焊接、切割等室外动火作业，否则应采取可靠的挡风措施。 **2. 国家标准《焊接与切割安全》（GB 9448—1999）** **11.1.2 操作者** 被指定操作弧焊与切割设备的人员必须在这些设备的维护及操作方面经适宜的培训及考核，其工作能力应得到必要的认可。 **11.1.3 操作程序** 每台（套）弧焊设备的操作程序应完备。 **11.5.2 连线的检查** 完成焊机的连线之后，在开始操作设备之前必须检查一下每个安装的接头以确认其连接良好。其内容包括： ——线路连接正确合理，接地必须符合规定要求； ——磁性工件夹爪在其接触面上不得有附着的金属颗粒及飞溅物； ——盘卷的焊接电缆在使用之前应展开以免过热及绝缘损坏； ——需要交替使用不同长度电缆时应配备绝缘接头，以确保不需要时无用的长度可以被断开。 **11.5.3 泄漏**	1. 现场查看。 2. 米尺测量

序号	检查重点	标 准 要 求	检查方法
3	作业条件检查	不得有影响焊工安全的任何冷却水、保护气或机油的泄漏。 **12.1.2　操作者** 　　被指定操作电阻焊设备的人员必须在相关设备的维护及操作方面经适宜的培训及考核。其工作能力应得到必要的认可。 **12.1.3　操作程序** 　　每台（套）电阻焊设备的操作程序应完备。 **12.3.1　启动控制装置** 　　所有电阻焊设备上的启动控制装置（诸如：按钮、脚踏开关、回缩弹簧及手提枪体上的双道开关等）必须妥善安置或保护。以免误启动。 **12.3.2.1　有关部件** 　　所有与电阻焊设备有关的链、齿轮、操作连杆及皮带都必须按规定要求妥善保护。 **12.3.2.2　单点及多点焊机** 　　在单点或多点焊机操作过程中，当操作者的手要经过操作区域而可能受到伤害时，必须有效地采用下述某种措施进行保护。这些措施包括（但不局限于）： 　　a）机械保护式挡板、挡块。 　　b）双手控制方法。 　　c）弹键。 　　d）限位传感装置。 　　e）任何当操作者的手处于操作点下面时防止压头动作的类似装置或机构。 **12.4.3.1　拉门** 　　电阻焊机的所有拉门、检修面板及靠近地面的控制面板必须保持锁定或联锁状态以防止无关人员接近设备的带电部分。 **12.4.3.2　远距离设置的控制面板** 　　置于高台或单独房间内的控制面板必须锁定、联锁住或者是用挡板保护并予以标明。当设备停止使用时，面板应关闭。 **12.4.4　火花保护** 　　必须提供合适的保护措施防止飞溅的火花产生危险，如：安装屏板、佩戴防护眼镜。由于电阻焊操作不同，每种方法必须单独考虑。 **12.4.5　急停按钮** 　　在具备以下特点的电阻焊设备上，应考虑设置一个或多个安全急停按钮： 　　a）需要 3s 或 3s 以上时间完成一个停止动作。 　　b）撤除保护时，具有危险的机械动作。 　　急停按钮的安装和使用不得对人员产生附加的危害。 **3.电力行业标准《电力建设安全工作规程 第 1 部分 火力发电》（DL 5009.1—2014）** **4.13.1　通用规定** 　　4　焊接、切割和热处理作业场所应有良好的照明，标准照度值可参照《建筑照明设计标准》GB 50034 规定；焊接、切割场所在有害气体、粉尘、烟雾不能有效排出时，应采取强制措施；在周围有其他人员进行作业时应采取遮光措施。	

序号	检查重点	标 准 要 求	检查方法
		6 在焊接、切割的地点周围10m的范围内,应清除易燃、易爆物品,确实无法清除时,必须采取可靠的隔离或防护措施。 7 装过挥发性油剂及其他易燃物质的容器和管道未彻底清理干净前,严禁用电焊或火焊进行焊接或切割。 14 不宜在雨、雪及大风天气进行露天焊接或切割作业。确实需要时,应采取遮蔽雨雪、防止触电和防止火花飞溅的措施。 **4. 电力行业标准《水电水利工程施工通用安全技术规程》(DL/T 5370—2017)** 9.1.5 凡有液体压力、气体压力及带电的设备和容器、管道,无可靠安全保障措施禁止焊割。 9.1.6 对储存过易燃、易爆及有毒容器、管道进行焊接与切割时,要将易燃物和有毒气体放尽,用水冲洗干净,打开全部管道窗、孔,保持良好通风,方可进行焊接和切割,容器外要有专人监护,定时轮换休息。密封的容器、管道不准焊割。 9.1.7 不得在油漆未干的结构和其他物体上进行焊接和切割。不得在混凝土地面上直接进行切割。 9.1.8 不得在储存易燃易爆的液体、气体、车辆、容器等库区内从事焊接作业。 9.1.9 在距焊接作业点火源10m以内,在高处作业下方和火星所涉及范围内,应彻底清除有机灰尘、木材木屑、棉纱棉布、汽油、油漆等易燃物品。如有不能撤离的易燃物品,应采取可靠的安全措施隔绝火星与易燃物接触。对填有可燃物的隔层,在未拆除前不得施焊。 9.1.10 在金属容器内进行工作时应有专人监护,保证容器内通风良好,并设置防尘设施。 9.1.14 焊接和气割的工作场所光线应保持充足,且应符合相应用电安全规定。 9.1.18 高空焊割作业时,还应遵守下列规定: 3 露天下雪、下雨或风力超过五级时不得进行高处焊接作业。 9.2.3 在深基坑、盲洞内进行焊接作业前,应检查坑、洞内有无有害或可燃气体,并应设通风设施。 **5. 水利行业标准《水利水电工程施工通用安全技术规程》(SL 398—2007)** 9.1.5 凡有液体压力、气体压力及带电的设备和容器、管道,无可靠安全保障措施禁止焊割。 9.1.9 在距焊接作业点火源10m以内,在高空作业下方和火星所涉及范围内,应彻底清除有机灰尘、木材木屑、棉纱棉布、汽油、油漆等易燃物品。如有不能撤离的易燃物品,应采取可靠的安全措施隔绝火星与易燃物接触。对填有可燃物的隔层,在未拆除前不应施焊。 9.1.15 焊接和气割的工作场所光线应保持充足。工作行灯电压不应超过36V,在金属容器或潮湿地点工作行灯电压不应超过12V。 9.1.16 风力超过5级时禁止在露天进行焊接或气割。风力5级以下、3级以上时应搭设挡风屏,以防止火星飞溅引起火灾。 9.1.17 离地面1.5m以上进行工作应设置脚手架或专用作业平台,并应设有1m高防护栏杆,脚下所用垫物要牢固可靠。	
3	作业条件检查		

序号	检查重点	标　准　要　求	检查方法
3	作业条件检查	**9.1.21**　高空焊割作业时，还应遵守下列规定： 　1　高空焊割作业须设监护人，焊接电源开关应设在监护人近旁。 　2　焊割作业坠落点场面上，至少 10m 以内不应存放可燃或易燃易爆品。 **9.2.1**　焊接场地 　1　焊接与气割场地应通风良好（包括自然通风或机械通风），应采取措施避免作业人员直接呼吸到焊接操作所产生的烟气流。 　2　焊接或气割场地应无火灾隐患。若需在禁火区内焊接、气割时，应办理动火审批手续，并落实安全措施后方可进行作业。 　3　在室内或露天场地进行焊接及碳弧气刨工作，必要时应在周围设挡光屏，防止弧光伤眼。 　4　焊接场所应经常清扫，焊条和焊条头不应到处乱扔，应设置焊条保温筒和焊条头回收箱，焊把线应收放整齐。	
4	作业检查	**1. 国家标准《焊接与切割安全》（GB 9448—1999）** **11.5.4**　工作中止 　当焊接工作中止时（如：工间休息），必须关闭设备或焊机的输出端或者切断电源。 **11.5.5**　移动焊机 　需要移动焊机时，必须先切断其输入端的电源。 **11.5.6**　不使用的设备 　金属焊条和碳极在不用时必须从焊钳上取下以消除人员或导电物体的触电危险。焊钳在不使用时必须置于与人员、导电体、易燃物体或压缩空气瓶接触不到的地方。半自动焊机的焊枪在不使用时亦必须妥善放置以免使枪体开关意外启动。 **11.5.7**　电击 　在有电气危险的条件下进行电弧焊接或切割时，操作人员必须注意遵守下边原则： **11.5.7.1**　带电金属部件 　禁止焊条或焊钳上带电金属部件与身体相接触。 **11.5.7.2**　绝缘 　焊工必须用干燥的绝缘材料保护自己免除与工件或地面可能产生的电接触。在坐位或俯位工作时，必须采用绝缘方法防止与导电体的大面积接触。 **11.5.7.3**　手套 　要求使用状态良好的、足够干燥的手套。 **11.5.7.4**　焊钳和焊枪 　焊钳必须具备良好的绝缘性能和隔热性能，并且维修正常。 　如果枪体漏水或渗水会严重威胁焊工安全时，禁止使用水冷式焊枪。 **11.5.7.5**　水浸 　焊钳不得在水中浸透冷却。 **11.5.7.6**　更换电极 　更换电极或喷嘴时，必须关闭焊机的输出端。 **11.5.7.7**　其他禁止的行为 　焊工不得将焊接电缆缠绕在身上。	现场查看

序号	检查重点	标　准　要　求	检查方法
4	作业检查	**2. 电力行业标准《电力建设安全工作规程 第 1 部分 火力发电》（DL 5009.1—2014）** **4.13.1　通用规定** 　5　进行焊接、切割和热处理作业时，应有防止触电、火灾、爆炸和切割物坠落的措施。 　8　施焊或切割容器时，盖口必须打开，在容器的封头部位严禁站人。 　9　严禁在带有压力的容器和管道、运行中的转动机械及带电设备上进行焊接、切割和热处理作业。 　10　在规定的禁火区内或已贮油的油区内进行焊接、切割与热处理作业时，必须严格按该区域安全管理的有关规定执行。 　11　严禁对悬挂在起重吊钩上工件和设备等进行焊接与切割。 　13　系统充氢后，在制氢室、储氢罐、氢冷发电机以及氢气管路周边进行焊接、切割等明火作业时，应事先进行氢气含量测定，工作区域内空气含氢量应小于 0.4%，工作中应保证现场通风良好，空气中的含氢量至少每 4h 测定一次。 　15　在高处进行焊接与切割作业： 　2）严禁站在易燃物品上进行作业。 　4）严禁随身携带电焊导线、气焊软管登高或从高处跨越，应在切断电源和气源后用绳索提吊。 　5）在高处进行电焊作业时，宜设专人进行拉合闸和调节电流等作业。 　16　在金属容器及坑井内进行焊接与切割作业： 　1）金属容器必须可靠接地或采取其他防止触电的措施。 　2）严禁将行灯变压器带入金属容器或坑井内。 　3）焊工所穿衣服、鞋、帽等必须干燥，脚下应垫绝缘垫。 　4）严禁在金属容器内同时进行电焊、气焊或气割作业。 　5）在金属容器内作业时，应设通风装置，内部温度不得超过 40℃；严禁用氧气作为通风的风源。 　6）在金属容器内进行焊接或切割作业时，入口处应设专人监护，电源开关应设在监护人附近，并便于操作。监护人与作业人员应保持经常联系，电焊作业中断时应及时切断焊接电源。 　7）在容器或坑井内作业时，作业人员应系安全绳，绳的另一端在容器外固定牢固。 　17　焊接、切割与热处理作业结束后，必须清理场地、切断电源，仔细检查工作场所周围及防护设施，确认无起火危险后方可离开。 **4.13.2　电焊应符合下列规定：** 　8　在狭小或潮湿地点施焊时，应垫木板或采取其他防止触电的措施，并设监护人。严禁露天冒雨从事电焊作业。 　16　进行氩弧焊、等离子切割或有色金属切割时，宜戴静电防护口罩。 　17　进行埋弧焊时，应有防止由于焊剂突然中断而引起的弧光辐射的措施。 　18　打磨钨极时，应使用专用砂轮机和强迫抽风装置；打磨钨极处的地面应经常进行湿式清扫。	

序号	检查重点	标 准 要 求	检查方法
4	作业检查	19 储存或运输钨极时应将钨极放在铅盒内。作业中随时使用的零星钨极应放在专用的盒内。 20 等离子切割宜采用自动或半自动操作。采用手工操作时，应有专门的防止触电及排烟尘等防护措施。 21 预热焊接件时，应采取隔热措施。 22 用高频引弧或稳弧进行焊接及切割时，应对电源进行屏蔽。 **3. 电力行业标准《水电水利工程施工通用安全技术规程》（DL/T 5370—2017）** **9.1.11** 在潮湿地方、金属容器和箱型结构内工作，焊工应穿干燥的工作服和绝缘胶鞋，身体不得与被焊接件接触，脚下应垫绝缘垫。 **9.1.13** 无可靠防护措施时，不得将行灯变压器及焊机调压器带入金属容器内。 **9.1.15** 工作结束后应拉下焊机闸刀，切断电源。对于气割（气焊）作业则应解除氧气、乙炔瓶（乙炔发生器）的工作状态。要仔细检查工作场地周围，确认无火源后方可离开现场。 **9.1.16** 使用风动工具时，先检查风管接头是否牢固，选用的工具是否完好无损。 **9.1.18** 高空焊割作业时，还应遵守下列规定： 1 高空焊割作业须设监护人，焊接电源开关应设在监护人近旁。 2 高空焊割作业人员应戴好安全帽，使用符合标准规定防火安全带，安全带应高挂低用，固定可靠。 **9.2.4** 进行埋弧焊滚动焊时，焊接小车与台车（支架、变位机）应同步，防止小车及人高处坠落。台车（支架、变位机）应设被焊工件的跑偏装置，滚焊过程中应注意观察，防止焊件跌落。 **9.2.5** 液态二氧化碳使用过程中罐口及减压阀处产生的结冰影响正常使用时，应采用温水进行溶化，不得采用火烤的方式溶冰，不得直接对液态二氧化碳储罐加热。 **9.2.6** 碳弧气刨除应遵守焊条电弧焊的规定外，还应注意以下几点： 1 宜选用专用电焊机和较大截面的焊接电缆及焊钳。 2 应顺风操作，防止铁水溶渣及火星伤人，并应注意周围的防火安全。 3 在容器或舱内作业时，应安装风机排除烟尘。 **9.2.7** 等离子切割应遵守电弧焊和产品说明书的安全规定，不宜露天作业。同时还应遵守以下规定： 1 切割场所应通风良好。 2 批量切割时，应设集渣池（坑）。集渣池应注水或安装负压除烟除尘设备除尘。 3 不得切割镁等可引起爆炸或燃烧的金属材料或带有易燃、易爆物体的材料。不得切割密闭容器。 4 切割使用的气体应与设备匹配，普通机型不得采用氩、氢混合气体。 5 当切割含锌、铅、镉、铍的金属或涂漆金属时，应戴防毒面具。	

序号	检查重点	标　准　要　求	检查方法
4	作业检查	6　设备的使用、维护、保养、检修除遵守相应的机械、电气安全操作规程外，不得拆除或短接安全联锁装置。 **4. 水利行业标准《水利水电工程施工通用安全技术规程》（SL 398—2007）** **9.1.6**　对贮存过易燃易爆及有毒容器、管道进行焊接与切割时，要将易燃物和有毒气体放尽，用水冲洗干净，打开全部管道窗、孔，保持良好通风，方可进行焊接和切割，容器外要有专人监护，定时轮换休息。密封的容器、管道不应焊割。 **9.1.7**　禁止在油漆未干的结构和其他物体上进行焊接和切割。 **9.1.8**　严禁在贮存易燃易爆的液体、气体、车辆、容器等的库区内从事焊割作业。 **9.1.10**　焊接大件须有人辅助时，动作应协调一致，工件应放平垫稳。 **9.1.11**　在金属容器内进行工作时应有专人监护，要保证容器内通风良好，并应设置防尘设施。 **9.1.12**　在潮湿地方、金属容器和箱型结构内作业，焊工应穿干燥的工作服和绝缘胶鞋，身体不应与被焊接件接触，脚下应垫绝缘垫。 **9.1.14**　严禁将行灯变压器及焊机调压器带入金属容器内。 **9.1.21**　高空焊割作业时，还应遵守下列规定： 　　3　高空焊割作业人员应戴好符合规定的安全帽，应使用符合标准规定的防火安全带，安全带应高挂低用，固定可靠。 　　4　露天下雪、下雨或有 5 级大风时严禁高处焊接作业。 **9.3.1**　从事焊接工作时，应使用镶有滤光镜片的手柄式或头戴式面罩。护目镜和面罩遮光片的选择应符合 GB 3609.2 的要求。 **9.3.2**　清除焊渣、飞溅物时，应戴平光镜，并避免对着有人的方向敲打。 **9.3.3**　电焊时所使用的凳子应用木板或其他绝缘材料制作。 **9.3.4**　露天作业遇下雨时，应采取防雨措施，不应冒雨作业。 **9.3.5**　在推入或拉开电源闸刀时，应戴干燥手套，另一只手不应按在焊机外壳上，推拉闸刀的瞬间面部不应正对闸刀。 **9.3.6**　在金属容器、管道内焊接时，应采取通风除烟尘措施，其内部温度不应超过 40℃，否则应实行轮换作业，或采取其他对人体的保护措施。 **9.3.7**　在坑井或深沟内焊接时，应首先检查有无集聚的可燃气体或一氧化碳气体，如有应排除并保持通风良好。必要时应采取通风除尘措施。 **9.3.8**　电焊钳应完好无损，不应使用有缺陷的焊钳；更换焊条时，应戴干燥的帆布手套。 **9.3.9**　工作时禁止将焊把线缠在、搭在身上或踏在脚下，当电焊机处于工作状态时，不应触摸导电部分。 **9.3.10**　身体出汗或其他原因造成衣服潮湿时，不应靠在带电的焊件上施焊。 **9.4.2**　操作自动焊半自动焊埋弧焊的焊工，应穿绝缘鞋和戴皮手套或线手套。	

序号	检查重点	标　准　要　求	检查方法
4	作业检查	**9.4.3**　埋弧焊会产生一定数量的有害气体，在通风不良的场所或构件内工作，应有通风设备。 **9.4.4**　开机前应检查焊机的各部分导线连接是否良好、绝缘性能是否可靠、焊接设备是否可靠接地、控制箱的外壳和接线板上的外罩是否完好、埋弧焊用电缆是否满足焊机额定焊接电流的要求，发现问题应修理好后方可使用。 **9.4.5**　在调整送丝机构及焊机工作时，手不应触及送丝机构的滚轮。 **9.4.6**　焊接过程中应保持焊剂连续覆盖，注意防止焊剂突然供不上而造成焊剂突然中断，露出电弧光辐射损害眼睛。 **9.4.7**　焊接转胎及其他辅助设备或装置的机械传动部分，应加装防护罩。在转胎上施焊的焊件应压紧卡牢，防止松脱掉下砸伤人。 **9.4.8**　埋弧焊机发生电气故障时应由电工进行修理，不熟悉焊机性能的人不应随便拆卸。 **9.4.9**　罐装、清扫、回收焊剂应采取防尘措施，防止吸入粉尘。 **9.5.1**　二氧化碳气体保护焊 　2　焊机不应在漏水、漏气的情况下运行。 　3　二氧化碳在高温电弧作用下，可能分解产生一氧化碳有害气体，工作场所应通风良好。 　4　二氧化碳气体保护焊焊接时飞溅大，弧光辐射强烈，工作人员应穿白色工作服、戴皮手套和防护面罩。 　5　装有二氧化碳的气瓶不应在阳光下曝晒或接近高温物体，以免引起瓶内压力增大而发生爆炸。 　7　二氧化碳气体预热器的电源应采用36V电压，工作结束时应将电源切断。 **9.5.2**　手工钨极氩弧焊 　2　焊机内的接触器、断电器的工作元件，焊枪夹头的夹紧力以及喷嘴的绝缘性能等，应定期检查。 　3　高频引弧焊机或焊机装有高频引弧装置时，焊炬、焊接电缆都应有铜网编制屏蔽套，并可靠接地。使用高压脉冲引弧稳弧装置，应防止高频电磁场的危害。 　4　焊机不应在漏水、漏气的情况下运行。 　5　磨削钨棒的砂轮机须设有良好的排风装置，操作人员应戴口罩，打磨时产生的粉末应由抽风机抽走。钍钨极有放射性危害，宜使用铈钨极或钇钨极，并放在铅盒内保存。 　6　手工钨极氩弧焊，焊工除戴电焊面罩、手套和穿白色帆布工作服外，还宜戴静电口罩或专用面罩，并有切实可行的预防和保护措施。 **9.6.2**　碳弧气刨应使用电流较大的专用电焊机，并应选用相应截面积的焊把线。气刨时电流较大，要防止焊机过载发热。 **9.6.3**　碳弧气刨应顺风操作，防止吹散的铁水溶渣及火星烧损衣服或伤人，并应注意周围人员和场地的防火安全。 **9.6.4**　在金属容器或舱内工作，应采用排风机排除烟尘。 **9.6.5**　碳弧气刨操作者应熟悉其性能，掌握好角度、深浅及速度，避免发生事故。 **9.6.6**　碳棒应选专用碳棒，不应使用不合格的碳棒	

图 2-8-1 电焊机现场集中规范布置

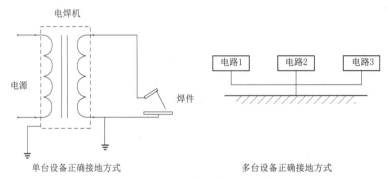

图 2-8-2 设备正确接地方式

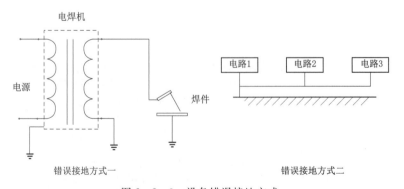

图 2-8-3 设备错误接地方式

第四节 气焊气割

气焊气割作业安全检查重点、要求及方法见表 2-8-3。

表 2 - 8 - 3 气焊气割作业安全检查重点、要求及方法

序号	检查重点	标 准 要 求	检查方法
1	气瓶的使用	**1. 国家标准《焊接与切割安全》（GB 9448—1999）** **10.5.4** 气瓶在现场的安放、搬运及使用 气瓶在使用时必须稳固竖立或装在专用车（架）或固定装置上。 气瓶不得置于受阳光暴晒、热源辐射及可能受到电击的地方。气瓶必须距离实际焊接或切割作业点足够远（一般为 5m 以上），以免接触火花、热渣或火焰，否则必须提供耐火屏障。 气瓶不得置于可能使其本身成为电路一部分的区域。避免与电动机车轨道、无轨电车电线等接触。气瓶必须远离散热器、管路系统、电路排线等，及可能供接地（如电焊机）的物体。禁止用电极敲击气瓶，在气瓶上引弧。 气瓶不得作为滚动支架或支撑重物的托架。 气瓶应配置手轮或专用扳手启闭瓶阀，气瓶在使用后不得放空，必须留有不小于 98~196kPa 表压的余气。 当气瓶冻住时，不得在阀门或阀门保护帽下面用撬杠撬动气瓶松动，应使用 40℃ 以下的温水解冻。 **10.5.5.1** 气瓶阀的清理 将减压器接到气瓶阀门之前，阀门出口处首先必须用无油污的清洁布擦干净，然后快速打开阀门并立即关闭以便清除阀门上的灰尘或可能进入减压器的脏物。 清理阀门时操作者应站在排出口的侧面，不得站在其前面，不得在其他焊接作业点、存在着火花、火焰（或可能引燃）的地点附近清理气瓶阀。 **10.5.5.2** 开启氧气瓶的特殊程序 减压器在安在氧气瓶上之后，必须进行以下操作： a) 首先调节螺杆并打开顺流管路，排放减压器的气体。 b) 其次，调节螺杆并缓慢打开气瓶阀，以便在打开阀门前使减压器气瓶压力表的指针始终慢慢地向上移动。打开气瓶阀时，应站在瓶阀气体排出方向的侧面而不要站在其前面。 c) 当压力表指针达到最高值后，阀门必须完全打开以防气体沿阀杆泄漏。 **10.5.5.3** 乙炔气瓶的开启 开启乙炔气瓶的瓶阀时应缓慢，严禁开至超过 1½ 圈，一般只开至 ¾ 圈以内以便在紧急情况下迅速关闭气瓶。 **10.5.5.4** 使用的工具 配有手轮的气瓶阀门不得用榔头或扳手开启。 未配有手轮的气瓶，使用过程中必须在阀柄上备有把手、手柄或专用扳手，以便在紧急情况下可以迅速关闭气路。在多个气瓶组装使用时，至少要备有一把这样的扳手以备急用。 **10.5.6** 其他 气瓶在使用时，其上端禁止放置物品，以免损坏安全装置或妨碍阀门的迅速关闭。使用结束后，气瓶阀必须关紧。 **2. 电力行业标准《电力建设安全工作规程 第 1 部分 火力发电》（DL 5009.1—2014）** **4.13.3** 气焊气割应符合下列规定： 1 使用气瓶 1）气瓶应按下表的规定进行漆色和标注。严禁更改气瓶的钢印或者颜色标记。	现场查看

序号	检查重点	标 准 要 求	检查方法
1	气瓶的使用	**气瓶漆色和标注** 	气瓶名称	气瓶颜色	标准字样	字样颜色
氧气瓶	天蓝色	氧	黑色
乙炔气瓶	白色	乙炔	红色
丙烷气瓶	棕色	丙烷	白色
液化石油气	棕色	液化石油气	白色
氩气瓶	灰色	氩气	绿色
氮气	黑色	氮	黄色 | 2）气瓶瓶阀及管接头处不得漏气。应经常检查丝堵和角阀丝扣的磨损及锈蚀情况，发现损坏应立即更换。 3）气瓶上必须装两道防震圈。 4）不得将气瓶与带电物体接触。严禁在气瓶上引弧。 5）氧气瓶的瓶阀不得沾有油脂。 6）氧气瓶与减压器的连接头发生自燃时应迅速关闭氧气瓶的阀门。 7）严禁自行处置气瓶残液。 8）瓶阀冻结时严禁火烤。 9）严禁直接使用不装设减压器或减压器不合格的气瓶。乙炔气瓶必须装设专用的减压器、回火防止器。 10）乙炔气瓶的使用压力不得超过0.147MPa，输气流速不得大于2.0m³/（h·瓶）。 11）气瓶内的气体不得用尽。氧气瓶必须留有0.2MPa的剩余压力，液化石油气瓶必须留有0.1MPa的剩余压力，乙炔气瓶内必须留有不低于下表规定的剩余压力。 **乙炔瓶内剩余压力与环境温度的关系** | 环境温度（℃）	<0	0～15	15～25	25～40
---	---	---	---	---
剩余压力（MPa）	0.05	0.1	0.2	0.3	 12）气瓶（特别是乙炔气瓶）使用时应直立放置，不得卧放。 13）液化石油气瓶使用时，应先点燃引火物，然后开启气阀。 **3. 电力行业标准《水电水利工程施工通用安全技术规程》（DL/T 5370—2017）** **9.3.5** 氧气、乙炔气瓶的使用除满足《焊接与切割安全》GB 9448外，还应遵守下列规定： 1 氧气瓶不得沾染油脂，检查气瓶口是否有漏气时，可用肥皂水涂在瓶口上试验，不得用烟头或明火试验；气瓶应置在通风良好的场所，不得靠近热源和电气设备，与其他易燃易爆物品或火源的距离一般不得小于10m（高处作业时是与垂直地面处的平行距离）；使用过程中，乙炔瓶放置在通风良好的场所，与氧气瓶的距离不得少于5m。 2 乙炔瓶应保持直立放置，使用时应固定，并有防止倾倒的措施，不得卧放使用，卧放的气瓶竖起来后需待20min后才可输气。	

序号	检查重点	标　准　要　求	检查方法
1	气瓶的使用	3　需要使用吊车运输移动气瓶时，应将气瓶装在符合安全要求的专门的吊笼内方可吊运。不得采用钢丝绳捆绑的方式吊运气瓶。 **4. 水利行业标准《水利水电工程施工通用安全技术规程》（SL 398—2007）** **9.7.2**　氧气、乙炔气瓶的使用应遵守下列规定： 1　气瓶应放置在通风良好的场所，不应靠近热源和电气设备，与其他易燃易爆物品或火源的距离一般不应小于10m（高处作业时是与垂直地面处的平行距离）。使用过程中，乙炔瓶应放置在通风良好的场所，与氧气瓶的距离不应少于5m。 2　露天使用氧气、乙炔气时，冬季应防止冻结，夏季应防止阳光直接曝晒。氧气、乙炔气瓶间冬季冻结时，可用热水或水蒸气加热解冻，严禁用火焰烘烤和用钢材一类器具猛击，更不应猛拧减压表的调节螺丝，以防氧气、乙炔气大量冲出而造成事故。 3　氧气瓶严禁沾染油脂，检查气瓶口是否有漏气时可用肥皂水涂在瓶口上试验，严禁用烟头或明火试验。 4　氧气、乙炔气瓶如果漏气应立即搬到室外，并远离火源。搬动时手不可接触气瓶嘴。 5　开氧气、乙炔气阀时，工作人员应站在阀门连接的侧面，并缓慢开放，不应面对减压表，以防发生意外事故。使用完毕后应立即将瓶嘴的保护罩旋紧。 6　氧气瓶中的氧气不允许全部用完至少应留有0.1~0.2MPa的剩余压力，乙炔瓶内气体也不应用尽，应保持0.05MPa的余压。 7　乙炔瓶在使用、运输和储存时，环境温度不宜超过40℃；超过时应采取有效的降温措施。 8　乙炔瓶应保持直立放置，使用时要注意固定，并应有防止倾倒的措施，严禁卧放使用。卧放的气瓶竖起来后需待20min后方可输气。 9　工作地点不固定且移动较频繁时，应装在专用小车上；同时使用乙炔瓶和氧气瓶时，应保持一定安全距离。 10　严禁铜、银、汞等及其制品与乙炔产生接触，应使用铜合金器具时含铜量应低于70%。 11　氧气、乙炔气瓶在使用过程中应按照质技监局锅发〔2000〕250号《气瓶安全监察规程》和劳动部劳锅字〔1993〕4号《溶解乙炔气瓶监察规程》的规定，定期检验。过期、未检验的气瓶严禁继续使用	
2	气瓶的搬运	**1. 国家标准《焊接与切割安全》（GB 9448—1999）** **10.5.4**　气瓶在现场的安放、搬运及使用 搬运气瓶时，应注意： ——关紧气瓶阀，而且不得提拉气瓶上的阀门保护帽； ——用吊车、起重机运送气瓶时，应使用吊架或合适的台架，不得使用吊钩、钢索或电磁吸盘。 ——避免可能损伤瓶体、瓶阀或安全装置的剧烈碰撞。 **2. 电力行业标准《电力建设安全工作规程 第1部分 火力发电》（DL 5009.1—2014）** **4.13.3**　气焊气割应符合下列规定：	现场查看

序号	检查重点	标 准 要 求	检查方法
2	气瓶的搬运	3 气瓶的搬运： 1）气瓶搬运前应旋紧瓶帽。气瓶应轻装轻卸，严禁抛掷或滚动、碰撞。 2）汽车装运氧气瓶及液化石油瓶时，一般将气瓶横向排放，头部朝向一侧。装车高度不得超过车厢板。 3）汽车装运乙炔气瓶时，气瓶应直立排放，车厢高度不得小于瓶高的2/3。 4）运输气瓶的车上严禁烟火。运输乙炔气瓶的车上应备有相应的灭火器具。 5）易燃物、油脂和带油污的物品不得与气瓶同车运输。 6）所装气体混合后能引起燃烧、爆炸的气瓶严禁同车运输。 7）运输气瓶的车厢上不得乘人。 **3. 电力行业标准《水电水利工程施工通用安全技术规程》（DL/T 5370—2017）** 10.2.4 易燃物品装卸与运输应符合下列要求： 1 易燃物品装卸，应轻拿轻放，严防振动、撞击、摩擦、重压、倾置、倾覆；不得使用能产生火花的工具，工作时不得穿带钉子的鞋；在可能产生静电的容器上，应装设可靠的接地装置。 2 易燃物品与其他物品以及性质相抵触和灭火方法不同的易燃物品，不得同一车船混装运输；怕热、怕冻、怕潮的易燃物品运输时，应采取相应的隔热、保温、防潮等措施。 3 运输易燃物品时，应事先进行检查，发现包装、容器不牢固、破损或渗漏等不安全因素时，应采取安全措施后，方可启运。 4 装运易燃物品的车船，不得客货混载。 5 运输易燃物品的车辆，应避开人员稠密的地区装卸和通行；途中停歇时，应远离机关、工厂、桥梁、仓库等场所，并指定专人看管，不得在附近动火，无关人员不得接近。 6 运输易燃物品的车船，应备有与所装物品灭火方法相适应的消防器材，并应经常检查。 7 车船运易燃物品，不得超载、超高、超速行驶；编队行进时，前后车船之间应保持一定的安全距离；应有专人押运，车船上应用帆布盖严，应设有警示标志。	
3	气瓶的存放	**1. 国家标准《焊接与切割安全》（GB 9448—1999）** 10.5.3 气瓶的储存 气瓶必须储存在不会遭受物理损坏或使气瓶内储存物温度超过40℃的地方。 气瓶必须储放在远离电梯、楼梯或过道，不会被经过或倾倒的物体碰翻或损坏的指定地点。在储存时，气瓶必须稳固以免翻倒。 气瓶在储存时必须与可燃物、易燃液体隔离，并且远离容易引燃的材料（诸如木材、纸张、包装材料、油脂等）至少6m以上，或用至少1.6m高的不可燃隔板隔离。 **2. 电力行业标准《电力建设安全工作规程 第1部分 火力发电》（DL 5009.1—2014）** 4.13.3 气焊气割应符合下列规定： 2 气瓶的存放与保管：	现场查看。现场气瓶的正确存放可参见图2-8-4所示

序号	检查重点	标　准　要　求	检查方法
3	气瓶的存放	1）气瓶应存放在通风良好的场所，夏季应防止日光曝晒。 2）气瓶严禁与易燃物、易爆物混放。 3）严禁与所装气体混合后能引起燃烧、爆炸的气瓶一起存放。 4）气瓶应保持直立，并应有防倾倒的措施。 5）严禁将气瓶靠近热源。 6）氧气、液化石油气瓶在使用、运输和储存时，环境温度不得高于60℃；乙炔、丙烷气瓶在使用、运输和储存时，环境温度不得高于40℃。 7）严禁将乙炔气瓶放置在有放射线的场所，亦不得放在橡胶等绝缘体上。 4　气瓶库： 1）仓库的设计应符合《建筑设计防火规范》GB 50016规定。 2）仓库的墙壁应采用耐火材料，房顶应采用轻型材料，不得使用油毛毡。房内应留有排气窗。 3）仓库应装设合格的避雷设施。 4）仓库必须在明显、方便的地点设置灭火器具，并定期检查，确保状态良好。 5）氧气瓶、乙炔、液化石油气瓶仓库用电设施应采用防爆型，仓库周围10m范围内严禁烟火。 6）氧气瓶、乙炔、液化石油气瓶仓库之间的距离应大于50m。 7）乙炔气瓶仓库不得设在高压线路的下方、人员集中的地方或交通道路附近。 8）容积较小的仓库（储量在50瓶以下）距其他建（构）筑物的距离应大于25m。较大的仓库与施工生产地点的距离应不小于50m，与住宅和办公楼的距离应不小于100m。 9）气瓶库内不得有地沟、暗道，严禁有明火或其他热源，应通风、干燥，避免阳光直射。 10）仓库内的主要部位应有醒目的安全标志。 11）气瓶库应建立安全管理制度并设专人管理。工作人员应熟悉气体特性、设备性能和操作规程。 **3. 电力行业标准《水电水利工程施工通用安全技术规程》（DL/T 5370—2017）** **10.1.4** 储存、运输和使用危险化学品的单位，应建立健全危险化学品安全管理制度，建立事故应急救援预案，配备应急救援人员和必要的应急救援器材、设备、物资，并应定期组织演练。 **10.1.5** 储存、运输和使用危险化学品的单位，应当根据消防安全要求，配备消防人员，配置消防设施以及通信、报警装置。并经公安消防监督机构审核合格后，取得易燃易爆化学物品消防安全审核意见书、易燃易爆化学物品消防安全许可证和易燃易爆化学物品准运证。 **10.1.6** 危险化学品管理应有下列安全措施： 1　仓库应有人员出入登记制度，危险化学品入库验收、出库登记和检查制度。 2　仓库内不得使用明火，进入库区内的机动车辆应采取防火措施。 3　包装要完整无破损，发现渗漏应立即进行处置。	

序号	检查重点	标　准　要　求	检查方法
3	气瓶的存放	4　空置包装容器，应集中保管或销毁。 5　销毁、处理危险化学品，应委托专业具有资质的单位实施。 6　使用危险化学品的单位应根据化学危险品的种类、性质，设置相应的通风、防火、防爆、防毒、监测、报警、降温、防潮、避雷、防静电、隔离操作等安全设施。 7　危险化学品仓库四周，应有良好的排水设置，围墙高度不小于2m，与仓库保持规定距离。 **10.1.7　仓储危险化学品应遵守下列规定：** 1　危险化学品应分类分项存放，堆垛之间的主要通道应有安全距离，不得超量储存。 3　受阳光照射容易燃烧、爆炸或产生有毒气体的化学危险物品和桶装、罐装等易燃液体、气体应存放在温度较低、通风良好的场所。 4　化学性质或防护、灭火方法相互抵触的危险化学品，不得在同一仓库内存放。 **10.2.1　储存易燃物品的仓库，应首先满足相关规范的要求，并遵守下列规定：** 1　库房建筑宜采用单层建筑；应使用防火材料建筑；库房应有足够的安全出口，不宜少于两个。所有门窗应向外开。 2　库房内应根据易燃物品的性质，安装防爆或密封式的电器及照明设备，并按规定设防护隔墙。 3　仓库位置宜选择在有天然屏障的地区，或设在地下、半地下，宜选在生活区和生产区年主导风向的下风侧。 4　不得设在人口集中的地方，与周围建筑物间应留有足够的防火间距。 5　应设置消防车通道和与储存易燃物品性质相适应的消防设施；库房地面应采用不易打出火花的材料。 6　易燃液体库房，应设置防止液体流散的设施。 7　易燃液体的地上或半地下储罐应按有关规定设置防火堤。 **10.2.3　易燃物品的储存应符合下列规定：** 1　应分类存放在专门仓库内，与一般物品以及性质互相抵触和灭火方法不同的易燃、可燃物品，应分库储存，并标明储存物品名称、性质和灭火方法。 2　堆存时，堆垛不得过高、过密，堆垛之间以及堆垛与堤墙之间，应留有一定间距、通道和通风口，主要通道的宽度应大于2m，每个仓库应规定储存限额。 4　包装容器应当牢固、密封，发现破损、残缺、变形、渗漏和物品变质、分解等情况时，应立即进行安全处置。 5　性质不稳定，容易分解和变质，以及混有杂质而容易引起燃烧、爆炸的易燃、可燃物品，应经常进行检查、测温、化验，防止燃烧、爆炸。 6　储存易燃、可燃物品的库房、露天堆垛、储罐规定的安全距离内，不得进行试验、分装、封焊、维修、动用明火等可能引起火灾的作业和活动。 7　库房内不得设办公室、休息室，不得用可燃材料搭建货架。 8　库房不宜采暖，如储存物品需防冻时，可用暖气采暖；散热器与易燃、可燃物品堆垛应保持安全距离	

序号	检查重点	标 准 要 求	检查方法
4	回火防止器的使用	**1. 电力行业标准《电力建设安全工作规程 第 1 部分 火力发电》(DL 5009.1—2014)** **4.13.3** 气焊气割应符合下列规定: 1 使用气瓶 9)严禁直接使用不装设减压器或减压器不合格的气瓶。乙炔气瓶必须装设专用的减压器、回火防止器。 **4.14.4** 防爆应符合下列规定: 10 压力容器、管道、气瓶: 5)乙炔、丙烷等气瓶应配备回火防止器并保持完好。 **2. 电力行业标准《水电水利工程施工通用安全技术规程》(DL/T 5370—2017)** **4.6.2** 低温季节施工,应遵守以下规定: 5 进行气焊作业时,应经常检查回火安全装置、胶管、减压阀,如冻结应用温水或蒸汽解冻,不得火烤。 **9.1.19** 进行气焊作业时,应经常检查回火安全装置、胶管、减压阀。如发生冻结,不得火烤,应使用 40℃ 以下的温水解冻。 **9.4.3** 管路系统安装,应遵守下列规定: 3 乙炔应装设专用的减压器、回火防止器。乙炔瓶减压器出口与乙炔气软管接,应用专用扎头扎紧不得漏气。 6 乙炔汇气总管与接至厂区的各乙炔分管路的出气口均应设有回火防止装置。 **3. 水利行业标准《水利水电工程施工通用安全技术规程》(SL 398—2007)** **9.7.3** 回火防止器的使用应遵守下列规定: 1 应采用干式回火防止器。 2 回火防止器应垂直放置,其工作压力应与使用压力相适应。 3 干式回火防止器的阻火元件应经常清洗以保持气路畅通;多次回火后,应更换阻火元件。 4 一个回火防止器应只供一把割炬或焊炬使用,不应合用。当一个乙炔发生器向多个割炬或焊炬供气时,除应装总的回火防止器外,每个工作岗位都须安装岗位式回火防止器。 5 禁止使用无水封、漏气的、逆止阀失灵的回火防止器。 6 回火防止器应经常清除污物防止堵塞,以免失去安全作用。 7 回火器上的防爆膜(胶皮或铝合金片)被回火气体冲破后,应按原规格更换,严禁用其他非标准材料代替	现场查看。常见回火防止器样式如图 2-8-5 所示
5	减压器的使用	**1. 国家标准《焊接与切割安全》(GB 9448—1999)** **10.4** 减压器 只有经过检验合格的减压器才允许使用。减压器的使用必须遵守 JB 7496 的有关规定。 减压器只能用于设计规定的气体及压力。 减压器的连接螺纹及接头必须保证减压器安在气瓶阀或软管上之后连接良好、无任何泄漏。 减压器在气瓶上应安装合理、牢固。采用螺纹连接时,应拧足五个螺扣以上;采用专门的夹具压紧时,装卡应平整牢固。	现场查看

续表

序号	检查重点	标 准 要 求	检查方法
5	减压器的使用	从气瓶上拆卸减压器之前，必须将气瓶阀关闭并将减压器内的剩余气体释放干净。 同时使用两种气体进行焊接或切割时，不同气瓶减压器的出口端都应装上各自的单向阀，以防止气流相互倒灌。 当减压器需要修理时，维修工作必须由经劳动、计量部门考核认可的专业人员完成。 **2. 电力行业标准《电力建设安全工作规程 第 1 部分 火力发电》（DL 5009.1—2014）** **4.13.3** 气焊气割应符合下列规定： 　5 减压器： 　1）新减压器应有出厂合格证；外套螺帽的螺纹应完好；螺帽内应用纤维质垫圈，不得使用皮垫或胶垫；高、低压表有效，指针灵活；安全阀完好、可靠。 　2）减压器（特别是接头的螺帽、螺杆）严禁沾有油脂，不得沾有砂粒或金属屑。 　3）减压器螺母在气瓶上的拧扣数不少于五扣。 　4）减压器冻结时严禁用火烘烤，只能用热水、蒸汽解冻或自然解冻。 　5）减压器损坏、漏气或其他故障时，应立即停止使用，进行检修。 　6）装卸减压器或因连接头漏气紧螺帽时，操作人员严禁戴沾有油污的手套和使用沾有油污的扳手。 　7）安装减压器前，应稍打开瓶阀，将瓶阀上粘附的污垢吹净后立即关闭。吹灰时，操作人员应站在侧面。 　8）减压器装好后，操作者应站在瓶阀的侧后面将调节螺丝拧松，缓慢开启气瓶阀门。停止工作时，应关闭气瓶阀门，拧松减压器调节螺丝，放出软管中的余气，最后卸下减压器。 **3. 电力行业标准《水电水利工程施工通用安全技术规程》（DL/T 5370—2017）** **4.6.2** 低温季节施工，应遵守以下规定： 　5 进行气焊作业时，应经常检查回火安全装置、胶管、减压阀，如冻结应用温水或蒸汽解冻，不得火烤。 **9.1.19** 进行气焊作业时，应经常检查回火安全装置、胶管、减压阀。如发生冻结，不得火烤，应使用 40℃ 以下的温水解冻。 **9.2.5** 液态二氧化碳使用过程中罐口及减压阀处产生的结冰影响正常使用时，应采用温水进行溶化，不得采用火烤的方式溶冰，不得直接对液态二氧化碳储罐加热。 **9.3.3** 气瓶阀及检验应符合《焊接、切割及类似工艺用气瓶减压器安全规范》GB 20262、《气焊设备焊接、切割和相关工艺设备用软管接头》GB/T 5107 的规定。 **9.4.3** 管路系统安装，应遵守下列规定： 　3 乙炔应装设专用的减压器、回火防止器。乙炔瓶减压器出口与乙炔气软管接，应用专用扎头扎紧不得漏气。 **4. 水利行业标准《水利水电工程施工通用安全技术规程》（SL 398—2007）** **9.7.4** 减压器（氧气表、乙炔表）的使用应遵守下列规定：	

序号	检查重点	标 准 要 求	检查方法
5	减压器的使用	1 严禁使用不完整或损坏的减压器。冬季减压器易冻结，应采用热水或蒸汽解冻，严禁用火烤，每只减压器只准用于一种气体。 2 减压器内，氧气乙炔瓶嘴中不应有灰尘、水分或油脂，打开瓶阀时，不应站在减压阀方向，以免被气体或减压器脱扣而冲击伤人。 3 工作完毕后应先将减压器的调整顶针拧松直至弹簧分开为止，再关氧气乙炔瓶阀，放尽管中余气后方可取下减压器。 4 当氧气、乙炔管、减压器自动燃烧或减压器出现故障，应迅速将氧气瓶的气阀关闭。然后再关乙炔气瓶的气阀	
6	橡胶软管的使用	**1. 国家标准《气体焊接设备 焊接、切割和类似作业用橡胶软管》（GB/T 2550—2016）** **10.2 颜色标识** 为了标识软管所适用的气体，软管外覆层按下表规定进行着色和标志。对于并联软管，每根单独软管应按本标准进行着色和标志。 **软管颜色和气体标识** 气体 / 外覆层颜色和标志： 乙炔和其他可燃气体*（除LPG、MPS、天然气、甲烷外）—— 红色 氧气 —— 蓝色 空气、氮气、氩气、二氧化碳 —— 黑色 液化石油气（LPG）和甲基乙炔-丙二烯混合物（MPS）、天然气、甲烷 —— 橙色 除焊剂燃气外（本表中包括的）所有燃气 —— 红色/橙色 焊剂燃气 —— 红色焊剂 *关于软管对氢气的适用性，应咨询制造商。 **2. 国家标准《焊接与切割安全》（GB 9448—1999）** **10.3 软管及软管接头** 用于焊接与切割输送气体的软管，如氧气软管和乙炔软管，其结构、尺寸、工作压力、机械性能、颜色必须符合GB/T 2550、GB/T 2551的要求。 禁止使用泄漏、烧坏、磨损、老化或有其他缺陷的软管。 **3. 电力行业标准《电力建设安全工作规程 第1部分 火力发电》（DL 5009.1—2014）** **4.13.3 气焊气割应符合下列规定：** 6 氧气、乙炔及液化石油气等橡胶软管： 1）氧气管为蓝色；乙炔、丙烷、液化石油气管为红色-橙色；氩气管为黑色。 2）乙炔气橡胶软管脱落、破裂或着火时，应先将火焰熄灭，然后停止供气。氧气软管着火时，应先将氧气的供气阀门关闭，停止供气后再处理着火胶管，不得使用弯折软管的处理方法。 3）不得使用有鼓包、裂纹或漏气的橡胶软管。如发现有漏气现象时应将其损坏部分切除，不得用贴补或包缠的办法处理。	现场查看

续表

序号	检查重点	标 准 要 求	检查方法
6	橡胶软管的使用	4）氧气橡胶软管、乙炔气橡胶软管严禁沾染油脂。 5）氧气橡胶软管与乙炔橡胶软管严禁串通连接或互换使用。 6）严禁把氧气软管或乙炔气软管放置在高温、高压管道附近或触及赤热物体，不得将重物压在软管上。应防止金属熔渣掉落在软管上。 7）氧气、乙炔气及液化石油气橡胶软管横穿平台或通道时应架高布设或采取防压保护措施；严禁与电线、电焊线并行敷设或交叉在一起。 8）橡胶软管的接头处应用专用卡子卡紧或用软金属丝扎紧。软管的中间接头应用气管连接并扎紧。 9）乙炔气、液化石油气软管冻结或堵塞时，严禁用氧气吹通或用火烘烤。 **4. 电力行业标准《水电水利工程施工通用安全技术规程》（DL/T 5370—2017）** **9.1.19** 进行气焊作业时，应经常检查回火安全装置、胶管、减压阀。如发生冻结，不得火烤，应使用40℃以下的温水解冻。 **9.3.6** 橡胶软管及接头应符合《气体焊接设备 焊接、切割和类似作业用橡胶软管》GB/T 2550、《气焊设备 焊接、切割和相关工艺设备用软管接头》GB/T 5107 的规定。使用时应遵守下列规定： 1 氧气胶管为蓝色，乙炔气胶管为红色，不得将氧气管接在焊、割炬的乙炔气进口上使用。 2 胶管长度每根不得小于10m，以15m～20m左右为宜。 3 胶管的连接处应用卡子或铁丝扎紧，铁丝的丝头应绑牢在工具嘴头方向，以防止被气体崩脱而伤人。 4 工作时胶管不得沾染油脂或触及高温金属和导电线； 5 不得将重物压在胶管上，不得将胶管横跨铁路或公路，如需跨越应有安全保护措施。 6 若发现胶管接头脱落或着火时，应迅速关闭供气阀，不得用手弯折胶管等待处理。 7 不得将使用中的橡胶软管缠在身上。 **5. 水利行业标准《水利水电工程施工通用安全技术规程》（SL 398—2007）** **9.7.5** 使用橡胶软管应遵守下列规定： 1 氧气胶管为红色，严禁将氧气管接在焊、割炬的乙炔气进口上使用。 2 胶管长度每根不应小于10m，以15～20m左右为宜。 3 胶管的连接处应用卡子或铁丝扎紧，铁丝的丝头应绑牢在工具嘴头方向，以防止被气体崩脱而伤人。 4 工作时胶管不应沾染油脂或触及高温金属和导电线。 5 禁止将重物压在胶管上。不应将胶管横跨铁路或公路，如需跨越应有安全保护措施。胶管内有积水时，在未吹尽之前不应使用。 6 胶管如有鼓包、裂纹、漏气现象，不应采用贴补或包缠的办法处理，应切除或更新。 7 若发现胶管接头脱落或着火时，应迅速关闭供气间，不应用于弯折胶管等待处理。 8 严禁将使用中的橡胶软管缠在身上，以防发生意外起火引起烧伤。	

序号	检查重点	标 准 要 求	检查方法
7	焊割炬的使用	**1. 国家标准《焊接与切割安全》（GB 9448—1999）** **10.2** 焊炬及割炬 　　只有符合有关标准（如：JB/T 5101、JB/T 6968、JB/T 6969、JB/T 6970 和 JB/T 7947 等）的焊炬和割炬才允许使用。 　　使用焊炬、割炬时，必须遵守制造商关于焊、割炬点火、调节和熄火的程序规定，点火之前，操作者应检查焊、割炬的气路是否通畅、射吸能力、气密性等。 　　点火时应使用摩擦打火机，固定的点火器或其他适宜的火种。焊割炬不得指向人员或可燃物。 **2. 电力行业标准《电力建设安全工作规程 第1部分 火力发电》（DL 5009.1—2014）** **4.13.1** 通用规定 　16　在金属容器及坑井内进行焊接与切割作业： 　8）严禁将漏气的焊炬、割炬和橡胶软管带入容器内；焊炬、割炬不得在容器内点火。在作业间歇或作业完毕后，应及时将气焊、气割工具拉出容器。 **4.13.3** 气焊气割应符合下列规定： 　7 焊割炬的使用： 　1）焊炬、割炬点火前应检查连接处和各气阀的严密性。 　2）焊炬、割炬点火时应先开乙炔阀、后开氧气阀；孔嘴不得对人。 　3）焊炬、割炬的焊嘴因连续工作过热而发生爆鸣时，应用水冷却；因堵塞而爆鸣时，则应立即停用，待剔通后方可继续使用。 　4）严禁将点燃的焊炬、割炬挂在工件上或放在地面上。 　5）严禁将焊炬、割炬作照明用；严禁用氧气吹扫衣服或纳凉。 　6）气焊、气割操作人员应戴防护眼镜。使用移动式半自动气割机或固定式气割机时操作人员应穿绝缘鞋，并采取防止触电的措施。 　7）气割时应防割件倾倒、坠落。距离混凝土地面（或构件）太近或集中进行气割时，应采取隔热措施。 　8）气焊、气割工作完毕后，应关闭所有气源的供气阀门，并卸下焊（割）炬。严禁只关闭焊（割）炬的阀门或将输气胶管弯折便离开工作场所。 　9）严禁将未从供气阀门上卸下的输气胶管、焊炬和割炬放入管道、容器、箱、罐或工具箱内。 **3. 电力行业标准《水电水利工程施工通用安全技术规程》（DL/T 5370—2017）** **9.1.12** 在金属容器中进行气焊和气割工作时，焊割炬应在容器外点火调试，随人进出，不得任意放在容器内。不得使用漏燃气的焊割炬、管、带。 **9.3.4** 焊炬及割炬应符合《等压式焊炬、割炬》JB/T 7947、《射吸式焊炬》JB/T 6969 的规定。 **9.3.7** 焊割炬的使用应遵守下列规定： 　1 作业关应检查焊割炬是否完好，阀门不灵活、关闭不严或手柄破损的一律不得使用。	现场查看。典型割炬样式如图2-8-6所示，典型焊炬样式如图2-8-7所示

序号	检查重点	标 准 要 求	检查方法
7	焊割炬的使用	2 不得在氧气和乙炔阀门同时开启时用手或其他物体堵住焊、割炬嘴子的出气口。焊、割炬的内外部及送气管内均不得沾染油脂。 3 不得将燃烧着的焊炬随意摆放，用毕应立即熄灭火焰。 4 焊、割时间过久，枪嘴发烫出现连续爆炸声并有停火现象时，应立即关闭，将枪嘴冷却疏通后再进行工作。作业完毕熄火后应将枪吊挂或侧放，不得将枪嘴对着地面摆放或墙面吊挂。 5 工作人员应按规定佩戴劳动保护用品。 **4. 水利行业标准《水利水电工程施工通用安全技术规程》（SL 398—2007）** **9.7.6** 焊割炬的使用应遵守下列规定： 1 工作前应检查焊、割枪各连接处的严密性及其嘴子有无堵塞现象，禁止用纯铜丝（紫铜）清理嘴孔。 2 焊、割枪点火前应检查其喷射能力，是否漏气，同时检查焊嘴和割嘴是否畅通；无喷射能力不应使用，应及时修理。 3 不应使用小焊枪焊接厚的金属，也不应使用小嘴子割枪切割较厚的金属。 4 严禁在氧气和乙炔阀门同时开启时用手或其他物体堵住焊、割枪嘴子的出气口，以防止氧气倒流入乙炔管或气瓶而引起爆炸。 5 焊、割枪的内外部及送气管内均不允许沾染油脂，以防止氧气遇到油类燃烧爆炸。 6 焊、割枪严禁对人点火，严禁将燃烧着的焊炬随意摆放，用毕及时熄灭火焰。 7 焊炬熄火时应先关闭乙炔阀，后关氧气阀；割炬则应先关高压氧气阀，后关乙炔阀和氧气阀以免回火。 8 焊、割枪点火时须先开氧气，再开乙炔，点燃后再调节火焰；遇不能点燃而出现爆声时应立即关闭阀门并进行检查和通畅嘴子后再点，严禁强行硬点以防爆炸；焊、割时间过久，枪嘴发烫出现连续爆炸声并有停火现象时，应立即关闭乙炔再关氧气，将枪嘴浸冷水疏通后再点燃工作，作业完毕熄火后应将枪吊挂或侧放，禁止将枪嘴对着地面摆放，以免引起阻塞而再用时发生回火爆炸。 9 阀门不灵活、关闭不严或手柄破损的一律不应使用。 10 工作人员应佩戴有色眼镜，以防飞溅火花灼伤眼睛	
8	氧气、乙炔集中供气系统	**1. 电力行业标准《水电水利工程施工通用安全技术规程》（DL/T 5370—2017）** **9.4.1** 大中型生产厂区的氧气与乙炔气（液化气）宜采用汇流排供气。集中供气站的设计应符合《建筑设计防火规范》GB 50016、《氧气站设计规范》GB 50030、《乙炔站设计规范》GB 50031 的规定。 **9.4.2** 氧气供气间可与乙炔供气间布置在同一座建筑物内，但应以无门、窗、洞的防火墙隔开，并遵守以下规定： 1 氧气、乙炔供气间应设围墙或栅栏并悬挂明显标志。围墙距离有爆炸物的库房的安全距离应符合相关规定。	1. 现场查看。 2. 检查相关记录。 3. 米尺测量

续表

序号	检查重点	标 准 要 求	检查方法
8	氧气、乙炔集中供气系统	2 供气间与明火或散发火花地点的距离不得小于 10m，且不应设在地下室或半地下室内，库房内不得有地沟、暗道；库房内不得动用明火、电炉或照明取暖，并应备有足够的消防设备。 3 氧气、乙炔汇流排应有导除静电的接地装置。 4 供气间应设置气瓶的装卸平台，平台的高度应视运输工具确定，一般高出室外地坪 0.4m～1.1m；平台的宽度不宜小于 2m。室外装卸平台应搭设雨棚。 5 供气间应有良好的自然通风、降温和除尘等设施，并要保证运输通道畅通，应设置足够的消防栓和干粉或二氧化碳灭火器。 6 供气间内不得存放有毒物质及易燃、易爆物品；空瓶和实瓶应分开放置，并有明显标志，应设防止气瓶倾倒的设施。 **9.4.3** 管路系统安装，应遵守下列规定： 1 氧气和乙炔管路在室外架设或敷设时，应按规定设置防静电的接地装置，且管路与其他金属物之间绝缘应符合要求。 2 氧气管道、阀门和附件应进行脱脂处理。 3 乙炔应装设专用的减压器、回火防止器。乙炔瓶减压器出口与乙炔气软管接，应用专用扎头扎紧不得漏气。 4 氧气、乙炔气管路应分别采用蓝、白油漆涂色标识。 5 带压力的设备及管道，不得紧固修理。设备的安全附件，如压力表、安全阀应符合有关规定。 6 乙炔汇气总管与接至厂区的各乙炔分管路的出气口均应设回火防止装置。 **9.4.4** 运行管理，应遵守下列规定： 1 系统投入正式运行前，应组织按设计技术要求进行全面检查验收，确认合格后，方可交付使用。 2 乙炔供气间的设备、消防器材应做定期检查。 3 供气间氧气、乙炔瓶不得混放，不得存放易燃物品，照明应使用防爆灯。 4 作业人员应随时检查压力情况，发现漏气立即停止供气。 5 作业人员工作时不得离开工作岗位。 6 检查乙炔间管道时，应在乙炔气瓶与管道连接的阀门关严和管内的乙炔排尽后进行。 7 作业人员应认真做好当班供气运行记录。 **2. 水利行业标准《水利水电工程施工通用安全技术规程》（SL 398—2007）** **9.8.2** 氧气供气间可与乙炔供气间的布置、设置应符合下列规定： 1 氧气供气间可与乙炔供气间布置在同一座建筑物内，但应以无门、窗、洞的防火墙隔开。且不应设在地下室或半地下室内。 2 氧气、乙炔供气间应设围墙或栅栏并悬挂明显标志。围墙距离有爆炸物的库房的安全距离应符合相关规定。 3 供气间与明火或散发火花地点的距离不应小于 10m，供气间内不应有地沟、暗道。供气间内严禁动用明火、电炉或照明取暖，并应备有足够的消防设备。 4 氧气乙炔汇流排应有导除静电的接地装置。	

序号	检查重点	标 准 要 求	检查方法
8	氧气、乙炔集中供气系统	5 供气间应设置气瓶的装卸平台,平台的高度应视运输工具确定,一般高出室外地坪 0.4～1.1m;平台的宽度不宜小于 2m。室外装卸平台应搭设雨篷。 6 供气间应有良好的自然通风、降温和除尘等设施,并要保证运输通道畅通。 7 供气间内严禁存放有毒物质及易燃易爆物品;空瓶和实瓶应分开放置,并有明显标志,应设有防止气瓶倾倒的设施。 8 氧气与乙炔供气间的气瓶、管道的各种阀门打开和关闭时应缓慢进行。 9 供气间应设专人负责管理,并建立严格的安全运行操作规程、维护保养制度、防火规程和进出登记制度等,无关人员不应随便进入。 **9.8.3** 管路系统安装应遵守下列规定: 1 管路系统的设计、安装和使用应符合 GB 50030 及 GB 50031 的规定。 2 氧气和乙炔管路在室外架设或敷设时,应按规定设置防静电的接地装置,且管路与其他金属物之间绝缘应良好。 3 氧气管道、阀门和附件应进行脱脂处理。 4 乙炔气应装设专用的减压器、回火防止器,开启时,操作者应站在阀口的侧后方,动作要轻缓;乙炔瓶减压器出口与乙炔皮管,应用专用扎头扎紧不应漏气。 5 氧气、乙炔气管路应分别采用蓝、白油漆涂色标识。 6 带压力的设备及管道,禁止紧固修理。设备的安全附件,如压力表、安全阀应符合有关规定。 7 乙炔汇气总管与接至厂区的各乙炔分管路的出气口均应设有回火防止装置。 **9.8.4** 氧气、乙炔气集中供气系统运行管理应遵守下列规定: 1 系统投入正式运行前,应由主管部门组织按照本规范以及 GB 50030、GB 50031、GBJ 16 等的有关规定,进行全面检查验收,确认合格后,方可交付使用。 2 作业人员应熟知有关专业知识及相关安全操作规定,并经培训考核合格方可上岗。 3 乙炔供气间的设施、消防器材应定期做检查。 4 供气间严禁氧气、乙炔瓶混放,并严禁存放易燃物品,照明应使用防爆灯。 5 作业人员应随时检查压力情况,发现漏气立即停止供气。 6 作业人员工作时不应离开工作岗位,严禁吸烟。 7 检查乙炔间管道,应在乙炔气瓶与管道连接的阀门关严和管内的乙炔排尽后进行。 8 禁止在室内用电炉或明火取暖。 9 作业人员应严禁让粘有油、脂的手套、棉丝和工具同氧气瓶、瓶阀、减压器管路等接触。 10 作业人员应认真做好当班供气运行记录。	

图 2-8-4 气瓶现场规范存放

图 2-8-5 氧气、乙炔回火防止器

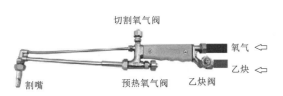

图 2-8-6 常见割炬示意图

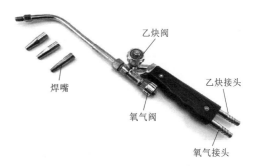

图 2-8-7 常见射吸式氧-乙炔焊炬

第五节 热处理

热处理作业安全检查重点、要求及方法见表 2-8-4。

表 2-8-4　　　　热处理作业安全检查重点、要求及方法

序号	检查重点	标　准　要　求	检查方法
1	热处理作业场所及工作要求	**1. 电力行业标准《电力建设安全工作规程 第 1 部分 火力发电》（DL 5009.1—2014）** **4.13.1　通用规定** 　17　焊接、切割与热处理作业结束后，必须清理场地、切断电源，仔细检查工作场所周围及防护设施，确认无起火危险后方可离开。 **4.13.4　热处理应符合以下规定：** 　1　热处理场所不得存放易燃、易爆物品，并应在明显、方便的地方设置足够数量的灭火器材。 　2　管道热处理场所应设围栏并挂警示牌。	现场查看

序号	检查重点	标　准　要　求	检查方法
1	热处理作业场所及工作要求	3　采用电加热时，加热装置导体不得与焊件直接接触。 4　热处理作业人员应穿戴必要的劳动防护用品，应至少两人参与作业。 5　热处理作业时，操作人员不得擅自离开。工作结束后应详细检查，确认无起火危险后方可离开。 6　热处理设备带电部分不得裸露。 7　热处理加热片拆除作业时，应有可靠的防烫伤措施。 8　热处理作业专用电缆敷设到带有棱角的物体时应采取保护措施；遇通道时应有防止碾压措施。 9　严禁使用损坏的热处理加热片，严禁带电拆除热处理加热片。 **2. 电力行业标准《火力发电厂焊接热处理技术规程》（DL/T 819—2010）** **4.4.1**　焊接热处理作业中除应符合相关的安全作业要求之外，还应符合下列要求： a）热处理人员应穿戴必要的劳动防护用品，并防止烫伤。 b）应至少两人参与作业。 c）采用电加热时，应防止加热装置导体与焊件接触。 **4.4.2**　采用红外测温仪时：应避免激光直接或间接射入人眼	

第九章

土 石 方 工 程

第一节 概述

一、术语或定义

（1）滑坡：指斜坡上的部分岩体和土体在自然或人为因素的影响下沿某一明显界面发生剪切破坏向坡下运动的现象。

（2）支护：指为保证边坡、基坑及其周边环境的安全，采取的支挡、加固与防护措施。

二、主要检查要求综述

土石方工程安全检查主要是对土石方填筑、土石方明挖、土石方暗挖、施工支护等作业活动进行检查，确认这些要素是否符合相关标准、规程、规范和规定的要求，避免坍塌、中毒窒息等安全事故的发生。

第二节 土石方填筑作业

土石方填筑作业安全检查重点、要求及方法见表2-9-1。

表 2-9-1　　　　　　　土石方填筑作业安全检查重点、要求及方法

序号	检查重点	标 准 要 求	检查方法
1	土石方填筑基本要求	电力行业标准《水电水利工程土建施工安全技术规程》（DL/T 5371—2017） 4.7.1　土石方填筑应按施工组织设计进行施工，不得危及周围建筑物的结构或施工安全，不得危及相邻设备、设施的安全运行。 4.7.2　夜间作业时，现场应有足够照明，在危险地段设置明显的警示标志和护栏	查阅施工组织设计，并查看现场作业环境及安全防护措施
2	陆上填筑要求	电力行业标准《水电水利工程土建施工安全技术规程》（DL/T 5371—2017） 4.7.3　陆上填筑应遵守下列规定：	1. 现场检查土方回填作业方案措施落实情况。

续表

序号	检查重点	标 准 要 求	检查方法
2	陆上填筑要求	1）基坑（槽）土方回填时，应先检查坑、槽壁的稳定情况，用小车卸土不得撒把，坑、槽边应设横木车挡。卸土时，坑槽内不得有人。 2）基坑（槽）的支撑，应根据已回填的高度，按施工组织设计要求依次拆除，不得提前拆除坑、槽内的支撑	2. 现场检查基坑（槽）挡土墙支护、排桩支护、锚杆（索）支护、喷锚支护、土钉墙支护等支护措施；坑、槽边横木车挡等安全措施
3	水下填筑要求	**电力行业标准《水电水利工程土建施工安全技术规程》（DL/T 5371—2017）** **4.7.6** 水下填筑应遵守下列规定： （1）所有船舶航行、运输、驻位、停靠等参照水下开挖中船舶相关操作规程的内容执行。 （2）船上作业人员应穿救生衣、戴安全帽，并经过水上作业安全技术培训。 （3）为了保证抛填作业安全及抛填位置的准确率，宜选择在风力小于 3 级、浪高小于 0.5m 的气象条件下进行作业。 （4）水下基床填筑应遵守下列规定。 1）定位船及抛石船的驻位方式，应根据基床宽度、抛石船尺度、风浪和水流确定，定位船参照所设岸标或浮标，通过锚泊系统预先泊位，并由专职安全管理人员及时检查锚泊系统的完好情况。 2）采用装载机、挖掘机等机械在船上抛填时，宜采用 400t 以上的平板驳，抛填时为避免船舶倾斜过大，船上块石在测量人员的指挥下，对称抛入水中。 3）人工抛填时，应遵循"由上至下、两侧块石对称抛投"的原则抛投；严禁站在石堆下方掏取石块。 5）补抛块石时，需通过透水的串筒抛至潜水员指定的区域，严禁不通过串筒直接将块石抛入水中。 6）潜水员在水下作业时，应处在已抛块石的顶部，面向水流方向按序进行水下基床整平作业。 8）基床重锤夯实作业过程中，周围 100m 范围之内不得进行潜水作业。 9）吊钩应设有封钩装置，以防止脱钩。 11）经常检查钢丝绳、吊臂等有无断丝、裂缝等异常情况，若有异常应按起重设备有关安全管理规定的要求及时采取措施进行处理。	1. 现场检查水下开挖中船舶相关操作规程的执行情况。 2. 现场检查船上作业人员安全防护用品佩戴情况；查阅潜水员证件及船上作业人员等培训相关资料。潜水员建议持有中国潜水打捞行业协会颁发的"潜水员证"（查询网址 http：//t3. feng - du. com/ad-min/）。 3. 现场检查定位船及抛石船的驻位方式，查阅专职安全管理人员检查锚泊系统的相关记录。 4. 现场检查抛填作业气象条件。检查采用装载机、挖掘机等机械在船上抛填、人工抛填、水下补抛作业行为。 5. 现场检查抛填作业行为（如：基床重锤夯实作业过程中，周围100m 范围之内是否有潜水作业；夯锤是否为低重心扁式截头圆锥体，吊钩是否有封钩装置；打夯作业人员精神状态是否良好；钢丝绳、吊臂等有无断丝、裂缝等异常情况）

续表

序号	检查重点	标 准 要 求	检查方法
4	重力式码头沉箱内填料作业	**电力行业标准《水电水利工程土建施工安全技术规程》（DL/T 5371—2017）** **4.7.6.5** 重力式码头沉箱内填料作业应遵循下列规定。 　1）沉箱内填料，一般采用砂、卵石、渣石或块石。填料时应均匀抛填，各格舱壁两侧的高差宜控制在1m以内，以免造成沉箱倾斜、格舱壁开裂。 　2）为防止填料砸坏沉箱壁的顶部，在其顶部要覆盖型钢、木板或橡胶保护。 　3）沉箱码头的减压棱体（或后方回填土）应在箱内填料完成后进行。扶壁码头的扶壁若设有尾板，在填棱体时应防止石料进入尾板下而失去减小前趾压力的作用。抛填压脚棱体应防止其向坡脚滑移。 　4）为保证箱体回填时不受回填时产生的挤压力而导致结构位移及失稳，减压棱体和倒滤层宜采用民船或方驳于水上进行抛填。对于沉箱码头，为提高抛填速度，可考虑从陆上运料于沉箱上抛填一部分。抛填前，发现基床和岸坡上有回淤和塌坡，按设计要求进行清理	1. 现场检查测量沉箱内填料均匀程度和高度、沉箱顶部保护措施、沉箱码头减压棱体、压脚棱体等是否符合抛填规范要求。 2. 现场检查箱体回填过程，查看沉箱是否有位移及失稳；抛填前是否对基床和岸坡上回淤和塌坡等进行处理

第三节　土石方明挖作业

一、土方明挖作业

土方明挖作业安全检查重点、要求及方法见表2-9-2。

表2-9-2　　　　　　　土方明挖作业安全检查重点、要求及方法

序号	检查重点	标 准 要 求	检查方法
1	土方边坡明挖作业	**电力行业标准《水电水利工程土建施工安全技术规程》（DL/T 5371—2017）** **4.2.1** 土方边坡开挖作业应遵守下列规定： 　1 人工挖掘应保持足够的安全距离，横向间距不小于2m，纵向间距不小于3m。 　2 人工挖掘分层厚度不应超过2m，不应掏根挖土和反坡挖土。 　3 人工在基坑（槽）内向上部运土时，应在边坡上挖台阶，其宽度一般不小于0.7m，不得利用挡土支撑存放土、石、工具或站在支撑上传送。 　4 高陡边坡开挖作业人员应按规定系好安全带或安全绳。 　5 开挖工作应与装运作业面相互错开，应避免上、下交叉作业。 　7 坡面上的操作人员应及时清除松动的土、石块，不应在危石下方作业、休息和存放机具。 　9 滑坡地段的开挖，应从滑坡体两侧向中部自上而下进行，不应全面拉槽开挖，弃土不应堆在滑动区域内。开挖时应有专职人员监护，随时注意滑动体的变化情况。 　10 已开挖的地段，边坡应分层设置排水沟至坡外。	1. 现场检查测量作业人员安全距离、安全防护用品佩戴情况。 2. 现场检查作业部位和周围边坡、山体的稳定情况、坡面松散石块及危石清理情况。 3. 现场检查测量人工挖掘分层厚度，开挖、基坑（槽）内向上部运土、开挖与装运等作业行为。 4. 现场检查开挖过程中气象条件、滑坡地段的开挖方式、排水沟分层设置、构筑物附近挖土防坍塌措施、防护栏

序号	检查重点	标　准　要　求	检查方法
1	土方边坡明挖作业	11　在靠近建筑物、设备基础、路基、高压铁塔、电杆等构筑物附近挖土时，应制定防坍塌的安全措施。 13　在不良气象条件下，不应进行边坡开挖作业。 14　当边坡高度大于5m时，应在适当高程设置防护栏栅。 15　采用大型机械挖土时，应对机械停放地点、行走路线、运土方式、挖土分层、电力线路架设等进行实地勘察，并制定相应的安全措施。 16　大型设备通过的道路、桥梁或工作地点的地面基础，应有足够的承载力，否则应采取加固措施	栅设置等施工作业行为。 　5.现场检查大型机械挖土安全措施及通行要求
2	有支撑的土方明挖	电力行业标准《水电水利工程土建施工安全技术规程》（DL/T 5371—2017） 4.2.2　有支撑的挖土作业应遵守下列规定： 　1　挖土不能按规定放坡时，应采取固壁支撑的施工方法。 　2　在土壤正常含水量下所挖掘的基坑（槽），如系垂直边坡，其最大挖深，在松软土质中不得超过1.2m，在密实土质中不得超过1.5m，否则应设固壁支撑。 　3　操作人员上下基坑（槽）时，不得攀登固壁支撑，人员通行应设通行斜道或搭设梯子。 　4　雨后、春秋冻融以及处于爆破区放炮以后，应对支撑进行认真检查，发现问题，及时处理。 　5　拆除支撑前应检查基坑（槽）帮情况，并自上而下逐层拆除	1.现场检查测量固壁支撑安设及拆除作业。 　2.现场检查人员上下基坑（槽）专用通道措施。 　3.查阅雨后、春秋冻融以及放炮后针对支撑的检查资料
3	土方挖运	水利行业标准《水利水电工程土建施工安全技术规程》（SL 399—2007） 5.2.3　土方挖运作业应遵守下列规定： 　1　人工挖土 　1）工具应安装牢固。 　2）在挖运时，开挖土方作业人员之间的安全距离，不得小于2m。 　3）在基坑（槽）内向上部运土时，应在边坡上挖台阶，其宽度一般不小于0.7m，不得利用挡土支撑存放土、石、工具或站在支撑上传运。 　2　人工挖土、配合机械吊运土方时，机械操作有施工经验的人员统一指挥。 　3　采用大型机械挖土时，应对机械停放地点、行走路线、运土方式、挖土分层、电源架设等进行实地勘察，并制定相应的安全措施。 　4　大型设备通过的道路、桥梁或工作地点的地面基础，应有足够的承载力。否则应采取加固措施。 　5　在对铲斗内积存料物进行清除时，应切断机械动力，清除作业时应有专人监护，机械操作人员不得离开操作岗位	1.现场检查测量作业人员间安全距离，检查人工挖土、配合机械吊运土方专人指挥及清除铲斗内积存物料监护情况等。 　2.查阅施工组织设计或专项施工方案，是否对大型机械挖土时机械停放地点、行走路线、运土方式、挖土分层、电源架设等有相应的安全措施。 　3.检查现场条件是否满足大型设备使用及运行
4	土方爆破开挖	电力行业标准《水电水利工程土建施工安全技术规程》（DL/T 5371—2017） 4.2.3　土方爆破开挖作业应遵守下列规定： 　1　土方爆破开挖作业，应制定爆破方案，并遵守《爆破安全规程》GB 6722的有关规定。 　2　松动或抛掷大体积的冻土时，应合理选择爆破参数，并制定安全控制措施和确定控制范围	1.查阅并检查爆破设计方案编制及实施，爆破参数是否合理。 　2.爆破作业应满足第十二章爆破作业管理要求

序号	检查重点	标 准 要 求	检查方法
5	土方水力开挖	水利行业标准《水利水电工程土建施工安全技术规程》(SL 399—2007) **3.2.5** 土方水力开挖作业应遵守下列规定: 1 开挖前,应对水枪操作人员、高压水泵运行人员,进行冲、采作业安全教育,并对全体作业人员进行安全技术交底。 3 水枪布置的安全距离(指水枪喷嘴到开始冲采点的距离)一般不小于 3m,同层之间距离保持 20m~30m,上、下层之间枪距保持 10m~15m。 4 冲土应充分利用水柱的有效射程(一般不超过 6m)。作业前,应根据地形、地貌,合理布置输泥渠槽、供水设备、人行安全通道等,并确定每台水枪的冲采范围、冲采顺序,并制定相应安全技术措施。 5 冲采过程中,应遵守以下规定: 1)水枪设备定置要平稳牢固,不得倾斜;转动部分应灵活,喷嘴、稳流器不得堵塞。 2)枪体不得靠近输泥槽,分层冲土的多台水枪应上下放在一条线上;与开采面应留有足够的安全距离,防止坍塌。 3)水枪不得在无人操作的情况下启动。 4)水枪射程范围内,不得有人通行、停留或工作。 5)冲采时,水柱不得与各种带电体接触。 6)结冰时,一般应停止冲采施工。 7)每台水枪应由两人轮换操作,其中一人观察土体崩坍、移动等情况,并随时转告上、下、左、右枪手,一人离岗情况下,另一人不得作业。 8)冲采时,应有专职安全人员进行现场监护。 9)停止冲采时,应先停水泵,然后将水枪口向上停置	1. 查阅水枪操作、高压水泵运行人员冲采作业安全教育及交底相关记录。 2. 现场测量水枪喷嘴到冲采点安全距离。 3. 现场查看冲采作业现场布置及安全技术措施。 4. 现场查看冲采过程作业行为是否规范,冲采作业是否有专人现场监护

二、石方明挖作业

石方明挖作业安全检查重点、要求及方法见表 2-9-3。

表 2-9-3　　　　石方明挖作业安全检查重点、要求及方法

序号	检查重点	标 准 要 求	检查方法
1	石方明挖基本要求	电力行业标准《水电水利工程土建施工安全技术规程》(DL/T 5371—2017) **4.4.1** 机械凿岩时,应采用湿式凿岩,或装有捕尘效果能够达到国家工业卫生标准要求的干式捕尘装置。否则不得开钻。 **4.4.2** 开钻前,应检查工作面附近岩石是否稳定、有无瞎炮,发现问题应立即处理,否则不得作业。不得在残眼中继续钻孔。 **4.4.3** 开挖作业开工前应将设计边线外至少 10m 范围内的浮石、杂物清除干净,必要时坡顶设截水沟,并设置安全防护栏。 **4.4.4** 对开挖部位设计开口线以外的坡面、岸坡和坑槽开挖,应进行安全处理后再作业。 **4.4.5** 对开挖深度较大的坡(壁)面,每下降 5m,应进行一次清坡、测量、检查。对断层、裂隙、破碎带等不良地质构造,应按设计要求及时进行加固或防护,避免在形成高边坡后进行处理。 **4.4.6** 进行撬挖作业时,应遵守下列规定:严禁站在石块滑落的方向撬挖或上下层同时撬挖;在撬挖作业的下方严禁通行,并应有专人监护。撬挖人员应保持适当间距。在悬崖、35°以上陡坡上作业,应系好安全绳、佩戴安全带,严禁多人共用一根安全绳。撬挖作业宜白天进行	1. 现场检查凿岩机械。 2. 现场检查坡面浮石、杂物清理、坡面安全处理等凿岩施工作业行为。 3. 现场检查测量开挖深度每下降 5m 进行一次清坡、测量、检查,对不良地质进行加固或防护。 4. 现场检查撬挖作业行为(如:是否站在石块滑落方向撬挖或上层同时撬挖;有无专人监护;悬崖、35°以上陡坡撬挖作业是否系好安全绳、配戴安全带)

续表

序号	检查重点	标 准 要 求	检查方法
2	高边坡石方作业	电力行业标准《水电水利工程土建施工安全技术规程》（DL/T 5371—2017） 4.4.7 高边坡作业时应遵守以下规定： 1 高边坡施工搭设的脚手架、排架平台等应符合设计要求，满足施工载荷，操作平台满铺、牢固，临空边缘应设置挡脚板，并经验收合格后，方可投入使用。 2 上下层垂直交叉作业，中间应设有隔离防护棚，或者将作业时间错开，并有专人监护。 3 高边坡开挖每梯段开挖完成后，应进行一次安全处理。 4 对断层、裂隙、破碎带等不良地质构造的高边坡，应按设计要求及时采取锚喷或加固等支护措施。 5 在高边坡底部、基坑施工作业上方边坡上应设置安全防护设施。 6 高边坡施工时应有专人定期检查，并对边坡稳定进行监测。 7 高边坡开挖应边开挖边支护，确保边坡稳定性和施工安全	1. 查阅高边坡施工脚手架、排架设计方案，并现场检查测量。 2. 现场检查上下层垂直交叉作业；高边坡底部、基坑施工安全防护设施。 3. 现场检查高边坡开挖梯段安全处理及对断层、裂隙、破碎带等不良地质构造的支护措施。 4. 现场检查并测量高边坡施工边坡稳定性，并查阅巡查记录。 5. 查阅高边坡开挖施工方案，现场检查作业情况
3	石方挖运作业	电力行业标准《水电水利工程土建施工安全技术规程》（DL/T 5371—2017） 4.4.8 石方挖运作业时应遵守下列规定： 1 挖装设备的运行回转半径范围以内严禁人员进入。 2 电动挖掘机的电缆应有防护措施，人工移动电缆时，应戴绝缘手套和穿绝缘靴。 3 爆破前，挖掘机应退出危险区避炮，并做好必要的防护。 4 弃渣地点靠边沿处应有挡轮木和明显标志，并设专人指挥	1. 现场检查挖装设备作业行为。 2. 现场检查电缆防护措施及人员防护措施。 3. 现场检查弃渣点临边挡轮木设置及专人指挥
4	石方爆破作业	水利行业标准《水利水电工程土建施工安全技术规程》（SL 399—2007） 3.6.2 露天爆破应遵守下列规定： 1 在爆破危险区内有两个以上的单位（作业组）进行露天爆破作业时，应由有关部门和发包方组织各施工单位成立统一的爆破指挥部，指挥爆破作业。各施工单位应建立起爆掩体，并采用远距离起爆。 2 同一区段的二次爆破，应采用一次点火或远距离起爆。 3 松软岩土或砂床爆破后，应在爆区设置明显标志，并对空穴、陷坑进行安全检查，确认无塌陷危险后，方可恢复作业。 4 露天爆破需设避炮掩体时，掩体应设在冲击波危险范围之外并构筑坚固紧密，位置和方向应能防止飞石和炮烟的危害；通达避炮掩体的道路不应有任何障碍	1. 现场检查爆破危险区内两个以上单位（作业组）进行露天爆破作业时，指挥部设立及爆破掩体设置。 2. 现场检查同一区段的二次爆破起爆作业行为。 3. 现场检查松软岩土或砂床爆破后标志设置；并查阅安全检查记录

第四节 土石方暗挖作业

一、土方暗挖作业

土方暗挖作业安全检查重点、要求及方法见表2-9-4。

表 2-9-4　　　　　　　　土方暗挖作业安全检查重点、要求及方法

序号	检查重点	标　准　要　求	检查方法
1	土方暗挖基本要求	电力行业标准《水电水利工程土建施工安全技术规程》（DL/T 5371—2017） 4.3.1　作业人员到达工作地点时，应首先检查工作面是否处于安全状态，并检查支护是否牢固，如有松动的石、土块或裂缝应先予以清除或支护	现场检查作业面支护及松动的石、土块或裂缝清除和支护
2	土方暗挖洞口施工要求	电力行业标准《水电水利工程土建施工安全技术规程》（DL/T 5371—2017） 4.3.2　土方暗挖的洞口施工应遵守下列规定： 1　有良好的排水措施。 2　应及时清理洞脸，及时锁口。在洞脸边坡外侧应设置挡渣墙或积石槽，或在洞口设置钢或木结构防护棚，其顺洞轴方向伸出洞口外长度不得小于 5m。 3　洞口以上边坡和两侧应采用锚喷支护或混凝土永久支护措施	现场检查洞口、洞脸周边排水、挡渣、锁口、防护棚及支护措施
3	土方暗挖洞内施工要求	电力行业标准《水电水利工程土建施工安全技术规程》（DL/T 5371—2017） 4.3.3　土方暗挖应遵循"管超前、严注浆、短开挖、强支护、快封闭、勤量测、速反馈"的施工原则。 4.3.4　开挖过程中，如出现整体裂缝或滑动迹象时，应立即停止施工，将人员、设备尽快撤离工作面，视开裂或滑动程度采取不同的应急措施。 4.3.5　土方暗挖的循环控制在 0.5m～0.75m 范围内，开挖后及时喷素混凝土加以封闭，尽快形成拱圈，在安全受控的情况下，方可进行下一循环的施工。 4.3.7　土方暗挖作业面应保持地面平整、无积水，洞壁两侧下边缘应设排水沟。 4.3.8　洞内使用内燃机施工设备，应配有，不得使用汽油发动机施工设备。进洞深度大于洞径 5 倍时，应采取机械通风措施，送风能力应满足施工人员正常呼吸需要（每人每分钟 3m^3），并能满足冲淡、排除燃油发动机和爆破烟尘的需要	1.查阅土方暗挖作业专项施工方案。 2.查阅针对开挖过程出现整体裂缝或滑动迹象时应急预案及处置措施。 3.现场检查洞内开挖的循环控制及支护形式、强度等情况 4.现场查看洞内排水沟、机械通风、洞内内燃机施工设备废气净化装置等设置。并使用有毒有害气体监测仪对洞内气体进行监测

二、石方暗挖作业

石方暗挖作业安全检查重点、要求及方法见表 2-9-5。

表 2-9-5　　　　　　　　石方暗挖作业安全检查重点、要求及方法

序号	检查重点	标　准　要　求	检查方法
1	洞室开挖作业要求	电力行业标准《水电水利工程土建施工安全技术规程》（DL/T 5371—2017） 4.5.1　洞室开挖应符合下列规定： 1　洞室开挖的洞口边坡上不应存在浮石、危石及倒悬石。 2　洞口削坡，应按照明挖要求进行。不应上下同时作业，并做好坡面、马道加固及排水。 3　进洞前，应对洞脸岩体进行察看，确认稳定或采取可靠措施后方可开挖洞口。	1.现场检查洞口边坡清理、坡面马道加固及排水、防护棚搭设、洞口支护等措施。 2.查阅相关记录资料，并现场使用有毒有害气体监测仪进行监测。

序号	检查重点	标 准 要 求	检查方法
1	洞室开挖作业要求	4 洞口应设置防护棚。其顺洞轴方向的长度，可依据实际地形、地质和洞型断面选定，一般不宜小于5m。 5 自洞口计起，当洞挖长度为15m～20m时，应依据地质条件、断面尺寸，及时作好洞口永久性或临时性支护，支护长度一般不应小于10m。当地质条件不良，全部洞身应进行支护时，洞口段则应进行永久性支护。 6 存在有毒有害气体的隧洞施工应对有毒有害气体进行监测监控，加强通风管理，严禁浓度超标施工作业。 8 暗挖作业设置的风、水、电等管线路应符合相关安全规定。 9 每次爆破后应立即通风散烟，待洞内空气质量达到作业要求后进行安全检查，清除危石、浮石。洞内进行安全处理时应有专人监护与观察	3. 现场检查暗挖作业的风、水、电等管线路设置。 4. 现场查看，爆后排烟、危石、浮石清除措施
2	斜、竖井开挖作业要求	电力行业标准《水电水利工程土建施工安全技术规程》（DL/T 5371—2017） 4.5.2 斜、竖井开挖应符合下列规定： 1 斜、竖井的井口附近，应在施工前作好修整，四周设置截、排水沟，井口应采用锚喷、衬砌等方式封闭，竖井井口平台应比地面至少高出0.5m。井口设有高度不低于1.2m的防护围栏，距围栏底部0.5m处应全封闭。 2 井口及井底四周应设置醒目的安全标志。 4 井深大于10m时应设置通风排烟设施。 5 斜、竖井采用自上而下全断面开挖方法时，应遵守下列规定： 1）井壁应设置人行爬梯。爬梯应锁固牢固，踏步平齐，设有拱圈和休息平台。井深超过30m时，上下人员宜采用专用提升设施。 2）人员上下采用专用提升设施时，应进行专门的设计，经检验合格后使用，应编制专项安全规程。 3）井口上部有渗水时，应有防水、排水措施。 6 竖井采用自上而下先打导洞再进行扩挖时，应遵守下列规定： 1）爆破后必须认真处理浮石和井壁。 2）钻爆、扒渣等作业人员应系好安全带。 导井被堵塞时，严禁到导井口位置或井内进行处理，以防止石渣坠落砸伤	1. 现场查看斜、竖井口封闭、渗水排水、防护措施及安全标志设置，通风排烟设施设置。 2. 斜、竖井采用自上而下断面开挖时，现场查看井壁人行爬梯或专用提升设施的设置情况，并查阅专用提升设施设计方案及检验合格证明、安全规程等资料。 3. 现场查看竖井采用自上而下先打导洞再扩挖时，爆后井壁浮石处理及作业人员安全防护用品佩戴情况
3	不良地质地段开挖作业要求	电力行业标准《水电水利工程土建施工安全技术规程》（DL/T 5371—2017） 4.5.6 不良地质地段开挖应遵守下列规定： 1 不良地质地段施工应考虑专项施工技术方案不合理，开挖方法选择不当；超前地质预测、预报工作不到位，分析判断不准确；初期支护不及时，支护强度不够；量测数据失真，反馈信息不及时；瓦斯隧洞施工机械设备、检测仪器未按规定配置，通风效果差等危害因素。 2 不良工程地质地段施工应做好超前地质预报，施工按照《水工建筑物地下工程开挖施工技术规范》DL/T 5099的规定执行。 3 不良地质地段的支护要严格按施工方案进行，待支护稳定并验收合格后方可进行下一工序的施工。	1. 检查专项施工方案完整性；并现场检查方案支护措施落实。 2. 查阅相关记录资料，并现场查看超前地质预报。 3. 查阅安全监护人员的检查记录及交接班记录；并现场查看监护情况。 4. 现场检查测量并查阅围岩变形监测数据，

序号	检查重点	标 准 要 求	检查方法
3	不良地质地段开挖作业要求	4 开挖作业现场应设置专职安全监护人员进行全程监护作业。应重点检查工作面围岩裂隙、掉块、掉沙、岩爆声响、渗水流量变化、钢支撑喷护面变形、裂隙、喷混凝土脱落等危险有害现象，安全监护人员应对检查状况进行记录，交接班时应向接班安全监护人员交接安全状况。 5 施工中应定时采集围岩变形监测仪器数据并分析，观察围岩、渗水、钢支撑、喷护面的变化状况，当出现异常情况时，所有作业人员应立即撤至安全地带，并对现场进行封闭，设置安全警示标志。 6 应做好工程地质、地下水类型和涌水量的预报工作，并设置排水沟、积水坑和抽排水设备	相关工程地质、地下水类型和涌水量监测记录资料，现场检查排水沟、积水坑和抽排水设备
4	岩溶地段开挖作业要求	**电力行业标准《水电水利工程土建施工安全技术规程》（DL/T 5371—2017）** **4.5.6** 不良地质地段开挖应遵守下列规定： 9 岩溶地段施工应遵守下列规定： 1）应根据设计图纸采取物探、超前探钻等手段探明溶洞类型、规模、填充物、地下水等情况，编制切合实际的专项安全技术施工措施。 2）溶洞应按照专项措施支护完成后，才可进行开挖作业。 3）钻孔作业前，应超前钻孔探测，进一步探明作业前方地质状况。 4）当发生涌水、涌沙与泥石流时，应按措施做好涌水、涌沙、涌泥的引排，避免发生次生事故	1. 查阅专项施工方案或安全技术措施。 2. 现场检查溶洞支护措施、超前钻孔探测、应急措施的制定及落实
5	岩爆地段开挖作业要求	**电力行业标准《水电水利工程土建施工安全技术规程》（DL/T 5371—2017）** **4.5.6** 不良地质地段开挖应遵守下列规定： 10 岩爆地段施工应遵守下列规定： 1）对可能发生岩爆的地段施工，应对围岩特性、水文地质情况进行预报。 2）中等以上岩爆地段施工，应采用机械作业为主的施工方案，采用凿岩台车钻孔，机械手喷射混凝土。 3）中等岩爆地段，应在隧道开挖断面轮廓线外 10cm～15cm 范围的边墙及拱部，钻设注水孔，并向孔内灌高压水，软化围岩，加快围岩内部的应力释放。 4）强烈岩爆地段，应采用即时受力锚杆，同时挂设钢筋网或柔性防护网；应在开挖工作面上钻应力释放孔或掘进小导洞，使岩层中的高地应力部分释放，再进行隧道的开挖；应采用超前锚杆预支护，锁定开挖面前方的围岩。 5）岩爆地段开挖应采取短进尺，并采用光面爆破或预裂爆破技术。 6）岩爆段隧洞施工在拱部及边墙布置长度为 2m 左右，间距为 0.5m～1.0m 预防岩爆的短锚杆，并采用机械手进行网喷纤维混凝土。 7）发生岩爆时应停机待避，待检查安全后应对岩爆的位置、强度、类型、数量以及山鸣等现象进行记录。	1. 查阅相关岩爆地段围岩特性、水文地质情况预报记录资料。 2. 现场检查中等、中等以上、强烈岩爆地段施工措施。 3. 现场检查测量岩爆地段爆破开挖作业、预防岩爆短锚杆施工、施工机械防护等措施。 4. 查阅岩爆的位置、强度、类型、数量以及山鸣等现象相关记录 5. 现场检查岩爆后的摩擦式锚杆设置

序号	检查重点	标 准 要 求	检查方法
5	岩爆地段开挖作业要求	8）发生岩爆后应增设摩擦式锚杆（不能替代系统锚杆），锚杆应装垫板，及时增喷厚度为 5cm～8cm 的纤维混凝土。 9）施工机械重要部位应加装防护钢板，避免岩爆弹射出的岩块伤及作业人员和砸坏施工设备	
6	瓦斯地段开挖作业要求	**电力行业标准《水电水利工程土建施工安全技术规程》（DL/T 5371—2017）** **4.5.6** 不良地质地段开挖应遵守下列规定： 11 瓦斯地段施工应遵守下列规定： 1）当爆破工作面 20m 以内风流瓦斯浓度达到 1.0%，必须停止作业，撤出工作人员，切断电源，采取措施进行处理。 2）应配备专职瓦斯检测人员，制定瓦检制度，对监测仪器要定时检查率定。 3）瓦斯检查频次应按照：低瓦斯工作区每班 2 次；高瓦斯区域每班 3 次；瓦斯突出较大变化异常的区域应配专人时常检查；长期停工后复工前、隧道塌方后处理前应进行瓦斯检查。 4）开挖面应采用光面爆破技术减少瓦斯聚集，开挖后应及时锚喷支护，封闭岩面，堵塞缝隙防止瓦斯继续逸出。 5）瓦斯隧洞爆破作业应使用煤矿许用炸药和煤矿许用瞬发电雷管或煤矿许用毫秒延期电雷管，不应使用火雷管。 6）瓦斯隧道通风机应有 2 条独立供电线路，装设风电闭锁装置。应使用具有抗静电、阻燃材质的通风管。 7）施工作业应 24h 不间断通风，最小风速不应小于 1.0m/s。临时停工工作面不应停风，长期停工工作面应切断电源，围栏封闭挂设警示标志，复工前应通风降低瓦斯浓度，瓦斯浓度不应大于 1.0%。 8）机电设备、照明灯具、开关、电缆、电动机等，均应采用防爆型式。移动照明应采用矿灯。 9）用电线路不应使用裸线与接触不良的导线。低瓦斯隧道电压不应大于 220V，高瓦斯隧道电压不应大于 110V，接地电阻不应大于 2 欧姆。 10）洞口 20m 范围内不应有火源。洞内不应进行电焊、气焊等产生高温和发生火花作业，确需动火作业需制定安全措施。作业人员不应穿易产生静电的工作服	1. 查阅瓦检制度、监测仪器率定、瓦斯浓度监测记录、人员配置等资料；现场检查测量瓦斯浓度及措施落实。 2. 现场检查爆破作业及爆炸物品使用情况。 3. 现场检查通风、电气设备、用电线路设置。 4. 现场检查洞口周边动火作业情况及作业人员着装
7	石方机械挖运作业要求	**电力行业标准《水电水利工程土建施工安全技术规程》（DL/T 5371—2017）** **4.5.7** 石方机械挖运应遵守下列规定： 1 洞内严禁使用汽油机为动力的石方挖运设备，机械挖运设备应有废气净化措施。 2 挖装设备驾驶室不应搭载非设备操作人员，机械运转中其他人员严禁登车。 3 挖运现场应有足够的照明，灯光不应影响司机操作。 4 出渣地点应有明显标志，并设专人指挥。 5 装载机装车时严禁装偏，卸渣应缓慢，石渣不应超过运输车辆厢板高度。 6 装载机工作地点四周严禁人员停留，装载机后退时应连续鸣号	1. 现场检查洞内石方挖运设备及其相关操作规程执行。 2. 现场检查现场照明设施、安全标志设置

序号	检查重点	标　准　要　求	检查方法
8	通风、除尘以及排水要求	电力行业标准《水电水利工程土建施工安全技术规程》（DL/T 5371—2017） **4.5.10** 通风、除尘以及排水应遵守下列规定： 1 洞内通风与降尘主要考虑以下危险源与危险因素：供风量不足，通风不畅；洞内一氧化碳、二氧化碳、瓦斯等有毒有害气体超标；粉尘超标。 2 进洞深度大于洞径 5 倍时，应采取机械通风，送风能力应满足 $3m^3/$（人·min）的新鲜空气，工作面风速不应小于 0.15m/s，洞井斜井最大风速为 4m/s，运输洞通风处最大风速为 6m/s，升降人员与器材的井筒最大风速为 8m/s。 3 通风采用压风时，风管端头距开挖工作面 10m～15m；若采取吸风时，风管端以 20m 为宜。 4 施工中洞内氧气按体积计算不应小于 20%，粉尘与有毒有害气体含量应遵守《水工建筑物地下工程开挖施工技术规范》DL/T 5099 的相关规定。 5 钻爆作业应采用湿式凿岩。大型洞室台阶开挖采用潜孔钻机时，应装有符合国家工业卫生标准的除尘装置。爆破后可采用喷雾降尘。 6 混凝土支护，应采用湿喷工艺。 7 洞内平均温度不应超过 28℃。 8 洞内噪声不应大于 90dB（A），超过时应采取消声或其他防护措施。 9 通风机与风管安装布置应遵守下列规定： 1）通风机的吸风口高度不应低于 3m，吸风口应设防护网。 2）管路宜靠岩壁吊起，不应阻碍人行车辆通道，架空安装时，支点或吊挂应牢固可靠。 3）通风设备安装点不应阻碍机械设备通行，支架应采用锚杆固定牢固，通风设备与支架固定螺栓应拧紧，应禁止随意攀爬支架，并设置安全警示标志。 4）严禁在通风管上放置或悬挂任何物体。 12 洞内排水系统管路的布置应紧靠洞壁，并采用托架进行架设，不应阻碍行人车辆通道	1. 查阅专项施工方案，现场检查机械通风机及风管的设置情况，并测量送风量。 2. 现场使用有毒有害气体监测仪对洞内氧气含量及有毒有害气体含量进行监测。 3. 现场检查粉尘、温度、噪声等措施落实，并进行现场检测。 4. 现场检查洞内排水管设置
9	施工安全监测要求	电力行业标准《水电水利工程土建施工安全技术规程》（DL/T 5371—2017） **4.5.11** 施工安全监测应遵守下列规定： 1 安全施工监测方案应根据工程地质与水文地质资料、设计文件和工程实际情况确定。 2 施工安全监测布置重点： 1）洞内：Ⅲ～Ⅴ类围岩地段、地下水较丰富地段、断层破碎带、洞口及岔口地段、埋深较浅地段、受邻区开挖影响较大地段及高地应力区段等。 2）洞外：埋深较浅的软岩或软土区段。 3 施工安全监测的主要内容： 1）洞内：围岩收敛位移、围岩应力应变、顶拱下沉、底拱上抬、支护结构受力变形、爆破振动、有害气体和粉尘等。	1. 查阅安全施工监测方案，现场检查方案执行情况。 2. 现场检查重点部位安全监测点设置及相关记录。 3. 现场检查钻孔注浆在爆破作业前的保护措施。 4. 现场检查监测重点部位状态并查阅相关记录。 5. 现场检查安全监测

续表

序号	检查重点	标　准　要　求	检查方法
9	施工安全监测要求	2）洞外：地面沉降、建筑物倾斜及开裂、地下管线破裂受损等。 4　大型洞室安全监测重点： 1）垂直纵轴线的典型洞室断面。 2）贯穿于高边墙的小型隧洞口及其洞口内段。 3）岩壁梁的岩台（尤其下方有小洞室）部分。 4）相邻洞室间的薄体岩壁。 5）不利于地质构造面组合切割的不稳定体。 5　监测仪器钻孔注浆后20h内不允许近区爆破作业，重新爆破前应做好仪器的保护措施。 6　监测重点巡视地点： 1）爆破后隧洞掌子面围岩及前沿支护状态。 2）大小洞室群体的交叉段、洞口段、洞室岩壁及拱座地段。 3）软弱围岩地段及支护结构状态。 4）外洞口边坡与不稳定山体，洞上方地面与受影响建筑物，洞口防汛设施等。 11　施工安全监测作业应遵守以下规定： 1）安全监测人员安全防护用具佩戴正确、齐备。 2）监测作业场所照明应充足，通道畅通、安全。 3）安全监测作业台架、高空升降车、升降梯应牢固，高处作业人员应系安全带。 4）监测作业中发现岩石松软、掉块、水量突然增大等异常情况时应立即撤离	人员行为（是否佩戴安全防护用品、监测场所是否照明满足要求、安全监测设施设备是否牢固）

第五节　施工支护

施工支护安全检查重点、要求及方法见表 2-9-6。

表 2-9-6　　　　　　施工支护安全检查重点、要求及方法

序号	检查重点	标　准　要　求	检查方法
1	施工支护基本要求	**电力行业标准《水电水利工程土建施工安全技术规程》（DL/T 5371—2017）** **4.6.1** 作业前，应认真检查施工区的围岩稳定情况，需要时应进行安全处理。 **4.6.2** 对不良地质地段的临时支护，应结合永久支护进行，即在不拆除或部分拆除临时支护的条件下，进行永久性支护。 **4.6.3** 作业时，从业人员应正确佩戴防尘口罩、防护眼镜、防尘帽、安全帽、雨衣、雨裤、长筒胶靴和乳胶手套等劳保用品。 **4.6.4** 洞室内喷射作业，不应采用干喷法施工，应采取综合防尘措施降低粉尘浓度，采用湿喷混凝土或设置防尘水幕	1. 现场检查施工区围岩稳定情况、不良地质地段支护措施、洞室内喷射作业降尘措施。 2. 现场检查从业人员劳保用品佩戴情况

序号	检查重点	标　准　要　求	检查方法
2	锚喷支护要求	**电力行业标准《水电水利工程土建施工安全技术规程》（DL/T 5371—2017）** **4.6.5** 锚喷支护应遵守下列规定： 1 锚喷作业的机械设备；应布置在围岩稳定或已经支护的安全地段。 2 喷射机、注浆器等设备使用前应进行密封性能、耐压性、牢固性等安全检查。 4 喷射机、注浆器、水箱、油泵等设备应安装压力表和安全阀，使用过程中破损或失灵应立即更换。 5 施工期间应经常检查输料管、出料弯头、注浆管以及各种管路的连接部位，如发现磨薄、击穿或连接不牢等现象，应立即处理。 8 作业区内不应在喷头和注浆管前方站人；喷射作业的堵管处理，应尽量采用敲击法疏通，若采用高压风疏通时，风压不应大于0.4MPa（4kg/cm²），并将输料管放直，握紧喷头，喷头不应正对有人的方向。 9 当喷头（或注浆管）操作手与喷射机（或注浆器）操作人员不能直接联系时，应有可靠的联系手段。 10 预应力锚索和锚杆的张拉设备应安装牢固，操作方法应符合有关规程的规定。正对锚杆或锚索孔的方向不应站人。 12 竖井中的锚喷支护施工应遵守下列规定： 1）采用溜筒运送喷射材料，井口溜筒喇叭口周围应封闭严密。 2）喷射机置于地面时，竖井内输料管路应固定牢固，悬吊应垂直固定。 3）采取措施防止机具、配件和锚杆等物件掉落伤人。 13 喷射机应密封良好，从喷射机排出的废气应进行妥善处理。 14 适当减少锚喷操作人员连续作业时间，定期进行健康体检	1. 现场检查机械设备稳定性、安全性及完好性。 2. 现场检查喷射作业行为，内喷头和注浆管前方有否站人。 3. 现场检查预应力锚索和锚杆张拉设备作业安全措施。 4. 竖井锚喷支护，现场检查溜筒、输料管路固定及密封性，机具、配件和锚杆等物件掉落防护措施。 5. 现场查看喷射机废气处理措施。 6. 现场查看作业人员精神状态并查阅健康体检资料
3	构架支护要求	**电力行业标准《水电水利工程土建施工安全技术规程》（DL/T 5371—2017）** **4.6.6** 构架支护应遵守下列规定： 1 构架支撑包括木支撑、钢支撑、钢筋混凝土支撑及混合支撑，其架设应遵守下列规定： 1）采用木支撑的应严格检查木材质量。 2）支撑立柱应放在平整岩石面上，应挖柱窝。 3）支撑和围岩之间，应用木板、楔块或小型混凝土预制块塞紧。 4）危险地段，支撑应跟进开挖作业面；必要时，可采取超前固结的施工方法。 5）预计难以拆除的支撑应采用钢支撑。 6）支撑拆除时应有可靠的安全措施。 2 支撑应经常检查，发现杆件破裂、倾斜、扭曲、变形及其他异常征兆时应采取措施处理	现场检查构架支撑材料及支撑的安全措施

第十章

地 基 与 基 础 处 理

第一节 **概述**

一、术语或定义

（1）地基与基础：指支撑建筑物的地层和建筑物中间地层相接触的下部结构，前者称地基，后者称基础。由天然底层直接支撑荷载的为天然地基，软弱土层经加固支撑荷载的为人工地基。基础按其本身的变形特性可分为刚性基础和柔性基础，按其埋深可分为浅基础和深基础。浅基础主要有3种类型：独立基础、条形基础和筏板式基础。常用的深基础有墩基和桩基（包括管桩基础）。也有采用地下连续墙作为基础，将荷载传递到下卧地层中。

（2）灌浆：灌浆指将某些固化材料，如水泥、石灰或其他化学材料灌入基础下一定范围内的地基岩土中，以填塞岩土中的裂缝和孔隙，防止地基渗漏，提高岩土整体性、强度和刚度。普通灌浆是将水泥黏土或其他可凝固性浆液，通过钻孔，应用不同灌浆工艺，通过渗透、挤密、劈裂等方式，将软基加固，以提高地层的强度和抗渗性能。高喷灌浆是以高压（20～40MPa）的水或水泥基制浆液射流，以旋转、摆动、或者定向喷射方式搅动地层，使进入地层的水泥基质浆液与被搅动的地层，凝结成连锁柱状或板片状墙体。

（3）桩基础：指通过承台把若干根桩的顶部联结成整体，共同承受动静荷载的一种深基础，可以将建筑物荷载传到深部地基，起增大承载力、减小或调整沉降等作用。桩基础可分为：打入桩。将不同材料制作的桩，采用不同工艺打入、震入、或者压入地基。灌注桩。向使用不同工艺钻出不同形状的钻孔内灌注砂、砾（碎）石或者混凝土，建成砂桩、砾（碎）石桩或者混凝土桩旋喷桩。利用高压喷射流，将地层与水泥基质浆液搅动混合而成的圆断面桩。深层搅拌桩。以机械旋转方法搅动地层，同时注入水泥基质浆液或者喷入水泥干粉，在松散细颗粒地层内形成的桩体。

（4）防渗墙：是一种修建在松散透水层或土石坝（堰）中起防渗作用的连续墙。主要应用于松散地基的防渗，有时也用于承重。板状防渗墙是应用专用桩具直接开挖槽形孔，或将已按一定孔距开挖的圆孔，挖掉圆孔中间的地层而形成的槽形孔。槽形孔施工以膨润土泥浆护壁，槽孔内以直升导管法浇筑混凝土或其他墙体材料，按照不同板墙块顺序施工，将防渗墙体用不同方式联成整体墙面。连锁桩柱防渗墙是将不同工艺简称的单根具有防渗能力的桩柱体，互相切割而形成连续的整体防渗墙面。

二、主要检查要求综述

地基与基础处理工程作业安全检查主要是对进行地基与基础处理工程作业中的人员、施工机具和作业环境进行检查，确认这些要素是否符合相关标准、规程、规范和规定的要求，避免触电、机械伤害、物体打击，灼伤、火灾、高处坠落、其他伤害等事故的发生。

第二节 灌浆、桩基础、防渗墙通用规定

灌浆、桩基础、防渗墙施工通用安全检查重点、要求及方法见表 2-10-1。

表 2-10-1　　灌浆、桩基础、防渗墙施工通用安全检查重点、要求及方法

序号	检查重点	标 准 要 求	检查方法
1	职业健康管理	**1. 国家职业卫生标准《工作场所有害因素职业接触限值 第 2 部分：物理因素》（GBZ 2.2—2007）** **11.2.1** 噪声职业接触限值每周工作 5d，每天工作 8h，稳态噪声限值为 85dB（A），非稳态噪声等效声级的限值为 85dB（A）；每周工作日不是 5d，需计算 40h 等效声级，限值为 85dB（A），见下表： 工作场所噪声职业接触限值 	接触时间	接触限值 [dB（A）]	备 注
---	---	---
5d/w，=8h/d	85	非稳态噪声计算 8h 等效声级
5d/w，≠8h/d	85	计算 8h 等效声级
≠5d/w	85	计算 40h 等效声级 | **2. 电力行业标准《水电水利工程施工通用安全技术规程》（DL/T 5370—2017）** **4.4.2** 生产作业场所常见生产性粉尘、有毒物质在空气中允许浓度及限值应符合下表的规定： 常见生产性粉尘、有毒物质在空气中允许浓度及限值 | 序号	粉尘种类	时间加权平均允许浓度（mg/m^3） 总粉尘	呼吸性粉尘
1	煤尘（游离 SiO_2 含量＜10%）	4.0	2.5
2	水泥粉尘	4.0	1.5
3	矽尘		
3-1	10%≤游离 SiO_2≤50%	1.0	0.7
3-2	50%＜游离 SiO_2≤80%	0.7	0.3
3-3	游离 SiO_2 含量＞80%	0.5	0.2
4	大理石粉尘	8.0	4.0		1. 检查冲击钻工职业病（噪声聋）检查报告。 2. 检查作业场所中的粉尘和噪声浓度

序号	检查重点	标　准　要　求	检查方法

续表

序号	粉尘种类	时间加权平均允许浓度（mg/m³）	
		总粉尘	呼吸性粉尘
5	电焊烟尘	4.0	—
6	石膏粉尘	8.0	4.0
7	白云石粉尘	8.0	4.0
8	玻璃钢粉尘	3.0	—
9	活性炭粉尘	5.0	—
10	凝聚二氧化硅粉尘	1.5	0.5
11	膨润土粉尘	6.0	—
12	玻璃棉粉尘、矿渣棉粉尘、岩棉粉尘	3.0	—
13	砂轮粉尘	8.0	—
14	石灰石粉尘	8.0	—
15	石棉（石棉含量＞10%）	0.8	—
16	石墨粉尘	4.0	2.0
17	炭黑粉尘	4.0	—
18	碳化硅粉尘	8.0	4.0
19	碳纤维粉尘	3.0	—
20	稀土粉尘（游离 SiO_2 含量＜10%）	2.5	—
21	萤石混合性粉尘	1.0	—
22	蛭石粉尘	3.0	—
23	云母粉尘	2.0	1.5
24	珍珠岩粉尘	8.0	4.0
25	重晶石粉尘	5.0	—
26	*其他粉尘	8.0	—

4.4.3 生产车间和作业场所工作地点噪声等效声级卫生限值应符合下表的规定：

生产性噪声等效声级卫生限值

日接触噪声时间（h）	卫生限值［dB（A）］
8.0	85
4.0	88
2.0	91
1.0	94
0.5	97

（序号 1，检查重点：职业健康管理）

序号	检查重点	标 准 要 求	检查方法
2	劳动防护	**1. 电力行业标准《水电水利工程施工通用安全技术规程》（DL/T 5370—2017）** **4.4.6** 常见产生粉尘等危害的作业场所应采取以下相应的措施： 1 钻孔应采取湿式作业或者采取干式捕尘措施，喷射混凝土应采取湿喷工艺。 2 砂石加工系统的破碎、筛分，混凝土生产系统的胶凝材料储存、输送、混凝土拌和等作业应采取隔离、密封机除尘措施。 3 密闭容器、构件及狭窄部位进行电焊作业时应加强通风，并佩戴防护电焊烟尘的防护措施。 4 地下洞室施工应有强制通风设施，确保洞内粉尘、烟尘、废气及时排出。 5 作业人员应佩戴相应的防尘防护用品。 **2. 电力行业标准《水电水利工程施工作业人员安全操作规程》（DL/T 5373—2017）** **3.1.3** 接触职业危害作业人员应接受职业健康检查，作业人员有职业禁忌症的，不得从事其所禁忌的作业。 **3.1.4** 作业前，作业人员应对作业场所的作业环境、安全设施、安全警示标识进行检查，并确认符合规定。 **3.1.6** 作业时，应按规定着装，正确使用劳动防护用品。 **3.1.7** 应遵守劳动纪律，不得违章操作，应拒绝违章指挥，不得擅自变更方案，工艺、工作程序。不得擅自离开工作岗位或将工作转交他人，不得擅自操作他人机械。严禁酒后上岗。 **3.1.8** 严禁使用不符合安全要求的设备和工器具。 **3.1.10** 作业人员应在规定的场所休息，不得倚靠机器的栏杆、防护罩、皮带机等处休息，严禁在坑内、洞口、陡坡下、转弯处等危险部位休息。 **3.1.11** 不得在未采取措施的有毒、有害气体浓度超标场所作业。 **3.1.13** 具有火灾、爆炸危险的场所严禁明火和吸烟	1. 现场检查作业人员劳动防护用品的配备和使用情况。 2. 检查作业场所的工作环境和安全设施、安全警示标志标识情况。 3. 检查作业人员的规范作业情况
3	机械设备	**能源行业标准《电力建设工程施工安全管理导则》（NB/T 10096—2018）** **13.2.1.2** 施工机械设备整机进入施工现场后，投入使用前，施工单位应对整机的安全技术状况进行检查，检查合格后经监理单位复检确认后方可投入使用，特种设备还应经特种设备检验机构检测合格。 **13.2.2.7** 施工机械设备安装、拆除现场危险区域要进行有效隔离，警示标识应清晰可见。 **13.2.3.8** 施工机械设备的防护罩、盖板、梯子护栏等安全防护设施应完备可靠。 **13.3.2.2** 一般施工机械设备的检查由机械设备使用单位的管理部门组织，每月进行一次	1. 现场检查机械设备完整情况。 2. 现场检查机械设备安全防护设施和安全警示标志、标识
4	安全警示标志	**1. 国家标准《安全标志及其使用导则》（GB 2894—2008）** 5 颜色 安全标志所用的颜色应符合 GB 2893—2008 规定的颜色。 6 安全标志牌的要求 6.1 安全标志牌的衬边	现场检查禁止、警告、指令、提示标志和文字辅助标志（安全操作规程等）的使用情况及安全标志的相关要求

序号	检查重点	标　准　要　求	检查方法
4	安全警示标志	安全标志牌要有衬边。除警告标志边框用黄色勾边外，其余全部用白色将边框勾一窄边，即为安全标志的衬边，衬边宽度为标准边长或直径的 0.025 倍。 **6.2　标志牌的材质** 安全标志牌应采用坚固耐用的材料制作，一般不宜使用遇水变形、变质或易燃的材料。有触电危险的作业场所应使用绝缘材料。 **6.3　标志牌的表面质量** 标志牌应图形清楚，无毛刺、孔洞和影响使用的任何瑕疵病。 **8　安全标志牌的设置高度** 标志牌设置的高度，应尽量与人眼的视线高度相一致。悬挂式和柱式的环境信息标志牌的下缘距离地面的高度不宜小于 2m，局部信息标志设置高度应视具体情况确定。 **2. 电力行业标准《水电水利工程施工通用安全技术规程》（DL/T 5370—2017）** **4.1.6**　施工单位应在施工现场的坑、井、沟、陡坡等场所设置盖板、围栏等安全防护设施和警示标志，在设备设施检（维）修、施工、吊装等作业现场设置警戒区域和警示标志。 **4.1.8**　施工现场交通频繁的施工道路、交叉路口应按规定设置警示标志或者信号指示灯；开挖、弃渣场地应设专人指挥。 **4.5.4**　合理布设消防通道和消防警示标志，消防通道应保持畅通，宽度不得小于 4.0m，净空高度不应小于 4.0m	
5	消防设备设施	**1. 电力行业标准《水电水利工程施工通用安全技术规程》（DL/T 5370—2017）** **4.5.2**　消防设备、器材应存放在易于取用的位置，附近不得堆放其他物品。每 $100m^2$ 临时建筑物应至少配备两具灭火级别不低于 3A 的灭火器，重点消防部位应增加灭火器的数量。 **4.5.3**　消防用设备、器材应定期检验，及时更换过期器材，不得挪作他用。 **4.5.4**　合理布设消防通道和消防警示标志，消防通道应保持畅通，宽度不得小于 4.0m，净空高度不应小于 4.0m。 **5.1.12**　用电场所电气灭火应选择适用于电气的灭火器材，不得适用泡沫灭火器。 **2. 电力行业标准《汽车起重机安全操作规程》（DL/T 5250—2010）** **4.1.14**　汽车起重机应按规定配备消防器材，并放置于易摘取的安全部位，操作人员应掌握其使用方法	1. 现场检查大型设备、设施、临时用电、材料堆放等场所消防器材的配备情况。 2. 现场检查消防安全标志的使用情况
6	施工用电	**电力行业标准《水电水利工程施工通用安全技术规程》（DL/T 5370—2017）** **5.1.1**　施工现场临时用电设备在 5 台以上或设备总容量在 50kw 及以上时，应编制临时用电施工组织设计，包括以下内容： 1　设计说明。 2　施工现场用电容量统计。 3　负荷计算。 4　变压器选择。	1. 现场检查临时用电是否采用三级配电、两级保护。 2. 现场检查配电箱、开关箱门是否处于常闭状态，箱内是否放置杂物，箱体是否破损。 3. 现场检查线缆是否磨损，接头处是否裸露

续表

序号	检查重点	标　准　要　求	检查方法
6	施工用电	5　配电线路。 6　配电装置。 7　接地装置及防雷装置。 **5.1.2**　施工现场临时用电应执行《施工现场临时用电安全技术规范》JGJ 46—2005 的规定。 **5.1.3**　电气作业的人员应持证上岗，从事电气安装、维修作业的人员应按规定穿戴和配备相应的劳动防护用品，定期进行体检。 　施工现场的用电设施，除经常性维护外，每年检修不宜少于 2 次，其时间应安排在雨季和冬季到来之前，保证其绝缘电阻等符合要求。 **5.1.12**　用电场所器材灭火应选择适用于电气的灭火器材，不得使用泡沫灭火器。 **5.5.1**　动力配电箱与照明配电箱宜分别设置，如合置在同一配电箱内，动力和照明线路应分别设置，动力末级配电箱与照明末级配电箱应分别设置。 **5.5.2**　配电箱及开关箱安装使用应符合以下要求： 　1　配电箱、开关箱及漏电保护开关的配置应实行"三级配电，两级漏电保护"，配电箱内电气设置应按"一机、一闸、一漏"原则设置。 　2　配电箱与开关箱的距离不得超过 30m；开关箱与其控制的固定式用电设备的水平距离不宜超过 3m。 　4　配电箱、开关箱周围应有足够二人同时工作的空间和通道，不得堆放妨碍操作、维修的物品，不得有灌木和杂草。 　9　配电箱的金属箱体、金属电器安装板以及电器正常不带电金属底座、外壳等应通过保护导体 PE 汇流排可靠接地。 　10　配电箱、开关箱应防雨、防尘和防砸。 　11　配电箱、开关箱应有电压、危险标志	
7	起重设备	**1. 电力行业标准《汽车起重机安全操作规程》（DL/T 5250—2010）** **4.1.6**　汽车起重机操作人员作业时，严禁酒后操作。 **4.1.9**　不得采用自由下降的方式下降吊钩及重物。 **4.1.11**　吊钩应具有防脱钩装置。吊钩的技术要求应符合 GB/T 10051.2—2010 的规定，吊钩使用检查和报废应符合 GB/T 10051.3—2010 的有关规定。 **4.4.10**　起重作业范围内，严禁无关人员停留或通过。作业中起重臂下严禁站人。 **4.4.15**　严禁用起重机吊运人员。吊运易燃、易爆、危险物品和重要物件时，应有专项安全措施。 **4.4.18**　当确需两台或多台起重机起吊同一重物时，应进行论证，并制定专项吊装方案。 **5.0.4**　应定期检查钢丝绳、吊钩、滑轮组的磨损及损伤情况，按相关规定进行维修更换。 **2. 电力行业标准《水电水利工程施工通用安全技术规程》（DL/T 5370—2017）** **8.2.4**　其他类型起重机应符合以下规定：	1. 检查吊钩是否具有防脱钩装置。 　2. 检查作业中起重臂下是否站人，起重作业范围内是否有人员停留。 　3. 检查支腿是否稳固，是否垫方木。 　4. 检查是否存在吊物长时间滞留空中现象。 　5. 检查起重机与周边架空线路的最小距离。 6. 检查起重机驾驶室内消防设施配备

序号	检查重点	标 准 要 求	检查方法
7	起重设备	1 悬臂式起重机应有不同幅度的起重量指示器。 2 电动起重机驾驶室和电气室内应铺橡胶绝缘垫。电动起重机检修时应切断电源，并挂上"禁止合闸"等警示牌。 3 起重臂、钢丝绳、重物等与架空输电线路间允许最小距离应满足下表规定。 **机械最高点与高压线间的最小距离** <table><tr><td>电压（kV）</td><td><1</td><td>10</td><td>35</td><td>110</td><td>220</td><td>330</td><td>500</td></tr><tr><td>沿垂直方向安全距离（m）</td><td>1.5</td><td>3.0</td><td>4.0</td><td>5.0</td><td>6.0</td><td>7.0</td><td>8.5</td></tr><tr><td>沿水平方向安全距离（m）</td><td>1.5</td><td>2.0</td><td>3.5</td><td>4.0</td><td>6.0</td><td>7.0</td><td>8.5</td></tr></table>4 履带式、轮胎式、汽车式起重机在行驶前，应查明行驶路线上的道路、桥梁、涵河的净空和承载能力，保证起重机安全通过。 5 履带式、轮胎式起重机不得在斜坡上吊装或旋转。确需工作时应将斜坡道路垫平。爬坡度一般不大于25°，爬坡时，起重臂不得旋转。 6 履带式、轮胎式、汽车式起重机吊物回转时应低速回转，向上变幅时不得超出安全仰角，向下变幅时的停止动作应平缓，带载变幅时要保持物件与起重臂的安全距离；重物提升和降落速度要均匀，不得忽快忽慢和突然制动，左右回转要平稳，当回转未停稳前不得做反向动作。 7 各式起重机应根据需要安设起升限制器、起重量指示器、夹轨器、联锁开关等安全装置。齿轮、转轴等旋转部位露出时，应加保护装置。 9 移动起重机的驾驶室，均应装有音响或色灯信号装置，以便操作时警告附近人员回避。 10 起重机的电气室内应备有二氧化碳、四氯化碳灭火器，不得使用泡沫灭火器。 **3. 建筑行业标准《建筑机械使用安全技术规程》（JGJ 33—2012）** **4.3.9** 汽车式起重机起吊作业时，汽车驾驶室内不得有人，重物不得超越汽车驾驶室上方，且不得在车的前方起吊	
8	混凝土施工	**电力行业标准《水电水利工程土建施工安全技术规程》（DL/T 5371—2017）** **7.7.1** 水平运输的安全技术要求： 1 汽车运输的安全技术要求。 5）搅拌车装完料后严禁料斗反转，斜坡路面满足不了车辆平衡时，不应卸料。 6）装卸混凝土的地点，应有统一的联系和指挥信号。 7）车辆直接入仓卸料时，卸料点应有挡坎，应有安全距离，应防止在卸料过程中溜车 **7.8.4** 水下混凝土应遵守下列规定： 1 工作平台应牢固、可靠。设计工作平台时，除考虑工作荷重外，还应考虑溜管、管内混凝土以及水流和风压影响的附加荷重。	1. 现场检查混凝土施工机械各部位螺栓、防护罩、液压系统情况。 2. 检查混凝土施工作业人员安全操作情况。 3. 现场检查拌合站楼梯和通道是否规范设置护栏

序号	检查重点	标　准　要　求	检查方法
8	混凝土施工	2　溜管节与节之间，应连接牢固，其顶部漏斗及提升钢丝绳的连接处应用卡子加固。钢丝绳应有足够的安全系数。 　3　上下层同时作业时，层间应设防护挡板或其他隔离设施，以确保下层工作人员的安全。各层的工作平台应设防护栏杆。各层之间的上下交通梯子应搭设牢固，并设有扶手。 　4　混凝土溜管底的活门或铁盘，应防止突然脱落而失控开放	

第三节　灌浆施工

灌浆施工安全检查重点、要求及方法见表2-10-2。

表2-10-2　　　　　　　灌浆施工安全检查重点、要求及方法

序号	检查重点	标　准　要　求	检查方法
1	钻机平台钻架钻具安拆	**电力行业标准《水电水利工程土建施工安全技术规程》（DL/T 5371—2017）** **5.3.1**　钻机平台应平整坚实牢固，满足最大负荷1.3倍～1.5倍的承载安全系数，钻架周边一般应保证有0.5m～1m的安全距离，临空面应设置安全防护栏杆。 **5.3.2**　安装、拆卸钻架，应遵守下列规定： 　1　立、拆钻架工作应在机长或其指定人员统一指挥下进行。 　2　应严格遵守先立钻架后装机、先拆机后拆钻架、立架自下而上、拆架自上而下的原则。 　3　立、放架的准备工作就绪后，指挥人员应确认各部位人员已就位、责任已明确和设施完善牢固，方可发出信号。 **5.3.3**　钻架腿应使用坚固的杉木或相应的钢管制作。在深孔或处理故障时，若负载过大，架腿应安装在地梁上，并用夹板螺栓固定牢靠。 **5.3.4**　钻架正面（钻机正面）两支腿的倾角以60°～65°为宜，两侧斜面应对称。 **5.3.5**　钻架立完毕后，应做好下列加固工作： 　1　腿根应打有牢固的柱窝或其他防滑设施。 　2　至少应有两面支架绑扎加固拉杆。 　3　至少加固对称缆风绳三根，缆绳与水平夹角不宜大于45°；特殊情况下，应采取其他相应加固措施。 **5.3.6**　移动钻架、钻机应有安全措施。若以人力移动，支架腿不应离地面过高，并注意拉绳，抬动时应同时起落，并清除移动范围内的障碍物。 **5.3.7**　机电设备拆装，应遵守下列规定： 　1　机械拆装解体的部件，应用支架稳固垫实，回转机构应卡死。 　2　拆装各部件时，不得用铁锤直接猛力敲击，可用硬木或铜棒承垫。铁锤活动方向不得有人。 　3　用扳手拆装螺栓时，用力应均匀对称，同时应一手用力，一手做好支撑防滑。	1. 现场检查钻机平台的稳固情况。 2. 现场检查钻机、钻架的安装和架设情况。 3. 现场检查地质钻机传动安全防护设施安装情况。 4. 现场检查钻机作业的灌浆规范操作情况。 5. 项目部检查施工机械设备工作性能月度安全检查情况

序号	检查重点	标 准 要 求	检查方法
1	钻机平台钻架钻具安拆	4 应使用定位销等专用工具找正孔位，不得用手伸入孔内试探；拆装传动皮带时，不得将手指伸进皮带里面。 5 电动机及启动、调整装置的外壳应有良好的保护接地装置；有危险的传动部位应装设安全防护罩。 5.3.9 升降钻具过程中，应遵守下列规定： 1 严格执行岗位分工，各负其责，动作一致，紧密配合。 2 认真检查塔架支腿、回转、给进机构是否安全稳固。确认卷扬提引系统符合起重要求。 3 提升的最大高度，以提引器距天车不得小于1m为宜；遇特殊情况时，应采取可靠安全措施。 4 操作卷扬，不得猛刹猛放；任何情况下都不得用手或脚直接触动钢丝绳，如缠绕不规则时，可用木棒拨动。 5 使用普通提引器倒放或拉起钻具时，开口应朝下，钻具下面不得站人。 6 起放粗径钻具，手指不得伸入下管口提拉，亦不得用手去试探岩心，应用一根有足够拉力的麻绳将钻具拉开。 7 跑钻时，严禁抢插垫叉，抽插垫叉应提持手把，不得使用无手把垫叉。 8 升降钻具时，若中途发生钻具脱落，不得用手去抓	
2	水泥灌浆作业	**电力行业标准《水电水利工程土建施工安全技术规程》（DL/T 5371—2017）** 5.3.10 水泥灌浆，应遵守下列规定： 1 灌浆前，应对机械、管路系统进行认真检查，并进行10min～20min该灌注段最大灌浆压力的耐压试验。高压调节阀应设置防护设施。 2 搅浆人员应正确穿戴防尘保护用品。 3 压力表应经常校对，超出误差允许范围不得使用。 4 处理搅浆机故障时，传动皮带应卸下。 5 灌浆中应有专人控制高压阀门并监视压力指针摆动，避免压力突升或突降。 6 灌浆栓塞下孔途中遇有阻滞时，应起出后扫孔处理，不得强下。 7 在运转中，安全阀应确保在规定压力时动作；经校正后不得随意调节。 8 对曲轴箱和缸体进行检修时，不得一手伸进试探、另一手同时转动工作轴，更不得两人同时进行此动作。 9 灌浆过程中处理堵管事故时，眼、脸部应带好防护面具，并对堵管处采取防喷、防打击等安全措施后方可进行处理	1. 现场检查灌浆作业人员劳动防护用品穿戴情况。 2. 现场检查作业人员设备操作是否规范
3	化学灌浆作业	**电力行业标准《水电水利工程土建施工安全技术规程》（DL/T 5371—2017）** 5.4.1 施工准备应遵守下列规定： 3 施工前应对所有施工人员进行针对性的安全生产教育培训，使有关人员对所使用的化灌材料的性能、防火防毒措施及安全技术要求等有足够的认识，并能在发生意外事故时，采取应急措施予以处置。	1. 现场检查作业场所的消防设施情况。 2. 现场检查作业人员劳动防护用品穿戴情况

序号	检查重点	标 准 要 求	检查方法
3	化学灌浆作业	4 化学灌浆材料应按相关规定进行运输，运输和押运人员应掌握所运输化学材料的危害特性和发生意外的应急措施。 **5.4.3** 施工现场应遵守下列规定： 1 易燃药品不允许接触火源、热源和靠近电气启动设备，若需加温可用水浴等方法间接加热。 2 不应在现场大量存放易燃品，施工现场严禁吸烟和使用明火，严禁非工作人员进入现场。 3 加强灌浆材料的保管，按灌浆材料的性质不同，采取不同的存储方法，防暴晒、防潮、防泄漏。 4 按环境保护的有关规定进行施工，防止化灌材料对环境造成污染，尤其应注意施工对地下水的污染。 5 施工中的废浆、废料及清洗设备、管路的废液应集中妥善处理，不得随意排放。 **5.4.5** 劳动保护和职业健康应遵守下列规定： 1 化学灌浆施工人员应穿防护工作服，根据浆材的不同，选用、佩戴有效的橡胶手套、防毒眼镜、防护口罩等劳动防护用品。 2 根据施工地点和所用化灌材料的影响，安装适宜的通风设施，尤其是在大坝廊道、隧洞及井下作业时，应确保将有毒气体排出现场或使其浓度降到允许值内。 3 当化学药品溅到皮肤上时，应用肥皂水或酒精擦洗干净，不应使用丙酮等渗透性较强的溶剂洗涤，以防有毒物质渗入皮肤，饮食餐具及衣物。 4 当浆液溅到眼睛里时，应立即用大量清水或生理盐水彻底清洗，冲洗干净后迅速到医院检查治疗。 5 严禁在施工现场进食，以防有毒物质通过食道进入人体。 6 对参加化灌工作的人员，应根据国家相关法规，定期进行职业健康检查。 7 用人单位应当建立职业卫生档案和劳动者健康监护档案	
4	高喷灌浆作业	**电力行业标准《水电水利工程土建施工安全技术规程》（DL/T 5371—2017）** **5.7.5** 高喷台车桅杆升降作业应遵守下列规定： 1 底盘为轮胎式平台的高喷台车，在桅杆升降前，将轮胎前后固定以防止其移动或用方木、千斤顶将台车顶起固定。 2 检查液压阀操作手柄或离合器与闸带是否灵活可靠。 3 检查卷筒、钢丝绳、涡轮、销轴是否完好。 4 除操作人员外，其他人员均应离开台车及前方，严禁有人在桅杆下面停留和走动。 5 在桅杆升起或落放的同时，应用基本等同的人数拉住桅杆两侧的两根斜拉杆，以保证桅杆顺利到达或者尽快偏离竖直状态，立好桅杆后，应立即用销轴将斜拉杆下端固定在台车上的固定销孔内。 **5.7.6** 开钻、开喷前的准备请遵守下列规定： 1 在砂卵石、砂砾石地层中以及当孔较深时，开始前应采取必要的措施以稳固、找平钻机或高喷台车。可采用的措施有增加配重、镶铸地锚、建造稳固的钻机平台等。对于有液压支腿的钻机，将平台支平后，宜再用方木垫平，垫稳支腿。	1. 现场检查高喷设备性能完好情况。 2. 现场检查高喷作业配套设备工作性能情况

续表

序号	检查重点	标　准　要　求	检查方法
4	高喷灌浆作业	2　检查并调试各操作手把、离合器、卷扬、安全阀，确保灵活可靠。 　3　皮带轮和皮带上的安全防护装置、高处作业用安全带、漏电保护装置、避雷装置等，应齐备，适用可靠。 **5.7.7　喷射灌浆应遵守下列规定：** 　1　喷射灌浆前应对高压泵、空气压缩机、高喷台车等机械和供水、供风、供浆管路系统进行检查。下设喷管前，宜进行试喷和3min～5min管路耐压试验。对高压控制阀门宜安设防护罩。 　4　喷射灌浆过程中应有专人负责监测高压压力表，防止压力突升或突降。高压水管周围5m范围内严禁站人。 　6　高压泵、空气压缩机气罐上的安全阀应确保在额定压力下立即动作，应定期校验安全阀，校验后不能随意调整。 　7　单孔高喷灌浆结束后，应尽快用水泥浆液回灌孔口部位，防止地下空洞给人身安全和交通安全造成威胁	

第四节　桩基础施工

桩基础施工安全检查重点、要求及方法见表2-10-3。

表2-10-3　　　　　　桩基础施工安全检查重点、要求及方法

序号	检查重点	标　准　要　求	检查方法
1	钻机吊装固定操作	**1. 电力行业标准《水电水利工程土建施工安全技术规程》（DL/T 5371—2017）** **5.5.1　吊装钻机应遵守下列规定：** 　1　吊装钻机的起重机，应选用大于钻机自重1.5倍以上的型号，严禁超负荷吊装。 　2　起重用的钢丝绳应满足起重要求的直径。 　3　吊装时先进行试吊，高度一般10cm～20cm，检查确定牢固平稳后方可正式吊装。 **5.5.2　开钻前的准备工作应遵守下列规定：** 　1　塔架式钻机，各部位的连接要牢固、可靠。 　2　有液压支腿的钻机，其支腿应用方木垫平、垫稳。 　3　钻机上的安全防护装置应齐全、适用、可靠。 **2. 电力行业标准《水电水利工程施工作业人员安全操作规程》（DL/T 5373—2017）** **7.2.3　升降钻具、灌浆机具过程中，应遵守下列规定：** 　1　钻具升降过程中，应注意天车、卷扬和孔口部位，应随时检查升降机的制动装置、离合器装置、提引器、拧卸工具等，并确认安全完好。 　2　提升的最大高度，提引器距天车不宜小于1m。 　3　操作卷扬机时，不得急刹急放，不得用手或者用交直接触动钢丝绳。 　4　孔口操作人员应站在钻具起落范围以外，摘挂提引器时应防止回绳碰打。	1. 现场检查钻机的安装及架设情况。 2. 现场检查机械设备安全防护设施安装情况。 3. 项目部检查机械设备安装专项施工方案编制及安全技术交底情况

序号	检查重点	标　准　要　求	检查方法
1	钻机吊装固定操作	5　起放钻具，手指不得伸入下管口提拉，不得用手去试探岩芯，宜用一根有足够拉力的绳索将钻具拉开。 6　孔口人员抽插垫叉时，不得手扶垫叉底面，跑钻时严禁抢插垫叉	
2	钻孔作业	**1. 电力行业标准《水电水利工程土建施工安全技术规程》（DL/T 5371—2017）** **5.5.4**　钻机钻进操作时应遵守下列规定： 　1　钻孔过程中，非司钻人员不应在钻机影响范围内停留，以防机械伤人。 　2　对于有离合器的钻机，开机前拉开所有离合器，不应带负荷启动。 　3　钻进过程中，如遇机架摇晃、移动，偏斜或钻头内发出异常响声，应立即停钻，查明原因并处理后，方可继续施钻。 　4　在正常钻进过程中，应使钻机不产生跳动，振动过大时应控制钻进速度。 　5　工人起下钻时，应先用吊环吊稳钻杆，垫好垫叉后，方可拆卸钻杆。 　6　孔内发生卡钻、掉钻、埋钻等事故时，应分析原因，采取有效措施后，才能进行处理，不可随意行事。 　7　突然停电或其他原因停机，且短时间内不能送电时，应采取有效措施将钻具提离孔底5m以上。 　8　停钻期间或成孔后等待下道工序前，孔口应加盖板，以防人员掉入孔内。 **2. 电力行业标准《水电水利工程施工作业人员安全操作规程》（DL/T 5373—2017）** **7.6.2**　钻机行驶时，应将上车转台和底盘车架的销住，履带式钻机还应锁定履带伸缩油缸的保护装置。 **7.6.3**　作业时，应遵守下列规定： 　1　作业地面应坚实，工作坡度不得大于2°。 　2　钻孔前，应确认固定上车转台和底盘车架的销轴已拔出。履带式钻机应将履带的轨距伸到最大。 　3　开始钻孔时，钻杆应保持垂直，位置应正确，并慢速钻进，在钻头进入土层后，再加快钻进。当钻头穿过软硬土层交界时，应放慢进尺。提钻时，钻头不得转动。 　4　卷扬机提升钻杆、钻头和其他钻具时，应将重物置于桅杆正前方。 　5　操作人员应掌握指挥手势，并听从专人指挥。 　6　施工时，钻机宜沿纵坡方向方向作业。 　7　遇浮机现象时，应立即停止作业查明原因。 　8　进出驾驶室时，应利用阶梯和扶手上下。 **7.6.4**　作业结束后，应遵守下列规定： 　1　在钻机转移工作点时，装卸钻具，钻杆、收臂放塔和检修调试应有专人指挥。 　2　移动钻机时，严禁同时升降桅杆。 　3　钻机短时停机，动力头及钻具应至接近地面处。 　4　长时间停机，钻机桅杆应按要求放置。将液压启动操作杆置于锁定位置。钻机宜放在水平地面上，停在坡地上时，应沿纵坡方向停放，并设置防止溜车的楔块	1. 现场检查钻机作业人员规范操作的情况。 2. 现场检查钻机维护保养和安全运行记录情况。 3. 现场检查钻机停放位置情况

续表

序号	检查重点	标 准 要 求	检查方法
3	钢筋笼搬运和下设	**1. 电力行业标准《水电水利工程土建施工安全技术规程》（DL/T 5371—2017）** 5.5.6 钢筋笼搬运和下设应遵守下列规定： 1 搬运和吊装钢筋笼前应采取措施防止其发生变形，吊装作业前应有专人检查吊点，吊钩、索具等，验收合格后方可开始作业。 3 下设钢筋笼时，严禁在其下方或倾倒范围内停留或通过，吊装过程中必须有专人指挥。钢筋笼安放就位后，应用钢筋固定于孔口的牢固处。 4 钢筋笼安放就位后，应用钢筋固定于孔口的牢固处。 5.5.8 钢筋笼加工、焊接参照焊接中有关规定执行。钢筋笼首节吊点强度应满足全部钢筋笼重量的吊装要求。 **2. 电力行业标准《水电水利工程施工通用安全技术规程》（DL/T 5370—2017）** 8.1.21 两台起重机抬一台重物时，应遵守下列规定： 1 根据起重机的额定荷载，确定每台起重机的吊点位置，宜采用平衡梁起吊。 2 每台起重机所分配的荷载不得超过其额定荷载的80%。 3 应有专人统一指挥，指挥者应站在两台起重机司机都可以看得见的位置。 4 重物应保持水平，钢丝绳应保持铅直受力均衡。 5 按制订的安全技术措施作业	1. 现场检查起重机的吊点，吊钩、索具等情况。 2. 现场检查钢筋笼的焊点情况。 3. 现场核验钢筋笼的吨位和起重机的额定荷载
4	混凝土生产、运输及浇筑	**1. 电力行业标准《水电水利工程土建施工安全技术规程》（DL/T 5371—2017）** 7.6.6 混凝土拌合楼（站）的安全技术要求： 1 混凝土拌合楼（站）机械转动部位的防护设施，应在每班前进行检查。 4 楼梯和挑出的平台，应设置安全护栏；冬季施工期间，应设置防滑措施以防止结冰溜滑。 5 消防器材应齐全、良好，楼内不应存放易燃易爆物品，不应明火取暖。 6 楼内各层照明设备应充足，各层之间的操作联系信号应准确、可靠。 7 粉尘浓度和噪声不应超过国家规定的标准。 7.7.1 水平运输的安全技术要求： 1 汽车运输的安全技术要求。 5）搅拌车装料完毕后严禁料斗反转，斜坡路面满足不了车辆平衡时，不应卸料。 6）装卸混凝土的地点，应有统一的联系和指挥信号。 7）车辆直接入仓卸料时，卸料点应有挡坎，应有安全距离，应防止在卸料过程中溜车。 **2. 电力行业标准《水电水利工程施工通用安全技术规程》（DL/T 5370—2017）** 7.4.1 制冷设备安装运行，应遵守下列规定： 1 压力容器须经国家专业部门检验合格。 2 设备、管道、阀门、容器密封良好，无"滴、冒、跑、漏"现象。 3 安全阀定期校验。 4 机电设备的传动、转动等裸露部位，设带有网孔的钢防护罩，孔径不大于5mm。 5 电气绝缘可靠，接地电阻不大于4Ω。	1. 现场检查现场浇筑作业时，是否有专人指挥和规范操作。 2. 现场检查混凝土拌合楼机械设备运转与维护记录。 3. 现场检查拌合站楼梯和通道是否规范设置护栏。 4. 浇筑现场检查马道是否设置挡车装置

序号	检查重点	标 准 要 求	检查方法
4	混凝土生产、运输及浇筑	6 装有性能良好、可靠的紧急降压、泄氨装置。 7 加装或卸除制冷剂时，应由专业人员按照操作规程进行。 **7.4.2** 拌和站（楼）的布设，应遵守下列规定： 1 场地平整，基础满足设计承载力要求，有可靠的地表排水。 2 设有人行通道和车辆装、停、倒车场地。 3 各层之间设有钢扶梯或通道。 4 各平台的边缘应设有钢防护栏杆或墙体。 5 机电设备周围应设有宽度不小于0.8m的巡视检查通道。 6 机电设备的传动、转动部位应设有网孔尺寸不大于10mm×10mm的钢防护罩。 7 应设有合格的避雷装置和系统消防设施或足够的消防器材并保持良好有效，楼内不得存放易燃易爆物品。 8 电力线路绝缘良好，不得使用裸线；电气接地、接零良好，接地电阻不大于4Ω，拌和楼接地网与计算机系统接地网应分别独立。 **7.4.3** 拌和站（楼）安装运行，应遵守下列规定： 1 压力容器，安全阀、压力表等应经国家专业部门检验合格并定期进行校验，不得有漏风、漏气现象。 2 各操作岗位之间应设有准确的音响、灯光等操作联系和指示信号。 3 混凝土生产系统启动前，应对离合器、制动器、倾倒机构进行检查，发现问题及时处理。 4 拌和机的加料斗升起时，任何人不得在料斗下通过或停留，工作完毕后应将料斗锁好。 5 拌和机运转时不得将工具伸入搅拌筒内；不得向旋转部位加油；不得进行清扫、检修等工作。 6 检修时，应切断相应的电源和气、油路，并悬挂"有人工作，严禁合闸"的标示牌。进入搅拌筒内工作时，应将其固定，同时外面应有专人监护。 7 拌和系统临时停电或停工时，应拉闸、上锁，并安排专人值守。 8 机械、机电设备不得故障运行和超负荷运行。 9 在料仓或外部高处检修时，应遵守高处作业安全操作规程的有关规定。 **7.4.4** 拌和站（楼）防尘、除尘、降噪装置，应遵守下列规定： 1 设有独立的隔音、防尘操作（控制）室，运行时操作室内的粉尘平均浓度不得大于2mg/m³，噪声值不得大于85dB（A），符合相应规范要求。 2 水泥、粉煤灰的输送进料、配料装置应密封良好，无泄漏。 3 进料层、配料层、拌和层等除尘装置应齐全有效，作业粉尘浓度符合4.4.2的规定。 4 操作人员配有防尘、防噪等劳动用品。 **7.4.5** 水泥和粉煤灰库、罐储存运行，应遵守下列规定： 1 水泥、粉煤灰罐体、管道、阀门严密，不泄漏。 2 水泥、粉煤灰罐顶部应设置不小于1/2顶部面积的平台，平台周围设置高度不低于1.2m的栏杆，顶部平台至地面建筑物、道路设施之间应设置栈桥、扶梯和钢防护栏杆，栈桥应进行专门设计。 3 水泥、粉煤灰罐内设有破拱装置和爬梯。 4 水泥库的袋装水泥拆包时，应设置除尘装置。 5 配有供作业人员使用的防尘口罩等防护用品	

第五节 防渗墙施工

防渗墙施工安全检查重点、要求及方法见表2-10-4。

表2-10-4 防渗墙施工安全检查重点、要求及方法

序号	检查重点	标 准 要 求	检查方法
1	防渗墙施工平台及墙体安全与防护	**1. 电力行业标准《水电水利工程混凝土防渗墙施工规范》（DL/T 5199—2019）** 4.0.2 防渗墙施工平台应坚固、平整，满足施工设备作业要求，且应高于施工期最高地下水位2.0m以上。当不能满足要求时，应进行专题论证。 **2. 电力行业标准《水电水利工程土建施工安全技术规程》（DL/T 5371—2017）** 5.2.12 墙体安全及防护应遵守下列规定： 4 槽孔在成槽后浇筑前，孔口应加装盖板等防护措施，避免人、畜跌落。对于已浇筑槽段应作出明显标识，以防被机械误损	1. 现场检查槽口是否覆盖轻质结实的盖板，方便通行和安全防护。 2. 现场检查导墙的沉降、位移等变形情况
2	施工机械设备固定、安装、防护等要求	**电力行业标准《水电水利工程土建施工安全技术规程》（DL/T 5371—2017）** 5.2.1 施工前应做好下列安全准备工作： 1 施工范围内地上、地下管线和障碍物等已查清并得到妥善处置。 3 设备施工平台应平整，坚实。枕木放在坚实的地基上。道轨间距应与平台车轮距相符。 5.2.2 吊装钻机应遵守下列规定： 1 吊装钻机的起重机，宜选用起吊能力16t以上的起重机，严禁超负荷吊装。 2 吊装用的钢丝绳应完好，直径不小于16mm。 3 套挂应稳固，并经检查可靠后方能试吊。 4 吊装钻机应先行试吊，试吊高度为离地20cm，同时检查钻机套挂是否平稳，起重机的制动装置以及套挂的钢丝绳是否可靠，只有在确认无误的情况下方可正式起吊，下降应缓慢，装入平台车应轻放就位。 5.2.3 钻机就位后，应用水平尺找平后才能安装。 5.2.4 钻机桅杆升降应注意的事项： 1 检查离合器、闸带是否灵活可靠。 2 检查钢丝绳、蜗轮、销轴是否完好。 3 警告钻机周围人员散开，严禁有人在桅杆下面停留、走动。 4 随着桅杆的升起或落放，应用桅杆两边的绷绳，或在桅杆中点绑一保险绳，两边配以同等人力拉住，以防倾倒。立好桅杆后，应及时挂好绷绳	1. 现场检查冲击钻机传动链条防护罩设置情况。 2. 现场检查桅杆绷绳、地锚设置情况。 3. 现场检查机械设备安全防护设施安装情况。 4. 现场检查设备运转与维护记录。 5. 项目部检查机械设备安装专项施工方案编制及安全技术交底情况
3	成槽施工	**电力行业标准《水电水利工程土建施工安全技术规程》（DL/T 5371—2017）** 5.2.6 成槽施工应遵守以下规定： 1 开机前应拉开所有离合器，严禁带负荷启动。	1. 现场检查钻机的规范操作情况。 2. 现场检查钻机的运行、维护、保养记录。

序号	检查重点	标 准 要 求	检查方法
3	成槽施工	2 开孔应采用间断冲击，直至钻具全部进入孔内且冲击平稳后，方可连续冲击。 3 钻进中应经常注意和检查机器运行情况，如发现轴瓦、钢丝绳、皮带等有损坏或机件操作不灵等情况，应及时停机检查修理。 4 钻头距离钻机中心线2m以上时，钻头埋紧在相邻的槽孔内或深孔内提起有障碍、钻机未挂好、收紧绑绳、孔口有塌陷痕迹时，严禁开车。 5 遇到暴风、暴雨、雷电时，严禁开车，并应切断电源。 6 钻机移动前，应将车架轮的三角木取掉，松开绷绳，摘掉挂钩，钻头、抽筒应提出孔口，经检查确认无误后，方可移车。 7 电动机运转时，不应加注黄油，严禁在桅杆上工作。 8 除钻头部位槽板盖应工作打开外，其余槽板盖不应敞开，以防止人或物件掉入槽内。 9 钻机后面的电线宜架空，以免妨碍工作及造成触电事故。 10 钻机桅杆宜设置避雷针。 11 孔内发生卡钻、掉钻、埋钻等事故，应摸清情况，分析原因，然后采取有效措施进行处理。不应盲目行事。 12 液压抓斗或铣槽机工作时，必须有专人指挥，严禁在其旋转范围内停留。 13 液压抓斗或铣槽机在成槽过程中，如遇大量漏浆时，应立即停止施工并将主机撤离槽孔，待漏浆处理好后方可恢复施工	3. 液压抓斗或铣槽机作业时，现场查看是否有专人指挥
4	制浆及输送	**电力行业标准《水电水利工程土建施工安全技术规程》（DL/T 5371—2017）** **5.2.7** 制浆及输送应遵守下列规定： 1 搅拌机进料口及皮带、暴露的齿轮、传动部位应设有安全防护装置。否则，不应开机运行。 2 进入搅拌机槽进行检修前，应切断电源，开关箱应加锁，并挂上"有人操作，严禁合闸"的警示标志	1. 现场检查制浆设备的安全防护装置情况 2. 现场检查制浆作业人员规范操作情况
5	接头管下设	**电力行业标准《水电水利工程土建施工安全技术规程》（DL/T 5371—2017）** **5.2.8** 接头管下设和起拔应遵守下列规定： 1 接头管下设和起拔过程中应有专人指挥，非工作人员应退出起重机工作范围；接头管与导管下设不应同时进行。 2 接头管下设和起拔过程中，操作人员的手不应放在上下管节之间，脚不应伸进拔管架上下活动的范围内	现场检查接头管作业操作是否规范；接头管起拔和下设过程是否有专人指挥
6	钢筋笼下设	**电力行业标准《水电水利工程土建施工安全技术规程》（DL/T 5371—2017）** **5.2.9** 下设钢筋笼应遵守下列规定： 1 吊装前应编制吊装方案，并对人员、设备、安全措施进行报验，经批准后方可实施。 2 吊装前必须设置警戒线，现场应有专人指挥，进行试吊，成功后方可正式进行吊装作业。 3 笼体搬运过程中，设备走行应平稳，笼体两侧应用牵引绳进行牵拉保持平稳，严禁手扶。	1. 现场检查吊点、吊钩、索具的磨损情况。 2. 现场检查钢筋笼起吊过程中规范作业情况。 3. 现场检查钢筋笼内是否有钢筋头等杂物

序号	检查重点	标 准 要 求	检查方法
6	钢筋笼下设	4 钢筋笼对接时，操作人员应站在孔口专用盖板上或者安全范围内，严禁站在笼体或与之相连的设施上进行操作。 5 下设过程中或遇到困难时，严禁用快钩进行自由落体式冲击下设。 **5.5.6** 钢筋笼搬运和下设应遵守下列规定： 1 搬运和吊装钢筋笼前应采取措施防止其发生变形，吊装作业前应有专人检查吊点、吊钩、索具等，验收合格后方可开始作业。 2 吊装钢筋笼的机械应满足起吊的高度和重量要求，两台起重机一起配合搬运和吊装时应遵守《水电水利工程施工通用安全技术规程》DL/T 5370—2017 中起重于运输中的相关规定。 3 下设钢筋笼时，严禁在其下方或倾倒范围内停留或通过，吊装过程中现场必须有专人指挥	
7	混凝土浇筑	**电力行业标准《水电水利工程土建施工安全技术规程》（DL/T 5371—2017）** **5.2.10** 导管安装及拆卸应遵守下列规定： 1 安装前认真检查导管是否完好、牢固。吊装的绳索挂钩应牢固、可靠。 2 导管安装应垂直于槽孔中心上，不应与槽壁相接触。 3 起吊导管时，应注意天轮不能出槽，由专人拉绳；人的身体不能与导管靠得太近。 **5.2.11** 混凝土浇筑应遵守下列规定： 1 在作业前，应检查混凝土输送泵各部位螺栓紧固、防护罩齐全，液压系统正常无泄漏，开泵前，无关人员应离开管道周围。 2 混凝土输送泵运转时，不得将手或者铁锹伸入料斗或用手抓握分配阀。当需在分配阀上作业时，应先关闭电动机并消除蓄能器压力。 3 当用压缩空气清洗管道时，管道出口 10m 内严禁站人。 4 当采用混凝土罐车向料斗倒料时，应有专人指挥，并配有挡车装置。 5 用钻机起吊导管时，天轮不得出槽，卷扬操作应慢、稳；下放导管时，人的身体不能与导管靠得太近。 6 用起重机配合吊斗浇筑时，起吊作业应有专人指挥，起重机作业半径内严禁站人	1. 检查混凝土浇筑导管的安装情况。 2. 现场检查混凝土输送泵各部位螺栓、防护罩、液压系统情况。 3. 检查混凝土施工作业人员安全操作情况

第十一章

砂 石 料 生 产

第一节 概述

一、术语或定义

（1）砂石料：砂石料是砂、卵（砾）石、碎石、块石、料石等材料的统称，在混凝土及砂浆中起骨架和填充作用的粒状材料，是混凝土和堆砌石等构筑物的主要建筑材料。

（2）天然砂石料：天然砂石料是由于河床或河道漫滩自然形成的一种砂卵石料，不需要进行钻爆，可以直接挖掘。按生产场地位置的相对高低，可分为陆上料、河滩料和水下料三类。

（3）人工砂石料：人工砂石料一般与露天矿山类似，属于浅层埋藏，需要进行爆破开挖，是通过山场剥离、开采、机械加工的一种砂石料。

二、主要检查要求综述

砂石料生产过程主要由机械设备完成，可能造成机械伤害、车辆伤害、物体打击、起重伤害、高处坠落、坍塌、触电、灼烫、火灾等事故，因此砂石料生产安全作为电力建设工程施工安全检查的重点，主要从天然砂石料开采、人工砂石料开采、砂石料加工系统三个方面开展安全检查。

第二节 天然砂石料开采

一、陆上开采

陆上开采作业一般使用钻机、挖掘机、装载机等机械直接进行开挖作业。

二、河滩开采

对于以陆地为依托的陆基河滩料开采，常用的设备有反铲、大型索铲、链斗式挖掘机、索扒和索道式扒运机等。对于修筑围堰排干基坑进行开采的河滩料，安全检查主要内容除了反铲、挖掘机、运输车等机械检查外，还应对围堰情况、防汛情况等进行检查，具体见表2-11-1。

表 2－11－1 河滩开采安全检查重点、要求及方法

序号	检查重点	标 准 要 求	检查方法
1	围堰、防汛等要求	水利行业标准《水利水电工程土建施工安全技术规程》(SL 399—2007) 5.2.2 陆上（河滩）或水下开采，应做好水情预报工作，作业区的布置应考虑洪水影响。道路布置及标准，应符合相关规定并满足设备安全转移要求。 5.2.3 陆上砂石料开采应遵守下列规定： 1）应按照批准的范围、期限、限量及技术规范和环保要求组织开采。 2）不应影响通航和航道建设。 3）不应向河道内倾倒或弃置垃圾、废料、污水和其他废弃物。 4）不应破坏防洪堤等设施。 5）不应占用河道作加工、堆料场地。 6）开采废料应及时运往指定地点，不应占用河道堆放。 7）危险地段、区域应设安全警示标志和防护措施	现场查看
2	应急物资等要求	水利行业标准《水利水电工程土建施工安全技术规程》(SL 399—2007) 5.2.4 从事水下开采及水上运输作业，应按照作业人员数配备相应的防护、救生设备	现场查看

三、水下开采

水下开采通常采用"采砂船、自卸式驳船、拖轮"组成作业船队进行开采运输，由测量放样设标、采砂船定位、"拖轮＋自卸式驳船"（或自航式砂驳）水运毛料至停靠码头卸料等工序组成。水下开采安全检查重点、要求及方法见表 2－11－2。

表 2－11－2 水下开采安全检查重点、要求及方法

序号	检查重点	标 准 要 求	检查方法
1	一般要求	1. 水利行业标准《水利水电工程施工安全防护设施技术规范》(SL 714—2015) 5.2.1 在河道内从事天然砂石料开采，应按照国家和所属水域管理部门有关规定，办理采砂许可证。未取得采砂许可证，不应进行河道砂石料开采作业。 9.1.1 工程船舶应具有海事、船检部门核发的各类有效证书。 2. 水利行业标准《水利水电工程土建施工安全技术规程》(SL 399—2007) 5.2.4 水下砂石料开采应遵守下列规定： 1）卸料区应设置能适应水位变化的码头、泊位缆桩以及锚锭等。 2）汛前应做好船只检查，选定避洪停靠地点，以及相应的锚桩、绳索、防汛器材等。 3）不应使用污染环境、落后和已淘汰的船舶、设备和技术。 4）开采作业不应影响堤防、护岸、桥梁等建筑安全和行洪、航运的畅通。 5）应遵守国家、地方有关航运管理规定，服从当地航运及海事部门的管理。	1. 现场查看。 2. 查看采砂许可证、船舶检验证书、"中华人民共和国水上水下活动许可证"

序号	检查重点	标 准 要 求	检查方法
1	一般要求	**3. 水利行业标准《水利水电工程施工安全管理导则》(SL 721—2015)** **10.3.7** 施工单位进行水上(下)作业前,应根据需要办理《中华人民共和国水上水下活动许可证》,并安排专职安全管理人员进行巡查。 水上作业应有稳固的施工平台和通道,临水、临边设置牢固可靠的护栏和安全网;平台上的设备应固定牢固,作业用具应随手放入工具袋;作业平台上应配齐救生衣、救生圈、救生绳和通信工具。 **4.《中华人民共和国水上水下作业和活动通航安全管理规定》(交通运输部令 2021 年第 24 号)** 第十八条 应当在安全作业区设置相关的安全警示标志、配备必要的安全设施或者警戒船。 第二十四条 船舶应当按照有关规定在明显处昼夜显示规定的号灯号型,在现场作业或者活动的船舶或者警戒船上配备有效的通信设备,作业或者活动期间指派专人警戒,并在指定的频道上守听。 第二十八条 有下列情形之一的,施工单位立即停止作业或者活动,并采取安全防范措施: 1)因恶劣自然条件严重影响作业或者活动及通航安全的。 2)作业或者活动水域内发生水上交通事故或者存在严重危害水上交通安全隐患,危及周围人命、财产安全的	
2	作业人员资质、劳动防护用品、作业行为等要求	**1. 水利行业标准《水利水电工程土建施工安全技术规程》(SL 399—2007)** **5.2.4** 从事水下开采及水上运输作业,作业人员应熟知水上作业救护知识,具备自救互救技能。 **5.2.5** 采砂船应符合下列要求:驾驶员、轮机、水手等作业人员,应经过专业技术培训,取得合格证书,持证上岗。 **2. 水利行业标准《水利水电工程施工安全管理导则》(SL 721—2015)** **10.3.7** 作业人员应持证上岗,正确穿戴救生衣、安全帽、防滑鞋、安全带,定期进行体格检查。 **3. 水利行业标准《水利水电工程施工安全防护设施技术规范》(SL 714—2015)** **9.2.2** 水上作业应符合以下规定: 1)水上作业人员应持有相应的船员适任证书与船员服务簿方可上岗。 2)任何水上作业不应少于两人。 3)从事高处作业和舷外作业时,应系无损的安全带,所使用的工具必须放在专用袋内,并用绳子系牢;所用的工器具应在检查合格后方可使用。作业现场下方划定一定的警戒区,并有专人指挥、监护。 4)舷外作业和水上作业时应关闭舷边出水阀。 5)遇风力 6 级以上强风时应停止高处作业,特殊情况急需时,必须采取安全措施;航行时不应舷外作业;舷外作业应挂慢车信号,过往船只应慢速通过。 6)陆地、各船舶、各作业点等均应配有高频无线电话或其他通信设备,始终保持相互通信畅通。 7)船与船之间的跳板应坡度适宜、加设扶手;雨、雪、霜后应及时清理,并垫上草袋或其他防滑物品。 8)在两船(艇、筏)配合作业时,应系紧缆绳,严禁同时踩踏两艘船进行作业	1. 现场查看。 2. 查看轮机、水手等人员的"适任证书",参加航行和轮机值班的船员"适任证书"有效期不超过 5 年。不参加航行和轮机值班的船员"适任证书"长期有效

序号	检查重点	标 准 要 求	检查方法
3	应急物资要求	**1. 水利行业标准《水利水电工程施工安全防护设施技术规范》（SL 714—2015）** 9.1.1 施工设备应符合以下规定：应符合中国船级社（CCS）有关规定配备足够数量的合适的太平斧、消防栓、灭火器、沙箱、救生衣（圈）及其他等消防救生设施，并放置或悬挂在规定位置。所有消防救生设施均应有专人保管、妥善放置，定期检查其有效性，保持良好状态。 **2. 水利行业标准《水利水电工程土建施工安全技术规程》（SL 399—2007）** 5.2.4 从事水下开采及水上运输作业，应按照作业人员数配备相应的防护、救生设备	现场检查应急用品的配备使用情况
4	采砂船要求	**1. 水利行业标准《水利水电工程施工安全防护设施技术规范》（SL 714—2015）** 5.2.5 采砂船应符合下列要求： 1）采砂船工作前，应完成以下准备工作： ①按规定进行船检，并取得检验合格证； ②不应拆除船上的相应安全设施，保持船上消防救生设施齐全、有效； ③检查电气设备漏电保护装置和防雨、防潮设施并保持其完好； ④检查照明、通信和救护设备，并应保持其完好。 2）采砂船作业时应遵守下列规定： ①不应在船上用明火取暖，不应在非指定地点烧煮食物； ②采砂船工作处水深不应小于规定的吃水深度； ③在航道上航行作业或停泊时，按相关规定悬挂灯号或其他信号标志； ④两艘及以上采砂船同时作业时，应保持安全距离； ⑤冬季作业应有防滑措施。 **2. 电力行业标准《水电水利工程施工通用安全技术规程》（DL/T 5370—2017）** 4.7.3 在有通航要求的河道上进行作业时，施工现场上游和下游应按规定要求设置通航警示标志，设立明显的航标。施工区域航道两侧应设置水上交通作业安全须知牌	现场查看
5	砂驳船要求	**1. 水利行业标准《水利水电工程土建施工安全技术规程》（SL 399—2007）** 5.2.6 砂驳船应符合下列要求： 1）按规定进行船检，并取得检验合格证。 2）应设有专用防撞缓冲设施。 3）配置救生器材。 4）砂驳作业时应遵守下列规定： ①作业前对皮带机各部件和卸料装置等进行检查、保养； ②装料后，拖轮未到前不应松放缆绳。因水浅拖轮不能靠近时，应将砂驳船撑到深水区； ③工作完毕后切断动力电源，清洗干净，排干船底积水。 **2. 电力行业标准《水电水利工程施工通用安全技术规程》（DL/T 5370—2017）**	1. 现场查看。 2. 核对船员人数与船舶证书中的规定是否符合。 3. 查看消防器材是否完好有效

序号	检查重点	标　准　要　求	检查方法
5	砂驳船要求	**4.7.6**　在船与作业平台之间搬运物件时，应铺设有护栏的安全通道。 **8.5.2**　航行船舶应保持适航状态，并配备取得合格证件的驾驶人员、轮机人员；船员人数应符合安全定额；配备消防、救生设备；执行有关客货装载和拖带的规定。 **8.5.3**　船舶应按规定悬挂灯号、信号。 **8.5.4**　船舶应在规定地点停泊。不得在航道中、轮渡线上、桥下以及有水上架空设施的水域内抛锚、装卸货物和过驳；不得在航道中设置渔具。 **8.5.7**　船舶航行中遇狂风暴雨、浓雾及洪水等恶劣气象，应立即选择安全地点停泊，不得强行航行。 **8.5.12**　船舶不得超过吃水线航行。 **8.5.13**　航行船舶应按规定配备堵漏用具和器材。船舶由于碰撞、触礁、搁浅等原因造成水线以下船体破损进水时应及时采取堵塞漏洞等应急措施。 **8.5.14**　船舶应建立消防安全制度，配备消防器材。发生火警、火灾时应及时组织施救，并按照悬示火警信号、利用通信设备求救。 **3. 水利行业标准《水利水电工程施工安全防护设施技术规范》（SL 714—2015）** **9.1.1**　施工设备应符合以下规定：在船舶机舱、船甲板、尾桩及操作室等有关位置应分别设置行走通道提示、防滑提示、安全警示和操作要领等标牌	
6	趸船码头要求	**水利行业标准《水利水电工程土建施工安全技术规程》（SL 399—2007）** **5.2.7**　趸船码头应符合下列要求： 1）按规定进行检查、维护和保养。 2）应设置有专用防撞缓冲设施。 3）应配备救生器材、消防设施。 4）趸船定位缆索向外伸出时，按规定设置信号进行标识。 5）趸船码头作业时，应遵守以下规定： ①船只减速按顺序进入趸船码头； ②定期检查船首、船尾的锚链、系缆的定位，防止溜船。及时排除仓内积水； ③非生产船只不应长时间停靠在生产码头	1. 现场查看。 2. 查看检查、维护记录

第三节　人工砂石料开采

一、采场

在人工砂石料采场，一般使用露天爆破的方式进行开采，根据情况进行梯段作业。砂石料场清表、挖运作业主要施工设备有挖机、运输车等工程车辆。采场安全检查重点、要求及方法见表2-11-3。

表 2-11-3 采场安全检查重点、要求及方法

序号	检查重点	标 准 要 求	检查方法
1	一般要求	水利行业标准《水利水电工程土建施工安全技术规程》(SL 399—2007) 3.1.6 应合理确定开挖边坡坡比,及时制定边坡支护方案。 5.3.1 料场布置应遵守下列规定: 1) 按照建设、设计单位确定的范围、设计方案,进行开采;根据施工组织设计,确定开采方案和场地布置方案。 2) 离料场开采边线400m范围内为危险区,该区域严禁布置办公、生活、炸药库等设施	1. 现场查看。 2. 查看设计方案、安全技术交底等资料
2	劳动防护用品	水利行业标准《水利水电工程施工安全管理导则》(SL 721—2015) 10.3.2 按规定穿戴安全帽、工作服、工作鞋等防护用品,正确使用安全防护用具,严禁穿拖鞋、高跟鞋或赤脚进入施工现场	现场查看人员穿戴情况
3	安全防护设施、安全警示标识牌	1. 水利行业标准《水利水电工程土建施工安全技术规程》(SL 399—2007) 3.1.3 开挖过程中应充分重视地质条件的变化,遇到不良地质构造和可能存在事故隐患的部位应及时采取防范措施,并设置必要的安全围栏和警示标志。 3.4.4 开挖作业开工前应将设计边线外至少10m范围内的浮石、杂物清除干净,必要时坡顶应设截水沟,并设置安全防护栏。 2. 电力行业标准《水电水利工程施工通用安全技术规程》(DL/T 5370—2017) 4.1.6 施工单位应在施工现场的坑、井、沟、陡坡等场所设置盖板、围栏等安全防护设施和警示标志	1. 现场查看。 2. 对检查标准所列数据现场用米尺进行测量、核验
4	钻孔作业要求	水利行业标准《水利水电工程土建施工安全技术规程》(SL 399—2007) 3.4.1 机械凿岩时,应采用湿式凿岩或装有能够达到国家工业卫生标准的干式捕尘装置。否则不应开钻。 3.4.2 开钻前,应检查工作面附近岩石是否稳定,是否有瞎炮,发现问题应立即处理,否则不应作业。不应在残眼中继续钻孔	现场查看
5	爆破作业管理要求	1. 《民用爆炸物品安全管理条例》(国务院令 第466号) 第四十条 民用爆炸物品应当储存在专用仓库内,并按照国家规定设置技术防范设施。 第四十一条 储存民用爆炸物品应当遵守下列规定: 1) 建立出入库检查、登记制度,收存和发放民用爆炸物品必须进行登记,做到账目清楚,账物相符。 2) 储存的民用爆炸物品数量不得超过储存设计容量,对性质相抵触的民用爆炸物品必须分库储存,严禁在库房内存放其他物品。 3) 专用仓库应当指定专人管理、看护,严禁无关人员进入仓库区内,严禁在仓库区内吸烟和用火,严禁把其他容易引起燃烧、爆炸的物品带入仓库区内,严禁在库房内住宿和进行其他活动。 4) 民用爆炸物品丢失、被盗、被抢,应当立即报告当地公安机关。 第四十二条 在爆破作业现场临时存放民用爆炸物品的,应当具备临时存放民用爆炸物品的条件,并设专人管理、看护,不得在不具备安全存放条件的场所存放民用爆炸物品。	1. 现场查看。 2. 核对民用爆炸物品入库、领用、退库等数量

序号	检查重点	标 准 要 求	检查方法
5	爆破作业管理要求	**2. 电力行业标准《水电水利工程爆破施工技术规范》（DL/T 5135—2013）** 3.1.13 爆破后人员进入工作面检查等待时间应按下列规定执行： 　1）明挖爆破时，应在爆破后5min进入工作面；当不能确认有无盲炮时，应在爆破后15min进入工作面。 　2）地下洞室爆破应在爆破后15min，并经检查确认洞室内空气合格后，方可准许人员进入工作面	
6	边坡支护要求	**1. 水利行业标准《水利水电工程土建施工安全技术规程》（SL 399—2007）** 3.4.3 供在钻孔用的脚手架，应搭设牢固的栏杆。开钻部位的脚手板应铺满绑牢，板厚应不小于5cm。 3.4.9 高边坡作业时应遵守下列规定： 　1）高边坡开挖每梯段开挖完成后，应进行一次安全处理。 　2）对断层、裂隙、破碎带等不良地质构造的高边坡，应按设计要求及时采取锚喷或加固等支护措施。 　3）高边坡施工时应有专人定期检查，并应对边坡稳定进行监测。 　4）高边坡开挖应边开挖边支护，确保边坡稳定和施工安全。 **2. 水利行业标准《水利水电工程施工安全管理导则》（SL 721—2015）** 10.3.3 施工单位进行高边坡或深基坑作业时，应按要求放坡，自上而下清理坡顶和坡面松渣、危石、不稳定体；垂直交叉作业应采取隔离防护措施，或错开作业时间；应安排专人监护、巡视检查，并及时分析、反馈监护信息；作业人员上下高边坡、深基坑应走专用通道；高处作业人员应同时系挂安全带和安全绳。 **3. 电力行业标准《水电水利工程施工通用安全技术规程》（DL/T 5370—2017）** 4.1.12 高边坡作业前应处理边坡危石和不稳定体，并在作业面上方设置防护设施	1. 现场查看。 2. 对检查标准所列数据现场用米尺进行测量、核验
7	马道要求	**电力行业标准《水电水利工程施工通用安全技术规程》（DL/T 5370—2017）** 6.1.6 高边坡、基坑边坡应设置高度不低于1.0m的安全防护栏或挡墙	1. 现场查看。 2. 米尺测量、核验
8	施工道路要求	**水利行业标准《水利水电工程施工通用安全技术规程》（SL 398—2007）** 3.3.3 施工生产区内机动车辆临时道路应符合下列规定： 　1）道路纵坡不宜大于8%，进入基坑等特殊部位的个别短距离地段最大纵坡不应超过15%；道路最小转弯半径不应小于15m；路面宽度不应小于施工车辆宽度的1.5倍，且双车道路面宽度不宜窄于7.0m，单车道不宜窄于4.0m。单车道应在可视范围内设有会车位置。 　2）路基基础及边坡保持稳定。 　3）在急弯、陡坡等危险路段及岔路、涵洞口应设有相应警示标志。 　4）悬崖陡坡、路边临空边缘除应设有警示标志外还应设有安全墩、挡墙等安全防护设施。 　5）路面应经常清扫、维护和保养并做好排水设施，不应占用有效路面	1. 现场查看。 2. 对检查标准所列数据现场用米尺进行测量、核验

续表

序号	检查重点	标 准 要 求	检查方法
9	边坡截排水沟要求	**1. 水利行业标准《水利水电工程土建施工安全技术规程》（SL 399—2007）** **3.1.4** 开挖过程中，应采取有效的截水、排水措施，防止地表水和地下水影响开挖作业和施工安全。 **5.3.4** 开挖过程中，应采取相应的排水、支护和安全监测措施。 **2. 电力行业标准《水电水利工程施工通用安全技术规程》（DL/T 5370—2017）** **4.9.8** 边坡工程排水设施应符合下列规定： 　1）周边截水沟，一般应在开挖前完成，截水沟深度及底宽不宜小于 0.5m，沟底纵坡不宜小于 0.5%；长度超过 500m 时，宜设置纵排水沟、跌水或急流槽。 　2）急流槽与跌水的纵坡不宜超过 1∶1.5；急流槽过长时宜分段，每段不宜超过 10m；土质急流槽纵度较大时，应设多级跌水。 　3）边坡排水孔宜在边坡喷护之后施工，坡面上的排水孔宜上倾 10% 左右，孔深 3m～10m，排水管宜采用塑料花管。 　4）挡土墙应设有排水设施，防止墙后积水形成静水压力，导致墙体坍塌。 　5）采用渗沟排除地下水时，渗沟顶部宜设封闭层，寒冷地区沟顶回填土层小于冻层厚度时，宜设保温层；渗沟施工应边开挖、边支撑、边回填，开挖深度超过 6m 时，应采取框架支撑；渗沟每隔 30m～50m 或平面转折和坡度由陡变缓处宜设检查井	1. 现场查看。 2. 对检查标准所列数据现场用米尺进行测量、核验

二、排土场

排土场主要作用是砂石料开采过程中堆存无用料，其施工道路、安全防护设施、安全警示标识牌、截排水沟参考采场要求，其他安全检查重点、要求及方法见表 2-11-4。

表 2-11-4　　　　　排土场其他安全检查重点、要求及方法

序号	检查重点	标 准 要 求	检查方法
1	排土场一般要求	**安全生产行业标准《金属非金属矿山排土场安全生产规则》（AQ 2005—2005）** **4.5** 排土场滚石区应设置醒目的安全警示标志。 **4.6** 严禁个人在排土场作业区或排土场危险区内从事捡矿石、捡石材和其他活动。 **4.7** 排土场最终境界 20m 内应排弃大块岩石。 **9.1** 应建立排土场监测系统，定期进行排土场监测	1. 现场查看。 2. 对检查标准所列数据现场用米尺进行测量、核验
2	场区作业要求	**安全生产行业标准《金属非金属矿山排土场安全生产规则》（AQ 2005—2005）** **6.1** 排土作业应遵守以下规定： 　1）汽车排土作业时，应有专人指挥，指挥人员应经过培训，并经考核合格后上岗工作。非作业人员不应进入排土作业区，凡进入作业区的工作人员、车辆、工程机械应服从指挥人员的指挥。 　2）排土场平台应平整，排土线应整体均衡推进，坡顶线应呈直线形或弧形，排土工作面向坡顶线方向应有 2%～5% 的反坡。	1. 现场查看。 2. 对检查标准所列数据现场用米尺、测速仪进行测量、核验

序号	检查重点	标 准 要 求	检查方法
2	场区作业要求	3）排土卸载平台边缘要设置安全车挡，其高度不小于轮胎直径的 1/2，车挡顶宽和底宽应不小于轮胎直径的 1/4 和 4/3；设置移动车挡设施的，要对不同类型移动车挡制定安全作业要求，并按要求作业。 4）在同一地段进行卸车和推土作业时，设备之间应保持足够的安全距离。 5）卸土时，汽车应垂直于排土工作线；汽车倒车速度应小于5km/h，严禁高速倒车，冲撞安全车挡。 6）推土时，在排土场边缘严禁推土机沿平行坡顶线方向推土。 7）排土安全车挡或反坡不符合规定，坡顶线内侧 30m 范围内有大面积裂缝（缝宽 0.1m～0.25m）或不正常下沉（0.1m～0.2m）时，禁止汽车进入该危险区作业，安全管理人员应查明原因及时处理后，方可恢复排土作业。 8）排土场作业区内烟雾、粉尘、照明等因素使驾驶员视距小于30 m 或遇暴雨、大雪、大风等恶劣天气时，应停止排土作业。 9）汽车进入排土场内应限速行驶，距排土工作面 50 m～200m时限速 16km/h，50m 范围内限速 8km/h；排土作业区应设置一定数量的限速牌等安全标志牌。 10）排土作业区照明系统应完好，照明角度应符合要求，夜间无照明禁止排土	

第四节　砂石料加工系统

砂石料加工系统运行期间，所在区域一般为相对封闭区域，车辆、人员由出入口沿施工道路通行。系统由施工道路、皮带机桁架、机械设备、半成品砂石料堆场、成品砂石料堆场及其他临建构筑物等组成。

一、作业环境

砂石料加工系统内作业环境人员、车辆来往走动频繁，作业环境不良容易引起车辆伤害或其他伤害事故。作业环境安全检查重点、要求及方法见表 2-11-5。

表 2-11-5　　　　　　作业环境安全检查重点、要求及方法

序号	检查重点	标 准 要 求	检查方法
1	一般要求	**1. 电力行业标准《水电水利工程施工安全防护设施技术规范》（DL 5162—2013）** **3.1.1**　施工区域应按实际需要对施工中关键区域和危险区域实行封闭。 **3.1.4**　施工现场的入口处、施工起重机械、皮带机配重、临时用电设施、脚手架、出入通道口、楼梯口、孔洞口、隧洞口、竖井临边、基坑边沿、爆破物及有害气体和液体存放处等危险部位，应设置预防对人员造成健康损害的安全防护设施和明显的安全警示标志。	1. 现场查看。 2. 对检查标准所列数据现场用米尺进行测量、核验

续表

序号	检查重点	标 准 要 求	检查方法
1	一般要求	**3.1.5** 施工现场存放设备、材料的场地应平整牢固,设备材料存放整齐稳固,周围通道畅通,且宽度应不小于1.00m。 **3.1.6** 施工现场的排水系统,设置合理,沟、管、网排水畅通。 **2. 电力行业标准《水电水利工程施工通用安全技术规程》(DL/T 5370—2017)** **4.1.6** 施工单位应在施工现场的坑、井、沟、陡坡等场所设置盖板、围栏等安全防护设施和警示标志。防护栏杆结构应由上、中、下三道横杆和栏杆柱组成,高度不低于1.2m,柱间距应不大于2.0m,栏杆底部应设置高度不低于0.2m的挡脚板。 **3. 水利行业标准《水利水电工程施工安全管理导则》(SL 721—2015)** **10.1.8** 施工单位应在施工现场的主要入口处设置工程概况、管理人员名单及监督电话、消防保卫、安全生产、文明施工等标牌和安全生产管理网络图、施工现场平面图。 **10.1.9** 施工单位对施工区域宜采取封闭措施,对关键区域和危险区域应封闭管理。 **10.1.14** 施工单位应保证施工现场道路畅通,排水系统处于良好的使用状态;应及时清理建筑垃圾,保持场容场貌的整洁	
2	作业人员防护要求	**水利行业标准《水利水电工程施工安全管理导则》(SL 721—2015)** **10.3.2** 按规定穿戴安全帽、工作服、工作鞋等防护用品,正确使用安全防护用具,严禁穿拖鞋、高跟鞋或赤脚进入施工现场	现场查看人员佩戴情况
3	施工道路、人行通道要求	**1. 电力行业标准《水电水利工程施工安全防护设施技术规范》(DL 5162—2013)** **3.3.1** 施工场内人行及人力货运通道应符合以下要求: 1)牢固、平整、整洁、无障碍、无积水。 2)危险地段设置防护设施和警告标志。 3)冬季雪后有防滑措施。 **2. 电力行业标准《水电水利工程施工通用安全技术规程》(DL/T 5370—2017)** **4.1.7** 施工生产现场临时的机动车道路,宽度不宜小于3.0m,人行通道宽度不小于0.8m。 **4.1.8** 交通频繁的施工道路、交叉路口应按规定设置警示标志或信号指示灯。 **4.3.3** 施工生产区内机动车辆临时道路应符合以下规定: 1)道路纵坡不宜大于8%,进入基坑等特殊部位的个别短距离地段最大纵坡不得超过15%;道路最小转弯半径不得小于15m;路面宽度不得小于施工车辆宽度的1.5倍,且双车道路面宽度不得小于7.0m,单车道不得小于4.0m,单车道在可视范围内应设有会车位置。 2)路基基础及边坡保持稳定。 3)在急弯、陡坡等危险路段及岔路、涵洞口应设有相应警示标志。 4)悬崖陡坡、路边临空边缘应设有警示标志、安全墩、挡墙等安全防护设施。	1. 现场查看。 2. 对检查标准所列数据现场用米尺进行测量、核验

续表

序号	检查重点	标 准 要 求	检查方法
3	施工道路、人行通道要求	5）路面应经常维护和保养并应作好排水设施，不得占用有效路面。 **6.1.7** 悬崖陡坡处的机动车道路、平台作业面等临空边缘应设置安全墩（墙），墩（墙）高度不低于 0.6m，宽度不小于 0.3m，宜采用混凝土或浆砌石结构。 **3. 电力行业标准《水电水利工程场内施工道路技术规范》（DL/T 5243—2010）** **6.2.9** 路线的交叉宜设置在直线路段，交叉角不宜小于 30°，由主线同一分岔点所引出的岔线，不宜超过两条。 **6.7.1** 道路应按规定配置标志、视线诱导标及隔离设施；桥梁与高路堤路段应设置路侧护栏（防护墩）；平面交叉应设置预告、指示或警告牌、支线减速让行或停车让行等交通安全设施。 **6.7.2** 连续长陡下坡路段危及运行安全处应设置避险车道，必要时可在起始端前设置试制动车道等交通安全设施。 **6.7.3** 对易发生坠石、滚石的路段，应采取防护措施，设置警示牌。 **4. 水利行业标准《水利水电工程施工通用安全技术规程》（SL 398—2007）** **3.3.6** 施工现场临时性桥梁，应根据桥梁的用途、承重载荷和相应技术规范进行设计修建，并符合以下要求： 　1）宽度应不小于施工车辆最大宽度的 1.5 倍。 　2）人行道宽度应不小于 1.0m，并应设置防护栏杆。 **3.3.7** 施工现场架设临时性跨越沟槽的便桥和边坡栈桥，应符合以下要求： 　1）基础稳固、平坦畅通。 　2）人行便桥、栈桥宽度不应小于 1.2m。 　3）手推车便桥、栈桥宽度不应小于 1.5m。 　4）机动翻斗车便桥、栈桥，应根据荷载进行设计施工，其最小宽度不应小于 2.5m。 　5）设有防护栏杆。 **3.3.8** 施工现场的各种桥梁、便桥上不应堆放设备及材料等物品，应及时维护、保养，定期进行检查。 **3.3.9** 施工交通隧道，应符合以下要求： 　1）隧道在平面上宜布置为直线。 　2）机车交通隧道的高度应满足机车以及装运货物设施总高度的要求，宽度不应小于车体宽度与人行通道宽度之和的 1.2 倍。 　3）汽车交通隧道洞内单线路基宽度应不小于 3.0m，双线路基宽度应不小于 5.0m。 　4）洞口应有防护设施，洞内不良地质条件洞段应进行支护。 　5）长度 100m 以上的隧道内应设有照明设施。 　6）应设有排水沟，排水畅通。 　7）隧道内斗车路基的纵坡不宜超过 1.0%。 **3.3.10** 施工现场工作面、固定生产设备及设施场所等应设置人行通道，并应符合以下要求： 　1）基础牢固、通道无障碍、有防滑措施并设置护栏，无积水。 　2）宽度不应小于 0.6m。 　3）危险地段应设置警示标志或警戒线	

序号	检查重点	标 准 要 求	检查方法
4	照明要求	电力行业标准《水电水利工程施工通用安全技术规程》（DL/T 5370—2017） **5.5.9** 现场照明宜采用高光效、长寿命、光源的显色性满足施工要求的照明光源。照明器具选择应遵守下列规定： 　1）正常湿度时，选用开启式照明器。 　2）潮湿或特别潮湿的场所，应选用密闭型防水防尘照明器或配有防水灯头的开启式照明器。 　3）含有大量尘埃但无爆炸和火灾危险的场所，应采用防尘型照明器。 　4）对有爆炸和火灾危险的场所，应按危险场所等级选择相应的防爆型照明器。 　5）在振动较大的场所，应选用防振型照明器。 　6）对有酸碱等强腐蚀的场所，应采用耐酸碱型照明器。 　7）照明器具和器材的质量均应符合有关标准、规范的规定，不得使用绝缘老化或破损的器具和器材。 　8）应急照明应选用快速点亮的光源灯具。 　9）更换光源时，选用与之前相同类型和功率的光源。 　10）高温场所，宜采用散热性能好、耐高温的灯具。 **5.5.10** 一般场所宜选用额定电压为 220V 的照明器。对下列特殊场所应使用安全电压照明器： 　1）地下工程，有高温、导电灰尘，且灯具离地面高度低于 2.5m 等场所的照明，电源电压不大于 36V。 　2）在潮湿和易触及带电体场所的照明电源电压不得大于 24V。 　3）在特别潮湿的场所、导电良好的地面、锅炉或金属容器内工作的照明电源电压不宜大于 12V。 **5.5.11** 使用行灯应遵守下列规定： 　1）电源电压不超过 36V。 　2）灯体与手柄应坚固、绝缘良好并耐热、耐潮湿。 　3）灯头与灯体结合牢固，灯头无开关。 　4）灯泡外部有金属保护网。 　5）金属网、反光罩、悬吊挂钩固定在灯具的绝缘部位上。 　6）行灯变压器不得带入金属容器或金属管道内使用。 **5.5.12** 照明变压器应使用双绕组型，不得使用自耦变压器。 **5.5.14** 地下工程作业、夜间施工或自然采光差等场所，应设一般照明、局部照明或混合照明，并应装设自备电源的应急照明	1. 现场查看。 2. 对检查标准所列数据现场用米尺、万用表进行测量、核验
5	材料堆放要求	水利行业标准《水利水电工程施工安全管理导则》（SL 721—2015） **10.1.11** 存放设备、材料的场地应平整牢固，设备材料存放应整齐稳固，周围通道宽度不宜小于 1m，且应保持畅通	现场查看
6	环境和职业健康要求	电力行业标准《水电水利工程施工安全防护设施技术规范》（DL 5162—2013） **3.9.1** 施工区域生产、生活设施的布置应符合以下要求： 　1）设有合理的生产废弃物和生活垃圾的堆放场。 　2）根据人群分布状况修建公共厕所或设置移动式公共厕所。 　3）设有急救中心（站），并备有必要的药品和器具。 **3.9.2** 产生粉尘危害的作业场所，应采取除尘措施，并配备足够的防尘口罩等个体防护用品。	1. 现场查看。 2. 现场噪声分贝使用噪声仪检测。 3. 查看粉尘、噪音检测记录

续表

序号	检查重点	标 准 要 求	检查方法
6	环境和职业健康要求	**3.9.3** 产生噪声危害的作业场所应符合以下要求： 1）筛分楼、破碎车间、制砂车间、空气压缩机站、水泵站、拌和楼等作业场所应设置有声级不大于 75dB（A）的隔音值班室，且配有足够的防噪声耳聋等个体防护用品。 2）砂石料的破碎、筛分、混凝土拌和楼、金属结构制作厂等噪声严重的施工设施，不应布置在靠近居民区、工厂、学校、施工生活区。因条件限制不能满足时，应采取降噪措施。 **3.9.4** 易产生毒物危害的作业场所，应采用无毒或低毒的原材料及生产工艺或通风、净化装置或采取密闭等措施，并配有足量的防毒面具等防护用品。 **3.9.5** 固体废弃物的处置应委托具备专门资质的单位负责实施。 **3.9.6** 产生粉尘、噪声、毒物等危害因素的作业场所，应实行评价监测和定期监测制度，对超标的作业环境及时治理，定期按规定检测	

二、金属结构

砂石料加工系统中存在的大部分桁架、立柱等为金属结构，因此金属结构的制作、安装、基础稳定性及防护措施是安全检查的重点内容之一。金属结构安全检查重点、要求及方法见表 2-11-6。

表 2-11-6   **金属结构安全检查重点、要求及方法**

序号	检查重点	标 准 要 求	检查方法
1	金属结构制作要求	**电力行业标准《水电水利工程施工安全防护设施技术规范》（DL 5162—2013）** **9.1.2** 金属结构制作机械设备、电气盘柜和其他危险部位应悬挂安全标志。 **9.1.6** 金属加工设备防护罩、挡屑板、隔离围栏等安全设施应齐全、有效，有火花溅出或有可能飞出物的设备应设有挡板或保护罩。 **9.1.9** 油漆、涂料涂装作业应符合以下要求： 1）涂料库房应配备相应灭火器和黄沙等消防器材，并设有明显的防火安全警告标志。 2）工作现场宜配置通风设备或温控装置。 3）配有供操作人员穿戴的工作服、防护眼镜、防毒口罩或供气式头罩或过滤式防毒面具。 4）喷漆室和喷枪应设有避免静电聚积的接地装置	1. 现场查看防护罩、挡屑板等安全设施是否有效。 2. 查看消防器材、黄沙是否有效
2	金属结构安装要求	**电力行业标准《水电水利工程施工安全防护设施技术规范》（DL 5162—2013）** **9.2.1** 安装施工现场应照明充足，并符合以下要求： 1）潮湿部位应选用密闭型防水照明器或配有防水灯头的开启式照明灯具。 2）应设有带有自备电源的应急灯等照明器材。 **9.2.2** 用电线路应采用装有漏电保护器的便携式配电箱	现场查看

续表

序号	检查重点	标 准 要 求	检查方法
3	金属结构安全防护、临电防护等要求	**1. 电力行业标准《水电水利工程施工安全防护设施技术规范》(DL 5162—2013)** **3.2.1** 高处作业面的临空边沿，必须设置安全防护栏杆。 **3.2.13** 在建筑工程（含脚手架）的外侧边缘与输电线路的边线之间的最小安全操作距离应符合下表规定。否则，应采用屏障、遮栏、围网或保护网等隔离措施。 **输电线路电压等级与建筑物的安全距离** 表见下 **3.3.2** 高处施工通道的临边必须设置高度不低于 1.2m 的安全防护栏杆。当临空边沿下方有人作业或通行时，还应封闭底板，并在安全防护栏杆下部设置高度不低于 0.20m 的挡脚板。 **2. 水利行业标准《水利水电工程施工安全管理导则》(SL 721—2015)** **10.2.6** 施工单位在高处施工通道的临边（栈桥、栈道、悬空通道、架空皮带机廊道、垂直运输设备与建筑物相连的通道两侧等）必须设置安全护栏；临空边沿下方需要作业或用作通道时，安全护栏底部应设置高度不低于 0.2m 的挡脚板	1. 现场查看。 2. 对检查标准所列数据现场用米尺进行测量、核验

输电线路电压等级与建筑物的安全距离

输电线路电压（kV）	<1	1～10	35～110	154～220	330～550
最小安全距离（m）	4	6	8	10	15

三、机械设备

砂石料加工需要经过破碎、筛分、脱水等生产工艺，主要使用破碎机、筛分机、棒磨机、皮带机等机械设备。砂石料加工机械设备通用安全检查重点、要求及方法见表 2-11-7。

表 2-11-7　　　　砂石料加工机械设备通用安全检查重点、要求及方法

序号	检查重点	标 准 要 求	检查方法
1	机械设备基础、防护设施、警示标志等要求	**1. 电力行业标准《水电水利工程施工安全防护设施技术规范》(DL 5162—2013)** **3.5.1** 机械设备的基础应稳固。 **3.5.2** 机械设备传动与转动的露出部分，必须设置安全防护装置，并设置警示标志。 **3.5.3** 机电设备的监测仪表和安全装置必须齐全、配套、灵敏可靠，并应定期校验合格。 **3.5.6** 露天使用的电气设备应选用防水型或采用防水措施。 **3.5.7** 在有易燃易爆气体的场所，电气设备与线路均应满足防爆要求，在大量蒸汽、粉尘的场所，应满足密封、防尘要求。 **3.5.8** 能够散发大量热量的机电设备，不得靠近易燃物，必要时应设隔热板。 **2. 电力行业标准《水电水利工程施工通用安全技术规程》(DL/T 5370—2017)** **7.3.3** 砂石生产机械安装应基础坚固、稳定性好；基础各部位连接螺栓紧固可靠；接地电阻不得大于 4Ω。	1. 现场查看。 2. 使用欧姆表检测电阻。 3. 查看手持电动工具是否符合场所要求

序号	检查重点	标　准　要　求	检查方法
1	机械设备基础、防护设施、警示标志等要求	**7.3.24** 现场应设置安全警示标志和安全操作规程。作业人员必须严格遵守操作规程。 **3. 水利行业标准《水利水电工程施工安全管理导则》（SL 721—2015）** **9.2.4** 施工单位应在设施设备检维修、施工、吊装、拆卸等作业现场设置警戒区域和警示标志。 **10.2.10** 手持电动工具宜选用Ⅱ类电动工具；若使用Ⅰ类电动工具，必须采用漏电保护器、安全隔离变压器等安全措施。 　　在潮湿或金属构架等导电良好的作业场所，必须使用Ⅱ类或Ⅲ类电动工具；在狭窄场地（锅炉、金属容器、管道等）内，应使用Ⅲ类电动工具	
2	机械设备拆除要求	**1. 电力行业标准《水电水利工程砂石破碎机械安全操作规程》（DL/T 1887—2018）** **7.0.2** 应先清除物料，切断风、水、电等，确保液压、水和气系统已卸压。 **7.0.5** 分部件拆卸时，严禁用起重机强行分离未脱离连接的部件。 **2. 电力行业标准《水电水利工程施工通用安全技术规程》（DL/T 5370—2017）** **4.1.18** 大型拆除工程，应遵守下列规定： 　1）应制定专项安全技术措施，确定施工范围和警戒范围，进行封闭管理，并有专人指挥和专人安全监护。 　2）应对风、水、电等管线妥善移设、防护或切断。 　3）拆除作业应自上而下进行，不得多层或内外同时进行拆除	现场查看

（一）破碎机

砂石料加工系统中的破碎机械设备主要有以下几种：

（1）颚式破碎机：指活动颚板和固定颚板及两侧的边护板组成破碎腔，活动颚板对固定颚板做周期往复运动，使物料挤压、劈裂作用而破碎的破碎机械。

（2）反击式破碎机：指利用高速旋转的转子带动板锤冲击物料，使物料在反击板之间或物料与物料之间撞击而破碎的破碎机械。

（3）旋回式破碎机：指由动锥围绕破碎机械中心线做旋摆运动，使破碎腔内物料不断受到挤压、碾磨作用而破碎的破碎机械。

（4）圆锥式破碎机：指动锥围绕固定点做偏心旋转运动，动锥时而靠近、时而离开定锥，使破碎腔内物料不断受到挤压、弯曲和碾磨作用而破碎的破碎机械。

（5）履带移动圆锥式破碎站：是一种高效率的圆锥破碎设备，采用自行驱动方式，在任何地形条件下，此设备均可达到工作场地的任意位置。

（6）立轴冲击式破碎机：指利用高速自旋转转子将物料加速后，从通道抛射出与破碎腔或溢流料进行撞击，使物料挤压、劈裂作用而破碎的破碎机械。

破碎机安全检查重点、要求及方法见表2-11-8。

表 2 - 11 - 8　　　　　　　　破碎机安全检查重点、要求及方法

序号	检查重点	标 准 要 求	检查方法
1	一般规定	**1. 电力行业标准《水电水利工程砂石破碎机械安全操作规程》（DL/T 1887—2018）** **3.0.1** 水电水利工程砂石破碎机械作业人员应经专门安全技术培训，考核合格后可上岗；作业人员应穿戴劳保用品。 **3.0.5** 破碎机械安装与调试、运行、维护与保养、拆卸时，应设置相应的安全提示牌和警示牌，非操作人员不得进入安全警戒区内。 **3.0.8** 恶劣天气情况下应停止室外作业。 **2. 电力行业标准《水电水利工程施工通用安全技术规程》（DL/T 5370—2017）** **7.3.8** 对于颚式破碎机，应在碎石轧料槽上面设防护罩，以防碎石崩出伤人	1. 现场查看。 2. 查看安全技术措施、交底、应急预案等资料
2	卸料平台、进料口等要求	电力行业标准《水电水利工程施工安全防护设施技术规范》（DL 5162—2013） **5.1.1** 破碎机械进料口部位应设置进料平台，若采用机动车辆进料时，平台应符合以下要求： 　1）平整、不积水、不应有坡度。平台宽度不应小于运料车辆宽度的 1.5 倍，长度不应小于运料车辆长度的 2.5 倍。 　2）平台与进料口连接处应设置混凝土车挡，其高度应为 0.20m～0.30m，宽度不小于 0.30m，长度不小于进料口宽度。 　3）有清除洒落物料的措施。 **5.1.2** 破碎机械进料口除机动车辆进料平台以外的边缘，必须设置钢防护栏杆，栏杆外侧应设有宽度不小于 0.80m 的通道。 **5.1.3** 破碎机械进料口处应设置人工处理卡石或超径石的工作平台，其长度应不小于 1.00m，宽不小于 0.80m，并和走道相接，周围应设置防护栏杆。 **5.1.4** 破碎机械的进料口和出料口宜设置喷水等降尘装置。 **5.1.5** 破碎机的进料平台、控制室、出料口等之间应设置宽度不小于 0.80m 的人行通道或扶梯	1. 现场查看。 2. 对检查标准所列数据现场用米尺进行测量、核验
3	运行、维修要求	**1. 电力行业标准《水电水利工程砂石破碎机械安全操作规程》（DL/T 1887—2018）** **5.2.8** 运行时，严禁运行人员从设备进出料口向内观察。 **5.4.1** 应建立交接班制度，填写交接班记录表。 **2. 水利行业标准《水利水电工程土建施工安全技术规程》（SL 399—2007）** **5.4.6** 破碎机运行时严禁修理设备；严禁打开机器上的观察孔入孔门观察下料情况。 **5.4.13** 破碎机运行区内，严禁非生产人员入内。 **5.4.14** 回旋式破碎机应符合下列安全技术要求： 　1）破碎机运行时，严禁人员在卸料口四周逗留，以防卸料飞践伤人。 　2）破碎机进料口、出料口、主机室，应设置信号装置。 　3）偏心套、动锥、横梁等大构件拆卸或安装时机器内部严禁站人。	1. 现场查看。 2. 查看交接班记录表。 3. 检查设备运行及维修记录、作业票。 4. 测试设备安全防护联锁装置是否有效

续表

序号	检查重点	标　准　要　求	检查方法
3	运行、维修要求	4）动锥吊装时，严禁使用吊动锥的环首螺栓起吊。 5）安全阀的设定值不应超过设备推荐值。 6）外露的传动部位应设置防护罩。 **5.4.16　锤式破碎机应符合下列安全技术要求：** 1）严禁站在转子惯性力作用线方向操作开关。 2）严禁在运行中往轴承内注油。 **5.4.17　颚式破碎机应符合下列安全技术要求：** 1）受料仓出口端处应设保护罩。 2）破碎腔内物料阻塞时，应立即关闭电动机，待物料清除干净后，再行起动。严禁用手、工具从颚板中取出石块或排除故障。 **5.4.18　立轴式破碎机应符合下列安全技术要求：** 1）运转时，不应将冲水管、工具等伸入转子。 2）破碎机工作平台应设置 1.2m 高的护栏。 3）排料口高程应设置不小于 2m 的出料及检修空间	

（二）筛分机

砂石料加工系统中的筛分机械设备主要有以下几种：

（1）圆振动筛：指运动轨迹为圆形或椭圆形的筛分机械。

（2）直线振动筛：指运动轨迹为直线或准直线的筛分机械。

（3）高频筛：指振动频率高（大于 1000 次/min）的筛分机械，主要用于细粒物料的分级和脱水。

（4）移动式圆振动筛：指在振动筛底部加装万向旋转轮，可 360°旋转移动的筛分机械，主要应用于筛分场所不固定，具有可以随时移动的优良性能。

（5）环保振动筛：指在全平衡的密封筛体内将原料中的杂质分离并对物料进行等级筛分的一种振动筛分机械。

筛分机安全检查重点、要求及方法见表 2-11-9。

表 2-11-9　　　　　　　　筛分机安全检查重点、要求及方法

序号	检查重点	标　准　要　求	检查方法
1	一般要求	**电力行业标准《水电水利工程砂石筛分机械安全操作规程》（DL/T 1886—2018）** **3.0.1**　水电水利工程砂石筛分机械作业人员应经专门安全技术培训，考核合格后方可上岗；作业人员应穿戴劳保用品。 **3.0.5**　筛分机械安装与调试、运行、维护与保养、拆卸时，应设置相应的安全提示牌和警示牌，非操作人员不得进入安全警戒区内。 **3.0.8**　恶劣天气情况下应停止室外作业	现场检查

续表

序号	检查重点	标 准 要 求	检查方法
2	运行、维修要求	**1. 电力行业标准《水电水利工程砂石筛分机械安全操作规程》（DL/T 1886—2018）** 5.2.1 进入施工现场的人员，应严格按规定戴好防尘口罩、耳塞等劳动防护用品。 5.2.7 筛分机械在运行过程中，严禁人员靠近观察。 5.4.1 应建立交接班制度，填写交接班记录表。 **2. 电力行业标准《水电水利工程施工通用安全技术规程》（DL/T 5370—2017）** 7.3.12 筛分机械安装运行应符合以下规定： 1）筛分车间应设置避雷装置，接地电阻不宜大于10Ω。 2）各层设备设有可靠的指示灯等联动的启动、运行、停机、故障联系信号。 3）裸露的传动装置设置孔口尺寸不大于30mm×30mm、装拆方便的钢筋网或钢板防护罩。 4）设备周边应设置宽度不小于1.2m的通道。 5）筛分设备前应设置长、宽不小于筛网长宽1.5倍的检修平台。 6）筛分设备各层之间应设有至少一个以上钢扶梯或混凝土楼梯。 7）平台、通道临空高度大于2m时应设置高度不低于1.2m的防护栏。 **3. 电力行业标准《水电水利工程施工安全防护设施技术规范》（DL 5162—2013）** 5.1.7 筛分楼的进料口，宜设置洒水等降尘设备，振动筛宜采用低噪声的塑胶材料。 **4. 水利行业标准《水利水电工程土建施工安全技术规程》（SL 399—2007）** 5.5.9 人员巡视通道宽度应不小于1.2m。 5.5.10 严禁在运行时人工清理筛孔。 5.5.11 开机后，发现异常情况应立即停机。 5.5.13 机器停用6个月及以上时，再使用前应对电气设备进行绝缘试验，对机械部分进行检查保养。所有电动机座、电机金属外壳应接地、接零	1. 现场查看。 2. 对检查标准所列数据现场用米尺进行测量、核验。 3. 使用欧姆表检测电阻

（三）其他机械设备

砂石料加工系统中除了破碎机械、筛分机械外，还有皮带机、制砂机、洗砂机等机械设备，在砂石料加工环节中起到运输、碾磨、洗泥等作用。其他砂石料加工机械设备安全检查重点、要求及方法见表2-11-10。

表2-11-10　　其他砂石料加工机械设备安全检查重点、要求及方法

序号	检查重点	标 准 要 求	检查方法
1	皮带机、皮带隧洞要求	**1. 电力行业标准《水电水利工程施工安全防护设施技术规范》（DL 5162—2013）** 5.1.13 皮带机安装运行应符合以下规定：	1. 现场查看。 2. 对检查标准所列数据现场用米尺进行测量、

序号	检查重点	标 准 要 求	检查方法
1	皮带机、皮带隧洞要求	1）头架和尾架的主动轮、从动轮应设有防护栏或网等防护装置。采用防护栏时，栏杆与转动轮、电机等之间的距离不应小于0.50m，并高于防护件0.70m以上。采用防护网时，网孔口尺寸不宜大于50mm×50mm。 2）地面设置的皮带机，皮带两侧应设宽度不小于0.80m的走道。 3）架空设置皮带机时，两侧设置宽度不宜小于0.80m的走道，走道底板宜采取防滑措施。 4）皮带的前后应均设置事故开关，当皮带长度大于100m时，在皮带的中部还应增设事故开关，事故开关应安装在醒目、易操作的位置，并设有明显标志。 5）长度超过60m皮带中部应设横过皮带的人行天桥，天桥高度距皮带不得小于0.50m。 6）应设置启动、运行、停机、故障等音响及灯光联动警告信号装置。启动任何机械设备前，必须进行安全确认（包括周边环境）。 5.1.14 架空皮带机横跨运输道路、人行通道、重要设施（设备）时，下部应设置防护棚，并符合以下要求： 1）棚面应采用抗冲击的材料，且满铺无缝隙。 2）防护棚覆盖面宽度应超过皮带机架两侧各0.75m，长度应超过横跨的道路两侧各1.00m。 3）防护棚设有明显的限高警告标志。 5.1.15 输料皮带隧洞应符合以下要求： 1）洞口应采取混凝土衬砌或上部设置安全挡墙等设施。 2）洞顶高度不应低于2.00m，围岩稳定。 3）皮带机一侧应设宽度不小于0.80m的通道。 4）洞内地面应设有排水沟，且排水畅通。 **2. 电力行业标准《水电水利工程施工通用安全技术规程》（DL/T 5370—2017）** 7.3.20 输送砂石的皮带机隧洞应符合以下要求： 1）隧洞整体结构稳定，净空高度不低于2.2m，不稳定的围岩应支护、衬砌。 2）隧洞内皮带机一侧应有宽度不小于0.8m的通道，通道应平整、畅通。 3）隧洞洞口应采取混凝土衬砌或上部设置安全挡墙等措施。 4）隧洞内地面设有排水沟，坡度应不小于2%，保证排水畅通、不积水。 5）隧洞内应采用36V低压照明电源，照明度不得小于50lx。 **3. 水利行业标准《水利水电工程土建施工安全技术规程》（SL 399—2007）** 5.6.7 皮带机应符合下列安全技术要求： 1）严禁跨越或从底部穿越皮带机；严禁在运行时进行修理或清扫作业；严禁运输其他物体。 2）运转中不应进行转动齿轮、联轴器等传动部位清理和检修。在运行过程中，如遇紧急情况，必须立即断开控制开关，挂"禁止合闸"警示牌	核验。 　3. 测试事故开关是否有效

续表

序号	检查重点	标 准 要 求	检查方法
2	制砂机、棒磨机、洗砂机等其他机械设备要求	**1. 电力行业标准《水电水利工程施工安全防护设施技术规范》（DL 5162—2013）** **5.1.8** 制砂机、洗泥机、沉砂箱周围设置通道应符合以下要求： 1）牢固、平整、整洁、无障碍、无积水。 2）宽度不小1.00m。 3）危险地段设置防护设施和警告标志。 4）冬季雪后有防滑措施。 **5.1.9** 螺旋洗砂槽、洗泥槽的上部应设置安全防护网。 **2. 电力行业标准《水电水利工程施工通用安全技术规程》（DL/T 5370—2017）** **7.3.19** 棒磨机转动筒与行人通道的距离应不小于1.5m，并设高度不小于1.2m的护栏（网）将通道与棒磨机隔开；装棒侧宜设有宽度不小于5m的工作平台，平台边缘临空高度大于2m时应设有防护栏杆。 **3. 水利行业标准《水利水电工程土建施工安全技术规程》（SL 399—2007）** **5.4.19** 棒磨机应符合下列安全技术要求： 1）筒体人孔盖板应上紧，并定期检查其是否牢固可靠。 2）棒磨机运行时，人员离机体外壳的安全距离不应小于1.5m；严禁用手或其他工具接触正在转动的机体。 3）作业人员应佩戴防噪声的防护用品上岗，布置在棒磨机附近的操作室应采取隔音措施。	1. 现场查看。 2. 对检查标准所列数据现场用米尺进行测量、核验

四、配套设施

砂石料加工系统中除了生产设施设备外，还有办公生活营地、蓄水池、值班室、半成品堆料场、成品堆料场、除尘系统、污水处理系统等配套设施，为砂石料加工过程提供配套服务。砂石料加工配套设施安全检查重点、要求及方法见表2-11-11。

表2-11-11　　　　　砂石料加工配套设施安全检查重点、要求及方法

序号	检查重点	标 准 要 求	检查方法
1	办公生活用房、库房、污水处理系统等建（构）筑物一般要求	**电力行业标准《水电水利工程施工安全防护设施技术规范》（DL 5162—2013）** **3.4.1** 施工用各种库房、加工车间、生活营地及办公用房等临建设施，应布置在不受山洪、江洪、滑坡、塌方及危石等威胁的区域，基础坚固，稳定性好，周围排水畅通。 **3.4.5** 现场值班房、移动式工具房、抽水房、空气压缩机房、电工值班房等应符合以下规定： 1）值班房搭设应避开可能坠落物区域，特殊情况无法避开时，房顶应设置有的隔离防护层。 2）值班房高处临边位置应有防护栏杆。 3）移动式工具房应设有4个经过验算的吊环。 4）配备有灭火装置或灭火器材。 5）配备有可靠的通信设施。	现场查看

序号	检查重点	标 准 要 求	检查方法
2	除尘系统、空压机要求	**1. 水利行业标准《水利水电工程施工安全管理导则》（SL 721—2015）** 9.2.5 施工单位现场的空气压缩机必须搭设防砸、防雨棚。 **2. 电力行业标准《水电水利工程施工通用安全技术规程》（DL/T 5370—2017）** 5.8.1 空气压缩站（房）应选择在基岩或土质坚硬、地势较高的地点。并应适当离开要求安静和防震要求较高的场所。 5.8.2 空气压缩机站应远离散发爆炸性、腐蚀性气体、产生粉尘的场所和生活区，并做好防火、防洪、防高温等各项措施。 5.8.4 机房宜设置排风、降温设施。 5.8.6 机组之间应有足够的宽度，一般不少于2.5m～3m，机组一侧与墙之间的距离不小于2.5m，另一侧应有宽敞的空地。 5.8.8 空气压缩机的安全阀、压力表、空气阀、调压装置，应齐全、灵敏、可靠，并按有关规定进行定期检验和标定。 5.8.9 储气罐应符合以下要求： 1）储气罐罐体应符合国家有关压力容器的规定。 2）安装在机房外，距离不小于2.5m～3m。 3）应安装安全阀，该阀全开时的通气量应大于空气压缩机排气量。 4）罐与供气总管之间应装设切断阀门。 5）储气罐应定期检验和进行压力试验。 5.8.13 移动式空气压缩机应停放在牢固基础上，并设防雨、防晒棚和隔离护栏等设施。 5.8.14 供风管道布设在道路、设施的边缘，联接牢固，标志清楚，通过道路、作业场地时宜采用埋设	1. 现场查看。 2. 对检查标准所列数据现场用米尺进行测量、核验
3	半成品与成品料堆场、挡墙要求	**1. 水利行业标准《水利水电工程土建施工安全技术规程》（SL 399—2007）** 5.1.4 当砂石料料堆起拱堵塞时，严禁人员直接站在料堆上进行处理。应根据料物粒径、堆料体积、堵塞原因采取相应措施进行处理。 **2. 电力行业标准《水电水利工程施工安全防护设施技术规范》（DL 5162—2013）** 3.4.1 施工用各种库房、加工车间、生活营地及办公用房等临建设施，应布置在不受山洪、江洪、滑坡、塌方及危石等威胁的区域，基础坚固，稳定性好，周围排水畅通。 **3. 电力行业标准《水电水利工程土建施工安全技术规程》（DL/T 5371—2007）** 6.1.1 凡从事地基与基础工程的施工人员，应经过安全生产教育，熟悉本专业和相关专业安全技术操作规程，并自觉遵守	现场查看
4	水泵站（房）、蓄水池等要求	**电力行业标准《水电水利工程施工安全防护设施技术规范》（DL 5162—2013）** 3.7.1 水泵站（房）应符合以下要求： 1）基础稳固、岸坡稳定，水泵机组应牢固地安装在基础上。 2）应配备防洪器材及救生衣等救生设施。 3）应配备可靠的通信设施。	1. 现场查看。 2. 对检查标准所列数据现场用米尺进行测量、核验

序号	检查重点	标　准　要　求	检查方法
4	水泵站（房）、蓄水池等要求	4）泵房内应有足够的通道，机组间距应不小于0.80m，泵房门应朝外打开。 **3.7.4** 蓄水池的布设应符合以下要求： 1）地基稳固，边坡稳定，排水排污畅通。 2）应设有指示灯、报警器等极限水位警示连锁装置。 3）水池和池间通道的边缘应设有钢防护栏杆。 4）在寒冷地区应设有防冻设施。 5）供生活用水水池应设有高度不低于2.00m的实体围墙	
5	给、排水管路要求	**电力行业标准《水电水利工程施工安全防护设施技术规范》（DL 5162—2013）** **3.7.6** 给、排水管路采用柔性材料时应有防脱、防爆等措施。 **5.1.10** 应设置专用排水沟或排水管处理洗砂、洗泥等废水	现场查看

五、检修作业

对于砂石料加工系统的破碎机、皮带机、筛分机等机械设备，在使用过程中需要日常检修维护，因此设备检修工作也是砂石料生产的主要工作内容之一，其中的高处作业、焊接作业、起重作业、受限空间作业等是安全管理的重点。

在现场检查时，应结合重点检修作业检查作业票情况，如高处作业、有限空间、临时用电等作业在施工前应办理作业许可，并根据作业许可检查现场施工过程中安全防控措施落实情况，如设备检修须关闭设备电源开关，并挂上"正在检修，禁止合闸"安全警示牌，做到谁挂牌谁取牌；动火作业、有限空间作业须在作业现场配备相应的应急物资、安排专人在现场负责监护等。下料斗堵料检修时，禁止人工破拱下料，确需人工破拱时，必须采取可靠的安全措施，设专人进行安全监护。

第十二章

爆 破 作 业

第一节 概述

一、术语或定义

（1）爆破：指利用炸药爆炸瞬时释放的能量，使介质压缩、松动、破碎或抛掷等，以达到开挖或拆毁目的的手段。

（2）爆破作业人员：指从事爆破作业的工程技术人员、爆破员、安全员和保管员。

（3）爆破器材：为工业炸药、起爆器材和器具的统称。

（4）盲炮：指因各种原因未能按设计起爆，造成药包拒爆的装药或部分装药。

（5）爆破振动：指爆破引起传播介质沿其平衡位置作直线或曲线往复运动的过程。

二、主要检查要求综述

爆破作业安全检查主要是对爆破器材的采购、运输、储存、领用退库、检验、销毁等环节管理情况以及爆破作业时作业环境、装药、警戒、起爆、爆后安全检查、盲炮处理等作业活动进行检查，确认这些要素是否符合相关标准、规程、规范和规定的要求，避免民用爆炸物品丢失及火灾、爆炸等事故的发生。

第二节 爆破器材

爆破器材安全检查重点、要求及方法见表 2-12-1。

表 2-12-1　　　　　　　　爆破器材安全检查重点、要求及方法

序号	检查重点	标 准 要 求	检查方法
1	爆破器材的采购管理要求	**1.《民用爆炸物品安全管理条例》（国务院令 第 466 号）** 第十九条　民用爆炸物品销售企业持《民用爆炸物品销售许可证》到工商行政管理部门办理工商登记后，方可销售民用爆炸物品。 第二十二条　民用爆炸物品使用单位申请购买民用爆炸物品的，应当向所在县级人民政府公安机关提出购买申请。受理申请的公安机关应当自受理申请之日起 5 日内对提交的有关材料进行审查，对符合条件的，核发"民用爆炸物品购买许可证"。	1. 查阅销售单位"民用爆炸物品销售许可证"。 2. 查阅使用单位"民用爆炸物品购买许可证"

序号	检查重点	标 准 要 求	检查方法
1	爆破器材的采购管理要求	**2. 国家标准《爆破安全规程》（GB 6722—2014）** 14.1.1.1 爆破器材应办理审批手续后持证购买，并按制定线路运输	
2	爆破器材的运输管理要求	**1.《民用爆炸物品安全管理条例》（国务院令 第 466 号）** 第二十七条 运输民用爆炸物品的，应当凭"民用爆炸物品运输许可证"，按照许可的品种、数量运输。 **2. 国家标准《爆破安全规程》（GB 6722—2014）** 14.1.1.3 运输爆破器材应使用专用车船。 14.1.1.6 当需要将雷管与炸药装载在同一运输车内运输时，应采用符合有关规定的专用的同载车运输。 14.1.6.4 用人工搬运爆破器材时，不应一人同时携带雷管和炸药；雷管和炸药应分别放在专用背包（木箱）内，不应放在衣袋内	1. 查阅使用单位"民用爆炸物品运输许可证"。 2. 查阅运输爆破器材的车辆情况。 3. 现场检查爆破器材搬运人员情况
3	爆破器材的储存管理要求	**1.《民用爆炸物品安全管理条例》（国务院令 第 466 号）** 第四十条 民用爆炸物品应当储存在专用仓库内，并按照国家规定设置技术防范措施。 **2. 国家标准《土方与爆破工程施工及验收规范》（GB 50201—2012）** 5.1.6 爆破器材临时储存必须得到当地相关行政主管部门的许可。 **3. 国家标准《爆破安全规程》（GB 6722—2014）** 14.2.1.2 爆破器材应贮存在爆破器材库内，任何个人不得非法贮存爆破器材。 **4. 公共安全行业标准《民用爆炸物品储存库治安防范要求》（GA 837—2009）** 4.2.2 应安装具有联网报警功能的入侵报警、视频监控等技术手段的防范系统，其中，库房应安装入侵报警、视频监控装置；库区及重要通道应安装周界报警、视频监控装置。 4.3.8 储存库实行 24h 专人值守，每班值班守护人员不少于 3 人，其中 1 人值守报警值班室。 4.5.1 库区应配备 2 条（含）以上看护犬。 **5. 水利行业标准《水利水电工程施工通用安全技术规程》（SL 398—2007）** 8.3.4 爆破器材应按下列规定堆垛：宽度宜小于 5m，垛与垛之间宽度宜为 0.7～0.8m，垛与墙壁之间应有 0.4m 的空隙，炸药堆垛高度宜为 1.6m。爆破材料不应直接堆放在地面上，应采用方木和垫板垫高 20cm。库房内严禁火种。 8.5.3 各种爆破器材库之间及仓库与临时存放点之间的距离，应大于相应的殉爆安全距离。各种爆破作业中，不同时起爆的药包之间的距离，也应满足不殉爆的要求。	1. 现场检查使用单位民用爆炸物品储存库设置情况。 2. 现场检查民用爆炸物品库房治安防范情况： （1）查看是否设置周界报警、视频监控装置。 （2）查看库房人员配置。 （3）查看库房犬防措施。 （4）现场检查警示标识设置情况。 3. 现场检查使用单位民用爆炸物品储存库爆破器材堆存情况
4	爆破器材的领用、退库管理要求	**1. 国家标准《土方与爆破工程施工及验收规范》（GB 50201—2012）** 5.1.4 爆破工程所用的爆破器材，应根据使用条件选用，并符合国家标准或行业标准。严禁使用过期、变质的爆破器材，严禁擅自配置炸药。	1. 检查爆破器材的领用、退库记录（①核查出入库记录与爆破设计等是否相符；②爆破器材是否按出厂时间和有效期先后顺序发放）。

序号	检查重点	标 准 要 求	检查方法
4	爆破器材的领用、退库管理要求	**2. 国家标准《爆破安全规程》（GB 6722—2014）** **14.3.2.3** 变质的过期的和性能不详的爆破器材，不应发放使用。 **14.3.2.4** 爆破器材应按出厂时间和有效期的先后顺序发放使用。 **14.3.2.6** 爆破器材的发放应在单独的发房间（发放硐室）里进行，不应在库房硐室或壁槽内发放。 **3. 水利行业标准《水利水电工程施工通用安全技术规程》（SL 398—2007）** **8.3.5** 爆破器材领用 ——使用爆破器材应遵守严格的领取、清退制度。领取数量不应超过当班使用量，剩余的要当天退回。 ——应指定专人（爆破员）负责爆破器材的领取工作，禁止非爆破员领取爆破器材。 ——严禁任何单位和个人私拿、私用、私藏、赠送、转让、转卖、转借爆破器材。严禁使用爆破器材炸鱼、炸兽。 ——严禁使用非标准和过期产品，选用爆破器材要适合环境的要求	2. 现场检查爆破器材发放间（主要查看发放间是否单独设置）
5	爆破器材的检验管理要求	**1. 国家标准《土方与爆破工程施工及验收规范》（GB 50201—2012）** **5.1.9** 现场使用的起爆设备和检测仪表，应定期检查标定，确保性能良好。 **5.1.11** 爆破器材的现场检测、加工必须在符合安全要求的场所进行。 **2. 国家标准《爆破安全规程》（GB 6722—2014）** **6.3.1.1** 爆破工程使用的炸药、雷管、导爆管、导爆索、电线、起爆器、量测仪表均应作现场检测，检测合格后方可使用。 **14.3.3.2** 爆破器材的外观检验应由保管员负责定期抽样检查。 **14.3.3.4** 对新入库的爆破器材，应抽样进行性能检验；有效期内的爆破器材，应定期进行主要性能检验	1. 查阅相关检查和检验记录。 2. 现场检查爆破器材外观情况
6	爆破器材的销毁管理要求	**1. 国家标准《土方与爆破工程施工及验收规范》（GB 50201—2012）** **5.1.5** 施工单位必须按规定处置不合格及剩余的爆破器材。 **2. 国家标准《爆破安全规程》（GB 6722—2014）** **14.3.4.1** 经过检验，确认失效及不符合国家标准或技术条件要求的爆破器材，均应退回原发放单位销毁。 **3. 水利行业标准《水利水电工程施工通用安全技术规程》（SL 398—2007）** **8.3.6** 对运输、保管不当，质量可疑及储存过期的爆炸器材，均应按有关规定进行检验。经检验变质和过期失效的不合格爆破器材，应及时清理出库，予以销毁。销毁前要登记造册，提出实施方案，报上级主管部门批准，并向所在地县、市公安局备案，在县、市公安局指定的适当地点妥善销毁。销毁后应有两名以上销毁人员签名，并建立台账及销毁档案	查阅爆破器材销毁台账及档案

第三节 爆破作业

爆破作业安全检查重点、要求及方法见表 2-12-2。

表 2-12-2　　　　　　　爆破作业安全检查重点、要求及方法

序号	检查重点	标 准 要 求	检查方法
1	爆破作业单位及人员资质	1.《民用爆炸物品安全管理条例》（国务院令 第 466 号） 　　第三十二条　营业性爆破作业单位持《爆破作业单位许可证》到工商行政管理部门办理工商登记后，方可从事营业性爆破作业活动。 　　第三十三条　爆破作业单位应当对本单位的爆破作业人员、安全管理人员、仓库管理人员进行专业技术培训。爆破作业人员应当经设区的市级人民政府公安机关考核合格，取得《爆破作业人员许可证》后，方可从事爆破作业。 　　第三十四条　爆破作业单位应当按照其资质等级承接爆破作业项目，爆破作业人员应当按照其资格等级从事爆破作业。 2. 国家标准《土方与爆破工程施工及验收规范》（GB 50201—2012） 5.1.1　承接爆破工程的施工企业，必须具有行政主管部门审批核发的爆破施工企业资质证书、安全生产许可证书及爆破作业许可证书，爆破作业人员应按核定的作业级别、作业范围持证上岗	1. 查阅爆破作业单位许可证（登录中国爆破行业协会——爆破从业单位查询 http://www.cseb.org.cn/）。 　爆破作业人员许可证（登录中国爆破网查询 http://www.cbsw.cn/）。 2. 查阅爆破作业相关记录资料
2	爆破作业施工方案编制情况	1. 国家标准《土方与爆破工程施工及验收规范》（GB 50201—2012） 5.1.3　爆破工程应编制专项施工方案，方案应依据有关规定进行安全评估，并报经所在地公安部门批准后，再进行爆破作业。 2. 国家标准《爆破安全规程》（GB 6722—2014） 8.1.9　在城市，大海、河流，湖泊、水库、地下积水下方及复杂地质条件下实施地下爆破时，应作专项安全设计并应有切实可行的应急预案。 3. 水利行业标准《水利水电工程施工通用安全技术规程》（SL 398—2007） 8.5.1　爆破作业设计时，爆炸源与人员和其他保护对象之间的安全允许距离应按爆破各种有害效应（地震波、冲击波、个别飞石等）分别核定，并取最大值。 8.5.7　为防止房屋、建筑物、岩体等因爆破震动而受到损坏，应按照允许振速确定安全距离	查阅爆破作业专项施工方案、爆破振动监测资料；针对城市，大海、河流，湖泊、水库、地下积水下方及复杂地质条件下实施地下爆破时专项施工方案及应急预案
3	爆破作业环境	1. 国家标准《爆破安全规程》（GB 6722—2014） 6.1.3　露天和水下爆破装药前，应与当地气象、水文部门联系，及时掌握气象、水文资料，遇以下恶劣气候和水文情况时，应停止爆破作业，所有人员应立即撤离到安全地点。 　　——热带风暴或台风即将来临时。 　　——雷电、暴雨雪来临时。 　　——大雾天气或沙尘暴，能见度不超过100m时。 　　——现场风力超过8级，浪高大于1.0m时或水位暴涨暴落时。	查阅爆破作业日志等记录或现场查看爆破作业环境

序号	检查重点	标　准　要　求	检查方法
3	爆破作业环境	**2. 国家标准《土方与爆破工程施工及验收规范》（GB 50201—2012）** **5.1.7** 在爆破作业区域内有两个及以上爆破施工单位同时实施爆破作业时，必须由建设单位负责统一协调指挥。 **5.1.8** 爆破区域的杂散电流大于 30mA 时，宜采用非电起爆系统。使用电雷管在遇雷电和暴风雨时，应立刻停止爆破作业，将已连接好的各主、支网线端头解开，并将导线短路或断路，用绝缘胶布包紧裸露的接头后，迅速撤离爆破危险区并设置警戒。 **5.1.14** 露天爆破当遇浓雾、大雨、大风、雷电等情况均不得起爆，在视距不足或夜间不得起爆。 **3. 国家标准《爆破安全规程》（GB 6722—2014）** **8.2.1** 用爆破法贯通巷道，两工作面相距 15m 时，只准从一个工作面向前掘进，并应在双方通向工作面的安全地点设置警戒，待双方作业人员全部撤至安全地点后，方可起爆。 **8.2.2** 间距小于 20m 的两个平行巷道中的一个巷道工作而需进行爆破时，应通知相邻巷道工作面的作业人员撤到安全地点。 **8.2.3** 独头巷道掘进工作面爆破时，应保持工作面与新鲜风流巷道之间畅通，爆破后，作业人员进入工作而之前，应进行充分通风。 **4. 水利行业标准《水利水电工程施工通用安全技术规程》（SL 398—2007）** **8.4.5** 夜间无照明、浓雾天、雷雨天和 5 级以上风（含 5 级）等恶劣天气，均不应进行露天爆破作业。 **8.4.24** 地下井挖，洞内空气含沼气或二氧化碳浓度超过 1% 时，禁止进行爆破作业	
4	爆破作业装药	**1. 国家标准《土方与爆破工程施工及验收规范》（GB 50201—2012）** **5.1.12** 爆破作业人员应按爆破设计进行装药，当需调整时，应征得现场技术负责人员同意并作好变更记录。在装药和填塞过程中，应保护好爆破网线；当发生装药阻塞，严禁用金属杆（管）捣捅药包。爆前应进行网路检查，在确认无误的情况下再起爆。 **2. 国家标准《爆破安全规程》（GB 6722—2014）** **6.5.1** 从炸药运入现场开始，应划定装药警戒区，警戒区内禁止烟火，并不得携带火柴、打火机等火源进入警戒区域；采用普通电雷管起爆时，不得携带手机或其他移动式通讯设备进入警戒区。 **3. 电力行业标准《水电水利工程爆破施工技术规范》（DL/T 5135—2013）** **3.1.9** 炮孔装药后应采用土壤、细砂或其他混合物堵塞，严禁使用块状、可燃的材料堵塞。 **4. 水利行业标准《水利水电工程施工通用安全技术规程》（SL 398—2007）** **8.4.11** 装药时，严禁将爆破器材放在危险地段或机械设备和电源、火源附近。 **8.4.12** 在下列情况下，禁止装药：炮孔位置、角度、方向、深度不符合要求；孔内岩粉未按要求清除；孔内温度超过 35℃；炮区内的其他人员未撤离。	现场检查爆破作业装药情况： （1）查看装药现场是否警戒，是否设置警示标识牌。 （2）查看炮棍材质是否符合要求。 （3）查看人员着装、是否携带电子产品等

续表

序号	检查重点	标 准 要 求	检查方法
4	爆破作业装药	**8.4.13** 装药和堵塞应使用木、竹制作的炮棍。严禁使用金属棍棒装填。 **8.4.27** 炮孔装药与堵塞，应遵守下列规定：炮孔的装药结构、药卷直径，应符合设计要求；爆破炮孔，四周的大块石应首先清除；深孔装药可用提绳将药放入孔中，药卷不应直接抛掷入孔；禁止将起爆药包从孔中拔出或拉出；利用机械装药不宜采用电力起爆，若应采用时，应使用抗静电雷管，并应有相应安全措施，以防静电引起早爆；炮孔堵塞物应采用土壤、细砂或其他混合物。严禁使用块状的及可燃的材料；除扩药壶外，禁止采用不堵塞炮孔的爆破方法；装药和堵塞过程中，均须谨慎保护导爆索、导爆管以及连接件等；严禁边打孔边装药；进行深孔的装药、堵塞作业时，应有爆破技术人员在现场进行技术指导和监督；各种爆破作业都应做好装药原始记录	
5	爆破作业警戒	**1. 国家标准《爆破安全规程》（GB 6722—2014）** **6.7.1** 装药警戒范围由爆破技术负责人确定，装药时应在警戒区边界设置明显标识并派出岗哨；爆破警戒范围由设计确定，在危险区边界，应设有明显标识，并派出岗哨。 **6.7.2** 预警信号、起爆信号、解除信号均应使爆破警戒区域及附近人员能清楚地听到或看到。 **2. 电力行业标准《水电水利工程爆破施工技术规范》（DL/T 5135—2013）** **3.1.11** 爆破前，按照爆破设计确定的危险区边界设置明显标志，规定爆破时间和信号，在爆破时应安排岗哨警戒。 **3. 水利行业标准《水利水电工程施工通用安全技术规程》（SL 398—2007）** **8.4.16** 暗挖放炮，自爆破器材进洞开始，即通知有关单位施工人员撤离，并在安全地点设警戒员。禁止非爆破工作人员进入	现场检查爆破作业警戒的标识标志等
6	爆破作业起爆	**1. 国家标准《爆破安全规程》（GB 6722—2014）** **6.4.8** 起爆网路检查，应由有经验的爆破员组成的检查组担任，检查组不得少于两人；大型或复杂起爆网路检查应由爆破工程技术人员组织实施。 **2. 电力行业标准《水电水利工程爆破施工技术规范》（DL/T 5135—2013）** **3.1.12** 爆破作业应统一起爆时间，由爆破负责人统一指挥；几个临近工作面进行爆破作业时，应选择好起爆顺序，不得出现同时起爆。 **3. 水利行业标准《水利水电工程施工通用安全技术规程》（SL 398—2007）** **8.4.19** 起爆药包应根据每次爆破需要量进行加工，不应存放、积压，加工起爆药包应在专用的加工房内进行。 **8.4.20** 加工起爆药包所使用的炸药、雷管、导火索、传爆线，应是经过检验合格的产品，电力起爆时，同一网路应使用同厂同型号的电雷管。 **8.4.30** 雷雨天严禁采用电爆网路	查阅爆破专项施工方案及爆破记录，或现场检查爆破作业情况

序号	检查重点	标 准 要 求	检查方法
7	爆破作业爆后检查	**1. 国家标准《土方与爆破工程施工及验收规范》（GB 50201—2012）** **5.1.13** 实施爆破后应进行安全检查，检查人员进入爆破区发现盲炮及其他险情应及时上报，根据实际情况按规定处理。 **2. 电力行业标准《水电水利工程爆破施工技术规范》（DL/T 5135—2013）** **3.1.13** 明挖爆破时，应在爆破后5min进入工作面；当不能确认有无盲炮时，应在爆破后15min进入工作面；地下洞室爆破应在爆破后15min，并经检查确认洞室内空气合格后，方可准许人员进入工作面；拆除爆破应等待倒塌建（构）筑物和保留建（构）筑物稳定后，方可准许人员进入现场	查阅爆破记录资料，或现场检查爆破作业情况
8	爆破作业盲炮处理	**1. 国家标准《爆破安全规程》（GB 6722—2014）** **6.9.1** 处理盲炮前应由爆破技术负责人定出警戒范围，并在该区域边界设置警戒，处理盲炮时无关人员不许进入警戒区；应派有经验的爆破员处理盲炮，硐室爆破的盲炮处理应由爆破工程技术人员提出方案并经单位技术负责人批准；电力起爆网路发生盲炮时，应立即切断电源，及时将盲炮电路短路；导爆索和导爆管起爆网路发生盲炮时，应首先检查导爆索和导爆管是否有破损或断裂，发现有破损或断裂的可修复后重新起爆，严禁强行拉出炮孔中的起爆药包和雷管；盲炮处理后，应再次仔细检查爆堆，将残余的爆破器材收集起来统一销毁，在不能确认爆堆无残留的爆破器材之前，应采取预防措施并派专人监督爆堆挖运作业；盲炮处理后应由处理者填写登记卡片或提交报告，说明产生盲炮的原因、处理的方法、效果和预防措施。 **2. 水利行业标准《水利水电工程施工通用安全技术规程》（SL 398—2007）** **8.4.33** 处理盲炮时，应遵守下列规定：发现或怀疑有盲炮时，应立即报告，并在其附近设立标志，派人看守，并采取相应的安全措施；处理盲炮应派有经验的炮工进行；处理时，无关人员严禁在场，危险区内严禁进行其他工作；严禁掏出或拉出起爆药包；发生电炮盲炮时，应及时将盲炮电路短路；盲炮处理后，应仔细检查爆堆，并将残余的爆破器材收集起来，未判明有无残药前，应采取预防措施；处理裸露爆破的盲炮时，可用手小心地去掉部分封泥，安置起爆雷管重新封泥起爆	1. 查阅相关爆破日志及盲炮处理登记卡或报告。 2. 查阅盲炮处理是否制定专项方案及安全措施。 3. 现场查看盲炮处理是否划定警戒范围。 4. 现场查看盲炮处理过程中操作人员是否按照操作规程规范作业

第十三章

输变电工程施工

第一节 概述

输电线路是联络各发电厂、变电站（所）使之并列运行，实现电力系统联网和功率传递任务的输送通道。目前采用的输电线路有两种：一种是电力电缆，一种是架空线路。架空输电线路一般由基础、杆塔、架空导地线及其附属设施组成。

架空输电线路施工面临诸多安全风险，可能导致触电、火灾、高处坠落、中毒、窒息、坍塌、机械伤害、起重伤害、爆炸等伤害后果。本节的目的是使各级单位输变电工程建设管理部门人员，能够快速掌握输变电工程建设安全管理重点和检查方法，坚持高标准、严要求、硬约束，推动输变电工程建设安全工作持续提升，降低施工安全风险。

第二节 个人安全防护

一、安全帽

安全帽检查重点、要求及方法见表 2－13－1。

表 2－13－1 安全帽检查重点、要求及方法

序号	检查重点	标 准 要 求	检查方法
1	安全帽使用要求、外观检查	国网企业标准《电力建设安全工作规程 第 2 部分：线路 》（Q/GDW 11957.2—2020） 8.4.2.1 安全帽要求： a）永久标识和产品说明等标识清晰完整，安全帽的帽壳、帽衬（帽箍、吸带、缓冲垫及衬带）、帽箍扣、下颏带等组件完好无缺失。 b）帽壳内外表面应平整光滑，无划痕、裂缝和孔洞，无灼伤、冲击痕迹。 c）帽衬与帽壳联接牢固，后箍、锁卡等开闭调节灵活，卡位牢固。 d）使用期从产品制造完成之日起计算：塑料和纸胶帽不得超过2 年半；玻璃钢（维纶钢）橡胶帽不超过 3 年半。使用期满后，要进行抽查测试合格后方可继续使用，抽检时，每批从最严酷使用场合中抽取，每项试验试样不少于 2 顶，以后每年抽检一次，有 1 顶不合格则该批安全帽报废。	现场检查

序号	检查重点	标 准 要 求	检查方法
1	安全帽使用要求、外观检查	e) 任何人员进入生产、施工现场应正确佩戴安全帽。针对不同的生产场所,根据安全帽产品说明选择适用的安全帽。 f) 安全帽戴好后,应将帽箍扣调整到合适的位置,锁紧下颚带,防止作业中前倾后仰或其他原因造成滑落。 g) 受过一次强冲击或做过试验的安全帽不能继续使用,应予以报废	

二、安全带

安全带检查重点、要求及方法见表 2-13-2。

表 2-13-2 安全带检查重点、要求及方法

序号	检查重点	标 准 要 求	检查方法
1	安全带使用要求、外观检查	**1. 电力行业标准《电力建设安全工作规程 第 2 部分:电力线路》(DL 5009.2—2013)** **3.3.1 高处作业** 5 高处作业时,作业人员必须正确使用安全带。 6 高处作业时,宜使用全方位防冲击安全带,并应采用速差自控器等后备保护设施。安全带及后备防护设施应固定在构件上,不宜低挂高用。高处作业过程中,应随时检查扣结绑扎的牢靠情况。 7 安全带在使用前应进行检查是否在有效期,是否有变形、破裂等情况,不得使用不合格的安全带。 9 高处作业人员在攀登或转移作业位置时不得失去保护。杆塔上水平转移时应使用水平绳或设置临时扶手,垂直转移时应使用速差自控器或安全自锁器等装置。杆塔设计时应提供安全保护设施的安装用孔或装置。 **2. 国网企业标准《电力建设安全工作规程 第 2 部分:线路》(Q/GDW 11957.2—2020)** **8.4.2.2 安全带要求** a) 商标、合格证和检验证等标识清晰完整,各部件完整无缺失、无伤残破损。 b) 腰带、围杆带、肩带、腿带等带体无灼伤、脆裂及变形,表面不应有明显磨损及切口;围杆绳、安全绳无灼伤、脆裂、断股及霉变,各股松紧一致,绳子应无扭结;护腰带接触腰的部分应垫有柔软材料,边缘圆滑无角。 c) 金属配件表面光洁,无裂纹、无严重锈蚀和目测可见的变形,配件边缘应呈圆弧形;金属环类零件不得使用焊接,不应留有开口。 d) 金属挂钩等连接器应有保险装置,应在两个及以上明确的动作下才能打开,且操作灵活钩体和钩舌的咬口应完整,两者不得偏斜。各调节装置应灵活可靠。 e) 安全带穿戴好后应仔细检查连接扣或调节扣,确保各处绳扣连接牢固。 f) 在电焊作业或其他有火花、熔融源等场所使用的安全带或安全绳应有隔热防磨套。 g) 安全带的挂钩或绳子应挂在结实牢固的构件或挂安全带专用的钢丝绳上,并应采用高挂低用的方式。 h) 不得将安全带系在移动或不牢固的物体上(如瓷横担、未经固定的转动横担、线路支柱绝缘子等)	现场检查

三、速差自控器

速差自控器安全检查重点、要求及方法见表 2-13-3。

表 2-13-3　　　　　　速差自控器安全检查重点、要求及方法

序号	检查重点	标　准　要　求	检查方法
1	速差自控器使用要求、外观检查	国网企业标准《电力建设安全工作规程 第 2 部分：线路》（Q/GDW 11957.2—2020） **8.4.2.5** 速差自控器要求： 　a）速差自控器的各部件完整无缺失、无伤残破损，外观应平滑，无材料和制造缺陷，无毛刺和锋利边缘。 　b）钢丝绳速差器的钢丝应绞合均匀紧密，不得有叠痕、突起、折断、压伤、锈蚀及错乱交叉的钢丝。 　c）用手将速差自控器的安全绳（带）进行快速拉出，速差自控器应能有效制动并完全回收。 　d）速差自控器应系在牢固的物体上，不得系挂在移动或不牢固的物件上。不得系在棱角锋利处。速差自控器拴挂时不得低挂高用。 　e）使用时应认真查看速差自控器防护范围及悬挂要求。 　f）速差自控器应连接在人体前胸或后背的安全带挂点上，移动时应缓慢，不得跳跃。 　g）不得将速差自控器锁止后悬挂在安全绳（带）上作业	现场检查

四、攀登自锁器

攀登自锁器安全检查重点、要求及方法见表 2-13-4。

表 2-13-4　　　　　　攀登自锁器安全检查重点、要求及方法

序号	检查重点	标　准　要　求	检查方法
1	攀登自锁器使用要求、外观检查	国网企业标准《电力建设安全工作规程 第 2 部分：线路》（Q/GDW 11957.2—2020） **8.4.2.6** 攀登自锁器要求： 　a）自锁器各部件完整无缺失，本体及配件应无目测可见的凹凸痕迹。本体为金属材料时，无裂纹、变形及锈蚀等缺陷，所有铆接面应平整、无毛刺，金属表面镀层应均匀、光亮，不允许有起皮、变色等缺陷；本体为工程塑料时，表面应无气泡、开裂等缺陷。 　b）自锁器上的导向轮转动灵活，无卡阻、破损等缺陷。 　c）使用时应查看自锁器安装箭头，正确安装自锁器。 　d）自锁器与安全带之间的连接绳不应大于 0.5m，自锁器应连接在人体前胸或后背的安全带挂点上。 　e）在导轨（绳）上手提自锁器，自锁器在导轨（绳）上应运行顺滑，不应有卡住现象，突然释放自锁器，自锁器应能有效锁止在导轨（绳）上。 　f）不得将自锁器锁止在导轨（绳）上作业	现场检查

第三节　杆塔施工

组塔前，基础混凝土强度应满足 GB 50233—2014《110～750KV 架空输电线路施工

及验收规范》要求："7.2.1 分解组立铁塔时，基础混凝土的抗压强度必须达到设计强度的70％。7.2.21 整体立塔时，基础混凝土的抗压强度应达到设计强度的100％"。

一、角钢塔（钢管塔）施工

（一）机动绞磨、卷扬机

机动绞磨、卷扬机为起重时用于牵引钢丝绳的动力设备，适用于线路施工中组立杆塔，牵引吊装重物。具有机动灵活，制动可靠的特点。

机动绞磨、卷扬机安全检查重点、要求及方法见表2-13-5。

表2-13-5　　　　　　　　机动绞磨、卷扬机安全检查重点、要求及方法

序号	检查重点	标 准 要 求	检查方法
1	机动绞磨、卷扬机使用要求	**1. 电力行业标准《输变电工程用绞磨》（DL/T 733—2014）** **4.2.1** 机动绞磨应水平放置，且可靠锚固。 **4.2.3** 钢丝绳的选用应符合 GB 8918 或 GB/T 20118 的规定。钢丝绳的使用及报废应按照 GB/T 5972 的规定执行。 **4.2.4** 牵引时钢丝绳在磨芯上应不重叠。 **4.2.5** 使用时，钢丝绳牵引方向与磨芯轴线的夹角宜为 90°±5°。进绳端应靠近变速箱侧，进、出绳端均应从磨芯下部进出。钢丝绳在卷筒上的缠绕应不少于 5 圈。 **4.2.6** 当牵引钢丝绳长度超过 500m 时，宜配套使用钢丝绳辅助绕绳装置。 **2. 电力行业标准《电力建设安全工作规程 第2部分：电力线路》（DL 5009.2—2013）** **3.4.14** 机动绞磨和卷扬机 　1 绞磨和卷扬机应放置平稳，锚固应可靠，并有防滑动措施。受力前方不得有人。 　2 拉磨尾绳不应少于2人，且应位于锚桩后面、绳圈外侧，不得站在绳圈内。 　3 机动绞磨宜设置过载保护装置。不得采用松尾绳的方法卸荷。 　4 卷筒应与牵引绳保持垂直。牵引绳应从卷筒下方卷入，且排列整齐，通过磨心时不得重叠或相互缠绕，在卷筒或磨心上缠绕不得少于5圈，绞磨卷筒与牵引绳最近的转向滑车应保持5m以上的距离。 　5 机动绞磨和卷扬机不得带载荷过夜。 　6 拖拉机绞磨两轮胎应在同一水平面上，前后支架应均衡受力。 　7 作业中，人员不得跨越正在作业的卷扬钢丝绳。物件提升后，操作人员不得离开机械。 　8 被吊物件或吊笼下面不应有人员停留或通过。 　9 卷扬机的使用应遵守下列规定： 　1）作业前应进行检查和试车，确认卷扬机设置稳固，防护设施完备。 　2）作业中如发现异响、制动不灵等异常情况时，应立即停机检查，排除故障后方可使用。 　3）卷扬机未完全停稳时不得换挡或改变转动方向。 　4）设置导向滑车应对正卷筒中心。导向滑轮不得使用开口拉板式滑轮。滑车与卷筒的距离不应小于卷筒（光面）长度的20倍，与有槽卷筒的距离不应小于15倍，且应不小于15m	现场检查

续表

序号	检查重点	标　准　要　求	检查方法
2	机动绞磨、卷扬机布置要求	国网企业标准《电力建设安全工作规程 第 2 部分：线路》（Q/GDW 11957.2—2020） 附录 H　H.4 风险编号 04080303 绞磨应放置在主要吊装面侧面，当塔全高大于 33m 时，绞磨距塔中心的距离不应小于 40m，当塔全高小于或等于 33m 时，绞磨距塔中心的距离不应小于铁塔全高的 1.2 倍，绞磨排设位置应平整，放置平稳。场地不满足要求时，增加相应的安全措施	米尺测量

（二）架空输电线路组塔施工抱杆

架空输电线路组塔施工抱杆指在输电线路施工中通过绞磨、卷扬机、牵引机等驱动机构牵引连接在承力结构上的绳索而达到提升、移动、安装杆塔、附件等的一种起重设备，简称抱杆。抱杆主要有单抱杆、人字抱杆、摇臂抱杆、平臂抱杆、组合式抱杆等结构形式。

架空输电线路组塔施工抱杆安全检查重点、要求及方法见表 2-13-6。

表 2-13-6　　　架空输电线路组塔施工抱杆安全检查重点、要求及方法

序号	检查重点	标　准　要　求	检查方法
1	抱杆使用要求及外观检查	**1. 电力行业标准《架空输电线路施工抱杆通用技术条件及试验方法》（DL/T 319—2018）** 5.1.5　抱杆用钢丝绳应符合 GB/T 20118 的要求，优先采用线接触型钢丝绳。 5.1.6　额定起重载荷 50kN 及以上的抱杆驱动机构不宜采用单卷筒绞磨。 5.1.7　抱杆组装后，杆体或起重臂轴向直线度偏差不得超过 L/1000（L 为抱杆杆体或起重臂长度）。 5.5.1　平臂抱杆应设置高度限位器、幅度限位器、起重量限制器、起重力矩限制器（应能显示起重载荷和幅度）、回转限位缓冲装置、风速仪、小车防断绳和防断轴装置、终端缓冲装置，允许多臂同时起吊的平臂抱杆应设置起重力矩差限制器。 5.5.2　摇臂抱杆宜按 5.5.1 要求设置相应的安全装置。 5.5.3　起重量限制器、起重力矩限制器、起重力矩差限制器，达到 90% 额定起重载荷时，应有声光报警。 5.5.7　摇臂抱杆应设置臂架低位置和臂架高位置的幅度限位开关，以及吊钩防冲顶装置。 5.5.8　所有电控柜及电气设备的金属外壳均应可靠接地，其接地电阻不宜大于 10Ω。 5.5.9　主回路、控制电路、所有电气设备的相间绝缘电阻和对地绝缘电阻不应小于 0.5MΩ。 **2. 电力行业标准《电力建设安全工作规程 第 2 部分：电力线路》（DL 5009.2—2013）** **3.4.19　抱杆** 2　抱杆连接螺栓应按规定使用，不得以小代大。 4　抱杆帽和其他配件表面有裂纹、螺纹变形或螺栓缺少不得使用	1. 现场检查。 2. 接地电阻测试仪测试。 3. 绝缘电阻测试仪测试

序号	检查重点	标 准 要 求	检查方法
2	抱杆、承托绳及拉线布置要求	电力行业标准《电力建设安全工作规程 第2部分：电力线路》（DL 5009.2—2013） 6.7 内悬浮内（外）拉线抱杆分解组塔 6.7.1 承托绳的悬挂点应设置在有大水平材处的塔架断面处，若无大水平材时应验算塔架强度，必要时应采取补强措施。 6.7.2 承托绳应绑扎在主材节点的上方。承托绳与主材连接处宜设置专门夹具，夹具的握着力应满足承托绳的承载能力。承托绳与抱杆轴线间夹角不应大于45°。 6.7.3 抱杆内拉线的下端应绑扎在靠近塔架上端的主材节点下方。 6.7.4 提升抱杆宜设置两道腰环，且间距不得小于5m，以保持抱杆的竖直状态。 6.7.5 构件起吊过程中抱杆腰环不得受力。 6.7.6 应视构件结构情况在其上、下部位绑扎控制绳，下控制绳（也称攀根绳）宜使用钢丝绳。 6.7.7 构件起吊过程中，下控制绳应随吊件的上升随之松出，保持吊件与塔架间距不小于100mm。 6.8 座地摇臂抱杆分解组塔 6.8.1 抱杆组装应正直，连接螺栓的规格应符合规定，并应全部拧紧。 6.8.2 抱杆应坐落在坚实稳固平整的地基上，若为软弱地基时应采取防止抱杆下沉的措施。 6.8.3 提升抱杆不得少于两道腰环，腰环固定钢丝绳应呈水平并收紧。 6.8.4 摇臂的中部位置或非吊挂滑车位置不得悬挂起吊滑车或其他临时拉线。 6.8.5 停工或过夜时，应将起吊滑车组收紧在地面固定。不得悬吊构件在空中停留过夜。 6.8.6 抱杆采取单侧摇臂起吊构件时，对侧摇臂及起吊滑车组应收紧作为平衡拉线。 6.8.7 吊装构件前，抱杆顶部应向受力反侧适度预倾斜。构件吊装过程中，应对抱杆的垂直度进行监视，抱杆向吊件侧倾斜不宜超过100mm。 6.8.8 无拉线摇臂抱杆不宜双侧同时起吊构件。若双侧起吊构件应设置抱杆临时拉线。 6.8.9 抱杆提升过程中，应监视腰环与抱杆不得卡阻，抱杆提升时拉线应呈松弛状态。 6.8.10 抱杆就位后，四侧拉线应收紧并固定，组塔过程中应有专人值守	1. 现场检查。 2. 目测。 3. 经纬仪测量

（三）起重滑车

起重滑车是一种提升重物的简单起重机械，能够改变牵引钢索的方向，能省力的起吊或移动运转物体，广泛应用在建筑安装作业中。

起重滑车安全检查重点、要求及方法见表2-13-7。

表 2‑13‑7　　　　　　　　起重滑车安全检查重点、要求及方法

序号	检查重点	标　准　要　求	检查方法
1	起重滑车外观检查	电力行业标准《电力建设安全工作规程 第 2 部分：电力线路》（DL 5009.2—2013） 3.4.23　起重滑车 　1　滑车的缺陷不得焊补。 　2　滑车出现下述情况之一时应报废： 　1）裂纹。 　2）轮槽径向磨损量达钢丝绳名义直径的 25%。 　3）轮槽壁厚磨损量达基本尺寸的 10%。 　4）轮槽不均匀磨损量达 3mm。 　5）其他损害钢丝绳的缺陷。 　3　吊钩出现下述情况之一时应报废： 　1）裂纹。 　2）危险断面磨损量大于基本尺寸的 5%。 　3）吊钩变形超过基本尺寸的 10%。 　4）扭转变形超过 10°。 　5）危险断面或吊钩颈部产生塑性变形。 　4　在受力方向变化较大的场合或在高处使用时应采用吊环式滑车。 　5　使用开门式滑车时应将门扣锁好。采用吊钩式滑车，应有防止脱钩的钩口闭锁装置	1. 现场检查。 2. 目测。 3. 米尺测量

（四）地锚

地锚安全检查重点、要求及方法见表 2‑13‑8。

表 2‑13‑8　　　　　　　　地锚安全检查重点、要求及方法

序号	检查重点	标　准　要　求	检查方法
1	地锚检查要求	**1. 电力行业标准《电力建设安全工作规程 第 2 部分：电力线路》（DL 5009.2—2013）** 3.4.31　地锚 　1　锚体强度应满足相连接的绳索的受力要求。 　2　钢制锚体的加强筋或拉环等焊接缝有裂纹或变形时应重新焊接。 　3　木质锚体应使用质地坚硬的木料。发现有虫蛀、腐烂变质者禁止使用。 　4　地锚埋设应设专人检查验收，回填土层应逐层夯实。 **2. 国网企业标准《电力建设安全工作规程 第 2 部分：线路》（Q/GDW 11957.2—2020）** 11.1.6　临时地锚设置应遵守下列规定： 　a）采用埋土地锚时，地锚绳套引出位置应开挖马道，马道与受力方向应一致。 　b）采用角铁桩或钢管桩时，一组桩的主桩上应控制一根拉绳。 　c）临时地锚应采取避免被雨水浸泡的措施。 　d）地锚埋设应设专人检查验收，回填土层应逐层夯实。 　e）地钻设置处应避开呈软塑及流塑状态的粘性土、淤泥质土、人工填土及有地表水的土质（如水田、沼泽）等不良土质。 　f）地钻埋设时，一般通过静力（人力）旋转方式埋入土中，应尽可能保持锚杆的竖直状态，避免产生晃动，以减少对周围土体的扰动。 　g）不得利用树木或外露岩石等承力大小不明物体作为受力钢丝绳的地锚	现场检查

（五）起重机组塔

起重机组塔作业安全检查重点、要求及方法见表 2-13-9。

表 2-13-9　　　　　起重机组塔作业安全检查重点、要求及方法

序号	检查重点	标　准　要　求	检查方法
1	起重机组塔 检查要求	电力行业标准《电力建设安全工作规程 第 2 部分：电力线路》（DL 5009.2—2013） 6.9　起重机组塔 6.9.1　起重机司机应熟悉组立杆塔的吊装程序和工艺技术要求。 6.9.2　起重机作业前应对起重机进行全面检查并空载试运转。 6.9.3　起重机作业应按起重机操作规程操作。起重臂及吊件下方应划定作业区，地面应设安全监护人。 6.9.4　吊装铁塔前，应对已组塔段（片）进行全面检查。 6.9.5　吊件离开地面约 100mm 时应暂停起吊并进行检查，确认正常且吊件上无搁置物及人员后方可继续起吊，起吊速度应均匀。 6.9.6　起重机在作业中出现异常时，应采取措施放下吊件，停止运转后进行检修，不得在运转中进行调整或检修。 6.9.7　指挥人员看不清作业地点或操作人员看不清指挥信号时，均不得进行起吊作业。 6.9.8　流动式起重机组塔应遵守下列规定： 　1　起重机工作位置的地基应稳固，附近的障碍物应清除。 　2　分段吊装铁塔时，上下段间有任一处连接后，不得用旋转起重臂的方法进行移位找正。 　3　分段分片装铁塔时，控制绳应随吊件同步调整。 　4　在电力线附近组塔时，起重机应接地良好。与带电体的最小安全距离应下表规定：	现场检查

起重机械及吊件与带电体的安全距离

电压等级（kV）	安全距离（m）	
	沿垂直方向	沿水平方向
≤10	3.00	1.50
20～40	4.00	2.00
60～110	5.00	4.00
220	6.00	5.50
330	7.00	6.50
500	8.50	8.00
750	11.00	11.00
1000	13.00	13.00
±50 及以下	5.00	4.00
+400	8.50	8.00
±500	10.00	10.00
±660	12.00	12.00
±800	13.00	13.00

　5　使用两台起重机抬吊同一构件时，起重机承担的构件重量应考虑不平衡系数后且不应超过单机额定起吊重量的 80%。两台起重机应互相协调，起吊速度应基本一致

（六）钢丝绳

钢丝绳安全检查重点、要求及方法见表 2‑13‑10。

表 2‑13‑10　　　　　　　　　　钢丝绳安全检查重点、要求及方法

序号	检查重点	标　准　要　求	检查方法
1	钢丝绳选择及使用	电力行业标准《电力建设安全工作规程 第 2 部分：电力线路》（DL 5009.2—2013） 3.4.20　钢丝绳 　1　钢丝绳应具有产品检验合格证，并按现行国家标准《一般用途钢丝绳》GB/T 20118 的规定或按出厂技术数据选用。 　2　钢丝绳的安全系数、动荷系数、不均衡系数分别不得小于下表的规定：	1. 现场检查。 2. 查施工方案

钢丝绳的安全系数 K

序号	工作性质及条件	K
1	用人力绞磨起吊杆塔或收紧导、地线用的牵引绳	4.0
2	用机动绞磨、卷扬机组立杆塔或架线牵引绳	4.0
3	拖拉机或汽车组立杆塔或架线牵引绳	4.5
4	起立杆塔或其他构件的吊点固定绳（千斤绳）	4.0
5	各种构件临时用拉线	3.0
6	其他起吊及牵引用的牵引绳	4.0
7	起吊物件的捆绑钢丝绳	5.0

动 荷 系 数 K_1

序号	启动或制动系统的工作方法	K_1
1	通过滑车组用人力绞车或绞磨牵引	1.1
2	直接用人力绞车或绞磨牵引	1.2
3	通过滑车组用机动绞磨、拖拉机或汽车牵引	1.2
4	直接用机动绞磨、拖拉机或汽车牵引	1.3
5	通过滑车组用制动器控制时的制动系统	1.2
6	直接用制动器控制时的制动系统	1.3

不 均 衡 系 数 K_2

序号	可能承受不均衡荷重的起重工具	K_2
1	用人字抱杆或双抱杆起吊时的各分支抱杆	
2	起吊门型或大型杆塔结构时的各分支绑固吊索	1.2
3	利用两条及以上钢丝绳牵引或起吊同一物体的绳索	

　3　滑轮、卷筒的槽底或细腰直径与钢丝绳直径之比应符合以下规定：

序号	检查重点	标 准 要 求	检查方法
1	钢丝绳选择及使用	1）起重滑车：机械驱动不得小于 11，人力驱动不得小于 10。 2）绞磨卷筒（磨心）不得小于 10。 4 钢丝绳（套）有下列情况之一者应报废或截除： 1）钢丝绳的断丝数超过本规程附录 B 中表 B1、表 B2 的数值时。 2）绳芯损坏或绳股挤出、断裂。 3）笼状畸形、严重扭结或金钩弯折。 4）压扁严重，断面缩小，实测相对公称直径减小 10％（防扭钢丝绳的 3％）时，未发现断丝也应予以报废。 5）受过火烧或电灼，化学介质的腐蚀外表出现颜色变化时。 6）钢丝绳的弹性显著降低，不易弯曲，单丝易折断时。 5 钢丝绳端部用绳卡固定连接时，绳卡压板应在钢丝绳主要受力的一边，并不得正反交叉设置。绳卡间距不应小于钢丝绳直径的 6 倍，连接端的绳卡数量应符合下表规定： {{TABLE}} 6 插接的环绳或绳套，其插接长度应不小于钢丝绳直径的 15 倍，且不得小于 300mm。 7 在捆扎或吊运物件时，不得使钢丝绳直接和物体的棱角相接触。 8 钢丝绳使用后应及时除去污物。每年浸油一次，并存放在通风干燥处。 9 通过滑车及卷筒的钢丝绳不得有接头	

其中嵌入表格：

钢丝绳直径（mm）	6～16	17～27	28～37	38～45
绳卡数量（个）	3	4	5	6

二、水泥杆、钢管杆施工

水泥杆、钢管杆多用于 66kV 及以下电力线路，在安全检查中可参照上述要求执行。

第四节 **架线施工**

一、张力架线

（一）牵引机、张力机

输电线路张力架线施工中，牵引机、张力机用于牵引导线、展放导线的设备。

牵引机、张力机安全检查重点、要求及方法见表 2-13-11。

表 2-13-11　　　　　　　牵引机、张力机安全检查重点、要求及方法

序号	检查重点	标 准 要 求	检查方法
1	牵引机、张力机使用	**电力行业标准《电力建设安全工作规程 第 2 部分：电力线路》（DL 5009.2—2013）** **3.4.12 牵引机和张力机** 1 操作人员应按照使用说明书要求进行各项功能操作，不得超速、超载、超温、超压或带故障运行。	1. 现场检查。 2. 查施工方案。 3. 查作业票

序号	检查重点	标 准 要 求	检查方法
1	牵引机、张力机使用	2 使用前应对设备的布置、锚固、接地装置以及机械系统进行全面的检查，并做运转试验。 3 牵引机、张力机进出口与邻塔悬挂点的高差角及与线路中心线的夹角应满足其机械的技术要求。 4 牵引机牵引卷筒槽底直径不得小于被牵引钢丝绳直径的 25 倍。对于使用频率较高的钢丝绳卷筒应定期检查槽底磨损状态，及时维修。 7.3.1 牵引场转向布设时应遵守下列规定： 1 使用专用的转向滑车，锚固应可靠。 2 各转向滑车的荷载应均衡，不得超过允许承载力。 3 牵引过程中，各转向滑车围成的区域内侧严禁有人。 7.3.3 导引绳、牵引绳的安全系数不得小于 3。特殊跨越架线的导引绳、牵引绳安全系数不得小于 3.5。 7.3.6 牵引过程中，牵引绳进入的主牵引机高速转向滑车与钢丝绳卷车的内角侧严禁有人。 7.3.8 张力放线前由专人检查下列工作： 1 牵引设备及张力设备的锚固应可靠，接地应良好。 2 牵张段内的跨越架结构应牢固、可靠。 3 通信联络点不得缺岗，通信应畅通。 4 转角杆塔放线滑车的预倾措施和导线上扬处的压线措施应可靠。 5 交叉、平行或临近带电体的放线区段接地措施应符合施工。 7.3.9 张力放线应具有可靠的通信系统。牵引场、张力场应设专人指挥。 7.3.10 展放的绳、线不应从带电线路下方穿过，若必须从带电线路下方穿过时，应制定专项安全技术措施并设专人监护。 7.3.12 导线的尾线或牵引绳的尾绳在线盘或绳盘上的盘绕圈数均不得少于 6 圈。 7.3.13 导线或牵引绳带张力过夜应采取临锚安全措施。 7.3.16 牵引过程中，牵引机、张力机进出口前方不得有人通过。 7.3.17 导引绳、牵引绳或导线临锚时，其临锚张力不得小于对地距离为 5m 时的张力，同时应满足对被跨越物距离的要求	
2	牵引机、张力机布置	国网企业标准《电力建设安全工作规程 第 2 部分：线路》（Q/GDW 11957.2—2020） 附录 H H.4 风险编号 04090501 牵引机一般布置在线路中心线上，顺线路布置。牵引机进出口与邻塔悬挂点的高差角及与线路中心线的夹角满足：与邻塔边线放线滑车水平夹角不应大于 7°，大于 7°应设置转向滑车。如需转向，需使用专用的转向滑车，锚固必须可靠。各转向滑车的荷载应均衡，不得超过其允许承载力。 锚线地锚位置应在牵引机前约 5m 左右，与邻塔导线挂线点间仰角不得大于 25°。 牵引机进线口、张力机出线口与邻塔导线悬挂点的仰角不宜大于 15°，俯角不宜大于 5°。牵引设备锚固应可靠，牵引机设置单独接地，牵引绳必需使用接地滑车进行可靠接地。张力机应设置单独接地，避雷线必须使用接地滑车进行可靠接地。	1. 现场检查。 2. 现场测量

序号	检查重点	标　准　要　求	检查方法
2	牵引机、张力机布置	牵引机卷扬轮、张力机张力轮的受力方向必须与其轴线垂直。 钢丝绳卷车与牵引机的距离和方位应符合机械说明书要求，且必须使尾绳、尾线不磨线轴或钢丝绳。 张力机、牵引机使用前应对设备的布置、锚固、接地装置以及机械系统进行全面的检查，并做运转试验。 导线、牵引绳的尾绳在线盘或绳盘上的盘绕圈数均不得少于6圈。 设备在运行前应按照施工方案中的数值设定牵引力值，以防止发生过牵引。 运行时牵引机、张力机进出口前方不得有人通过。各转向滑车围成的区域内侧禁止有人。 遇有五级及以上风或暴雨、雷电、冰雹、大雪、大雾、沙尘暴等恶劣气候时，立即停止牵引作业。 紧线作业区间两端装设接地线。施工的线路上有高压感应电时，在作业点两侧加装工作接地线。 张力机一般布置在线路中心线上，顺线路布置。张力机进出口与邻塔悬挂点的高差角及与线路中心线的夹角满足其机械的技术要求。与邻塔边线放线滑车水平夹角不应大于7°。	

（二）液压压接机

输电线路张力架线施工中，液压压接机用于导地线压接的设备。

液压压接机安全检查重点、要求及方法见表2-13-12。

表2-13-12　　　　　　液压压接机安全检查重点、要求及方法

序号	检查重点	标　准　要　求	检查方法
1	液压压接机使用	**1. 电力行业标准·《输变电工程架空导线及地线液压压接工艺规程》（DL/T 5285—2018）** 3.0.2　施工操作人员必须经过培训并持有压接许可证，作业过程中应有专业人员见证手写时记录原始数据。 **2. 电力行业标准《电力建设安全工作规程 第2部：电力线路》（DL 5009.2—2013）** 7.4.2　液压机压接除应遵守《输变电工程架空导线及地线液压压接工艺规程》DL/T 5285的有关规定外，还应符合下列规定： 1　使用前检查液压钳体与顶盖的接触口，液压钳体有裂纹者不得使用。 2　液压机启动后先空载运行，检查各部位运行情况，正常后方可使用。压接钳活塞起落时，人体不得位于压接钳上方。 3　放入顶盖时，应使顶盖与钳体完全吻合，不得在未旋转到位的状态下压接。 4　液压泵操作人员应与压接钳操作人员密切配合，并注意压力指示，不得过荷载。 5　液压泵的安全溢流阀不得随意调整，并不得用溢流阀卸荷。 **3. 国网企业标准《电力建设安全工作规程 第2部分：线路》（Q/GDW 11957.2—2020）**	1. 现场检查。 2. 查证件、记录

续表

序号	检查重点	标 准 要 求	检查方法
1	液压压接机使用	12.4.3 高空压接应遵守以下规定： a）压接前应检查起吊液压机的绳索和起吊滑轮完好，位置设置合理，方便操作，宜采用高空压接平台进行作业。 b）液压机升空后应做好悬吊措施，起吊绳索作为二道保险。 c）高空人员压接器具及材料应做好防坠落措施。 d）导线应有防跑线措施	

（三）连接器、卡线器

连接器、卡线器安全检查重点、要求及方法见表 2－13－13。

表 2－13－13   连接器、卡线器安全检查重点、要求及方法

序号	检查重点	标 准 要 求	检查方法
1	导线、地线网套连接器使用	电力行业标准《电力建设安全工作规程 第2部分：电力线路》（DL 5009.2—2013） 3.4.26 导线网套连接器 1 导线连接网套的使用应与所夹持的导线规格相匹配。 2 导地线穿入网套应到位。网套夹持导线的长度不得少于导线直径的30倍。 3 网套末端应用铁丝绑扎，绑扎不得少于20圈。 4 每次使用前应检查，发现有断丝者不得使用。 5 较大截面的导线穿入网套前，其端头应做坡面梯节处理。用于导线对接的两个网套之间宜设置防扭连接器	1. 现场检查。 2. 米尺测量
2	抗弯连接器使用	电力行业标准《电力建设安全工作规程 第2部分：电力线路》（DL 5009.2—2013） 3.4.28 抗弯连接器 1 抗弯连接器表面应平滑，与连接的绳套相匹配。 2 抗弯连接器有裂纹、变形、磨损严重或连接件拆卸不灵活时禁止使用	现场检查
3	旋转连接器使用	电力行业标准《电力建设安全工作规程 第2部分：电力线路》（DL 5009.2—2013） 3.4.29 旋转连接器 1 旋转连接器使用前，检查外观应完好无损，转动灵活无卡阻现象。不得超负荷使用。 2 旋转连接器的横销应拧紧到位，与钢丝绳或网套连接时应安装滚轮并拧紧横销。 3 旋转连接器不宜长期挂在线路中。 4 发现有裂纹、变形、磨损严重或连接件拆卸不灵活时禁止使用	现场检查
4	卡线器使用	电力行业标准《电力建设安全工作规程 第2部分：电力线路》（DL 5009.2—2013） 3.4.27 卡线器 1 卡线器的使用应与所夹持的线（绳）规格相匹配。 2 卡线器有裂纹、弯曲、转轴不灵活或钳口斜纹磨平等缺陷禁止使用	现场检查

（四）放线滑车

放线滑车安全检查重点、要求及方法见表 2-13-14。

表 2-13-14　　　　　　　放线滑车安全检查重点、要求及方法

序号	检查重点	标　准　要　求	检查方法
1	放线滑车使用	**电力行业标准《电力建设安全工作规程 第 2 部分：电力线路》（DL 5009.2—2013）** **7.3.2**　使用放线滑车应遵守下列规定： 　1　放线滑车允许荷载应满足放线的强度要求，安全系数不得小于 3。 　2　放线滑车悬挂应根据计算对导引绳、牵引绳的上扬严重程度，选择悬挂方法及挂具规格。 　3　转角塔（包括直线转角塔）的预倾滑车及上扬处的压线滑车应设专人监护。 **7.3.5**　吊挂绝缘子串前，应检查绝缘子串弹簧销是否齐全、到位。吊挂绝缘子串或放线滑车时，吊件的垂直下方不得有人。 **7.7.7**　拆除多轮放线滑车时，不得直接用人力松放	现场检查

二、非张力架线

在安全检查中可参照上述要求执行。

第五节　跨越施工

跨越架是指在放线施工中，为使被展放导地线安全通过被跨障碍物而搭设的临时设施。

跨越架安全检查重点、要求及方法见表 2-13-15。

表 2-13-15　　　　　　　跨越架安全检查重点、要求及方法

序号	检查重点	标　准　要　求	检查方法
1	跨越架搭设或拆除	**1. 电力行业标准《电力建设安全工作规程 第 2 部分：电力线路》（DL 5009.2—2013）** **7.1.1**　一般规定 　2　跨越架的搭设应由施工技术部门提出搭设方案或施工作业指导书，并经审批后办理相关手续。 　3　凡参加重要及特殊跨越的施工人员应熟练掌握跨越施工方法并熟悉安全技术措施，经培训和技术交底后方可参加跨越施工。 　4　跨越架应设置防倾覆措施。 　5　搭设或拆除跨越架应设安全监护人。 　6　搭设跨越架，应事先与被跨越设施的单位取得联系，必要时应请其派员监督检查。 　7　跨越架的中心应在线路中心线上，宽度应考虑施工期间牵引绳或导地线风偏后超出新建线路两边线各 2.0m，且架顶两侧应设外伸羊角。 　8　跨越架与铁路、公路及通信线的最小安全距离应符合下表规定：	1. 现场检查。 2. 查施工方案、记录。 3. 查作业票

序号	检查重点	标 准 要 求	检查方法
1	跨越架搭设或拆除	**跨越架与被跨越物的最小安全距离（m）** <table><tr><td>跨越物名称 跨越架部位</td><td>一般铁路</td><td>一般公路</td><td>高速公路</td><td>通信线</td></tr><tr><td>与架面水平距离</td><td>至铁路轨道：2.5</td><td>至路边：0.6</td><td>至路基（防护栏）：2.5</td><td>0.6</td></tr><tr><td>与封顶杆垂直距离</td><td>至轨顶：6.5</td><td>至路面：5.5</td><td>至路面：8</td><td>1.0</td></tr></table> 跨越架与高速铁路的最小安全距离应符合下表规定： **跨越架与高速铁路的最小安全距离（m）** <table><tr><td colspan="2">安全距离</td><td>高速铁路</td></tr><tr><td>水平距离</td><td>架面距铁路附加导线</td><td>不小于7m且位于防护栅栏外</td></tr><tr><td rowspan="2">垂直距离</td><td>封顶网（杆）距铁路轨顶</td><td>不小于12m</td></tr><tr><td>封顶网（杆）距铁路电杆顶或距导线</td><td>不小于4m</td></tr></table> 9 跨越架上应悬挂醒目的警告标志。 10 跨越架应经使用单位验收合格后方可使用。 11 强风、暴雨过后应对跨越架进行检查，确认合格后方可使用。 12 整体组立跨越架，应遵守本规程第6.4节的有关规定。 13 跨越架横担中心应设置在新架线路每相（极）导线的中心垂直投影上。 14 各类型金属跨越架架顶应设置挂胶滚筒或挂胶滚动横梁。 15 附件安装完毕后，方可拆除跨越架。钢管、木质、毛竹跨越架应自上而下逐根进行并应有人传递，不得抛扔。不得上下同时拆架或将跨越架整体推倒。 16 跨越架架体的强度，应能在发生断线或跑线时承受冲击荷载。 **2. 电力行业标准《跨越电力线路架线施工规程》（DL/T 5106—2017）** **3.1 一般规定** **3.1.1** 施工单位应根据交叉跨越处的地形地貌、架线施工方法及其他具体情况，选择合理的跨越施工方式。 **3.1.2** 跨越方式应遵循简单、易行、安全、可靠、经济的原则。 **3.1.3** 施工单位应根据跨越施工的实际情况，依据本规程，制定专项施工方案并按规定履行审批手续。 **3.1.6** 跨越不停电电力线的跨越架，应适当加固并应用绝缘材料封顶；当采用悬索式跨越架，且为停电封、扑网时，并封、拆回阳时间较长时，其承力索也可用延性小的钢索。 **3.1.7** 重要被跨物上方的封顶设施、不得有任何容易松动、脱落的构件存在。 **3.1.8** 跨越重要线路，应缩短导线牵引段，减少跨越施工时间。 **3.1.9** 跨越施工设备应能承受断线或跑线的冲击荷载	

续表

序号	检查重点	标 准 要 求	检查方法
2	金属格构式跨越架搭拆	**1. 电力行业标准《电力建设安全工作规程 第 2 部分：电力线路》（DL 5009.2—2013）** **7.1.2** 使用金属格构式跨越架的规定 1 新型金属格构式跨越架架体应经过静载荷试验，合格后方可使用。 2 跨越架架体宜采用倒装分段组立或吊车整体组立。 3 跨越架的拉线位置应根据现场地形情况和架体组立高度确定。跨越架的各个主柱应有独立的拉线系统，立柱的长细比一般不应大于 120。 4 采用提升架提升或拆除架体时，应控制拉线并用经纬仪监测调整垂直度。 **2. 电力行业标准《跨越电力线路架线施工规程》（DL/T 5106—2017）** **3.2.11** 使用金属格构式跨越设备时应符合以下规定： 1 新型金属格构跨越设备应进行静载试验和断线冲击试验。 2 金属格构跨越设备构件表面应有防腐衣层。 3 金属格构跨越设备组立后的弯曲度应不大于 $L/1000$。L 金属格构跨越总长	现场检查
3	悬索跨越架搭拆	**电力行业标准《电力建设安全工作规程 第 2 部分：电力线路》（DL 5009.2—2013）** **7.1.3** 使用悬索跨越架的规定 1 悬索跨越架的承载索应用纤维编织绳，其综合安全系数在事故状态下应不小于 6，钢丝绳应不小于 5。拉网（杆）绳、牵引绳的安全系数应不小于 4.5。网撑杆的强度和抗弯能力应根据实际荷载要求，安全系数应不小于 3。承载索悬吊绳安全系数不小于 5。 2 承载索、循环绳、牵网绳、支承索、悬吊绳、临时拉线等的抗拉强度应满足施工设计要求。 3 可能接触带电体的绳索，使用前均应经绝缘测试并合格。 4 绝缘网宽度应满足导线风偏后的保护范围。绝缘网长度宜伸出被保护的电力线外不得小于 10m。 5 绝缘绳、网使用前应进行外观检查，绳、网有严重磨损、断股、污秽及受潮时不得使用	现场检查
4	木质、毛竹、钢管跨越架搭拆	**电力行业标准《电力建设安全工作规程 第 2 部分：电力线路》（DL 5009.2—2013）** **7.1.4** 使用木质、毛竹、钢管跨越架的规定 1 木质跨越架所使用的立杆有效部分的小头直径不得小于 70mm，60mm～70mm 的可双杆合并或单杆加密使用。横杆有效部分的小头直径不得小于 80mm。 2 木质跨越架所使用的杉木杆，发现木质腐朽、损伤严重或弯曲过大等任一情况的不得使用。 3 毛竹跨越架的立杆、大横杆、剪刀撑和支杆有效部分的小头直径不得小于 75mm，50mm～75mm 的可双杆合并或单杆加密使用。小横杆有效部分的小头直径不得小于 50mm。 4 毛竹跨越架所使用的毛竹，如有青嫩、枯黄、麻斑、虫蛀以及其裂纹长度通过一节以上等任一情况的不得使用。	现场检查

序号	检查重点	标 准 要 求	检查方法
4	木质、毛竹、钢管跨越架搭拆	5 木、竹跨越架的立杆、大横杆应错开搭接，搭接长度不得小于 1.5m，绑扎时小头应压在大头上，绑扣不得少于 3 道。立杆、大横杆、小横杆相交时，应先绑 2 根，再绑第 3 根，不得一扣绑 3 根。 6 钢管跨越架宜用外径 48mm～51mm 的钢管，立杆和大横杆应错开搭接，搭接长度不得小于 0.5m。 7 钢管跨越架所使用的钢管，如有弯曲严重、磕瘪变形、表面有严重腐蚀、裂纹或脱焊等任一情况的不得使用。 8 钢管立杆底部应设置金属底座或垫木，并设置扫地杆。 9 木、竹跨越架立杆均应垂直埋入坑内，杆坑底部应夯实，埋深不得少于 0.5m，且大头朝下，回填土应夯实。遇松土或地面无法挖坑时应绑扫地杆。跨越架的横杆应与立杆成直角搭设。 10 跨越架两端及每隔 6～7 根立杆应设置剪刀撑、支杆或拉线。拉线的挂点或支杆或剪刀撑的绑扎点应设在立杆与横杆的交接处，且与地面的夹角不得大于 60°。支杆埋入地下的深度不得小于 0.3m。 11 各种材质跨越架的立杆、大横杆及小横杆的间距不得大于下表规定： 见下表	

跨越架类别	立杆/m	大横杆/m	小横杆/m	
			水平	垂直
钢管	2.0	1.2	4.0	2.4
木	1.5		3.0	2.4
竹	1.2		2.4	2.4

第十四章

海 上 风 电 工 程 施 工

第一节 概述

一、术语或定义

（1）海上作业平台：指海上风电场工程海域施工而搭设的作业场地。

（2）海上作业：指海上风电场工程项目的施工管理人员、船员、特种作业人员及其他施工人员等在施工海域进行的施工作业。

（3）舷外作业：指在空载水线以上的船体外部进行的作业。

（4）重力式基础：指通过自身重力来平衡风力发电机组上部结构及波浪、潮流所产生的水平力、铅直力的基础形式。

（5）拖航：指采用拖轮、拖具及固定装置对海上自升式平台、浮船坞、无动力装置的驳船等进行牵引运输的方式。

二、主要检查要求综述

依据国家现行法律、法规和标准的有关规定，将海上风电工程施工分为六个检查项目，包括综合管理、海上交通运输、海上风力发电基础施工、海上风力发电设备安装、海底电缆敷设和施工机具。

第二节 综合管理

综合管理检查重点、要求及方法见表 2-14-1。

表 2-14-1　　　　　　　　　综合管理检查重点、要求及方法

序号	检查重点	标　准　要　求	检查方法
1	经营者、船舶、码头等综合项目	**1.《中华人民共和国海上交通安全法》2021 年 4 月 29 日第十三届全国人民代表大会常务委员会第二十八次会议修订** 　　第九条　中国籍船舶、在中华人民共和国管辖海域设置的海上设施、船运集装箱，以及国家海事管理机构确定的关系海上交通安全的重要船用设备、部件和材料，应当符合有关法律、行政法规、规章以及强制性标准和技术规范的要求，经船舶检验机构检验合格，	1. 检查船舶和海上设施设备是否按要求取得相应证书、文书，并依法定期进行安全技术检验。

续表

序号	检查重点	标 准 要 求	检查方法
1	经营者、船舶、码头等综合项目	取得相应证书、文书。证书、文书的清单由国家海事管理机构制定并公布。 持有相关证书、文书的单位应当按照规定的用途使用船舶、海上设施、船运集装箱以及重要船用设备、部件和材料，并应当依法定期进行安全技术检验。 第十条　船舶依照有关船舶登记的法律、行政法规的规定向海事管理机构申请船舶国籍登记、取得国籍证书后，方可悬挂中华人民共和国国旗航行、停泊、作业。 中国籍船舶灭失或者报废的，船舶所有人应当在国务院交通运输主管部门规定的期限内申请办理注销国籍登记；船舶所有人逾期不申请注销国籍登记的，海事管理机构可以发布关于拟强制注销船舶国籍登记的公告。船舶所有人自公告发布之日起六十日内未提出异议的，海事管理机构可以注销该船舶的国籍登记。 第十一条　中国籍船舶所有人、经营人或者管理人应当建立并运行安全营运和防治船舶污染管理体系。 海事管理机构经对前款规定的管理体系审核合格的，发给符合证明和相应的船舶安全管理证书。 第十三条　中国籍船员和海上设施上的工作人员应当接受海上交通安全以及相应岗位的专业教育、培训。 中国籍船员应当依照有关船员管理的法律、行政法规的规定向海事管理机构申请取得船员适任证书，并取得健康证明。 外国籍船员在中国籍船舶上工作的，按照有关船员管理的法律、行政法规的规定执行。 船员在船舶上工作，应当符合船员适任证书载明的船舶、航区、职务的范围。 第十四条　中国籍船舶的所有人、经营人或者管理人应当为其国际航行船舶向海事管理机构申请取得海事劳工证书。船舶取得海事劳工证书应当符合下列条件： （一）所有人、经营人或者管理人依法招用船员，与其签订劳动合同或者就业协议，并为船舶配备符合要求的船员； （二）所有人、经营人或者管理人已保障船员在船舶上的工作环境、职业健康保障和安全防护、工作和休息时间、工资报酬、生活条件、医疗条件、社会保险等符合国家有关规定； （三）所有人、经营人或者管理人已建立符合要求的船员投诉和处理机制； （四）所有人、经营人或者管理人已就船员遣返费用以及在船就业期间发生伤害、疾病或者死亡依法应当支付的费用提供相应的财务担保或者投保相应的保险。 海事管理机构商人力资源社会保障行政部门，按照各自职责对申请人及其船舶是否符合前款规定条件进行审核。经审核符合规定条件的，海事管理机构应当自受理申请之日起十个工作日内颁发海事劳工证书；不符合规定条件的，海事管理机构应当告知申请人并说明理由。 海事劳工证书颁发及监督检查的具体办法由国务院交通运输主管部门会同国务院人力资源社会保障行政部门制定并公布。	2. 检查船舶是否取得国籍证书。 3. 检查船舶所有人、经营人或者管理人是否建立并运行安全营运和防治船舶污染管理体系。 4. 检查中国籍船员和海上设施上的工作人员是否接受相应岗位的教育培训，并取得适任证书和健康证明。 5. 检查中国籍船舶所有人、经营人或者管理人是否取得海事劳工证书。 6. 检查船舶航行、停泊、作业是否持有有效的船舶国籍证书及其他法定证书、文书，配备航海图书资料，悬挂相关国家、地区或者组织的旗帜，标明船名、船舶识别号、船籍港、载重线标志，是否满足最低安全配员要求，配备持有合格有效证书的船员。 7. 检查船舶载运或者拖带超长、超高、超宽、半潜的船舶、海上设施或者其他物体航行，是否采取安全保障措施并在开航前向海事管理机构报告航行计划。 8. 检查船舶是否在符合安全条件的码头、泊位、装卸站、锚地、安全作业区停泊。 9. 检查施工作业是否取得海上施工作业许可。 10. 检查船舶是否依法取得并随船携带相应

序号	检查重点	标　准　要　求	检查方法
1	经营者、船舶、码头等综合项目	第三十三条　船舶航行、停泊、作业，应当持有有效的船舶国籍证书及其他法定证书、文书，配备依照有关规定出版的航海图书资料，悬挂相关国家、地区或者组织的旗帜，标明船名、船舶识别号、船籍港、载重线标志。 　　船舶应当满足最低安全配员要求，配备持有合格有效证书的船员。 　　海上设施停泊、作业，应当持有法定证书、文书，并按规定配备掌握避碰、信号、通信、消防、救生等专业技能的人员。 　　第四十五条　船舶载运或者拖带超长、超高、超宽、半潜的船舶、海上设施或者其他物体航行，应当采取拖拽部位加强、护航等特殊的安全保障措施，在开航前向海事管理机构报告航行计划，并按有关规定显示信号、悬挂标志；拖带移动式平台、浮船坞等大型海上设施的，还应当依法交验船舶检验机构出具的拖航检验证书。 　　第四十七条　船舶应当在符合安全条件的码头、泊位、装卸站、锚地、安全作业区停泊。船舶停泊不得危及其他船舶、海上设施的安全。 　　船舶进出港口、港外装卸站，应当符合靠泊条件和关于潮汐、气象、海况等航行条件的要求。 　　超长、超高、超宽的船舶或者操纵能力受到限制的船舶进出港口、港外装卸站可能影响海上交通安全的，海事管理机构应当对船舶进出港安全条件进行核查，并可以要求船舶采取加配拖轮、乘潮进港等相应的安全措施。 　　第四十八条　在中华人民共和国管辖海域内进行施工作业，应当经海事管理机构许可，并核定相应安全作业区。取得海上施工作业许可，应当符合下列条件： 　　（一）施工作业的单位、人员、船舶、设施符合安全航行、停泊、作业的要求； 　　（二）有施工作业方案； 　　（三）有符合海上交通安全和防治船舶污染海洋环境要求的保障措施、应急预案和责任制度。 　　从事施工作业的船舶应当在核定的安全作业区内作业，并落实海上交通安全管理措施。其他无关船舶、海上设施不得进入安全作业区。 　　在港口水域内进行采掘、爆破等可能危及港口安全的作业，适用港口管理的法律规定。 　　**2.《防治船舶污染海洋环境管理条例》（国务院令 第 561 号）** 　　第十条　船舶的结构、设备、器材应当符合国家有关防治船舶污染海洋环境的技术规范以及中华人民共和国缔结或者参加的国际条约的要求。 　　船舶应当依照法律、行政法规、国务院交通运输主管部门的规定以及中华人民共和国缔结或者参加的国际条约的要求，取得并随船携带相应的防治船舶污染海洋环境的证书、文书。 　　第十一条　中国籍船舶的所有人、经营人或者管理人应当按照国务院交通运输主管部门的规定，建立健全安全营运和防治船舶污染管理体系。 　　海事管理机构应当对安全营运和防治船舶污染管理体系进行审核，审核合格的，发给符合证明和相应的船舶安全管理证书	的防治船舶污染海洋环境的证书、文书

续表

序号	检查重点	标 准 要 求	检查方法
2	海上作业人员资格、培训、取证及自身防护	**1. 国家标准《风力发电机组 安全手册》（GB/T 35204—2017）** **4.1.1** 项目经理或风场负责人应对进入项目现场工作执行安全交底工作，落实工作负责人；完成同一工作至少指派两名工作人员；应保持现场通讯工具正常工作。机组上处于不同工作面的作业人员按照一定时间间隔与工作负责人或其指定的联系人联系，通话间隔不宜超过 15min。 **7.1.8** 现场作业时，应保持可靠通信，随时保持各作业点、监控中心之间的联络，禁止人员在机组内单独作业；作业前应切断机组的远程控制或切换到就地控制；有人员在机舱内、塔架平台或塔架爬梯上时，禁止将机组启动并网运行。 **2. 国家标准《风力发电机组 吊装安全技术规程》（GB/T 37898—2019）** **4.2.2** 海上施工现场的人员，应进行海上求生、急救、消防、艇筏操纵培训并取得相关证书。 **4.2.3** 从事水上、水下作业的人员，应具备相应资质且经过专项安全技术交底。 **4.2.4** 海上施工的船舶应按规定配备足以保证船舶安全的合格船员，且船员应持有合格的适任证书。 **3. 能源行业标准《海上风电场工程施工安全技术规范》（NB/T 10393—2020）** **3.0.5** 海上作业人员、特种作业人员和特种设备操作人员应经专门的安全技术培训并考试合格，取得相应资格后方可上岗作业。 **4.1.2** 海上作业人员出海前及在船期间不得饮酒；不得在无监护的情况下单独作业，不得在出海期间下海游泳、捞物。 **4.1.3** 海上作业期间，作业人员应正确佩戴个人防护用品和使用劳动防护用品、用具。在船施工人员非作业时间，不得进入危险区域。 **4.1.4** 进入下列场所的人员，应正确穿戴好救生衣： 1 在无护栏或 1m 以下低舷墙的船甲板上。 2 在各类施工船舶的舷外或临水高架上。 3 在乘坐交通工作船和上下船时。 4 在未成型的码头、栈桥、墩台、平台或构筑物上。 5 在已成型的码头、栈桥、墩台、平台或构筑物边缘 2m 的范围内。 6 在其他水上构筑物或临水区作业的危险区域。 **4. 能源行业标准《风电场工程劳动安全与职业卫生设计规范》（NB/T 10219—2019）** **6.0.4** 海上作业人员应进行岗前安全培训，培训内容应包括以下内容： 1 海上求生。 2 救生艇、救生筏操纵。 3 海上急救。 4 应急逃生。	1. 查看人员管理台账，核实证件的有效性；查看应急管理部门颁发的"高处作业特种作业操作证""电工作业特种作业操作证"。其他人员持证要求。 2. 查看劳动防护用品是否配备并正确使用，人员是否存在饮酒、独自作业、下海游泳等违规行为。 3. 查看不同工作面的作业人员是否按要求与指定联系人保持联系。 4. 查看海上作业人员培训记录及证书。 5. 查看从事水上、水下作业的人员是否具备相应资质且经过专项安全技术交底。 6. 查看船员配备是否满足要求

序号	检查重点	标 准 要 求	检查方法
3	施工临时设施	能源行业标准《海上风电场工程施工安全技术规范》（NB/T 10393—2020） 4.2.4 海上作业平台的施工场地应充分考虑施工人员的作业安全，并应设置安全警示标志、防护设施和救生器材。 4.2.6 海上临时人行跳板的宽度不宜小于0.6m，强度和刚度应满足使用要求。跳板应设置安全护栏或张挂安全网，跳板端部应固定或系挂，板面应设置防滑设施。 4.2.9 施工船舶、海上作业平台及陆上基地应配备无线电和卫星电话等通讯设备，通讯设备配备应满足无线电通信设备标准和《国际海上人命安全公约》的要求	现场检查确认是否设置有安全警示标志、防护设施和救生器材；跳板是否符合要求；通讯设备配备是否符合相关要求
4	施工用电	能源行业标准《海上风电场工程施工安全技术规范》（NB/T 10393—2020） 4.3.2 水上和潮湿地带的电缆线应绝缘良好并具有防水功能。电缆线的接头应进行防水处理。 4.3.4 船舶进出的航行通道、抛锚区和锚缆摆区不得架设或布设临时电缆线。 4.3.5 临时安放在施工船舶、海上作业平台上的发电机组应单独设置供电系统，不得随意与施工船舶的供电系统并网连接。 4.3.6 使用船电作业应符合下列规定： 1 船舶电气检修应切断电源，并在启动箱或配电板处悬挂"禁止合闸"警示牌。 2 配电板或电闸箱附近应配备扑救电气火灾的灭火器材。 3 带电作业应有专人监护，并采取可靠的防护、应急措施。 4 船上人员不得随意改动线路或增设电器，不得使用超过设计容量的电器。 5 船舶上使用的移动灯具的电压不得大于36V，电路应设过载和短路保护。 6 蓄电池工作间应通风良好，不得存放杂物，并应设置安全警示标志	1. 现场检查电缆线绝缘状态，接头有无防水处理。 2. 现场检查发电机组是否单独设置供电系统。 3. 现场检查使用船电作业是否符合规定要求
5	防火防爆	1. 国家标准《风力发电机组 安全手册》（GB/T 35204—2017） 7.1.10 严禁在机组现场焚烧任何废物或其他材料，现场任何废弃物应放置在适当的垃圾箱或所提供的容器内，在离开时带出机组，不准许存放在风机内部；并进行统一收集和处理。 2. 能源行业标准《海上风电场工程施工安全技术规范》（NB/T 10393—2020） 4.5.1 施工船舶和海上作业平台应设置消防、防雷措施，配备足够的灭火器材，在禁烟场所设立明显的禁烟标志。施工现场的疏散通道、安全出口、消防通道应保持畅通。 4.5.4 施工船舶蓄电池室内严禁烟火，通风应良好。 3. 电力行业标准《风力发电场安全规程》（DL/T 796—2012） 5.3.13 严禁在机组内吸烟和燃烧废弃物品，工作中产生的废弃物品应统一收集和处理	1. 检查船上消防、防雷措施以及禁烟标志的设置。 2. 检查疏散通道、安全出口、消防通道是否畅通

续表

序号	检查重点	标 准 要 求	检查方法
6	船舶作业	**能源行业标准《海上风电场工程施工安全技术规范》（NB/T 10393—2020）** **4.6.4** 船舶吊装作业应符合下列要求： 1 吊装前，应检查吊钩升降、吊臂仰俯及制动性能，安全装置应正常有效。 2 应根据船舶位置和吊装要求，确定驳船锚位和系缆位置。 3 应根据船舶甲板尺寸和形状及物件结构，将物件放置、固定在船舶甲板上。 4 吊装结束后，船舶应退离安装位置，并对起重吊钩进行封钩。 5 物件卸下后，应用栏杆等设施对物件进行隔离。 **4.6.5** 舷外作业应符合下列要求： 1 船上应悬挂慢车信号，作业现场应设置安全警示标志。 2 作业人员应穿救生衣。 3 作业现场应有监护人员，并配备救生设备。 4 船舶在航行中或摇摆较大时，不得进行舷外作业。 5 舷外应设置安全可靠的工作脚手架或吊篮	现场检查吊装作业、舷外作业是否符合要求
7	吊装作业	**国家标准《风力发电机组 吊装安全技术规程》（GB/T 37898—2019）** **5.1.2.2** 海上起重机械特殊要求如下： a）海上大型施工机械的安全性能应达到风力发电机组吊装要求。 b）海上施工船舶应满足法定检验部门的现行要求，并取得认证证书或证明文件。 c）海上施工船舶作业前应向海事局申办许可证等相关手续。 **7.1.2** 特殊要求。吊装作业前特殊要求如下： a）起重机械在驳船上作业时，应制定专项施工方案，并组织专家进行论证。 b）起重机械吊臂及吊钩应设置固定装置。 c）风力等级大于或等于 6 级，不应进行陆上风力发电机组的吊装作业；风力等级大于或等于 7 级，不应进行海上风力发电机组的吊装作业。 **7.2.2** 特殊要求。吊装作业中特殊要求如下： a）吊装作业时，应确认风速、风向、浪高、海流流速、流向和能见度在安全限值内。 b）吊装作业时，海上施工平台或船舶上的起吊设备的吊高、吊重、作业半径等应满足风力发电机组设备的吊装要求。 c）船舶施工作业时，应考虑潮位变化的影响，保持一定的安全水深。 d）驻位下锚后，船舶的稳定性和安全性应满足风力发电机组设备吊装作业的要求。 e）船舶甲板、通道和施工场所应根据需要采取防滑措施。 f）部件起吊后，运输船舶要及时撤离现场。 g）潮间带作业时，在退潮露滩之前，要落实好现场所有船舶坐滩前的安全措施	1. 检查吊装作业是否符合起重机械要求。 2. 检查吊装作业特殊要求是否符合

续表

序号	检查重点	标 准 要 求	检查方法
8	焊接作业	**能源行业标准《海上风电场工程施工安全技术规范》（NB/T 10393—2020）** **4.8.5** 焊接作业应符合下列规定： 1 水上焊接时，必须系安全带，穿救生衣，必要时在下面铺设安全网；作业点上方，不得同时进行其他作业。 2 水下焊接时，应整理好供气管、电缆和信号绳等，并将供气泵置于上风处。供气管与电缆应捆扎牢固，避免相互绞缠。供气管应用1.5倍工作压力的蒸汽或热水清洗，胶管内外不得黏附油脂	现场检查焊接作业是否符合规定要求
9	潜水作业	**能源行业标准《海上风电场工程施工安全技术规范》（NB/T 10393—2020）** **4.9.1** 潜水人员的从业资格应符合现行行业标准《潜水人员从业资格条件》JT/T 955 的有关规定。 **4.9.2** 潜水作业现场应配备急救箱及相应的急救器具，作业水深超过30m的应配置减压舱等设备。 **4.9.3** 在下列施工水域进行潜水作业时，应采取相应的安全防护措施： 1 水温低于5℃。 2 流速大于1m/s。 3 存在噬人海生物、障碍物或污染物。 **4.9.4** 潜水作业应设专人控制信号绳、潜水电话和供气管线。潜水员下水应使用专用潜水爬梯，爬梯应与潜水船连接牢固。 **4.9.5** 为潜水员递送工具、材料和物品应使用绳索，不得直接向水下抛掷。 **4.9.6** 潜水员水下安装构件应符合下列要求： 1 构件就位稳定后，潜水员方可靠近待安装构件。 2 构件安装应使用专用工具调整构件的安装位置。不得将供气管置于构件夹缝处。 3 潜水员不得将身体的任何部位置于两构件之间。流速较大时，潜水员应在逆水流方向操作。 **4.9.7** 潜水员在大直径护筒内作业前，应清除护筒内障碍物和内壁外露的尖锐物，筒内侧水位应高于外侧水位	1. 根据潜水人员类别，核查其资格条件是否满足。 2. 现场检查急救器具、设备配备情况是否满足作业需求。 3. 现场检查潜水作业安全防护措施落实情况。 4. 现场检查潜水作业是否符合规定要求。 5. 大直径护筒内作业，检查筒内外侧水位情况
10	季节及特殊环境施工	**1. 国家标准《风力发电机组 安全手册》（GB/T 35204—2017）** **7.1.7** 雷雨天气不应安装、检修、维护和巡检机组，发生雷雨天气后1h内禁止靠近机组；叶片有结冰现象且有掉落危险时，禁止人员靠近，塔架爬梯有冰雪覆盖时，应确定无高处落物风险并将覆盖的冰雪清除后方可攀爬。 **2. 能源行业标准《海上风电场工程施工安全技术规范》（NB/T 10393—2020）** **4.10.1** 海上施工过程中，应根据季风的不同风向安排施工船舶的锚位。 **4.10.4** 冬季施工，现场的道路、海上作业平台、上下楼梯、脚手板及船舶甲板等应采取防滑措施，作业前应将冰雪清除干净。船舶甲板上的泡沫灭火器、油水管路和救生艇的升降装置等应采取防冻措施。	1. 季风期间，检查船舶锚位安排是否存在走锚碰撞风险，水密设施和排水系统是否完好，设备及活动物件有无封固措施。 2. 冬季施工，检查防滑措施和防冻措施落实情况。 3. 台风季，检查有无应急预案，封固措施是否可靠，是否设置有护绳和护栏。

序号	检查重点	标 准 要 求	检查方法
10	季节及特殊环境施工	4.10.5　季风期间，施工船舶应适度加长锚缆；风浪、流压较大时应及时调整船位；船舶的门窗、舱口、孔洞的水密设施应完好，排水系统应畅通；船舶上的桩架、起重臂、桥架、吊钩、桩锤、起重机等设备应配备封固装置。 4.10.6　施工单位应制定防台风应急预案。台风来临前，船舶应提前进入避风锚地；装有物资的船舶应尽快卸载，未能及时卸载的，应调整平衡，并进行封固；甲板两舷及人行通道应设置临时护绳和护栏。 **3. 电力行业标准《风力发电场安全规程》（DL/T 796—2012）** 5.3.6　雷雨天气不应安装、检修、维护和巡检机组。发生雷雨天气后一小时内禁止靠近风力发电机组；叶片有结冰现象且有掉落危险时，禁止人员靠近，并应在风电场各入口处设置安全警示牌；塔架爬梯有冰雪覆盖时，应确定无高处落物风险并将覆盖的冰雪清除后方可攀爬	4. 雷雨天气，检查确认无高处落物风险并清除覆盖的冰雪后方可攀爬塔架爬梯
11	防护设施	**能源行业标准《风电场工程劳动安全与职业卫生设计规范》（NB/T 10219—2019）** 3.2.19　海上变电站防护栏杆的设计应符合下列规定： 　1　海上变电站平台露天甲板区、走道和甲板开口处，以及坠落高度在1.2m及以上的平台边缘，均应设置可靠的安全防护栏杆。 　2　栏杆高度不应小于1.2m且不应大于1.5m。 　3　栏杆的最低一档距平台顶面距离不应大于0.23m，其他横档的间距不应大于0.38m。 　4　为逃生需要而设置的栏杆缺口，应在栏杆缺口处至少设置有上下两横档活动式防护链。 5.2.17　海上变电站和风电机组塔架内作业点，应设有足够的通风、换风设施，控制并监测有毒有害和可燃气体浓度，必要时应配备氧气头罩、面罩	1. 检查栏杆设置是否符合规定。 2. 检查海上变电站和风电机组塔架内作业点的通风、换风设施设置情况
12	应急避险场所	**能源行业标准《风电场工程劳动安全与职业卫生设计规范》（NB/T 10219—2019）** 7.0.7　海上风电场工程应急避难场所应符合以下要求： 　1　能够容纳作业场所内全部生产作业人员。 　2　配备供避难人员至少5天所需的救生食品、饮用水。 　3　配备急救箱、救生衣、防水手电及配套电池、基本医疗包扎用品和日常药品。 　4　配备应急通信装置。 7.0.9　海上变电站应设置逃生集合站，集合站的设置应符合下列要求： 　1　集合站应设置在紧靠救生筏或救生艇登乘站的地方。 　2　集合站应设置在甲板上的无障碍场地，以容纳该站集合的所有人员。 　3　集合站应设置由应急电源照明系统提供的足够照明。 　4　脱险通道、集合点应有明显标志，所有高压设备附近，均应设有危险警示牌。 　5　脱险标识照明应由应急电源供电，并应考虑任何单个灯的故障或切除不会导致标识的整体失效。 7.0.14　海上风电设置应急平台的，平台逃生和救生装置应能在平台所处海域的气温范围内存放而不损坏，并能在该海域的水温范围内正常使用，同时还应配置反光带。平台逃生和救生装置应标明其适用年限或必须更换的日期	1. 检查海上风电场工程应急避难场所设置是否符合要求。 2. 检查海上变电站逃生集合站设置是否符合要求。 3. 检查海上风电场应急平台的逃生和救生装置是否配置有反光带，是否在有效期内

序号	检查重点	标　准　要　求	检查方法
13	救生装备	**1. 能源行业标准《海上风电场工程施工安全技术规范》（NB/T 10393—2020）** 4.12.6　施工现场应配置安全网、救生衣、救生筏、救生圈等安全用具，配置的安全用具应符合国家规定的有关质量标准。 **2. 能源行业标准《风电场工程劳动安全与职业卫生设计规范》（NB/T 10219—2019）** 7.0.10　海上变电站应配备足够的救生衣，救生衣的设置应满足下列规定： 　　1　应至少按定员12人配备救生衣，救生衣的数量为定员人数的210%，其中避难室配备100%，逃生集合点附近配备100%，平台工作区内配备10%。 　　2　工作区内配备的救生衣应存放在干燥、安全的柜内，该柜应位于易到达的地方，并由可识别的标记。 　　3　寒冷地区的平台应至少配备12套保温救生服。 7.0.11　海上变电站平台上应配备足够的救生圈，救生圈的设置应满足下列规定： 　　1　应至少配备2个带自亮浮灯的救生圈，4个带自亮浮灯和自发烟雾信号的救生圈。每个带自亮浮灯和自发烟雾信号的救生圈应配备一根可浮救生索，可浮救生索的长度应为从救生圈的存放位置至最低天文潮位水面高度的1.5倍，并不应小于30m。 　　2　平台救生圈应沿甲板的各边缘合理布置。 　　3　救生圈应存放在人员易于到达的支架上，应能随时取用，不应永久固定。 7.0.12　海上变电站平台应配备一套抛绳设备，抛绳设备应存放在易于到达的地方，并随时可用。 7.0.13　海上风电场变电站平台应配备至少容纳12人的救生筏或救生艇。救生筏的设置应满足下列要求： 　　1　救生筏应尽可能沿平台甲板边缘布置。 　　2　救生筏应能在最短时间内降落到水面。 　　3　救生筏应设有供水中人员攀登救生筏的适宜设施。 　　4　应根据救生筏的存放位置，在尽量接近水面的甲板边缘设置绳梯或其他等效的登乘装置。 　　5　驻守人员生活起居处到救生筏的存放位置至少应设有尽可能远离的两个通道，所设通道、梯道及出口应设足够的照明和应急照明	1. 现场检查安全用具配置是否符合规定。 2. 检查海上变电站救生衣配备是否符合规定要求。 3. 检查海上变电站平台上救生圈配置是否符合规定要求。 4. 检查海上变电站平台是否配备由抛绳设备。 5. 检查海上风电场变电站平台救生筏或救生艇的配置是否符合要求
14	个体防护	**1. 国家标准《风力发电机组 安全手册》（GB/T 35204—2017）** 5.1　进入机组作业的个体防护装备应包含：坠落悬挂安全带、坠落悬挂用安全绳、自锁器、限位工作绳、安全帽、头灯、工作服、防滑手套、符合作业环境工作鞋、对讲机。 5.2　进入机组根据作业内容可选的个体防护装备：防冲击眼镜、防紫外线和强光的防护眼镜、防噪声耳塞或耳罩、防冻伤的防护用品（如棉手套、护腰、发热贴等）、护膝、防烟尘口罩。 **2. 电力行业标准《风力发电场安全规程》（DL/T 796—2012）** 5.3.3　进入工作现场必须戴安全帽，登塔作业必须系安全带、穿防护鞋、戴防滑手套、使用防坠保护装置。登塔人员体重及负重之和不宜超过100kg，身体不适、情绪不稳定，不应登塔作业	1. 检查个体防护装备是否配备齐全。 2. 现场检查个体防护装备是否正确使用

第三节　海上交通运输

海上交通运输安全检查重点、要求及方法见表 2 - 14 - 2。

表 2 - 14 - 2　　　　　　　　海上交通运输安全检查重点、要求及方法

序号	检查重点	标　准　要　求	检查方法
1	一般规定	**1. 国家标准《海上风力发电工程施工规范》（GB/T 50571—2010）** 4.1.1　施工运输应根据施工海域气象、水文、航道等资料，确定合适的航线和运输时段，应与交通主管部门、海事部门进行沟通协调，取得批准。 4.2.3　海上施工运前，应向地方行政部门和国家海事部门申请，建立海上施工安全作业区。海上运输时，应遵守运输安全操作规程和各分隔航道的通航制度，制订特殊航线的安全运行措施。 **2. 能源行业标准《海上风电场工程施工安全技术规范》（NB/T 10393—2020）** 4.4.1　施工单位应详细登记登船出海人员姓名、年龄、所属单位、登离船舶及离岸到岸时间、联系电话等信息。 4.4.2　船舶航行应按规定显示号灯或号型。船舶航行中，乘船人员不得靠近无安全护栏的舷边。 4.4.3　施工单位应在船舶调遣前制定调遣、拖航计划和应急预案，并对施工船进行封舱加固；船舶调遣拖航时应确保通信畅通，关注记录气象、海浪信息，由专人监视、记录被拖船的航行灯、吃水线标志及航行状态；在调遣途中需避风锚泊时，应按规定进港停船或锚泊。 **3. 能源行业标准《风电场工程劳动安全与职业卫生设计规范》（NB/T 10219—2019）** 5.2.3　海上风电场工程施工交通应设置航道标识、恶劣天气状况的规避路线及避风港口，位于潮间带区域的风电场工程场内主要施工临时道路的防潮水标准不应低于施工场地的防潮水标准。 5.2.4　海上风电场工程施工运输前应建立海上施工安全作业区，针对存在的特殊区域，采取相应安全防范措施。 5.2.8　海上风电场工程施工船舶在进行坐滩施工前，应核实附近的海底条件和障碍物的情况，避免船只局部受力；在吊装作业与打桩作业前，应注意核算船只的稳定性，防止船只在吊装作业过程中出现大幅度的横倾、中拱甚至侧翻。 5.2.10　海上风电场工程施工区域应设置警示标志，施工船只锚缆布置应设置明显的标志或采取其他的安全措施。 5.2.11　海上风电场工程应对海上变电站平台和风电机组设置临时的防船舶撞击装置。 5.2.12　海上风电工程施工船舶应配备守护船、雷达、雾笛以及助航报警灯等可靠的安全装置	1. 检查登船出海人员信息登记情况。 2. 检查航行时是否按要求显示号灯或号型，人员有无靠近无护栏舷边。 3. 检查调遣拖航记录是否合规。 4. 检查施工运输是否取得批准。 5. 检查是否建立海上施工安全作业区。 6. 检查运输安全操作规程是否齐全。 7. 检查是否设置航道标识、规避路线及避风港口。 8. 检查特殊区域是否采取防范措施。 9. 船舶坐滩作业前检查是否核实海底条件和障碍物情况。 10. 检查施工区域是否设置警示标志。 11. 检查是否设置有防船舶撞击装置。 12. 检查船舶是否配置可靠安全装置
2	船舶航行	**1. 能源行业标准《海上风电场工程施工安全技术规范》（NB/T 10393—2020）** 4.4.4　交通船舶航行应符合下列要求： 1　按核定的载人数量运送人员，不得超载。	1. 核查载人数量是否超过核定数量。 2. 检查有无装运或携带易燃易爆、有毒有害

序号	检查重点	标 准 要 求	检查方法
2	船舶航行	2 不得装运和携带易燃易爆、有毒有害等危险物品，不得人货混装。 3 接放缆绳的船员应穿好救生衣，站在适当的位置，待船到位靠稳后系牢缆绳，做好人员上下船保护。 **2. 石油行业标准《船舶靠泊海上设施作业规范》（SY/T 10046—2018）** 9.2.5 船舶航速的控制，应满足以下要求： a）船舶距海上设施的外轮廓延伸 2n mile～500m 为半径所确定的范围内的航速不超过 8kn。 b）船舶距海上设施的外轮廓延伸 500m 至试靠泊点处（1.5～2.5倍船长）为半径所确定的范围内的航速不超过 4kn；船舶艉靠及舷靠海上设施，接近到距海上设施外轮廓距离 10m 时的航速不超过 0.5kn。 c）船舶在海上设施外轮廓延伸不少于 1.5～2.5 倍船长处进行船位保持能力验证时以及在船舶抵达预定泊位处时的航速应降到 0kn。 d）除上述规定外，所有情况下的船舶航速应满足《1972 年国际海上避碰规则》有关安全航速的要求	等危险物品，有无人货混装。 3. 检查接放缆绳的船员是否正确穿着救生衣。 4. 检查船舶航速的控制是否符合要求
3	设备设施运输	**1. 国家标准《海上风力发电工程施工规范》（GB/T 50571—2010）** 4.1.4 设备运输过程前，应拟定应对突发恶劣天气状况及其他紧急情况的应急预案，海上运输前还应选定运输过程中及海上驻留时躲避恶劣天气状况的规避路线及避风港口。 4.2.4 风力发电机组运输装船时，应采取有效的加固措施，防止设备在运输过程中发生移动、碰撞受损。 4.2.5 设备海上运输前，应对气象、海况进行调查，及时掌握短期预报资料，选择合适的运输时间，规避大风大浪、暴雨情况下的运输；船舶航行作业的气象、海况控制条件应根据船舶配置情况及性能、设备技术要求等综合考虑后确定。 4.2.7 海上运输、拖运过程中应遵守国家相关法律法规及地方政府的相关规定。 4.3.3 重力式基础宜在靠近港口附近的陆地、大型驳船或船坞上进行预制；预制好的重力式基础可通过大型履带式起重机、起重船或高压滚动气囊调运至驳船、半潜驳或浮动式船坞甲板进行运输作业，并应符合下列规定： 1 采用半潜驳、甲板驳等干运时，对下潜装载、运输过程及下潜卸载的各个作业阶段应验算船舶的吃水、稳定性、总体强度、甲板强度、局部承载力及风、浪、海流作用下的船舶运输响应； 2 对于大型重力式沉箱基础，采用拖航浮运输时，下水前应复核各工况下沉箱的浮游稳定性，根据转运港口、水域实际情况选择合适的下水方式； 3 重力式沉箱基础进行浮游、拖运前，应对其进行吃水、压载、浮游稳定的验算。 **2. 能源行业标准《海上风电场工程施工安全技术规范》（NB/T 10393—2020）** 4.4.5 大型设备设施运输应符合下列要求：	1. 比对船舶甲板承载能力和设备重量，核对确认结构强度是否满足要求。 2. 检查防倾倒措施和加固措施落实情况。 3. 检查设备设施运输时船舶的航行速度。 4. 检查叶片装船情况是否处于顺浆位置。 5. 检查设备是否按要求封固。 6. 检查设备运输船甲板承载能力是否满足。 7. 检查是否按要求设置抛锚标志。 8. 检查有无应急预案，是否选定有恶劣天气规避路线及避风港口。 9. 检查设备加固措施是否有效。 10. 检查是否有根据气象预报策划运输。 11. 检查是否对运输作业进行验算核算

续表

序号	检查重点	标准要求	检查方法
3	设备设施运输	1 大型设备设施的放置位置应满足船舶甲板的结构强度要求。 2 大型设备设施应与船舶可靠固定，并采取防倾倒措施；叶片、轮毂或其组合体运输时，应用支架支撑和固定；设备之间应采取加固措施，以免相互碰撞。 3 海上升压站、风力发电机组中的设备设施应固定牢靠，防止坠物。 4 船舶应缓速慢行，避免运输过程中的大幅晃动。 5 风力发电机组整体运输时，叶片应调整至顺桨位置。 **6.0.1** 设备装驳应根据驳船的稳性和构件安装时的起吊顺序绘制构件装驳布置图，并按布置图装船。设备装船后应根据工况条件进行封固。 **6.0.2** 设备运输船甲板承载力应满足设备装载要求，并应有足够的零部件存放场地。 **6.0.3** 运输船、起重船及辅助船均应按施工组织设计要求进行抛锚、定位及设置抛锚标志，定时检查锚位，防止走锚。 **3. 能源行业标准《风电场工程劳动安全与职业卫生设计规范》（NB/T 10219—2019）** **5.2.5** 海上风电场工程风电机组运输装船时，应采取有效的加固措施，防止设备在运输过程中发生移动、碰撞受损，并应设置运输过程中防止人员进入设备装载区的防护措施。 **5.2.6** 海上风电场工程设备海上运输前，应对气象、海况进行调查，及时掌握短期预报资料，选择合适的运输时间窗口，避免在大风大浪、暴雨、雷电、寒流、潮流变化等期间运输、施工	
4	桩基础运输	**国家标准《海上风力发电工程施工规范》（GB/T 50571—2010）** **4.3.4** 桩基础运输应符合下列规定： 1 管桩装船前应核算运输船舶甲板的强度、吃水、装载过程中不同压载情况下的船舶稳定性，装船后船舶在风、浪、海流作用下的稳定性。 3 水平放置时，管桩之间应通过固定工装确保管桩运输过程中的风、浪、海流作用下不会发生滚动、碰撞而受损。竖直放置时，确保管桩不会在风浪作用下发生倾倒，与固定装置发生碰撞而受损	检查桩基础运输是否符合规定
5	导管架运输	**国家标准《海上风力发电工程施工规范》（GB/T 50571—2010）** **4.3.5** 导管架运输应符合下列规定： 1 导管架结构通过驳船或其他船只运输时，其装船作业时应保证船体处于平衡、稳定状态，甲板的强度足够承受导管架运输作业要求。 3 导管架运输作业时，应安装足够的系紧件保证导管架固定牢固，防止导管架运输过程中受损，系紧件应便于现场清除。 4 采用浮游拖运的导管架结构应保证其灌排水系统、水密性的安全、可靠，通过滑道下水时，还应对其滑道系统进行精心设计	检查导管架运输是否符合规定
6	塔架运输	**国家标准《海上风力发电工程施工规范》（GB/T 50571—2010）** **4.3.6** 塔架运输应符合下列规定： 1 塔架运输前，应核算甲板的承载能力及塔架在风浪作用下的稳定性。 2 塔架运输时，应固定牢靠，在明显部位标上重量及重心位置	检查塔架运输是否符合规定

序号	检查重点	标 准 要 求	检查方法
7	机舱运输	国家标准《海上风力发电工程施工规范》（GB/T 50571—2010） 4.3.7 机舱运输应符合下列规定： 1 装船作业前，应根据其尺寸、重量核算运输船舶结构是否满足强度要求，并根据气象条件核算运输过程中的风、浪、海流作用下的稳定性。 3 固定工装应牢固，防止运输过程中受风浪作用而移动，碰撞受损。 4 机舱运输过程中应采取一定的保护措施，避免机舱内设备进水或受腐蚀介质侵蚀而受损	检查机舱运输是否符合规定
8	叶片、轮毂运输	国家标准《海上风力发电工程施工规范》（GB/T 50571—2010） 4.3.8 叶片、轮毂运输时，应固定牢靠；叶片的薄弱部位、螺纹和配合面在运输、装卸过程中应加以保护，防止碰伤、堵塞	检查叶片、轮毂运输是否符合规定
9	风力发电机组整体运输	国家标准《海上风力发电工程施工规范》（GB/T 50571—2010） 4.3.9 风力发电机组整体运输应符合下列规定： 1 根据运输风力发电机组台数和部件参数，配置合适的运输船舶和相应的引导船。 2 根据水文、气象资料及船舶配置情况，核算船舶甲板承载能力及风力发电机组运输过程中稳定性，采取相应措施，并取得船检部门批准。 3 运输前，应在运输驳船上作适当紧固处理，并对风轮进行适当的卡位、紧固，避免风力发电机组部件运输过程中因转动、移位、倾斜、磕碰受损	检查风力发电机组整体运输是否符合规定
10	海上变电站运输	国家标准《海上风力发电工程施工规范》（GB/T 50571—2010） 4.3.10 海上变电站宜采用整体运输方式进行运输。运输前，应预先在陆地完成全部或部分组装工作，转运至码头指定位置，利用起吊设备平稳吊至运输船舶甲板上，运至指定海域；根据其吨位和相关尺寸核算船舶甲板是否满足强度要求及装船后船舶在风、浪、海流作用下的稳定性，采取必要的固定措施	检查海上变电站运输是否符合规定
11	拖轮拖航	1. 国家标准《海上风力发电工程施工规范》（GB/T 50571—2010） 4.3.3 重力式基础宜在靠近港口附近的陆地、大型驳船或船坞上进行预制；预制好的重力式基础可通过大型履带式起重机、起重船或高压滚动气囊调运至驳船、半潜驳或浮动式船坞甲板进行运输作业，并应符合下列规定： 4 拖航作业时，应根据船舶吨位、功率及潮流、风浪情况，选择合适的拖缆长度，测定船位以防止偏离航线；当航线上航行的船舶较多时，应加强瞭望和注意避让。 5 根据主拖船性能和海区情况，应配备为主拖船引航、开道，放置潜水设备，紧急情况下助拖，航行中遇雾讯号等不同类型的辅助船舶。 2. 能源行业标准《海上风电场工程施工安全技术规范》（NB/T 10393—2020） 4.4.6 拖轮拖航应符合下列要求： 1 拖航前应制定拖带方案，船舶稳定性及拖带强度等应满足海事相关规定。	1. 检查拖轮拖航是否符合规定要求。 2. 检查是否获取天气预报，是否配置有守护船

续表

序号	检查重点	标 准 要 求	检查方法
11	拖轮拖航	2　启拖时，拖轮应待拖缆受力后方可逐渐加速。拖航中，拖缆附近不得站人或跨缆行走。调整拖缆时，应控制航行速度。 　3　拖轮傍靠被拖船时，靠泊角度不宜过大，并应控制船速。傍拖时，各系缆受力应均衡有效。 　4　拖轮与被拖船间放置缓冲垫时，船员不得骑跨或站在舷墙上操作。 **3.　能源行业标准《风电场工程劳动安全与职业卫生设计规范》（NB/T 10219—2019）** 5.2.7　海上风电场工程拖航作业前应查阅当地、当时的潮汐资料，核算当地、当时的潮位与历时，根据船只吃水情况，计算船只开始拖航、航行的时机，同时需获知准确的天气预报，配置相应的守护船并在作业区进行警戒	
12	解系缆绳	**1.　能源行业标准《海上风电场工程施工安全技术规范》（NB/T 10393—2020）** 4.4.7　解系缆绳作业应符合下列要求： 　1　解系缆绳人员应按指挥人员的命令进行作业，不得擅自操作。抛撒缆绳前应观察周围情况，并提示现场人员。 　2　作业人员不得骑跨缆绳或站在缆绳圈内，向缆桩上还缆时不得用手握在缆绳圈端部。 　3　不得在未成型的码头、墩台或其他构筑物上系挂缆绳。 　4　绞缆时，操作人员应根据缆绳的受力状态适时调整绞缆机运转速度，不得强行收绞缆绳，不得兜拽其他物件，危险部位有人时应立即停机。 　5　船舶靠泊期间，系缆长度应根据水位变化及时调节。 　6　陆域带缆应检查地锚的牢固性。缆绳通过的地段，应悬挂明显的安全警示标志，必要时设专人看护。 **2.　石油行业标准《船舶靠泊海上设施作业规范》（SY/T 10046—2018）** 7.2.5.2　系泊缆绳应有足够的长度和破断强度并与船舶尺度、排水量、天气海况等条件相适应。系泊缆绳的直径应便利于船员的系带缆作业，并与船舶系缆桩的结构相适应。不应使用截面破损总面积超过10%的系泊缆绳	1.　检查作业人员站位情况。 2.　检查绞缆机运转情况。 3.　检查系缆长度是否合适。 4.　检查地锚的牢固性，缆绳通过地段是否设置有安全警示标志。 5.　检查缆绳连接装置与缆绳磨损情况
13	抛锚作业	**1.　国家标准《海上风力发电工程施工规范》（GB/T 50571—2010）** 5.1.5　船只抛锚应考虑对通航、施工作业的影响，各锚缆布置应设置明显的标志或采取其他的安全措施。 **2.　能源行业标准《海上风电场工程施工安全技术规范》（NB/T 10393—2020）** 4.4.8　抛锚作业应符合下列要求： 　1　应由专人指挥，根据风向、潮流、水底底质等确定抛出锚缆长度和位置，并应避开水下管线、构筑物及禁止抛锚区。 　2　抛锚过程中，船舶的锚机操作者应视锚艇和本船移动的速度以及锚缆的松紧程度松放缆绳，不得突然刹车。 　3　船舶临时锚泊时，应对锚泊地进行水深测量，选择工况条件和水底底质适应的水域，并具有足够的船舶回转水域和富余水深。 　4　船舶抛锚避风期间，各船之间应保持足够的安全距离，并派专人值班，避免走锚	1.　检查核对抛锚位置是否与水下管线或构筑物干涉，是否在禁止抛锚区。 2.　检查核对是否有足够的回转水域和富余水深。 3.　检查船之间是否保持足够的安全距离，有无安排人员值班

序号	检查重点	标 准 要 求	检查方法
14	收放船舶舷梯	能源行业标准《海上风电场工程施工安全技术规范》（NB/T 10393—2020） **4.4.9** 收放船舶舷梯应符合下列要求： 1 收放舷梯应控制舷梯的升降速度，舷梯上不得站人。 2 舷梯、桥梯的踏步应设置防滑装置。 3 舷梯、桥梯下宜张挂安全网	1. 检查收放舷梯时舷梯上不得站人。 2. 检查踏步有无设置防滑装置
15	人员过驳与登乘	能源行业标准《海上风电场工程施工安全技术规范》（NB/T 10393—2020） **4.4.10** 人员过驳与登乘应符合下列要求： 1 上下船舶时，应做好船上人员信息登记。 2 上下船舶应安设跳板。使用软梯上下船舶应设专人监护，并配备带安全绳的救生圈。 3 上下船应待船舶停稳后，按顺序上下，不得擅自跨越上下船	1. 检查船上人员信息登记情况。 2. 检查有无安设跳板，软梯上下船舶有无专人监护，是否配备有带安全绳的救生圈
16	恶劣环境条件下船舶航行	能源行业标准《海上风电场工程施工安全技术规范》（NB/T 10393—2020） **4.4.11** 恶劣环境条件下，船舶航行应符合下列要求： 1 大雾中航行时，应减速慢行、测定船位，按规定鸣放雾号，注视雷达信息，并派专人进行瞭望。 2 大风浪中航行时，应做好船舶上物品和设备设施加固，应在甲板设专人监护，船舶甲板、通道和作业场所宜增设临时安全护绳。 3 强风来袭时，应选择避风锚地抛锚避风	1. 大雾中航行，检查是否按规定鸣放雾号，是否安排专人瞭望。 2. 大风浪中航行，检查物品和设备设施加固情况
17	船舶停靠	石油行业标准《船舶靠泊海上设施作业规范》（SY/T 10046—2018） **5.1.4.1** 船长和海上设施管理人要随时降低船舶靠泊或靠近海上设施的风险： a）应将靠泊海上设施的次数和持续时间减到最少。 b）只要可能，避免在海上设施的上风（流）一侧进行货物装卸作业。 c）不从事没有风险评估的任何作业。 **7.2.2** 抛锚靠泊条件 泊位及其周围海域具备以下条件时，船舶方可考虑采用抛锚方式进行靠泊作业： a）海上设施及其靠泊面对地稳定不动。 b）抛锚点的水深小于船舶一舷锚链长度的1/4。 c）具有较好锚抓力的海底底质，海底地势较为平坦。 d）距锚位和锚链在海底部分及其链走向的任一点不少于150m的安全距离所构成的限定范围内无水下井口、钢桩、海底管道或电缆等水下障碍物。 e）移动式海上设施布置有锚泊系统时，海上设施的锚与锚之间形成的扇形靠泊水域范围满足船舶采用抛锚靠泊方式所需的操抛锚锚位纵水域，并且船舶的抛锚位与海上设施的锚及锚链或锚缆之间的安全距离不小于50m。 **9.2.26** 为避免或减小船舶空载时船体和设备的有害振动，或在恶劣天气和海况时为确保安全操纵，在船舶空载或实际载重小于船舶额定载重量的1/4时，船长应及时与海上设施管理人沟通协商，并决定是否向压载舱或钻井水舱压载海水	1. 查气象信息，检查船舶是否停靠在起重船的下风侧。 2. 检查船舶锚链长度是否满足抛锚条件。 3. 查看船舶锚点坐标附近150m是否有电缆敷设。 4. 与附近船泊联系，查看及抛锚锚位在哪个位置，两锚之间安全距离是否满足。 5. 对照证书，检查载重线

第四节 海上风力发电基础施工

海上风力发电基础施工安全检查重点、要求及方法见表 2-14-3。

表 2-14-3　　　　海上风力发电基础施工安全检查重点、要求及方法

序号	检查重点	标 准 要 求	检查方法
1	一般规定	**1. 国家标准《海上风力发电工程施工规范》（GB/T 50571—2010）** **5.1.1** 基础工程施工前应根据工程实际情况及施工区海域的气象、水文条件等编制详细的施工方案。 **5.1.3** 施工作业前应对气象、海况等进行调查，及时掌握短期预报资料，避开不利施工时间。基础施工作业时，应根据设备技术要求及施工船舶配置情况限定工作环境条件。 **5.1.4** 施工过程中施工区域应设立警示标志，并向相关行政主管部门申请发布航行通告；同时还应符合本规范第 10 章有关施工安全、环境、质量等方面的规定。 **5.3.12** 桩基础上部结构的施工应符合下列规定： 　1 对上部结构的吊装作业，应考虑结构强度和起吊设备的总体适应性。 　2 起吊前，应根据被吊物重量、结构形式、吊点布置等因素核算基础上部各构件起吊过程中的受力及稳定性。 　3 应根据设计要求对上部结构进行调整，确保正确的对正和标高控制。 　4 上部结构安装完成后，应根据相关技术规范规定安装爬梯、栏杆、接地装置、靠船构件及其他附件。 **2. 能源行业标准《海上风电场工程施工安全技术规范》（NB/T 10393—2020）** **5.1.1** 施工前应收集施工海域地形地貌、地质及海洋水文气象等海洋环境资料，并编制基础工程专项施工方案。 **5.1.2** 施工前应检查施工环境，进行水深测量，清除水下障碍物；安全设施应可靠，防护用品应齐全。 **5.1.3** 施工前应对沉桩设备、安全装置进行检查，并使其处于良好状态。 **5.1.4** 导桩架和海上作业平台应设置防护栏和防滑装置，配置救生圈及救生绳。 **5.1.5** 施工现场应设置安全标志及夜间警示灯。施工船舶应设置瞭望哨及探照灯，对施工现场进行监视	1. 检查是否按要求编制有基础工程专项施工方案。 2. 检查水深测量结果，水下障碍物是否已清除。 3. 检查沉桩设备及其安全装置，确认状态良好。 4. 检查导桩架和海上作业平台是否设置有防护栏和防滑装置，是否配置有救生圈及救生绳。 5. 检查施工现场是否设置有安全装置和夜间警示灯，施工船舶是否设置有瞭望哨和探照灯。 6. 检查桩基础上部结构施工是否符合规定要求
2	桩基施工	**能源行业标准《海上风电场工程施工安全技术规范》（NB/T 10393—2020）** **5.2.1** 打桩船和运桩船驻位应按船舶驻位图抛设锚缆，设抛锚标志，应防止锚缆相互绞缠。打桩船进退作业时，应注意锚缆位置，避免缆绳绊桩。 **5.2.2** 桩起吊作业应符合下列要求： 　1 桩的吊点数量、位置应根据设计要求或经计算确定。 　3 起吊离开桩驳时应避免拖桩、碰桩。 　4 打桩船吊桩时桩锤应置于桩架底部，捆桩绳扣应采取防滑措施，不得斜拉或越钩吊桩。	1. 检查打桩船和运桩船抛锚后是否设置有抛锚标志。 2. 检查桩起吊作业是否符合要求。 3. 检查立桩作业是否符合要求。 4. 检查抱桩器周围和稳桩平台区域是否设置有警戒。

序号	检查重点	标 准 要 求	检查方法
2	桩基施工	**5.2.3** 立桩作业应符合下列要求： 1 立桩前应测量水深情况。 3 立桩时打桩船应离开运桩驳船一定距离，并应缓慢、均匀地升降吊钩。 **5.2.4** 桩在自沉过程中不得压锤，并应做好桩位、稳桩的观测。桩沉放时应设置固定桩位的导桩架，导桩架应牢固可靠。桩自沉结束，在压锤、沉桩前，应在抱桩器周围或稳桩平台区域设置警戒范围，避免人员伤害。 **5.2.5** 沉桩施工作业应符合下列要求： 1 沉桩设备就位后，应设置用于施工中观测深度和斜度的装置。 3 应密切注意桩与桩架及替打的工作情况，避免偏心锤击。发现桩下沉深度反常、贯入度反常、桩身突然下降、过大倾斜、移位等情况时，应立即停止锤击。 4 液压锤或振动锤的控制器应设专人操控。 5 移船时应观察打桩船锚缆附近其他作业船舶和人员的情况，锚缆不得绊桩。 6 潮流过急、风浪及涌浪过大时应暂停沉桩。 7 锤击期间，抱桩器上部、下部抱箍通道内不得站人。 **5.2.6** 沉桩完成后，应及时在桩顶设置高出水面的安全警示标志。 **5.2.9** 开口基础管桩上方工作面上直径或边长大于0.15m的孔洞周边，应设置临时防护设施。 **5.2.12** 嵌岩桩施工应符合下列规定： 1 钻机安装应平稳、牢固，钻架应加设斜撑或缆风绳。 2 钻机不得超负荷作业。提升钻头受阻时，不得强行提拔。 3 当钻孔内有承压水时，护筒顶应高于稳定后的承压水位1.5m~2.0m。 4 泥浆池的泥浆不得外泄，周围应设置安全护栏和安全警示标志。 5 对冲击成孔的钻机，应经常检查冲锤、钢丝绳、绳卡和吊臂等的磨损或变形情况。 6 开孔时应低锤密击。正常冲击时冲程应根据土质的软硬程度调整，最大冲程不宜超过4m，并应防止发生空锤。 7 清孔排渣时应保持孔内水头，防止坍塌。 8 人员进入孔内时应采取防毒、防溺、防坍塌等安全措施	5. 检查沉桩施工是否符合要求。 6. 检查沉桩完成后桩顶是否设置有高出水面的安全警示标志。 7. 检查孔洞防护措施的落实情况。 8. 检查嵌岩桩施工是否符合规定要求
3	钢构件施工	**能源行业标准《海上风电场工程施工安全技术规范》（NB/T 10393—2020）** **5.3.1** 钢构件吊装符合下列要求： 1 吊装前应根据钢构件的种类、形状和重量，选配适宜的起重船机设备、绳扣及吊装锁具，钢构件上的杂物应清理干净。 2 起吊后，起重设备在旋转、变幅、移船和升降钩时，应缓慢平稳，钢构件或起重船的锚缆不得碰撞或兜拽其他构件、设施。 3 钢构件安装应使用控制绳控制构件的摇摆，待钢构件基本就位后，人员方可靠近。 4 吊索受力应均匀，吊架、卡钩不得偏斜。 **5.3.2** J形管吊装时，应采取防止摩擦或磕碰的措施	1. 检查钢构件吊装是否符合要求。 2. 检查J形管吊装，有无采取防止摩擦或磕碰的措施

续表

序号	检查重点	标　准　要　求	检查方法
4	混凝土施工	能源行业标准《海上风电场工程施工安全技术规范》（NB/T 10393—2020） 5.4.1　钢筋笼的安装应符合下列要求： 　1　钢筋笼搬运堆放时，应与船机设备保持安全距离，可靠放置。 　2　吊运钢筋笼时应设置吊点，必要时钢筋笼应采取整体加固措施，并设控制绳，钢筋不得与其他物件混吊。 　3　钢筋笼下放时应防止碰撞孔壁。 　4　钢筋笼分节吊装对接，宜在施工平台上设置悬吊装置。 　5　钢筋笼安装就位后，应将其固定。 5.4.2　高桩承台基础钢套箱的安装、拆除应符合下列规定： 　1　竖向吊运不应少于2个吊点，水平吊运不应少于4个吊点。 　2　模板及支架上严禁堆放超过设计荷载的材料和设备。 　3　模板安装过程中，应设置防变形和倾覆的临时固定设施。 　4　模板拆除应采取防止模板倾覆或坠落的措施。不得任意拆除模板及其支架和支撑。 　5　施工用的临时照明和动力线应用绝缘线和绝缘电缆，且不得直接固定在钢模板上。 5.4.3　混凝土浇筑平台脚手板应铺满、平整，临空边缘应设防护栏杆和挡脚板，下料口在停用时应加盖封闭。 5.4.4　泵送混凝土作业时应符合下列要求： 　1　混凝土搅拌船应在可靠锚泊后，方可进行混凝土泵送作业。 　4　拆卸混凝土输送管道接头前，应释放管内剩余压力。 　5　处理泵管堵塞时，应配置护目镜。 5.4.5　混凝土振捣作业时应符合下列要求： 　1　作业人员应穿好绝缘鞋、戴好绝缘手套。 　2　搬运振动器或暂停工作应将振动器电源切断。 　3　移动振捣器不得使用其电缆线拖动。 　4　混凝土振捣器的配电箱应安装漏电保护装置，接零保护应安全可靠。 　5　振捣器不得与高桩承台基础的基础环直接接触，施工人员不得站在基础环上。 5.4.6　单桩连接段、导管架等部位灌浆作业，高压调节阀应设置防护设施，连接段四周应预先设置靠船设施、钢爬梯及平台等	1. 检查钢筋笼安装是否符合要求。 2. 检查高桩承台基础钢套箱的安装、拆除是否符合规定要求。 3. 检查临空边缘是否设有防护栏杆和挡脚板，下料口在停用时是否有加盖封闭。 4. 检查泵送混凝土作业是否符合要求。 5. 检查混凝土振捣作业是否符合要求。 6. 检查灌浆作业高压调节阀是否设置有防护设施，连接段四周是否设置有靠船设施
5	重力式基础	国家标准《海上风力发电工程施工规范》（GB/T 50571—2010） 5.2.4　基槽开挖时，应符合下列规定： 　1　基槽开挖的尺寸、坡度应满足设计要求，并控制超挖。 　2　基槽开挖深度较大时宜分层开挖，每层开挖高度应根据土质条件和开挖方法确定。 　3　基槽挖至设计深度时，应对地质情况进行复核。 　4　爆破开挖水下岩石基槽时，应严格控制用药量，爆破基面平整度应控制在设计规定的范围内。 5.2.8　重力式基础的安装应符合下列规定： 　1　起吊荷载应根据重力式基础重量、尺寸、底板附着力等进行计算，并应选用合适的起吊设备。 　2　对基础精确定位后，应根据起重船的工作性能参数确定合适的驻泊位置、吊具、起吊位置及吊点数量，通过定位锚或支撑结构固定船身。 　3　运输船舶应按指定位置抛锚停靠，采用半潜驳、船坞运输大型基础时，可将半潜驳、船坞降到合适位置。 　4　基础吊装前，应通过潜水员检验基槽开挖平整处理是否达到设计要求，经检验合格后方可开始吊装作业	1. 检查基槽开挖是否符合规定要求。 2. 检查重力式基础的安装是否符合规定要求

序号	检查重点	标 准 要 求	检查方法
6	单桩基础	国家标准《海上风力发电工程施工规范》（GB/T 50571—2010） 5.3.2 单桩基础沉桩施工前应进行下列准备工作： 2 沉桩前应检查沉桩区有无障碍物，对施工区域有碍沉桩的水下管线、沉排或抛石棱体等障碍物进行清理； 3 根据选用的设备性能、桩长和施工时的水位变化情况，检查沉桩区泥面标高和水深是否符合沉桩要求。 5.3.3 单桩基础应按下列规定进行沉桩施工： 1 打桩船抛锚、定位应满足沉桩施工作业时稳定的要求。 2 沉桩船吊桩时，其吊点、吊具、起吊方式应进行精心设计，按实际要求布置。 6 沉桩过程应连续；在砂土中沉桩时，应防止发生管涌；当沉桩遇贯入度反常、桩身突然下降或倾斜等异常情况时，应立即停止锤击，及时查明原因，采取有效措施。 7 水上沉桩需接桩时，应控制下节桩顶标高，使桩不受潮水影响，避免使下节桩桩端置于软土层上；当下节桩入土较浅时，应采取措施防止倾倒；接桩时，上节和下节桩应保持在同一轴线上，接头应拼接牢固，经检查符合要求后，方可继续沉桩。 8 锤击沉桩，应考虑锤击振动和挤土等对基床土体或邻近相关设施的影响，采用合适的施工方法和程序，并适当控制打桩速率；沉桩过程中应对邻近设施的位移和沉降等进行观察；及时记录，如有异常变化，应停止沉桩并采取措施。 12 在已沉放桩区两端应设置警示标志，不得在已沉放的桩上系缆	1. 检查沉桩区有无障碍物。 2. 检查沉桩区泥面标高和水深是否符合沉桩要求。 3. 检查单桩基础沉桩施工是否符合规定要求
7	三桩和四桩基础	国家标准《海上风力发电工程施工规范》（GB/T 50571–2010） 5.3.5 三桩和四桩基础的导管架的竖立与调平应符合下列规定： 2 采用起重船从运输驳船吊放导管架时，应合理设计吊具，吊索应固定于导管架的重心以上，避免起吊过程中损坏导管架和驳船。 3 通过下滑入水的导管架，应对下滑系统、压载、密封和排水系统进行检验，确认各系统完好并处于合适的工况。 4 导管架进行安装作业时，起重船和运输船应有适当的锚泊，锚抓力应足以承受在安装期间可能发生的最强的潮流、海流和风的作用，锚缆布置时应采取措施防止不同船只锚索、牵索相互缠绕或损坏；当锚泊要求不可能完全满足时，起重船、运输船及其他辅助船舶的方位应在走锚时，背离导管架运动。 5.3.6 三桩和四桩基础的安装作业应按下列规定进行： 1 采用吊环起吊桩段时，吊环的设计应根据提升桩段时和将桩段插入时所产生的应力来确定，并考虑冲击力。当采用气割孔眼来代替吊环时，孔眼设置应不降低管桩强度，并考虑在打桩过程中可能产生的不利影响	1. 检查三桩和四桩基础的导管架竖立与调平是否符合规定要求。 2. 检查三桩和四桩基础的安装作业是否符合规定要求
8	多桩基础	国家标准《海上风力发电工程施工规范》（GB/T 50571—2010） 5.3.9 多桩基础的沉桩作业应符合下列规定： 1 打桩船应吊起桩身至适当高度后再立桩入导向装置。打桩船就位时，应掌握水深情况，防止桩尖触及泥面，使桩身折断。斜桩下桩过程中，桩架宜与桩的设计倾斜度保持一致。 2 当船行波影响沉桩船稳定时，应暂停锤击。 5.3.10 多桩基础的承台浇筑应按下列规定进行： 2 当承台位于水下或水位变动区时，宜设置钢套箱、预制混凝土套箱或采用钢板桩围堰方式，变水下施工为陆上施工	1. 检查多桩基础的沉桩作业是否符合规定要求。 2. 检查多桩基础的承台浇筑是否符合要求

第五节 海上风力发电设备安装

海上风力发电设备安装安全检查重点、要求及方法见表2-14-4。

表2-14-4　　　海上风力发电设备安装安全检查重点、要求及方法

序号	检查重点	标　准　要　求	检查方法
1	一般规定	**1. 国家标准《海上风力发电工程施工规范》(GB/T 50571—2010)** **6.1.4** 进行吊装作业时，应根据设备配置情况、吊装施工作业时的难易程度确定风速、浪高、海流流速、能见度等安全限值，超过该限值不得进行吊装作业。 **6.1.5** 安装作业时，海上施工平台或船舶上的起吊设备应有足够的吊高、吊重、作业半径等，满足起吊风力发电机组设备的要求，各部件的吊运方法应符合设备安装要求。 **6.1.6** 施工船舶应具有足够结构强度，安装过程中船舶、设备、固定装置所产生的静、动应力均应在允许限度内。 **6.1.7** 船舶施工作业时，应考虑潮位变化的影响，保持一定的安全水深。驻位下锚后，船舶的稳定性和安全性应满足风力发电机组设备安装作业的要求。 **2. 国家标准《风力发电机组 安全手册》(GB/T 35204—2017)** **8.1.21** 机组安装完成后，应将刹车系统松闸，使机组处于自由旋转状态。 **8.1.22** 机组安装完成后，应测量和核实机组叶片根部到引雷通道阻值符合技术规定，并检查机组等电位连接无异常。 **8.3.1** 雷雨天气严禁作业人员靠近或进入机组。 **3. 能源行业标准《海上风电场工程施工安全技术规范》(NB/T 10393—2020)** **6.0.4** 根据设备的种类、形状和重量，应选配适宜的起重船机备、绳扣及吊装索具。设备上的杂物应清理干净。 **6.0.5** 海上测风塔、海上升压站及风力发电机组等部件吊装时，风速不应高于相关规定。 **6.0.8** 海上风力发电机组安装完成后，应将刹车系统松闸，使机组处于自由旋转状态。 **6.0.9** 海上测风塔、海上升压站及风力发电机组塔架安装过程中应设置防坠装置。 **6.0.10** 设备安装现场的临边、孔洞应采取防坠落措施，并设置警示标志。 **6.0.11** 设备安装使用液压工具或扳手时，作业人员应戴护目镜、手套和安全帽，穿安全鞋。 **6.0.13** 在设备安装期间，应设置警戒船提示经过施工水域的其他船舶减速慢行。 **4. 电力行业标准《风力发电场安全规程》(DL/T 796—2012)** **6.5.1** 机组安装完成后，应将刹车系统松闸，使机组处于自由旋转状态。 **6.5.2** 机组安装完成后，应测量和核实机组叶片根部至底部引雷通道阻值符合技术规定，并检查机组等电位连接无异常	1. 检查设备上杂物是否清理干净，风速是否满足吊装要求。 2. 安装完成后，机组刹车系统是否松闸处于自由旋转状态。 3. 检查安装过程是否设置防坠装置。 4. 检查临边、孔洞是否有防坠措施，是否设置有警示标志。 5. 检查作业人员是否正确使用劳动防护用品。 6. 检查有否设置警戒船。 7. 检查确认风浪条件、气候条件和吊装技术是否满足要求。 8. 检查船舶结构强度和安全水深是否满足。 9. 安装完成后刹车系统是否松闸；引雷电阻和电位有无异常

序号	检查重点	标 准 要 求	检查方法
2	整体吊装	**1. 国家标准《海上风力发电工程施工规范》（GB/T 50571—2010）** 6.2.5 整体组装应符合下列规定： 　2 整体组装完成后，应检查机舱和风轮、机舱和塔架之间的连接是否达到要求。 　3 陆上组装完成后，应对装配作业进行检验，经检验合格后方可进行转运。 6.2.6 整体移位应符合下列规定： 　1 根据组装后的风力发电机组的尺寸和重量，选择合适的转运设备。 　3 转运前，应检查风力发电机组的固定设备是否固定牢靠，转动部件是否处于锁定状态。 　5 风力发电机组转运至船舶甲板前，应核算船舶甲板承载能力是否满足要求。 6.2.8 整体吊装应符合下列规定： 　2 整体吊装前，应检查风力发电机组设备是否满足整体吊装要求，受损部件经检修合格后方可进行整体吊装。 　3 起吊前，应根据吊具、吊重、吊点、起重机械性能及气象和海况条件核算各构件的受力及稳定性。 　4 风力发电机组整体起吊后应平缓移动，采取特殊的吊具确保塔架法兰螺纹孔对准，并按对称拧紧方法拧紧。 **2. 能源行业标准《海上风电场工程施工安全技术规范》（NB/T 10393—2020）** 6.0.6 海上测风塔、海上升压站及风力发电机组等设备的整体吊装应符合下列要求： 　1 起吊作业时应缓慢平稳，避免碰撞或兜拽其他构件、设施。 　2 应采取措施控制吊装设备摆动，待设备稳定且基本就位后施工人员方可靠近。 　3 吊索受力应均匀，吊架、卡钩不得偏斜。起吊设备时应待钩绳受力、设备尚未离地，挂钩人员退至安全位置后方可起升。 　4 吊装速度应兼顾船舶的运动，平缓进行，起升过程中应观察钢结构整体和起重设备的状况，发现异常及时处理	1. 检查海上测风塔、海上升压站及风力发电机组等设备的整体吊装是否符合要求。 2. 检查整体组装是否符合规定要求。 3. 检查整体移位是否符合规定要求
3	分体吊装	**1. 国家标准《风力发电机组 安全手册》（GB/T 35204—2017）** 8.1.2 机组塔架、机舱、叶轮、叶片等部件吊装时，风速不应高于该机型安装技术手册的规定。未明确相关吊装风速的，10min内平均风速大于8m/s时，不宜进行叶片和叶轮吊装；10min内平均风速大于10m/s时，不宜进行塔架、机舱、轮毂、发电机等设备吊装工作。 **2. 能源行业标准《海上风电场工程施工安全技术规范》（NB/T 10393—2020）** 6.0.7 海上风力发电机组的分体吊装应符合下列要求： 　1 机舱及叶轮吊装时，应设置缆风绳。采用船舶牵带缆风绳时，船舶应抛锚。 　3 安装塔架法兰螺栓时，穿入螺栓过程应尽可能缓慢，防止施工人员的脚、手被挤压。 **3. 电力行业标准《风力发电场安全规程》（DL/T 796—2012）** 6.1.2 塔架、机舱、叶轮、叶片等部件吊装时，风速不应高于该机型安装技术规定。未明确相关吊装风速的，风速超过8m/s时，不宜进行叶片和叶轮吊装；风速超过10m/s时，不宜进行塔架、机舱、轮毂、发电机等设备吊装作业	1. 检查海上风力发电机组的分体吊装是否符合要求。 2. 检查风机机组部件吊装的风速条件是否满足

序号	检查重点	标 准 要 求	检查方法
4	塔架安装	**1. 国家标准《海上风力发电工程施工规范》（GB/T 50571—2010）** **6.2.2** 塔架安装应符合下列规定： 3 塔架起吊前，应检查所固定的构件是否有松动和遗漏，并根据吊具、吊重、吊点、起重设备性能核算塔架起吊过程受力及稳定性。 4 起吊点要保持塔架直立后下端处于水平位置，应有导向绳索进行导向。 5 塔架起吊过程中应平缓移动，塔架法兰螺纹孔对准对应的螺孔位置后应轻放，并按照对称拧紧方法拧紧，以保证受力均匀。 8 塔架安装完成后应立即进行上部机舱的安装作业，当因特殊情况不能连续施工时，应对塔架顶部端口进行封闭保护。 **2. 国家标准《风力发电机组 安全手册》（GB/T 35204—2017）** **8.1.11** 起吊塔架时，应保证塔架直立后下端处于水平位置，并至少有一根导向绳导向。 **8.1.12** 塔架就位时，工作人员不应将身体部位伸出塔架之外。底部塔架安装完成后应立即与接地网进行连接，其他塔架安装就位后应立即连接引雷导线。 **3. 国家标准《风力发电机组 装配和安装规范》（GB/T 19568—2017）** **4.3.4** 地基应有良好的接地装置，其接地电阻应不大于4Ω。 **4.5.1.3** 塔架起吊前应检查所固定的构件不应有松动和遗漏。 **4.5.1.6** 安装过程中，需等到下节塔段的连接螺栓全部以不小于50%的额定扭矩预紧后，才能安装上节塔段。 **4.5.1.8** 最后安装的一节（或两节）塔段应和机舱在同一天内吊装完成。 **4.5.1.9** 在机舱吊装前，确认所有塔架螺栓都按50%的额定扭矩紧固完成；机舱吊装后，所有塔架螺栓按100%额定扭矩紧固，紧固要求按3.2.1执行。 **4. 国家标准《风力发电机组高强螺纹连接副安装技术要求》（GB/T 33628—2017）** **7.5.1.4** 机组吊装负载的控制 机组吊装负载的控制应按以下要求执行： a）塔筒吊装过程中，塔筒各段法兰盘螺纹连接副分三次紧固：初拧为10%扭矩值，复拧为50%扭矩值，终拧为100%扭矩值。螺纹连接副在安装过程中吊车起吊负载的控制按以下要求进行： 1）完成复拧后起吊负载宜释放50%； 2）完成终拧后起吊负载应完全释放。 **5. 国家标准《风力发电机组 吊装安全技术规程》（GB/T 37898—2019）** **6.1.7** 塔架吊装时不应将零部件和工/器具等放置于塔架顶平台上。 **6. 能源行业标准《风电机组钢塔筒设计制造安装规范》（NB/T 10216—2019）** **5.3.9** 塔筒吊装时应设有临时安全控制绳或防坠装置，攀爬无临时防坠装置的塔筒应采用双钩钢丝绳交替固定。 **5.3.10** 为避免涡激振动对风电机组造成的结构破坏及疲劳损伤，	1. 检查塔架安装是否符合规定要求。 2. 检查塔架起吊是否设置有导向绳。 3. 塔架就位后检查引雷导线是否立即连接。 4. 检查有无防坠措施。 5. 顶段塔架安装后无法立即安装机舱时，检查有无防摆动措施。 6. 检查基础接地装置是否良好。 7. 塔架起吊前检查所固定的构件是否有松动或遗漏。 8. 安装上节塔段前检查确认下节塔段的连接螺栓是否全部以不小于50%的额定扭矩预紧。 9. 机舱吊装前检查确认所有塔架螺栓均按50%的额定扭矩紧固完成。 10. 塔筒吊装时检查是否设有临时安全控制绳或防坠装置。 11. 检查塔筒安装过程是否符合要求避免涡激振动。 12. 检查塔筒底部进人门处梯子是否接地良好。 13. 塔架吊装前检查是否有零部件和工/器具等放置在顶平台上

序号	检查重点	标 准 要 求	检查方法
4	塔架安装	塔筒安装应符合下列规定： 　　1　塔筒为三段时，顶段塔筒和机舱应在同一天内完成安装。 　　2　塔筒为四段、五段时，后两段塔筒与机舱应在同一天完成安装。 　　3　对于发电机和叶轮不能及时完成吊装的，不得长期停滞在四段以上吊装阶段。 　　4　因特殊原因，无法避开涡激振动频发吊装阶段，如果一天之内无法完成吊装，主吊车不得松钩。 **5.4.1**　梯子及梯架支撑应安装牢靠，上下成直线。塔筒底部进人门处梯子应保证接地。 **5.4.5**　塔筒吊装就位后应及时连接各段塔筒内的防雷接地导线，保证塔筒可靠接地。 **7. 电力行业标准《风力发电场安全规程》（DL/T 796—2012）** **6.2.1**　塔架安装之前必须先完成机组基础验收，其接地电阻必须满足技术要求。 **6.2.2**　起吊塔架时，应保证塔架直立后下端处于水平位置，并至少有一根导向绳导向。 **6.2.3**　塔架就位时，工作人员不应将身体部位伸出塔架之外。 **6.2.4**　底部塔架安装完成后应立即与接地网进行连接，其他塔架安装就位后应立即连接引雷导线。 **6.2.5**　在塔架的安装过程中，应安装临时防坠装置。如无临时防坠装置，攀爬塔架时应使用双钩安全绳进行交替固定。 **6.2.6**　顶段塔架安装完成后，应立即进行机舱安装。如遇特殊情况，不能完成机舱安装，人员离开时必须将塔架门关闭，并采取将塔架顶部封闭等防止塔架摆动措施	
5	机舱安装	**1. 国家标准《海上风力发电工程施工规范》（GB/T 50571—2010）** **6.2.3**　机舱安装应符合下列规定： 　　1　机舱安装前应对机舱的重量、外形尺寸、重心位置进行检查。 　　2　舱起吊前，应根据吊具、吊重、吊点、起重设备性能核算机舱起吊过程中的受力及稳定性。 **2. 国家标准《风力发电机组 安全手册》（GB/T 35204—2017）** **8.1.14**　起吊机舱时，禁止人员随机舱一起吊装。 **8.1.16**　完成机舱安装，人员撤离现场时，应恢复顶部盖板并关闭机舱所有窗口。 **3. 国家标准《风力发电机组 装配和安装规范》（GB/T 19568—2017）** **4.5.2.1**　机舱吊装前应制定详细的安全吊装方案，且保证所有部件安装合格。 **4.5.2.2**　正式吊装前应试吊，保证机舱吊起后其安装法兰面水平。 **4.5.2.4**　机舱吊装完成后，需待所有机舱与塔架连接的螺栓紧固到50%扭矩值之后，安装人员此时方可进入机舱，撤除机舱吊具。 **4. 国家标准《风力发电机组高强螺纹连接副安装技术要求》（GB/T 33628—2017）** **7.5.1.4**　机组吊装负载的控制 　　机组吊装负载的控制应按以下要求执行：	1. 检查机舱安装是否符合规定要求。 2. 检查是否有人员随机舱起吊。 3. 完成机舱安装后，检查机舱的顶部盖板和窗口是否关闭。 4. 检查机舱起吊后是否有试吊且保证安装法兰面水平。 5. 检查是否按要求在机舱与塔架连接螺栓紧固到50%扭矩值后人员再撤除机舱吊具。 6. 检查主机部件是否符合吊装作业要求

续表

序号	检查重点	标 准 要 求	检查方法
5	机舱安装	b）机舱与塔筒安装过程中，螺栓分三次紧固：初拧为10％扭矩值，复拧为50％扭矩值，终拧为100％扭矩值。螺栓在安装过程中吊车起吊负载的控制按以下要求进行： 1）完成复拧后起吊负载宜释放50％； 2）完成终拧后起吊负载应完全释放。 **5. 国家标准《风力发电机组 吊装安全技术规程》（GB/T 37898—2019）** 6.2.1 主机部件应有合理的吊点。 6.2.2 主机部件应有明确、清晰的定位标识。 6.2.3 主机部件应明确标识出重量、重心位置（或吊点位置）。 6.2.4 主机部件在地面放置时，较大受风面宜与主风向一致。 6.2.5 主机部件在对接法兰面附近应有安全挂点。 **6. 电力行业标准《风力发电场安全规程》（DL/T 796—2012）** 6.3.1 起吊机舱时，起吊点应确保无误。在吊装中必须保证有一名作业人员在塔架平台协助工作。 6.3.2 机舱和塔架对接时应缓慢而平稳，避免机舱与塔架之间发生碰撞。 6.3.3 起吊机舱时，禁止人员随机舱一起起吊。 6.3.4 机舱与塔架固定连接落实达到技术要求的紧固力矩后，方可松开吊钩、移除吊具。 6.3.5 完成机舱安装，人员撤离现场时，应恢复顶部盖板并关闭机舱所有窗口	
6	风轮安装	**1. 国家标准《海上风力发电工程施工规范》（GB/T 50571—2010）** 6.2.4 风轮安装应符合下列规定： 1 起吊风轮时，吊具应与风轮固定牢靠，起吊过程应平稳有序。 3 吊装风轮时，叶片叶尖应进行牵引，以免发生转动、磕碰受损，导向绳长度和强度应足够。 4 风轮吊装也可以采取叶片和轮毂分别吊装的方式进行。 **2. 国家标准《风力发电机组 安全手册》（GB/T 35204—2017）** 8.1.17 起吊轮毂和叶片时至少有两根导向绳，导向绳长度和强度应足够；应有足够人员拉紧导向绳，保证起吊方向。 8.1.18 起吊变桨距机组叶轮时，轮毂上方的两支叶片应处于＋90°或－90°位置，并可靠锁定，竖直向下的叶片应处于－90°位置。 8.1.19 叶片吊装前，应检查叶片引雷线连接良好，叶片各接闪器至根部引雷线阻值不大于该机组规定值。 8.1.20 叶轮在地面组装完成未起吊前，应可靠固定。 **3. 国家标准《风力发电机组 装配和安装规范》（GB/T 19568—2017）** 4.5.4.1 叶片安装时需使用专用吊具，保证叶片起吊角度适宜，吊装前检查叶片。 4.5.4.2 叶片安装时应保证叶片前缘零刻度与变桨轴承内圈（外圈）零刻度对正，紧固过程中不准许叶片带负荷变桨。 4.5.4.3 在一台轮毂的三个叶片全部安装完成之前，具有防叶轮倾斜措施。在风轮储存过程中，需根据风速变化将叶片调至开桨位置，同时将叶片固定。	1. 检查风轮安装是否符合规定要求。 2. 起吊叶轮和叶片时检查导向绳是否有两条。 3. 检查叶片所处位置，并确认是否可靠锁定。 4. 叶片吊装前，检查引雷线阻值是否达到规定要求。 5. 叶轮起吊前检查是否可靠固定。 6. 叶片安装时检查紧固过程是否存在叶片带负荷变桨。 7. 风轮储存时检查叶片是否根据风速变化调至开桨位置，是否固定。 8. 风轮吊装前，检查叶片连接是否全部按额定力矩紧固合格，轮毂与主轴连接面和螺纹孔

256

序号	检查重点	标 准 要 求	检查方法
6	风轮安装	4.5.4.4 风轮吊装前，应保证叶片连接全部按额定力矩紧固合格，轮毂与主轴连接面和螺纹孔清理干净。 4.5.4.5 风轮安装过程中，应使用牵引风绳控制风轮方向，风绳的安装应便于拆卸。 4.5.4.6 风轮安装时，应避免叶尖触碰地面和塔架。 4.5.4.7 风轮吊装完成后，双馈机型需保证风轮与机舱超过一半的连接螺栓紧固到50%扭矩值之后，才可以撤除风轮吊具；直驱机型需保证风轮与发电机全部连接螺栓紧固到100%扭矩值之后，才可撤除风轮吊具。 4.5.4.8 风轮吊具撤除后，应盘动高速轴，检查旋转部位，确保风轮转动时不发生干涉，同时以50%扭矩值拧紧风轮与机舱的剩余螺栓（直驱机型不需要此步骤）。 4.5.4.9 以100%额定扭矩按3.2.1的要求紧固叶片连接件、风轮与机舱、塔架与机舱及塔架之间的所有连接螺栓。 **4. 国家标准《风力发电机组高强螺纹连接副安装技术要求》（GB/T 33628—2017）** 7.5.1.4 机组吊装负载的控制 机组吊装负载的控制应按以下要求执行： c）叶片与轮毂安装过程中，叶根螺栓分两次紧固：初拧为50%扭矩值；终拧为100%扭矩值。在安装过程中吊车起吊负载始终保持，在螺栓连接副完成终拧后起吊负载宜完全释放。 d）风轮与机舱安装过程中，风轮与转子连接螺栓分两次紧固：初拧为50%扭矩值；终拧为100%扭矩值。在安装过程中吊车起吊负载始终保持，在螺栓连接副完成终拧后起吊负载宜完全释放。 **5. 国家标准《风力发电机组 吊装安全技术规程》（GB/T 37898—2019）** 6.3.3 叶片在地面放置时，叶片轴线应与主风向一致，且采取固定措施。 **6. 电力行业标准《风力发电场安全规程》（DL/T 796—2012）** 6.4.1 叶轮和叶片起吊时，应使用经检验合格的吊具。 6.4.2 起吊叶轮和叶片时至少有两根导向绳，导向绳长度和强度应足够；应有足够人员拉紧导向绳、保证起吊方向。 6.4.3 起吊变桨距机组叶轮时，叶片桨角必须处于顺桨位置，并可靠锁定。 6.4.4 叶片吊装前，应检查叶片引雷线连接良好，叶片各接闪器至根部引雷线阻值不大于该机组规定值。叶轮在地面组装完成未起吊前，必须可靠固定	是否清理干净，牵引风绳是否便于拆卸。 9. 风轮吊装完成后撤除吊具前检查确认连接螺栓紧固是否符合要求。 10. 检查叶片是否符合吊装要求
7	电气安装	**1. 国家标准《风力发电机组 装配和安装规范》（GB/T 19568—2017）** 4.5.5.2 电缆敷设前应对电缆检查，电缆外观是否良好，电缆的型号、规格及长度是否符合要求，是否有外力损伤，电缆用1000V兆欧表测绝缘电阻，阻值一般不低于1MΩ。 4.5.5.6 同一通道内电缆数量较多时，若在同一侧的多层支架上敷设时应按电压等级由高至低的电力电缆、强电至弱电的控制和信号电缆、通信电缆"由上而下"的顺序排列。除弱电电缆有防干扰保护情况下，强弱电要保持距离，距离宜为电缆直径的2倍。	1. 检查塔筒母线槽安装是否符合要求。 2. 电缆敷设前检查电缆外观是否良好，电缆型号、规格及长度是否符合要求，阻值是否符合要求。 3. 检查通道内电缆安装布置，距离是否符合

序号	检查重点	标 准 要 求	检查方法
7	电气安装	**4.5.5.7** 同一层支架上电缆排列的配置，宜符合下列规定： a）控制和信号电缆可紧靠或多层叠置。 b）除交流系统用单芯电力电缆的同一回路可采取品字形（三叶形）配置外，对重要的同一回路多根电力电缆，不宜叠置。 c）除交流系统用单芯电缆情况外，电力电缆相互间宜有 1 倍电缆外径的空隙。 **4.5.5.13** 电缆固定用部件的选择，应符合下列规定： a）除交流单芯电力电缆外可采用经防腐处理的扁钢制夹具、尼龙扎带或镀塑金属扎带。强腐蚀环境，应采用尼龙扎带或镀塑金属扎带。 b）交流单芯电力电缆的刚性固定宜采用铝合金等不构成磁性闭合回路的夹具；其他固定方式可采用尼龙扎带或绳索。 c）不得用铁丝直接捆扎电缆。 **4.5.5.14** 机舱动力电缆垂放时，应符合下列规定 a）单根电缆依次垂放，其悬垂高度由工艺文件做出规定。 b）电缆采用穿越扭缆平台敷设形式时，扭缆平台上的电缆穿入、穿出口应做好碰撞防护。 c）机舱到塔基的长电缆在敷设时，电缆应在完成当前平台内的固定后再进行到下一平台的垂放与固定。 **4.5.7.3** 接地线及防雷跨接线安装时，应将接触面清理干净，并按照接线端子连接面的大小将接触面平整的打磨出金属光泽，并涂以电力复合脂；在完成接线后，再对裸露出的打磨面进行防腐处理。 **4.5.7.4** 电气系统的所有电气连接要可靠，接地电阻满足要求，绝缘电阻不小于 1MΩ。 **2. 能源行业标准《风电机组钢塔筒设计制造安装规范》（NB/T 10216—2019）** **5.4.9** 塔筒母线槽安装应满足下列要求： 1 安装前应检查母线槽，不得受潮和变形，绝缘应良好。 4 母线槽两端应通过电缆连接箱与电缆进行连接。 5 母线槽安装完成后应测试相间和相对地的绝缘电阻值	要求。 4. 检查同一层支架上电缆排列配置是否符合规定要求。 5. 检查电缆固定用部件选择是否符合规定要求。 6. 检查机舱动力电缆垂放是否符合规定要求。 7. 接地线及防雷跨接线安装时，检查接触面是否干净平整，防腐处理情况。 8. 检查接地绝缘电阻是否符合要求
8	攀爬塔架作业	**1. 国家标准《风力发电机组 安全手册》（GB/T 35204—2017）** **8.2.3** 攀爬机组前，应将机组置于停机状态，禁止两人在同一段塔架内同时攀爬；上下攀爬机组时，通过塔架平台盖板后，应立即随手关闭平台盖板；随身携带工具人员应后上塔、先下塔；到达塔架顶部平台或工作位置，应先挂好安全绳，后解自锁器；在塔架爬梯上作业，应系好安全绳和定位绳，进行防坠落方案转换时要连接到梯子的安全锚点上，不应直接连接在梯子的铝制爬梯的横杆（有螺纹杆的除外）上，安全绳的挂点不应低于作业人员的肩部，严禁低挂高用。 **8.2.7** 有物品或工具需要通过塔筒平台上的通道进行运输时，应将物品包装好，以免在运输的途中坠落，物品通道下方禁止人员停留。 **8.3.2** 10min 内平均风速大于 15m/s 严禁向上攀爬机组，风速超过 18m/s 时，不应在机舱内工作。 **2. 电力行业标准《风力发电场安全规程》（DL/T 796—2012）** **5.3.3** 进入工作现场必须戴安全帽，登塔作业必须系安全带、穿	1. 检查现场是否存在两人在同一段塔架内同时攀爬。 2. 检查人员通过塔架平台盖板后是否随手关闭平台盖板。 3. 检查物品通道下方有无人员停留。 4. 检查作业气候条件是否满足。 5. 检查登塔人员及负重之和是否超标

序号	检查重点	标　准　要　求	检查方法
8	攀爬塔架作业	防护鞋、戴防滑手套、使用防坠保护装置。登塔人员体重及负重之和不宜超过 100kg，身体不适、情绪不稳定，不应登塔作业。 **5.3.7** 攀爬机组前，应将机组置于停机状态，禁止两人在同一段塔架内同时攀爬；上下攀爬机组时，通过塔架平台盖板后，应立即随手关闭；随身携带工具人员应后上塔、先下塔；到达塔架顶部平台或工作位置，应先挂好安全绳，后解防坠器；在塔架爬梯上作业，应系好安全绳和定位绳，安全绳严禁低挂高用	
9	机舱内作业	**国家标准《风力发电机组 安全手册》（GB/T 35204—2017）** **8.3.2** 10min 内平均风速大于 15m/s 严禁向上攀爬机组，风速超过 18m/s 时，不应在机舱内工作。 **8.6.3** 打开机舱平台盖板，进入机舱内平台后应立即关闭机舱平台盖板	1. 检查作业气候条件。 2. 检查人员作业行为
10	机舱顶上作业	**1. 国家标准《风力发电机组 安全手册》（GB/T 35204—2017）** **8.3.3** 10min 内平均风速大于 12m/s 禁止打开机舱盖出机舱工作或在轮毂内作业；10min 内平均风速大于 14m/s 时，应关闭机舱盖。 **8.8.3** 将固定把手解锁，向上推起，完全打开机舱顶部舱门时，作业人员应避免身体全部出机舱，出舱前将两条安全绳挂在机舱顶部的安全挂点（水平生命线）或牢固构件上，使用机舱顶部的安全挂点（水平生命线）作为安全绳股沟定位点时，每个安全挂点（每段水平生命线）最多悬挂两个挂钩；在机舱顶部至少使用两根安全绳，确保在机舱顶部时任何时候至少有一根安全绳固定在安全挂点，严禁同时取下安全绳的两个挂钩。 **2. 电力行业标准《风力发电场安全规程》（DL/T 796—2012）** **5.3.8** 出舱工作必须使用安全带，系两根安全绳；在机舱顶部作业时，应站在防滑表面；安全绳应挂在安全绳定位点或牢固构件上，使用机舱顶部栏杆作为安全绳挂钩定位点时，每个栏杆最多悬挂两个	1. 检查作业气候条件。 2. 检查安全绳是否正确使用
11	在轮毂里作业	**国家标准《风力发电机组 安全手册》（GB/T 35204—2017）** **8.3.3** 10min 内平均风速大于 12m/s 禁止打开机舱盖出机舱工作或在轮毂内作业；10min 内平均风速大于 14m/s 时，应关闭机舱盖。 **8.9.3** 吊装阶段，应在吊装结束后松开叶轮锁定。松开叶轮锁定前确保叶轮内部无遗留弃物且三个桨叶处于顺桨状态。 **8.9.4** 进入轮毂作业时应确保叶轮锁定销在完全锁定状态；严禁未安全锁定就进入轮毂作业。 **8.9.5** 进入轮毂作业时应确保有足够的照明，应确认叶片盖板是否安全，当心踏空坠落到叶片中。 **8.9.6** 进入叶轮作业同时机舱内应留有一名工作人员，与轮毂内工作人员保持联系，以防出现紧急事故，进行紧急处理。 **8.9.8** 轮毂工作完毕后应清理轮毂内部，保持内部整洁，确保轮毂内的各个变桨控制柜柜门、叶片盖板均处于关闭状态；禁止在轮毂内滞留应立即离开轮毂，关闭安全门，确保轮毂内无滞留工作人员	1. 检查作业气候条件。 2. 检查吊装结束后叶轮是否松开锁定。 3. 进入轮毂作业前检查叶轮是否锁定，照明是否充足，配片盖板是否安全。 4. 检查应急人员设定及人员作业行为是否规范

续表

序号	检查重点	标 准 要 求	检查方法
12	海上变电站安装	**国家标准《海上风力发电工程施工规范》（GB/T 50571—2010）** **6.3.2** 海上变电站可采用整体吊装，并应符合下列规定： 1 海上变电站组装完成各部件经检验合格后，方可进行转运吊装作业。 2 海上变电站吊装作业前，应根据其尺寸、重量和吊装进度要求等选用吊装船舶设备。 3 吊装作业前，对其起吊设备、吊具、吊点、吊装方式应进行设计。 4 吊装过程中，对变电站内各构件应加强保护	检查海上变电站整体吊装是否符合规定要求

第六节 海底电缆敷设

海底电缆敷设安全检查重点、要求及方法见表 2−14−5。

表 2−14−5　　　　海底电缆敷设安全检查重点、要求及方法

序号	检查重点	标 准 要 求	检查方法
1	一般规定	**1. 国家标准《海上风力发电工程施工规范》（GB/T 50571—2010）** **7.1.2** 海底电缆敷设施工前，应检验施工船舶的容量、甲板的面积、稳定性、推扭架（栈桥）、电缆输送机、刹车装置、张力计量、长度测量、水深测量、导航与定位仪表、通信设备及附属设备是否符合要求。 **2. 能源行业标准《海上风电场工程施工安全技术规范》（NB/T 10393—2020）** **7.0.1** 海底电缆敷设作业宜在风力 5 级、波浪高度 1.5m、流速 1m/s 及以下的海洋环境下进行。敷设设备投放与回收作业宜在平流期间进行。 **3. 能源行业标准《风电场工程劳动安全与职业卫生设计规范》（NB/T 10219—2019）** **3.2.31** 海底电缆登陆点和海底电缆穿越堤防处的转换井、架空结构等建筑物结构应满足防洪防汛要求，宜设水位指示和警戒标志。 **8.0.8** 海上风电场工程海底电缆的登陆点处应设置醒目的警告标志	1. 检查海缆敷设作业环境是否满足。 2. 检查船舶、设备、计量器具等是否符合要求。 3. 检查建筑物结构是否满足防洪防汛要求，是否设置有水位指示和警戒标志
2	船舶管理	**能源行业标准《海上风电场工程施工安全技术规范》（NB/T 10393—2020）** **7.0.2** 敷缆船舶与海上构筑物的安全停靠距离不宜小于 30m。 **7.0.3** 敷缆船舶上的构件材料应采取加固措施，电缆盘周围不得堆放易燃易爆物品，不得进行电焊、气割作业。 **7.0.4** 敷缆船舶抛锚作业安全应符合下列规定： 1 在敷缆船舶附近至少应配备 1 艘艇艇，随时监控锚位，防止敷缆船舶发生走锚。 2 抛锚前应使用定位设备进行定位，并校核。 3 抛锚船不得将锚抛入管线禁锚范围内，并与抛锚禁区保持适当的安全距离。	1. 检查敷缆船舶与海上构筑物的安全距离。 2. 检查敷缆船舶上构件材料加固措施是否落实。 3. 检查敷缆船舶抛锚作业是否满足规定要求。 4. 检查是否存在辅助船舶跨越施工区域航行

序号	检查重点	标　准　要　求	检查方法
2	船舶管理	4 施工中遇强对流天气时，应立即抛锚固定船位，锚位应远离水下管线，并设专人监护。 **7.0.7** 辅助船舶不得从缆线上方穿越，需要跨越施工区域的应从施工船后方绕行	
3	敷缆作业	**1. 国家标准《海上风力发电工程施工规范》（GB/T 50571—2010）** **7.2.1** 海底电缆的装船与盘绕应符合以下要求： 　1 装船工作应计算装载后电缆敷设船的平衡和倾斜程度，通过调整船舶压载水或通过拖轮配合，提高敷设船舶的抗风浪、海流能力，保持船体处于正常工作状态。 **7.2.9** 海底电缆敷设完成后，应测试导体直流电阻值、直流耐压、绝缘电阻和泄漏电流值等数据，测试结果应按现行国家标准《电气装置安装工程　电气设备交接试验标准》GB 50150 和《电气装置安装工程　电缆线路施工及验收规范》GB 50168 的规定执行。 **2. 能源行业标准《海上风电场工程施工安全技术规范》（NB/T 10393—2020）** **7.0.8** 用机械牵引电缆穿堤时，施工人员不得站在牵引钢丝绳内角处。 **7.0.9** 电缆穿越已有的通信光缆、石油管道等海底设施，应与有关各方协调，采取可靠措施，保障原有设施的正常运行。 **7.0.10** 海底电缆敷设完成后，应按规定及时设置警示标志。 **7.0.11** 海底电缆终端、接头、锚固装置、接地箱和接地电缆等的制作与安装应满足生产厂家的技术要求，并应符合现行国家标准《电气装置安装工程 电缆线路施工及验收规范》GB 50168 的有关规定	1. 用机械牵引电缆穿堤时，检查施工人员站位。 2. 检查保障原有设施的可靠措施落实情况。 3. 检查敷设完成后警示标志设置。 4. 检查海底电缆终端、接头、锚固装置、接地箱和接地电缆等制作是否合规。 5. 检查电缆装船与盘绕是否合规。 6. 敷设完成后，测量导体直流电阻值、直流耐压、绝缘电阻和泄漏电流值等是否合规

第七节　施工机具

施工机具安全检查重点、要求及方法见表 2－14－6。

表 2－14－6　　　　　　　　施工机具安全检查重点、要求及方法

序号	检查重点	标　准　要　求	检查方法
1	船机设备	**能源行业标准《海上风电场工程施工安全技术规范》（NB/T 10393—2020）** **4.11.1** 船舶应具有相应的有效证书，应按规定配备船员。 **4.11.2** 船舶技术状态应良好，安全保护装置及检测仪表、报警装置等应齐全、有效。 **4.11.3** 船舶应配备必要的通风器材、防毒面具、急救医疗器材、氧气呼吸装置等应急防护设备，并应配置救生衣、救生筏、救生圈等安全用具。 **4.11.4** 船舶的梯口、应急场所等应设明显的安全警示标志，楼梯、走廊、通道应保持畅通，并根据需要设防滑装置。 **4.11.5** 施工船舶应配备可靠的通信设备，保障船舶联系畅通。	1. 检查船舶证书和船员配置情况。 2. 检查安全装置、测量仪表、报警装置，以及应急防护设备、安全用具和通讯设备配置情况。 3. 检查运输船舶露天甲板上是否安装有护栏。 4. 检查施工设备、机具安全防护装置是否齐全。

续表

序号	检查重点	标　准　要　求	检查方法
1	船机设备	**4.11.6**　施工船舶不得从事与规定工作无关的工作，不得超载或超负荷施工。 **4.11.7**　运输船舶应在船舶露天甲板上安装护栏。 **4.11.8**　施工设备、机具传动与转动的露出部分应装设安全防护装置。 **4.11.9**　施工用电气设备应可靠接地，接地电阻不应大于4Ω。露天使用的电气设备应选用防水型或采取防水措施。在易燃易爆气体的场所，电气设备与线路应满足防爆要求	5. 检查接地、防水、防爆措施是否可靠
2	海洋平台起重机	**国家标准《海洋平台起重机一般要求》（GB/T 37443—2019）** **5.3.3**　起升机构按照规定的使用方式应能够稳定的起升和下降SWL，应采取必要的措施保证起吊过程中钢丝绳有序缠绕。 **5.4.4**　卷筒结构要求任何情况下留存在卷筒上的钢丝绳不少于3圈。在未配置防止钢丝绳跳出的装置时，当钢丝绳全部绕上卷筒后，卷筒法兰凸缘应高处最上层钢丝绳顶端不少于2.5倍的钢丝绳直径。卷筒和滑轮的底径应不小于钢丝绳直径的19倍。 **5.4.5**　起重机各机构应设有制动器。起升与变幅机构用制动器应为常闭式，即使失去动力也能保证重物不致下落。制动器安全系数（制动力矩与额定力矩之比）应不小于1.5。 **5.6.1**　人员起吊时的负荷应不超过货物负荷的50%。 **5.7.2**　起重机应设有起升高度限位器、最大与最小幅度限位器、回转角度限位器（适用于回转角度有限制的起重机）、行走限位器。这些限位器动作后，应发出报警、切断运转动力并能将吊运的载荷与起重机保持在限位器动作时的位置上。如起重机某机构需要越过限位器所限制的位置（如需将臂架放倒），应设有停止限位器动作的越控开关，并适当保护措施，防止发生意外操作。 **5.7.3**　起重机应设有负荷指示器和超负荷保护装置。超负荷保护动作应设置在不超过110%SWL。 **5.10.1**　起重机应在臂架根部等醒目处及操作处作标记。标记应包括SWL及相应的工作范围等内容	1. 检查钢丝绳是否有序缠绕；卷筒、滑轮、制动器是否合规。 2. 检查人员起吊时是否超过规定负荷限定。 3. 检查安全装置是否齐全有效。 4. 检查负荷指示器和超负荷保护装置是否齐全有效。 5. 检查起重机标记是否规范设置
3	船用克令吊	**船舶行业标准《船用克令吊》（CB/T 4289—2013）** **3.3**　标准作业工况。克令吊在确定安全工作负荷时所处的作业工况，包括： a）克令吊工作时，船舶横倾角度不大于5°、纵倾角度不大于2°。 b）在港内作业。 c）克令吊工作时风速不超过20m/s，相应风压不超过250Pa。 d）起重负荷的运动不受外力的制约。 e）起重作业的性质，即作业的频次与动载荷特性与本标准规定的因素载荷相一致。 **4.3.3**　标记要求。应在吊臂或相应部件上醒目标记克令吊的公称规格，包含安全工作负荷和最大工作半径。 **5.1.1.1**　克令吊的设计应满足在船舶横倾角5°、纵倾角2°、货物摆角同时发生的情况下，能安全有效地工作。 **5.1.1.3**　克令吊的设计应满足克令吊处于不工作时搁置状态下，能承担船舶在航行中的运动载荷，并安全可靠地固定在甲板上。	1. 检查克令吊的作业环境是否满足。 2. 检查克令吊标记是否符合要求。 3. 检查船舶倾斜角度是否符合克令吊使用。 4. 检查船舶航行时，克令吊能否承担运动载荷安全可靠地固定。 5. 检查克令吊的安全系数是否满足要求。 6. 检查卷筒长度和钢丝绳卷绕层数是否符合要求。 7. 检查卷筒钢丝绳卷

序号	检查重点	标 准 要 求	检查方法
3	船用克令吊	**5.1.5** 制动安全系数。起升、变幅回转机构各设有 1 套制动器时，对应的各制动器的安全悉数（制动力矩与最大静力矩之比）应不低于 1.5。如某机构设有 2 套制动器时，该机构每套制动器的制动安全系数应不低于 1.25。 **5.3.1** 卷筒长度和钢丝绳卷绕层数。卷筒的长度应满足钢丝绳均匀整齐地缠绕在卷筒上，必要时应设置排绳器。卷筒上所绕的钢丝绳一般不应超过 3 层，如果符合下列任一要求，所绕钢丝绳可多于 3 层： 　a）设置有排绳器； 　b）卷筒上有绳槽； 　c）排绳角度限制在 2°以下。 **5.3.2** 卷筒钢丝绳卷绕直径。卷筒和滑轮上钢丝绳卷绕直径（钢丝绳中径）与钢丝绳公称直径之比不小于 19:1。 **5.3.3** 钢丝绳长度。卷筒上的钢丝绳长度，应适合于设计范围内的任何位置使用，并在卷筒内留存的钢丝绳在任何工作状态下应不少于 3 圈，在非工作状态下（吊钩搁置在舱底或吊臂搁置状态）应不少于 2 圈。 **5.3.4** 卷筒凸缘边与最外层钢丝绳间距离。当钢丝绳的最大工作长度完、均匀地缠绕在卷筒上时，其卷筒凸缘应高出最上层钢丝绳不少于 2.5 倍钢丝绳直径。 **5.8.1** 紧急停止。克令吊应具有一个快速作用的紧急停止机构，当操纵者进行紧急停止时，此机构能切断克令吊的动力源，并使自动控制制动系统起作用。紧急停止机构应放置在明显、操作人员容易接近而又能避免误操纵的位置上。 **5.8.2** 限位装置。限位器或类似的装置应能避免克令吊在任何操作方法下超程。限位器也可重新设定，以限制克令吊的运动范围，避开某些暂时的或固定的障碍物。 克令吊应设有下列限位器： 　a）升降限位器：限制升降运动上下极限。 　b）变幅限位器：限制吊臂角的最大和最小以及吊臂搁置架的位置。 　c）差动限位器：限制吊钩装置和吊臂顶端的距离。 　d）回转限位器：适用于回转角度有限制的双吊或又特殊要求的其他克令吊。 **5.8.3** 越控开关。克令吊某机构需要越过限位开关限制的位置（如将吊臂搁置），则可设有停止限位开关动作的越控开关，此开关应适当加以保护，防止发生意外。 **5.8.4** 超载保护。克令吊应设有超载保护装置，超载保护应调整在 110% 安全工作负荷范围内动作，到达 110% 安全工作负荷时，货物离地不超过 1 米时应能自动切断运转动力	绕直径比例是否符合要求。 　8. 检查钢丝绳长度是否符合要求。 　9. 检查卷筒凸缘是否符合要求。 　10. 检查克令吊是否设置又紧急停止机构。 　11. 检查克令吊安全装置设置是否齐全有效。 　12. 检查克令吊是否设置有越控开关。 　13. 检查克令吊超载保护是否有效
4	吊篮	**石油行业标准《船舶靠泊海上设施作业规范》(SY/T 10046—2018)** **10.2.10** 海上设施处使用吊篮进行人员转运，人员从海上设施转运到船舶期间，吊篮应：升高至正好在海上设施的栏杆之上、旋转至水面之上、降低至正好在船舶舷边的护栏之上、转过船身并降低到船舶甲板上。从船舶到设施的人员转运应以相反的顺序进行。 **10.3.4** 用于人员转运的吊篮应满足：有用于人员转运的证明、保持良好的状况、经常地及在使用前检查缺陷、附带有控制牵引缆，以及每年度至少进行一次的检查和负荷测试	1. 检查吊篮作业操作是否规范。 　2. 检查吊篮是否存在缺陷，是否附带有控制牵引缆，是否按要求年检和负荷测试

第十五章

起 重 施 工

第一节 概述

一、术语或定义

（1）起重施工：为工程项目施工中物件的装卸、厂（场）内拖运与吊装作业的统称。

（2）吊索：指起重施工作业时，连接吊钩或承载设施与物件的柔性元件。

（3）索具：为起重用绳索及与其配合使用的绳夹、滑轮组、卸扣、吊索等起重部件的总称。

（4）吊具：为起重施工作业时，连接吊钩或承载设施和物件与吊索的刚性结构件的统称。

二、主要检查要求综述

起重施工安全检查主要是对起重施工中的人员、机械、工器具、吊索具、作业环境、施工方案、安全技术交底和作业行为等进行检查，确认这些要素是否符合相关标准、规程、规范和规定的要求，避免设备损坏、人身伤害等事故的发生。

第二节 通用规定

起重施工通用安全检查重点、要求及方法见表 2-15-1。

表 2-15-1　　　　　　　　起重施工通用安全检查重点、要求及方法

序号	检查重点	标 准 要 求	检查方法
1	起重施工人员资格要求	**1. 电力行业标准《电力建设安全工作规程 第 1 部分：火力发电》（DL 5009.1—2014）** **4.12.1 通用规定** 3 起重机械操作人员、指挥人员（司索信号工）应经专业技术培训并取得操作资格证书。 **2. 电力企业联合会标准《电力建设工程起重施工技术规范》（T/CEC 5023—2020）** **3.1.1 从事起重施工人员应年满 18 周岁、且不超过国家法定退休年龄，同时健康状况应符合起重施工要求。**	1. 起重指挥人员和属于特种设备的起重机司机资格证书查询方式见第五篇第一章第一节。 2. 汽车起重机和全地面起重机下车司机需持公安交通管理部门颁发的大型货车驾驶证。

序号	检查重点	标　准　要　求	检查方法
1	起重施工人员资格要求	**3.1.2** 从事起重施工人员应具有必要的起重知识，熟悉有关规程、规范。起重指挥、司机等人员应取得相应的特种设备作业人员或建筑施工特种作业人员资格证书，严禁无证上岗。 **3.1.4** 起重机械司索作业人员、安装维修人员、起重机械地面操作人员和遥控操作人员、液压提升装置操作人员、卷扬机操作人员、桅杆起重机司机，由使用单位组织培训和管理，并保存培训和考核合格记录	3. 起重司索、安装维修作业人员，汽车起重机和全地面起重机司机，起重机械地面和遥控操作人员，液压提升装置、卷扬机操作人员，桅杆起重机司机等查询培训记录
2	起重机操作人员及操作要求	**电力行业标准《电力建设安全工作规程 第1部分：火力发电》（DL 5009.1—2014）** **4.12.1** 通用规定 　12 起重机械操作人员未确定指挥人员（司索信号工）取得指挥操作资格证时，不得执行其操作指令。 **4.12.2** 起重机操作人员及操作应符合下列规定： 　2 作业前应检查起重机的工作范围，清除妨碍起重机行走及回转的障碍物。轨道应平直，轨距及高差应符合规定。 　6 起重机作业时，无关人员不得进入操作室。作业时操作人员应精力集中，未经指挥人员许可，操作人员不得擅自离开工作岗位。 　7 操作人员应按指挥人员的指挥信号进行操作。指挥信号不清或发现有事故风险时，操作人员应拒绝执行并立即通知指挥人员。操作人员应听从任何人发出的危险信号。 　8 操作人员在操作起重机每个动作前，均应发出警示信号。 　9 起吊重物时，吊臂及吊物上严禁有人或有浮置物。 **4.12.4** 起重作业应符合下列规定： 　15 指挥人员看不清工作地点、操作人员看不清或听不清指挥信号时，不得进行起重作业	1. 查看证件的有效性。 2. 现场查看操作室有无无关人员和操作人员在岗情况。 3. 现场查看操作人员作业行为
3	起重指挥人员要求	**电力行业标准《电力建设安全工作规程 第1部分：火力发电》（DL 5009.1—2014）** **4.12.1** 通用规定 　2 作业应统一指挥。指挥人员和操作人员应集中精力、坚守岗位，不得从事与作业无关的活动。 **4.12.3** 起重指挥人员应符合下列规定： 　1 指挥人员应按照《起重吊运指挥信号》GB 5082 的规定进行指挥。 　2 指挥人员发出的指挥信号应清晰、准确。 　3 指挥人员应站在使操作人员能看清指挥信号的安全位置上。 　4 当发现错传信号时，应立即发出停止信号。 　5 操作、指挥人员不能看清对方或负载时，应设中间指挥人员逐级传递信号。采用对讲机指挥作业时，作业前应检查对讲机工作正常、电量充足，并保持不间断传递语音信号。信号中断应立即停止动作，待信号正常方可恢复作业。 　6 负载降落前，指挥人员应确认降落区域安全方可发出降落信号。	1. 查看证件的有效性。 2. 现场查看指挥人员站位及指挥行为

序号	检查重点	标　准　要　求	检查方法
3	起重指挥人员要求	7　当多人绑挂同一负载时，应做好呼唤应答，确认绑挂无误后，方可由指挥人员负责指挥起吊。 8　两台起重机吊运同一负载时，指挥人员应双手分别指挥各台起重机。多台起重机械联合起升，应统一指挥。 9　在开始起吊时，应先用微动信号指挥，待负载离开地面100mm～200mm并稳定后，再用正常速度指挥。在负载最后降落就位时，也应使用微动信号指挥。 **4.12.4**　起重作业应符合下列规定： 15　指挥人员看不清工作地点、操作人员看不清或听不清指挥信号时，不得进行起重作业	
4	起重机械状况（详见本篇第十七章）	**1. 电力行业标准《电力建设安全工作规程　第1部分：火力发电》（DL 5009.1—2014）** **4.12.1**　通用规定 5　起重作业前应对起重机械、工机具、钢丝绳、索具、滑轮、吊钩进行全面检查。 **2. 电力企业联合会标准《电力建设工程起重施工技术规范》（T/CEC 5023—2020）** **3.2.1**　起重机械应符合起重施工方案中规格型号和性能等要求。 **3.2.2**　起重机械安装完毕后，应按照安装使用说明书及安全技术标准的有关要求进行自检、调试和载荷试验。自检合格的，应出具自检合格证明。 **3.2.3**　属于特种设备的起重机械，应经核准的检验机构检验合格，方可投入使用。不属于特种设备的起重机械，应有生产厂家出具的合格证明文件和自检合格证明。 **3.2.4**　起重机械作业前应检查作业环境和外观、金属结构、主要零部件、安全保护和防护装置、液压及电气系统、司机室、起重机械安全监控管理系统等	1. 资料检查： （1）检查起重机械、工机具、吊索具的检查记录。 （2）检查起重机械的自检合格报告和合格证明文件。 2. 现场查看起重机械、工机具、吊索具的符合性和外观状况及安全防护装置
5	工器具、吊索具状况	**1. 电力行业标准《电力建设安全工作规程　第1部分：火力发电》（DL 5009.1—2014）** **4.12.1**　通用规定 5　起重作业前应对起重机械、工机具、钢丝绳、索具、滑轮、吊钩进行全面检查。 **2. 电力企业联合会标准《电力建设工程起重施工技术规范》（T/CEC 5023—2020）** **3.3.1**　外购吊索具及工器具的设计与制造单位应有相应资质，吊索具及工器具应有合格证明文件，标识应清晰，外观应无缺陷，施工单位应检查验证，使用期间应按设计或制造厂家的要求定期检查。自行设计、制作的吊索具及工器具应经计算校验、检查验收合格。 **3.3.2**　插编钢丝绳首次使用前应验收合格，每次使用前应外观检查。 **3.3.3**　合成纤维吊带使用前应安全检查，表面应无擦伤、割口、承载芯裸露、化学侵蚀、热损伤或摩擦损伤、端配件损伤或变形等缺陷	1. 资料检查 （1）检查工机具、吊索具的检查记录。 （2）检查吊索具、工器具的合格证明文件。 2. 现场查看 查看工机具、吊索具的符合性和外观状况

续表

序号	检查重点	标 准 要 求	检查方法
6	工作环境要求	**1. 电力行业标准《电力建设安全工作规程 第 1 部分：火力发电》（DL 5009.1—2014）** **4.6.5** 起重机械应符合下列规定： 21 流动式起重机 1）起重机停放或行驶时，其车轮、支腿或履带的前端、外侧与沟、坑边缘的距离不得小于沟、坑深度的 1.2 倍，小于 1.2 倍时应采取防倾倒、防坍塌措施。 2）作业时，起重机应置于平坦、坚实的地面上，机身倾斜度不得超过制造厂的规定。 6）履带起重机行驶时，地面的接地比压要符合说明书的要求，必要时可在履带下铺设路基板，回转盘、臂架及吊钩应固定住，汽车式起重机下坡时不得空挡滑行。 **4.12.1** 通用规定 10 严禁以运行的设备、管道以及脚手架、平台等作为起吊重物的承力点。利用建（构）筑物或设备的构件作为起吊重物的承力点时，应经过核算满足承力要求，并征得原设计单位同意。 **2. 电力企业联合会标准《电力建设工程起重施工技术规范》（T/CEC 5023—2020）** **1.0.12** 起重机通道、安装、运行、操作、拆卸、支撑等场地条件和温度、湿度、海拔、风力、雨雾、潮汐、沙尘、腐蚀性、易燃易爆等环境条件应符合起重机械使用要求。 **3.7.1** 起重机械支撑条件应符合下列规定： 1 起重机械支撑点应避开地下管线、暗沟或廊道等，否则应对地下设施采取保护措施。 2 起重机械吊装站位基础需特殊处理的应在起重施工方案中明确地基承载力和水平度要求；不能明确承载力的基础，应测试地基承载力，测试结果符合起重方案要求后，方可作业。 3 起重机械行走或停放时，车轮、支腿的前端、外侧与沟、坑边缘的距离不得小于沟、坑深度的 1.2 倍，小于 1.2 倍时应采取防倾倒、防坍塌措施。 **3.7.2** 起重机械与周围障碍物应符合下列规定： 1 起重机械作业时应确保起重机械与周围障碍物等有足够的安全距离。 2 起重机械接近架空输电线路安全距离作业时，应制定防触碰应急措施，并应符合下列规定： 1）确认架空输电线路是否带电。 2）在可能与带电输电线接触的场所，工作开始前，应征求当地电力主管部门的意见。 3）在邻近输电线路区域作业，应做好起重机械可靠接地等安全措施。 3 起重机械臂架、吊索具及物件等，与输电线的最小安全距离应符合规定。 4 起重机械馈电裸滑线与周围设施的安全距离应符合规定，否则应采取安全防护措施	1. 查看测量起重机距离沟坑边沿距离是否满足要求。 2. 查看吊车站位位置地基有无沉降现象。 3. 查看、测量起重机或吊物距离输电线路距离是否满足要求。 4. 查看起吊的承力点、起重机械的支撑点是否符合要求

续表

序号	检查重点	标 准 要 求	检查方法
7	天气情况要求	1. 电力行业标准《电力建设安全工作规程 第 1 部分：火力发电》（DL 5009.1—2014） 4.12.1　通用规定 　11　严禁在恶劣天气或照明不足情况下进行起重作业。当作业地点的风力达到五级时，不得吊装受风面积大的物件；当风力达到六级及以上时，不得进行起重作业。 4.12.2　起重机操作人员及操作应符合下列规定： 　5　雨、雪、大雾、雾霾天气应在保证良好视线的条件下作业，在作业前检查各制动器并进行试吊，确认可靠后方可进行作业，并有防止起重机各制动器受潮失效的措施。 2. 电力企业联合会标准《电力建设工程起重施工技术规范》（T/CEC 5023—2020） 3.7.3　气候条件应符合下列规定： 　1　起重机械作业，应符合起重机械温度、湿度、海拔、腐蚀度等条件要求。 　2　露天作业的起重机械，应符合风速、雨雾、雷电等条件要求。 　3　流动式起重机应预留应急通道，该通道不得被占用	1. 现场查看天气和照明。 2. 手持风速仪或机械自带风速仪测量风速是否满足吊装要求：五级，8.0～10.7m/s；六级，10.8～13.8m/s。 3. 现场查看流动式起重机是否有应急通道；起重机制动器防潮措施

第三节　起重工器具和吊索具

一、电动葫芦

电动葫芦安全检查重点、要求及方法见表 2 - 15 - 2。

表 2 - 15 - 2　　　　　　　电动葫芦安全检查重点、要求及方法

序号	检查重点	标 准 要 求	检查方法
1	合格证书及标志	机械行业标准《钢丝绳电动葫芦 第 1 部分：型式与基本参数、技术条件》（JB/T 9008.1—2014） 7.3.1　每台电动葫芦应进行出厂检验，检验合格后（包括用户特殊要求检验项目）方能出厂，出厂产品应附有产品合格证。 8.1　每台电动葫芦应在明显位置上装设标牌。其要求应符合 GB/T 13306 的规定。标牌上至少应包括下列内容：制造商名称、产品名称、产品型号、出厂日期、出厂编号、额定起重量、机构工作级别、起升高度、起升速度、运行速度	现场目视检查设备有无标志及合格证等
2	安全装置	机械行业标准《钢丝绳电动葫芦 第 1 部分：型式与基本参数、技术条件》（JB/T 9008.1—2014） 5.4.1.1　电动葫芦应设置上升和下降极限位置限位器，且能保证当吊钩起升和下降到极限位置时自动切断动力电源，此时反方向的动作应可以进行。 5.4.1.3　在吊钩组醒目处应标示额定起重量，并设置沟口闭锁装置。吊运熔融金属的电动葫芦不宜设置闭锁装置。 5.4.1.5　电动葫芦应设置常闭式工作制动器。 5.4.1.7　按钮装置上应设有紧急停止开关，当有紧急情况时，应能切断动力电源。 5.4.2.1　当吊钩下降到最低极限位置时，钢丝绳在卷筒上的剩余安全圈数（固定绳尾的圈数除外）至少应保持 2 圈。 5.4.2.4　电动葫芦应设置导绳器或采取其他防乱绳措施。	现场目视检查安全装置是否设置齐全有效

二、手拉葫芦

手拉葫芦安全检查重点、要求及方法见表 2-15-3。

表 2-15-3　　　　　手拉葫芦安全检查重点、要求及方法

序号	检查重点	标准要求	检查方法
1	标志及合格证书	机械行业标准《手拉葫芦》(JB/T 7334—2016) **7.1** 应在手拉葫芦的明显位置设置清晰、永久的标牌。内容包括产品型号和名称、基本参数、出厂编号及制造日期、制造商名称、商标、执行标准编号等。 **7.2.2** 手拉葫芦发货时，至少应包括下列随行文件：产品使用说明书、产品合格证	现场目视检查设备有无标志及合格证等
2	外观检查	**1. 电力行业标准《电力建设安全工作规程 第 1 部分：火力发电》(DL 5009.1—2014)** **4.7.3.2** 链条葫芦 1) 使用前检查吊钩、链条、传动及制动器应可靠。 4) 制动器严防沾染油脂。 **2. 机械行业标准《手拉葫芦》(JB/T 7334—2016)** **4.3.4** 手拉葫芦应配置适当的导链和挡链装置，对链条、链轮和游轮正确啮合起辅助作用，而且在手拉葫芦随意放置或晃动时，链条不应从链轮或游轮滑槽中脱落 **4.3.7** 制动器、齿轮副均应装设防护罩 **4.4.1** 手拉葫芦各外露零部件不应有影响外观和使用的裂纹、伤痕、毛刺等缺陷	目视检查外观，实际操作检查传动、制动及链条防护情况
3	使用过程中检查	电力行业标准《电力建设安全工作规程 第 1 部分：火力发电》(DL 5009.1—2014) **4.7.3.2** 链条葫芦 2) 吊钩应经过索具与被吊物连接，严禁直接钩挂被吊物。 3) 起重链不得打扭，并且不得拆成单股使用。 5) 不得超负荷使用，起重能力在 5t 以下的允许 1 人拉链，起重能力在 5t 以上的允许两人拉链，不得随意增加人数猛拉。操作时，人不得站在链条葫芦的正下方。 6) 吊起的重物确需在空中停留较长时间时，应将手拉链拴在起重链上，并在重物上加设安全绳，安全绳选择应符合本标准 4.12 的规定	现场目视检查施工过程中的操作是否符合规程要求

三、千斤顶

千斤顶安全检查重点、要求及方法见表 2-15-4。

表 2-15-4　　　　　千斤顶安全检查重点、要求及方法

序号	检查重点	标准要求	检查方法
1	标志及合格证书	国家标准《立式油压千斤顶》(GB/T 27697—2011) **7.1.1** 每台千斤顶都应在醒目位置设置清晰、永久的标牌。内容包括： a) 制造厂名称。 b) 产品名称、型号。 c) 额定起重量、最低高度、起升高度、调整高度。 d) 出厂编号及制造日期、商标、执行标准编号等。	现场检查产品检验合格证

续表

序号	检查重点	标 准 要 求	检查方法
1	标志及合格证书	**7.1.2** 每台千斤顶上或使用说明书中应有提示操作者安全操作的警示标志。 **7.2.2** 每台千斤顶发货时至少应包括下列随行文件：产品使用说明书及产品质量检验合格证	
2	使用前检查	**1. 国家标准《立式油压千斤顶》（GB/T 27697—2011）** **5.1** 目测检查千斤顶表面涂层质量是否符合要求，承载面是否采用防滑结构。 **5.2** 尺寸检查。千斤顶置于平板上，活塞杆、调整螺杆处于全收缩状态，测量千斤顶承载面到底部支撑面的垂直距离即最低高度；操作千斤顶活塞杆上升至可靠限位位置，测量千斤顶的起升高度；对带有调整螺杆的千斤顶，使调整螺杆升至限位位置，测量千斤顶的调整高度。 **5.3** 在空载条件下，对带有调整螺杆的千斤顶，用手旋动调整螺杆，检查其转动情况及限位情况。 **5.4** 安全阀试验。使千斤顶承受载荷，操作千斤顶直至安全阀开启，载荷显示值达到稳定，该显示值即为千斤顶的安全阀开启载荷。 **5.5** 在承载面上施加适当压力，操作千斤顶使活塞杆上升，直至限位装置起作用。检查千斤顶的限位情况。 **2. 电力行业标准《电力建设安全工作规程 第 1 部分：火力发电》（DL 5009.1—2014）** **4.7.3.1** 千斤顶 1）使用前应进行检查；油压式千斤顶的安全栓有损坏、螺旋式千斤顶或齿条式千斤顶的螺纹或齿条的磨损量达 20% 时，严禁使用。 2）应设置在平整、坚实处，并用垫木垫平。千斤顶必须与荷重面垂直，其顶部与重物的接触面间应加防滑垫层	目视检查损坏及外观情况，手动操作检查限位、安全阀等
3	使用过程中检查	**电力行业标准《电力建设安全工作规程 第 1 部分：火力发电》（DL 5009.1—2014）** **4.7.3.1** 千斤顶 3）严禁超载使用，不得加长手柄或超过规定人数操作。 4）使用油压式千斤顶时，任何人不得站在安全栓的前面。 5）在顶升的过程中，应随着重物的上升在重物下加设保险垫层，到达顶升高度后应及时将重物垫牢。 6）用两台以上千斤顶同时顶升一个物体时，千斤顶的总起重能力应大于荷重的两倍。顶升时应由专人统一指挥，各千斤顶的顶升速度应一致、受力应均衡。 7）油压式千斤顶的顶升高度不得超过限位标志线；螺旋及齿条式千斤顶的顶升高度不得超过螺杆或齿条高度的 3/4。 8）不得在无人监护下承受荷重。 9）下降速度应缓慢，严禁在带负荷的情况下使其突然下降	现场目视检查是否按照规程要求操作

四、滑车及滑车组

滑车及滑车组安全检查重点、要求及方法见表 2－15－5。

表 2－15－5　　　　　滑车及滑车组安全检查重点、要求及方法

序号	检查重点	标准要求	检查方法
1	使用环境	**1. 国家标准《石油化工大型设备吊装工程规范》（GB 50798—2012）** **8.1.1** 吊装所用滑轮组应按出厂铭牌和产品使用说明书选用。 **2. 电力行业标准《电力建设安全工作规程 第 1 部分：火力发电》（DL 5009.1—2014）** **4.12.6.5** 滑车及滑车组 1）滑车应按铭牌规定的允许负荷使用	现场查看滑车铭牌，检查吊物重量
2	磨损情况	**1. 国家标准《石油化工大型设备吊装工程规范》（GB 50798—2012）** **8.1.2** 滑轮的轮槽表面应光滑，不得有裂纹、凸凹等缺陷。 **2. 电力行业标准《电力建设安全工作规程 第 1 部分：火力发电》（DL 5009.1—2014）** **4.12.6.5** 滑车及滑车组 2）滑车及滑车组使用前应进行检验和检查。轮槽壁厚磨损达原尺寸的 20%，轮槽不均匀磨损达 3mm 以上，轮槽底部直径减少量达钢丝绳直径的 50%，以及有裂纹、轮沿破损等情况时应报废	用尺子丈量磨损尺寸
3	防脱措施	**1. 国家标准《石油化工大型设备吊装工程规范》（GB 50798—2012）** **8.1.8** 吊钩上的防止脱钩装置应齐全完好，无防止脱钩装置时，应将钩头加封。 **2. 电力行业标准《电力建设安全工作规程 第 1 部分：火力发电》（DL 5009.1—2014）** **4.12.6.5** 滑车及滑车组 3）在受力方向变化较大的场合和高处作业中，应采用吊环式滑车；如采用吊钩式滑车应采取防脱钩措施	目视检查有无防脱措施
4	使用间距、角度	**1. 电力行业标准《电力建设安全工作规程 第 1 部分：火力发电》（DL 5009.1—2014）** **4.12.6.5** 滑车及滑车组 5）滑车组使用中两滑车滑轮中心间的最小距离不得小于以下规定。滑车起重量分别为以下级别时：1t、5t、10～20t、32～50t，滑轮车间最小允许距离分别为 700mm、900mm、1000mm、1200mm。 **2. 电力企业联合会标准《电力建设工程起重施工技术规范》（T/CEC 5023—2020）** **5.8.4** 滑轮组成对使用时，动滑轮与定滑轮轮轴间的最小距离不得小于滑轮轮径的 5 倍，走绳进入滑轮的侧偏角不宜大于 3°～5°	用卷尺测量安全距离、角度是否满足要求

五、卸扣

卸扣安全检查重点、要求及方法见表 2－15－6。

表 2-15-6　　　　　　　　　　　卸扣安全检查重点、要求及方法

序号	检查重点	标 准 要 求	检查方法
1	合格证及标志	国家标准《一般起重用 D 形和弓形锻造卸扣》（GB/T 25854—2010） **13.2**　制造商应对每批卸扣签发合格证。 **14.1**　每个卸扣均应采用不影响其机械性能的方法做出清晰的永久性标志	现场查验合格证，目视检查外观
2	卸扣的使用	**1. 电力行业标准《电力建设安全工作规程 第 1 部分：火力发电》（DL 5009.1—2014）** **4.12.6**　钢丝绳（绳索）、吊钩和滑轮应符合下列规定： 　2　卸扣 　1）卸扣不得横向受力。 　2）卸扣的销轴不得扣在活动性较大的索具内。 　3）不得使卸扣处于吊件的转角处，必要时应加衬垫并使用加大规格的卸扣。 　4）卸扣发生扭曲、裂纹和明显锈蚀、磨损，应更换部件或报废。 **2. 电力企业联合会标准《电力建设工程起重施工技术规范》（T/CEC 5023—2020）** **5.6.1**　卸扣严禁超载使用，不得使用无额定载荷标记的卸扣。 **5.6.2**　卸扣使用前应进行外观检查，表面应光滑，不得有毛刺、裂纹、尖角、夹层等缺陷；卸扣弯环或横销出现扭曲、明显锈蚀、磨损、裂纹及塑性变形等不得使用；卸扣不得用焊接方法修补。 **5.6.3**　卸扣使用时，只应承受纵向拉力，严禁横向受力。 **5.6.4**　卸扣的销轴不得扣在活动性较大的索具内。 **5.6.5**　卸扣不得处于物件转角处，必要时应加衬垫并使用加大规格的卸扣。 **5.6.6**　卸扣安装时，应将卸扣挂入吊钩受力中心位置，不得挂在吊钩钩尖部位	现场目视检查卸扣的使用方法是否符合规程要求
3	卸扣的更换报废	电力行业标准《电力建设安全工作规程 第 1 部分：火力发电》（DL 5009.1—2014） **4.12.6.2**　卸扣 　4）卸扣发生扭曲、裂纹和明显锈蚀、磨损，应更换部件或报废	现场目视检查卸扣损坏程度

六、钢丝绳扣

钢丝绳扣安全检查重点、要求及方法见表 2-15-7。

表 2-15-7　　　　　　　　　　钢丝绳扣安全检查重点、要求及方法

序号	检查重点	标 准 要 求	检查方法
1	检验合格证明	电力行业标准《电力建设安全工作规程 第 1 部分：火力发电》（DL 5009.1—2014） **4.12.6.1**　钢丝绳 　1）钢丝绳的选用应符合《重要用途钢丝绳》GB 8918 中规定的多股钢丝绳，并应有产品检验合格证。 　16）绳扣的插接长度应为钢丝绳直径的 20 倍～24 倍，破头长度应为钢丝绳直径的 45 倍～48 倍，绳扣的长度应为钢丝绳直径的 18 倍～24 倍，且不小于 300mm。插接锥数不得小于 27 锥，绳股只能在股缝中插入，避开麻芯	现场检查外购钢丝绳、外购成品钢丝绳扣的产品检验合格证；现场测量插接的钢丝绳扣是否符合规程要求

序号	检查重点	标 准 要 求	检查方法
2	钢丝绳扣的存放及润滑	**电力行业标准《电力建设安全工作规程 第1部分：火力发电》（DL 5009.1—2014）** **4.12.6.1 钢丝绳** 13）钢丝绳应存放在室内通风、干燥处，并有防止损伤、腐蚀或其他物理、化学因素造成性能降低的措施。 5）钢丝绳应保持良好的润滑状态，润滑剂应符合该绳的要求并不影响外观检查	现场目视检查钢丝绳扣存放环境
3	钢丝绳扣的使用	**1. 国家标准《石油化工大型设备吊装工程规范》（GB 50798—2012）** **7.2.4.1** 钢丝绳放绳时应防止发生扭结现象。 **7.2.4.5** 钢丝绳不得与电焊导线或其他电线解除，当可能相碰时，应采取防护措施。 **7.2.4.6** 钢丝绳不得与设备或构筑物的棱角直接接触，必须接触时应采取防护措施。 **7.2.4.7** 钢丝绳不得扭曲、扭结，也不得受夹、受砸而成扁平状。 **2. 电力行业标准《电力建设安全工作规程 第1部分：火力发电》（DL 5009.1—2014）** **4.12.1 通用规定** 7 钢丝绳应在建（构）筑物、被吊物件棱角处采取垫木方或半圆管等防止钢丝绳损坏的保护措施，且有防止木方或半圆管坠落的措施。 8 吊挂绳索与被吊物的水平夹角不宜小于45°。 **4.12.4 起重作业应符合下列规定：** 2 两台及以上起重机械抬吊同一物件 4）抬吊过程中，各台起重机械操作应保持同步，起升钢丝绳应保持垂直，保持各台起重机械受力大小和方向变化最小。 4 起吊物应绑挂牢固。吊钩悬挂点应在吊物重心的垂直线上，吊钩绳索应保持垂直，不得偏拉斜吊。落钩时应防止由于吊物局部着地而引起吊绳偏斜。吊物未放置平稳时严禁松钩。 6 吊装零散小件物件时，钢丝绳应采取缠绕绑扎方式；当采用容器吊装时，应固定牢固。 **4.12.6 钢丝绳（绳索）、吊钩和滑轮应符合下列规定：** 1 钢丝绳（绳索）： 7）钢丝绳不得与物体的棱角直接接触，应在棱角处垫半圆管、木板等。 8）起重机的起升机构和变幅机构不得使用编结接长的钢丝绳。 9）钢丝绳在机械运行中不得与其他物体或相互间发生摩擦。 10）钢丝绳严禁与任何带电体接触。 11）钢丝绳严禁与炽热物体或火焰接触。 12）钢丝绳不得相互直接套挂连接。 13）钢丝绳应存放在室内通风、干燥处，并有防止损伤、腐蚀或其他物理、化学因素造成性能降低的措施。 14）钢丝绳端部用绳夹固定时，钢丝绳夹座应在受力绳头的一边，每两个钢丝绳夹的间距不应小于钢丝绳直径的6倍；绳夹的数量应不少于表4.12.6-2的要求。两根钢丝绳用绳夹搭接时，绳夹数量应比表4.12.6-2的规定增加50％。	目视检查是否按照规程使用钢丝绳扣

续表

序号	检查重点	标 准 要 求	检查方法
3	钢丝绳扣的使用	15）应经常对绳夹连接的牢固程度进行检查。对不易接近处可采用将绳头放出安全观察弯的方法进行监视。 17）通过滑轮的钢丝绳不得有接头。 19）钢丝绳一个捻距内发现两处或多处的局部断丝或断丝数达到本标准表4.12.6-3的规定数值时应报废。 **3. 电力企业联合会标准《电力建设工程起重施工技术规范》（T/CEC 5023—2020）** 5.1.3 索具应按产品技术文件规定的技术参数使用，使用载荷不得超过额定值，且不得与锐利的物体直接接触，不可避免时应加垫保护物。 5.2.3 钢丝绳应符合下列要求： 3 钢丝绳在机械运行中不得与其他物体或相互间发生摩擦。 4 钢丝绳不得与带电导线接触，当钢丝绳与带电导线交叉时，应采取防护措施； 6 钢丝绳使用时不得叠压、缠绕或打结；钢丝绳严禁与炽热物体或火焰接触； 7 钢丝绳不得相互套挂连接。 5.3.2 无承载能力和禁吊点标志的无接头钢丝绳圈不得使用。 5.3.3 无接头钢丝绳圈使用时，绳圈上标有红色或其他标记的禁吊点部位不得挂在吊钩或吊点位置。 7.2.2 吊索具与被吊物件的水平夹角不宜小于45°。 7.2.4 吊索具不得叠压。 7.2.5 吊装零散物件时，吊索应采取缠绕绑扎方式；当采用容器吊装时，应固定牢固，采取防止物件散落的措施。 7.2.6 物件应绑挂牢固，吊钩悬挂点应在物件重心的铅垂线上，吊钩钢丝绳应保持竖直，不得偏拉斜吊。落钩时应防止由于物件局部着地引起吊索偏斜	
4	报废标准	**1. 国家标准《起重机钢丝绳保养、维护、检验和报废》（GB/T 5972—2016）** 6.2.1 在一个钢丝绳捻距（大约为$6d$的长度）内出现两个或更多个断丝，需报废。 6.6.6 钢芯钢丝绳直径增大5％及以上，纤维芯钢丝绳直径增大10％及以上，应查明其原因并考虑报废钢丝绳。 6.6.8 发生扭结的钢丝绳应立即报废。 6.6.9 折弯严重的钢丝绳区段经过滑轮时可能会很快劣化并出现断丝，应立即报废钢丝绳。 **2. 电力行业标准《电力建设安全工作规程 第1部分：火力发电》（DL 5009.1—2014）** 4.12.6.1 钢丝绳 21）如钢丝绳断丝紧靠在一起形成局部聚集，则钢丝绳应报废。如断丝聚集在小于$6d$的绳长范围内，或者集中在任一绳股里，钢丝绳应予以报废。 22）钢丝绳发生绳股断裂、绳径因绳芯损坏而减小、外部磨损、弹性降低、内外部出现腐蚀、变形、受热或电弧引起的损坏等任一情况均应报废	目视检查及利用测量工具检查钢丝绳扣损坏程度是否达到报废标准

七、吊带

吊带安全检查重点、要求及方法见表 2-15-8。

表 2-15-8　　　　　　　　吊带安全检查重点、要求及方法

序号	检查重点	标　准　要　求	检查方法
1	合格证查验	机械行业标准《编织吊索安全性 第 1 部分：一般用途合成纤维扁平吊装带》（JB/T 8521.1—2007） D.2.1　在吊装带首次使用前，应确保： a）吊装带的规格与订单上的要求一致。 b）取得制造商提供的证书。 c）吊装带上标识的名称和极限工作载荷与证书上的内容一致。 D.2.2　每次使用前，应检查吊装带是否有缺陷，并确保吊装带的名称和规格正确。不应使用没有标识或存在缺陷的吊装带；应将没有标识或存在缺陷的吊装带送交有资质的部门进行检测	现场检查产品检验合格证
2	使用过程中检查	1. 国家标准《石油化工大型设备吊装工程规范》（GB 50798—2012） 7.5.1.3　吊装带不允许叠压或扭转使用。 7.5.1.4　吊装带不允许在地面上拖拽。 7.5.1.5　当解除尖角、棱边时应采取保护措施。 7.5.3　吊装带存在下列情况之一时，不得使用： 　1　吊装带本体被损伤、带股松散、局部破裂。 　2　合成纤维出现变色、老化、表面粗糙、合成纤维剥落、弹性变小、强度减弱。 　3　吊装带发霉变质、酸碱烧伤、热熔化、表面多处疏松、腐蚀。 　4　吊装带有割口或被尖锐的物体划伤。 2. 电力行业标准《电力建设安全工作规程 第 1 部分：火力发电》（DL 5009.1—2014） 4.12.1　通用规定 　9　吊运精密仪器、控制盘柜、电器元件、精密设备等易损设备时应使用吊装带、尼龙绳进行绑扎、吊运。 4.12.4　起重作业应符合下列规定： 　3　吊装电气设备、控制设备、精密设备等易损物件时，应使用专用吊装带，严禁使用钢丝绳。 3. 机械行业标准《编织吊索安全性　第 1 部分：一般用途合成纤维扁平吊装带》（JB/T 8521.1—2007） D.2.3　吊装带使用期间，应经常检查吊装带是否有缺陷或损伤，包括被污垢掩盖的损伤。这些被掩盖的损伤可能会影响吊装带的继续安全使用。应对任何与吊装带相连的端配件和提升零件进行上述检查。 　如果有任何影响使用的状况发生，或所需标识已经丢失或不可辨识，应立即停止使用，送交有资质的部门进行检测。 　影响吊装带继续安全使用可能产生的缺陷或损伤如下： 　a）表面擦伤。正常使用时，表面纤维会有擦伤。这些属于正常擦伤，几乎不会对吊装带的性能造成影响。但是这种影响是会变化的，因此继续使用时，应减轻一些承重。应重视所有严重的擦伤，尤其是边缘的擦伤。局部磨损不同于一般磨损，可能是在吊装带受力拉直时，被尖锐的边缘划伤造成的，并且可能造成承重减小。	现场查看纤维吊装带使用状况及用法；现场目视或利用放大镜、尺子等工具对吊装带的损伤进行测量

序号	检查重点	标　准　要　求	检查方法
2	使用过程中检查	b）割口。横向或纵向的割口，织边的割口或损坏，针脚或环眼的割口。 c）化学侵蚀。化学侵蚀会导致吊装带局部削弱或织带材料的软化，表现为表面纤维脱落或擦掉。 d）热损伤或摩擦损伤。纤维材料外观十分光滑，极端情况下纤维材料可能会熔在一起。 e）端配件损伤或变形。 **4. 电力企业联合会标准《电力建设工程起重施工技术规范》（T/CEC 5023—2020）** **3.3.3** 合成纤维吊带使用前应安全检查，表面应无擦伤、割口、承载芯裸露、化学侵蚀、热损伤或摩擦损伤、端配件损伤或变形等缺陷。 **5.5.1** 合成纤维吊装带（以下简称"吊装带"）应有极限工作载荷和有效长度标识，并应符合下列规定： 4 吊装带不允许交叉或扭转使用，不允许打结、打拧。 5 吊装带不得在粗糙表面上使用，移动吊带和货物时，不得拖曳。 6 吊装带与物体的棱角接触时，应有保护措施。 7 吊装带当负载吊装时，不允许吊带悬挂货物时间过长。 8 当几条吊装带同时负载时，严禁单根吊带受力，宜使负载均匀分布在每根吊装带上。 9 吊装带吊装作业中，禁止吊装带打结或用打结方法连接，应采用吊装带专用连接件连接	
3	吊装带的维护保养	**国家标准《石油化工大型设备吊装工程规范》（GB 50798—2012）** **7.5.2** 合成纤维吊装带维护保养应符合下列规定： 1 吊装带应避开热源、腐蚀品、日光或紫外线长期辐射。 2 吊装带应存放在干燥、通风、清洁的场所内。 3 对潮湿的吊装带应晾干后保存	查看吊装带保存环境，是否按规范执行

第四节　一般吊装

一般吊装作业安全检查重点、要求及方法见表 2-15-9。

表 2-15-9　　　　　　一般吊装作业安全检查重点、要求及方法

序号	检查重点	标　准　要　求	检查方法
1	吊点的选择与要求	**1. 电力行业标准《电力建设安全工作规程 第 1 部分：火力发电》（DL 5009.1—2014）** **4.12.4** 起重作业应符合下列规定： 2 两台及以上起重机械抬吊同一物件 3）选取吊点时，应根据各台起重机械的允许起重量按计算比例分配负荷进行绑扎。 16 起重吊装的吊点应按施工方案设置，不得任意更改。吊索及吊环应经计算确定。	现场检查吊点数量、布置和捆绑方式是否合理

序号	检查重点	标 准 要 求	检查方法
1	吊点的选择与要求	**4.12.5** 大型设备吊装应符合下列规定： 6 屋顶桁架吊装起吊时应根据吊装方法对桁架进行加固，吊装绑绳点必须在节点处，缆绳拉设位置不能影响后续桁架的吊装。桁架吊装应正式就位、固定牢固，指挥人员确认后，起重机方可解除受力、拆除钢丝绳。摘钩时，施工人员必须使用攀登自锁器或速差自控器。 **2. 电力企业联合会标准《电力建设工程起重施工技术规范》（T/CEC 5023—2020）** **3.4.7** 吊装大直径薄壁型物件或大型桁架结构，吊点选择应根据被吊物件整体强度、刚度和稳定性要求及吊点处的局部强度、刚度和稳定性要求确定。 **3.4.8** 对捆绑/兜绑式吊点，应根据被吊物件的形状、重量、整体和松散性，选择捆绑/兜绑的吊点数量、位置和结索方式	
2	吊耳的型式和使用	**1. 电力行业标准《电力建设安全工作规程 第 1 部分：火力发电》（DL 5009.1—2014）** **4.12.5** 大型设备吊装应符合下列规定： 8 大板梁吊装作业前应提前设置好安装就位用操作平台和安全防护设施。组合吊装使用的吊耳、加固等应经计算，使用前验收合格。 **2. 电力企业联合会标准《电力建设工程起重施工技术规范》（T/CEC 5023—2020）** **5.11.2** 吊耳安装方向应与其受力方向一致。当吊耳强度无法满足侧向力时，应增加侧向加强筋等增加吊耳抗弯能力的措施。 **5.11.6** 吊耳制作和使用还应符合下列要求： 1 严禁使用螺纹钢作为起重吊耳。 6 严禁违反吊耳用途和使用注意事项进行起重施工、组件对口作业。 7 严禁吊耳超负荷使用、受力方向不正确使用。 8 严禁使用有缺陷的吊耳。 **5.11.7** 板孔式吊耳设计应符合下列规定： 1 板孔式吊耳与吊索的连接应采用卸扣或销轴，不得将吊索与吊耳直接相连。 2 板孔式吊耳的设置应与受力方向一致，物件吊装过程中，对于受力方向随起升过程变化的吊耳，应在耳板的两侧设置加强筋。 **5.11.9** 抱箍式吊耳设计应符合下列规定： 2 抱箍式吊耳安装应有防止抱箍在吊装载荷下沿物件轴向滑动的辅助设施	1. 资料检查吊耳验收合格文件。 2. 现场查看吊耳设计、制作、使用情况
3	地锚及缆风绳的设置	**1. 电力行业标准《电力建设安全工作规程 第 1 部分：火力发电》（DL 5009.1—2014）** **4.6.5** 起重机械应符合下列规定： 24 扒杆及地锚 6）缆风绳与扒杆顶部及地锚的连接应牢固可靠。 7）缆风绳与地面的夹角一般不得大于45°。 8）缆风绳越过主要道路时，其架空高度不得小于7m。 9）缆风绳与架空输电线及其他带电体的安全距离应符合本标准表4.8.1的规定。	1. 资料检查地锚的计算。 2. 现场查看地锚及缆风绳的制作、布置和使用，查看地锚标志设置

序号	检查重点	标　准　要　求	检查方法
3	地锚及缆风绳的设置	10）地锚的规格、设置应根据锚定设备的最大受力进行计算确定。移动地锚不宜用于大型设备的锚定。 11）地锚的分布及埋设深度应根据地锚的受力情况及土质情况核算确定。 12）地锚坑在引出线露出地面的位置，其前面及两侧的2m范围内不得有沟、洞、地下管道或地下电缆等。 13）地锚坑引出线及其地下部分应经防腐处理。 14）地锚的埋设应平整，基坑无积水。 15）地锚埋设后应进行详细检查，试吊时应指定专人看守。 16）采用固定建（构）筑物、梁、柱作地锚时应经原设计部门核算确定。 **4.12.7**　运输及搬运作业应符合下列规定： 9　大型设备的运输及搬运 11）拖运滑车组的地锚应经计算，使用中应经常检查。严禁在不牢固的建（构）筑物或运行的设备上绑扎拖运滑车组。打桩绑扎拖运滑车组时，应了解地下设施情况并计算其承载。 **2. 电力企业联合会标准《电力建设工程起重施工技术规范》（T/CEC 5023—2020）** **3.5.2**　地锚制作和设置应符合施工方案规定。采用坑锚方式的地锚在回填时应分层夯实，回填高度应高出基坑周围地面，并做好隐蔽工程记录。 **3.5.3**　采取桩锚方式的地锚，锚桩布置时宜根据受力方向，反向倾斜10°～15°布置，锚桩应与地面结合紧固，且不应侧向受力。 **3.5.4**　每个地锚均应编号并以受力点为基准在平面布置图中给出坐标，埋设及回填时应保证位置、方向符合设计要求。 **3.5.5**　地锚基坑的前方，即缆绳受力方向，坑深2.5倍的平面范围内不得有地沟、线缆、地下管道等，地锚埋设区域不得浸水。 **3.5.7**　地锚应设置许用工作拉力标志，不得超载使用。 **3.5.8**　禁止在运行的设备上设置地锚，利用建（构）筑物设置地锚时，应经核算或设计单位确认合格后设置。打桩绑扎拖运滑轮组时，应确认地下设施情况并计算承载能力	
4	物件装卸及运输	**1. 电力行业标准《电力建设安全工作规程　第1部分：火力发电》（DL 5009.1—2014）** **4.12.7**　运输及搬运作业应符合下列规定： 6　使用厂（场）内专用机动车辆 1）驾驶人员应经考试合格并取得资格证书。 2）使用前应检查确认制动器、转向机构、喇叭完好。 3）装运物件应垫稳、捆牢，不得超载。 4）行驶时，驾驶室外及车厢外不得载人，驾驶员不得与他人谈笑。启动前应先鸣号。载货时车速不得超过5km/h，空车车速不得超过10km/h。停车后应切断动力源，扳下制动闸后，驾驶员方可离开。 5）电瓶车充电时应距明火5m以上并加强通风。 7　水路运输 1）船员应进行培训、考试合格并取得资格证；参加水上运输的人员应熟悉水上运输知识。	1. 资料检查 （1）驾驶员、船员资格证书； （2）船只合格证明文件、航运安全规程、安全航行管理制。 2. 现场检查 （1）车辆、船只外观部件。 （2）封车（船）状况。 （3）运输行为

序号	检查重点	标 准 要 求	检查方法
4	物件装卸及运输	2) 运输船只应合格。 3) 应根据船只载重量及平稳程度装载。严禁超重、超高、超宽、超长、超航区航行。不得使用货船载运旅客。 4) 船只出航前应对导航设备和通信设备进行严格检查，确认无误后方可出航。 5) 器材应分类堆放整齐并系牢；危险品应隔离并妥善放置，由专人保管。 6) 应由熟悉水路的人员领航，并按航运安全规程执行。 7) 船只靠岸停稳前不得上下人员。跳板应搭设稳固。单行跳板的宽度不得小于 500mm，厚度不得小于 50mm，长度不得超过 6m。 8) 在水中绑扎或解散竹、木排的人员应会游泳，并佩戴救生衣等防护设备。 9) 遇六级及以上大风、大雾、暴雨等恶劣天气，严禁水上运输，船只应靠岸停泊。 10) 船只应由专人管理，并应有安全航行管理制度，救生设备应完好、齐全。 11) 应注意收听气象台、站的广播，及时做好防台、防汛工作。 12) 严禁不符合夜航条件的船只夜航。 **2. 电力企业联合会标准《电力建设工程起重施工技术规范》（T/CEC 5023—2020）** **6.1.3** 物件装卸应有防变形、防坠落和防倾倒措施。 **6.1.4** 装卸绑扎时，吊索与物件的棱角接触处应采取保护和防脱落措施。 **6.1.6** 被装卸的物件放在地面或运输车板上时，应采取支垫及防滑措施。 **6.1.7** 装车时，应使用钢丝绳、手拉葫芦或滑轮组等工具捆扎固定	
5	物件搬运	**电力行业标准《电力建设安全工作规程 第1部分：火力发电》（DL 5009.1—2014）** **4.12.7** 运输及搬运作业应符合下列规定： 8 搬运 1) 沿斜面搬运时，所搭设的跳板应牢固可靠，坡度不得大于 1∶3，跳板厚度不得小于 50mm。 2) 在坡道上搬运时，物件应用绳索拴牢，并做好防止倾倒的措施。作业人员应站在侧面。下坡时应用绳索溜住。 3) 搬运人员应穿防滑、防砸鞋，戴防护手套。多人搬运同一物件时，应有专人统一指挥。 9 大型设备的运输及搬运 2) 搬运大型设备前，应对路基下沉、路面松软以及冻土开化等情况进行调查并采取措施，防止在搬运过程中发生倾斜、翻倒；对沿途经过的桥梁、涵洞、沟道等应进行详细检查和验算，必要时应采取加固措施。 3) 大型设备运输道路的坡度不得大于 15°；不能满足要求时，应征得制造厂同意并采取可靠的安全技术措施。	现场查看： （1）地基情况。 （2）坡度情况。 （3）与输电线路距离。 （4）装车位置及封车情况。 （5）钢丝绳扣或牵引绳栓挂情况。 （6）设备装卸及牵引行为

序号	检查重点	标 准 要 求	检查方法
5	物件搬运	4）运输道路上方如有输电线路，通过时应保持安全距离，不能保证安全通过时应采取绝缘隔离措施。 5）用拖车装运大型设备时，应进行稳定性计算并采取防止剧烈冲击或振动的措施。选择适合规格的绑扎钢丝绳、手拉葫芦和卸扣，采用合理方式进行绑扎固定。行车时应配备开道车及押运联络员。 6）采用自行式液压模块车运送大型设备时，设备装载重心、地面承载力等要符合车辆相关的要求。 7）从车辆或船上卸下大型设备时，卸车、卸船平台应牢固，并应有足够的宽度和长度。承载后平台不得有不均匀下沉现象。 8）搭设卸车、卸船平台时，应考虑到车、船卸载时弹簧弹起及船体浮起所造成的高差。 9）使用两台不同速度的牵引机械卸车、卸船时，应采取措施使设备受力均匀，牵引速度一致。牵引的着力点应在设备的重心以下。 10）被拖动物件的重心应放在拖板中心位置。拖运圆形物件时，应垫好枕木楔子；对高大而底面积小的物件，应采取防倾倒的措施；对薄壁或易变形的物件，应采取加固措施。 11）拖运滑车组的地锚应经计算，使用中应经常检查。严禁在不牢固的建（构）筑物或运行的设备上绑扎拖运滑车组。打桩绑扎拖运滑车组时，应了解地下设施情况并计算其承载。 12）在拖拉钢丝绳导向滑轮内侧的危险区内严禁人员通过或逗留。 13）中间停运时，应采取措施防止物件滚动。夜间应设红灯示警，并设专人看守	
6	滚杠运输	**电力企业联合会标准《电力建设工程起重施工技术规范》（T/CEC 5023—2020）** **6.2.1** 滚杠拖运应符合下列要求： 3 放置滚杠时，滚杠轴线应与运输方向垂直且间距均匀，两滚杠中心距宜为250mm～350mm。 4 滚杠下的走道宜铺设平整，采用道木铺道时，道木接头处应错开。 5 排子滚杠运输坡度不宜超过5°，遇有坡度时，排子应有制动措施。 7 严禁戴手套调整滚杠	现场查看运输坡度、滚杠布置及拖运行为
7	重物移运器拖运	**电力企业联合会标准《电力建设工程起重施工技术规范》（T/CEC 5023—2020）** **6.2.2** 重物移运器拖运应符合下列规定： 4 物件放在重物移运器上时，应确认物件平稳，支点与物件连接可靠，轨道平行，无变形现象，检查运行轨道内其他障碍物等影响物件正常运行因素。 6 每个重物移运器的中线应与轨道的中线重合，物件移动时应保证两侧同步	现场查看运输坡度、重物移运器布置及拖运行为

序号	检查重点	标 准 要 求	检查方法
8	液压顶推装置推运	电力企业联合会标准《电力建设工程起重施工技术规范》（T/CEC 5023—2020） 6.2.3 液压顶推装置推运应符合下列规定： 5 操作时应设专人统一指挥并监视液压顶推装置的同步性，发现位移偏差较大时，应立即停止动作，采用单台动作调整后再整体动作； 6 液压顶推装置工作时，任何人不得站在安全栓的前面	现场查看运输坡度、液压顶推装置布置及拖运行为
9	一般吊装	1. 电力行业标准《电力建设安全工作规程 第1部分：火力发电》（DL 5009.1—2014） 4.12.1 通用规定 6 起吊前应检查起重机械及其安全装置；吊件吊离地面约100mm时应暂停起吊并进行全面检查，确认正常后方可正式起吊。 4.12.4 起重作业应符合下列规定： 4 起吊物应绑挂牢固。吊钩悬挂点应在吊物重心的垂直线上，吊钩绳索应保持垂直，不得偏拉斜吊。落钩时应防止由于吊物局部着地而引起吊绳偏斜。吊物未放置平稳时严禁松钩。 5 起吊大件或不规则组件时，应在吊件上挂牢固的溜绳。 6 吊装零散小件物件时，钢丝绳应采取缠绕绑扎方式；当采用容器吊装时，应固定牢固。 7 不得在被吊装物品上堆放或悬挂零星物件。吊起后进行水平移动时，其底部应高出所跨越障碍物500mm以上。 8 有主、副两套起升机构的起重机，主、副钩不得同时使用。设计允许同时使用的专用起重机除外。 9 起重机严禁同时操作三个动作。在接近额定载荷时，不得同时操作两个动作。臂架型起重机在接近额定载荷时，严禁降低起重臂。 10 起重工作区域内无关人员不得逗留或通过；起吊过程中严禁任何人员在起重机臂杆及吊物的下方逗留或通过。 11 起重机吊运重物时应走吊运通道，严禁从人员的头顶上方越过。 13 埋在地下或冻结在地面上等重量不明的物件不得起吊。 2. 电力企业联合会标准《电力建设工程起重施工技术规范》（T/CEC 5023—2020） 4.1.5 起重机械起吊物件时，吊臂和物件上严禁有人或浮置物，起重臂与吊物下方严禁人员通过或逗留。 4.1.13 两台及以上起重机械在同一区域使用，可能发生碰撞时，应制定相应安全措施，并对相关人员安全技术交底。 7.1.7 起重机起重臂与被吊物的安全距离不应小于500mm。 7.1.8 物件正式吊装前应试吊。 7.1.10 对于易摆动的物件和大型设备吊装时两侧应拴好牵引绳。 7.1.12 作业区域应设置警戒线并派专人监护，无关人员和车辆禁止通过或逗留。 7.4.2 移动物件时，应符合下列要求： 1 起重机械严禁同时操作三个动作。在接近额定载荷时，不得同时操作两个动作。臂架型起重机在接近额定载荷时，严禁降低起重臂；	现场查看： （1）起重机械、工器具、吊索具完好性及使用正确性。 （2）吊装行为的正确性

续表

序号	检查重点	标　准　要　求	检查方法
9	一般吊装	3　移动物件时，严禁从人员上方通过，且不宜从建（构）筑物或设备正上方通过； 5　吊起后水平移动时，底部宜高出所跨越障碍物500mm以上	
10	吊装悬停	**1. 电力行业标准《电力建设安全工作规程 第1部分：火力发电》（DL 5009.1—2014）** **4.12.4**　起重作业应符合下列规定： 　　10　起重工作区域内无关人员不得逗留或通过；起吊过程中严禁任何人员在起重机臂杆及吊物的下方逗留或通过。对吊起的物件必须进行加工时，应采取可靠的支承措施并通知起重机操作人员。 　　12　吊起的重物必须在空中作短时间停留时，指挥人员和操作人员均不得离开工作岗位。 　　14　起重机在作业中出现故障或不正常现象时，应采取措施放下重物，停止运转后进行检修，严禁在运转中进行调整或检修。起重机严禁采用自由下降的方法下降吊钩或重物。 **2. 电力企业联合会标准《电力建设工程起重施工技术规范》（T/CEC 5023—2020）** **7.4.1**　吊装过程中不允许与吊装施工无关的悬停，无法避免时应符合下列要求： 　　1　悬停时应保证物件的稳定性和安全性； 　　2　起重机械操作人员与指挥人员不得在物件悬停时离开工作岗位； 　　3　物件悬停期间应有专人监护现场，人员不得在悬停的物件下方通过或停留，在物件周边作业时设置可靠保护措施	现场查看悬停时相关人员在岗情况及行为正确性
11	抬吊吊装	**1. 电力行业标准《电力建设安全工作规程 第1部分：火力发电》（DL 5009.1—2014）** **4.12.4**　起重作业应符合下列规定： 　　2　两台及以上起重机械抬吊同一物件 　　1）宜选用额定起重量相等和相同性能的起重机械。严禁超负荷使用。 　　2）各台起重机械所受的载荷不得超过本身80%的额定载荷。特殊情况下，应制定专项安全技术措施，经企业技术负责人和工程项目总监理工程师审批，企业技术负责人应现场旁站监督实施。 　　3）选取吊点时，应根据各台起重机械的允许起重量按计算比例分配负荷进行绑扎。 　　4）抬吊过程中，各台起重机械操作应保持同步，起升钢丝绳应保持垂直，保持各台起重机械受力大小和方向变化最小。 **2. 电力企业联合会标准《电力建设工程起重施工技术规范》（T/CEC 5023—2020）** **7.4.3**　两台及以上起重机械抬吊物件时，应符合下列要求： 　　2　各台起重机械承受的载荷不得超过本身80%的额定载荷；风力发电机组吊装工程起重量不应超过两台起重机械所允许起重量总和的75%，每一台起重机械的负荷量不宜超过其安全负荷量的80%。 　　4　抬吊过程中，各台起重机械吊钩钢丝绳应保持竖直，保持各台起重机械受力大小和方向变化最小，升降、行走应保持同步。 　　5　应统一指挥，明确各台起重机械的起始承载和就位卸载顺序	1. 资料检查技术方案和安全作业票。 　2. 现场查看 （1）通过吊车操作显示屏查看吊装负荷率。 （2）吊车起升速度一致性和物件水平情况

续表

序号	检查重点	标　准　要　求	检查方法
12	吊装就位	**1. 电力行业标准《电力建设安全工作规程 第1部分：火力发电》（DL 5009.1—2014）** 4.12.4　起重作业应符合下列规定： 　4　起吊物应绑挂牢固。吊钩悬挂点应在吊物重心的垂直线上，吊钩绳索应保持垂直，不得偏拉斜吊。落钩时应防止由于吊物局部着地而引起吊绳偏斜。吊物未放置平稳时严禁松钩。 　17　吊装就位后，应待临时支撑、吊挂完成或就位固定牢靠后方可脱钩。严禁在未连接或未固定好的设备上作业。 **2. 电力企业联合会标准《电力建设工程起重施工技术规范》（T/CEC 5023—2020）** 7.5.1　物件吊装就位应符合下列要求： 　2　物件就位时，应将物件的重量分阶段回落到基础或支撑上，并观察基础或支撑承载情况，严禁在未连接或未固定好的设备上作业； 　3　可采用手拉葫芦、千斤顶、专用装置等辅助就位。严禁偏拉斜吊，野蛮施工； 　5　初步就位应确认，符合要求后方可落钩，落钩过程中应防止吊索具旋转缠绕；应固定的物件，待完成固定并经检查确认无误后方可解除吊索具	现场查看就位着地、固定和人员安全站位情况
13	吊装系统恢复	**电力企业联合会标准《电力建设工程起重施工技术规范》（T/CEC 5023—2020）** 7.5.2　系统恢复应符合下列要求： 　1　吊装作业完成后，应恢复起重机械至停放状态，回收吊索具并妥善存放。 　2　吊装作业结束后应及时拆除辅助吊装构架及加固设施	现场查看起重机械、工器具、吊索具及辅助吊装构架及加固设施恢复情况

第十六章

消防器材配备与布置

第一节　概述

　　电力建设工程施工中，防腐作业会经常用到稀释剂、油漆、磷片等，切割会用到氧、乙炔气体等危化品，机械设备会大量用到各类油品等，建筑作业会大量用到方木和木质模板等，这些材料都是容易燃烧、容易引发火灾事故的材料，因此在电力建设工程中防火尤为重要，消防器材等必须保持完好备用，并按要求充分配备。在本节中，主要针对电力建设工程施工过程中的消防管理和消防器材的布置进行检查，一旦发生火警，能在第一时间进行扑救，减少人员伤亡和财产损失。

第二节　消防设施配备要求

　　消防设施配备安全检查重点、要求及方法见表 2 - 16 - 1。

表 2 - 16 - 1　　　　　　　消防设施配备安全检查重点、要求及方法

序号	检查重点	标　准　要　求	检查方法
1	消防设施一般要求	**1. 国家标准《建设工程施工现场消防安全技术规范》（GB 50720—2011）** **5.1.1**　施工现场应设置灭火器、临时消防给水系统和应急照明等临时消防设施。 **5.1.2**　临时消防设施应与在建工程的施工同步设置。 **2. 电力行业标准《电力建设安全工作规程 第 1 部分：火力发电》（DL 5009.1—2014）** **4.14.3**　防火应符合下列规定： 　1　临时建筑及仓库的设计应符合《建筑防火设计规范》GB 50016 的规定。库房应通风良好，配置足够的消防器材，设置"严禁烟火"警示牌，严禁住人。 　2　建筑物防火安全距离应符合《建设工程施工现场消防安全技术规范》GB 50720 的规定	现场检查、实地测量相关数据

续表

序号	检查重点	标 准 要 求	检查方法
2	防火间距	国家标准《建设工程施工现场消防安全技术规范》（GB 50720—2011） **3.2.1** 易燃易爆危险品库与在建工程的防火间距不应小于15m，可燃材料堆场及其加工场、固定动火作业场与在建工程的防火间距不应小于10m，其他临时用房、临时设施与在建工程的防火间距不应小于6m。 **3.2.2** 施工现场主要临时用房、临时设施的防火间距不应小于下表规定，当办公用房、宿舍成组布置时，其防火间距可适当减小，但应符合下列规定： 　1　每组临时用房的栋数不应超过10栋，组与组之间的防火间距不应小于8m。 　2　组内临时用房之间的防火间距不应小于3.5m，当建筑构建燃烧性能等级为A级时，其防火间距可减少到3m。 **施工现场主要临时用房、临时设施的防火间距（m）** | 名称 间距 名称	办公用房、宿舍	发电机房、变配电房	可燃材料库房	厨房操作间、锅炉房	可燃材料堆场及其加工场	固定动火作业场	易燃易爆危险品库房
---	---	---	---	---	---	---	---
办公用房、宿舍	4	4	5	5	7	7	10
发电机房、变配电房	4	4	5	5	7	7	10
可燃材料库房	5	5	5	5	7	7	10
厨房操作间、锅炉房	5	5	5	5	7	7	10
可燃材料堆场及其加工场	7	7	7	7	7	10	10
固定动火作业场	7	7	7	7	10	10	12
易燃易爆危险品库房	10	10	10	10	10	12	12	 　注　1　临时用房、临时设施的防火间距应按临时用房外墙外边线或堆场、作业场、作业棚边线间的最小距离计算，当临时用房外墙有突出可燃构件时，应从其突出可燃构件的外缘算起； 　　　2　两栋临时用房相邻较高一面的外墙为防火墙时，防火间距不限； 　　　3　本表未规定的，可按同等火灾危险性的临时用房、临时设施的防火间距确定	现场检查、实地测量相关数据
3	灭火器	1. 国家标准《建设工程施工现场消防安全技术规范》（GB 50720—2011） **5.2.1** 在建工程及临时用房的下列场所应配置灭火器： 　1　易燃易爆危险品存放及使用场所。 　2　动火作业场所。	现场查看

序号	检查重点	标　准　要　求	检查方法
3	灭火器	3　可燃材料存放、加工及使用场所。 4　厨房操作间、锅炉房、发电机房、变配电房、设备用房、办公用房、宿舍等临时用房。 5　其他具有火灾危险的场所。 **5.2.2**　施工现场灭火器配置应符合下列规定： 1　灭火器的类型应与配置场所可能发生的火灾类型相匹配。 2　灭火器最低配置应符合下表规定： 灭火器的最低配置标准	

灭火器的最低配置标准

项　目	固体物质火灾		液体或可熔化固体物质火灾、气体火灾	
	单具灭火器最小灭火级别	单位灭火级别最大保护面积（m²/A）	单具灭火器最小灭火级别	单位灭火级别最大保护面积（m²/B）
易燃易爆危险品存放及使用场所	3A	50	89B	0.5
固定动火作业场	3A	50	89B	0.5
临时动火作业点	2A	50	55B	0.5
可燃材料存放、加工及使用场所	2A	75	55B	1.0
厨房操作间、锅炉房	2A	75	55B	1.0
自备发电机房	2A	75	55B	1.0
变配电房	2A	75	55B	1.0
办公用房、宿舍	1A	100	—	—

3　灭火器的配置数量应按现行国家标准《建筑灭火器配置设计规范》GB 50140—2005 的有关规定经计算确定，且每个场所的灭火器数量不应少于 2 具。

4　灭火器的最大保护距离应符合下表规定：

灭火器的最大保护距离（m）

灭火器配置场所	固体物质火灾	液体或可熔化固体物质火灾、气体火灾
易燃易爆危险品存放及使用场所	15	9
固定动火作业场	15	9
临时动火作业点	10	6
可燃材料存放、加工及使用场所	20	12
厨房操作间、锅炉房	20	12
发电机房、变配电房	20	12
办公用房、宿舍	25	—

序号	检查重点	标 准 要 求	检查方法
3	灭火器	**2. 消防救援行业标准《灭火器维修》（XF 95—2015）** **6.5.2** 水压试验应按灭火器铭牌标志上规定的水压试验压力进行，水压试验时不应有泄漏、部件脱落、破裂和可见的宏观变形。二氧化碳灭火器钢瓶的残余变形率不应大于 3%。应保持检验记录 **7.1** 灭火器自出厂之日算起，达到以下年限的，应报废： 　a）水基型灭火器——6 年。 　b）干粉灭火器——10 年。 　c）洁净气体灭火器——10 年。 　d）二氧化碳灭火器和储气瓶——12 年。 **7.2** 灭火器有下列情况之一者，应报废： 　a）永久性标志模糊，无法辨识。 　b）气瓶（筒体）被火烧过。 　c）气瓶（筒体）有严重变形。 　d）气瓶（筒体）外部涂层脱落面积大于气瓶（筒体）总面积的三分之一。 　e）气瓶（筒体）外表面、联接部位、底座有腐蚀的凹坑。 　f）气瓶（筒体）有锡焊、铜焊或补级等修补痕迹。 　g）气瓶（筒体）内部有锈屑或内表面有腐蚀的凹坑。 　h）水基型灭火器筒体内部的防腐层失效。 　i）气瓶（筒体）的联接螺纹有损伤。 　j）气瓶（筒体）水压试验不符合 6.5.2 的要求。 　k）不符合消防产品市场准入制度的。 　l）由不合法的维修机构维修过的。 　m）法律或法规明令禁止使用的。	
4	消防通道	**1. 国家标准《建设工程施工现场消防安全技术规范》（GB 50720—2011）** **3.3.1** 施工现场内应设置临时消防车道，临时消防车道与在建工程、临时用房、可燃材料堆场及其加工场的距离不宜小于 5m，且不宜大于 40m；施工现场周边道路满足消防车通行及灭火器救援要求时，施工现场内可不设置临时消防车道。 **3.3.2** 临时消防车道的设置应符合下列规定： 　1 临时消防车道宜为环形，设置环形车道确有困难时，应在消防车道尽端设置尺寸 12m×12m 的回车场。 　2 临时消防车道的净宽度和净空高度不应小于 4m。 　3 临时消防车道的右侧应设置消防车行进路线指示标识。 　4 临时消防车道路基、路面及其下部设施应能承受消防车通行压力及工作荷载。 **3.3.3** 下列建筑应设置环形临时消防车道，设置环形临时消防车道确有困难时，除应按本规范第 3.3.2 条的规定设置回车场外，尚应按本规范 3.3.4 条的规定设置临时消防救援场地。 　1 建筑高度大于 24m 的在建工程。 　2 建筑工程单体占地面积大于 3000m² 的在建工程。 　3 超过 10 栋，且成组布置的临时用房。 **3.3.4** 临时消防救援场地的设置应符合下列规定： 　1 临时消防救援场地应在在建工程装饰装修阶段设置。 　2 临时消防救援场地应设置在成组布置的临时用房的长边一侧及在建工程的长边一侧。	现场检查、实地测量相关数据

续表

序号	检查重点	标 准 要 求	检查方法
4	消防通道	3 临时消防救援场地宽度应满足消防车正常操作要求，且不应小于6m，与在建工程外脚手架的净距离不宜小于2m，且不宜超过6m。 **2. 电力行业标准《电力建设安全工作规程 第1部分：火力发电》（DL 5009.1—2014）** **4.14.3** 防火应符合下列规定： 3 施工现场出入口不应少于2个，且布置在不同方向，宽度满足消防车通行要求，只能设置一个出口时，应设置满足消防车通行的环形车道。 4 施工现场的疏散通道、安全出口、消防通道应保持畅通	
5	临时消防给水系统	**1. 国家标准《建设工程施工现场消防安全技术规范》（GB 50720—2011）** **5.3.1** 施工现场或其附近应设置稳定、可靠的水源，并应能满足施工现场临时消防用水的需要。 **5.3.4** 临时用房建筑面积之和大于1000m² 或在建工程单体体积大于10000m³ 时，应设置临时室外消防给水系统。当施工现场处于市政消火栓150m保护范围内，且市政消火栓的数量满足室外消防用水量要求时，可不设置临时室外消防给水系统。 **5.3.7** 施工现场临时室外消防给水系统的设置应符合下列规定： 1 给水管网宜布置成环状。 2 临时室外消防给水的管径，应根据施工现场临时消防用水量和干管内水流计算速度计算确定，并不应小于DN100。 3 室外消火栓应沿在建工程、临时用房和可燃材料堆场及其加工场均匀布置，与在建工程、临时用房和可燃材料堆场及其加工场的外边线的距离不应小于5m。 4 消火栓的间距不应大于120m。 5 消火栓的最大保护半径不应大于150m。 **5.3.8** 建筑高度大于24m或单体体积超过30000m³ 的在建工程，应设置室内消防给水系统。 **2. 电力行业标准《电力建设安全工作规程 第1部分：火力发电》（DL 5009.1—2014）** **4.14.3** 防火应符合下列规定： 5 施工现场及生活区宜设消防水系统。 6 消防管道的管径及消防水的扬程应满足施工期最高消防点的需要。 7 室外消防栓应根据建（构）筑物的耐火等级和密集程度布设，一般每隔120米设置一个。仓库、宿舍、加工场地及重要的设备旁应有相应的灭火器材，一般按建筑面积每120m² 设置灭火器一具	现场检查、实地测量相关数据
6	消防设施管理	**1. 国家标准《建筑灭火器配置设计规范》（GB 50140—2005）** **5.1.1** 灭火器应设置在位置明显和便于取用的地点，且不得影响安全疏散。 **5.1.2** 对有视线障碍的灭火器设置点，应设置指示其位置的发光标志。	现场检查、实地测量相关数据

序号	检查重点	标　准　要　求	检查方法
6	消防设施管理	**5.1.3**　灭火器的摆放应稳固，其铭牌应朝外。手提式灭火器宜设置在灭火器箱内或挂钩、托架上，其顶部距离地面高度不应大于1.50m；底部距离地面高度不宜小于0.08m，灭火器箱不得上锁。 **5.1.4**　灭火器不宜设置在潮湿或强腐蚀性的地点。当必须设置时，应有相应的保护措施。灭火器设置在室外时，应有相应的保护措施。 **5.1.5**　灭火器不得设置在超出其使用温度范围的地点。 **2. 电力行业标准《电力建设安全工作规程 第1部分：火力发电》（DL 5009.1—2014）** **4.14.3**　防火应符合下列规定： 　8　消防设施应有防雨、防冻措施，并定期检查、试验，确保消防水畅通、灭火器有效。 　9　消防水带、灭火器、砂桶（箱、袋）、斧、锹、钩子等消防器材应放置在明显、易取处，不得任意移动或遮盖，严禁挪作他用	
7	危化品及重点防火部位的防火管理	**电力行业标准《电力建设安全工作规程 第1部分：火力发电》（DL 5009.1—2014）** **4.14.3**　防火应符合下列规定： 　10　在油库、木工间及易燃、易爆物品仓库等场所严禁吸烟，并设"严禁烟火"的明显标志，采取相应的防火措施。 　11　氧气、乙炔、汽油等危险品仓库应有避雷及防静电接地设施，屋面应采取轻型结构，门、窗应向外开启，保持良好通风。 　12　挥发性的易燃材料不得装在敞口容器内或存放在普通仓库内。 　13　闪点在45℃以下的桶装易燃液体严禁露天存放。炎热季节应采取降温措施。 　14　装过挥发性油剂及其他易燃物质的容器，应及时退库，并保存在距建构（筑）物不小于25m的单独隔离场所。 　15　粘有油漆的棉纱、破布及油纸等易燃废物，应及时回收处理	现场检查、实地测量相关数据

第十七章

主 要 施 工 机 械

第一节　概述

电力建设工程施工所用主要施工机械包括塔式起重机、桥门式起重机、履带起重机、汽车起重机、施工升降机、缆索起重机、混凝土及土石方机械、运输机械和中小型机械设备等。其安全使用与否直接关系到工程的安全、质量和进度。在国家、行业、企业等层面的施工安全重点工作中都强调了"重点检查起重吊装及施工机械的隐患排查及治理"等方面的内容。尤其是起重机械，如因其使用、维修、保养不到位，可能造成机毁人亡的重大事故。

本章涵盖的内容较多，分别从不同类型的机械结构、性能、特点去逐一检查其关键点、风险点，有些还进行了结构特点的讲解、剖析。对一些特殊的问题，读者还可以参考第五篇的一些专题进行研读，相信必有收获。

第二节　通用部件及装置

一、概述

本部分描述了起重机械重要通用部件及装置主要安全检查内容，包括钢丝绳的完好程度，钢丝绳绳卡、楔套的正确使用；吊钩、滑轮、卷筒、制动器的技术状况及吊钩防脱钩装置、滑轮防跳绳装置、卷筒绳端固定装置、钢丝绳防跳出卷扬装置的完好有效性及钢丝绳、吊钩、滑轮、卷筒、制动器的检查内容、标准要求和检查方法。

二、钢丝绳

钢丝绳安全检查重点、要求及方法见表 2-17-1。

表 2-17-1　　　　　　钢丝绳安全检查重点、要求及方法

序号	检查重点	标　准　要　求	检查方法
1	直径测量	**国家标准《重要用途钢丝绳》（GB/T 8918—2006）** **7.1.1.1** 钢丝绳直径应用带有宽钳口的游标卡尺测量。其钳口的宽度要足以跨越两个相邻的股。	测量。 钢丝绳直径测量方法如图 2-17-1 所示

序号	检查重点	标 准 要 求	检查方法
1	直径测量	测量应在无张力的情况下，于钢丝绳端头 15m 外的直线部位上进行，在相距至少 1m 的两截面上，并在同一截面互相垂直测取两个数值。四个测量结果的平均值作为钢丝绳的实测直径	
2	钢丝绳断丝根数	国家标准《起重机钢丝绳保养、维护、检验和报废》（GB/T 5972—2016） **6.2.1** 可见断丝报废基准应符合下表的规定：	目测

可 见 断 丝 报 废 基 准

序号	可见断丝的种类	报废基准
1	断丝随机地分布在单层缠绕的钢丝绳经过一个或多个钢制滑轮的区段和进出卷筒的区段，或者多层缠绕的钢丝绳位于交叉重叠区域的区段	单层和平行捻密实钢丝绳见本标准的表 3（略），阻旋转钢丝绳见本标准的表 4（略）。
2	在不进出卷筒的钢丝绳区段出现的呈局部聚集状态的断丝	如果局部聚集集中在一个或两个相邻的绳股，即使 6d 长度范围内的断丝数低于表 3 和表 4 的规定值，可能也要报废钢丝绳
3	股沟断丝	在一个钢丝绳捻距（大约为 6d 的长度）内出现两个或更多断丝
4	绳端固定装置处的断丝	两个或更多断丝

序号	检查重点	标 准 要 求	检查方法
3	钢丝绳畸形	建筑行业标准《施工现场机械设备检查技术规范》（JGJ 160—2016） **7.1.7** 钢丝绳使用应符合下列规定： 3 钢丝绳不得有扭结、压扁、弯折、断股、断丝、断芯、笼状畸变等变形。	目测
4	润滑	建筑行业标准《施工现场机械设备检查技术规范》（JGJ 160—2016） **7.1.7** 钢丝绳使用应符合下列规定： 5 钢丝绳润滑应良好，并应保持清洁	目测
5	钢丝绳用楔形接头	国家标准《钢丝绳用楔形接头》（GB/T 5973—2006） **4.2** 楔套和楔表面应光滑平整，尖棱和冒口应除去，并不应有降低强度和明显有损外观的缺陷（如气孔、裂纹、疏松、夹砂、铸疤等） **4.4** 楔套和楔需进行防锈处理。 **4.5** 楔形接头使用时应合理安装	目测

续表

序号	检查重点	标 准 要 求	检查方法
6	钢丝绳夹	**国家标准《钢丝绳夹》（GB/T 5976—2006）** **A.1 钢丝绳夹的布置** 　钢丝绳夹应把夹座扣在钢丝绳的工作段上，U形螺栓扣在钢丝绳的尾段上。钢丝绳夹不得在钢丝绳上交替布置。 **A.2 钢丝绳夹的数量** 　对于符合本标准规定的适用场合，每一连接处所需钢丝绳夹的最少数量见下表： 绳夹规格（钢丝绳公称直径）d_1/mm ｜ 钢丝绳夹的最少数量/组 ≤18 ｜ 3 >18～26 ｜ 4 >26～36 ｜ 5 >36～44 ｜ 6 >44～60 ｜ 7 **A.3 钢丝绳夹间的距离** 　钢丝绳夹间的距离 A 等于6～7倍钢丝绳直径。	目测或测量

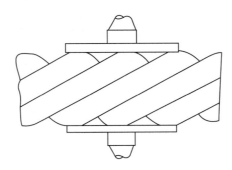

图 2-17-1　钢丝绳直径测量方法

三、吊钩

吊钩安全检查重点、要求及方法见表 2-17-2。

表 2-17-2　　　　　　　吊钩安全检查重点、要求及方法

序号	检查重点	标 准 要 求	检查方法
1	吊钩的表面裂纹	**1. 国家标准《起重吊钩 第3部分：锻造吊钩使用检查》（GB/T 10051.3—2010）** **3.2.1 表面裂纹** 　检查吊钩的表面不应有裂纹，如有裂纹，则应报废。 **2. 建筑行业标准《施工现场机械设备检查技术规范》（JGJ 160—2016）** **7.1.4 吊钩应符合下列规定** 　3 吊钩表面应光洁，不应有剥裂、锐角、毛刺、裂纹； 　5 吊钩出现下列情况之一时应予报废： 　1）表面有裂纹或破口	目测，或用20倍放大镜及着色检查

序号	检查重点	标 准 要 求	检查方法
2	吊钩的开口变形	**1. 国家标准《起重吊钩 第 3 部分：锻造吊钩使用检查》（GB/T 10051.3—2010）** **3.2.2.1** 吊钩的开口超出使用前基本尺寸的 10％时，吊钩应报废。 **2. 建筑行业标准《施工现场机械设备检查技术规范》（JGJ 160—2016）** **7.1.4** 吊钩应符合下列规定 5 吊钩出现下列情况之一时应予报废： 4）开口度比原尺寸增加 15％；开口扭转变形超过 10°	用游标卡尺测量
3	吊钩的扭转变形	**1. 国家标准《起重吊钩 第 3 部分：锻造吊钩使用检查》（GB/T 10051.3—2010）** **3.2.2.2** 检查吊钩的扭转变形，当钩身的扭转角超过 10°时，吊钩应报废。 **2. 建筑行业标准《施工现场机械设备检查技术规范》（JGJ 160—2016）** **7.1.4** 吊钩应符合下列规定 5 吊钩出现下列情况之一时应予报废： 4）开口度比原尺寸增加 15％；开口扭转变形超过 10°	用划线法测量。将吊钩放在平台上，用垂直划线尺和调整垫块，水平找正钩身，找出钩尖中心线与钩身中心线的交点，从钩尖中心点向钩身中心线作垂线 h，量出垂足到交点的距离 L，然后计算角度
4	吊钩的钩柄塑性变形	**1. 国家标准《起重吊钩 第 3 部分：锻造吊钩使用检查》（GB/T 10051.3—2010）** **3.2.2.3** 吊钩的钩柄不应有塑性变形，否则应报废。 **2. 建筑行业标准《施工现场机械设备检查技术规范》（JGJ 160—2016）** **7.1.4** 吊钩应符合下列规定 5 吊钩出现下列情况之一时应予报废： 2）钩尾和螺纹部分等危险截面及钩筋有永久性变形	目测或用游标卡尺测量判断
5	吊钩危险断面的磨损量	**1. 国家标准《起重吊钩 第 3 部分：锻造吊钩使用检查》（GB/T 10051.3—2010）** **3.2.3** 磨损 吊钩的磨损量不应超过原尺寸的 5％，否则吊钩应报废。 **2. 建筑行业标准《施工现场机械设备检查技术规范》（JGJ 160—2016）** **7.1.4** 吊钩应符合下列规定 5 吊钩出现下列情况之一时应予报废： 3）挂绳处截面磨损量超过原高度的 10％。 5）板钩衬套磨损达原尺寸的 50％时，报废衬套。 6）板钩芯轴磨损达原尺寸的 5％时，报废芯轴	可用游标卡尺或外卡钳测量。不能判定时，可用橡皮泥将磨损部分恢复原状，然后取下橡皮泥，计算其最大断面面积，与原吊钩断面比较
6	吊钩的螺纹及轴向间隙	**国家标准《起重吊钩 第 3 部分：锻造吊钩使用检查》（GB/T 10051.3—2010）** **3.2.4.2** 吊钩的螺纹不得腐蚀	目测。对轴向间隙可串动螺母，测量出的串动量即为轴向间隙

续表

序号	检查重点	标 准 要 求	检查方法
7	吊钩钩柄腐蚀	国家标准《起重吊钩 第3部分：锻造吊钩使用检查》（GB/T 10051.3—2010） 3.2.4.1 钩柄腐蚀的尺寸不应大于基本尺寸的5%，否则吊钩应报废	用游标卡尺或外卡钳测量
8	吊钩的焊补缺陷	1. 国家标准《起重吊钩 第3部分：锻造吊钩使用检查》（GB/T 10051.3—2010） 3.2.5 吊钩的缺陷不允许焊补。 2. 建筑行业标准《施工现场机械设备检查技术规范》（JGJ 160—2016） 7.1.4 吊钩应符合下列规定 2 吊钩严禁补焊	目测
9	吊钩标记、防脱绳装置及吊钩滑轮防跳槽装置	1. 国家标准《履带起重机》（GB/T 14560—2016） 4.4.6.2 吊钩应设置防脱装置。吊钩滑轮组应设置挡绳装置。 2. 建筑行业标准《施工现场机械设备检查技术规范》（JGJ 160—2016） 7.1.4 吊钩应符合下列规定 4 吊钩应设有防脱装置；防脱棘爪在吊钩负载时不得张开，安装棘爪后钩口尺寸减小值不得超过钩口尺寸的10%；防脱棘爪的形态应与钩口端部相吻合	目测

四、滑轮

滑轮安全检查重点、要求及方法见表2-17-3。

表2-17-3　　　　　　　　　滑轮安全检查重点、要求及方法

序号	检查重点	标 准 要 求	检查方法
1	滑轮槽	1. 国家标准《起重机械安全规程 第5部分：桥式和门式起重机》（GB/T 6067.5—2014） 4.3.3.3 滑轮槽应光洁平滑，不应有损伤钢丝绳的缺陷。 2. 国家标准《履带起重机》（GB/T 14560—2016） 4.4.4.1 滑轮轮槽应是光滑的，且表面不应有可能造成钢丝绳损坏的缺陷。 3. 建筑行业标准《施工现场机械设备检查技术规范》（JGJ 160—2016） 7.1.5 卷筒和滑轮应符合下列规定： 3 滑轮槽应光洁平滑，不应有损伤钢丝绳的缺陷	目测
2	防跳槽装置、滑轮罩壳及滑轮支撑处润滑	1. 国家标准《履带起重机》（GB/T 14560—2016） 4.4.4.2 滑轮上应配备防止钢丝绳脱槽的保护装置，该装置表面与滑轮最外缘间的间隙不应超出钢丝绳直径的1/3或10mm中较小值。 4.4.4.3 所有滑轮的支承处应均设有润滑装置 4.4.4.4 起重作业时人手可触及的滑轮组，应设置滑轮罩壳。对可能滑落到地面的滑轮组，其滑轮罩壳应有足够的强度和刚度。 2. 国家标准《起重机械安全规程 第1部分：总则》（GB/T 6067.1—2010） 4.2.5.1 滑轮应有防止钢丝绳脱出绳槽的装置或结构。在滑轮罩	目测

序号	检查重点	标 准 要 求	检查方法
2	防跳槽装置、滑轮罩壳及滑轮支撑处润滑	的侧板和圆弧顶板等处与滑轮本体的间隙不应超过钢丝绳公称直径的0.5倍。 **4.2.5.2** 手可触及的滑轮组,应设置滑轮罩壳。对可能摔落到地面的滑轮组,其滑轮罩壳应有足够的强度和刚性。 **3. 建筑行业标准《施工现场机械设备检查技术规范》(JGJ 160—2016)** **7.1.5** 卷筒和滑轮应符合下列规定: 4 防止钢丝绳跳出轮槽的装置应完好有效。 **7.2.9** 安全装置应符合下列规定: 4 所有外露的传动部件均应装设防护罩,且固定应牢靠;制动器应装有防雨罩	
3	滑轮报废	**1. 国家标准《起重机械 滑轮》(GB/T 27546—2011)** **5.8** 滑轮的报废 滑轮有下列情况之一者应予以报废: a) 出现裂纹或销接管松动。 b) 轮缘破损,轮槽不均匀磨损达3mm。 c) 焊接滑轮、铸造滑轮和轧制滑轮的磨损量过轮缘板厚的20%,因磨损使轮槽底部直径减少量达钢丝绳直径的50%。 d) 双幅板压制滑轮绳衬的磨损量超过原厚度的50%。 e) 其他影响使用及损害钢丝绳的缺陷。 **2. 建筑行业标准《施工现场机械设备检查技术规范》(JGJ 160—2016)** **7.1.5** 卷筒和滑轮应符合下列规定: 5 当卷筒和滑轮出现下列情况之一时,应予报废: 1) 裂纹或轮缘破损。 2) 卷筒壁磨损量达到原壁厚的10%。 3) 滑轮槽不均匀磨损达3mm。 4) 滑轮绳槽壁厚磨损量达到原壁厚的20%。 5) 滑轮槽底的磨损量超过相应钢丝绳直径的25%。 6) 其他能损害钢丝绳的缺陷	目测、放大镜观察、测量

五、卷筒

卷筒安全检查重点、要求及方法见表2-17-4。

表 2-17-4　　　　　　　　　卷筒安全检查重点、要求及方法

序号	检查重点	标 准 要 求	检查方法
1	卷筒直径	**国家标准《建筑卷扬机》(GB/T 1955—2019)** **5.8.2** 卷筒节径与钢丝绳直径的比值不得小于下表规定的 h_1 值: **卷筒节径与钢丝绳直径的比值 h_1** 工作级别 M1 M2 M3 M4 M5 M6 M7 M8 h_1 11.2 12.5 14.0 16.0 18.0 20.0 22.4 25.0	测量

续表

序号	检查重点	标 准 要 求	检查方法
2	卷筒端部凸缘	**1. 国家标准《起重机械安全规程 第 1 部分：总则》（GB/T 6067.1—2010）** **4.2.4.2** 多层缠绕的卷筒，应有防止钢丝绳从卷筒端部滑落的凸缘，当钢丝绳全部缠绕在卷筒后，凸缘应超出最外层一层钢丝绳，超出的高度不应小于钢丝绳直径的1.5倍（对塔式起重机是钢丝绳直径的2倍）。 **2. 国家标准《履带起重机》（GB/T 14560—2016）** **4.4.3.1** 多层缠绕的卷筒，应有防止钢丝绳从卷筒端部滑落的凸缘，凸缘超出最外层钢丝绳的高度不应小于钢丝绳直径的1.5倍。 **3. 建筑行业标准《施工现场机械设备检查技术规范》（JGJ 160—2016）** **7.1.5** 卷筒和滑轮应符合下列规定： 1 卷筒两侧边缘的高度应超过最外层钢丝绳，其值不应小于钢丝绳直径的2倍	目测或测量
3	绳端安全圈	**1. 国家标准《起重机设计规范》（GB/T 3811—2008）** **6.3.3.4** 钢丝绳在卷筒上绳端的固定 吊具下降到最低极限位置时，钢丝绳在卷筒上的剩余安全圈（不包括固定绳端所占的圈数）至少应保持2圈（对塔式起重机为3圈）。 **2. 国家标准《履带起重机》（GB/T 14560—2016）** **4.4.3.2** 起升卷筒的容绳量应满足： b）吊具下降到制造厂规定的最低极限位置时，钢丝绳在卷筒上的剩余安全圈（不包括固定绳端所占的圈数）至少应保持2圈。 **4.4.3.3** 变幅卷筒的容绳量应满足： b）臂架下降到制造厂规定的最低极限位置时，钢丝绳在卷筒上的剩余安全圈（不包括固定绳端所占的圈数）至少应保持2圈	目测
4	绳端固定装置	**1. 国家标准《起重机设计规范》（GB/T 3811—2008）** **5.3.4** 绳端固定装置及附近区域的检查。 **2. 国家标准《起重机械安全规程 第 1 部分：总则》（GB/T 6067.1—2010）** **4.2.4.3** 卷筒上钢丝绳尾端的固定装性，应安全可靠并有防松或自紧的性能。如果钢丝绳甩端用压板固定，固定强度不应低于钢丝绳最小破断拉力的80%，至少应有两个相互分开的压板夹紧，并用螺栓将压板可靠固定。 **3. 建筑行业标准《施工现场机械设备检查技术规范》（JGJ 160—2016）** **7.1.5** 卷筒和滑轮应符合下列规定： 2 卷筒上钢丝绳尾端的固定装置，应有防松或自紧功能	目测
5	卷筒报废	**1. 国家标准《起重机械安全规程 第 1 部分：总则》（GB/T 6067.1—2010）** **4.2.4.5** 卷筒出现下述情况之一时应报废： 1）影响性能中表面缺陷（如：裂纹等）。 2）筒壁磨损达原壁厚的20%。 **2. 国家标准《履带起重机》（GB/T 14560—2016）** **4.4.3.4** 卷筒绳槽表面和绳槽棱边应光洁平滑，不应损伤钢丝绳的表面。	目测或测量

序号	检查重点	标　准　要　求	检查方法
5	卷筒报废	**3. 建筑行业标准《施工现场机械设备检查技术规范》（JGJ 160—2016）** **7.1.5** 卷筒和滑轮应符合下列规定： 　5 当卷筒和滑轮出现下列情况之一时，应予报废： 　1）裂纹或轮缘破损。 　2）卷筒壁磨损量达到原壁厚的 10%。 　3）滑轮槽不均匀磨损达 3mm。 　4）滑轮绳槽壁厚磨损量达到原壁厚的 20%。 　5）滑轮槽底的磨损量超过相应钢丝绳直径的 25%。 　6）其他能损害钢丝绳的缺陷	
6	钢丝绳排列	**1. 国家标准《起重机械安全规程 第 1 部分：总则》（GB/T 6067.1—2010）** **4.2.4.1** 钢丝绳在卷筒上应能按顺序整齐排列，只缠绕一层钢丝绳的卷筒，应作出绳槽。用于多层缠绕的卷筒应采用适用的排绳装置或便于钢丝绳自动转层缠绕的凸缘导板结构等措施。 **2. 建筑行业标准《施工现场机械设备检查技术规范》（JGJ 160—2016）** **7.1.10** 传动系统应符合下列规定： 　7 卷筒上的钢丝绳排列应整齐	目测
7	钢丝绳防跳出卷扬装置	**1. 国家标准《履带起重机》（GB/T 14560—2016）** **4.4.3.6** 卷筒宜设置钢丝绳不跳出卷筒，甚至在钢丝绳松弛状态时也不能跳出卷筒的防护装置。 **2. 建筑行业标准《施工现场机械设备检查技术规范》（JGJ 160—2016）** **7.1.5** 卷筒和滑轮应符合下列规定： 　4 防止钢丝绳跳出轮槽的装置应完好有效	目测

六、制动器

制动器安全检查重点、要求及方法见表 2-17-5。

表 2-17-5　　　　　　　　制动器安全检查重点、要求及方法

序号	检查重点	标　准　要　求	检查方法
1	制动器工作行程及补偿行程	**机械行业标准《电力液压鼓式制动器》（JB/T 6406—2006）** **5.2.1** 制动器应具有制动瓦随位功能。 **5.2.2** 制动器应具有制动瓦退距均等功能，保证制动器在正常释放状态下两侧制动瓦退距基本相等制动瓦制动覆面任何部位不应浮贴在制动轮上。 **5.2.3** 制动器应具有制动力矩和制动瓦退距调整功能，并有可靠的防松措施。 **5.2.4** 制动器在额定制动瓦退距下工作时，推动器的工作行程应符合如下规定：	目测或测量

续表

序号	检查重点	标 准 要 求	检查方法
1	制动器工作行程及补偿行程	具有自动补偿功能的制动器，推动器的工作行程应不大于推动器额定行程的85%。 不具有自动补偿功能的制动器，推动器的工作行程应不大于推动器额定行程的75%。 **5.2.5** 制动器没有自动补偿装置时，应保证制动器在使用过程中因制动衬垫磨损导致制动瓦退距增大和制动弹簧工作力减小时，能够及时地、自动地进行补偿并保持制动弹簧工作力和制动瓦退距（推动器工作行程）的基本恒定。 **5.2.9** 制动器应在如下部位设置指示或警示标记： a）常闭式制动器在制动弹簧处设置清晰、准确的力矩标尺。 b）设有手动释放装置时，在手动释放装置的合适位置应设置释放和闭合位置或方向的指示标记	
2	制动器开闭	**机械行业标准《电力液压鼓式制动器》（JB/T 6406—2006）** **5.3.1.1** ……制动器的闭合应灵活、无卡滞	目测，载荷试验时检查
3	传动构件	**国家标准《起重机械安全规程 第1部分：总则》（GB/T 6067.1—2010）** **4.2.6.7** 制动器的零件出现下述情况之一时，其零件应更换或制动器报废： c）传动构件 1）构件出现影响性能的严重变形。 2）主要摆动铰点出现重磨损，并且磨损导致制动器驱动行程损失达原驱动行程20%以上时	目测
4	块式制动器制动衬垫与制动轮工作面的贴合面积	**建筑行业标准《施工现场机械设备检查技术规范》（JGJ 160—2016）** **7.1.6** 制动器和制动轮应符合下列规定： 1 制动带摩擦垫片与制动轮的实际接触面积，不应小于理论接触面积的70%。 5 制动片与制动轮之间的接触面应均匀，间隙调整应适宜，制动应平稳可靠	目测
5	制动器零件报废	**1. 国家标准《塔式起重机安全规程》（GB 5144—2006）** **5.5.3** 制动器零件有下列情况之一的应予以报废： a）可见裂纹。 b）制动块摩擦衬垫磨损量达原厚度的50%。 c）制动轮表面磨损量达1.5mm～2mm。 d）弹簧出现塑性变形。 e）电磁铁杠杆系统空行程超过其额定行程的10%。 **2. 建筑行业标准《施工现场机械设备检查技术规范》（JGJ 160—2016）** **7.1.6** 制动器和制动轮应符合下列规定： 4 当制动器和制动轮出现下列情况之一时，应予报废： 1）制动轮出现可见裂纹。 2）制动块（带）摩擦衬垫磨损量达原厚度的50%或露出铆钉，应报废更换摩擦衬垫。 3）弹簧出现塑性变形。	目测或测量

序号	检查重点	标　准　要　求	检查方法
5	制动器零件报废	4）电磁铁杠杆系统空行程超过额定行程的10%。 5）小轴或轴孔直径磨损达原直径的5%。 6）起升、变幅机构的制动轮缘厚度磨损量达原厚度的40%；其他机构制动轮轮缘厚度磨损量达原厚度50%。 7）制动轮轮面凹凸不平度达1.5mm及以上，且不能修复；轮面磨损量达1.5mm～2.0mm（直径300mm上的取大值，否则取小值）	
6	制动轮摩擦面	**1. 建筑行业标准《建筑机械使用安全技术规程》（JGJ 33—2012）** **4.1.32** 制动轮的制动摩擦面不应有妨碍制动性能的缺陷或沾染油污。 **2. 建筑行业标准《施工现场机械设备检查技术规范》（JGJ 160—2016）** **7.1.6** 制动器和制动轮应符合下列规定： 3 制动轮的摩擦面，不应有妨碍制动性能的缺陷或油污	塞尺检测，插入深度不大于制动衬垫宽度的1/3，在接触面全长上不少于2个测点，取最大间隙值
7	制动的工作温度	机械行业标准《工业制动器 制动衬垫》（JB/T 13479—2018） **6.7.2.2** 防爆型制动衬垫的实验程序如下： d）……目测检查制动过程中不应出现冒烟、火花等现象，测量制动衬垫表面及制动偶件表面温度均不应大于150℃	通过观察制动衬垫有无烧焦现象或有无焦糊味作出判断
8	制动控制器	**国家标准《起重机设计规范》（GB/T 3811—2008）** **9.4.3.5** 操纵制动器的控制装置，如踏板、操纵手柄等，应有防滑性能	目测
9	带式制动器	**国家标准《机械设备安装工程施工及验收通用规范》（GB 50231—2009）** **5.4.9** 带式制动器各连接销轴应灵活，并应无卡住现象；摩擦内衬与钢带铆接应牢固，不应松动。铆钉头应理于内衬内，且与内衬表面的距离不应小于1mm。制动带退距值应按下表调整 （下表见下方）	目测或测量

制动轮直径（mm）	制动带退距值（mm）
100～200	0.8
300	1.0
400～500	1.25～1.5
600～800	1.5

第三节　塔式起重机

一、概述

（一）术语或定义

（1）塔式起重机：指工作状态时其臂架位于保持基本垂直的塔身的顶部，由动力驱动的回转臂架型起重机。

（2）安全距离：指塔机运动部分与周围障碍物之间的最小允许距离。

（3）独立起升高度：指塔机运行或固定独立状态时，空载、塔身处于最大高度、吊钩处于最小幅度的允许高度处、吊钩支撑面对塔机基准面的最大垂直距离。

（4）爬升支撑装置：指爬升式塔机爬升时连接爬升液压缸与塔身踏步或爬梯的传力装置。

（5）超载保护装置：指起重机械工作时，对于超载作业有保护和/或提示作用的安全装置，包括额定起重量限制器、指示器。

（二）主要检查要求综述

主要描述了塔式起重机安全保护装置、各机构结构设施、基础、安拆施工及使用管理等方面的检查内容、标准要求和检查方法。

二、安全防护装置

（一）防超载的安全装置

防超载安全装置检查重点、要求及方法见表2-17-6。

表2-17-6　　　　　　　防超载安全装置安全检查重点、要求及方法

序号	检查重点	标　准　要　求	检查方法
1	超载限制装置	**1. 国家标准《起重机械安全规程 第1部分：总则》（GB/T 6067.1—2010）** **附表A.1　安全防护装置在典型起重机械上的设置要求** 表格见下 **9.3.1**　当实际起重量超过95%额定起重量时，起重量限制器宜发出报警信号；实际起重量100%～110%的额定起重量之间时，起重量限制器起作用，此时应自动切断起升动力源，但允许机构做下降运动。 **9.3.2**　当实际起重量超过实际幅度所对应的起重量额定值95%时，起重力矩限制器宜发出报警信号；当实际起重量大于实际幅度所对应的额定值但小于110%额定值时，起重力矩限制器起作用，此时应自动切断不安全方向动力源，但允许机构做安全方向的运动。 **2. 国家标准《起重机械超载保护装置》（GB/T 12602—2020）** **4.3.1.6**　限制器的综合误差应符合以下规定： 　a）限制器综合误差不应超过5%。 **3. 建筑行业标准《建筑施工安全检查标准》（JGJ 59—2011）** **3.17.3**　塔式起重机保证项目的检查评定应符合下列规定： 　1　载荷限制装置 　1）应安装起重量限制器并应灵敏可靠； 　2）应安装起重力矩限制器并灵敏可靠	目测和功能试验检查。 起重量限制器如图2-17-2所示，起重力矩限制器如图2-17-3所示

附表A.1内嵌表格：

序号	塔 式 起 重 机		
	安全防护装置名称	程度要求	要求范围
1	起重量限制器	应装	动力驱动
2	起重力矩限制器	应装	
3	极限力矩限制装置	应装	有可能自锁的旋转结构

图 2 - 17 - 2 起重量限制器

图 2 - 17 - 3 起重力矩限制器

（二）限制运动行程与工作装置的安全装置

限制运动行程与工作装置的安全装置检查重点、要求及方法见表 2 - 17 - 7。

表 2 - 17 - 7 限制运动行程与工作装置的安全装置检查重点、要求及方法

序号	检查重点	标 准 要 求	检查方法
1	限制装置	**1. 国家标准《起重机械安全规程 第 1 部分：总则》（GB/T 6067. 1—2010）** **附表 A. 1 安全防护装置在典型起重机械上的设置要求** 塔 式 起 重 机 <table><tr><td>序号</td><td>安全防护装置名称</td><td>程度要求</td><td>要求范围</td></tr><tr><td>3</td><td>起升高度限位器</td><td>应装</td><td></td></tr><tr><td>4</td><td>下降深度限位器</td><td>应装</td><td>根据需要</td></tr><tr><td>5</td><td>运行行程限位器</td><td>应装</td><td></td></tr><tr><td>6</td><td>幅度限位器</td><td>应装</td><td></td></tr><tr><td>11</td><td>防止臂架向后倾覆的装置</td><td>应装</td><td>动臂变幅的</td></tr><tr><td>13</td><td>缓冲器</td><td>应装</td><td></td></tr><tr><td>26</td><td>端部止挡</td><td>应装</td><td>在行走式的运行机构与变幅机构</td></tr></table> **2. 建筑行业标准《建筑施工安全检查标准》（JGJ 59—2011）** **3.17.3** 塔式起重机保证项目的检查评定应符合下列规定： 2 行程限位装置 1）应安装起升高度限位器，并灵敏可靠。 2）小车变幅式塔机应安装小车行程开关，动臂变幅塔机应安装臂架幅度限制开关，并灵敏可靠。 3）行走式塔机应装行走限位器，并灵敏可靠。 3 保护装置 2）行走及小车变幅的轨道行程末端应装缓冲及止挡装置，并应符合规范要求	目测检查和功能试验。 起升高度限位器如图 2-17-4 所示，运行行程限位器如图 2-17-5 所示

（三）抗风防滑装置

抗风防滑装置检查重点、要求及方法见表 2 - 17 - 8。

图 2-17-4 起升高度限位器

图 2-17-5 运行行程限位器

表 2-17-8 抗风防滑装置检查重点、要求及方法

序号	检查重点	标 准 要 求	检查方法
1	防风装置	国家标准《起重机械安全规程 第 1 部分：总则》（GB/T 6067.1—2010） 附表 A.1 安全防护装置在典型起重机械上的设置要求 9.4.1.2 工作状态下的抗风制动装置可采用制动器、夹轨器、顶轨器、压轨器、别轨器。 9.4.1.3 当工作状态下的抗风制动装置不能满足非工作状态下抗风防滑要求时，还应装设牵缆式、插销式锚定或其他形式的锚定装置	目测检查

表 A.1 塔式起重机部分：

序号	安全防护装置名称	程度要求	要求范围
14	抗风防滑装置	应装	行走式

（四）其他安全防护装置

其他安全防护装置检查重点、要求及方法见表 2-17-9。

表 2-17-9 其他安全防护装置检查重点、要求及方法

序号	检查重点	标 准 要 求	检查方法
1	连锁保护安全装置	国家标准《起重机械安全规程 第 1 部分：总则》（GB/T 6067.1—2010） 附表 A.1 安全防护装置在典型起重机械上的设置要求 9.5.3 可在两处或多处操作起重机，应有连锁保护，以保证只能在一处操作。 9.5.5 夹轨器等制动装置应能与运行机构连锁。 9.5.6 对小车在可俯仰的悬臂上运行的起重机，悬臂俯仰机构与小车运行机构应能连锁，使俯仰悬臂放平后小车方可运行	目测检查和功能试验

表 A.1 塔式起重机部分：

序号	安全防护装置名称	程度要求	要求范围
9	连锁保护安全装置	应装	按 9.5 要求

续表

序号	检查重点	标 准 要 求	检查方法
2	报警、清扫、保护装置	**1. 国家标准《起重机械安全规程 第 1 部分：总则》（GB/T 6067.1—2010）** **附表 A.1 安全防护装置在典型起重机械上的设置要求** _塔式起重机表_ 9.6.1.1 风速仪应安置在起重机上部迎风处。 9.6.2 扫轨板底面与轨道顶面之间的间隙一般为 5mm～10mm。 9.6.7 起重机上外露的、可能伤人的运动零部件，如开式齿轮、联轴器、传动轴、链轮、链条、传动带、皮带轮等，均应装设防护罩/栏。 **2. 建筑行业标准《建筑施工安全检查标准》（JGJ 59—2011）** 3.17.3 塔式起重机保证项目的检查评定应符合下列规定： 3 保护装置 1）小车变幅式塔机应装断绳保护及断轴保护装置，并应符合规范要求。 3）起重臂根部铰点高度大于50m的塔机应安装风速仪，并应灵敏可靠。 4）当塔机顶部高度大于30m且高于周围建筑物时，应安装障碍指示灯	目测检查。 风速仪及障碍指示灯如图 2 - 17 - 6 所示，防小车坠落（断轴）保护装置如图 2 - 17 - 7 所示，防断绳保护装置如图 2 - 17 - 8 所示

附表 A.1 的塔式起重机表：

序号	安全防护装置名称	程度要求	要求范围
		塔式起重机	
15	风速风级报警器	应装	臂架铰点高度大于50m时
19	轨道清扫器	应装	行走式
23	暴露的活动零部件的防护罩	应装	有伤人可能的
24	电气设备的防雨罩	应装	室外工作的防护等级不能满足要求时
25	防小车坠落保护	应装	

序号	检查重点	标 准 要 求	检查方法
3	安全监控管理系统	**特种设备安全技术规范《起重机械安装改造重大修理监督检验规则》（TSG Q7016—2016）** **附录 B 安装安全监控管理系统的大型起重机械目录**	目测检查和功能试验

附录 B 目录：

序号	类别	品种	参数
5	塔式起重机	普通塔式起重机	315t·m 以上

图 2 - 17 - 6 风速仪及障碍指示灯

图 2 - 17 - 7 防小车坠落（断轴）保护装置

图 2-17-8 防断绳保护装置

三、主要零部件及机构设施

主要零部件及机构设施安全检查重点、要求及方法见表 2-17-10。

表 2-17-10 主要零部件及机构设施安全检查重点、要求及方法

序号	检查重点	标准要求	检查方法
1	主要零部件	**1. 国家标准《起重吊钩 第 3 部分：锻造吊钩使用检查》（GB/T 10051.3—2010）** **3.2.1** 表面不应有裂纹 **3.2.2** 开口尺寸超过使用前基本尺寸的 10%、钩身扭转角超 10°、钩柄有塑性变形时应，应报废。 **3.2.3** 吊钩的磨损量超过基本尺寸的 5%，应报废。 **2. 国家标准《起重机械安全规程 第 1 部分：总则》（GB/T 6067.1—2010）** **4.2.1.5** 钢丝绳端的固定和连接 a）用绳夹连接时，应满足下表的要求： 钢丝绳公称直径/mm ≤19 | 19~32 | 32~38 | 38~44 | 44~60 钢丝绳夹最少数量/组 3 | 4 | 5 | 6 | 7 **注** 钢丝绳夹夹座应在受力绳头一边；每两个钢丝绳夹的间距不应小于钢丝绳直径的 6 倍。 b）用编结连接时，编结长度不应小于钢丝绳直径的 15 倍，并且不小于 300mm。 **4.2.1.6** 报废应符合 GB/T 5972—2016 的有关规定。 **4.2.2.6** 锻造吊钩缺陷不得补焊。 **4.2.2.9** 片式吊钩缺陷不得补焊。 **4.2.2.10** 片式吊钩出现下列情况之一时，应更换： a）表面裂纹。 b）每一钩片侧向变形的弯曲半径小于板厚的 10 倍。 c）危险断面的总磨损量达名义尺寸的 5%。 **4.2.4.1** 钢丝绳在卷筒上应能按顺序整齐排列，只缠绕一层钢丝绳卷筒，应作出绳槽。	1. 目测检查。 2. 卡尺/角度尺/深度尺等测量。滑轮钢丝绳防脱绳装置如图 2-17-9 所示，卷筒钢丝绳防脱绳装置如图 2-17-10 所示。

序号	检查重点	标 准 要 求	检查方法
1	主要零部件	**4.2.4.2** 多层缠绕的卷筒，应有防止钢丝绳从卷筒端部滑落的凸缘。当钢丝绳全部缠绕在卷筒后，凸缘应超出最外一层钢丝绳，超出的高度不应小于钢丝绳直径的 1.5 倍。 **4.2.4.5** 卷筒出现下述情况之一时，应报废： a）影响性能的表面缺陷（如裂纹等）。 b）筒壁的磨损量达原壁厚的 20%。 **4.2.5.1** 滑轮应有防止脱出绳槽的装置或结构。 **4.2.5.3** 滑轮出现下列情况之一时，应报废： a）影响性能的表面缺陷（如裂纹等）。 b）轮槽不均匀磨损达 3mm。 c）轮槽壁厚磨损量达原壁厚的 20%。 d）因磨损使轮槽底部直径减少量达钢丝绳直径的 50%。 **3. 建筑行业标准《建筑施工安全检查标准》（JGJ 59—2011）** **3.17.3** 塔式起重机保证项目的检查评定应符合下列规定： 4 吊钩、滑轮、卷筒与钢丝绳 1）吊钩应安装钢丝绳防脱钩装置并应完好可靠；吊钩的磨损、变形应在规定允许范围内。 2）滑轮、卷筒应安装钢丝绳防脱装置并应完好可靠，滑轮、卷筒的磨损应在规定允许的范围内。 3）钢丝绳的磨损、变形、锈蚀应在规定范围内，钢丝绳的规格、固定、缠绕应符合说明书及规范要求	
2	基础及附着	**1. 国家标准《起重设备安装工程施工及验收规范》（GB 50278—2010）** **3.0.4** 轨道的立面位置偏差应符合下列规定： 2 同一截面内两平行轨道标高的相对差应不大于 10mm。 **3.0.5** 轨道沿长度方向上，在水平面内的弯曲，每 2m 检测长度上的偏差不大于 1mm；在立面内的弯曲，每 2m 检测长度上的偏差不应大于 2mm。 **3.0.6** 起重机轨道跨度允许偏差 1 当轨道的跨度小于等于 10m 时，其允许偏差应为 ±3mm。 2 当跨度大于 10m 时，其允许偏差按下式计算，且最大值为 ±15mm。 $$\Delta S = \pm[3 + 0.25(S-10)]$$ 式中 ΔS——起重机轨道的跨度偏差（mm）； S——起重机轨道的跨度（m）。 **3.0.8** 轨道接头应符合下列规定： 1 接头采用焊接连接时，接头顶面及侧面焊缝处应打磨光滑平整。 2 接头采用鱼尾板连接时，轨道接头高低差及侧向错位不应大于 1mm，间隙不应大于 2mm。 **3.0.14** 轨道两端的车挡应在吊装起重机前安装好，同一跨端轨道上的车挡与起重机的缓冲器均应接触良好。 **2. 国家标准《塔式起重机 安装与拆卸规则》（GB/T 26471—2011）** **9.1.1** 塔机安装高度超过最大独立高度时，应按照使用说明书的要求安装附着装置。	1. 目测检查。 2. 查看制作验收资料。 3. 仪器测量。 附着点、附着框、附着杆及固定销轴如图 2-17-11 所示

序号	检查重点	标 准 要 求	检查方法
2	基础及附着	**9.1.2** 附着装置的安装高度和间距符合使用说明书规定。 **9.1.3** 当附着参数超出使用说明书规定时，应与制造商联系，由有资格的专业人员设计。 **9.1.6** 支承构件与附着框架和建筑物之间应按说明书规定可靠连接。 **9.1.7** 建筑物附着点处的承载能力应满足使用说明书的要求。 **3. 建筑行业标准《建筑施工安全检查标准》（JGJ 59—2011）** **3.17.4** 塔式起重机一般项目的检查评定应符合下列规定： 　1　附着 　1）当塔机的高度超过产品说明书规定时，应安装附着装置，附着装置安装应符合产品说明书及规范要求。 　2）当附着装置的水平距离不能满足产品说明书要求时，应进行设计计算和审批。 　3）安装内爬式塔机的建筑承载结构应进行承载力验算。 　4）附着前及附着后塔身垂直度应符合规范要求。 　2　基础与轨道 　1）塔机基础应按照使用说明书的有关规定进行设计和验收。 　2）基础应设置排水设施。 　3）路基箱或枕木、轨道铺设应符合产品说明书及规范要求。	
3	金属结构、运行机构	**1. 国家标准《起重机械安全规程 第1部分：总则》（GB/T 6067.1—2010）** **3.7.2.3** 高度2m以上的直梯应有护圈。 **3.7.2.6** 直梯每10m至少应装设一个休息平台。 **3.8.2** 栏杆的设置应满足以下要求： ——栏杆上部表面的高度不低于1m，栏杆下部有不低于0.1m的踢脚板，在踢脚扶手杆之间有不少于一根中间栏杆，它与踢脚板或扶手杆的距离不得大于0.5m。 **3.9.1** 主要受力构件失去整体稳定性时，不应修复，应报废。 **3.9.2** 当主要受力构件断面腐蚀达到设计厚度的10%时，如不能修复，应报废。 **3.9.3** 主要受力构件发生裂纹时，应根据受力情况和裂纹情况采取阻止措施，并采取加强或改变应力分布措施，或停止使用。 **3.9.4** 主要受力构件产生塑性变形，使工作机构不能正常地安全运行时，如不能修复，应报废。 **2. 建筑行业标准《建筑施工安全检查标准》（JGJ 59—2011）** **3.17.4** 塔式起重机一般项目的检查评定应符合下列规定： 　3　结构设施 　1）主要结构构件的变形、腐蚀应在规范允许范围内。 　2）平台、走道、梯子、护栏的设置应符合规范要求。 　3）高强螺栓、销轴、紧固件的紧固、连接应符合规范要求，高强螺栓应使用力矩扳手或专用工具紧固	目测检查和功能试验

序号	检查重点	标 准 要 求	检查方法
4	电气装置	**1. 国家标准《起重机械安全规程 第 1 部分：总则》（GB/T 6067.1—2010）** **6.2.1** 起重机应装设切断起重机总电源的电源开关。 **6.2.2** 总电源回路应设置总断路器。 **7.1** 控制与操作系统的设计和布置应能够避免发生误操作的可能。 **8.8.3** 起重机所有电气设备的外壳、金属导线管、金属支架及金属线槽均应进行可靠接地。 **8.8.8** 对于保护接零系统，起重机械的重复接地或防雷接地电阻不大于 10Ω，对于保护接地系统的接地电阻不大于 4Ω。 **2. 建筑行业标准《建筑施工安全检查标准》（JGJ 59—2011）** **3.17.4** 塔式起重机一般项目的检查评定应符合下列规定： 　4 电气安全 　1）塔机应采用 TN‑S 接零保护系统供电。 　2）塔机与架空线路安全距离或防护措施应符合规范要求。 　3）塔机应安装避雷接地装置，并应符合规范要求。 　4）电缆的使用及固定应符合规范要求	1. 目测检查。 2. 功能试验。 3. 仪器测量

图 2‑17‑9　滑轮钢丝绳防脱绳装置

图 2‑17‑10　卷筒钢丝绳防脱绳装置

图 2‑17‑11　附着点、附着框、附着杆及固定销轴

四、安拆及使用

安拆及使用安全检查重点、要求及方法见表 2‑17‑11。

表 2－17－11　　　　　　　　　　　　安拆及使用安全检查重点、要求及方法

序号	检查重点	标　准　要　求	检查方法
1	安装与拆卸	**1.《特种设备安全监察条例》国务院令 第 549 号** 第十七条　起重机械安装、改造、维修，必须由依照本条例取得许可的单位进行。 特种设备安装的施工单位应当在施工前将拟进行的特种设备安装情况书面告知直辖市或者设区的市的特种设备安全监督管理部门，告知后即可施工。 **2. 国家标准《起重机　安全使用　第 1 部分：总则》（GB/T 23723.1—2009）** 9.1　起重机的安装与拆卸应作出计划并经相应的监督…… 　　a）未完全理解安装人员专用说明书之前，不能进行安装作业。 　　b）提供特定类型起重机的安装/拆卸说明书。 　　c）整个安装和拆卸作业应按照说明书进行，并且由安装主管人员负责。 　　d）参与工作的所有人员都具有扎实的操作知识。 **3. 国家标准《塔式起重机　安装与拆卸规则》（GB/T 26471—2011）** 4.1　施工单位应取得安装许可资质。 6.1　施工方案应符合 GB/T 23723.3—2010 的 9.1 的规定： 安装/拆卸宜在作业前予以公布，以便相关人员熟悉其内容。建议召开相关人员参加的作业前准备会，以评估作业程序并且分配任务。 **4.《建筑施工特种作业人员管理规定》（建质〔2008〕75 号）** 第三条　建筑施工特种作业包括： （五）建筑起重机械安装拆卸工； 第四条　建筑施工特种作业人员必须经建设主管部门考核合格，取得建筑施工特种作业人员操作资格证书（以下简称"资格证书"），方可上岗从事相应作业。 **5. 建筑行业标准《建筑施工安全检查标准》（JGJ 59—2011）** 3.17.3　塔式起重机保证项目的检查评定应符合下列规定： 6　安拆、验收与使用 1）安装、拆卸单位应具有起重设备安装工程专业承包资质和安全生产许可证。 2）安装拆卸应制订专项施工方案，并经过审核、批准。 3）安装完毕应履行验收程序，验收表格应由责任人签字确认。 4）安装、拆卸作业人员及司机、指挥应持证上岗。 **6. 特种设备安全技术规范《特种设备作业人员考核规则》（TSG Z6001—2019）** 第三条　特种设备作业人员应当按照本规则的要求，取得"特种设备安全管理和作业人员证"后，方可从事相应的作业活动	1. 查看资质。 2. 查看方案。 3. 检查记录。 4. 目测检查
2	防碰撞	**1. 国家标准《塔式起重机　安装与拆卸规则》（GB/T 26471—2011）** 5.6　两台塔机之间的最小架设距离应保证处于低位塔机的起重臂端部与另一台塔机的塔身之间至少有 2.0m 的距离；处于高位塔机的最低位置的部件（吊钩升至最高点或平衡重的最低部位）与低位塔机中处于最高位置部件之间的垂直距离不应小于 2.0m。	1. 目测检查。 2. 查看方案及培训交底记录

序号	检查重点	标　准　要　求	检查方法
2	防碰撞	**2. 建筑行业标准《建筑施工安全检查标准》（JGJ 59—2011）** 3.17.3　塔式起重机保证项目的检查评定应符合下列规定： 　5　多塔作业 　1）多塔作业应制定专项施工方案并经过审批。 　2）任意两台塔机之间的最小架设距离应符合规范要求	
3	检查、保养、交接班	**1. 国家标准《起重机械　检查与维护规程》（GB/T 31052.1—2014）** 4.2　起重机械在使用过程中应进行检查和维护，各项检查和维护均应做好记录。 5.1.1　日常检查应在每个工作班次开始作业前，对起重机械进行目测检查和功能试验，发现有无缺陷。 6.1　计划性维护 　应根据每台起重机械的工作级别、工作环境及使用状态，确定计划性维护的内容和周期，并加以实施。 6.2　非计划性维护 　应在发生故障后或根据日常等检查结果，对发现的缺陷，确定非计划性维护的内容和要求，并加以实施。 **2. 建筑行业标准《建筑机械使用安全技术规程》（JGJ 33—2012）** 2.0.9　实行多班作业的机械，应执行交接班制度，填写交接班记录。 **3. 建筑行业标准《建筑施工安全检查标准》（JGJ 59—2011）** 3.17.3　塔式起重机保证项目的检查评定应符合下列规定： 　6　安拆、验收与使用 　5）塔机作业前应按规定进行例行检查，并应填写检查记录； 　6）实行多班作业，应按规定填写交接班记录	1. 查看检查保养记录。 2. 查看交接班记录

第四节　施工升降机

一、概述

（一）术语或定义

（1）施工升降机：指临时安装的、带有有导向的平台、吊笼或其他运载装置并可在建设施工工地各层站停靠服务的升降机械。

（2）额定载重量（额定载荷）：指设计确定的工作状态下吊笼运载的最大载荷。

（3）底架：指用来支撑和安装升降机其他所有组成部分的升降机最下部的结构。

（4）导轨：指确定吊笼/运载装置或对重（有对重时）运行路线的刚性元件。

（5）导轨架：指支撑和引导吊笼/运载装置、对重（有对重时）的结构架。

（6）附墙架：指连接导轨架和建筑物或其他固定结构，为导轨架提供侧向支撑的构件。

（7）吊笼：指有底板、围壁、门和顶的运载装置（人货两用施工升降机）。

（8）运载装置：指至少有底板、围壁和入口的运载载荷的装置（货用施工升降机）。

（9）层站：指建筑物或其他固定结构物上供人货出入吊笼/运载装置装载和卸载的地点。

（二）主要检查要求综述

主要描述了施工升降机安全保护装置、导轨架、附墙架、驱动装置、吊笼/运载装置的技术状况、安拆及使用等方面检查内容、标准要求和检查方法。

二、安全防护装置

（一）安全装置

安全装置安全检查重点、要求及方法见表2-17-12。

表2-17-12　　　　　　安全装置安全检查重点、要求及方法

序号	检查重点	标准要求	检查方法
1	超载保护及限制装置	**1. 国家标准《吊笼有垂直导向的人货两用施工升降机》（GB/T 26557—2021）** **5.4.3 缓冲器** **5.4.3.1** 应在吊笼和对重运行通道的最下方安装缓冲器。 **5.6.2 吊笼防坠安全装置** **5.6.2.1** 应设有在吊笼超速时动作的防止吊笼坠落的超速安全装置。 **5.6.3 超载检测装置** **5.6.3.1** 应设有超载检测装置。在吊笼内载荷大于110%额定荷载时，超载检测装置在吊笼内应给出清晰的信号，并阻止其正常启动。 **5.9.3 防松绳装置** 钢丝绳式升降机和对重用的钢丝绳应设防松绳装置。 **2. 国家标准《货用施工升降机　第1部分：运载装置可进人的升降机》（GB/T 10054.1—2021）** **5.4.3.1** 应由缓冲器限制运载装置在底部的运行。 **5.4.3.3** 当未配备上极限开关时，行程的上端应设有缓冲器。 **5.10.3** 钢丝绳及链条传动的升降机应设有防松绳/链装置，该装置应有防松绳/链条开关，该开关应切断下行的控制回路。 **3. 国家标准《施工升降机安全使用规程》（GB/T 34023—2017）** **12.6.3** 应检查超速安全装置、超载检测装置、手动下降装置、报警装置、通讯联络装置、安全钩、缓冲器、紧急出口梯子等，确认其功能是否正确、是否有明显恶化之处。 **4. 建筑行业标准《建筑施工安全检查标准》（JGJ 59—2011）** **3.16.3** 施工升降机保证项目的检查评定应符合下列规定： 　1 安全装置 　1）应安装起重量限制器，并应灵敏可靠。 　2）应安装渐进式防坠安全器并应灵敏可靠，防坠安全器应在有效的标定期内使用。 　3）对重钢丝应安装防松绳装置，并应灵敏可靠。 　4）吊笼的控制装置应安装非自动复位的急停开关，任何时候均可切断控制电路停止吊笼运行。 　5）底架应安装吊笼和对重缓冲器，缓冲器应符合规范要求。 　6）SC型施工升降机应安装一对以上安全钩	1. 目测检查。 2. 试验起重量限制器、防坠器、防松装置、急停开关功能。起重量限制器如图2-17-12所示，防坠安全器如图2-17-13所示，防坠松绳装置如图2-17-14所示，缓冲弹簧如图2-17-15所示

图 2-17-12 起重量限制器（显示装置、信号采集装置）

图 2-17-13 防坠安全器（检测标识、生产日期标识）

图 2-17-14 防坠松绳装置　　　　　图 2-17-15 缓冲弹簧

（二）限位装置

限位装置安全检查重点、要求及方法见表 2-17-13。

表 2-17-13　　　　　　　　限位装置安全检查重点、要求及方法

序号	检查重点	标　准　要　求	检查方法
1	极限及限位开关	**1. 国家标准《吊笼有垂直导向的人货两用施工升降机》（GB/T 26557—2021）** **5.9.2.1** 上、下行程开关 　应设有上、下行程开关。上、下行程开关应能使以额定速度运行的吊笼在接触到上、下极限开关前自动停止。 **5.9.2.2** 上、下极限开关	1. 目测检查。 2. 功能试验。极限开关如图 2-17-16 所示，上、下限位开关如图 2-17-17 所示

续表

序号	检查重点	标　准　要　求	检查方法
1	极限及限位开关	5.9.2.2.1　在行程上端和下端均应设置极限开关，其应能在吊笼与其他机械式阻停装置（如缓冲器）接触前切断动力供应，使吊笼停止。 2. 国家标准《货用施工升降机 第1部分：运载装置可进人的升降机》（GB/T 10054.1—2021） 5.10.2.2.2　下极限开关应切断电源使运载装置无驱动力地接触缓冲器。 3. 国家标准《货用施工升降机 第2部分：运载装置不可进人的倾斜式升降机》（GB/T 10054.2—2014） 5.9.1　行程开关应直接通过运载装置或其他相关部件的运动动作。 4. 国家标准《施工升降机安全使用规程》（GB/T 34023—2017） 12.6.3　应检查极限开关、限位开关等，确认其功能是否正确、是否有明显恶化之处。 5. 建筑行业标准《建筑施工安全检查标准》（JGJ 59—2011） 3.16.3　施工升降机保证项目的检查评定应符合下列规定： 　2　限位装置 　1）应安装非自动复位型极限开关并灵敏可靠。 　2）应安装自动复位型上、下限位开关并灵敏可靠，上、下限位开关安装位置应符合规范要求。 　3）上极限开关与上限位开关之间的安全越程不应小于0.15m。 　4）极限开关、限位开关应设置独立的触发元件	

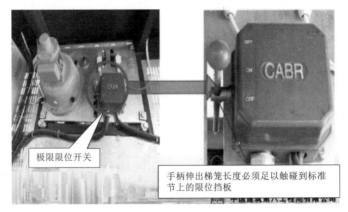

图 2-17-16　极限开关

图 2-17-17　上、下限位开关

（三）连锁装置

连锁装置安全检查重点、要求及方法见表 2-17-14。

表 2-17-14　　　　连锁装置安全检查重点、要求及方法

序号	检查重点	标　准　要　求	检查方法
1	门连锁装置	**1. 国家标准《吊笼有垂直导向的人货两用施工升降机》（GB/T 26557—2021）** **5.5.5 层门门锁装置** **5.5.5.1 全高度层门** **5.5.5.1.1** 如果被准许进入工地的人员都可操作升降机，则在正常运行工况下： ——应不可能打开任何层门，除非吊笼底板距预定层站在±0.15m 的垂直距离范围内。 ——应不可能启动或保持吊笼的运行，除非所有层门都处于关闭位置。 **5.5.5.2 低高度层门** 层门应装配可核验其关闭和锁紧位置的连锁装置。 在正常运行工况下，除非所有的层门都已关闭和锁紧，否则应不可能启动或保持吊笼的运行。 **5.6.1.5 吊笼门** **5.6.1.5.1.4** 所有的门都应配备机械锁，以使门在正常运行状态下不能打开。 **5.6.1.5.1.5** 除非所有吊笼门都处于关闭位置，否则应不可能启动和保持吊笼运行。 **5.6.1.6 紧急出口** **5.6.1.6.3** 任何紧急出口的锁紧，都应通过电气安全装置来验证，如果门未锁紧，则该装置应使升降机停止运行。 **5.6.1.6.4** 吊笼顶任何活板门的关闭，都应通过电气安全装置来验证，如果活板门未关闭，则该装置应使升降机停止运行。 **2. 国家标准《货用施工升降机 第1部分：运载装置可进人的升降机》（GB/T 10054.1—2021）** **5.5.5 层门门锁装置** **5.5.5.1 全高度层门** ——吊笼底板离预定层站的垂直距离在±0.15m 以内才能打开该层门。 ——只有在所有层门都在关闭位置时才能启动或保持吊笼的运行。 **5.5.5.2 低高度层门** 层门应设有连锁装置以控制其关闭和锁紧位置。 **5.6.1.4 运载装置的门** 除非运载装置门或坡道处于关闭位置，否则应无法在正常运行工况下启动或保持运载装置的运行。 **3. 建筑行业标准《建筑施工安全检查标准》（JGJ 59—2011）** **3.16.3** 施工升降机保证项目的检查评定应符合下列规定： 2 限位装置 5）吊笼门应安装机电连锁装置，并应灵敏可靠。 6）吊笼顶窗应安装电气安全开关，并应灵敏可靠。 3 防护设施 1）地面围栏门应安装机电连锁装置并应灵敏可靠。	1. 目测检查 2. 试验吊笼门、层站门、围栏门连锁装置及笼顶门电气安全装置功能。吊笼门连锁开关如图 2-17-18 所示、围栏门连锁开关如图 2-17-19 所示、笼顶门电气安全开关如图 2-17-20 所示

续表

序号	检查重点	标　准　要　求	检查方法
2	安全监控管理系统	国家标准《施工升降机安全监控系统》（GB/T 37537—2019） 　1. 范围 本标准适用于 GB/T 26557 规定的施工升降机，其他施工升降机可参考使用	1. 目测检查 2. 试验监控管理系统功能

图 2-17-18　吊笼门连锁开关

图 2-17-19　围栏门连锁开关

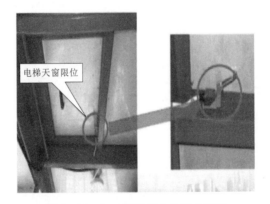

图 2-17-20　笼顶门电气安全开关

（四）防护装置

防护装置安全检查重点、要求及方法见表 2-17-15。

表 2-17-15　　　　　防护装置安全检查重点、要求及方法

序号	检查重点	标　准　要　求	检查方法
1	地面及层站围护、转动部件防护	1. 国家标准《吊笼有垂直导向的人货两用施工升降机》（GB/T 26557—2021） 5.5.1　总则 为使用而安装的升降机，应配有： ——底部防护围栏； ——各层站通道点处的层门； ——其他必要的升降通道防护装置；	目测检查。人货两用施工升降机层门如图 2-17-21 所示，货用施工升降机层门如图 2-17-22 所示

序号	检查重点	标　准　要　求	检查方法
1	地面及层站围护、转动部件防护	这些装置应防止人员被运动部件撞击及由层站/升降通道坠落。 **5.5.3.8.1**　全高度层门开口的净高度在层站上方应不小于 2.0m，特殊情况下应不小于 1.8m。 **5.5.3.8.2**　通道侧面防护装置与吊笼或层门之间任何开口间距，不应大于 150mm。 **5.5.3.8.3**　装载或卸载时，吊笼门边缘与层站边缘的水平距离不应大于 50mm。 **5.5.3.9.2**　低高度层门高度应在 1.1m～1.2m。层门上部的内边缘与正常作业时的升降机在任一运动件之间的安全距离不应小于 0.85m，如果额定速度不大于 0.7m/s，则此安全距离不应小于 0.50m。 **5.7.2.3**　齿轮、皮带、链条、旋转轴、飞轮、滚轮、联轴器及类似的旋转件应有有效的防护装置。 **2. 国家标准《货用施工升降机 第 1 部分：运载装置可进人的升降机》（GB/T 10054.1—2021）** **5.5.3.2.7**　全高度层门 **5.5.3.2.7.1**　层门开口的净高度应不小于 2.0m。 **5.5.3.2.8**　低高度层门 **5.5.3.2.8.3**　层门的高度在 1.1m 和 1.2m 之间。 **3. 国家标准《施工升降机安全使用规程》（GB／T 34023—2017）** **12.6.3**　应检查护栏扶手等，确认其功能是否正确、是否有明显恶化之处。 **12.6.7**　应检查地面防护围栏、层门及层站上的任一固定式防护装置，确认其是否完好无损、牢固可靠，网孔尺寸是否符合要求。 **4. 建筑行业标准《建筑施工安全检查标准》（JGJ 59—2011）** **3.16.3**　施工升降机保证项目的检查评定应符合下列规定： 　3　防护设施 　1）吊笼和对重升降通道周围应安装地面防护围栏，防护围栏的安装高度、强度应符合规范。 　2）地面出入通道防护棚的搭设应符合规范要求。 　3）停层平台两侧应设置防护栏杆、挡脚板、平台脚手板应铺满、铺平。 　4）层门安装高度、强度应符合规范要求	

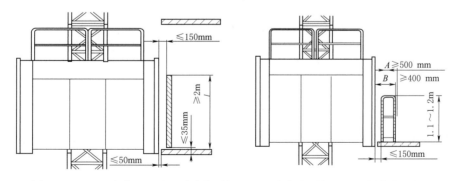

图 2-17-21　人货两用施工升降机层门（左图全高度层门、右图低高度层门）

315

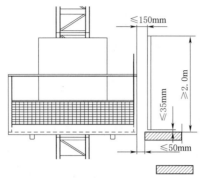

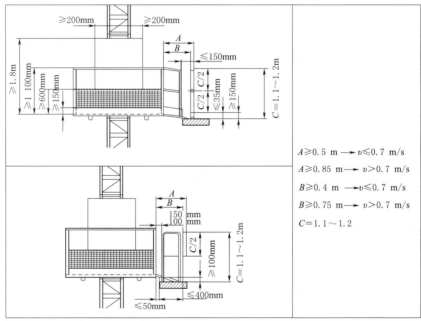

$A \geqslant 0.5 \text{ m} \longrightarrow v \leqslant 0.7 \text{ m/s}$

$A \geqslant 0.85 \text{ m} \longrightarrow v > 0.7 \text{ m/s}$

$B \geqslant 0.4 \text{ m} \longrightarrow v \leqslant 0.7 \text{ m/s}$

$B \geqslant 0.75 \text{ m} \longrightarrow v > 0.7 \text{ m/s}$

$C = 1.1 \sim 1.2$

图 2-17-22　货用施工升降机层门（左图全高度层门、右图低高度层门）

三、主要零部件及机构设施

主要零部件及机构设施安全检查重点、要求及方法见表 2-17-16。

表 2-17-16　　　主要零部件及机构设施安全检查重点、要求及方法

序号	检查重点	标 准 要 求	检查方法
1	吊笼/运载装置	**1. 国家标准《吊笼有垂直导向的人货两用施工升降机》（GB/T 26557—2021）** **5.6.1**　吊笼应完全封围。 **2. 国家标准《货用施工升降机　第 1 部分：运载装置可进人的升降机》（GB/T 10054.1—2021）** **5.6.1.3**　运载装置所有侧面的防护高度应不小于 0.6m，以防止物料坠落；人有从侧边坠落危险的运载装置应配备防护栏围栏，其高度不小于 1.1m。	目测检查人货两用升降机完全封围吊笼如图 2-17-23 所示，货用升降机运载装置如图 2-17-24 所示

序号	检查重点	标 准 要 求	检查方法
1	吊笼/运载装置	**3. 国家标准《货用施工升降机 第 2 部分：运载装置不可进人的倾斜式升降机》(GB/T 10054.2—2014)** **5.5.1.1** 升降机可配备不同类型的运载装置（平台、料斗等）。 **5.5.1.7** 应有机械措施防止运载装置运行超过导轨的顶部和底部终端。 **5.5.1.10** 带有倾覆式运载装置的升降机应有防止倾翻的措施。 **4. 国家标准《施工升降机安全使用规程》(GB/T 34023—2017)** **12.6.1** 应检查吊笼/运载装置，确认其有无裂纹、永久性变形、连接件松脱或损伤。 **12.6.5** 应检查吊笼/运载装置门、坡道、侧面防护装置等，确认其是否功能正确、是否完好无损。应特别注意铰链、机械锁止和电气保护装置、触发装置、门锁销、约束装置、导轨和滚轮等	
2	附墙架	**1. 国家标准《施工升降机安全使用规程》(GB/T 34023—2017)** **12.6.2** 应检查齿轮齿条、驱动卷筒、滑轮、曳引轮、减速器、联轴器、电动机、制动器、导向滚轮、背轮、驱动轴、紧急下降系统等，确认其是否出现异常磨损和缺陷。 **12.6.4** 应检查附墙架、固定锚固装置等，确认其有无裂纹、永久性变形、连接件松脱或损伤。 **2. 建筑行业标准《建筑施工安全检查标准》(JGJ 59—2011)** **3.16.3** 施工升降机保证项目的检查评定应符合下列规定： 　4　附墙架 　1）附墙架应采用配套标准产品； 　2）附墙架与建筑物结构的连接方式、角度应符合产品说明书要求； 　3）附墙架间距、最高附着点以上导轨架的自由高度应符合产品说明书要求	目测检查。附墙架及固定连接如图 2-17-25 所示
3	钢丝绳、滑轮、对重、传动装置	**1. 国家标准《吊笼有垂直导向的人货两用施工升降机》(GB/T 26557—2021)** **5.7.1.3** 传动系统驱动电动机应通过不能脱开的强制式传动系统与卷筒或驱动齿轮连接。 **5.7.3.2.1** 钢丝绳要求 **5.7.3.2.1.1** 悬挂用钢丝绳应不少于两根且相互独立。 **5.7.3.2.1.2** 钢丝绳直径应不小于 8mm。 **5.7.3.2.2** 滑轮 ——引导钢丝绳上行的滑轮应防止异物进入。 ——应采取有效措施防止钢丝绳脱槽。 **5.7.5** 对重 **5.7.5.1** 吊笼不能用作另一吊笼的对重。 **5.7.5.4** 对重应涂成安全色。 **2. 国家标准《货用施工升降机 第 1 部分：运载装置可进人的升降机》(GB/T 10054.1—2021)** **5.7.3.2.1.3** 悬挂运载装置的钢丝绳直径应不小于 6mm。 **3. 国家标准《施工升降机安全使用规程》(GB/T 34023—2017)** **12.6.1** 应仔细检查钢丝绳，断丝、表面磨损、拉伸过长、张力不	目测检查。对重滑轮及防脱绳装置如图 2-17-26 所示，钢丝绳端连接方法及绳具如图 2-17-27 所示

序号	检查重点	标 准 要 求	检查方法
3	钢丝绳、滑轮、对重、传动装置	平衡、直径变化、弯折、局部破裂、打结扭曲、表面锈蚀，与钢丝绳相关部件滑轮（含天轮等对重滑轮）、钢丝绳末端连接装置、防松绳装置、卷筒排绳装置、对重及其导轨。 **4. 建筑行业标准《建筑施工安全检查标准》（JGJ 59—2011）** 3.16.3 施工升降机保证项目的检查评定应符合下列规定： 5 钢丝绳、滑轮与对重 1）对重钢丝绳数不得少于 2 根，且应相互独立； 2）钢丝绳磨损、变形、腐蚀应在规范允许范围内； 3）钢丝绳的规格、固定应符合产品说明书及规范要求； 4）滑轮应安装钢丝绳防脱装置，并应符合规范要求； 5）对重重量、固定应符合产品说明书要求； 6）对重应设有防脱轨保护装置	
4	导轨架	**1. 国家标准《吊笼有垂直导向的人货两用施工升降机》（GB/T 26557—2021）** 5.2.2.13 安装垂直度误差 计算时应考虑至少 0.5°的安装垂直度误差。 5.4.1.3 导轨架或导轨之间的连接应能有效地传递载荷并保持对正。 **2. 国家标准《货用施工升降机 第 1 部分：运载装置可进人的升降机》（GB/T 10054.1—2021）** 5.2.2.12 安装垂直度误差 计算时考虑的安装垂直度应至少为 0.5°。 5.4.1.3 导轨架、导轨或连杆之间的连接应能有效地传递载荷并保持稳固。 **3. 国家标准《施工升降机安全使用规程》（GB/T 34023—2017）** 12.6.1 应检查导轨架、导轨架螺栓等等，确认其有无裂纹、永久性变形、连接件松脱或损伤。 **4. 建筑行业标准《建筑施工升降机安装、使用、拆卸安全技术规程》（JGJ 125—2010）** 4.2.18 导轨架安装垂直度偏差： 表见下方	1. 目测检查。导轨架应无变形、开焊等缺陷如图 2 - 17 - 28 所示，导轨架螺栓应齐全、无松动如图 2 - 17 - 29 所示。 2. 测量垂直度

导轨架架设高度 h（m）	h≤70	70<h≤100	100<h≤150	150<h≤200	h>200
垂直度偏差（mm）	不大于(1/1000) h	≤70	≤90	≤110	≤130
	对钢丝绳式施工升降机，垂直度偏差不大于（1.5/1000）h				

5. 建筑行业标准《建筑施工安全检查标准》（JGJ 59—2011）

3.16.4 施工升降机一般项目的检查评定应符合下列规定：

1 导轨架

1）导轨架垂直度应符合规范要求。

2）标准节的质量应符合产品说明书及规范要求。

3）对重导轨应符合规范要求。

4）标准节的连接螺栓使用应符合产品说明书及规范要求

序号	检查重点	标　准　要　求	检查方法
5	电气装置	**1. 国家标准《起重机械安全规程 第 1 部分：总则》（GB/T 6067. 1—2010）** **6. 2. 1** 起重机应装设切断起重机总电源的电源开关。 **6. 2. 2** 总电源回路应设置总断路器。 **7. 1** 控制与操作系统的设计和布置应能够避免发生误操作的可能。 **8. 8. 3** 起重机所有电气设备的外壳、金属导线管、金属支架及金属线槽均应进行可靠接地。 **8. 8. 8** 对于保护接零系统，起重机械的重复接地或防雷接地电阻不大于 10Ω，对于保护接地系统的接地电阻不大于 4Ω。 **2. 建筑行业标准《建筑施工安全检查标准》（JGJ 59—2011）** **3. 16. 4** 施工升降机一般项目的检查评定应符合下列规定： 　3　电气安全 　1）施工升降机与架空线路的安全距离或防护措施应符合规范要求； 　2）电缆导向架设置应符合说明书及规范要求； 　3）在其他避雷装置保护范围外应设置避雷装置，并应符合规范要求	1. 目测检查。 2. 试验开关、控制装置功能。 3. 测量接地阻值

图 2-17-23　人货两用升降机完全封围吊笼

图 2-17-24　货用升降机运载装置

图 2-17-25　附墙架及固定连接

图 2－17－26　对重滑轮及防脱绳装置

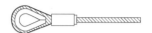

（a）金属或树脂浇铸的接头　　　（b）带套环的编结接头　　　（c）带套环的压制接头

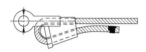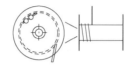

（d）楔形接头　　（e）钢丝绳压板（可使钢丝绳在卷筒上
　　　　　　　　　　有保留圈的钢丝绳固定装置）

图 2－17－27　钢丝绳端连接方法及绳具

图 2－17－28　导轨架应无变形、开焊等缺陷　　　图 2－17－29　导轨架螺栓应齐全、无松动

四、安拆及使用

安拆及使用安全检查重点、要求及方法见表 2－17－17。

表 2－17－17　　　　　　　安拆及使用安全检查重点、要求及方法

序号	检查重点	标　准　要　求	检查方法
1	安装与拆卸	**1.《特种设备安全监察条例》国务院令 第 549 号** 第十七条　起重机械安装、改造、维修，必须由依照本条例取得许可的单位进行。 　　特种设备安装的施工单位应当在施工前将拟进行的特种设备安装情况书面告知直辖市或者设区的市的特种设备安全监督管理部门，告知后即可施工。 **2. 国家标准《施工升降机安全使用规程》（GB/T 34023—2017）** 6.5.1　制定升降机安装、拆卸的安全工作程序和作业方法。	查看资质、方案、记录

序号	检查重点	标 准 要 求	检查方法
1	安装与拆卸	**9.6** 作业方法向所有相关作业人员发布。 **3. 国家标准《起重机 安全使用 第 1 部分：总则》（GB/T 23723.1—2009）** **9.1** 起重机的安装与拆卸应作出计划并经相应的监督…… 　a）未完全理解安装人员专用说明书之前，不能进行安装作业； 　b）提供特定类型起重机的安装/拆卸说明书； 　c）整个安装和拆卸作业应按照说明书进行，并且由安装主管人员负责； 　d）参与工作的所有人员都具有扎实的操作知识。 **4. 特种设备安全技术规范《特种设备作业人员考核规则》（TSG Z6001—2019）** 第三条　特种设备作业人员应当按照本规则的要求，取得"特种设备安全管理和作业人员证"后，方可从事相应的作业活动。 **5. 住建部《建筑施工特种作业人员管理规定》建质〔2008〕75 号** 第三条　建筑施工特种作业包括： （五）建筑起重机械安装拆卸工； 第四条　建筑施工特种作业人员必须经建设主管部门考核合格，取得建筑施工特种作业人员操作资格证书（以下简称"资格证书"），方可上岗从事相应作业。 **6. 建筑行业标准《建筑施工安全检查标准》（JGJ 59—2011）** **3.16.3** 施工升降机保证项目的检查评定应符合下列规定： 6　安拆、验收与使用 1）安拆单位应具有起重设备安装工程专业承包资质和安全生产许可证。 2）安拆应制定专项施工方案，并经过审核、审批。 3）安装完毕应履行验收程序，验收表格应由责任人签字确认。 4）安拆作业人员及司机应持证上岗。 5）作业前应按规定进行例行检查，并应填写检查记录。 6）实行多班作业，应按规定填写交接班记录。	
2	检查、保养、交接班	**1. 国家标准《起重机械　检查与维护规程　第 1 部分：总则》（GB/T 31052.1—2014）** **4.2** 起重机械在使用过程中应进行检查和维护，各项检查和维护均应做好记录。 **5.1.1** 日常检查应在每个工作班次开始作业前，对起重机械进行目测检查和功能试验，发现有无缺陷。 **6.1** 计划性维护 应根据每台起重机械的工作级别、工作环境及使用状态，确定计划性维护的内容和周期，并加以实施。 **6.2** 非计划性维护 应在发生故障后或根据日常等检查结果，对发现的缺陷，确定非计划性维护的内容和要求，并加以实施。 **2. 国家标准《施工升降机安全使用规程》（GB/T 34023—2017）** **11.3.1** 只应授权熟悉该特定且经过培训的操作者来操作该升降机。 **11.3.4** 每班或每个工作日开始时，应进行使用前检查。 **11.4** 升降机应按照制造商使用说明书进行维护；升降机应在安装前进行维护、检查，并修复任何缺陷。	查看检查、保养、交接班记录

续表

序号	检查重点	标准要求	检查方法
2	检查、保养、交接班	**11.5** 维护记录应永久保存。 **3. 建筑行业标准《建筑机械使用安全技术规程》（JGJ 33—2012）** **2.0.9** 实行多班作业的机械，应执行交接班制度，填写交接班记录	

第五节 桥式起重机

一、概述

（一）术语或定义

（1）桥式起重机：指其桥架梁通过运行装置直接支撑在轨道上的起重机。

（2）单梁桥架：指只有一根承重梁的桥架。

（3）双梁桥架：指具有两根承重梁的桥架。

（4）多梁桥架：指具有两根以上承重梁的桥架。

（5）主梁拱度：指起重机主梁由于受到总自重的影响相对名义水平位置的偏离量。

（6）超载保护装置：指起重机械工作时，对于超载作业有保护和/或提示作用的安全装置，包括额定起重量限制器、指示器。

（二）主要检查要求综述

主要描述了桥式起重机安全保护装置、桥架、小车架、连接紧固件、起升机构、大车运行机构、小车运行机构等各机构结构设施技术状况、安拆及使用等方面检查内容、标准要求和检查方法。

二、安全防护装置

（一）防超载的安全装置

防超载的安全装置安全检查重点、要求及方法见表2-17-18。

表2-17-18　　　　防超载的安全装置安全检查重点、要求及方法

序号	检查重点	标准要求	检查方法
1	起重量限制器	**1. 国家标准《起重机械安全规程 第1部分：总则》（GB/T 6067.1—2010）** **附表A.1　安全防护装置在典型起重机械上的设置要求** 表格：通用桥式起重机 <table><tr><th>序号</th><th>安全防护装置名称</th><th>程度要求</th><th>要求范围</th></tr><tr><td>1</td><td>起重量限制器</td><td>应装</td><td>动力驱动</td></tr></table> **9.3.1** 当实际起重量超过95%额定起重量时，起重量限制器宜发出报警信号；实际起重量100%～110%的额定起重量之间时，起重量限制器起作用，此时应自动切断起升动力源，但允许机构做下降运动。 **9.3.2** 当实际起重量超过实际幅度所对应的起重量额定值95%时，起重力矩限制器宜发出报警信号；当实际起重量大于实际幅度所对	1. 目测检查。 2. 功能试验。轴承式起重量限制器如图2-17-30所示

序号	检查重点	标 准 要 求	检查方法
1	起重量限制器	应的额定值但小于110％额定值时，起重力矩限制器起作用，此时应自动切断不安全方向动力源，但允许机构做安全方向的运动。 **2. 国家标准《通用桥式起重机》（GB/T 14405—2011）** **5.4.2.3** 对于双小车或多小车的起重机，各单小车均应装有起重量限制器。 **3. 国家标准《起重机械超载保护装置》（GB/T 12602—2020）** **4.3.1.6** 限制器的综合误差应符合以下规定： 　　a）限制器综合误差不应超过5％	

图 2-17-30　轴承式起重量限制器

（二）限制运动行程与工作装置的安全装置

限制运动行程与工作装置的安全装置检查重点、要求及方法见表 2-17-19。

表 2-17-19　限制运动行程与工作装置的安全装置检查重点、要求及方法

序号	检查重点	标 准 要 求				检查方法
1	限位装置、 限制装置	**1. 国家标准《起重机械安全规程 第1部分：总则》（GB/T 6067.1—2010）** 　　　附表 A.1　安全防护装置在典型起重机械上的设置要求				1. 目测检查。 2. 试验限位器、防碰撞装置功能。起升高度限位器如图 2-17-31所示，缓冲器及轨道端部止挡如图 2-17-32所示

序号	通用桥式起重机		
	安全防护装置名称	程度要求	要求范围
3	起升高度限位器	应装	动力驱动的
4	下降深度限位器	应装	根据需要
5	运行行程限位器	应装	动力驱动的并且在大车和小车运行的极限位置
13	缓冲器	应装	在大车、小车运行机构或轨道端部
20	端部止挡	应装	在运行机构
26	防碰撞装置	宜装	在同一轨道运行工作的两台以上的

序号	检查重点	标　准　要　求	检查方法
1	限位装置、限制装置	**2. 国家标准《通用桥式起重机》（GB/T 14405—2011）** **5.4.2.5**　应设起升高度限制器，当取物装置上升到设置的极限位置时，应能切断上升方向的电源，此时钢丝绳在卷筒上应留有一圈空槽；下降深度限位器切断下降方向电源，钢丝绳在卷筒上缠绕，除不计固定钢丝绳的圈数外，至少应保留 2 圈。 **3. 市场监管总局《关于开展起重机械隐患排查治理工作的通知》（市监特设发〔2021〕16 号）** 一、安装（加装）高度限位装置，提高设备本质安全 （一）新出厂桥式、门式起重机，应当同时安装两种不同形式的高度限位器（双限位），如重锤式、断火式、压板式等任意两种在用桥式、门式起重机加装一套不同于原配形式的高度限位器。 （三）已经安装了传动式高度限位器（如齿轮、蜗轮蜗杆式）新出厂或在用桥式、门式起重机，不再要求设置"双限位"装置	

图 2-17-31　起升高度限位器（左图为螺杆式、右图为重锤式）

图 2-17-32　缓冲器及轨道端部止挡

（三）抗风防滑装置

抗风防滑装置安全检查重点、要求及方法见表 2－17－20。

表 2－17－20　　　　　抗风防滑装置安全检查重点、要求及方法

序号	检查重点	标　准　要　求	检查方法
1	防风装置	国家标准《起重机械安全规程 第1部分：总则》（GB/T 6067.1—2010） 附表 A.1　安全防护装置在典型起重机械上的设置要求 {通用门式起重机表} **9.4.1.2** 工作状态下的抗风制动装置可采用制动器、夹轨器、顶轨器、压轨器、别轨器。 **9.4.1.3** 当工作状态下的抗风制动装置不能满足非工作状态下抗风防滑要求时，还应装设牵缆式、插销式锚定或其他形式的锚定装置。 **9.4.2** 起重吊钩在主梁一侧的单主梁起重机、有抗震要求的起重机及其他有类似防止起重小车发生倾翻要求的起重机，应装设防倾翻安全钩	目测检查

其中通用门式起重机子表：

序号	安全防护装置名称	程度要求	要求范围
14	抗风防滑装置	应装	室外工作的

（四）其他安全防护装置

其他安全防护装置检查重点、要求及方法见表 2－17－21。

表 2－17－21　　　　　其他安全防护装置检查重点、要求及方法

序号	检查重点	标　准　要　求	检查方法
1	连锁保护安全装置	国家标准《起重机械安全规程 第1部分：总则》（GB/T 6067.1—2010） 附表 A.1　安全防护装置在典型起重机械上的设置要求 {通用桥式起重机表} **9.5.1** 进入桥式起重机的门，和从司机室登上桥架的舱口门，应能连锁保护；当门打开时，应切断机构动作可能会对人员造成危险的机构的电源。 **9.5.2** 司机室与进人通道有相对运动时，进入司机室的通道口，应设连锁保护；当通道口的门打开时，应断开由于机构动作可能会对人员造成危险的机构的电源。 **9.5.3** 可在两处或多处操作起重机，应有连锁保护，以保证只能在一处操作。 **9.5.5** 夹轨器等制动装置应能与运行机构连锁	1. 目测检查 2. 试验连锁装置功能

其中通用桥式起重机子表：

序号	安全防护装置名称	程度要求	要求范围
9	连锁保护安全装置	应装	按9.5要求

序号	检查重点	标　准　要　求	检查方法
2	清扫、报警、防护装置	国家标准《起重机械安全规程 第1部分：总则》（GB/T 6067.1—2010） 附表 A.1　安全防护装置在典型起重机械上的设置要求 （通用桥式起重机表格见下） **9.6.2** 扫轨板底面与轨道顶面之间的间隙一般为 5mm～10mm。 **9.6.7** 起重机上外露的、有可能伤人的运动零部件，如开式齿轮、联轴器、传动轴、链轮、链条、传动带、皮带轮等，均应装设防护罩/栏	1. 目测检查。 2. 试验报警装置功能
3	安全监控管理系统	特种设备安全技术规范《起重机械安装改造重大修理监督检验规则》（TSG Q7016—2016） 附录 B　安装安全监控管理系统的大型起重机械目录	1. 目测检查。 2. 功能试验

序号2 附表 A.1 内表格（通用桥式起重机）：

序号	安全防护装置名称	程度要求	要求范围
19	轨道清扫器	应装	动力驱动的大车运行机构上
21	导电滑线防护板	应装	
22	作业报警装置	宜装	
23	暴露的活动零部件的防护罩	应装	有伤人可能的
24	电气设备的防雨罩	应装	室外工作的防护等级不能满足要求时

序号3 附录 B 内表格：

序号	类别	品种	参数	备注
1	桥式起重机	通用桥式起重机	200t 以上	—
			50～75t（不含75t）	指用于吊运熔融金属的通用桥式起重机

三、主要零部件及机构设施

主要零部件及机构设施安全检查重点、要求及方法见表 2-17-22。

表 2-17-22　　　　主要零部件及机构设施安全检查重点、要求及方法

序号	检查重点	标　准　要　求	检查方法
1	吊钩、滑轮、卷筒、钢丝绳	**1. 国家标准《起重吊钩 第3部分：锻造吊钩使用检查》（GB/T 10051.3—2010）** **3.2.1** 表面不应有裂纹。 **3.2.2** 开口尺寸超过使用前基本尺寸的10%、钩身扭转角超10°、钩柄有塑性变形时应，应报废。 **3.2.3** 吊钩的磨损超过基本尺寸的5%，应报废。 **2. 国家标准《起重机械安全规程 第1部分：总则》（GB/T 6067.1—2010）** **4.2.1.5** 钢丝绳端的固定和连接 　c）用绳夹连接时，应满足下表的要求：	1. 目测检查。 吊钩钢丝绳防脱绳装置如图2-17-33所示，卷筒钢丝绳防跳槽装置如图2-17-34所示。 2. 测量吊钩、滑轮、卷筒、钢丝绳磨损、变形

序号	检查重点	标　准　要　求						检查方法
1	吊钩、滑轮、卷筒、钢丝绳	钢丝绳公称直径/mm	≤19	19～32	32～38	38～44	44～60	
		钢丝绳夹最少数量/组	3	4	5	6	7	

序号	检查重点	标　准　要　求	检查方法
1	吊钩、滑轮、卷筒、钢丝绳	**注** 钢丝绳夹夹座应在受力绳头一边；每两个钢丝绳夹的间距不应小于钢丝绳直径的6倍。 d）用编结连接时，编结长度不应小于钢丝绳直径的15倍，并且不小于300mm。 **4.2.1.6** 报废应符合GB/T 5972—2016的有关规定。 **4.2.2.6** 锻造吊钩缺陷不得补焊。 **4.2.2.9** 片式吊钩缺陷不得补焊。 **4.2.2.10** 片式吊钩出现下列情况之一时，应更换： a）表面裂纹。 b）每一钩片侧向变形的弯曲半径小于板厚的10倍。 c）危险断面的总磨损量达名义尺寸的5%。 **4.2.4.1** 钢丝绳在卷筒上应能按顺序整齐排列，只缠绕一层钢丝绳卷筒，应作出绳槽。多层缠绕的卷筒，应有防止钢丝绳从卷筒端部滑落的凸缘。当钢丝绳全部缠绕在卷筒后，凸缘应超出最外一层钢丝绳，超出的高度不应小于钢丝绳直径的1.5倍。 **4.2.4.5** 卷筒出现下述情况之一时，应报废： a）影响性能的表面缺陷（如裂纹等）。 b）筒壁的磨损量达原壁厚的20%。 **4.2.5.1** 滑轮应有防止脱出绳槽的装置或结构 **4.2.5.3** 滑轮出现下列情况之一时，应报废： a）影响性能的表面缺陷（如裂纹等）。 b）轮槽不均匀磨损达3mm。 c）轮槽壁厚磨损量达原壁厚的20%。 d）因磨损使轮槽底部直径减少量达钢丝绳直径的50%。	
2	轨道	**国家标准《起重设备安装工程施工及验收规范》（GB 50278—2010）** **3.0.4** 轨道的立面位置偏差应符合下列规定： 2 同一截面内两平行轨道标高的相对差应不大于10mm。 **3.0.5** 轨道沿长度方向上，在水平面内的弯曲，每2m检测长度上的偏差不应大于1mm；在立面内的弯曲，每2m检测长度上的偏差不应大于2mm。 **3.0.6** 起重机轨道跨度允许偏差 1 当轨道的跨度小于等于10m时，其允许偏差应为±3mm。 2 当跨度大于10m时，其允许偏差应按下式计算，且最大值为±15mm。 $$\Delta S=\pm[3+0.25(S-10)]$$ 式中：ΔS——起重机轨道的跨度偏差（mm）； 　　　S 起重机轨道的跨度（m）。 **3.0.8** 轨道接头应符合下列规定： 1 接头采用焊接连接时，接头顶面及侧面焊缝处应打磨光滑平整。	1. 目测检查。轨道接头高低差及侧向错位、间隙如图 2-17-35 所示。 2. 仪器测量

续表

序号	检查重点	标 准 要 求	检查方法
2	轨道	2 接头采用鱼尾板连接时,轨道接头高低差及侧向错位不应大于1mm,间隙不应大于2mm。 **3.0.14** 轨道两端的车挡应在吊装起重机前安装好,同一跨端轨道上的车挡与起重机的缓冲器均应接触良好	
3	金属结构、运行机构	**国家标准《起重机械安全规程 第1部分:总则》(GB/T 6067.1—2010)** **3.7.2.3** 高度2m以上的直梯应有护圈。 **3.7.2.6** 直梯每10m至少应设一个休息平台。 **3.8.2** 栏杆的设置应满足以下要求: ——栏杆上部表面的高度不低于1m,栏杆下部有不低于0.1m的踢脚板,在踢脚扶手杆之间有不少于一根中间栏杆,它与踢脚板或扶手杆的距离不得大于0.5m。 **3.9.1** 主要受力构件失去整体稳定性时,不应修复,应报废。 **3.9.2** 当主要受力构件断面腐蚀达到设计厚度的10%时,如不能修复,应报废。 **3.9.3** 主要受力构件发生裂纹时,应根据受力情况和裂纹情况采取阻止措施,并采取加强或改变应力分布措施,或停止使用。 **3.9.4** 主要受力构件产生塑性变形,使工作机构不能正常地安全运行时,如不能修复,应报废。 **18.1.3** 周检 d) 检查起重机结构有无损坏,例如桥架有无缺损、弯曲、上拱、屈曲、焊缝开裂、螺栓和其他紧固件的松动现象。	1. 目测检查。 2. 试验起升、运行机构功能
4	电气安全装置	**国家标准《起重机械安全规程 第1部分:总则》(GB/T 6067.1—2010)** **6.2.1** 起重机应装设切断起重机总电源的电源开关。 **6.2.2** 总电源回路应设置总断路器。 **7.1** 控制与操作系统的设计和布置应能够避免发生误操作的可能。 **8.8.3** 起重机所有电气设备的外壳、金属导线管、金属支架及金属线槽均应进行可靠接地。 **8.8.8** 对于保护接零系统,起重机械的重复接地或防雷接地电阻不大于10Ω,对于保护接地系统的接地电阻不大于4Ω	1. 目测检查。 2. 试验开关、控制装置功能。 3. 测量接地电阻

图 2-17-33 吊钩钢丝绳防脱绳装置

图 2-17-34 卷筒钢丝绳防跳槽装置

图 2 - 17 - 35　轨道接头高低差及侧向错位、间隙

四、安拆及使用

安拆及使用安全检查重点、要求及方法见表 2 - 17 - 23。

表 2 - 17 - 23　　　　　　　安拆及使用安全检查重点、要求及方法

序号	检查重点	标　准　要　求	检查方法
1	安装与拆卸	**1.《特种设备安全监察条例》国务院令 第 549 号** 　第十七条　起重机械安装、改造、维修，必须由依照本条例取得许可的单位进行。 　特种设备安装的施工单位应当在施工前将拟进行的特种设备安装情况书面告知直辖市或者设区的市的特种设备安全监督管理部门，告知后即可施工。 **2. 国家标准《起重机 安全使用 第 1 部分：总则》（GB/T 23723.1—2009）** 9.1　起重机的安装与拆卸应作出计划并经相应的监督…… 　a）未完理解安装人员专用说明书之前，不能进行安装作业。 　b）提供特定类型起重机的安装/拆卸说明书。 　c）整个安装和拆卸作业应按照说明书进行，并且由安装主管人员负责。 　d）参与工作的所有人员都具有扎实的操作知识。 **3. 住建部《建筑施工特种作业人员管理规定》建质〔2008〕75 号** 　第三条　建筑施工特种作业包括： 　（五）建筑起重机械安装拆卸工。 　第四条　建筑施工特种作业人员必须经建设主管部门考核合格，取得建筑施工特种作业人员操作资格证书（以下简称"资格证书"），方可上岗从事相应作业。 **4. 特种设备安全技术规范《特种设备作业人员考核规则》（TSG Z6001—2019）** 　第三条　特种设备作业人员应当按照本规则的要求，取得"特种设备安全管理和作业人员证"后，方可从事相应的作业活动	查看资质、方案、记录

续表

序号	检查重点	标准要求	检查方法
2	检查、保养、交接班	1. 国家标准《起重机械 检查与维护规程 第1部分 总则》（GB/T 31052.1—2014） 4.2 起重机械在使用过程中应进行检查和维护，各项检查和维护均应做好记录。 5.1.1 日常检查应在每个工作班次开始作业前，对起重机械进行目测检查和功能试验，发现有无缺陷。 6.1 计划性维护 　应根据每台起重机械的工作级别、工作环境及使用状态，确定计划性维护的内容和周期，并加以实施。 6.2 非计划性维护 　应在发生故障后或根据日常等检查结果，对发现的缺陷，确定非计划性维护的内容和要求，并加以实施。 2. 建筑行业标准《建筑机械使用安全技术规程》（JGJ 33—2012） 2.0.9 实行多班作业的机械，应执行交接班制度，填写交接班记录	查看检查、保养交接班记录

第六节 门式起重机

一、概述

（一）术语或定义

（1）门式起重机：指桥架梁通过支腿支承在轨道上的起重机。

（2）半门式起重机：指桥架梁一端直接支撑在轨道上，另一端通过支腿支撑在轨道上的起重机。

（3）主梁拱度：指起重机主梁由于受到总自重的影响相对名义水平位置的偏离量。

（4）超载保护装置：指起重机械工作时，对于超载作业有保护和/或提示作用的安全装置，包括额定起重量限制器、指示器。

（二）主要检查要求综述

主要描述了门式起重机安全保护装置、桥架、支腿、小车架、连接紧固件、起升机构、大车运行机构、小车运行机构等各机构结构设施技术状况、安拆及使用等方面检查内容、标准要求和检查方法。

二、安全防护装置

（一）防超载的安全装置

防超载安全装置检查重点、要求及方法见表2-17-24。

表 2 - 17 - 24   防超载安全装置检查重点、要求及方法

序号	检查重点	标 准 要 求	检查方法

1	起重量限制器	**1. 国家标准《起重机械安全规程 第 1 部分：总则》（GB/T 6067. 1—2010）**
		
		      附表 A. 1 安全防护装置在典型起重机械上的设置要求
		
		通用门式起重机表格见下
		
		9. 3. 1 当实际起重量超过 95％额定起重量时，起重量限制器宜发出报警信号；实际起重量 100％～110％的额定起重量之间时，起重量限制器起作用，此时应自动切断起升动力源，但允许机构做下降运动。
		9. 3. 2 当实际起重量超过实际幅度所对应的起重量额定值 95％时，起重力矩限制器宜发出报警信号；当实际起重量大于实际幅度所对应的额定值但小于 110％额定值时，起重力矩限制器起作用，此时应自动切断不安全方向动力源，但允许机构做安全方向的运动。
		2. 国家标准《通用门式起重机》（GB/T 14406—2011）
		5. 4. 2. 3 对于双小车或多小车的起重机，各单小车均应装有起重量限制器。
		3. 国家标准《起重机械超载保护装置》（GB/T 12602—2020）
		4. 3. 1. 6 限制器的综合误差应符合以下规定：
		  a）限制器综合误差不应超过 5％。
			1. 目测检查。
			2. 功能试验。起重量限制器如图 2 - 17 - 36 所示

附表 A. 1 内嵌表格：

序号	通用门式起重机		
	安全防护装置名称	程度要求	要求范围
1	起重量限制器	应装	动力驱动

图 2 - 17 - 36   起重量限制器（显示装置）

（二）限制运动行程与工作装置的安全装置

限制运动行程与工作装置的安全装置检查重点、要求及方法见表 2 - 17 - 25。

表 2-17-25　　限制运动行程与工作装置的安全装置检查重点、要求及方法

序号	检查重点	标　准　要　求	检查方法
1	限位器装置、限制装置	**1. 国家标准《起重机械安全规程　第 1 部分：总则》（GB/T 6067.1—2010）** 附表 A.1　安全防护装置在典型起重机械上的设置要求 （见下表） **2. 国家标准《通用门式起重机》（GB/T 14406—2011）** 5.4.2.5　应设起升高度限制器，当取物装置上升到设置的极限位置时，应能切断上升方向的电源，此时钢丝绳在卷筒上应留有一圈空槽；下降深度限位器切断下降方向电源，钢丝绳在卷筒上缠绕，除不计固定钢丝绳的圈数外，至少应保留 2 圈。 **3. 市场监管总局《关于开展起重机械隐患排查治理工作的通知》（市监特设发〔2021〕16 号）** 一、安装（加装）高度限位装置，提高设备本质安全 （一）新出厂桥式、门式起重机，应当同时安装两种不同形式的高度限位器（双限位），如重锤式、断火式、压板式等任意两种在用桥式、门式起重机加装一套不同于原配形式的高度限位器。 （三）已经安装了传动式高度限位器（如齿轮、蜗轮蜗杆式）新出厂或在用桥式、门式起重机，不再要求设置"双限位"装置	1. 目测检查。 2. 试验限位器及防碰撞、偏斜装置功能。起升高度限位器及"双限位"如图 2-17-37 所示，限位撞块如图 2-17-38 所示，缓冲器如图 2-17-39 所示，轨道端部止挡如图 2-17-40 所示

附表 A.1　安全防护装置在典型起重机械上的设置要求

序号	通用门式起重机		
	安全防护装置名称	程度要求	要求范围
3	起升高度限位器	应装	动力驱动的
4	下降深度限位器	应装	根据需要
5	运行行程限位器	应装	动力驱动的并且在大车和小车运行的极限位置（悬挂葫芦小车除外）
7	偏斜指示器或限制器	宜装	跨度等于或大于 40m 时
13	缓冲器	应装	在大车、小车运行机构或轨道端部
20	端部止挡	应装	在运行机构
26	防碰撞装置	宜装	在同一轨道运行工作的两台以上的

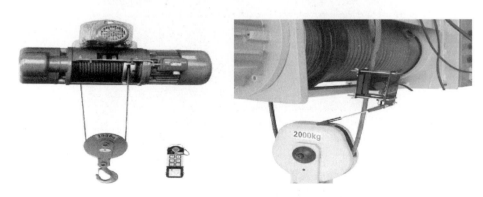

图 2-17-37　起升高度限位器及"双限位"

图 2-17-38　限位撞块

图 2-17-39　缓冲器

图 2-17-40　轨道端部止挡

（三）抗风防滑装置

抗风防滑装置安全检查重点、要求及方法见表 2-17-26。

表 2-17-26　　　　　　　　抗风防滑装置安全检查重点、要求及方法

序号	检查重点	标　准　要　求	检查方法
1	防风装置	国家标准《起重机械安全规程 第 1 部分：总则》（GB/T 6067.1—2010） 附表 A.1　安全防护装置在典型起重机械上的设置要求 | 序号	通用门式起重机		
	安全防护装置名称	程度要求	要求范围
14	抗风防滑装置	应装	室外工作的	 **9.4.1.2**　工作状态下的抗风制动装置可采用制动器、夹轨器、顶轨器、压轨器、别轨器。 **9.4.1.3**　当工作状态下的抗风制动装置不能满足非工作状态下抗风防滑要求时，还应装设牵缆式、插销式锚定或其他形式的锚定装置。 **9.4.2**　起重吊钩在主梁一侧的单主梁起重机、有抗震要求的起重机及其他有类似防止起重小车发生倾翻要求的起重机，应装设防倾翻安全钩	目测检查。夹轨器如图 2-17-41 所示，锚定装置如图 2-17-42 所示

图 2-17-41　夹轨器

图 2-17-42 锚定装置

（四）其他安全防护装置

其他安全防护装置检查重点、要求及方法见表 2-17-27。

表 2-17-27　　　　　其他安全防护装置检查重点、要求及方法

序号	检查重点	标 准 要 求	检查方法
1	连锁保护安全装置	国家标准《起重机械安全规程 第 1 部分：总则》（GB/T 6067.1—2010） **附表 A.1　安全防护装置在典型起重机械上的设置要求** 通用门式起重机 序号 / 安全防护装置名称 / 程度要求 / 要求范围 9 / 连锁保护安全装置 / 应装 / 按 9.5 要求 **9.5.1** 进入门式起重机的门，和从司机室登上桥架的舱口门，应能连锁保护；当门打开时，应切断机构动作可能会对人员造成危险的机构的电源。 **9.5.3** 可在两处或多处操作起重机，应有连锁保护，以保证只能在一处操作。 **9.5.5** 夹轨器等制动装置和锚定装置应能与运行机构连锁。	1. 目测检查。 2. 试验连锁装置功能。连锁保护安全装置如图 2-17-43 所示
2	报警、清扫、防护装置	国家标准《起重机械安全规程 第 1 部分：总则》（GB/T 6067.1—2010） **附表 A.1　安全防护装置在典型起重机械上的设置要求** 通用门式起重机 序号 / 安全防护装置名称 / 程度要求 / 要求范围 15 / 风速风级报警器 / 应装 / 起升高度大于 12m 时 19 / 轨道清扫器 / 应装 / 动力驱动的大车运行机构上 22 / 作业报警装置 / 宜装 / 23 / 暴露的活动零部件的防护罩 / 应装 / 有伤人可能的 24 / 电气设备的防雨罩 / 应装 / 室外工作的防护等级不能满足要求时	1. 目测检查。轨道清扫器如图 2-17-44 所示；作业报警装置如图 2-17-45 所示，运动零部件的防护罩如图 2-17-46 所示。 2. 试验风速报警器、作业报警装置功能

序号	检查重点	标 准 要 求	检查方法
2	报警、清扫、防护装置	**9.6.1.1** 风速仪应安置在起重机上部迎风处。 **9.6.2** 扫轨板底面与轨道顶面之间的间隙一般为 5mm～10mm。 **9.6.7** 起重机上外露的、有可能伤人的运动零部件，如开式齿轮、联轴器、传动轴、链轮、链条、传动带、皮带轮等，均应装设防护罩/栏。	
3	安全监控管理系统	特种设备安全技术规范《起重机械安装改造重大修理监督检验规则》（TSG Q7016—2016） 附录 B 安装安全监控管理系统的大型起重机械目录	1. 目测检查。 2. 功能试验

附录 B 表格：

序号	类别	品种	参数
2	门式起重机	通用门式起重机	100t 以上
3		造船门式起重机	参数不限
4		架桥机	参数不限

图 2-17-43 连锁保护安全装置

图 2-17-44 轨道清扫器

图 2-17-45 作业报警装置

图 2-17-46 运动零部件的防护罩

三、主要零部件及机构设施

主要零部件及机构设施安全检查重点、要求及方法见表2－17－28。

表2－17－28　　　　主要零部件及机构设施安全检查重点、要求及方法

序号	检查重点	标　准　要　求	检查方法
1	吊钩、滑轮、卷筒、钢丝绳	**1. 国家标准《起重吊钩　第3部分：锻造吊钩使用检查》（GB/T 10051.3—2010）** **3.2.1** 表面不应有裂纹 **3.2.2** 开口尺寸超过使用前基本尺寸的10%、钩身扭转角超10°、钩柄有塑性变形时应，应报废。 **3.2.3** 吊钩的磨损量超过基本尺寸的5%，应报废。 **2. 国家标准《起重机械安全规程　第1部分：总则》（GB/T 6067.1—2010）** **4.2.1.5** 钢丝绳端的固定和连接 　e）用绳夹连接时，应满足下表的要求： 表： 钢丝绳公称直径/mm：≤19 / 19～32 / 32～38 / 38～44 / 44～60 钢丝绳夹最少数量/组：3 / 4 / 5 / 6 / 7 　**注**　钢丝绳夹夹座应在受力绳头一边；每两个钢丝绳夹的间距不应小于钢丝绳直径的6倍。 　f）用编结连接时，编结长度不应小于钢丝绳直径的15倍，并且不小于300mm。 **4.2.1.6** 报废应符合GB/T 5972—2016的有关规定。 **4.2.2.6** 锻造吊钩缺陷不得补焊。 **4.2.2.9** 片式吊钩缺陷不得补焊。 **4.2.2.10** 片式吊钩出现下列情况之一时，应更换： 　a）表面裂纹； 　b）每一钩片侧向变形的弯曲半径小于板厚的10倍； 　c）危险断面的总磨损量达名义尺寸的5%。 **4.2.4.1** 钢丝绳在卷筒上应能按顺序整齐排列，只缠绕一层钢丝绳卷筒，应作出绳槽。多层缠绕的卷筒，应有防止钢丝绳从卷筒端部滑落的凸缘。当钢丝绳全部缠绕在卷筒后，凸缘应超出最外一层钢丝绳，超出的高度不应小于钢丝绳直径的1.5倍。 **4.2.4.5** 卷筒出现下述情况之一时，应报废： 　a）影响性能的表面缺陷（如裂纹等）； 　b）筒壁的磨损量达原壁厚的20%。 **4.2.5.1** 滑轮应有防止脱出绳槽的装置或结构 **4.2.5.3** 滑轮出现下列情况之一时，应报废： 　a）影响性能的表面缺陷（如裂纹等）； 　b）轮槽不均匀磨损达3mm； 　c）轮槽壁厚磨损量达原壁厚的20%； 　d）因磨损使轮槽底部直径减少量达钢丝绳直径的50%	1. 目测检查。吊钩钢丝绳防脱绳装置如图2－17－47所示。 2. 测量吊钩、滑轮、卷筒、钢丝绳磨损、变形
2	轨道	国家标准《起重设备安装工程施工及验收规范》（GB 50278—2010） **3.0.4** 轨道的立面位置偏差应符合下列规定： 　2　同一截面内两平行轨道标高的相对差应不大于10mm。	1. 目测检查。 2. 仪器测量。轨道接头高低差及侧向错位、间隙如图2－17－48所示

续表

序号	检查重点	标 准 要 求	检查方法
2	轨道	**3.0.5** 轨道沿长度方向上，在水平面内的弯曲，每 2m 检测长度上的偏差不应大于 1mm；在立面内的弯曲，每 2m 检测长度上的偏差不应大于 2mm。 **3.0.6** 起重机轨道跨度允许偏差 　1　当轨道的跨度小于等于 10m 时，其允许偏差应为 ±3mm。 　2　当跨度大于 10m 时，其允许偏差应按下式计算，且最大值为 ±15mm。 $$\Delta S = \pm [3 + 0.25(S - 10)]$$ 式中：ΔS——起重机轨道的跨度偏差（mm）； 　　　　S——起重机轨道的跨度（m）。 **3.0.8** 轨道接头应符合下列规定： 　1　接头采用焊接连接时，接头顶面及侧面焊缝处应打磨光滑平整。 　2　接头采用鱼尾板连接时，轨道接头高低差及侧向错位不应大于 1mm，间隙不应大于 2mm。 **3.0.14** 轨道两端的车挡应在吊装起重机前安装好，同一跨端轨道上的车挡与起重机的缓冲器均应接触良好	
3	金属结构、运行机构	**国家标准《起重机械安全规程 第 1 部分：总则》（GB/T 6067.1—2010）** **3.7.2.3** 高度 2m 以上的直梯应有护圈。 **3.7.2.6** 直梯每 10m 至少应装设一个休息平台。 **3.8.2** 栏杆的设置应满足以下要求： 　——栏杆上部表面的高度不低于 1m，栏杆下部有不低于 0.1m 的踢脚板，在踢脚扶手杆之间有不少于一根中间栏杆，它与踢脚板或扶手杆的距离不得大于 0.5m。 **3.9.1** 主要受力构件失去整体稳定性时，不应修复，应报废。 **3.9.2** 当主要受力构件断面腐蚀达到设计厚度的 10% 时，如不能修复，应报废。 **3.9.3** 主要受力构件发生裂纹时，应根据受力情况和裂纹情况采取阻止措施，并采取加强或改变应力分布措施，或停止使用。 **3.9.4** 主要受力构件产生塑性变形，使工作机构不能正常地安全运行时，如不能修复，应报废。 **18.1.3** 周检 d）检查起重机结构有无损坏，例如桥架有无缺损、弯曲、上拱、屈曲、焊缝开裂、螺栓和其他紧固件的松动现象	1. 目测检查。 2. 试验起升、运行机构功能
4	电气安全装置	**国家标准《起重机械安全规程 第 1 部分：总则》（GB/T 6067.1—2010）** **6.2.1** 起重机应装设切断起重机总电源的电源开关。 **6.2.2** 总电源回路应设置总断路器。 **7.1** 控制与操作系统的设计和布置应能够避免发生误操作的可能。 **8.8.3** 起重机所有电气设备的外壳、金属导线管、金属支架及金属线槽均应进行可靠接地。 **8.8.8** 对于保护接零系统，起重机的重复接地或防雷接地电阻不大于 10Ω，对于保护接地系统的接地电阻不大于 4Ω	1. 目测检查。 2. 试验开关、控制装置功能。 3. 仪器测量电阻

图 2-17-47　吊钩钢丝绳防脱绳装置　　　图 2-17-48　轨道接头高低差及侧向错位、间隙

四、安、拆及使用

安、拆及使用安全检查重点、要求及方法见表 2-17-29。

表 2-17-29　　　　　　　　安、拆及使用安全检查重点、要求及方法

序号	检查重点	标准要求	检查方法
1	安装与拆卸	1. 《特种设备安全监察条例》（国务院令 第 549 号） 　第十七条　起重机械安装、改造、维修，必须由依照本条例取得许可的单位进行。 　特种设备安装的施工单位应当在施工前将拟进行的特种设备安装情况书面告知直辖市或者设区的市的特种设备安全监督管理部门，告知后即可施工。 2. 国家标准《起重机　安全使用　第 1 部分：总则》（GB/T 23723.1—2009） 9.1　起重机的安装与拆卸应作出计划并经相应的监督…… 　a）未完理解安装人员专用说明书之前，不能进行安装作业； 　b）提供特定类型起重机的安装/拆卸说明书； 　c）整个安装和拆卸作业应按照说明书进行，并且由安装主管人员负责； 　d）参与工作的所有人员都具有扎实的操作知识。 3. 《建筑施工特种作业人员管理规定》（建质〔2008〕75 号） 　第三条　建筑施工特种作业包括： 　（五）建筑起重机械安装拆卸工。 　第四条　建筑施工特种作业人员必须经建设主管部门考核合格，取得建筑施工特种作业人员操作资格证书（以下简称"资格证书"），方可上岗从事相应作业。 4. 特种设备安全技术规范《特种设备作业人员考核规则》（TSG Z6001—2019） 　第三条　特种设备作业人员应当按照本规则要求，取得"特种设备安全管理和作业人员证"后，方可从事相应的作业活动	查看资质、方案、记录
2	检查、保养、交接班	1. 国家标准《起重机械　检查与维护规程　第 1 部分　总则》（GB/T 31052.1—2014） 4.2　起重机械在使用过程中应进行检查和维护，各项检查和维护均应做好记录。 5.1.1　日常检查应在每个工作班次开始作业前，对起重机械进行目测检查和功能试验，发现有无缺陷。	查看检查、保养交接班记录

序号	检查重点	标　准　要　求	检查方法
2	检查、保养、交接班	**6.1　计划性维护** 　　应根据每台起重机械的工作级别、工作环境及使用状态，确定计划性维护的内容和周期，并加以实施。 **6.2　非计划性维护** 　　应在发生故障后或根据日常等检查结果，对发现的缺陷，确定非计划性维护的内容和要求，并加以实施。 **2. 建筑行业标准《建筑机械使用安全技术规程》（JGJ 33—2012）** **2.0.9**　实行多班作业的机械，应执行交接班制度，填写交接班记录	

第七节　履带起重机

一、概述

（一）术语或定义

（1）流动式起重机：指可以配置立柱（塔柱），能在带载或不带载情况下沿无轨路面运行，且依靠自重保持稳定的臂架型起重机。

（2）履带起重机：指采用履带行走的流动式起重机。

（3）起重机支承面：指支承起重机运行底架的基础或轨道顶面的水平面。

（二）主要检查要求综述

主要描述了履带起重机的工作条件及其各工作机构、安全防护装置的检查要求和方法。

二、检查项目

履带起重机安全检查重点、要求及方法见表 2-17-30。

表 2-17-30　　　　　　　履带起重机安全检查重点、要求及方法

序号	检查重点	标　准　要　求	检查方法
1	地耐力及倾斜度	**1. 国家标准《履带起重机》（GB/T 14560—2016）** **4.1.4**　工作地面应坚实、平整，地面倾斜度不应大于 1%。 　　地面或支撑面的承载能力应大于起重机当前工况下最大接地比压。 **2. 建筑行业标准《建筑机械使用安全技术规程》（JGJ 33—2012）** **4.2.1**　起重机应在平坦坚实的地面上作业、行走和停放。 **3. 电力企业联合会标准《火电工程大型起重机械安全管理导则》（T/CEC 210—2019）** **8.5.5.2**　履带起重机安全使用 　　c）工作地面应坚实、平整，地面倾斜度不应大于 1%。工作过程中支撑地面不应下陷。必要时根据不同地面允许的静载荷采取相应措施，以满足工作地面的承载要求。地面或支撑面的承载能力应大于起重机当前工况下最大接地比压	1. 对地比压测量方法参考第五篇第二章第一节。 2. 实测倾斜度

序号	检查重点	标 准 要 求	检查方法
2	结构件焊缝、锈蚀、裂纹、永久变形、油漆脱落、连接处松动或损坏	**1. 国家标准《履带起重机》（GB/T 14560—2016）** **4.2.1.13** 起重机在空载和额定载荷各工况下，应动作平稳、无异响或抖动。工作速度达到技术文件的要求。制动可靠且在任何提升操作条件下载荷均不应出现明显的反向动作。在动载和静载试验过程中或试验结束后，起重机的结构件不应产生裂纹、永久变形、油漆剥落。零部件不应产生对起重机的性能与安全有影响的损坏，连接处无出现松动或损坏。 **4.2.5.1** 结构件的焊缝质量应满足机械性能设计计算的要求，焊缝缺陷质量分级应符合 GB/T 19418 中的"B"级。 **4.2.5.2** 主要受力构件的对接焊缝，应进行探伤检测。射线探伤时，不应低于 GB/T 3823—2005 中的质量等级Ⅱ级；超声波探伤时，不应低于 JB/T 10559—2006 中质量等级 1 级。 **4.2.6** 涂装 起重机涂装技术要求应符合 JB/T 5946 的规定。 **2. 国家标准《起重机 试验规范和程序》（GB/T 5905—2011）** **4.3.2.1** 静载试验的目的是检验起重机以及各结构件的承载能力。如果未见到裂纹、永久变形、油漆剥落或对起重机的性能与安全有影响的损坏，连接处也没有出现松动或损坏，则认为该项试验的结果合格。 **3. 国家标准《起重机械安全规程 第1部分：总则》（GB/T 6067.1—2010）** **3.9** 金属结构的修复及报废 **3.9.1** 主要受力构件失去整体稳定性时不应修复，应报废。 **3.9.2** 主要受力构件发生腐蚀时，应进行检查和测量。当主要受力构件断面腐蚀达设计厚度的 10% 时，如不能修复，应报废。 **3.9.3** 主要受力构件产生裂纹时，应根据受力情况和裂纹情况采取阻止措施，并采取加强或改变应力分布措施，或停止使用。 **3.9.4** 主要受力构件因产生塑性变形，使工作机构不能正常地安全运行时，如不能修复，应报废。 **4. 建筑行业标准《建筑机械使用安全技术规程》（JGJ 33—2012）** **4.2.2** 起重机启动前应重点检查以下项目，并符合下列要求： 　　4　各连接件无松动。 **5. 建筑行业标准《施工现场机械设备检查技术规范》（JGJ 160—2016）** **7.2.8** 机架、转台、A 型架和臂架等结构应无塑性变形，焊缝应无可见裂缝	外观检查
3	起升、变幅、回转、行走平稳性及制动性能	**1. 国家标准《起重机 试验规范和程序》（GB/T 5905—2011）** **4.3.3.1** 动载试验的主要目的是验证起重机各机构和制动器的功能。 **2. 国家标准《履带起重机》（GB/T 14560—2016）** **4.2.1.13** 起重机在空载和额定载荷各工况下，应动作平稳、无异响或抖动。工作速度达到技术文件的要求。制动可靠且在任何提升操作条件下载荷均不应出现明显的反向动作。在动载和静载试验过程中或试验结束后，起重机的结构件不应产生裂纹、永久变形、油漆剥落。零部件不应产生对起重机的性能与安全有影响的损坏，连接处无出现松动或损坏。 **3. 建筑行业标准《建筑机械使用安全技术规程》（JGJ 33—2012）** **4.2.4** 内燃机启动后，应检查各仪表指示值，待运转正常再接合主离合器，进行空载运转，按顺序检查各工作机构及其制动器，确认正常后，方可作业	1. 测试单股绳最大拉力时的制动性能。 2. 实测及试验

序号	检查重点	标 准 要 求	检查方法
4	灭火器、雨刮器、喷水器	**1. 国家标准《起重机 司机室和控制站 第1部分：总则》（GB/T 20303.1—2016）** 5.2.6 应提供清洁窗户外表面的方法。必要时，应安装挡风玻璃雨刮器和喷水器，以提高司机的可视性。应特别留意挡风玻璃和天窗。 5.3.3.2 灭火器 每台起重机都应在司机室合适的位置安装灭火器。 **2. 建筑行业标准《施工现场机械设备检查技术规范》（JGJ 160—2016）** 7.1.18 司机室内应配备灭火器	检查司机室：灭火器是否在有效期内；试验雨刮器和喷水器功能
	灯光	**1. 国家标准《起重机 司机室和控制站 第1部分：总则》（GB/T 20303.1—2016）** 5.1.3 如有必要，司机室内部应设置合适和足够的照明。控制装置的局部照明是必要的，该局部照明应避免炫目和有害的反光；该照明电源应通过单独的开关控制。应备有供设备检修用的电源插座。 5.6 信息 5.6.1 重要的指示器应有醒目的显示，并安装在司机方便观察的位置。 5.6.2 指示器和报警灯应有清晰永久的标识。 5.6.3 指示器应有合适的量程并便于读数。 5.6.4 报警灯应有适合的颜色。任何危险显示应使用红灯。 5.6.5 控制面板和指示器如装有照明灯应无炫光，必要时，能够调暗灯光。 **2. 国家标准《起重机械安全规程 第1部分：总则》（GB/T 6067.1—2010）** 3.5.9 司机室工作面上的照度不应低于30 lx。 3.5.10 重要的操作指示器应有醒目的显示，并安装在司机方便观察的位置。指示器和报警灯及急停开关按钮应有清晰永久的易识别标志。指示器应有合适的量程并应便于读数。报警灯应具有适宜的颜色，危险显示应用红灯。 **3. 建筑行业标准《建筑机械使用安全技术规程》（JGJ 33—2012）** 4.2.2 起重机启动前应重点检查以下项目，并符合下列要求： 1 各安全防护装置及各指示仪表齐全完好	检查司机室灯光、指示灯是否完好
	起重机标牌、额定起重量图标	**国家标准《履带起重机》（GB/T 14560—2016）** 4.2.1.3 起重机的额定起重量图表应符合GB/T 21458的规定。 7.2 标志 7.2.1 起重机标志和各种指示信息应包含中文。 7.2.2 应在起重机机身明显位置固定标牌，标牌应符合GB/T 13306的规定。 7.2.3 标牌应至少包括以下内容： a）产品型号和名称。 b）最大起重量。 c）额定功率。 d）出厂编号。 e）生产日期。 f）制造厂名称。	查看司机室内及车体

续表

序号	检查重点	标 准 要 求	检查方法
4	机油压力、水温、液压滤清器等报警灯及故障灯	**国家标准《履带起重机》(GB/T 14560—2016)** **4.8.4.1 故障显示装置** 起重机应设置故障显示装置，故障显示方式应使用文字、图形或语音等。故障显示装置至少应具有以下功能： a) 故障显示： ——控制系统通讯故障。 ——超载保护装置系统故障。 b) 报警功能： ——机油压力过低。 ——水温过高。 ——液压滤清器堵塞	查看司机室仪表盘
5	发动机	**1. 国家标准《商用汽车发动机大修竣工出厂技术条件 第2部分：柴油发动机》(GB/T 3799.2—2005)** **4.1 发动机外观** 4.1.1 发动机的外观应整洁，无油污。发动机外表应按规定喷漆，漆层应牢固，不得有起泡、剥落和漏喷现象。 4.1.2 发动机辅助起动、燃料供给、润滑、冷却和进排气系统的附件应齐全，安装正确、牢固。 4.1.3 发动机各部位应密封良好，不得有漏油、漏水、漏气现象；电器部分应安装正确、绝缘良好。 4.3.1.1 发动机在各种工况下运转应稳定，不得有过热和异常燃烧、爆震等现象，不应有异常响声；改变工况时应过渡平稳。 **2. 建筑行业标准《建筑机械使用安全技术规程》(JGJ 33—2012)** 3.2.1 内燃机作业前应重点检查以下项目，并应符合下列要求： 1 曲轴箱内润滑油油面在标尺规定范围内； 2 冷却系统水量充足、清洁、无渗漏，风扇三角胶带松紧合适； 3 燃油箱油量充足，各油管及接头处无漏油现象； 4 各总成连接件安装牢固，附件完整，无缺	1. 发动机及散热器是否脏污，有无渗漏。 2. 冷却液、机油是否有缺失，"三滤"是否按时保养更换，检查空气滤芯是否太脏。 3. 启动后运转平稳、正常，不抖动、无异响，不排蓝、黑、白烟，无渗漏
6	各液压泵、液压马达、液压阀、液压油缸、液压油箱、蓄能器、液压管路等液压系统	**1. 国家标准《履带起重机》(GB/T 14560—2016)** 4.5.1.7 起重机在正常工作时（包括性能试验过程），液压系统不应有渗漏油现象。 **2. 建筑行业标准《施工现场机械设备检查技术规范》(JGJ 160—2016)** 7.2.9 安全装置应符合下列规定： 1 液压系统中应设有防止过载和液压冲击的安全装置，安全溢流阀的调整压力不得大于系统额定工作压力的110%；系统的额定工作压力不得大于液压泵的额定压力。 2 液压系统中，限制负载下降速度、保持工作机构平稳下降和微动下降的平衡阀应可靠有效。 3 各液压阀不应有内外泄漏，工作应可靠有效。	目测、试验液压系统运转正常，无泄漏现象
7	液压油油位	**1. 国家标准《履带起重机》(GB/T 14560—2016)** **4.5.4 液压油箱** 液压油箱应有满足液压系统正常工作的有效容积。液压油箱的结构至少应满足如下要求：	查看

序号	检查重点	标 准 要 求	检查方法
7	液压油油位	——良好的密封性能，密封效果应符合4.5.1.7的要求； ——应设置降低液压系统颗粒污染的过滤器和检测最高、最低油位的装置； ——应设置排放口和清洗孔以便于液压油箱内部清洗。 **2. 建筑行业标准《建筑机械使用安全技术规程》（JGJ 33—2012）** **4.2.2** 起重机启动前应重点检查以下项目，并符合下列要求： 3 燃油、润滑油、液压油、冷却水等添加充足	
8	起重量、力矩限制器、指示器	**1. 国家标准《起重机 限制器和指示器 第1部分：总则》（GB/T 24810.1—2009）** **4.2.1** 对额定起重量≥3t的所有起重机均应设置额定起重量限制器和指示器；对额定起重量≥1t或倾覆力矩≥40000N·m的起重机推荐使用。 **4.3.2.2** 额定起重量限制器不应阻碍起重机操作者将控制装置恢复到"停止"状态，也不应阻碍可促使起重机减少载荷或卸载的动作。 **4.4.1.1** 对于所有导致载荷超过制造商提供资料中规定的额定起重量的起重机动作，额定起重量指示器应发出视觉警告或听觉警告，或者同时发出视觉和听觉警告。 **4.4.2.1** 接近额定起重量时发出的警告（在需要时）和超过额定起重量时发出的警告，都应是持续的。接近额定起重量的警告和超载警告应明显不同 **2. 国家标准《履带起重机》（GB/T 14560—2016）** **4.8.3** 防超载的安全装置 起重机应配置力矩限制器，力矩限制器的技术要求应符合GB 12602的规定并至少具备以下功能： a）操作中能持续显示额定起重量或额定起重力矩、实际起重量或实际起重力矩、载荷百分比，并应通过指示灯显示载荷状态： ——绿灯亮：表示实际起重量或实际起重力矩小于实际幅度所对应的相应额定起重量或额定起重力矩的90％； ——黄灯亮：表示实际起重量或实际起重力矩在实际幅度所对应的相应额定起重量或额定起重力矩的90％～100％之间，同时蜂鸣器断续报警； ——红灯亮：表示实际起重量或实际起重力矩大于实际幅度所对应的相应额定起重量或额定起重力矩的100％，同时蜂鸣器连续报警； b）报警消音功能。 c）显示工作幅度、臂架仰角。 d）当实际起重量在100％～110％额定起重量之间时，自动停止起重机向危险方向的动作。 e）允许强制作业功能，打开强制作业开关，起重机应允许在额定起重量的100％～110％之间操作，工作速度应满足： ——电控系统：速度小于最大允许工作速度的15％。 ——液控系统：速度小于最大允许工作速度的25％。 f）在达到起升高度、下降深度、超载、角度限位等极限状态时，应显示相应的报警指示。即使打开强制作业开关，上述报警指示不应自动解除。 **3. 建筑行业标准《施工现场机械设备检查技术规范》（JGJ 160—2016）** **7.2.6** 起重机设置的重量限制器、力矩限制器和高度限位器等安全装置工作应可靠有效。 **4. 电力企业联合会标准《火电工程大型起重机械安全管理导则》（T/CEC 210—2019）**	目测、动作试验：超载后可断开起升电源，同时允许起重机下放重物；报警灯应为红色；预警声和报警声应有区别

序号	检查重点	标 准 要 求	检查方法
8	起重量、力矩限制器、指示器	**8.5.5.2** 履带起重机安全使用 e）在达到起升高度、下降深度、超载、角度限位等极限状态时，应显示相应的报警指示。 f）上述报警指示不应自动解除。应在司机室外明显位置设置三色（绿色、黄色、红色）指示灯报警装置	
9	起升高度限位器、下降深度限位器、变幅限位器、防后倾装置、角度限制器、水平显示器	**1. 国家标准《履带起重机》（GB/T 14560—2016）** **4.4.3.2** 起升卷筒的容绳量应满足： b）吊具下降到制造厂规定的最低极限位置时，钢丝绳在卷筒上的剩余安全圈（不包括固定绳端所占的圈数）至少应保持2圈。 **4.4.3.3** 变幅卷筒的容绳量应满足： b）臂架下降到制造厂规定的最低极限位置时，钢丝绳在卷筒上的剩余安全圈（不包括固定绳端所占的圈数）至少应保持2圈。 **4.8.2.1** 起升高度限位器 起重机应配置起升高度限位器。当取物装置上升到设计规定的上极限位置时，应能立即切断起升动力源。在此极限位置的上方，还应留有足够的空余高度，以适应上升制动行程的要求。 **4.8.2.2** 下降深度限位器 起重机应配置下降深度限位器。当取物装置下降到设计规定的下极限位置时，应能立即切断下降动力源，确保在卷筒上缠绕的钢丝绳满足4.4.3.2的要求。 **4.8.2.3** 变幅限位器 起重机应配置变幅限位器。臂架在极限位置时，控制系统应自动停止变幅向危险方向动作，并确保在卷筒上缠绕的钢丝绳满足4.4.3.3的要求。 **4.8.2.4** 防后倾装置 起重机的防后倾装置可吸收钢丝绳或吊具因故障突然释放载荷造成的冲击，防止臂架或桅杆向后运动。 **4.8.2.5** 角度限制器 起重机应设置角度限制器。角度限位器可有效限制主臂、副臂的最大、最小工作角度。 **4.8.2.6** 水平显示器 水平显示器应安装在起重机的司机室中或操作者附近的视线之内。水平显示器的显示误差不应大于±0.1°。 **2. 建筑行业标准《施工现场机械设备检查技术规范》（JGJ 160—2016）** **7.2.6** 起重机设置的重量限制器、力矩限制器和高度限位器等安全装置工作应可靠有效。 **7.2.9** 安全装置应符合下列规定： 5 起重机应设幅度限位装置和防止起重臂后倾装置，且工作应可靠有效。 6 起重机应装有读数清晰的幅度指示器。 7 变幅限位开关动作应灵敏有效，防后翻装置结构应无塑性变形，吸能装置应无变化。 **3. 电力企业联合会标准《火电工程大型起重机械安全管理导则》（T/CEC 210—2019）** **8.5.5.2** 履带起重机安全使用 e）在达到起升高度、下降深度、超载、角度限位等极限状态时，应显示相应的报警指示。 f）上述报警指示不应自动解除。应在司机室外明显位置设置三色（绿色、黄色、红色）指示灯报警装置	目测、试验

序号	检查重点	标 准 要 求	检查方法
10	三色指示灯	**1. 国家标准《履带起重机》（GB/T 14560—2016）** **4.8.3 防超载的安全装置** 　a）操作中能持续显示额定起重量或额定起重力矩、实际起重量或实际起重力矩、载荷百分比，并应通过指示灯显示载荷状态： 　——绿灯亮：表示实际起重量或实际起重力矩小于实际幅度所对应的相应额定起重量或额定起重力矩的 90%。 　——黄灯亮：表示实际起重量或实际起重力矩在实际幅度所对应的相应额定起重量或额定起重力矩的 90%～100% 之间，同时蜂鸣器断续报警。 　——红灯亮：表示实际起重量或实际起重力矩大于实际幅度所对应的相应额定起重量或额定起重力矩的 100%，同时蜂鸣器连续报警。 **4.8.4.2 三色指示灯报警装置** 　应在司机室外明显位置设置三色（绿色、黄色、红色）指示灯报警装置。三色指示灯指示起重机实际载荷状况应符合 4.8.3 a）的规定。 **2. 电力企业联合会标准《火电工程大型起重机械安全管理导则》（T/CEC 210—2019）** **8.5.5.2 履带起重机安全使用** 　e）在达到起升高度、下降深度、超载、角度限位等极限状态时，应显示相应的报警指示。 　f）上述报警指示不应自动解除。应在司机室外明显位置设置三色（绿色、黄色、红色）指示灯报警装置	外观检查及试验
11	臂架顶端警示灯	**国家标准《履带起重机》（GB/T 14560—2016）** **4.8.4.3 警示灯** 　起重机应设置臂架顶端警示灯	查看
12	风速仪	**1. 国家标准《履带起重机》（GB/T 14560—2016）** **4.8.4.4 风速仪** 　起重机臂长超过 50m 时应设置风速仪。起重机风速仪的安装应符合 GB 6067.1 的规定。 **2. 建筑行业标准《施工现场机械设备检查技术规范》（JGJ 160—2016）** **7.1.12** 起升高度大于 50m 的起重机，在臂架头部应安装风速仪；当风速大于工作极限风速时，应能发出停止作业的警报	查看
13	安全监控系统	**特种设备安全技术规范《起重机械定期检验规则》（TSG Q7015—2016）** 　附件 B 200t 以上履带起重机安装	查验
14	紧急停止开关	**国家标准《履带起重机》（GB/T 14560—2016）** **4.7.4** 起重机应设置紧急停止装置。当遇到紧急情况时，紧急停止装置的按钮应保持在接通位置，直到紧急情况解除	试验
15	作业、行走报警装置及喇叭	**1. 国家标准《起重机设计规范》（GB/T 3811—2008）** **9.7.6.6 报警装置** 　必要时，在起重机上应设置蜂鸣器、闪光灯等作业报警装置，流动式起重机倒退运行时，应发出清晰的报警音响并伴有灯光闪烁信号。 **2. 国家标准《履带起重机》（GB/T 14560—2016）** **4.7.7** 起重机开始作业时应有音响报警，警示起重机附近的人员	目测、试验

序号	检查重点	标　准　要　求	检查方法
16	吊钩标记、防脱绳装置及吊钩滑轮防跳槽装置	**国家标准《履带起重机》（GB/T 14560—2016）** **4.4.6** 吊钩和吊钩滑轮组 **4.4.6.1** 吊钩的选用应符合 GB/T 10051.1 的规定。吊钩的制造、质量及检验应符合 GB/T 10051.2 的规定。 **4.4.6.2** 吊钩应设置防脱装置。吊钩滑轮组应设置挡绳装置	外观检查
17	钢丝绳防跳出卷扬装置	**国家标准《履带起重机》（GB/T 14560—2016）** **4.4.3.6** 卷筒宜设置钢丝绳不跳出卷筒，甚至在钢丝绳松弛状态时也不能跳出卷筒的防护装置	外观检查
18	滑轮防钢丝绳跳槽装置、滑轮罩壳及滑轮支撑处润滑	**1. 国家标准《履带起重机》（GB/T 14560—2016）** **4.4.4.2** 滑轮上应配备防止钢丝绳脱槽的保护装置，该装置表面与滑轮最外缘间的间隙不应超出钢丝绳直径的 1/3 或 10mm 中较小值。 **4.4.4.3** 所有滑轮的支承处均应设有润滑装置。 **4.4.4.4** 起重作业时人手可触及的滑轮组，应设置滑轮罩壳。对可能滑落到地面的滑轮组，其滑轮罩壳应有足够的强度和刚度。 **2. 国家标准《起重机械安全规程 第 1 部分：总则》（GB/T 6067.1—2010）** **4.2.5** 滑轮 **4.2.5.1** 滑轮应有防止钢丝绳脱出绳槽的装置或结构。在滑轮罩的侧板和圆弧顶板等处与滑轮本体的间隙不应超过钢丝绳公称直径的 0.5 倍。 **4.2.5.2** 手可触及的滑轮组，应设置滑轮罩壳。对可能摔落到地面的滑轮组，其滑轮罩壳应有足够的强度和刚性。 **3. 建筑行业标准《施工现场机械设备检查技术规范》（JGJ 160—2016）** **7.2.9** 安全装置应符合下列规定： 　4 所有外露的传动部件均应装设防护罩，且固定应牢靠；制动器应装有防雨罩	外观检查

第八节　汽车起重机

一、概述

（一）术语或定义

（1）流动式起重机：指可以配置立柱（塔柱），能在带载或不带载情况下沿无轨路面运行，且依靠自重保持稳定的臂架型起重机。

（2）汽车起重机：指起重作业部分安装在通用或专用的汽车底盘上，具有载重汽车行驶性能的流动式起重机。

（3）轮压：指起重机一个车轮作用在轨道或地面上的最大垂直载荷。

（4）额定起重量：指根据起重机配置和起重机准备情况，起重机制造商规定的最大允许载荷。

（5）指示器：指向起重机司机发送听觉和/或视觉信号，以便将起重机控制在其合适的工作参数范围内的装置。

（6）限制器：指停止或限制起重机的运动或功能的装置。

（7）额定起重量限制器：指自动防止起重机起吊超过规定的额定起重量的限制装置。

（8）运动限制器：指对起重机指定运动停止和/或限制的装置，例如：起升限位器、下降限位器、回转限位器、起重机运行限位器、小车运行限位器、臂架俯仰或变幅限位器。

（9）静载试验：指对起重机取物装置施加超过额定起重量 X‰ 的静载荷所进行的试验。

（10）动载试验：指对起重机取物装置施加超过额定起重量 Y‰ 的载荷下进行工作运动的试验。

（11）轮胎起重机：指起重作业装置安装在专门设计的自行轮胎底盘上的流动式起重机。

（12）全地面起重机：指装在有油气悬架、多轴转向、多轴驱动和蟹行等特点的特制轮式底盘上，能在公路上行驶，且在作业场地具有比汽车起重机更高的机动性的流动式起重机。

（二）主要检查要求综述

汽车起重机虽然已不在特种设备的目录中，但其在使用过程中的风险仍然较高。本部分内容主要描述了汽车起重机的工作条件及其各工作机构、安全保护装置的检查要求和方法。

二、检查项目

汽车起重机安全检查重点、要求及方法见表 2-17-31。

表 2-17-31　　　　　　　　汽车起重机安全检查重点、要求及方法

序号	检查重点	标　准　要　求	检查方法
1	驾驶室安全带、反光背心、三角警告牌、灭火器	**1. 国家标准《机动车运行安全技术条件》（GB 7258—2017）** **12.1.1** 乘用车、旅居车、未设置乘客站立区的客车、货车（三轮汽车除外）、专项作业车的所有座椅，设有乘客站立区的客车的驾驶人座椅和前排乘员座椅均应装备汽车安全带。 **12.15.2** 汽车（无驾驶室的三轮汽车除外）应配备 1 件反光背心和 1 个符合 GB 19151 规定的三角警告牌，三角警告牌在车上应妥善放置；车长大于等于 6m 的客车和总质量大于 3500kg 的货车，还应装备至少 2 个停车楔（如三角垫木）。 **12.15.8** 旅居车应装备灭火器，灭火器在车上应安装牢靠并便于取用。 **2. 建筑行业标准《施工现场机械设备检查技术规范》（JGJ 160—2016）** **7.1.18** 司机室内应配备灭火器	1. 查看是否配备。 2. 试验安全带是否完好，灭火器是否在有效期内

续表

序号	检查重点	标　准　要　求	检查方法
2	灯光及喇叭、报警装置	**1. 国家标准《机动车运行安全技术条件》(GB 7258—2017)** **8.3.1** 机动车(手扶拖拉机运输机组除外)的前位灯、后位灯、示廓灯、侧标志灯、牵引杆挂车标志灯、牌照灯应能同时启闭,仪表灯(仪表板的背景灯)和上述灯具当前照灯关闭和发动机熄火时仍应能点亮。汽车和挂车的电路连接应保证前位灯、后位灯、示廓灯、侧标志灯和牌照灯只能同时打开或关闭,但前位灯、后位灯、侧标志灯作为驻车灯使用(复合或混合)的除外。 **8.3.2** 机动车的前、后转向信号灯、危险警告信号及制动灯白天在距其100m处应能观察到其工作状况,侧转向信号灯白天在距30m处应能观察到其工作状况;前、后位置灯、示廓灯、挂车标志灯夜间能见度良好时在距其300m处应能观察到其工作状况;后牌照灯夜间能见度良好时在距其20m处应能看清号牌号码。制动灯的发光强度应明显大于后位灯。 **8.3.3** 对称设置、功能相同的灯具的光色和亮度不应有明显差异。 **8.6.1** 机动车(手扶拖拉机运输机组除外)应设置具有连续发声功能的喇叭。 **2. 国家标准《起重机设计规范》(GB/T 3811—2008)** **9.7.6.6**　报警装置 必要时,在起重机上应设置蜂鸣器、闪光灯等作业报警装置,流动式起重机倒退运行时,应发出清晰的报警音响并伴有灯光闪烁信号。 **3. 国家标准《起重机　司机室和控制站　第1部分:总则》(GB/T 20303.1—2016)** **5.1.3** 如有必要,司机室内部应设置合适和足够自的照明。控制装置的局部照明是必要的,该局部照明应避免炫目和有害的反光;该照明电源应通过单独的开关控制。应备有供设备检修用的电源插座。 **5.6.1** 重要的指示器应有醒目的显示,并安装在司机方便观察的位置。 **5.6.2** 指示器和报警灯应有清晰永久的标识。 **5.6.3** 指示器应有合适的量程并便于读数。 **5.6.4** 报警灯应有适合的颜色。任何危险显示应使用红灯。 **5.6.5** 控制面板和指示器如装有照明灯应无炫光,必要时,能够调暗灯光。 **4. 国家标准《起重机械安全规程　第1部分:总则》(GB/T 6067.1—2010)** **3.5.9** 司机室工作面上的照度不应低于30 lx。 **3.5.10** 重要的操作指示器应有醒目的显示,并安装在司机方便观察的位置。指示器和报警灯及急停开关按钮有清晰永久的易识别标志。指示器应有合适的量程并应便于读数。报警灯应具有适宜的颜色,危险显示应用红灯。 **5. 国家标准《汽车起重机和轮胎起重机试验规范》(GB/T 6068—2008)** **9.2.3**　检查项目 行驶过程中检查项目至少应包括: d) 车辆的外部照明和信号装置的工作状态。 **6. 建筑行业标准《建筑机械使用安全技术规程》(JGJ 33—2012)** **4.2.2** 起重机启动前应重点检查以下项目,并符合下列要求: 1　各安全防护装置及各指示仪表齐全完好	1. 试验灯光是否正常。 2. 试验喇叭是否完好。 3. 试验报警装置是否完好

序号	检查重点	标 准 要 求	检查方法
3	方向盘及转向	**1. 国家标准《汽车起重机和轮胎起重机试验规范》（GB/T 6068—2008）** **9.2.3** 检查项目 行驶过程中检查项目至少应包括： c）对转向、制动等机构的功能应密切关注，如发现异常应停车检查，找出原因，排除故障。 **2. 机械行业标准《汽车起重机专用底盘》（JB/T 6042—2016）** **4.3.1** 方向盘应设置于左侧。最大设计车速大于等于 100km/h 的底盘，方向盘的最大自由转动量应小于或等于 15°；最大设计车速小于 100km/h 的底盘，方向盘的最大自由转动量应小于或等于 25°。 **4.3.2** 方向盘应转动灵活，操纵方便，无卡滞现象。应设置转向限位装置。转向系统在任何操作位置上，不允许与其他部件有干涉现象。 **4.3.3** 底盘正常行驶时，转向轮转向后应有一定的回正能力，以使底盘具有稳定的直线行驶能力。 **4.3.4** 底盘在平坦、硬实、干燥和清洁的道路上行驶不应跑偏，其方向盘不应有摆振、路感不灵或其他异常现象	目测及实操检查
4	离合器、变速器和分动器、传动轴、驱动桥	**1. 国家标准《机动车运行安全技术条件》（GB 7258—2017）** **10.2** 变速器和分动器 **10.2.1** 换挡时齿轮应啮合灵便，互锁、自锁和倒挡锁装置应有效，不应有乱挡和自行跳挡现象；运行中应无异响；换挡杆及其传动杆件不应与其他部件干涉。 **2. 国家标准《汽车起重机和轮胎起重机试验规范》（GB/T 6068—2008）** **9.2.3** 检查项目 行驶过程中检查项目至少应包括： a）整机装配技术状态，包括紧固状况、机械行程和自由间隙等。 b）各总成的温度（包括发动机水温和机油温度、变速器及驱动桥油温等）是否正常，检查其工作性能及工作状态。 e）渗漏情况。 **3. 机械行业标准《汽车起重机专用底盘》（JB/T 6042—2016）** **4.7.1.1** 底盘的离合器应接合平稳，分离彻底，工作时不允许有异响、抖动或不正常打滑现象。 **4.7.3** 取力器 **4.7.3.1** 挂挡时，齿轮啮合灵便，互锁装置有效，不得有自行跳挡现象，运行中无异响。 **4.7.3.2** 取力器操纵手柄（按钮），应有容易识别的取力器结合与脱开位置的标志。 **4.7.4** 传动轴 传动轴在运转时不得发生振抖和异响，中间轴承和万向节不得有裂纹和松旷现象。 **4.7.5** 驱动桥 驱动桥壳、桥管不得有变形和裂纹，驱动桥工作应正常且不得有异响。 **4. 建筑行业标准《建筑机械使用安全技术规程》（JGJ 33—2012）** **4.2.4** 内燃机启动后，应检查各仪表指示值，待运转正常再接合主离合器，进行空载运转，按顺序检查各工作机构及其制动器，确认正常后，方可作业	目测及实操检查

续表

序号	检查重点	标 准 要 求	检查方法
5	轮胎螺栓及花纹、悬架弹簧钢板、U形螺栓、固定螺栓	**国家标准《机动车运行安全技术条件》(GB 7258—2017)** **9.1.6** 乘用车、挂车轮胎胎冠花纹上的花纹深度应大于等于1.6mm，摩托车轮胎胎冠花纹上的花纹深度应大于等于0.8mm；其他机动车转向轮的胎冠花纹深度应大于等于3.2mm，其余轮胎胎冠花纹深度应大于等于1.6mm。 **9.1.7** 轮胎胎面不应由于局部磨损而暴露出轮胎帘布层。轮胎不应有影响使用的缺损、异常磨损和变形。 **9.1.8** 轮胎的胎面和胎壁上不应有长度超25mm或深度足以暴露出轮胎帘布层的破裂和割伤。 **9.2.1** 轮胎螺母和半轴螺母应完整齐全，并应按规定力矩紧固。客车、货车的车轮及车轮上的所有螺栓、螺母不应安装有碍于检查其技术状况的装饰罩或装饰帽（设计和制造上为防止生锈等情形发生而配备的、易于拆卸及安装的装饰罩和装饰帽除外），且车轮螺母、轮毂罩盖和保护装置不应有任何蝶型凸出物。 **9.3.2** 钢板弹簧不应有裂纹和断片现象，同一轴上的弹簧形式和规格应相同，其弹簧形式和规格应符合产品使用说明书中的规定。中心螺栓和U形螺栓应紧固、无裂纹且不应拼焊。钢板弹簧卡箍不应拼焊或残损	目测及实操检查
6	发动机	**1. 国家标准《商用汽车发动机大修竣工出厂技术条件　第2部分：柴油发动机》(GB/T 3799.2—2005)** **4.1.1** 发动机的外观应整洁，无油污。发动机外表应按规定喷漆，漆层应牢固，不得有泡、剥落和漏喷现象。 **4.1.2** 发动机辅助起动、燃料供给、润滑、冷却和进排气系统的附件应齐全，安装正确、牢固。 **4.1.3** 发动机各部位应密封良好，不得有漏油、漏水、漏气现象；电器部分应安装正确、绝缘良好。 **4.3.1.1** 发动机在各种工况下运转应稳定，不得有过热和异常燃烧、爆震等现象，不应有异常响声；改变工况时应过渡平稳。 **2. 国家标准《机动车运行安全技术条件》(GB 7258—2017)** **5.1** 发动机应能起动，怠速稳定，机油压力和温度正常。 **3. 国家标准《汽车起重机和轮胎起重机试验规范》(GB/T 6068—2008)** **6.4.2** 上车部分 汽车起重机应检查下列项目，轮胎起重机应选择的检查下列相关项目： h）冷却水、液压油和燃油的数量等。 **9.2.3** 检查项目 行驶过程中检查项目至少应包括： b）各总成的温度（包括发动机水温和机油温度、变速器及驱动桥油温等）是否正常，检查其工作性能及工作状态。 **4. 机械行业标准《汽车起重机专用底盘》(JB/T 6042—2016)** **4.1.11.1** 在发动机运转及停车时，散热器、水泵、缸体、缸盖、暖风装置及所有连接部位均不得有明显渗漏现象。 **4.2.1** 发动机应动力性能良好，运转平稳，怠速稳定，停机装置应灵活有效。	1. 发动机及散热器是否脏污，有无渗漏。 2. 冷却液、机油是否有缺失，"三滤"是否按时保养更换，检查空气滤芯是否太脏。 3. 启动后运转平稳、正常，不抖动、无异响，不排兰、黑、白烟，无渗漏

序号	检查重点	标　准　要　求	检查方法
6	发动机	**4.2.2** 油门踏板应灵活，在踏板行程内应能保证最大供油量，踏下再迅速脱开时，发动机应能平顺恢复到稳定怠速，不得有熄火停机现象。发动机应有良好的起动性能，在环境温度为10℃以上时，应能正常启动；在环境温度为−20℃～−10℃时，在采取预热措施后能顺利起动。 **5. 建筑行业标准《建筑机械使用安全技术规程》（JGJ 33—2012）** **3.2.1** 内燃机作业前应重点检查以下项目，并应符合下列要求： 1 曲轴箱内润滑油油面在标尺规定范围内； 2 冷却系统水量充足、清洁、无渗漏，风扇三角胶带松紧合适； 3 燃油箱油量充足，各油管及接头处无漏油现象； 4 各总成连接件安装牢固，附件完整，无缺。 **4.2.2** 起重机启动前应重点检查以下项目，并符合下列要求： 3 燃油、润滑油、液压油、冷却水等添加充足	
7	行车制动性能	**1. 国家标准《汽车起重机和轮胎起重机试验规范》（GB/T 6068—2008）** **9.2.3** 检查项目 行驶过程中检查项目至少应包括： c）对转向、制动等机构的功能应密切关注，如发现异常应停车检查，找出原因，排除故障。 **2. 机械行业标准《汽车起重机专用底盘》（JB/T 6042—2016）** **4.4.2.1** 底盘应具有完好的行车制动系，且行车制动系应采用双回路或多回路。 **4.4.2.2** 行车制动应保证驾驶人在行车过程中能控制机动车安全、有效地减速和停车，且行车制动系应是可控制的。 **4.4.2.3** 行车制动应作用在底盘的所有车轮上，制动力应在各轴之间合理分配、在同一车轴左右轮之间相对底盘纵向中心平面合理分配。底盘在规定的初速度下的制动距离和制动稳定性应符合下表的规定。	按表中规定的试验方法，测定初速度为30km/h时的制动距离

底盘制动距离和制动稳定性的要求

轴数	制动初速度 km/h	满载检验制动距离要求 m	空载检验制动距离要求 m	试验通道宽度 m
2轴	0	≤10.0	≤9.0	3.0
3轴、4轴				3.3
5轴、6轴				3.5

注1：试验在平坦、硬实、干燥和清洁的水泥或沥青路面（附着系数为0.7）上进行。

注2：对于气压制动系，气压表指示气压小于或等于额定工作气压；对于液压制动系，踏板力≤700N。

注3：对于气压制动系，气压表指示气压≤600 kPa；对于液压制动系，踏板力≤450N。

注4：底盘不应超出试验通道宽度

续表

序号	检查重点	标 准 要 求	检查方法
8	箱形起重臂等金属结构、主要受力构件	**1. 国家标准《起重机械安全规程 第1部分：总则》（GB/T 6067.1—2010）** **3.9.1** 主要受力构件失去整体稳定性时不应修复，应报废。 **3.9.2** 主要受力构件发生腐蚀时，应进行检查和测量。当主要受力构件断面腐蚀达设计厚度的10％时，如不能修复，应报废。 **3.9.3** 主要受力构件产生裂纹时，应根据受力情况和裂纹情况采取阻止措施，并采取加强或改变应力分布措施，或停止使用。 **3.9.4** 主要受力构件因产生塑性变形，使工作机构不能正常地安全运行时，如不能修复，应报废。 **2. 国家标准《起重机 试验规范和程序》（GB/T 5905—2011）** **4.3.2.1** 静载试验的目的是检验起重机以及各结构件的承载能力。如果未见到裂纹、永久变形、油漆剥落或对起重机的性能与安全有影响的损坏，连接处也没有出现松动或损坏，则认为该项试验的结果合格。 **3. 机械行业标准《汽车起重机和轮胎起重机安全规程》（JB 8716—2019）** **5.1.1** 起重臂对伸缩式起重臂，各节臂侧向单面最大平均间隙不得大于2.5mm，否则需调整滑块。 **4. 机械行业标准《汽车起重机》（JB/T 9738—2015）** **4.6.4.4** 单缸插销伸缩机构每节臂的臂长选择不应少于2个臂位。单缸插销伸缩机构应能根据伸缩缸的载荷状态控制液压缸的工作压力，缸销、臂销液压缸应有机械互锁装置。 **5. 建筑行业标准《施工现场机械设备检查技术规范》（JGJ 160—2016）** **7.2.8** 机架、转台、A型架和臂架等结构应无塑性变形，焊缝应无可见裂缝。 **6. 建筑行业标准《建筑机械使用安全技术规程》（JGJ 33—2012）** **4.2.2** 起重机启动前应重点检查以下项目，并符合下列要求： 　4 各连接件无松动	目测及实测检查
9	支腿及水平仪	**1. 国家标准《汽车起重机和轮胎起重机试验规范》（GB/T 6068—2008）** **6.5.2** 水平仪、角度指示器、高度限位器和幅度限位器 在空载试验工况时对水平仪、角度指示器、高度限位器和幅度限位器应进行调整或试验： 　a）臂架全缩，以转台回转平面为基准调整水平仪的归零状态，误差不大于3％，然后将水平仪牢靠地锁定在关联部位。 　b）臂架全缩，以水平仪归零状态为基准调整基本臂为水平状态，调定角度指示器归零状态，误差不大于1°。 **2. 机械行业标准《汽车起重机》（JB/T 9738—2015）** **4.1.1** 停机地面应坚实，作业过程中不得下陷，必要时应采取措施满足承载要求。行驶时地（路）面的承载能力不得小于起重机的接地比压和轴荷。 **4.1.2** 使用时，应支撑起支腿，使所有轮胎离地，整机保持水平状态，回转支承安装平面的倾斜度不大于1％。 **4.10.13** 应在支腿操纵台附近操作者视线范围内安装水平仪，水平仪显示精度不应大于0.5°	支腿机构无变形、扭曲、无损伤；支腿全部伸出撑起，轮胎离地，查看水平仪指示整车水平状态
10	起升制动	**国家标准《起重机 试验规范和程序》（GB/T 5905—2011）** **4.3.3.1** 动载试验的主要目的是验证起重机各机构和制动器的功能	测试单股绳最大拉力时的制动性能

序号	检查重点	标 准 要 求	检查方法
11	回转机构	**机械行业标准《汽车起重机》(JB/T 9738—2015)** **4.6.3.1** 回转机构应工作平稳，并应具有可控自由滑转性能。 **4.6.3.2** 回转机构应设置制动器。制动器应能承受不小于 1.25 倍的极限扭矩，并保证回转机构在所有允许的回转位置都能平稳地停止。 **4.6.3.3** 回转机构小齿轮与回转支承的齿侧间隙符合设计要求，宜可调整。 **4.6.3.4** 回转部分应设有锁定装置，防止行驶时转台意外转动	目测及实测检查
12	起重量、力矩、角度等限制器	**1. 国家标准《起重机械超载保护装置》(GB 12602—2020)** **4.3.1.1** 限制器应适合起重机械的设计用途，不应降低起重机械的起重能力。 **4.3.1.2** 当载荷达到额定起升载荷的 90%～95% 时，应发出视觉和/或听觉预警信号。当载荷达到动作值时，应能自动停止起重机械向不安全方向继续动作，并应发出视觉和听觉报警信号，同时应能允许起重机械向安全方向动作。预警与报警信号的要求应符合 4.4.1.2、4.4.1.3 的要求。 对于仅具有自动停止功能的限制器（例如弹簧式、摩擦扭矩式、泄压阀式等直接作用的限制器），可不具备预警与报警功能。 **4.3.1.3** 限制器应适应起重机械配置和/或载荷位置引起的额定起重量的变化。在起重机械起吊作业过程中，限制器应自动地执行规定的功能，不需要手动再设定或调整。 **4.3.1.4** 限制器正常工作状态下，应能够连续地检测到起重机械起升、运行、制动等工况下的实际负载状况。限制器一旦动作，应能持续可靠地保持执行规定的功能，直到超载解除。任何对起重机械的操作控制方式不应影响限制器的动作功能，除非限制器设置可以解除 4.3.1.2 规定功能的解除开关，解除开关为特殊情况时使用。该解除开关应为自动复位型或者可以锁定，解除开关应经主管人员同意方可开启使用。 **4.3.1.5** 各类型起重机械使用的限制器的设定值及动作值应满足以下要求： b) 流动式起重机限制器的设定值应在起重机额定起升载荷的 100%～110%，其动作值也在此范围内起作用。 **2. 国家标准《汽车起重机和轮胎起重机试验规范》(GB/T 6068—2008)** **6.5.2** 水平仪、角度指示器、高度限位器和幅度限位器 在空载试验工况时对水平仪、角度指示器、高度限位器和幅度限位器应进行调整或试验： d) 臂架从最小仰角逐渐变幅到最大仰角： ——当仰角达到仰角限值的 95%～98% 时，幅度限位器应发出一种清晰、明显的声或光的持续预警信号； ——当仰角超过仰角限值的 100% 时，幅度限位器应发出一种清晰、明显的声或光的报警信号，并切断变幅机构向危险方向运行的动作。 **6.5.3** 力矩限制器 在额定载荷试验工况，对力矩限制器进行试验。 起重机分别在基本臂、中长臂和最长臂的工况下，吊钩先起吊相应额定起重量 80% 的试验载荷，然后逐步增加到 100% 的试验载荷：	1. 目测、动作试验：超载后可断开起升电源，同时允许起重机下放重物；报警灯应为红色；预警声和报警声应有区别。 2. 目测及实测检查

序号	检查重点	标 准 要 求	检查方法
12	起重量、力矩、角度等限制器	——当实际起重力矩达到相应工况下额定起重力矩值的90%～100%时，力矩限制器应发出一种清晰、明显的声或光的持续预警信号； ——当实际起重力矩超过相应工况下额定起重力矩值的100%时，力矩限制器应发出一种清晰、明显的声或光的报警信号，并切断向危险方向运行的各项动作。 **6.5.4　起重量指示器** 在额定载荷试验工况，对起重量限制器进行试验。 起重机分别在基本臂、中长臂和最长臂的工况下，吊钩先起吊相应额定起重量80%的试验载荷，后逐步增加到100%的试验载荷： ——当起重量达到相应工况额定起重量的90%～95%时，起重量限制器应发出一种清晰、明显声或光的持续预警信号； ——当起重量达到相应工况额定起重量的100%时，起重量限制器应发出一种清晰、明显的声或光的报警信号。 **3. 机械行业标准《汽车起重机》（JB/T 9738—2015）** **4.10.2.4** 由钢丝绳变幅的起重机应装有幅度限位装置和防臂架后倾限位装置，当达到极限位置时应能自动停止动作，并只允许向安全方向操作	
13	吊钩起升高度、下降深度限位器	**1. 国家标准《汽车起重机和轮胎起重机试验规范》（GB/T 6068—2008）** **6.4.2　上车部分** 汽车起重机应检查下列项目，轮胎起重机应有选择的检查下列相关项目： b）保护装置的安装位置和功能； **6.5.2　水平仪、角度指示器、高度限位器和幅度限位器** 在空载试验工况时对水平仪、角度指示器、高度限位器和幅度限位器应进行调整或试验： c）臂架全缩和最大仰角，起升机构以中速起升吊钩，当吊钩触及到高度限位器时，高度限位器应发出报警信号并切断起升机构向危险方向运行的动作。 **2. 机械行业标准《汽车起重机》（JB/T 9738—2015）** **4.10.2.2** 起重机应装有起升高度限位器，当吊钩上升到极限位置时，起升高度限位器应能可靠报警并停止吊钩起升，使起升机构只能做下降操作。 **4.10.2.3** 起重机应装有下降深度限位器，当吊钩下降到极限位置时，下降深度限位器应有可靠声响报警并停止吊钩下降，使起升机构只能做上升操作	目测及实测检查
14	电源总开关和急停开关	**机械行业标准《汽车起重机》（JB/T 9738—2015）** **4.8.2** 起重机应有电源总开关和急停开关，当遇到紧急情况时，急停开关在关闭位置时能使发动机停止，直到紧急情况解除	目测及实测检查
15	风速仪	**1. 国家标准《汽车起重机和轮胎起重机试验规范》（GB/T 6068—2008）** **6.4.2　上车部分** 汽车起重机应检查下列项目，轮胎起重机应有选择的检查下列相关项目：	目测及实测检查

序号	检查重点	标 准 要 求	检查方法
15	风速仪	1）起升高度大于 50m 的起重机应安装风速仪，即时风速参数应能显示在控制装置中。 **2. 机械行业标准《汽车起重机》（JB/T 9738—2015）** **4.10.1.5** 起升高度大于 50m 的起重机应安装风速仪。风速仪应安装在起重机臂架头部，应能显示 3s 时距平均瞬时风速，精度不低于 5％。当风速大于工作状态的设定值时应能发出报警信号	
16	液压系统	**1. 国家标准《汽车起重机和轮胎起重机试验规范》（GB/T 6068—2008）** **6.4.2** 上车部分 汽车起重机应检查下列项目，轮胎起重机应有选择的检查下列相关项目： a）整机不应出现渗漏和表面质量缺陷。 c）所有液压和气压元件、管路外观及其工作状态。 d）所有液压和气压元件的安装、操作手柄和踏板等的操作性能。 e）压力传感器安装所对应的量程。 **2. 机械行业标准《汽车起重机》（JB/T 9738—2015）** **4.7.8** 在起重机正常工作时（包括性能试验过程）液压系统不应有渗漏油现象。密封性能试验时，15min 后，变幅液压缸和垂直支腿液压缸的回缩量不应大于 2mm，重物下沉量不大于 15mm；起重机固定结合面不应渗油，相对运动部位不应滴油。手摸无油膜或目测无油渍为不渗油；渗出的油渍面积不超过 100cm² 或无油滴出现为不滴油。 **3. 建筑行业标准《施工现场机械设备检查技术规范》（JGJ 160—2016）** **7.2.9** 安全装置应符合下列规定： 1 液压系统中应设有防止过载和液压冲击的安全装置，安全溢流阀的调整压力不得大于系统额定工作压力的 110％；系统的额定工作压力不得大于液压泵的额定压力。 2 液压系统中，限制负载下降速度、保持工作机构平稳下降和微动下降的平衡阀应可靠有效。 3 各液压阀不应有内外泄漏，工作应可靠有效	目测、试验液压系统运转正常，无泄露现象

第九节　缆索起重机

一、概述

（一）术语或定义

缆索起重机：指以柔性钢索（承载索）作为架空支承构件，供悬吊重物的起重小车在承载索上往返运行，具有垂直运输（起升）和水平运输（牵引）功能的起重机。

（二）主要检查要求综述

缆索起重机主要用于大型水电站高坝混凝土浇筑和金属结构吊装施工，与其他起重设备相比，垂直起吊和水平运输速度更快，覆盖范围更大，对设备操作手、机械部件、制动器和电气控制的要求更高。

二、检查项目

缆索起重机安全检查重点、要求及方法见表 2 - 17 - 32。

表 2 - 17 - 32　　　　　　　　缆索起重机安全检查重点、要求及方法

序号	检查重点	标　准　要　求	检查方法
1	作业人员	**特种设备安全技术规范《特种设备使用管理规则》（TSG 08—2017）** **2.4.4.1　作业人员职责** 特种设备作业人员应当取得相应的特种设备作业人员资格证书； **2.4.4.2　作业人员配备** 特种设备使用单位应当根据本单位特种设备数量、特性等配备相应持证的特种设备作业人员	检查作业人员所从事工作及持证是否与作业相符
2	设备档案	**特种设备安全技术规范《特种设备使用管理规则》（TSG 08—2017）** **2.5**　使用单位应当逐台建立特种设备安全与节能技术档案，至少包括内容： （1）使用登记证。 （2）特种设备使用登记表（格式见附件 B，以下简称使用登记表）。 （3）特种设备设计、制造技术资料和文件，包括设计文件、产品质量合格证明（含合格证及其数据表、质量证明书）、安装及使用维护保养说明、监督检验证书、型式试验证书等。 （4）特种设备安装、改造和修理的方案、材料质量证明书和施工质量证明文件、安装改造修理监督检验报告、验收报告等技术资料。 （5）特种设备定期自行检查记录（报告）和定期检验报告。 （6）特种设备日常使用状况记录。 （7）特种设备及其附属仪器仪表维护保养记录。 （8）特种设备安全附件和安全保护装置校验、检修、更换记录和有关报告。 （9）特种设备运行故障和事故记录及事故处理报告	检查核实各类档案资料
3	起重量限制器	**国家标准《缆索起重机》（GB/T 28756—2012）** **5.9.1**　起重量限制器规定： （1）当实际起重量超过 95% 时，起重量限制器应发出报警信号。 （2）当起重量在 100%～110% 额定起重量之间时，起重量限制器起作用，此时应自动切断起升动力电源，但允许机构作下降动作	检查起重量限制器的灵敏度、信号及动作
4	行程限位装置	**国家标准《缆索起重机》（GB/T 28756—2012）** **5.9.2.1**　起重小车行程限位器规定： （1）应设置起重小车横移的行程限位开关。当起重小车触发到终端限位开关时，只能停车或向跨中运行，不能单向端部运行。 （2）起重小车牵引机构应设置行程检测装置。 **5.9.2.2**　起升高度限位装置规定： 应设置吊钩上、下极位置的高度限位器。 **5.9.2.3**　大车行程限位装置规定：	检查各行程限位装置的性能和灵敏度

续表

序号	检查重点	标 准 要 求	检查方法
4	行程限位装置	（1）对在轨道上运行的缆机应在每个运行方向设置行程限位开关、缓冲器和终端止挡。当行程限位开关动作时，缆机能及时制动并应在极限位置前停车。 （2）大车运行机构应设置行程检测装置。 （3）当缆机在与终端止挡或与同一轨道上其他缆机相距约5m时，应限制缆机大车运行速度	
5	超速保护装置	**国家标准《缆索起重机》（GB/T 28756—2012）** **5.9.3** 超速保护装置的规定： 起升机构应设置超速保护装置，当下降速度超过额定值的15%时应自动停机	检测下降速度超过额定值15%时能够自动停机
6	编码器及监测传感器等保护装置	**国家标准《缆索起重机》（GB/T 28756—2012）** **5.7.6.1** 起升、牵引电动机宜安装温度传感器，当温度超过电动机规定值时，将信号送至控制系统后进行报警。 **5.7.6.3** 可利用位置编码器设置机构的减速和停机用的软限位	1. 检查编码器方波波形状态。 2. 检测传感器数据
7	起升机构	**国家标准《缆索起重机》（GB/T 28756—2012）** **5.4.1.1** 安全制动器在起升机构正常工作时打开，在紧急和长时间停机状态下闭合。 **5.4.1.3** 钢丝绳在卷筒上应排列整齐，不应挤叠或乱槽	1. 检测安全制动器的开闭灵敏度。 2. 检查钢丝绳排列情况
8	牵引机构	**国家标准《缆索起重机》（GB/T 28756—2012）** **5.4.2.2** 牵引机构摩擦轮槽衬垫磨损后，在厚度小于钢丝绳直径或各绳槽底径之差大于3mm时应以更换	检测摩擦轮槽衬垫磨损情况
9	承载索	**国家标准《缆索起重机》（GB/T 28756—2012）** **5.5.1.4** 承载索的检验、报废应符合GB/T 9075的规定；进口钢丝绳、承载索的检验、报废可按其生产国标准或生产厂家的规定执行	检查索头固结处的断丝情况
10	钢丝绳	**国家标准《缆索起重机》（GB/T 28756—2012）** **5.5.2.4** 钢丝绳保养、维护、安装、检验、报废应符合GB/T 5972的规定6报废基准	检查暴丝、断丝情况是否超标
11	制动器	**国家标准《缆索起重机》（GB/T 28756—2012）** **5.5.5.1** 工作制动器的安全系数应符合GB/T 3811的要求，安全制动器的安全系数不应小于1.25	1. 检查摩擦材料是否满足厚度要求； 2. 检查摩擦制动力矩是否满足设计要求

第十节　主要运输机械、混凝土及土石方机械

一、概述

运输机械、混凝土机械及土石方机械在电力工程建设中发挥重要作用。但这些机械设备如果使用不当、检查保养不到位或出现机械缺陷等问题，就可能引起整机倾翻、工作装置失灵、碰撞破坏、甚至人身伤亡等各种事故和危害。

二、通用规定

（一）动力部分

动力部分安全检查重点、要求及方法见表 2-17-33。

表 2-17-33　　　　　动力部分安全检查重点、要求及方法

序号	检查重点	标　准　要　求	检查方法
1	动力部分	**1. 国家标准《场（厂）内机动车辆安全检验技术要求》（GB/T 16178—2011）** **5.2　发动机** **5.2.1**　发动机应能正常启动、熄火，运转平稳，急速稳定，机油压力正常； **5.2.2**　发动机的安装应牢固可靠，连接部分无松动、脱落、损坏； **5.3.3**　点火系、燃料系、润滑系、冷却系的机件应齐全、性能良好，安装牢固，线路无漏电现象，管路无漏水、漏油、漏气现象。 **2. 建筑行业标准《施工现场机械设备检查技术规范》（JGJ 160—2016）** **3.2.1**　内燃机作业前应重点检查以下项目，并应符合下列要求： 　1　曲轴箱内润滑油油面在标尺规定范围内； 　2　冷却系统水量充足、清洁、无渗漏，风扇三角胶带松紧合适； 　3　燃油箱油量充足，各油管及接头处无漏油现象； 　4　各总成连接件安装牢固，附件完整无缺	1. 外观检查。 2. 现场发动机运转及观察

（二）混凝土机械

混凝土机械安全检查重点、要求及方法见表 2-17-34。

表 2-17-34　　　　　混凝土机械安全检查重点、要求及方法

序号	检查重点	标　准　要　求	检查方法
1	整机及外观检查	**1. 建筑行业标准《施工现场机械设备检查技术规范》（JGJ 160—2016）** **9.1.3**　整机应符合下列规定： 　1　主要工作性能应达到使用说明书规定的额定指标。 　2　金属结构不得有开焊、裂纹、变形、严重锈蚀、各连接螺栓应牢固。 　3　工作装置性能应可靠，附件应齐全完整。 　4　整机应清洁、应无漏油、漏气、漏水等现象。 **2. 建筑行业标准《建筑机械使用安全技术规程》（JGJ 33—2012）** **8.1.3**　机械设备的工作机构、制动及离合装置，各种仪表及安全装置齐全完好	1. 外观检查。 2. 现场机械动作观察
2	液压系统	**建筑行业标准《建筑机械使用安全技术规程》（JGJ 33—2012）** **8.1.2**　液压系统的溢流阀、安全阀齐全有效，调定压力应符合说明书要求。系统无泄漏，工作平稳无异响	1. 外观检查。 2. 现场机械动作观察
3	安全使用	**建筑行业标准《建筑机械使用安全技术规程》（JGJ 33—2012）** **8.1.5**　冬季施工，机械设备的管道、水泵及水冷却装置应采取防冻保温措施。 **8.1.6**　混凝土泵在开始或停止泵送混凝土前，作业人员应与出料软管保持安全距离。严禁作业人员在出料口下方停留。严禁出料软管埋在混凝土中。	1. 外观检查。 2. 现场机械动作观察

续表

序号	检查重点	标 准 要 求	检查方法
3	安全使用	8.1.7 泵送混凝土的排量、浇筑顺序应符合混凝土浇筑专项方案要求。集中荷载量最大值应在允许范围内。 8.1.8 混凝土泵工作时,料斗中混凝土应保持在搅拌轴线以上,不应吸空或无料泵送。 8.1.9 混凝土泵工作时严禁进行维修作业。 8.1.10 混凝土泵作业中,应对泵送设备和管路进行观察,发现隐患应及时处理。对磨损超过规定的管子、卡箍、密封圈等应及时更换。 8.1.11 混凝土泵作业后应将料斗和管道内的混凝土全部排出,并对泵、料斗、管道进行清洗。清洗作业应按说明书要求进行。不宜采用压缩空气进行清洗	

（三）土石方机械

土石方机械安全检查重点、要求及方法见表 2－17－35。

表 2－17－35　　　　　土石方机械安全检查重点、要求及方法

序号	检查重点	标 准 要 求	检查方法
1	整机外观检查	建筑行业标准《施工现场机械设备检查技术规范》(JGJ 160—2016) 5.1.1 土石方机械整机应符合下列规定: 　1 各总成件、零部件、附件及附属装置应齐全完整,安装应牢固。 　2 驾驶室门窗开关应自如,雨刮器、门锁应完好,玻璃不应有破损。 　3 各部操纵杆、制动踏板的行程应符合使用说明书规定,动作应灵活、准确。 　4 金属构件不得有弯曲、变形、开焊、裂纹;轴销安装应可靠,各螺栓连接应紧固。 　5 黄油嘴应齐全无缺,润滑油路应畅通,润滑部位应润滑良好。 　6 上下车扶手及踏板应完好,不应有开焊、腐蚀。 　7 各种仪表齐全,指示数据应准确	1. 外观检查。 2. 现场机械动作观察
2	传动系统	建筑行业标准《施工现场机械设备检查技术规范》(JGJ 160—2016) 5.1.3 传动系统应符合下列规定: 　1 液力变矩器工作时不应有过热,传递动力应平稳有效;滤清器清洁;各连接部分应密封良好,不应漏油。 　2 变速器挡位应准确、定位可靠,工作时不应有异响。 　3 变速箱不应有渗漏;润滑油油面应达到油位检查孔标线。 　4 转向盘的自由行程符合使用说明书规定,转动及回位应灵活、准确。 　5 各部传到齿轮啮合应良好、运转平稳,不应有异响	1. 外观检查。 2. 现场机械运行观察

续表

序号	检查重点	标 准 要 求	检查方法
3	行走机构	**建筑行业标准《施工现场机械设备检查技术规范》（JGJ 160—2016）** **5.1.4**　行走机构应符合下列规定： 　1　行走架不应有开裂、变形。 　2　驱动轮、引导轮、支重轮、托链轮应齐全完好，不应有漏油、啃轨、偏磨。 　3　履带松紧度应符合说明书规定，履带张紧装置应有效。 　4　履带板螺栓应齐全，不应有松动；链轨磨损不应超限，销套不得有断裂	1. 外观检查。 2. 现场机械运行观察
4	制动及安全装置	**建筑行业标准《施工现场机械设备检查技术规范》（JGJ 160—2016）** **5.1.5**　制动及安全装置应符合下列规定： 　1　制动踏板行程应符合使用说明书的规定。 　2　制动液型号、规格应符合使用说明书的规定；制定液液面应在标志位置。 　3　制动总泵、分泵及连接管路不应有漏气、漏油。 　4　空气压缩机应运转正常，气压调节阀工作正常；当系统压力超过规定值时，安全阀应能自动打开。 　5　制动蹄片与制动毂间隙应调整适宜，制动毂不应过热，制动应可靠有效。 　6　驻车制动摩擦片不应有油污、烧伤，驻车制动应可靠有效。 　7　制动块和制动盘应清洁，不应有油污。 　8　制动应可靠有效	1. 外观检查。 2. 现场机械运行观察
5	安全使用	**电力行业标准《电力建设安全工作规程 第1部分：火力发电》（DL 5009.1—2014）** **5.2.2**　土石方机械应符合下列规定： 　1　作业前，应查明机械作业区域明、暗设置物，地下电缆、管道、坑道位置及走向，并设置明显标记。 　2　作业中不得损坏明、暗设置物。距离输送易燃、易爆、有毒介质或承压管道及地下电缆1m范围内禁止大型机械作业。 　3　机械启动前应确认周围无障碍物，行驶或作业前应先鸣声示警。 　4　机械行驶时不应上下人员及传递物件。在陡坡上严禁转弯、倒行，不得随意停车。 　5　停车或在坡道上熄火时，应立即将车制动，刀片（铲刀）、铲斗等应同时落地。 　6　雨季施工时，机械作业完毕应停放在地势较高的坚实地面上。 　7　施工区域内有地下管线时不得使用机械开挖。 　8　转运机械时，机械严禁在跳板上转向或无故停车，在运输车辆上定位后各制动器应可靠制动，机身固定牢固，履带、车轮前后应用楔子垫牢	1. 外观检查。 2. 现场机械动作观察

（四）运输机械

运输机械安全检查重点、要求及方法见表2-17-36。

表 2－17－36　　　　运输机械安全检查重点、要求及方法

序号	检查重点	标 准 要 求	检查方法
1	整机及外观检查	**建筑行业标准《建筑机械使用安全技术规程》（JGJ 33—2012）** **6.1.2** 各类运输机械应外观整洁，牌号必须清晰完整。 **6.1.3** 启动前应重点检查以下项目，并应符合下列要求： 　1　车辆的各总成、零件、附件应按规定装配齐全，不得有脱焊、裂缝等缺陷。螺栓、铆钉连接紧固不得松动、缺损。 　2　各润滑装置齐全，过滤清洁有效。 　3　离合器结合平稳、工作可靠，操作灵活，踏板行程符合有关规定。 　4　制动系统各部件连接可靠，管路畅通。 　5　灯光、喇叭、指示仪表等应齐全完整。 　6　轮胎气压应符合要求。 　7　燃油、润滑油、冷却水等应添加充足。 　8　燃油箱应加锁。 　9　无漏水、漏油、漏气、漏电现象。	外观检查
2	传动系统	**国家标准《场（厂）内机动车辆安全检验技术要求》（GB/T 16178—2011）** **5.3　传动系** **5.3.1** 离合器分离彻底，结合平稳，不打滑、无异响。 **5.3.2** 离合器踏板的自由行程应符合该车技术条件的规定。 **5.3.3** 离合器踏板分离时，踏板力不应大于 300N，手握力不应大于 200N。 **5.3.4** 变速器变速杆的位置适当，自锁互锁可靠，不应有乱挡和自动跳挡现象，变速器、分离器应不漏油、无异响。 **5.3.5** 万向节、传动轴、中间轴承应运转平稳，螺栓齐全，紧固牢靠，运行中不应发生振抖和异响。 **5.3.6** 驱动桥壳、桥管不允许有变形和裂纹，驱动桥工作应正常且不应有异响，半轴螺栓齐全紧固。 **5.3.7** 油门踏板释放后，应保证其能自动复位	1. 外观检查。 2. 现场机械运行观察
3	行驶和转向系统	**国家标准《场（厂）内机动车辆安全检验技术要求》（GB/T 16178—2011）** **5.4　行驶系** **5.4.1** 车辆的车架不应有变形、裂纹和锈蚀，螺栓和铆钉不应缺少和松动。 **5.4.2** 钢板弹簧片整齐，卡子齐全，螺栓坚固，与转向桥、驱动桥及车架的连接应紧固。 **5.4.3** 减震器应齐全有效，减震器不应有明显的渗漏油现象。 **5.4.4** 前后桥不应有变形和裂纹。 **5.4.8** 轮辋应完好无损，螺栓螺母应齐全紧固。 **5.5　转向系** **5.5.1** 方向盘的最大自由转动量不应大于 30°。 **5.5.2** 转向应轻便灵活，行驶中不应有轻飘、摆振、抖动、阻滞及跑偏现象； **5.5.3** 转向机构不应缺油、漏油。固定托架应牢固，转向垂臂、横直拉杆等转向零件不应有变形、裂纹；球形节、转向主销与衬套配合松紧适度，润滑良好	1. 外观检查。 2. 现场机械运行观察

续表

序号	检查重点	标准要求	检查方法
4	制动装置	国家标准《场（厂）内机动车辆安全检验技术要求》（GB/T 16178—2011） **5.6 制动系** **5.6.1** 车辆应设置足以使其减速、停车和驻车的制动系统和装置。 **5.6.2** 制动装置采用脚踏板式的，其自由行程应符合该车技术条件要求。 **5.6.9** 松开制动踏板后，制动系统应能完全释放	1. 外观检查。 2. 现场机械运行观察
5	安全使用	电力行业标准《电力建设安全工作规程 第1部分：火力发电》（DL 5009.1—2014） **4.6.6** 场（厂）专用机动车辆应符合下列规定： 1 转向应灵活轻便，无摆振、抖动、阻滞现象。 2 制动系统、驻车系统应合格。行车前、涉水后应实验制动系统的有效性，停车后应检查驻车系统的有效性。 3 车辆灯光系统应齐全完好。转向灯、刹车灯、倒车灯应能正常使用。 4 离合器分离彻底，结合平稳，不打滑、无异响。 5 油门踏板释放后，应能自动复位。 6 轮辋螺栓、螺母应齐全紧固。 7 车辆的左右两侧后视镜应齐全完好。 8 车辆应配有合格灭火器。 9 场（厂）专用机动车辆应经相关技术检验部门检验合格，悬挂合格标志。 10 载重量45t及以上自卸车驾驶室上部应安装安全可靠的防护装置	1. 外观检查。 2. 现场机械运行观察

三、混凝土输送泵车

混凝土输送泵车安全检查重点、要求及方法见表2-17-37。

表2-17-37　　　　　　　　混凝土输送泵车安全检查重点、要求及方法

序号	检查重点	标准要求	检查方法
1	搅拌系统	建筑行业标准《施工现场机械设备检查技术规范》（JGJ 160—2016） **9.4.2** 搅拌系统应符合下列规定： 1 隔板完整，无明显缺陷。 2 搅拌装置的叶片与搅拌筒的间隙应符合说明书规定，搅拌叶片和搅拌轴磨损不超过规定，搅拌轴轴端不应漏浆。 3 及时清除搅拌斗内混凝土废料。 4 搅拌轴两端润滑良好	1. 外观检查。 2. 现场机械运行观察
2	回转布料系统	建筑行业标准《施工现场机械设备检查技术规范》（JGJ 160—2016） **9.5.2** 回转布料系统应符合下列规定： 1 回转支承转动应灵敏可靠，内外圈间隙应符合使用说明书的规定；油马达、减速箱运转不应有异响、脱档、泄露，制动器应灵敏可靠，各连接螺栓的连接应牢固。	1. 外观检查。 2. 现场机械运行观察

序号	检查重点	标　准　要　求	检查方法
2	回转布料系统	2　布料杆伸缩动作应灵敏可靠，结构应完好，不应变形，输送管道磨损不应超过规定，且不应有漏浆、开焊现象，卡因应牢靠；臂架液压油缸不应渗漏、内泄下滑，臂架液压锁功能应正常，严禁接管	
3	安全装置	**建筑行业标准《施工现场机械设备检查技术规范》（JGJ 160—2016）** 9.5.5　安全装置应符合下列规定： 1　液压系统中设有防止过载和液压冲击的安全装置；安全装置溢流阀的调整压力不得大于系统额定工作压力的110%；系统的额定工作压力不得大于液压泵的额定压力。 2　制动应灵敏可靠有效，不跑偏；制动踏板自由行程应符合使用说明书要求。 3　报警装置及紧急制动开关工作应可靠，各液压锁工作应正常。 4　料斗上部隔板、小水箱安全防护板、走台板、防护栏杆等设施应齐全完好，安全警示牌和相关操作指示牌应齐全醒目，操作室应配备灭火器材	1. 外观检查。 2. 现场机械运行观察
4	安全使用	**1. 电力行业标准《电力建设安全工作规程　第1部分：火力发电》（DL 5009.1—2014）** 5.2.3　混凝土及砂浆机械应符合下列规定： 2　混凝土拖泵、泵车及搅拌车 1) 混凝土拖泵使用前，基座应固定牢固。 2) 混凝土泵车应设置在坚实的地面上，支腿下面应垫好木板且厚度不小于60mm。 3) 混凝土泵车作业时，应适时调整支腿，保持车身水平，车轮应锲紧。 4) 混凝土泵车的布料杆不得起吊或拖拉重物；支腿未固定前严禁启动布料杆；风力达六级及以上时，不得启动布料杆。 5) 混凝土泵车在运转中不得去掉防护罩，无防护罩不得开泵。 6) 混凝土输送管道的直立部分应牢固可靠，运行中施工人员不得靠近输送管道接口。 7) 管道堵塞时，不得用泵强行加压打通。用拆卸管道的方式疏通时，应先反转，消除管内混凝土压力后方可拆卸。 8) 混凝土拖泵、泵车停运后，应先切断动力源，然后清除残余的混凝土；泵车采用压力顶吹泡沫塑料来清除残渣时，管道出口前方不得站人。 9) 新型混凝土拖泵、泵车，尚应符合厂家说明书的有关要求。 **2. 建筑行业标准《施工现场机械设备检查技术规范》（JGJ 160—2016）** 9.5.3　供水水泵运转应正常，部件应齐全完整，管路不应有渗漏。 9.5.4　各部位油位、水位应在规定范围之内。 9.5.6　车辆底盘各部位应润滑良好，机油、冷却液和电瓶液数量应充足；空气滤芯应清洁有效；各部连接螺栓应紧固无松动；各轮胎气压应正常；灯光应齐全有效；转向系统、制动系统和离合动作应灵敏可靠。 9.5.7　布料杆前段接软管处应有安全连接保护	1. 外观检查。 2. 现场机械运行观察

四、混凝土搅拌运输车

混凝土搅拌运输车安全检查重点、要求及方法见表2-17-38。

表2-17-38　　　　　混凝土搅拌运输车安全检查重点、要求及方法

序号	检查重点	标　准　要　求	检查方法
1	搅拌筒及机架	**建筑行业标准《建筑机械使用安全技术规程》（JGJ 33—2012）** **8.4.4** 搅拌筒及机架缓冲件无裂纹或损伤，筒体与托轮接触良好。搅拌叶片、进料斗、主辅卸料槽应无严重磨损和变形	1. 外观检查。 2. 现场机械运行观察
2	安全装置	**建筑行业标准《建筑机械使用安全技术规程》（JGJ 33—2012）** **8.4.2** 液压系统、气动装置的安全阀、溢流阀的调整压力必须符合说明书要求。卸料槽锁扣及搅拌筒的安全锁定装置应齐全完好	1. 外观检查。 2. 现场机械运行观察
3	安全使用	**建筑行业标准《建筑机械使用安全技术规程》（JGJ 33—2012）** **8.4.3** 燃油、润滑油、液压油、制动液及冷却液应添加充足，无渗漏，质量应符合要求。 **8.4.5** 装料前应先启动内燃机空载运转，各仪表指示正常、制动气压达到规定值。并应低速旋转搅拌筒3～5min，确认无误方可装料。装载量不得超过规定值。 **8.4.6** 行驶前，应确认操作手柄处于"搅动"位置并锁定，卸料槽锁扣应扣牢。搅拌行驶时最高速度不得大于50km/h。 **8.4.7** 出料作业应将搅拌运输车停靠在地势平坦处，应与基坑及输电线路保持安全距离。并将制动系统锁定。 **8.4.8** 进入搅拌筒进行维修、铲除清理混凝土作业前，必须将发动机熄火，操作杆置于空挡。并将发动机钥匙取出并设专人监护，悬挂安全警示牌	1. 外观检查。 2. 现场机械运行观察

五、轮胎式装载机

轮胎式装载机安全检查重点、要求及方法见表2-17-39。

表2-17-39　　　　　轮胎式装载机安全检查重点、要求及方法

序号	检查重点	标　准　要　求	检查方法
1	驱动机构部分	**建筑行业标准《施工现场机械设备检查技术规范》（JGJ 160—2016）** **5.9.1** 驱动桥齿轮应运转平稳，不应有异响，桥壳不应有裂纹，连接螺栓应牢固，齿轮油液面应达到油位标记高度。 **5.9.2** 轮边减速器运转应平稳，不应有异响及过热。 **5.9.3** 操纵控制阀能有效地控制动臂升降及浮动、铲斗上转及下翻等各种动作	1. 外观检查。 2. 现场机械运行观察
2	工作装置	**建筑行业标准《施工现场机械设备检查技术规范》（JGJ 160—2016）** **5.9.4** 工作装置应符合下列规定： 　1　动臂、摇臂和拉杆不应有变形和裂纹，轴销应固定牢靠，润滑应良好。 　2　铲斗应完好，不应有裂纹；斗齿应齐全、完整，不应有松动	外观检查

序号	检查重点	标　准　要　求	检查方法
3	安全使用	**电力行业标准《电力建设安全工作规程 第1部分：火力发电》（DL 5009.1—2014）** **5.2.2**　土石方机械应符合下列规定： 　12　装载机 　1）起步前应将铲斗提升至离地面0.5m左右。行驶时，铲斗严禁载人。 　2）装料时，铲斗应从正面插入；卸料时应缓慢。 　3）铲斗向前倾斜时不得提升重物，提升物体应在停车制动后进行	1. 外观检查。 2. 现场机械运行观察

六、履带式液压挖掘机

履带式液压挖掘机安全检查重点、要求及方法见表2-17-40。

表2-17-40　　　　　　履带式液压挖掘机安全检查重点、要求及方法

序号	检查重点	标　准　要　求	检查方法
1	回转及驱动机构	**建筑行业标准《施工现场机械设备检查技术规范》（JGJ 160—2016）** **5.3.1**　回转机构应符合下列规定： 　1　回转驱动装置工作应平稳，不应过热； 　2　回转平台旋转应平稳，不应有阻滞、冲击、回转齿轮啮合、润滑应良好； 　3　回转减速装置齿轮油油面应达到油位标记高度。 **5.3.2**　行走驱动马达、回转驱动马达工作时不应有异响、过热、泄漏	1. 外观检查。 2. 现场机械运行观察
2	工作装置	**建筑行业标准《施工现场机械设备检查技术规范》（JGJ 160—2016）** **5.3.3**　工作装置动作速度应正常，工作装置液压缸活塞杆的下沉量不应大于100mm/h。 **5.3.4**　操纵控制阀能有效地控制回转平台左右旋转、斗杆伸出及回缩、动臂上升及下降等各种动作。 **5.3.5**　工作装置还应符合下列规定： 　1　动臂、斗杆和铲斗不应有变形、裂纹和开焊。 　2　斗齿应齐全完整，不应松动。 　3　动臂、斗杆和铲斗的连接轴销等应润滑应良好，轴销固定应可靠	外观检查
3	制动及安全装置	**建筑行业标准《施工现场机械设备检查技术规范》（JGJ 160—2016）** **5.3.6**　制动及安全装置应符合下列规定： 　1　当行走踏板处于自由状态、行走操纵杆处于中立位置时，行走制动器应自动处于制动状态。 　2　当放开多路换向阀操纵杆后，操纵杆应自动更换位置，挖掘机的工作功能应能停止。 　3　先导控制开关杆工作应可靠有效	1. 外观检查。 2. 现场机械动作观察

续表

序号	检查重点	标 准 要 求	检查方法
4	安全使用	电力行业标准《电力建设安全工作规程 第1部分：火力发电》（DL 5009.1—2014） 5.2.2　土石方机械应符合下列规定： 9　挖掘机 1）挖掘机作业时应保持水平状态，行走机构应可靠制动，履带或轮胎应楔紧。 2）拉铲或反铲作业时，履带式挖掘机的履带距工作面边缘安全距离应大于1m，轮胎式挖掘机的轮胎距工作面边缘安全距离应大于1.5m。 3）运转土石方时，应在运输车辆停稳后进行，铲斗严禁从车辆驾驶室或人员的头顶上方越过。 4）铲斗回转作业时，其半径范围内不得有推土等作业。 5）行驶时，铲斗应位于机械的正前方并离地面1m左右，回转机构应可靠制动并锁定，上下坡的坡度不得超过20°。 6）液压挖掘装载机的操作手柄应平顺，臂杆下降时中途不得突然停顿。行驶时应将铲斗和斗柄的油缸活塞杆完全伸出，使铲斗斗柄靠紧动臂	1. 外观检查。 2. 现场机械动作观察

七、推土机

推土机安全检查重点、要求及方法见表 2-17-41。

表 2-17-41　　　　　　　　推土机安全检查重点、要求及方法

序号	检查重点	标 准 要 求	检查方法
1	制动及安全装置	建筑行业标准《施工现场机械设备检查技术规范》（JGJ 160—2016） 5.2.7　制动及安全装置应符合下列规定： 1　脚制动刹车工作应可靠有效，两踏板的行程应相同。 2　制动闭锁装置、变速操纵闭锁装置、铲刀操纵闭锁装置工作应可靠	1. 外观检查。 2. 现场机械动作观察
2	行走机构、回转机构及驱动	建筑行业标准《施工现场机械设备检查技术规范》（JGJ 160—2016） 5.2.1　万向节不应松旷，固定螺栓应紧固。 5.2.2　后桥箱不应有裂纹、渗漏。 5.2.3　转向离合器操纵应轻便、动力传递、切断应可靠	1. 外观检查。 2. 现场机械动作观察
3	工作装置	建筑行业标准《施工现场机械设备检查技术规范》（JGJ 160—2016） 5.2.4　铲刀操纵控制阀应能准确有效地控制铲刀处于保持、提升、下降、浮动等状态。 5.2.5　铲刀架、撑杆应完好，不应有变形、开裂。 5.2.6　刀角、刀片磨损不应超限，螺栓应紧固	1. 外观检查。 2. 现场机械动作观察

序号	检查重点	标 准 要 求	检查方法
4	安全使用	电力行业标准《电力建设安全工作规程 第1部分：火力发电》(DL 5009.1—2014) **5.2.2** 土石方机械应符合下列规定： 10 推土机 1) 用推土机牵引其他机械或重物时，应由专人指挥。钢丝绳的连接必须牢固可靠。牵引起步时，附近严禁有人。 2) 在基坑、深沟或陡坡处作业时，应由专人指挥。推土时刀片不超出边坡边缘，后退时应换好倒挡后，方可提刀倒车。 3) 在基坑、深沟或陡坡处作业时，当垂直边坡高度超过2m时应放出安全边坡并采取可靠加固措施，同时禁止用推土刀侧面推土。 4) 推土机上下坡时，上坡坡度不应超过25°，下坡坡度不应超过35°，横向坡度不应超过10°；25°以上坡度不得横向行驶、急转弯。 5) 两台及以上推土机在同一区域作业时，前后距离应大于8m，左右距离应大于1.5m。 6) 推土机在建（构）筑物附近作业时，与建（构）筑物的墙、柱、台阶等的距离应大于1m	1. 外观检查。 2. 现场机械动作观察

八、自卸汽车

自卸汽车安全检查重点、要求及方法见表2-17-42。

表2-17-42　　　　　　　　自卸汽车安全检查重点、要求及方法

序号	检查重点	标 准 要 求	检查方法
1	安全使用	建筑行业标准《建筑机械使用安全技术规程》(JGJ 33—2012) **6.3.1** 自卸汽车应保持顶升液压系统完好，工作平稳。操纵灵活，不得有卡阻现象。各节液压缸表面应保持清洁。 **6.3.2** 非顶升作业时，应将顶升操纵杆放在空挡位置。顶升前，应拔出车厢固定锁。作业后，应插入车厢固定锁。固定锁应无裂纹，且插入或拔出灵活、可靠。在行驶过程中车厢挡板不得自行打开。 **6.3.3** 配合挖掘机、装载机装料时，自卸汽车就位后应拉紧手制动器，在铲斗需越过驾驶室时，驾驶室内严禁有人。 **6.3.4** 卸料前，应听从现场专业人员指挥。在确认车厢上方无电线或障碍物，四周无人员来往后将车停稳，举升车厢时，应控制内燃机中速运转，当车厢升到顶点时，应降低内燃机转速，减少车厢振动。不得边卸边行驶。 **6.3.5** 向坑洼地区卸料时，应和坑边保持安全距离，防止塌方翻车。严禁在斜坡侧向倾卸。 **6.3.6** 卸完料并及时使车厢复位后，方可起步。不得在车厢倾斜的举升状态下行驶。 **6.3.7** 自卸汽车严禁装运爆破器材。 **6.3.8** 车厢举升后需要进行检修、润滑等作业时，应将车厢支撑牢靠后，方可进入车厢下面工作。 **6.3.9** 自卸汽车装运散料时，应有防止散落的措施	1. 外观检查。 2. 现场机械动作观察

九、平板拖车

平板拖车安全检查重点、要求及方法见表 2-17-43。

表 2-17-43　　　　　　　平板拖车安全检查重点、要求及方法

序号	检查重点	标　准　要　求	检查方法
1	安全使用	**建筑行业标准《建筑机械使用安全技术规程》(JGJ 33—2012)** **6.4.1** 拖车的车轮制动器和制动灯、转向灯应配备齐全，并与牵引车的制动器和灯光信号同时起作用。 **6.4.2** 行车前，应检查并确认拖挂装置、制动气管、电缆接头等连接良好，且轮胎气压符合规定。 **6.4.3** 拖车装卸机械时，应停在平坦坚实处，轮胎应制动并用三角木楔紧。装车时应调整好机械在拖车板上的位置，达到各轴负荷分配合理。 **6.4.4** 平板拖车的跳板应坚实，在装卸履带式起重机、挖掘机、压路机时，跳板与地面夹角不应大于 15°；在装卸履带式推土机、拖拉机时夹角不应大于 25°。装卸车时应有熟练的驾驶人员操作，并应由专人统一指挥。上、下车动作应平稳，不得在跳板上调整方向。 **6.4.5** 平板拖车装运履带式起重机，其起重臂应拆短，使它不超过机棚最高点，起重臂向后，吊钩不得自由晃动。拖车转弯时应降低速度。 **6.4.6** 推土机的铲刀宽度超过平板拖车宽度时，应先拆除铲刀后再装运。 **6.4.7** 机械装车后，各制动器应制动住，各保险装置应锁牢，履带或车轮应楔紧，并应绑扎牢固。 **6.4.8** 使用随车卷扬机装卸物件时，应有专人指挥，拖车应制动住，并应将车轮楔紧。 **6.4.9** 平板拖车停放地应坚实平坦。长期停放或重车停放过夜时，应将平板支起，轮胎不应承压	1. 外观检查。 2. 现场机械动作观察

十、翻斗车

翻斗车安全检查重点、要求及方法见表 2-17-44。

表 2-17-44　　　　　　　翻斗车安全检查重点、要求及方法

序号	检查重点	标　准　要　求	检查方法
1	安全使用	**1. 建筑行业标准《建筑机械使用安全技术规程》(JGJ 33—2012)** **6.5.1** 机动翻斗车驾驶员应经考试合格，持有机动翻斗车专用驾驶证方可驾驶。 **6.5.2** 机动翻斗车行驶前，应检查锁紧装置，并将料斗锁牢，不得在行驶时掉斗。 **6.5.3** 行驶时应从一挡起步，待车跑稳后再换二挡、三挡。不得用离合器处于半结合状态来控制车速。 **6.5.4** 机动翻斗车在路面情况不良时行驶，应低速缓行，应避免换挡、制动、急剧加速，且不得靠近路边或沟旁行驶，并应防侧滑。 **6.5.5** 在坑沟边缘卸料时，应设置安全挡块。车辆接近坑边时，应减速行驶，不得冲撞挡块。	1. 外观检查。 2. 现场机械动作观察

序号	检查重点	标 准 要 求	检查方法
1	安全使用	**6.5.6** 上坡时，应提前换入低挡行驶；下坡时严禁空挡滑行；转弯时应先减速，急转弯时应先换入低挡。避免紧急刹车，防止向前倾复。 **6.5.7** 严禁料斗内载人。料斗不得在卸料工况下行驶或进行平地作业。 **6.5.8** 内燃机运转或料斗内有载荷时，严禁在车底下进行作业。 **6.5.9** 多台翻斗车排成纵队行驶时，前后车之间应保持适当的安全距离，在下雨或冰雪的路面上，应加大间距。 **6.5.10** 翻斗车行驶中，应注意观察仪表，指示器是否正常，注意内燃机各部件工作情况和声响，不得有漏油、漏水、漏气的现象。若发现不正常，应立即停车检查排除。 **6.5.11** 操作人员离机时，应将内燃机熄火，并挂挡，拉紧手制动器。 **6.5.12** 作业后，应对车辆进行清洗，清除在料斗和车架上的砂土及混凝土等的黏结物料。 **2. 电力行业标准《电力建设安全工作规程 第 1 部分：火力发电》（DL 5009.1—2014）** **4.12.7** 运输及搬运作业应符合下列规定： 　3 翻斗车的制翻装置应可靠，卸车时车斗不得朝有人的方向倾倒，翻斗车严禁载人	

十一、叉车

叉车安全检查重点、要求及方法见表 2－17－45。

表 2－17－45　　　　　　　　叉车安全检查重点、要求及方法

序号	检查重点	标 准 要 求	检查方法
1	工作装置	**1. 国家标准《场（厂）内机动车辆安全检验技术要求》（GB/T 16178—2011）** **6.1.1.1** 属具应配合良好，运动自如，工作灵敏，无异响，无阻滞现象。 **6.1.1.2** 结构件完整，应具有足够的强度和刚度，无裂纹，不应发生永久性变形现象。 **6.1.1.3** 锁止机构应安全有效。 **6.1.1.4** 作业时，工作装置升降应平稳，不得有颤动现象。 **6.1.2.1** 货叉架升到最高位置时防脱出的限位装置应保证完整有效。 **6.1.2.2** 门架前倾自锁装置应完好、有效。 **6.1.2.3** 货叉定位销应齐全完整。 **6.1.2.4** 属具在叉架上的固定应可靠，不应横向滑移和脱落。 **6.1.2.6** 货叉不应有裂纹。 **6.1.2.9** 起重链条的安全系数不应低于 5，磨损量不应超过原值的 5%。 **6.1.2.10** 叉车货叉的下降速度不应超过 1m/s。 **2. 特种设备安全技术规范《场（厂）内专用机动车辆安全技术监察规程》（TSG N0001—2017）** **2.1.2** 一般要求 　（3）场车的铭牌、安全警示标志及其说明应当置于场车的显著位置。	1. 外观检查。 2. 现场机械动作观察

续表

序号	检查重点	标 准 要 求	检查方法
1	工作装置	**2.2.1 一般要求** (2) 叉车应当留有安装车牌的位置，观光车辆应当留有安装前后车牌的位置，该位置的尺寸应当符合《特种设备使用管理规则》（TSG 08—2017）的规定。 **2.2.4.1.1 叉车** (2) 应当设置防止罩壳（如牵引蓄电池、发动机罩）意外关闭的装置，并且永久地固定在叉车上或者安装在叉车的安全处。 **2.2.4.3.1 一般要求** (1) 转向系统应当转动灵活、操纵方便、无卡滞，在任意转向操作时不得与其他部件有干涉。 (2) 应当具有良好的直线行驶性能。 **2.2.4.5.1 一般要求** (1) 应当具有可靠的行车、驻车制动系统，并且设置相应的制动装置。 (2) 行车制动与驻车制动的控制装置应当相互独立。 **2.2.4.6.1 一般要求** (1) 场车的启动应当设置开关装置，需要有钥匙、密码或者磁卡等才能启动。 **2.2.4.6.2 叉车** (1) 平衡重式叉车应当设置前照灯、制动灯、转向灯等照明和信号装置，其他叉车根据使用工况设置照明和信号装置。 (2) 蓄电池叉车应当设置非自动复位且能切断总控制电源的紧急断电开关，并且符合 GB/T 27544—2011《工业车辆 电气要求》中 5.1.5 的要求。 **2.2.4.7 叉车** (2) 叉车应当设置防止货叉意外侧向滑移和脱落的装置。 (3) 具有防爆功能的叉车，应当具有机械防爆的功能，接触、可能接触地面或者载荷的工作装置的所有表面都不能产生火花，所用材料应当使用铜、铜锌合金、不锈钢等，或者用非金属材料（例如橡胶或者塑料）包覆。 **2.2.5.1 一般要求** 场车应当设置能够发出清晰声响的警示装置和后视镜。 **2.2.5.2 叉车** (1) 座驾式车辆的驾驶人员位置上应当配备安全带等防护约束装置。 (4) 起升装置应当设置防止越程装置和限位器，避免货叉架和门架上的运动部件从门架上端意外脱落	
2	液压系统	**国家标准《场（厂）内机动车辆安全检验技术要求》（GB/T 16178—2011）** **6.2.1** 液压管路布置与其他运动机件不应相互干涉。 **6.2.2** 系统应有良好的密封性能。作业时，固定接口不允许有渗油，运动接口不允许有漏油，各部位不应有泄露现象。 **6.2.3** 在空载和满载等各种情况下，液压原件均应能正常工作。 **6.2.4** 液压系统应设置滤油器和防尘装置，液压油箱的加油口应有滤网	1. 外观检查。 2. 现场机械动作观察

序号	检查重点	标 准 要 求	检查方法
3	安全使用	**1. 电力行业标准《电力建设安全工作规程 第1部分：火力发电》（DL 5009. 1—2014）** **4.12.7** 运输及搬运作业应符合下列规定： 4 使用叉车： 1）使用前应对行驶、升降、倾斜等机构进行全面检查，不得超负荷使用，禁止两台及以上车辆同时抬吊同一物品。 2）不得快速启动、急转弯或突然制动。在转弯或斜坡处应低速行驶。倒车时不得紧急制动。 3）行驶时，载物高度不得遮挡驾驶员视线。货叉低端距地面高度应保持300mm～400mm，门架需后倾。 4）叉载物品时，应按需调整两货叉间距，使两货叉负荷均衡，不得偏斜，物品的一面应贴靠挡物架。 5）叉车起重升降或行驶时，禁止人员站在货叉上把持物品。 6）叉车叉物作业时，禁止人员站在货叉周围。禁止用货叉举升人员从事高处作业。 7）禁止在坡道上转弯或横跨坡道行驶。 **2. 国家标准《场（厂）内专用机动车辆安全技术监察规程》（TSG N0001—2017）** **3.1.1** 使用单位的基本要求 （7）流动作业的场车使用期间，在使用所在地或者使用登记所在地进行定期检验（每年1次）。 （8）制定安全操作规程，至少包括系安全带、转弯减速、下坡减速和超高限速等要求。 （9）场车驾驶人员取得相应的《特种设备作业人员证》，持证上岗。 **3.2.1** 一般要求 （1）使用单位应当对在用场车至少每月进行一次日常维护保养和自行检查，每年进行一次全面检查，保持场车的正常使用状态；日常维护保养和自行检查、全面检查应当按照有关安全技术规范和产品使用维护保养说明的要求进行，发现异常情况，应当及时处理，并且记录，记录存入安全技术档案；日常维护保养、自行检查和全面检查记录至少保存5年。 （2）场车在每日投入使用前，使用单位应当按照使用维护保养说明的要求进行试运行检查，并且记录；在使用过程中，使用单位应当加强对车的巡检，并且记录	1. 外观检查。 2. 现场机械动作观察。 3. 资料查验

第十一节 主要中小型机械设备

一、概述

（一）术语或定义

电力建设工程主要中小型机械设备指木工平刨、圆盘锯、手持电动工具（电钻、冲击钻、磨光机、射钉枪等）、钢筋加工机械（钢筋调直机、钢筋切断机、钢筋弯曲机、钢筋除锈机、钢筋螺纹成型机等）、电焊机、切割机、弯管机、台钻、升降平台等。

（二）主要检查要求综述

依据国家现行法律、法规和标准的有关规定，检查主要中小型机械设备使用中的安全操作规程、操作人员防护用品、设备安全装置、漏电保护等内容，避免人身伤害、设备损坏等事故的发生。

二、通用规定

中小型机械设备通用安全检查重点、要求及方法见表 2-17-46。

表 2-17-46　　　　　　中小型机械设备通用安全检查重点、要求及方法

序号	检查重点	标　准　要　求	检查方法
1	布置及安全使用	电力行业标准《电力建设安全工作规程 第 1 部分：火力发电》（DL 5009.1—2014） 4.7.1　通用规定 1　机具应由了解其性能并熟悉操作知识的人员操作。各种机具都应由专人进行维护，并应随机具挂安全操作规程	查看是否悬挂安全操作规程，查阅培训记录
2	防护罩	1. 电力行业标准《电力建设安全工作规程 第 1 部分：火力发电》（DL 5009.1—2014） 4.7.1　通用规定 2　机具的转动部分及牙口、刃口等尖锐部分应装设防护罩或遮栏，转动部分应保持润滑。 2. 建筑行业标准《施工现场机械设备检查技术规范》（JGJ 160—2016） 11.1.2　安全防护应符合下列规定： 1　安全防护装置应齐全可靠，防护罩或防护板安装应牢固，不应破损	目视机具防护装置是否设置
3	仪表及安全装置	电力行业标准《电力建设安全工作规程 第 1 部分：火力发电》（DL 5009.1—2014） 4.7.1　通用规定 3　机具的电压表、电流表、压力表、温度计、流量计等监测仪表，以及制动器、限制器、安全阀、闭锁机构等安全装置，应齐全、完好	查看监测仪表及安全装置是否齐全有效
4	外观	电力行业标准《电力建设安全工作规程 第 1 部分：火力发电》（DL 5009.1—2014） 4.7.1　通用规定 5　机具使用前应进行检查，严禁使用已变形、已破损或有故障的机具	目视检查外观
5	电源线	电力行业标准《电力建设安全工作规程 第 1 部分：火力发电》（DL 5009.1—2014） 4.7.1　通用规定 7　电动工具、机具电源线应压接，保护接地或接零良好	查看工机具电源线是否压接
6	漏电保护装置	1. 建筑行业标准《建筑施工安全检查标准》（JGJ 59—2011） 3.19.3　施工机具的检查评定应符合下列规定： 3）保护零线应单独设置，并应安装漏电保护装置； 2. 建筑行业标准《施工现场机械设备检查技术规范》（JGJ 160—2016） 11.1.2　安全防护应符合下列规定： 2　接零应符合用电规定。 3　漏电保护器参数应匹配，安装应正确，动作应灵敏可靠；电气保护装置应齐全有效	目测并利用工具检查保护装置是否齐全有效；检查重点详见本篇第十八章施工用电

三、平刨

平刨安全检查重点、要求及方法见表 2－17－47。

表 2－17－47 　　　　　　　　　　平刨安全检查重点、要求及方法

序号	检查重点	标 准 要 求	检查方法
1	安装验收	建筑行业标准《建筑施工安全检查标准》（JGJ 59—2011） 3.19.3 施工机具的检查评定应符合下列规定： 1 平刨 1）平刨安装完毕应按规定履行验收程序，并应经责任人签字确认	查看验收签字证明资料
2	作业环境	建筑行业标准《建筑施工安全检查标准》（JGJ 59—2011） 3.19.3 施工机具的检查评定应符合下列规定： 1 平刨 4）平刨应按规定设置作业棚，并应具有防雨、防晒等功能	目测查看是否设置作业棚并能防雨防晒
3	设备选用	建筑行业标准《建筑施工安全检查标准》（JGJ 59—2011） 3.19.3 施工机具的检查评定应符合下列规定： 1 平刨 5）不得使用同台电机驱动多种刃具、钻具的多功能木工机具	目测查看是否同台电机驱动多种刃具
4	安全操作	建筑行业标准《建筑机械使用安全技术规程》（JGJ 33—2012） 10.4.5 机械运转时，不得将手伸进安全挡板里侧去移动挡板或拆除安全挡板进行刨削。严禁戴手套操作	现场检查工人是否按规定操作

四、圆盘锯

圆盘锯安全检查重点、要求及方法见表 2－17－48。

表 2－17－48 　　　　　　　　　　圆盘锯安全检查重点、要求及方法

序号	检查重点	标 准 要 求	检查方法
1	安装验收	建筑行业标准《建筑施工安全检查标准》（JGJ 59—2011） 3.19.3 施工机具的检查评定应符合下列规定： 2 圆盘锯 1）圆盘锯安装完毕应按规定履行验收程序，并应经责任人签字确认	查看验收签字证明资料
2	作业环境	建筑行业标准《建筑施工安全检查标准》（JGJ 59—2011） 3.19.3 施工机具的检查评定应符合下列规定： 2 圆盘锯 4）应按规定设置作业棚，并应具有防雨、防晒等功能	目测查看是否设置作业棚并能防雨防晒
3	设备选用	建筑行业标准《建筑施工安全检查标准》（JGJ 59—2011） 3.19.3 施工机具的检查评定应符合下列规定： 2 圆盘锯 5）不得使用同台电机驱动多种刃具、钻具的多功能木工机具	目测查看是否同台电机驱动多种刃具

续表

序号	检查重点	标 准 要 求	检查方法
4	防护	建筑行业标准《建筑机械使用安全技术规程》(JGJ 33—2012) 10.3.1 锯片上方必须安装保险挡板，在锯片后面，离齿 10～15mm 处，必须安装弧形楔刀。锯片的安装，应保持与轴同心，夹持锯片的法兰盘直径应为锯片直径的 1/4	目视检查安装是否符合规程要求
5	锯片	建筑行业标准《建筑机械使用安全技术规程》(JGJ 33—2012) 10.3.2 锯片必须锯齿尖锐，不得连续缺齿两个，锯片不得有裂纹	目视检查锯片缺齿情况

五、手持电动工具

手持电动工具（如电钻、冲击钻、磨光机、射钉枪等）安全检查重点、要求及方法见表 2-17-49。

表 2-17-49　　　　　　手持电动工具安全检查重点、要求及方法

序号	检查重点	标 准 要 求	检查方法
1	外观	**1. 国家标准《手持式电动工具的管理、使用、检查和维修安全技术规程》(GB/T 3787—2017)** 6.2 工具的日常检查至少应包括以下项目： 　a) 是否有产品认证标志及定期检查合格标志。 　b) 外壳、手柄是否有裂缝或破损。 　c) 保护接地线（PE）联接是否完好无损。 　d) 电源线是否完好无损。 　e) 电源插头是否完整无损。 **2. 电力行业标准《电力建设安全工作规程 第 1 部分：火力发电》(DL 5009.1—2014)** 4.7.4 电动工具应符合下列规定： 　2 电动工具使用前应检查： 　1) 外壳、手柄无裂缝、无破损。 　2) 保护接地线或接零线连接正确、牢固。 　3) 电缆或软线完好。 　4) 插头完好。 **3. 建筑行业标准《建筑机械使用安全技术规程》(JGJ 33—2012)** 13.22.1 一般规定 　1 使用刃具的机具，应保持刀刃锋利，完好无损，安装牢固配套。使用过程中要佩带绝缘手套，施工区域光线充足	外观检查
2	安全操作	**1. 国家标准《手持式电动工具的管理、使用、检查和维修安全技术规程》(GB/T 3787—2017)** 6.2 工具的日常检查至少应包括以下项目： 　f) 电源开关有无缺损、破裂，动作是否正常、灵活。 **2. 电力行业标准《电力建设安全工作规程 第 1 部分：火力发电》(DL 5009.1—2014)** 4.7.4 电动工具应符合下列规定： 　2 电动工具使用前应检查： 　5) 开关动作正常、灵活、无缺损。 　8) 转动部分灵活。 　8 使用 I 类可携式或移动式电动工具时，必须戴绝缘手套或站在绝缘垫上；移动工具时，不得手提电线或工具的转动部分。 **3. 建筑行业标准《建筑机械使用安全技术规程》(JGJ 33—2012)** 13.22.1 一般规定 　9 机具起动后，应空载运转，应检查并确认机具转动灵活无阻。作业时，加力应平稳	操作检查灵活度；检查有无违规操作

序号	检查重点	标 准 要 求	检查方法
3	防护装置	**1. 国家标准《手持式电动工具的管理、使用、检查和维修安全技术规程》（GB/T 3787—2017）** 6.2 工具的日常检查至少应包括以下项目： 　g）机械防护装置是否完好。 　i）电气保护装置是否良好。 **2. 电力行业标准《电力建设安全工作规程 第1部分：火力发电》（DL 5009.1—2014）** 4.7.4 电动工具应符合下列规定： 　2 电动工具使用前应检查： 　6）电气保护装置完好。 　7）机械防护装置完好。	目测查看保护装置是否齐全
4	漏电保护器	电力行业标准《电力建设安全工作规程 第1部分：火力发电》（DL 5009.1—2014） 4.7.4 电动工具应符合下列规定： 5 连接电动工具的电气回路应单独设开关或插座，并装设漏电保护器，金属外壳应接地	目测检查，检查重点详见本篇第十八章施工用电

六、钢筋加工机械

钢筋加工机械（如钢筋调直机、钢筋切断机、钢筋弯曲机、钢筋除锈机、套丝机等）安全检查重点、要求及方法见表2-17-50。

表2-17-50　　　　　　　钢筋加工机械安全检查重点、要求及方法

序号	检查重点	标 准 要 求	检查方法
1	安装及环境	建筑行业标准《建筑机械使用安全技术规程》（JGJ 33—2012） 9.1.1 机械的安装应坚实稳固。固定式机械应有可靠的基础；移动式机械作业时应楔紧走轮。 9.1.2 室外作业应设置机棚，机旁应有堆放原料、半成品、成品的场地	目视查看安装牢固度；查看机棚及场地情况
2	作业	建筑行业标准《建筑机械使用安全技术规程》（JGJ 33—2012） 9.1.3 加工较长的钢筋时，应有专人帮扶，并听从操作人员指挥，不得任意推拉。 9.1.4 作业后，应堆放好成品，清理场地，切断电源，锁好开关箱，做好润滑工作	现场查看操作人员是否有违规操作
3	钢筋调直机	建筑行业标准《建筑机械使用安全技术规程》（JGJ 33—2012） 9.2.1 料架、料槽应安装平直，并应对准导向筒、调直筒和下切刀孔的中心线	现场查看安装平直度
4	钢筋切断机	建筑行业标准《建筑机械使用安全技术规程》（JGJ 33—2012） 9.3.1 接送料的工作台面和切刀下部保持水平，工作台的长度应根据加工材料长度确定。 9.3.2 启动前，应检查并确认切刀无裂纹，刀架螺栓紧固，防护罩牢靠。然后用手转动皮带轮，检查齿轮啮合间隙，调整切刀间隙。	现场查看切断机安装是否符合规程要求、操作是否按照规程要求

序号	检查重点	标　准　要　求	检查方法
4	钢筋切断机	**9.3.3**　启动后，应先空运转，检查各传动部分及轴承运转正常后，方可作业。 **9.3.4**　机械未达到正常转速时，不得切料。切料时，应使用切刀的中、下部位，紧握钢筋对准刃口迅速投入，操作者应站在固定刀片一侧用力压住钢筋，应防止钢筋末端弹出伤人。严禁用两手分在刀片两边握住钢筋俯身送料	
5	钢筋弯曲机	**建筑行业标准《建筑机械使用安全技术规程》（JGJ 33—2012）** **9.4.1**　工作台和弯曲机台面应保持水平，作业前应准备好各种芯轴及工具。 **9.4.3**　挡铁轴的直径和强度不得小于被弯钢筋的直径和强度。不直的钢筋，不得在弯曲机上弯曲。 **9.4.7**　对超过机械铭牌规定直径的钢筋严禁进行弯曲。在弯曲未经冷拉或带有锈皮的钢筋时，应戴防护镜。 **9.4.9**　在弯曲钢筋的作业半径内和机身不设固定销的一侧严禁站人	1. 目视检查台面是否水平，工具是否齐全。 2. 目视检查钢筋是否符合规格。 3. 检查防护装置是否齐全。 4. 检查人员站位情况
6	钢筋除锈机	**建筑行业标准《建筑机械使用安全技术规程》（JGJ 33—2012）** **9.11.2**　操作人员必须束紧袖口、戴防尘口罩、手套和防护眼镜。 **9.11.4**　操作时应将钢筋放平，手握紧，侧身送料，严禁在除锈机正面站人。整根长钢筋除锈应由两人配合操作，互相呼应	1. 目视检查操作人员防护用品配备是否齐全。 2. 检查人员站位情况
7	钢筋螺纹成型机	**建筑行业标准《建筑机械使用安全技术规程》（JGJ 33—2012）** **9.10.1**　使用机械前，应检查刀具安装正确，连接牢固，各运转部位润滑情况良好，有无漏电现象，空车试运转确认无误后，方可作业。 **9.10.2**　钢筋应先调直再下料。切口端面应与钢筋轴线垂直，不得有马蹄形或挠曲，不得用气割下料。 **9.10.4**　加工时必须确保钢筋夹持牢固。 **9.10.5**　机械在运转过程中，严禁清扫刀片上面的积屑杂污，发现工况不良应立即停机检查、修理。 **9.10.6**　对超过机械铭牌规定直径的钢筋严禁进行加工	1. 目视检查整机外观，检查连接、润滑情况。 2. 检查操作人员是否按规定操作。 3. 检查有无超尺寸钢筋

七、切割机

切割机安全检查重点、要求及方法见表 2-17-51。

表 2-17-51　　　　　　　切割机安全检查重点、要求及方法

序号	检查重点	标　准　要　求	检查方法
1	刀具安装	**建筑行业标准《建筑机械使用安全技术规程》（JGJ 33—2012）** **13.15.1**　一般规定 　1　切割机上的刀具、胎具、模具、成型辊轮等应保证强度和精度，刀刃磨锋利，安装紧固可靠	手动检查刀具安装情况
2	设备防护	**建筑行业标准《建筑机械使用安全技术规程》（JGJ 33—2012）** **13.15.1**　一般规定 　2　切割机上外露的转动部分应有防护罩，并不得随意拆卸	目视检查防护罩配置情况

序号	检查重点	标　准　要　求	检查方法
3	人员防护	建筑行业标准《建筑机械使用安全技术规程》(JGJ 33—2012) 13.15.2　等离子切割机 　5　操作人员必须戴好防护面罩、电焊手套、帽子、滤膜防尘口罩和隔音耳罩。不戴防护镜的人员严禁直接观察等离子弧，皮肤严禁接近等离子弧	目视检查人员防护设施是否齐全
4	启动检查	建筑行业标准《建筑机械使用安全技术规程》(JGJ 33—2012) 13.15.4　混凝土切割机 　2　启动后，应空载运转，检查并确认锯片运转方向正确，升降机构灵活，运转无异常，一切正常后，方可作业	现场检查是否按照规程操作
5	收工检查	建筑行业标准《建筑机械使用安全技术规程》(JGJ 33—2012) 13.15.2　等离子切割机 　9　作业后，应切断电源，关闭气源和水源	现场检查作业完毕后是否断电

八、弯管机

弯管机安全检查重点、要求及方法见表 2-17-52。

表 2-17-52　　　　　　　弯管机安全检查重点、要求及方法

序号	检查重点	标　准　要　求	检查方法
1	作业环境	建筑行业标准《建筑机械使用安全技术规程》(JGJ 33—2012) 13.9.1　作业场所应设置围栏	目视检查作业环境
2	设备安装	建筑行业标准《建筑机械使用安全技术规程》(JGJ 33—2012) 13.9.2　应按加工管径选用管模，并应按顺序放好。 13.9.4　应夹紧机件，导板支承机构应按弯管的方向及时进行换向	目视检查设备安装是否符合操作规程
3	设备使用	建筑行业标准《建筑机械使用安全技术规程》(JGJ 33—2012) 13.9.3　不得在管子和管模之间加油	目视检查有无加油

九、台钻

台钻安全检查重点、要求及方法见表 2-17-53。

表 2-17-53　　　　　　　台钻安全检查重点、要求及方法

序号	检查重点	标　准　要　求	检查方法
1	设备安装	建筑行业标准《建筑机械使用安全技术规程》(JGJ 33—2012) 13.10.1　钻床必须安装牢固，布置和排列应确保安全。 13.10.4　工件夹装必须牢固可靠，钻小件时，先用工具夹持，不得手持工件进行钻孔，薄板钻孔，应用虎钳夹紧并在工件下垫好木板，使用平钻头	目视检查设备安装是否牢固
2	操作防护	建筑行业标准《建筑机械使用安全技术规程》(JGJ 33—2012) 13.10.2　操作人员在工作中应按规定穿戴防护用品，要扎紧袖口。不得围围巾及戴手套	检查操作人员防护用品佩戴情况

序号	检查重点	标准要求	检查方法
3	操作前检查	**建筑行业标准《建筑机械使用安全技术规程》（JGJ 33—2012）** **13.10.3** 启动前应检查以下各项，确认可靠后，方可启动。 　1 各部螺栓紧固，配合适当。 　2 行程限位，信号等安全装置完整、灵活、可靠。 　3 润滑系统，保持清洁。油量充足。 　4 电气开关，接地或接零均良好。 　5 传动及电气部分的防护装置完好牢固。 　6 各操纵手柄的位置正常，动作可靠。 　7 工件、夹具、刀具无裂纹、破损、缺边断角并装夹牢固	现场检查操作人员是否按照规程要求操作
4	设备使用	**建筑行业标准《建筑机械使用安全技术规程》（JGJ 33—2012）** **13.10.5** 手动进钻退钻时，应逐渐增压或减压，不得用管子套在手柄上加压进钻。 **13.10.6** 排屑困难时，进钻、退钻应反复交替进行。 **13.10.7** 钻头上绕有长屑时，应停钻后用铁钩或刷子清除，严禁用手拉或嘴吹。 **13.10.8** 严禁用手触摸旋转的刀具或将头部靠近机床旋转部分，不得在旋转着的刀具下翻转、卡压或测量工件	现场检查操作人员是否按照规程要求操作

十、升降平台

升降平台安全检查重点、要求及方法见表 2-17-54。

表 2-17-54　　　　　　　　升降平台安全检查重点、要求及方法

序号	检查重点	标准要求	检查方法
1	架空电力线路安全距离	**国家标准《举升式升降工作平台安全使用规程》（GB/T 39747—2021）** **6.3.1** 最小安全距离 　举升平台的操作人员和其他工作人员应遵循国家或地方关于地面以上带电导体最小安全距离的有关规定；若无此类要求，则应遵守 GB/T 27548—2011 中表 1 的规定（即电压范围和最小安全距离分别对应为 0～50kV，3m；51～220kV，4m；221～500kV，5m；501～750kV，10m；751～1000kV，13m）	通过询问调查高空线路电压，目测安全距离是否符合规范
2	安全防护用品	**国家标准《举升式升降工作平台安全使用规程》（GB/T 39747—2021）** **6.6** 安全带的使用 　工作前应进行工作风险评估，并根据风险评估的结果选择安全带。应按照 GB 6095 的规定穿戴适合的安全带，防止人员坠落或减少被甩出工作平台的风险	检查查看确认佩戴安全带
3	环境条件及稳固措施	**1. 国家标准《举升式升降工作平台安全使用规程》（GB/T 39747—2021）** **6.8** 地面条件 　在使用平台前，应评估地面承受举升平台增加载荷的能力，并采取提高地面承载力的措施。	1. 查看地基是否坚实平整，与边坡、沟壑、带点线缆、周边障碍物的安全距离是否合适，是否有大风及雨、雪、

序号	检查重点	标 准 要 求	检查方法
3	环境条件及稳固措施	如果举升平台上的水平仪超出了运行极限，则操作人员应下降举升平台并在水平位置重置举升平台。如果疑似 a）～f）中给出的原因造成支腿或轮子下沉，则应在举升平台水平位置进行常规检查并且对支腿或轮子、垫板等做出调整。 常见的不良地面条件如下： a）支撑基础不足：支腿或轮子放置在未经修筑的地面和泥土表面，且所在地面可能存在地下空洞时会导致支腿或轮子下的地面坍塌，应使用垫板。垫板应具有足够的尺寸、刚度以及强度来分散所在区域的载荷。 b）未压实地面：填土未压实表现为回填沟沿线的地面出现裂缝。 c）楼板、地窖和地下室：在布置举升平台时应考虑楼板强度以及地窖和地下室的位置。 d）铺筑区域：铺筑区域看似坚固，但有可能铺设在松软的地面上。 e）地下公共设施：由于举升平台重量对地面所施加的压力，下水道、排水管、检修孔、燃气管和自来水管等可能会受到损坏，甚至倒塌造成举升平台失稳或倾翻。 f）天气条件：大雨、持续下雨或冻土融化可改变地面条件，并可能导致举升平台的支腿或轮子下沉，需对举升平台的水平度进行定期检查并对其支腿、垫板等进行适当的调整。 **2. 国家标准《移动式升降工作平台　安全规则、检查、维护和操作》（GB/T 27548—2011）** 6.4　工作场所检查。使用前或在其使用过程中，应检查工作场所可能存在的危害，包括但不限于： a）边缘或坑洞。 b）斜坡。 c）凸点、地面障碍和电缆。 e）顶部障碍物和带电导体。 g）不能承受设备地面压力的表面。 h）风和天气情况。 6.7.3　稳定加固措施。应按制造商要求使用支腿、伸缩轴等稳定器或其他增加稳定性的方法，并锁入相应位置	雾、雷等恶劣天气影响。 2. 现场查看稳固措施是否恰当，锁紧装置是否有效
4	人员持证	**1. 国家标准《举升式升降工作平台安全使用规程》（GB/T 39747—2021）** 7.1　人员的选择。 举升平台的操作人员应经过挑选、培训和授权，才能开展工作。 **7.2.2　操作人员** 操作人员应： a）熟知相关的健康与安全规定。 b）熟知事故预防措施和控制措施。 c）能安全地在高处作业。 d）能证明熟知需要的人员防护设备，以及如何正确使用和维护。 e）能按要求并安全地操作举升平台，无论是在室内还是室外，都能以正确和适合的方法布置和执行要求的任务。 f）能识别和避免可预见的危险并确认不安全的程序/发生的状况。	查阅培训和评估记录及证件

序号	检查重点	标 准 要 求	检查方法
4	人员持证	g）进行日常使用前检查。 **2. 国家标准《移动式升降工作平台 安全规则、检查、维护和操作》（GB/T 27548—2011）** 6. 2 操作人员的培训。操作人员进行操作前，管理员应确保其经过资质人员按 ISO 18878 的要求进行了培训	

十一、卷扬机

卷扬机安全检查重点、要求及方法见表 2 – 17 – 55。

表 2 – 17 – 55　　　　　　　卷扬机安全检查重点、要求及方法

序号	检查重点	标 准 要 求	检查方法
1	布置、固定方式	**1. 电力行业标准《电力建设安全工作规程 第 1 部分：火力发电》（DL 5009. 1—2014）** 4. 6. 5 起重机械应符合下列规定： 25 卷扬机 1）基座的设置应平稳牢固，上方应搭设防护工作棚，操作位置应有良好的视野。 **2. 电力企业联合会标准《电力建设工程起重施工技术规范》（T/CEC 5023—2020）** 4. 14. 1 卷扬机基座设置应牢靠，上方应搭设防护工作棚，操作位置应有良好的视野；地锚设置后应按使用负荷进行预拉试验。 **3. 建筑行业标准《建筑机械使用安全技术规程》（JGJ 33—2012）** 4. 7. 1 安装时，基面平稳牢固、周围排水畅通、地锚设置可靠，并应搭设工作棚	1. 现场目视检查。 2. 查阅预拉试验报告
2	外观检查	**1. 电力行业标准《电力建设安全工作规程 第 1 部分：火力发电》（DL 5009. 1—2014）** 4. 6. 5 起重机械应符合下列规定： 25 卷扬机 3）制动操纵杆在最大操纵范围内不得触及地面或其他障碍物。 **2. 建筑行业标准《施工现场机械设备检查技术规范》（JGJ 160—2016）** 7. 8. 3 外露传动部位防护罩应齐全、固定牢固、无影响运动的塑性变形。 7. 8. 5 各机构和零部件连接应无松动，结构和焊缝应无可见裂纹和塑性变形。 **3. 建筑行业标准《建筑机械使用安全技术规程》（JGJ 33—2012）** 4. 7. 6 卷扬机的传动部分及外露的运动件均应设防护罩	目视检查
3	卷扬机与导向滑轮位置关系	**1. 电力行业标准《电力建设安全工作规程 第 1 部分：火力发电》（DL 5009. 1—2014）** 4. 6. 5 起重机械应符合下列规定： 25 卷扬机 4）卷筒与导向滑轮中心线应对正。卷筒轴心线与导向滑轮轴心线的距离，对平卷筒应不小于卷筒长度的 20 倍，对有槽卷筒应不小于卷筒长度的 15 倍。	1. 目视检查。 2. 卷尺测量

序号	检查重点	标 准 要 求	检查方法
3	卷扬机与导向滑轮位置关系	**2. 建筑行业标准《建筑机械使用安全技术规程》（JGJ 33—2012）** **4.7.3** 卷扬机设置位置必须满足：卷筒中心线与导向滑轮的轴线位置应垂直，且导向滑轮的轴线应在卷筒中间位置，卷筒轴心线与导向滑轮轴心线的距离：对光卷筒不应小于卷筒长度的 20 倍；对有槽卷筒不应小于卷筒长度的 15 倍	
4	钢丝绳排列	**电力企业联合会标准《电力建设工程起重施工技术规范》（T/CEC 5023—2020）** **4.14.2** 钢丝绳应从卷筒下方卷入，卷筒上的钢丝绳应排列整齐，作业时钢丝绳卷绕在卷筒上的安全圈数不应小于 5 圈；回卷后最外层钢丝绳应低于卷筒凸缘 2 倍钢丝绳直径的高度。钢丝绳不得与机架、地面摩擦，通过道路时，应设过路保护装置	目视检查
5	安全使用	**1. 电力行业标准《电力建设安全工作规程 第 1 部分：火力发电》（DL 5009.1—2014）** **4.6.5** 起重机械应符合下列规定： 25 卷扬机 6）作业前应进行试车，确认卷扬机设置稳固，防护设施、电气绝缘、离合器、制动装置、保险棘轮、导向滑轮、索具等一切合格后方可使用。 8）严禁向滑轮上套钢丝绳，严禁在卷筒、滑轮附近用手扶运行中的钢丝绳；作业时，不得跨越钢丝绳，不得在各导向滑轮的内侧逗留或通过。吊起的重物需在空中短时间停留时，卷筒应可靠制动。 **2. 电力企业联合会标准《电力建设工程起重施工技术规范》（T/CEC 5023—2020）** **4.14.7** 严禁手扶或脚踩运行中的钢丝绳；作业时，不得跨越钢丝绳，不得在导向滑轮内侧逗留或通过。吊起的物件在空中短时间停留时，卷筒应可靠制动	1. 目视检查。 2. 手动操作检查
6	停用后安全措施	**建筑行业标准《建筑机械使用安全技术规程》（JGJ 33—2012）** **4.7.15** 作业完毕，应将提升吊笼或物件降至地面，并应切断电源，锁好开关箱	目视检查

第十八章

施 工 用 电

第一节 概述

一、施工用电系统

施工用电系统是建设工程现场、临建用电的供配电系统，是工程建设必不可少的资源配备条件。其典型配置形式为：施工用电电源取自电网线路供电接口，经变压器调压后，通过高压配电柜或智能开关将电能配送至建设场地各处施工箱变，箱变低压侧输出的 380V 三相交流电以树状形式逐级配送至分散在现场的一级（总配电箱）、二级（分配电箱）、三级（开关箱）低压配电箱，构成低压配电网络，为用电设备提供电能。

施工用电设施具有点多面广、安装场所条件复杂、环境简陋、终端负载多变、随机性大，操作人员复杂、行为不规范等特点。这些特点造成施工用电系统在运行使用过程中管理难度大、安全风险高，因此施工用电的安全管理是工程建设安全管理的一项重点工作。

二、术语或定义

（1）低压：指交流额定电压在 1kV 及以下的电压。

（2）高压：指交流额定电压在 1kV 以上的电压。

（3）接地：指设备的一部分为形成导电通路与大地的连接。

（4）接地体：指埋入地中并直接与大地接触的金属导体。

（5）接地线：指连接设备金属结构和接地体的金属导体（包括连接螺栓）。

（6）接地装置：指接地体和接地线的总和。

（7）中性导体（N）：指电气上与中性点连接并能用于配电的导体，也称工作零线。

（8）保护导体（PE）：指为了安全目的，用于电击防护所设置的导体，也称保护零线。

（9）保护接地：指为了电气安全，将系统、装置或设备的一点或多点接地。

（10）重复接地：指设备接地线上一处或多处通过接地装置与大地再次连接的接地。

（11）接地电阻：指接地装置的对地电阻。它是接地线电阻、接地体电阻、接地体与土壤之间的接触电阻和土壤中的散流电阻之和。

（12）配电箱：指一种专门用作分配电力的配电装置，包括总配电箱和分配电箱，如无特指，总配电箱、分配电箱合称配电箱。

（13）开关箱：指末级配电装置的通称，亦可兼做用电设备的控制装置。

三、主要检查要求综述

根据施工用电系统的特点，对其检查可从三个层面进行：一是对装置安装情况的检查，主要检查内容是装置安装环境、设备固定与防护、盘柜内元件配置、线路敷设、线缆压接、装置接地等是否符合要求；二是对系统工作情况的检查，主要检查内容是系统装置工作状态是否良好，各级保护定值是否设置合理，保护元器件功能、电压范围、三相电流平衡性、接地电流是否正常等；三是对管理行为及技术资料的检查，应对管理制度、操作规程、人员培训与授权、表记检定、安全用具条件、停送电记录、日常巡检记录、运行异常情况及处理记录、装置定期检验检测记录等文件资料进行核查。

第二节　电源线路

电源线路一般是指电网供电接口至场内变配电装置之间的一段供电设施，主要包含供电接口电气装置及接口后输电线路两部分。供电接口电气装置主要包括变压器、避雷器、跌落开关、智能断路器等设备，一般采用杆上安装形式；输电线路主要为架空线路和电缆线路两种形式。电源线路安全检查重点、要求及方法见表 2-18-1。

表 2-18-1　　　　　　　　　　电源线路安全检查重点、要求及方法

序号	检查重点	标　准　要　求	检查方法
1	配电装置就位安装情况	**1. 国家标准《电气装置安装工程 66kV 及以下架空电力线路施工及验收规范》（GB 50173—2014）** **10.1.1**　电气设备的安装，应符合下列规定： 2　安装应牢固可靠。 **10.1.2**　变压器的安装，应符合下列规定： 1　变压器台的水平倾斜不应大于台架根开的 1/100。 2　变压器安装平台对地高度不应小于 2.5m。 **10.1.3**　跌落式熔断器的安装，应符合下列规定： 1　跌落式熔断器水平相间距离应符合设计要求。 2　跌落式熔断器支架不应探入行车道路，对地距离宜为 5m，无行车碰触的郊区农田线路可降低至 4.5m。 **2. 电力行业标准《电力建设安全工作规程 第 1 部分：火力发电》（DL 5009.1—2014）** **4.5.3**　施工用电设施应符合下列规定： 3　35kV 及以下施工用变压器的户外布置： 1）变压器采用柱上安装时，其底部距地面的高度不得小于 2.5m；变压器安装应平稳牢固，腰栏距带电部分的距离不得小于 200mm。 2）变压器在地面安装时，应装设在不低于 500mm 的高台上，并设置高度不低于 1.7m 的栅栏。带电部分到栅栏的安全净距，10kV 及以下的应不小于 1m，35kV 的应不小于 1.2m。在栅栏的明显部位应悬挂"止步、高压危险"的警示牌	米尺测量

序号	检查重点	标 准 要 求	检查方法
2	带电导体对地距离	**1. 国家标准《建设工程施工现场供用电安全规范》(GB 50194—2014)** 7.2.6 施工现场供用电架空线路与道路等设施的最小距离应符合下表的规定,否则应采取防护措施。 （见下表） 7.2.7 架空线路穿越道路处应在醒目位置设置最大允许通过高度警示标识。 **2. 电力行业标准《电力建设安全工作规程 第1部分:火力发电》(DL 5009.1—2014)** 4.5.3 施工用电设施应符合下列规定: 7 低压架空线路架设高度不得低于2.5m;交通要道及车辆通行处,架设高度不得低于5m,其他情况线路架设高度应符合本标准表4.5.3-1、表4.5.3-2和表4.5.3-3的规定。 **3. 建筑行业标准《施工现场临时用电安全技术规范》(JGJ 46—2005)** 7.1.9 架空线路与临近线路或固定物的距离应符合下表的规定: （见下表）	米尺测量

施工现场供用电架空线路与道路等设施的最小距离 (m)

类别	距离	供用电绝缘线路电压等级	
		1kV 及以下	10kV 及以下
与施工现场道路	沿道路边敷设时距离道路边沿最小水平距离	0.5	1.0
	跨越道路时距路面最小垂直距离	6.0	7.0
与在建工程,包含脚手架工程	最小水平距离	7.0	8.0
与临时建(构)筑物	最小水平距离	1.0	2.0
与外电电力线路	最小垂直距离 与10kV 及以下	2.0	
	最小垂直距离 与220kV 及以下	4.0	
	最小垂直距离 与500kV 及以下	6.0	
	最小水平距离 与10kV 及以下	3.0	
	最小水平距离 与220kV 及以下	7.0	
	最小水平距离 与500kV 及以下	13.0	

架空线路与邻近线路或固定物的距离

项目	距离类别		
最小净空距离(m)	架空线路的过引线、接下线与邻线	架空线与架空线电杆外缘	架空线与摆动最大时树梢
	0.13	0.05	0.50

最小垂直距离(m)	架空线同杆架设下方的通信、广播线路	架空线最大弧垂与地面			架空线最大弧垂与暂设工程顶端	架空线与邻近电力线路交叉	
		施工现场	机动车道	铁路轨道		1kV以下	1～10kV
	1.0	4.0	6.0	7.5	2.5	1.2	2.5

最小水平距离(m)	架空线电杆与路基边缘	架空线电杆与铁路轨道边缘	架空线边线与建筑物凸出部分
	1.0	杆高(m)+3.0	1.0

序号	检查重点	标 准 要 求	检查方法
3	安全、警示标志及消防器材的配置	**1. 国家标准《建设工程施工现场供用电安全规范》（GB 50194—2014）** **7.2.7** 架空线路穿越道路处应在醒目位置设置最大允许通过高度警示标识。 **2. 电力行业标准《电力建设安全工作规程 第 1 部分：火力发电》（DL 5009.1—2014）** **4.5.2** 施工用电管理应符合下列规定： 　8 变配电室、室外配电盘柜及配电箱应加锁，设警告标志，附近应设置适用、适量的消防器材	目测检查
4	直埋电缆标志桩	**国家标准《建设工程施工现场供用电安全规范》（GB 50194—2014）** **7.3.2** 直埋敷设的电缆线路应符合下列规定： 　2 直埋电缆应沿道路或建筑物边缘埋设，并宜沿直线敷设，直线段每隔 20m 处、转弯处和中间接头处应设电缆走向标识桩	米尺测量
5	电气装置接地点	**1. 国家标准《建设工程施工现场供用电安全规范》（GB 50194—2014）** **8.1.6** 下列电气装置的外露可导电部分和装置外可导电部分均应接地： 　1 电机、变压器、照明灯具等Ⅰ类电气设备的金属外壳、基础型钢、与该电气设备连接的金属构架及靠近带电部分的金属围栏。 　2 电缆的金属外皮和电力线路的金属保护管、接线盒。 **2. 国家标准《电气装置安装工程 接地装置施工及验收规范》（GB 50169—2016）** **3.0.4** 电气装置的下列金属部分，均必须接地： 　1 电气设备的金属底座、框架及外壳和传动装置。 　2 携带式或移动式用电器具的金属底座和外壳。 　3 箱式变电站的金属箱体。 　4 互感器的二次绕组。 　5 配电、控制、保护用的屏（柜、箱）及操作台的金属框架和底座。 　6 电力电缆的金属互层、接头盒、终端头和金属保护管及二次电缆的屏蔽层。 　7 电缆桥架、支架和井架。 　8 变电站（换流站）钩、支架。 　9 装有架空地线或电气设备的电力线路杆塔。 　10 配电装置的金属遮拦。 　11 电热设备的金属外壳。 **3. 电力行业标准《电力建设安全工作规程 第 1 部分：火力发电》（DL 5009.1—2014）** **4.5.5** 接地及接零应符合下列规定： 　11 发电机、变压器的接地装置，宜在地下敷设成围绕基础台的闭合环形	1. 目测检查。 2. 万用表进行接地导通性测量

续表

序号	检查重点	标 准 要 求	检查方法
6	独立避雷针及其集中接地装置的型式及其接地电阻	电力行业标准《电力建设安全工作规程 第1部分：火力发电》（DL 5009.1—2014） 4.5.6 防雷应符合下列规定： 6 独立避雷针应设置集中接地装置，接地电阻不应大于10Ω。其与电力接地网、道路边缘、建（构）筑物出入口的距离不得小于3m。当小于3m时，应铺设使地面电阻率不小于50kΩ·m的50mm厚的沥青层或150mm厚砾石层。 7 避雷接地应做到可见、可靠、可测量；应根据当地气候条件，在雷雨季节前、后分别进行接地电阻测试。 8 集中接地装置若与电力接地网相连时，与接地网的连接点至变压器接地导体（线）与接地网连接点之间沿接地线的长度不应小于15m	现场用尺及接地摇表实测。接地摇表接线示意图如图2-18-1所示
7	变压器运行状态	电力行业标准《电力变压器运行规程》（DL/T 572—2010） 5.1.4 变压器日常巡视检查一般包括以下内容： a) 变压器的油温和温度计应正常，储油柜的油位应与温度相对应，各部位无渗油、漏油。 b) 套管油位应正常，套管外部无破损裂纹、无严重油污、无放电痕迹及其他异常现象；套管渗漏油时，应及时处理，防止内部受潮损坏。 c) 变压器声响均匀、正常。 d) 各冷却器手感温度应相近，风扇、油泵、水泵运转正常，油流继电器工作正常，特别注意变压器冷却器潜油泵负压区出现的渗漏油	目测检查
8	断路器、熔断器保护参数整定记录	电力行业标准《电力建设安全工作规程 第1部分：火力发电》（DL 5009.1—2014） 4.5.4 用电及照明应符合以下规定： 1 电气设备及电线、电缆不得超负荷使用，电气回路中应有短路和过负荷保护装置。 2 热继电器和熔断器的容量应满足被保护设备的要求。熔丝应有保护罩，不得削小使用。严禁用其他金属丝代替熔丝。管形熔断器不得无管使用	检查保护参数整定记录
9	接地网接地电阻值及电气装置至接地网导通电阻值测试报告	1. 国家标准《建设工程施工现场供用电安全规范》（GB 50194—2014） 3.3.1 供用电工程施工完毕，电气设备应按现行国家标准《电气装置安装工程电气设备交接试验标准》GB 50150的规定试验合格。 8.1.5 当高压设备的保护接地与变压器的中性点接地分开设置时，变压器中性点接地的接地电阻不应大于4Ω；当受条件限制高压设备的保护接地与变压器的中性点接地无法分开设置时，变压器中性点的接地电阻不应大于1Ω。 2. 建筑行业标准《施工现场临时用电安全技术规范》（JGJ 46—2005） 5.3.1 单台容量超过100kVA或使用同一接地装置并联运行且总容量超过100kVA的电力变压器或发电机的工作接地电阻值不得大于4Ω。 单台容量不超过100kVA或使用同一接地装置并联运行且总容量不超过100kVA的电力变压器或发电机的工作接地电阻值不得大于10Ω。 在土壤电阻率大于1000Ω·m的地区，当达到上述接地电阻值有困难时，工作接地电阻值可提高到30Ω	现场实测结合检查试验报告

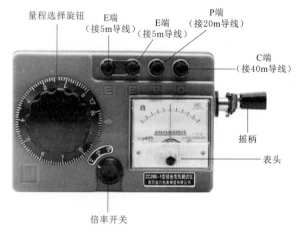

图 2-18-1　接地摇表接线示意图

第三节　高压变配电装置与自备电源

在某些工程中，电网所提供的施工电源接口电压等级较高，如 35kV 或更高，这就需要在现场配置降压变将额定电压降至 6kV（10kV）等级，同时配套相应电压等级的环网柜，为现场各施工箱变提供电源。

为保证施工用电供电的可靠性，防止需持续供电的作业项目（如混凝土搅拌）因意外原因超时停电，在施工用电常规系统之外，应补充配置自备电源。自备电源常采用柴油发电机担任。

高压变配电装置与自备电源安全检查重点、要求及方法见表 2-18-2。

表 2-18-2　　　高压变配电装置与自备电源安全检查重点、要求及方法

序号	检查重点	标　准　要　求	检查方法
1	安装场所及消防设施配置条件	国家标准《建设工程施工现场供用电安全规范》（GB 50194—2014） 4.0.1　发电设施不应设在地势低洼和可能积水的场所。 4.0.2　发电机组的安装和使用应符合下列规定： 　4　发电机组周围不得有明火，不得存放易燃、易爆物。发电场所应设置可在带点场所使用的消防设施，并应标识清晰、醒目，便于取用。 5.0.2　变电所位置的选择应符合下列规定： 　2　不应设在易受施工干扰、地势低洼易积水的场所。 5.0.3　变电所对于其他专业的要求应符合下列规定： 　2　变配电室内应配置适用于电气火灾的灭火器材； 　5　变电所应设置排水设施	米尺测量
2	户外变压器安全防护围栏的设置	国家标准《建设工程施工现场供用电安全规范》（GB 50194—2014） 5.0.4　变电所变配电装置的选择和布置应符合下列规定： 　3　露天或半露天布置的变压器应设置不低于 1.7m 高的固定围栏或围墙，并应在明显位置悬挂警示标识；	目测结合用尺检查

续表

序号	检查重点	标 准 要 求	检查方法
2	户外变压器安全防护围栏的设置	4 变压器或箱式变电站外廓与围栏或围墙周围应留有不小于1m的巡视或检修通道	
3	油浸式变压器事故排油设施的设置	**电力行业标准《电力变压器运行规程》（DL/T 572—2010）** 3.2.7 油浸式变压器的场所应按有关设计规程规定设置消防设施和事故储油设施，并保持完好状态	目测检查
4	变压器、高压配电装接地网型式及接地网接地电阻	**1. 国家标准《建设工程施工现场供用电安全规范》（GB 50194—2014）** 3.3.1 供用电工程施工完毕，电气设备应按现行国家标准《电气装置安装工程电气设备交接试验标准》GB 50150 的规定试验合格。 8.1.5 当高压设备的保护接地与变压器的中性点接地分开设置时，变压器中性点接地的接地电阻不应大于4Ω；当受条件限制高压设备的保护接地与变压器的中性点接地无法分开设置时，变压器中性点的接地电阻不应大于1Ω。 **2. 建筑行业标准《施工现场临时用电安全技术规范》（JGJ 46—2005）** 5.3.1 单台容量超过 100kVA 或使用同一接地装置并联运行且总容量超过 100kVA 的电力变压器或发电机的工作接地电阻值不得大于4Ω。 单台容量不超过 100kVA 或使用同一接地装置并联运行且总容量不超过 100kVA 的电力变压器或发电机的工作接地电阻值不得大于 10Ω。 在土壤电阻率大于 1000Ω·m 的地区，当达到上述接地电阻值有困难时，工作接地电阻值可提高到 30Ω。 **3. 电力行业标准《电力建设安全工作规程 第1部分：火力发电》（DL 5009.1—2014）** 4.5.5 接地及接零应符合下列规定： 11 发电机、变压器的接地装置，宜在地下敷设成围绕基础台的闭合环形	现场接地摇表测量结合检查验收记录及试验报告
5	变压器、高压配电装置的接地点	**1. 国家标准《建设工程施工现场供用电安全规范》（GB 50194—2014）** 8.1.6 下列电气装置的外露可导电部分和装置外可导电部分均应接地： 1 电机、变压器、照明灯等Ⅰ类电气设备的金属外壳、基础型钢、与该电气设备连接的金属构架及靠近带电部分的金属围栏； 2 电缆的金属外皮和电力线路的金属保护管、接线盒。 **2. 国家标准《电气装置安装工程 接地装置施工及验收规范》（GB 50169—2016）** 3.0.4 电气装置的下列金属部分，均必须接地： 1 电气设备的金属底座、框架及外壳和传动装置。 2 携带式或移动式用电器具的金属底座和外壳。 3 箱式变电站的金属箱体。 4 互感器的二次绕组。 5 配电、控制、保护用的屏（柜、箱）及操作台的金属框架和底座。 6 电力电缆的金属互层、接头盒、终端头和金属保护管及二次电缆的屏蔽层。	1. 目测检查。 2. 万用表进行接地导通性测量

序号	检查重点	标 准 要 求	检查方法
5	变压器、高压配电装置的接地点	7 电缆桥架、支架和井架。 8 变电站（换流站）钩、支架。 9 装有架空地线或电气设备的电力线路杆塔。 10 配电装置的金属遮拦。 11 电热设备的金属外壳	
6	柴油发电机与其他电源相互闭锁功能	**1. 国家标准《建设工程施工现场供用电安全规范》（GB 50194—2014）** **4.0.4** 发电机组电源必须与其他电源互相闭锁，严禁并列运行。 **2. 建筑行业标准《施工现场临时用电安全技术规范》（JGJ 46—2005）** **6.2.3** 发电机组电源必须与外电线路电源连锁，严禁并列运行	现场切换试验或检查调试记录
7	设备运行状态	**电力行业标准《电力变压器运行规程》（DL/T 572—2010）** **5.1.4** 变压器日常巡视检查一般包括以下内容： a）变压器的油温和温度计应正常，储油柜的油位应与温度相对应，各部位无渗油、漏油。 b）套管油位应正常，套管外部无破损裂纹、无严重油污、无放电痕迹及其他异常现象；套管渗漏油时，应及时处理，防止内部受潮损坏。 c）变压器声响均匀、正常。 d）各冷却器手感温度应相近，风扇、油泵、水泵运转正常，油流继电器工作正常，特别注意变压器冷却器潜油泵负压区出现的渗漏油	目测检查
8	管理体系	**1. 国家标准《建设工程施工现场供用电安全规范》（GB 50194—2014）** **12.0.1** 供用电设施的管理应符合下列规定： 1 供用电设施投入运行前，应建立、健全供用电管理机构，设立运行、维修专业班组并明确职责及管理范围。 2 应根据用电情况制订用电、运行、维修等管理制度以及安全操作规程。运行、维护专业人员应熟悉有关规章制度。 3 应建立用电安全岗位责任制，明确各级用电安全负责人。 **2. 建筑行业标准《施工现场临时用电安全技术规范》（JGJ 46—2005）** **3.2.1** 电工必须经过按国家现行标准考核合格后，持证上岗工作；其他用电人员必须经过相关安全教育培训和技术交底，考核合格后方可上岗工作	检查相关文件资料
9	系统图及施工验收记录	**国家标准《建设工程施工现场供用电安全规范》（GB 50194—2014）** **3.3.2** 供用电工程施工完毕后，应有完整的平面布置图、系统图、隐蔽工程记录、试验记录，经验收合格后方可投入使用	检查相关文件资料
10	保护参数整定记录	**国家标准《建设工程施工现场供用电安全规范》（GB 50194—2014）** **4.0.2** 发电机组的安装和使用应符合下列规定： 2 发电机组应设置短路保护、过负荷保护	检查保护整定记录单
11	变压器、配电装置、柴油发电机运行巡检记录	**国家标准《建设工程施工现场供用电安全规范》（GB 50194—2014）** **12.0.3** 供用电设施的日常运行、维护应符合下列规定： 1 变配电所运行人员单独值班时，不得从事检修工作。 2 应建立供用电设施巡视制度及巡视记录台账。 3 配电装置和变压器，每班应巡视检查1次。	检查巡检记录

续表

序号	检查重点	标 准 要 求	检查方法
11	变压器、配电装置、柴油发电机运行巡检记录	4 配电线路的巡视和检查，每周不应少于 1 次。 5 配电设施的接地装置应每半年检测 1 次。 6 剩余电流动作保护器应每月检测 1 次。 7 保护导体（PE）的导通情况应每月检测一次	
12	施工用电安全工器具合格证及试验检验报告	**国家标准《建设工程施工现场供用电安全规范》（GB 50194—2014）** **12.0.2** 供用电设施的运行、维护工器具配置应符合下列规定： 1 变配电所内应配备合格的安全工具及防护设施。 2 供用电设施的运行及维护，应按有关规定配备安全工器具及防护设施，并定期检验。电气绝缘工具不得挪作他用	检查产品质量证明文件及检测报告
13	接地网接地电阻值及电气装置至接地网导通电阻值测试报告	**1. 国家标准《建设工程施工现场供用电安全规范》（GB 50194—2014）** **3.3.1** 供用电工程施工完毕，电气设备应按现行国家标准《电气装置安装工程电气设备交接试验标准》GB 50150 的规定试验合格。 **8.1.5** 当高压设备的保护接地与变压器的中性点接地分开设置时，变压器中性点接地的接地电阻不应大于 4Ω；当受条件限制高压设备的保护接地与变压器的中性点接地无法分开设置时，变压器中性点的接地电阻不应大于 1Ω。 **2. 建筑行业标准《施工现场临时用电安全技术规范》（JGJ 46—2005）** **5.3.1** 单台容量超过 100kVA 或使用同一接地装置并联运行且总容量超过 100kVA 的电力变压器或发电机的工作接地电阻值不得大于 4Ω。 单台容量不超过 100kVA 或使用同一接地装置并联运行且总容量不超过 100kVA 的电力变压器或发电机的工作接地电阻值不得大于 10Ω。 在土壤电阻率大于 1000Ω·m 的地区，当达到上述接地电阻值有困难时，工作接地电阻值可提高到 30Ω	现场实测结合检查试验报告

第四节 施工现场变配电系统

　　施工现场变配电系统主要包括施工箱变及其馈线开关、总配电箱、分配电箱、开关箱等各级配电盘以及配电线缆等。它们分布于现场各处作业场所中，直接与各类一线施工人员近距离接触，运行过程中停送电、拆接线缆等操作频繁发生，这就造成了施工现场变配电系统安全生产风险高、管理难度大的现实情况，是施工用电安全管理的重点。施工现场变配电系统安全检查重点、要求及方法见表 2-18-3。

表 2-18-3　　　　施工现场变配电系统安全检查重点、要求及方法

序号	检查重点	标 准 要 求	检查方法
1	安装场所及消防设施配置条件	**1. 国家标准《建设工程施工现场供用电安全规范》（GB 50194—2014）** **5.0.4** 变电所变配电装置的选择和布置应符合下列规定： 3 露天或半露天布置的变压器应设置不低于 1.7m 高的固定围栏或围墙，并应在明显位置悬挂警示标识； 4 变压器或箱式变电站外廓与围栏或围墙周围应留有不小于 1m 的巡视或检修通道。	米尺测量

序号	检查重点	标 准 要 求	检查方法
1	安装场所及消防设施配置条件	**2. 建筑行业标准《施工现场临时用电安全技术规范》（JGJ 46—2005）** 8.1.5 配电箱、开关箱应装设在干燥、通风及常温场所，不得装设在有严重损伤作用的瓦斯、烟气、潮气及其他有害介质中，亦不得装设在易受外来固体物撞击、强烈振动、液体浸溅及热源烘烤场所。否则，应予以清除或做防护处理。 8.1.6 配电箱、开关箱周围应有足够2人同时工作的空间和通道，不得堆放任何妨碍操作、维修的物品，不得有灌木、杂草	
2	配电盘就位固定及安全防护措施	**1. 国家标准《建设工程施工现场供用电安全规范》（GB 50194—2014）** 6.2.4 配电柜的安装应符合下列规定： 1 配电柜应安装在高于地面的型钢或混凝土基础上，且应平正、牢固。 6.3.5 户外安装的配电箱应使用户外型，其防护等级不应低于IP44，门内操作面的防护等级不应低于IP21。 12.0.7 配电箱柜的箱柜门上应设警示标识。 **2. 建筑行业标准《施工现场临时用电安全技术规范》（JGJ 46—2005）** 8.3.1 配电箱、开关箱应有名称、用途、分路标记及系统接线图。 8.3.2 配电箱、开关箱箱门应配锁，并应由专人负责	米尺测量
3	低压配电系统接线型式	**建筑行业标准《施工现场临时用电安全技术规范》（JGJ 46—2005）** 1.0.3 建筑施工现场临时用电工程专用的电源中性点直接接地的220/380V三相四线制低压电力系统，必须符合下列规定： 1 采用三级配电系统； 2 采用TN-S接零保护系统； 3 采用二级漏电保护系统。 7.2.1 电缆中必须包含全部工作芯线和用作保护零线或保护线的芯线。需要三相四线制配电的电缆线路必须采用五芯电缆	目测检查
4	配电盘内的零序母线和接地母线配置型式	**1. 国家标准《建设工程施工现场供用电安全规范》（GB 50194—2014）** 6.2.4 配电柜的安装应符合下列规定： 3 配电柜内应分别设置中性导体（N）和保护导体（PE）汇流排，并有标识。保护导体（PE）汇流排上的端子数量不应少于进线和出线回路的数量。 6.3.7 总配电箱、分配电箱内应分别设置中性导体（N）、保护导体（PE）汇流排，并由标识；保护导体（PE）汇流排上的端子数量不应少于进线和出线回路的数量。 **2. 建筑行业标准《施工现场临时用电安全技术规范》（JGJ 46—2005）** 8.1.11 配电箱的电器安装板上必须分设N线端子板和PE线端子板。N线端子板必须与金属电器安装版绝缘；PE线端子板必须与金属电器安装板做电气连接。 进出线中的N线必须通过N线端子板连接；PE线必须通过PE线端子板连接	目测检查

序号	检查重点	标　准　要　求	检查方法
5	盘内电器完好度	**1. 国家标准《建设工程施工现场供用电安全规范》（GB 50194—2014）** 6.4.1　配电箱内的电器应完好，不应使用破损及不合格的电器。 **2. 建筑行业标准《施工现场临时用电安全技术规范》（JGJ 46—2005）** 8.2.1　配电箱、开关箱内的电器必须可靠、完好，严禁使用破损、不合格的电器	目测检查
6	配电箱电器元件配置	**1. 国家标准《建设工程施工现场供用电安全规范》（GB 50194—2014）** 6.2.3　配电柜电源进线回路应装设具有电源隔离、短路保护和过负荷保护功能的电器。 6.3.3　用电设备或插座的电源宜引自末级配电箱，当一个末级配电箱直接控制多台用电设备或插座时，每台用电设备或插座应有各自独立的保护电器。 6.4.2　总配电箱、分配电箱的电器应具备正常接通与分断电路，以及短路、过负荷、接地故障保护功能。电器设置应符合下列规定： 　1　总配电箱、分配电箱进线应设置隔离开关、总断路器，当采用带隔离功能的断路器时，可不设置隔离开关。各分支回路应设置具有短路、过负荷、接地故障保护功能的电器。 6.4.3　总配电箱宜装设电压表、总电流表、电度表。 6.4.4　末级配电箱进线应设置总断路器，各分支回路应设置具有短路、过负荷、剩余电流动作保护功能的电器。 **2. 建筑行业标准《施工现场临时用电安全技术规范》（JGJ 46—2005）** 6.1.6　配电柜应装设电源隔离开关及短路、过载、漏电保护电器。电源隔离开关分断时应有明显可见分断点。 8.2.2　总配电箱的电器应具备电源隔离，正常接通与分断电路，以及短路、过载、漏电保护功能。电器设置应符合下列原则： 　1　当总路设置总漏电保护器时，还应装设总隔离开关、分路隔离开关以及总断路器、分路断路器或总熔断器、分路熔断器。当所设总漏电保护器是同时具备短路、过载、漏电保护功能的漏电断路器时，可不设总断路器或总熔断器。 　2　当各分路设置分路漏电保护器时，还应装设总隔离开关、分路隔离开关以及总断路器、分路断路器或总熔断器、分路熔断器。当分路所设漏电保护器是同时具备短路、过载、漏电保护功能的漏电断路器时，可不设分路断路器或分路熔断器。 　3　隔离开关应设置于电源进线端，应采用分断时具有可见分断点，并能同时断开电源所有极的隔离电器。如采用分断时具有可见分断点的断路器，可不另设隔离开关。 　4　熔断器应选用具有可靠灭弧分断功能的产品。 　5　总开关电器的额定值、动作整定值应与分路开关电器的额定值、动作整定值相适应。 8.2.3　总配电箱应装设电压表、总电流表、电度表及其他需要的仪表。专用电能计量仪表的装设应符合当地供电管理部门的要求。 8.2.4　分配电箱应装设总隔离开关、分路隔离开关以及总断路器、分路断路器或总熔断器、分路熔断器。其设置和选择应符合本规范第8.2.2条要求。 8.2.5　开关箱必须装设隔离开关、断路器或熔断器，以及漏电保护器。当漏电保护器是同时具有短路、过载、漏电保护功能的漏电	目测结合现场操作漏保试验按钮检查

序号	检查重点	标 准 要 求	检查方法
6	配电箱电器元件配置	断路器时，可不装设断路器或熔断器。隔离开关应采用分断时具有可见分断点，能同时断开电源所有极的隔离电器，并应设置于电源进线端。当断路器是具有可见分断点时，可不另设隔离开关。 **8.2.6** 开关箱中的隔离开关只可直接控制照明电路和容量不大于3.0kW的动力电路，但不应频繁操作。容量大于3.0kW的动力电路应采用断路器控制，操作频繁时还应附设接触器或其他启动控制装置	
7	每回空开、漏保控制的负荷数量	**1. 国家标准《建设工程施工现场供用电安全规范》（GB 50194—2014）** **6.3.4** 当分配电箱直接控制用电设备或插座时，每台用电设备或插座应有各自独立的保护电器。 **6.3.14** 当分配电箱直接供电给末级配电箱时，可采用分配电箱设置插座的方式供电，并应采用工业插座，且每个插座应有各自的保护电器。 **9.2.3** 1台剩余电流动作保护器不得控制2台及以上电动工具。 **2. 建筑行业标准《施工现场临时用电安全技术规范》（JGJ 46—2005）** **8.1.3** 每台用电设备必须有各自专用的开关箱，严禁用同一个开关箱直接控制2台及2台以上用电设备（含插座）	目测检查
8	盘内带电部位的防护措施	**国家标准《建设工程施工现场供用电安全规范》（GB 50194—2014）** **6.3.8** 配电箱内断路器相间绝缘板应配置齐全；防电机护板应阻燃且安装牢固。 **6.3.10** 配电箱内的连接线应采用铜排或铜芯绝缘导线，当采用铜排时应有防护措施；连接导线不应有接头、线芯损伤及断股	目测检查
9	配电箱内接线可靠性	**1. 国家标准《建设工程施工现场供用电安全规范》（GB 50194—2014）** **6.3.11** 配电箱内的导线与电器元件的连接应牢固、可靠。导线端子规格与线芯截面适配，接线端子应完整，不应减小截面积。 **2. 建筑行业标准《施工现场临时用电安全技术规范》（JGJ 46—2005）** **8.2.15** 配电箱、开关箱的电源进线端严禁采用插头和插座做活动连接	目测及用绝缘工具扳动检查
10	配电线缆路径的安全性	**1. 国家标准《建设工程施工现场供用电安全规范》（GB 50194—2014）** **7.1.1** 施工现场配电箱路路径选择应符合下列规定： 1 应结合施工现场规划及布局，在满足安全要求的条件下，方便线路敷设、接引及维护； 2 应避开过热、腐蚀以及储存易燃、易爆物的仓库等影响线路安全运行的区域； 3 宜避开已遭受机械性外力的交通、吊装、挖掘作业频繁场所，以及河道、低洼、易受雨水冲刷的地段； 4 不应跨越在建工程、脚手架、临时建筑物。 **7.1.2** 配电线路的敷设方式应符合下列规定： 1 应根据施工现场环境特点，以满足线路安全运行、便于维护和拆除的原则来选择，敷设方式应能够避免受到机械性损伤或其他损伤； 3 不应敷设在树木上或直接绑挂在金属构架和金属脚手架上； 4 不应接触潮湿地面或接近热源。	目测检查

续表

序号	检查重点	标 准 要 求	检查方法
10	配电线缆路径的安全性	**2. 建筑行业标准《施工现场临时用电安全技术规范》(JGJ 46—2005)** 7.2.3 电缆线路应采用埋地或架空敷设,严禁沿地面明设,并应避免机械损伤和介质腐蚀。埋地电缆路径应设方位标志	
11	电缆穿入盘柜的进线型式	**国家标准《建设工程施工现场供用电安全规范》(GB 50194—2014)** 6.3.13 配电箱电缆的进线口和出线口应设在箱体底面,当采用工业连接器时可在箱体侧面设置	目测检查
12	移动电源箱电源线型式	**1. 国家标准《建设工程施工现场供用电安全规范》(GB 50194—2014)** 6.3.15 移动式配电箱的进线和出线应采用橡套软电缆。 **2. 建筑行业标准《施工现场临时用电安全技术规范》(JGJ 46—2005)** 8.1.16 配电箱、开关箱的进、出线口应配置固定线卡,进出线应加绝缘护套并成束卡固在箱体上,不得与箱体直接接触。移动式配电箱、开关箱的进、出线应采用橡皮护套绝缘电缆,不得有接头	目测检查
13	箱变接地网型式及接地电阻值	**1. 国家标准《建设工程施工现场供用电安全规范》(GB 50194—2014)** 3.3.1 供用电工程施工完毕,电气设备应按现行国家标准《电气装置安装工程电气设备交接试验标准》GB 50150 的规定试验合格。 8.1.5 当高压设备的保护接地与变压器的中性点接地分开设置时,变压器中性点接地的接地电阻不应大于4Ω;当受条件限制高压设备的保护接地与变压器的中性点接地无法分开设置时,变压器中性点的接地电阻不应大于1Ω。 **2. 建筑行业标准《施工现场临时用电安全技术规范》(JGJ 46—2005)** 5.3.1 单台容量超过100kVA 或使用同一接地装置并联运行且总容量超过100kVA 的电力变压器或发电机的工作接地电阻值不得大于4Ω。 　单台容量不超过100kVA 或使用同一接地装置并联运行且总容量不超过100kVA 的电力变压器或发电机的工作接地电阻值不得大于10Ω。 　在土壤电阻率大于1000Ω·m 的地区,当达到上述接地电阻值有困难时,工作接地电阻值可提高到30Ω	目测结合现场实测检查
14	配电盘接地型式	**1. 国家标准《建设工程施工现场供用电安全规范》(GB 50194—2014)** 6.3.12 配电箱的金属箱体、金属电器安装板以及电器正常不带电的金属底座、外壳应通过保护导体(PE)汇流排可靠接地。 8.1.2 TN-S 系统应符合下列规定: 1 总配电箱、分配电箱及架空线路终端,其保护导体(PE)应做重复接地,接地电阻不宜大于10Ω。 **2. 建筑行业标准《施工现场临时用电安全技术规范》(JGJ 46—2005)** 5.3.2 TN 系统中的保护零线除必须在配电室或总配电箱处做重复接地外,还必须在配电系统的中间处和末端处做重复接地。 　在TN 系统中,保护零线每一处重复接地装置的接地电阻值不应大于10Ω。在工作接地电阻值允许达到10Ω 的电力系统中,所有重复接地的等效电阻值不应大于10Ω	目测结合现场实测检查

续表

序号	检查重点	标　准　要　求	检查方法
15	盘门跨接接地线	**国家标准《建设工程施工现场供用电安全规范》（GB 50194—2014）** **6.2.4** 配电柜的安装应符合下列规定： 　2 配电柜的金属框架及基础型钢应可靠接地。门和框架的接地端子间应采用软铜线进行跨接，配电柜门和框架间跨接接地线的最小截面积应符合下表的规定： **配电柜门和框架间跨接接地线的最小截面积（mm²）** 表格见下	目测及扳动检查

额定工作电流 I_e（A）	接地线的最小截面积
$I_e \leqslant 25$	2.5
$25 < I_e \leqslant 32$	4
$32 < I_e \leqslant 63$	6
$63 < I_e$	10

序号	检查重点	标　准　要　求	检查方法
16	配电盘三相电压、三相电流平衡性	**国家标准《建设工程施工现场供用电安全规范》（GB 50194—2014）** **6.1.5** 低压配电系统的三相负荷宜保持平衡，最大相负荷不宜超过三相负荷平均值的115%，最小负荷不宜小于三相负荷平均值的85%。 **6.1.6** 用电设备端的电压偏差允许值宜符合下列规定： 　1 一般照明：宜为+5%～-10%额定电压。 　2 一般用途电机：宜为±5%额定电压。 　3 其他用电设备：当无特殊规定时宜为±5%额定电压	钳形电流表、电压表实测检查
17	断路器保护参数的设置	**1. 国家标准《建设工程施工现场供用电安全规范》（GB 50194—2014）** **6.4.2** 总配电箱、分配电箱的电器应具备正常接通与分段电路，以及短路、过负荷、接地故障保护功能。电器设置应符合下列规定： 　1 总配电箱、分配电箱进线应设置隔离开关、总断路器，当采用带隔离功能的断路器时，可不设置隔离开关。各分支回路应设置具有短路、过负荷、接地故障保护功能的电器。 　2 总断路器的额定值应与分断路器的额定值相匹配。 **6.4.5** 末级配电箱中各种开关电器的额定值和动作整定值应与其控制用电设备的额定值和特性相适应。 **2. 建筑行业标准《施工现场临时用电安全技术规范》（JGJ 46—2005）** **8.2.7** 开关箱中各种开关电器的额定值和动作整定值应与其控制用电设备的额定值和特性相适应	目测结合对照电气保护整定记录检查
18	漏电保护器参数的设置	**1. 国家标准《建设工程施工现场供用电安全规范》（GB 50194—2014）** **6.4.7** 当配电系统设置多级剩余电流动作保护时，每两级之间应有保护性配合，并应符合下列规定： 　1 末级配电箱中的剩余电流保护器的额定动作电流不应大于30mA，分断时间不应大于0.1s。 　2 当分配电箱中装设剩余电流保护器时，其额定动作电流不应小于末级配电剩余电流保护值的3倍，分断时间不应大于0.3s。 　3 当总配电箱中装设剩余电流保护器时，其额定动作电流不应小于分配电箱中剩余电流保护值的3倍，分断时间不应大于0.5s。 **6.4.8** 剩余电流保护器应用专用仪器检测其特性，且每月不应少于1次，发现问题应及时修理或更换。	使用漏电保护测试仪现场实测检查。漏电保护器测试仪操作示意图如图2-18-2所示

序号	检查重点	标 准 要 求	检查方法
18	漏电保护器参数的设置	**6.4.9** 剩余电流保护器每天使用前应启动试验按钮试跳一次，试跳不正常时不得继续使用。 **2. 建筑行业标准《施工现场临时用电安全技术规范》(JGJ 46—2005)** **8.2.10** 开关箱中漏电保护器的额定漏电动作电流不应大于30mA，额定漏电动作时间不应大于0.1s。 使用于潮湿或有腐蚀介质场所的漏电保护器应采用防溅型产品，其额定漏电动作电流不应大于15mA，额定漏电动作时间不应大于0.1s。 **8.2.11** 总配电箱中漏电保护器的额定漏电动作电流应大于30mA，额定漏电动作时间应大于0.1s，但其额定漏电动作电流与额定漏电动作时间的乘积不应大于30mA·s。 **8.2.14** 漏电保护器应按产品说明书安装、使用。对搁置已久重新使用或连续使用的漏电保护器应逐月检测其特性，发现问题应及时修理或更换	
19	管理体系	**国家标准《建设工程施工现场供用电安全规范》(GB 50194—2014)** **12.0.1** 供用电设施的管理应符合下列规定： 　1 供用电设施投入运行前，应建立、健全供用电管理机构，设立运行、维修专业班组并明确职责及管理范围。 　2 应根据用电情况制订用电、运行、维修等管理制度以及安全操作规程。运行、维护专业人员应熟悉有关规章制度。 　3 应建立用电安全岗位责任制，明确各级用电安全负责人	检查相关文件资料
20	配电盘技术信息	**国家标准《建设工程施工现场供用电安全规范》(GB 50194—2014)** **6.3.18** 配电箱应有名称、编号、系统图及分路标记	现场配电盘信息与系统图对照检查
21	施工用电盘柜巡检记录	**国家标准《建设工程施工现场供用电安全规范》(GB 50194—2014)** **12.0.3** 供用电设施的日常运行、维护应符合下列规定： 　1 变配电所运行人员单独值班时，不得从事检修工作。 　2 应建立供用电设施巡视制度及巡视记录台账。 　3 配电装置和变压器，每班应巡视检查1次。 　4 配电线路的巡视和检查，每周不应少于1次。 　5 配电设施的接地装置应每半年检测1次。 　6 剩余电流动作保护器应每月检测1次。 　7 保护导体（PE）的导通情况应每月检测一次	检查巡检记录
22	漏电保护器检验试验记录	**国家标准《建设工程施工现场供用电安全规范》(GB 50194—2014)** **6.4.7** 当配电系统设置多级剩余电流动作保护时，每两级之间应有保护性配合，并应符合下列规定： 　1 末级配电箱中的剩余电流保护器的额定动作电流不应大于30mA，分断时间不应大于0.1s。 　2 当分配电箱中装设剩余电流保护器时，其额定动作电流不应小于末级配电箱剩余电流保护值的3倍，分断时间不应大于0.3s。 　3 当总配电箱中装设剩余电流保护器时，其额定动作电流不应小于分配电箱中剩余电流保护值的3倍，分断时间不应大于0.5s。 **6.4.8** 剩余电流保护器应用专用仪器检测其特性，且每月不应少于1次，发现问题应及时修理或更换。 **6.4.9** 剩余电流保护器每天使用前应启动试验按钮试跳一次，试跳不正常时不得继续使用	检查试验记录

续表

序号	检查重点	标 准 要 求	检查方法
23	施工箱变接地网接地电阻值测试报告	**1. 国家标准《建设工程施工现场供用电安全规范》（GB 50194—2014）** **3.3.1** 供用电工程施工完毕，电气设备应按现行国家标准《电气装置安装工程电气设备交接试验标准》GB 50150 的规定试验合格。 **8.1.5** 当高压设备的保护接地与变压器的中性点接地分开设置时，变压器中性点接地的接地电阻不应大于4Ω；当受条件限制高压设备的保护接地与变压器的中性点接地无法分开设置时，变压器中性点的接地电阻不应大于1Ω。 **2. 建筑行业标准《施工现场临时用电安全技术规范》（JGJ 46—2005）** **5.3.1** 单台容量超过100kVA或使用同一接地装置并联运行且总容量超过100kVA的电力变压器或发电机的工作接地电阻值不得大于4Ω。 　　单台容量不超过100kVA或使用同一接地装置并联运行且总容量不超过100kVA的电力变压器或发电机的工作接地电阻值不得大于10Ω。 　　在土壤电阻率大于1000Ω·m的地区，当达到上述接地电阻值有困难时，工作接地电阻值可提高到30Ω	现场实测结合检查试验报告
24	配电盘就近重复接地装置接地电阻值测试报告	**国家标准《建设工程施工现场供用电安全规范》（GB 50194—2014）** **8.1.2** TN-S系统应符合下列规定： 1 总配电箱、分配电箱及架空线路终端，其保护导体（PE）应做重复接地，接地电阻不宜大于10Ω	检查试验报告
25	配电盘接地母线至箱变接地网导通电阻测试报告	**国家标准《建设工程施工现场供用电安全规范》（GB 50194—2014）** **6.3.12** 配电箱的金属箱体、金属电器安装板以及电器正常不带电的金属底座、外壳应通过保护导体（PE）汇流排可靠接地	检查试验报告

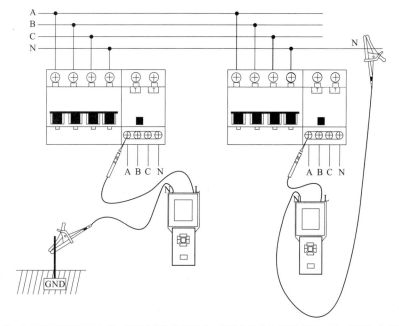

注：如果需要测量三相电路，则黑色鳄鱼夹测试线一端插入仪表的"N"接口，另一端鳄鱼夹夹到被测试的漏电保护器的地线桩上或零线上；红色表笔测试丝一端插入仪表的"L"接口，另一端分别去触碰漏电保护器输出端的A、B、C进行测试。

图 2-18-2 漏电保护器测试仪操作示意图

第五节　用电设备

用电设备是作业人员直接使用、操作的电器装置，其自身电气安全性能对作业人员的人身安全有直接关系。用电设备主要有电力拖动机械、焊接及热处理设备、照明暖通设备及手持工器具等。用电设备安全检查重点、要求及方法见表 2－18－4。

表 2－18－4　　　　　　　　　　用电设备安全检查重点、要求及方法

序号	检查重点	标　准　要　求	检查方法
1	用电设备认证标识	国家标准《建设工程施工现场供用电安全规范》（GB 50194—2014） 10.1.1　办公、生活用电器应符合国家产品认证标准	检查认证标识
2	用电设备线缆完好性	国家标准《建设工程施工现场供用电安全规范》（GB 50194—2014） 6.3.11　配电箱内的导线与电器元件的连接应牢固、可靠。导线端子规格与线芯截面适配，接线端子应完整，不应减小截面积。 6.4.1　配电箱内的电器应完好，不应使用破损及不合格的电器	目测检查
3	电动工具电源线型式	国家标准《建设工程施工现场供用电安全规范》（GB 50194—2014） 9.2.4　电动工具的电源线，应采用橡皮绝缘橡皮护套铜芯软电缆。电缆应避开热源，并应采取防止机械损伤的措施	目测检查
4	用电设备接地	1. 国家标准《电气装置安装工程　接地装置施工及验收规范》（GB 50169—2016） 4.13.1　携带式和移动式用电设备应用专用的绿/黄双色绝缘多股软铜绞线接地。移动式用电设备的接地线截面积不应小于 2.5mm²，携带式用电设备的接地线截面积不应小于 1.5mm²。 2. 建筑行业标准《施工现场临时用电安全技术规范》（JGJ 46—2005） 5.1.9　保护零线必须采用绝缘导线。 配电装置和电动机械相连的 PE 线应为截面不小于 2.5mm² 的绝缘多股铜线。手持式电动工具的 PE 线应为截面不小于 1.5mm² 的绝缘多股铜线 9.1.2　塔式起重机、外用电梯、滑升模板的金属操作平台及需要设置避雷装置的物料提升机，除应连接 PE 线外，还应做重复接地。设备的金属结构构件之间应保证电气连接。 9.1.3　手持式电动工具中的塑料外壳Ⅱ类工具和一般场所手持式电动工具中的Ⅲ类工具可不连接 PE 线。	米尺测量检查
5	手持电动工具漏电保护器设置	建筑行业标准《施工现场临时用电安全技术规范》（JGJ 46—2005） 9.6.1　空气湿度小于 75％ 的一般场所可选用Ⅰ类或Ⅱ类手持式电动工具，其金属外壳与 PE 线的连接点不得少于 2 处；除塑料外壳Ⅱ类工具外，相关开关箱中漏电保护器的额定漏电动作电流不应大于 15mA，额定漏电动作时间不应大于 0.1s，其负荷线插头应具备专用的保护触头。所用插座和插头在结构上应保持一致，避免导电触头和保护触头混用	检查漏保设置参数结合现场使用漏电保护测试仪实测
6	电焊机把钳、线缆及接地型式	国家标准《建设工程施工现场供用电安全规范》（GB 50194—2014） 9.4.2　电焊机的外壳应可靠接地，不得串联接地。 9.4.5　电焊把钳绝缘应良好。 9.4.7　电焊机一次侧的电源电缆应绝缘良好，其长度不宜大于 5m。	米尺测量检查

序号	检查重点	标 准 要 求	检查方法
6	电焊机把钳、线缆及接地型式	**9.4.8** 电焊机的二次线应采用橡皮绝缘橡皮护套铜芯软电缆，电缆长度不宜大于 30m，不得采用金属构件或结构钢筋代替二次线的地线	
7	潜水泵电源线符合要求	国家标准《建设工程施工现场供用电安全规范》（GB 50194—2014） **9.5.4** 潜水泵电机的电源线应采用具有防水性能的橡皮绝缘橡皮护套铜芯软电缆，且不得承受外力。电缆在水中不得有中间接头	目测检查
8	机械设备电源线型式	国家标准《建设工程施工现场供用电安全规范》（GB 50194—2014） **9.5.5** 混凝土搅拌机、插入式振动器、平板振动器、地面抹光机、水磨石机、钢筋加工机械、木工机械等设备的电源线应采用耐气候型橡皮护套铜芯软电缆，并不得有任何破损和接头	目测检查
9	照明装置的选型	1. 电力行业标准《电力建设安全工作规程 第 1 部分：火力发电》（DL 5009.1—2014） **4.5.4** 用电及照明应符合以下规定： 　13　现场的临时照明线路应相对固定，并经常检查、维修。照明灯具的悬挂高度应不低于 2.5m，并不得任意挪动；低于 2.5m 时应设保护罩。 　14　易燃、易爆环境中应采用相应等级的防爆或隔爆型电气设备和照明灯具，其控制设备应安装在安全的隔离墙外或与该区域有一定安全距离的配电箱或控制箱中。 　15　散发大量蒸汽、气体或粉尘的场所应采用密闭型电气设备、隔爆型照明灯具。 　16　在坑井、沟道、沉箱内或独立的高层构筑物上使用的照明装置，应采用独立电源。 　18　严禁使用碘钨灯等高耗能灯具。 　19　工棚内的照明线应采用绝缘线槽或绝缘保护管防护，电线、电缆穿墙时应装设绝缘套管。管、槽内的导线不得有接头。 　20　潮湿环境中应使用防水型照明灯具，防护等级应满足潮湿环境的安全使用要求。 2. 建筑行业标准《施工现场临时用电安全技术规范》（JGJ 46—2005） **10.3.2** 室外 220V 灯具距地面不得低于 3m，室内 220V 灯具距地面不得低于 2.5m。 　普通灯具与易燃物距离不宜小于 300mm；聚光灯、碘钨灯等高热灯具与易燃物距离不宜小于 500mm，且不得直接照射易燃物。达不到规定安全距离时，应采取隔热措施。 **10.3.5** 碘钨灯及钠、铊、铟等金属卤化物灯具的安装高度宜在 3m 以上，灯线应固定在接线柱上，不得靠近灯具表面	用尺实测
10	行灯的选型	1. 国家标准《建设工程施工现场供用电安全规范》（GB 50194—2014） **10.2.3** 照明灯具的选择应符合下列规定： 　1　照明灯具应根据施工场环境条件设计并应选用防水型、防尘型、防爆型灯具； 　2　行灯应采用Ⅲ类灯具，采用安全特低电压系统（SELV），其额定电压值不应超过 24V； 　3　行灯灯体及手柄绝缘应良好、坚固、耐热、耐潮湿，灯头与灯体应结合紧密，灯体外部应有金属保护网、反光罩及悬吊挂钩，	目测结合万用表测量检查

序号	检查重点	标　准　要　求	检查方法
10	行灯的选型	挂钩应固定在灯具的绝缘手柄上。 **10.2.4** 严禁利用额定电压 220V 的临时照明灯具作为行灯使用。 **10.2.5** 下列特殊场所应使用安全特低电压系统（SELV）供电的照明装置，且电源电压符合下列规定： 　1 下列特殊场所的安全特低电压系统照明电源电压不应大于 24V： 　1）金属结构架构场所。 　2）隧道、人防等地下空间。 　3）有导电粉尘、腐蚀介质、蒸汽及高温炎热的场所。 　2 下列特殊场所的特低电压系统照明电源电压不应大于 12V： 　1）相对湿度长期处于 95％ 以上的潮湿场所。 　2）导电良好的地面、狭窄的导电场所。 **10.2.6** 为特地电压照明装置供电的变压器应符合下列规定： 　1 应采用双绕组型安全隔离变压器；不得使用自耦变压器。 　2 安全隔离变压器二次回路不应接地。 **10.2.7** 行灯变压器严禁带入金属容器或金属管道内使用。 **11.4.6** 潮湿环境中使用的行灯电压不应超过 12V。其电源线应使用橡皮绝缘橡皮护套铜芯软电缆。 **2. 电力行业标准《电力建设安全工作规程 第 1 部分：火力发电》（DL 5009.1—2014）** **4.5.4** 用电及照明应符合以下规定： 　21 行灯的电压不超过 36V，潮湿场所、金属容器及管道内的行灯电压不得超过 12V。行灯应有保护罩，其电源线应使用橡胶软电缆。 　22 行灯照明电源必须使用双绕组安全隔离变压器，其一、二次侧都应有过载保护。行灯变压器应有防水措施，其金属外壳及二次绕组的一端均应接地或接零。不得使用自耦变压器。严禁将行灯照明的隔离变压器带进金属容器、金属管道或密闭容器内使用。 　25 严禁用 220V 的灯具作为行灯使用。 **3. 建筑行业标准《施工现场临时用电安全技术规范》（JGJ 46—2005）** **10.2.2** 下列特殊场所应使用安全特低电压照明器： 　1 隧道、人防工程、高温、有导电灰尘、比较潮湿或灯具离地面高度低于 2.5m 等场所的照明，电源电压不应大于 36V； 　2 潮湿和易触及带电体场所的照明，电源电压不得大于 24V； 　3 特别潮湿场所、导电良好的地面、锅炉或金属容器内的照明，电源电压不得大于 12V。 **10.2.5** 照明变压器必须使用双绕组型安全隔离变压器，严禁使用自耦变压器	
11	电气起重设施的接地	**国家标准《建设工程施工现场供用电安全规范》（GB 50194—2014）** **9.3.3** 塔式起重机电源进线的保护导体（PE）应做重复接地，塔身应做防雷接地。轨道式塔式起重机接地装置的设置应符合下列规定： 　1 轨道两端头应各设置一组接地装置。 　2 轨道的接头处做电气搭接，两头轨道端部应做环形电气连接。 　3 较长轨道每隔 20m 应加一组接地装置	目测检查
12	集装箱、铁皮房的接地	**电力行业标准《电力建设安全工作规程 第 1 部分：火力发电》（DL 5009.1—2014）** **4.5.5** 接地及接零应符合下列规定： 　8 施工现场，下列电气设备的外露可导电部分及设施均应接地： 　13）铁制集装箱式办公室、休息室、工具房及储物间的金属外壳	目测结合接地摇表实测

第三篇

管理资料检查

第一章

概　　述

在电力建设工程施工安全管理检查活动中发现，安全管理的基础资料也就是通常说的内业资料管理较差。近些年国家能源局、应急管理部、市场监管总局、住建部等陆续下发了很多政策、法规、标准要求等，都在强调安全管理的基础工作一定要做好，尤其是《中华人民共和国安全生产法》又于2021年进行了修订，强调安全管理也必须依法行事，这就要求我们广大的施工技术、安全等管理人员必须注重安全的基础管理工作。通俗地讲，最核心的就是不仅仅是要遵章守法按照标准规范施工，而且还必须按照相关规定做好资料的留存、归类、保管等工作，做到"四个凡是"，即"凡事有章可循、凡事有人负责、凡事有据可查、凡事有人检查考核"。如何体现你的安全管理工作做好了？现场的硬件是一方面，留存的资料软件也是很重要的一方面，尤其是涉及有些追溯性的比如事故调查等问题，就显得更为重要。因此，本篇内容的重点是以《电力工程施工企业安全生产标准化规范及达标评级标准》（国能安全〔2014〕148号）和《电力建设工程施工安全管理导则》（NB/T 10096—2018）为主线，分析施工项目部应该至少做好哪些资料的形成、收集和整理，这些都是我们实际管理工作的汇结，工作留痕的一种体现。清晰、完整的安全管理内业资料是可追溯性文件，是项目依法依规管理的证据，所以做好安全资料管理对电力建设工程安全管理的程序性、合法性有着重要意义。

第二章

电力建设工程安全管理标准化制度

　　安全管理标准化制度是生产经营单位贯彻落实国家有关法律法规、国家和行业标准的基本手段，是生产经营单位有效防范生产、经营过程安全生产风险，保障从业人员的安全和健康，加强安全生产管理的重要措施。生产经营单位是安全生产的责任主体，国家有关法律法规对生产经营单位加强安全规章制度建设有明确的要求，《中华人民共和国安全生产法》第四条规定"生产经营单位必须遵守本法和其他有关安全生产的法律、法规，加强安全生产管理，建立健全全员安全生产责任制和安全生产规章制度，加大对安全生产资金、物资、技术、人员的投入保障力度，改善安全生产条件，加强安全生产标准化、信息化建设，构建安全风险分级管控和隐患排查治理双重预防机制，健全风险防范化解机制，提高安全生产水平，确保安全生产"；《中华人民共和国突发事件应对法》第二十二条规定"所有单位应当建立健全安全管理制度，定期检查本单位各项安全防范措施的落实情况，及时消除事故隐患……"；《中华人民共和国特种设备安全法》第七条规定"特种设备生产、经营、使用单位应当遵守本法和其他有关法律、法规，建立、健全特种设备安全和节能责任制度，加强特种设备安全和节能管理，确保特种设备生产、经营、使用安全，符合节能要求"。所以，建立、健全安全规章制度是国家有关安全生产法律法规明确的生产经营单位的法定责任。根据《电力建设工程施工安全管理导则》（NB/T 10096—2018）、《电力工程施工企业安全生产标准化规范及达标评级标准》（国能安全〔2014〕148 号）、《建筑施工安全检查标准》（JGJ 59—2011）等要求，电力建设工程安全管理标准化制度应包含但不限于以下内容：

　　（1）安全生产委员会工作制度。

　　（2）安全责任制度。

　　（3）安全教育培训制度。

　　（4）安全工作例会制度。

　　（5）施工分包安全管理制度。

　　（6）安全施工措施交底制度。

　　（7）安全施工作业票管理制度。

　　（8）文明施工管理制度。

　　（9）施工机械、工器具安全管理制度。

　　（10）脚手架搭拆、使用管理制度。

（11）临时用电管理制度。

（12）危险源、有害因素辨识与控制管理制度。

（13）消防保卫管理制度。

（14）交通安全管理制度。

（15）安全检查制度。

（16）隐患排查治理管理制度。

（17）安全奖惩制度。

（18）特种作业人员管理制度。

（19）危险物品及重大危险源管理制度。

（20）现场安全设施和防护用品管理制度。

（21）应急管理制度。

（22）职业健康管理制度。

（23）安全费用管理制度。

（24）事故调查、处理、统计、报告制度。

第三章

安全管理基础资料检查内容及要求

第一节 安全生产目标

安全生产目标检查内容及要求见表 3 - 3 - 1。

表 3 - 3 - 1　　　　　　　安全生产目标检查内容及要求

序号	检查项目	标　准　要　求	形成资料	资料要求	备注
1	目标制定与分解	**1.《电力工程施工企业安全生产标准化规范及达标评级标准》（国能安全〔2014〕148 号）** **5.1.1　目标的制定** 项目部应有效地分解企业及工程建设项目的安全生产目标。 安全生产目标应经企业（项目部）主要负责人审批，并以文件的形式发布。 项目部各相关部门应根据工程建设项目安全生产目标，制定相应的分级目标。 **2. 能源行业标准《电力建设工程施工安全管理导则》（NB/T 10096—2018）** **9.1.1**　建设单位应结合工程实际，制订工程安全生产目标和年度安全生产目标。勘察设计、施工、监理单位应有效分解建设单位制订的工程安全生产目标和年度安全生产目标。 **9.1.2**　安全生产目标应包含人员、机械设备、交通、火灾、环境、职业卫生等事故的指标。 **9.2.2**　工程总承包、勘察设计、施工、监理单位安全生产管理指标及保证措施应经本单位安委会讨论通过，经主要负责人审批后以文件的形式发布	1. 项目部年度 安 全 生 产目标。 2. 项目部各相关部门年度安全生产目标	1. 安全生产目标经主要负责人审批，并发布。 2. 安 全 生 产目标包含人员、机械、目标设备、交通、火灾、环境等事故方面的控制指标	项目部要结合建设单位及企业安全生产目标，制定项目部安全生产目标（可在工作计划中明确发布）
2	目标控制与实施	**1.《电力工程施工企业安全生产标准化规范及达标评级标准》（国能安全〔2014〕148 号）** **5.1.2　目标的控制与实施**	项目部年度安全生产目标责任书或年度安全生产工作计划	1. 项目部应根据确定的安全生产目标，明确重点工作及措施，	

序号	检查项目	标 准 要 求	形成资料	资料要求	备注
2	目标控制与实施	项目部应根据本单位安全生产目标及工程建设项目安全生产目标，制定具体、可操作的保证措施，明确责任人，并严格实施。 **2. 能源行业标准《电力建设工程施工安全管理导则》(NB/T 10096—2018)** 9.2.1 工程总承包、勘察设计、施工、监理单位应对工程年度安全生产目标制定安全生产管理指标和具体、可操作的保证措施，落实到部门、岗位		并形成工作任务分解表，明确具体责任人、部门。 2. 施工过程中有新增责任单位应及时补充签订安全生产责任书。 3. 安全生产目标控制措施要明确责任单位、时间频次及形成资料等内容	
3	目标监督与考核	**1.《电力工程施工企业安全生产标准化规范及达标评级标准》(国能安全〔2014〕148号)** 5.1.3 目标的监督与考核 项目部应定期对本企业/项目部安全生产目标保证措施的实施情况进行监督检查，并保存有关记录。 项目部对安全生产目标完成情况进行评价、考核，并形成记录。 **2. 能源行业标准《电力建设工程施工安全管理导则》(NB/T 10096—2018)** 9.3.1 参建单位应定期组织对安全生产目标完成情况进行监督、检查与纠偏并保存有关记录。 9.3.2 参建单位应结合工程实际情况，严格落实安全目标保证措施并进行动态调整。 9.3.3 参建单位应对安全生产目标完成情况进行评估与考核；评估报告应形成文件并保存	1. 安全生产目标措施实施情况的定期检查记录及纠偏措施。 2. 安全生产目标完成情况评估、考核记录	1. 安全生产目标措施实施情况检查频次按照本单位制度执行。 2. 安全生产目标评估报告应由相关支撑性材料佐证。 3. 安全生产目标考核应有明确的考核依据	可结合项目月度安全例会进行，在召开会议时，对安全生产目标完成情况在会议报告中体现

第二节 组织机构与职责

组织机构与职责检查内容及要求见表3-3-2。

表3-3-2　　　　　　　　组织机构与职责检查内容及要求

序号	检查项目	标 准 要 求	形成资料	资料要求	备注
1	安委会	**1.《电力工程施工企业安全生产标准化规范及达标评级标准》(国能安全〔2014〕148号)** 5.2.1 安委会	1. 安委会工作制度。 2. 成立安委会的文件。	1. 安委会成立及调整的文件要进行正式发布。	

序号	检查项目	标 准 要 求	形成资料	资料要求	备注
1	安委会	工程建设项目应成立以建设单位（项目部）主要负责人为主任，各参建单位现场负责人为成员的安全生产委员会（以下简称安委会），明确职责，建立健全工作制度和例会制度…… **2. 能源行业标准《电力建设工程施工安全管理导则》（NB/T 10096—2018）** 6.1 安全生产委员会 6.1.2 安委会 b）施工（或工程总承包）单位应成立由项目主要负责人为主任，各专业、管理部门负责人与各分包施工单位主要负责人为成员的安委会。 c）参建单位安委会的组建应以正式文件确认，成员发生变动，应及时予以调整	3. 安委会调整文件。 4. 安委会会议纪要	2. 安委会每季度召开一次。 3. 安委会应由项目第一负责人主持召开。 4. 安委会会议纪要中涉及改进措施的，应在下一次安委会会议纪要中要有落实记录	
2	安全生产保证体系	**1.《电力工程施工企业安全生产标准化规范及达标评级标准》（国能安全〔2014〕148号）** 5.2.2 安全生产保证体系 项目部应建立以主要负责人为组长，相关部门及单位主要负责人为成员的安全生产保证体系…… **2. 能源行业标准《电力建设工程施工安全管理导则》（NB/T 10096—2018）** 6.2 安全生产保证体系 6.2.1 参建单位应建立以主要负责人为核心的安全生产保证体系，保障安全生产的人员、物资、费用、技术等资源落实到位，各级人员应具备相应的任职资格和能力。 6.2.2 参建单位主要负责人应每月主持召开安全工作例会，总结、布置安全文明施工工作，提出改进措施并形成会议记录	1. 安全生产保证体系网络图。 2. 安全生产工作会议制度。 3. 月度安全例会记录	1. 安全生产保证体系网络图要根据人员变动及时进行更新。 2. 安全例会记录包括：会议签到卡、会议主要内容记录	
3	安全生产监督体系	**1.《电力工程施工企业安全生产标准化规范及达标评级标准》（国能安全〔2014〕148号）** 5.2.3 安全生产监督体系 项目部应按国家相关规定设立安全生产监督管理机构，配备专职安全生产管理人员，建立健全安全生产监督网络，落实企业及工程建设项目的安全监督管理工作，…… 安全管理人员对危险性较大的工作应进行现场监督。 **2. 能源行业标准《电力建设工程施工安全管理导则》（NB/T 10096—2018）** 6.3.1 参建单位应按国家相关规定建立健全安全生产监督网络，设立安全生产监督管理机构，配备专职安全生产管理人员，组织排查生产安全事故隐患，督促落实生产安全事故隐患整改措施。 6.3.2 参建单位安全监督机构应定期召开安全监督会议，并做好会议记录；检查安全生产状况，提出改进安全生产管理的建议	1. 项目部设立安全监督机构的文件。 2. 安全生产监督体系网络图。 3. 安全管理人员台账及证件。 4. 安全监督例会记录。 5. 危大工程旁站监督记录	1. 安全管理人员数量要符合法律法规要求。 2. 安全监督人员检查记录提出问题要有闭环内容。 3. 危大工程项目有安全管理人员旁站监督，旁站监督记录应完整，无遗漏。 4. 按规定召开安全监督网络会议	

序号	检查项目	标 准 要 求	形成资料	资料要求	备注
4	安全职责	**1.《电力工程施工企业安全生产标准化规范及达标评级标准》（国能安全〔2014〕148号）** **5.2.4 安全职责** 项目部应制定安全生产责任制，明确各级、各部门及岗位人员的安全职责，经批准后以文件形式发布。 各级、各岗位人员要认真履行岗位安全生产职责，严格执行安全生产规章制度。 **2. 能源行业标准《电力建设工程施工安全管理导则》（NB/T 10096—2018）** **7.1 基本要求** 建设工程应按照"党政同责、一岗双责、齐抓共管、失职追责""管生产必须管安全"和"管业务必须管安全"的原则，建立健全以各级主要负责人为安全第一责任人的安全生产责任制，全面落实企业安全生产主体责任	1. 安全生产职责制度。 2. 各级岗位人员安全生产职责履职考核记录。	1. 制度要以文件形式发布。 2. 各级岗位人员安全生产职责履职考核按照制度要求定期进行考核	

第三节 安全生产费用

安全生产费用检查内容及要求见表3-3-3。

表3-3-3　　　　　　　　安全生产费用检查内容及要求

序号	检查项目	标 准 要 求	形成资料	资料要求	备注
1	制度建设	能源行业标准《电力建设工程施工安全管理导则》（NB/T 10096—2018） **11.1 基本要求** 电力建设工程施工参建单位应当按照规定提取和使用安全生产费用，专门用于改善安全生产条件。安全生产费用在成本中据实列支。 参建单位应明确安全生产费用的申请、审核审批、支付、使用、统计、分析、检查等工作要求，明确使用管理程序、职责及权限等，确保按规定足额使用安全生产费用	安全生产费用管理制度	制度中应明确安全生产费用的提取和使用程序、使用范围、职责及权限	
2	费用使用	**1.《企业安全生产费用提取和使用管理办法》（财企〔2012〕16号）** 第十九条　建设工程施工企业安全费用应当按照以下范围使用： （一）完善、改造和维护安全防护设施设备支出（不含"三同时"要求初期投入的安全设施），包括施工现场临时用电系统、洞	1. 年度安全生产费用使用计划。 2. 安全生产费用月度统计台账。	1. 安全生产费用应提供有效的佐证材料，如安全物资采购发票等，不能提供发票的如防护栏杆的搭设等，应	安全生产费用的统计按照规定要在财务进行专账核算，使用情况在项目财务资料进行核查

序号	检查项目	标 准 要 求	形成资料	资料要求	备注
2	费用使用	口、临边、机械设备、高处作业防护、交叉作业防护、防火、防爆、防尘、防毒、防雷、防台风、防地质灾害、地下工程有害气体监测、通风、临时安全防护等设施设备支出； （二）配备、维护、保养应急救援器材、设备支出和应急演练支出； （三）开展重大危险源和事故隐患评估、监控和整改支出； （四）安全生产检查、评价（不包括新建、改建、扩建项目安全评价）、咨询和标准化建设支出； （五）配备和更新现场作业人员安全防护用品支出； （六）安全生产宣传、教育、培训支出； （七）安全生产适用的新技术、新标准、新工艺、新装备的推广应用支出； （八）安全设施及特种设备检测检验支出； （九）其他与安全生产直接相关的支出。 **2. 能源行业标准《电力建设工程施工安全管理导则》（NB/T 10096—2018）** **11.2 安全生产费用的使用范围** **11.2.1** 完善、改造和维护安全防护设施、设备支出（不含"三同时"要求初期投入的安全设施）…… **11.2.9** 其他与安全生产直接相关的支出。 **11.3 安全生产费用的计取** **11.3.4** 施工单位应依据《企业安全生产费用提取和使用管理办法》（财企〔2012〕16号）的规定单独计列和提取安全生产费用。 **11.3.5** 实行专业分包的，分包合同中应明确分包项目的安全生产费用，由发包单位支付并监督使用。 **11.4 安全生产费用使用** **11.4.4** 施工单位应建立安全生产费用使用审批程序，保证安全生产费用投入，专户核算、专款专用，并建立安全生产费用使用管理台账。 **3.《电力工程施工企业安全生产标准化规范及达标评级标准》（国能安全〔2014〕148号）** **5.3.1 费用管理** 项目部应制定安全费用使用计划和实施需要，经审批后严格实施。 项目部应建立安全生产费用使用管理台账，台账应做到月度统计、年度汇总，根据统计和汇总分析及时调整安全生产费用的使用比例	3. 安全费用的有效证据	付签证单等资料。 2. 安全生产费用应按照规定的使用范围归类统计	

续表

序号	检查项目	标 准 要 求	形成资料	资料要求	备注
3	监督检查	能源行业标准《电力建设工程施工安全管理导则》（NB/T 10096—2018） 11.5 安全生产费用使用管理的监督检查 11.5.3 施工单位应定期组织对本单位（包括分包单位）安全生产费用使用情况进行监督检查，对存在的问题进行整改。 11.5.4 实行工程总承包的，建设单位应及时拨付安全生产费用并监督使用。工程总承包单位对安全生产费用的使用负总责，分包单位对所承包工程的安全生产费用的使用负直接责任。 　工程总承包单位应当定期检查评价分包单位施工现场安全生产情况和安全生产费用使用情况。 11.5.5 参建单位应定期以适当的方式披露安全生产费用提取和使用情况	安全生产费用使用管理监督检查记录	检查内容包括投入费用是否满足要求、投入范围是否符合要求、是否按要求进行统计等	此内容为项目部所属单位对项目安全生产费用的监督检查，建设单位对承包单位安全生产费用的检查

第四节　法律法规与安全管理制度

法律法规与安全管理制度检查内容及要求见表3-3-4。

表3-3-4　　　　　　　　法律法规与安全管理制度检查内容及要求

序号	检查项目	标 准 要 求	形成资料	资料要求	备注
1	法律法规	**1.《电力工程施工企业安全生产标准化规范及达标评级标准》（国能安全〔2014〕148号）** 5.4.1 法律法规、标准规范 　项目部应及时识别获取并严格遵守所在地安全生产有关要求。 **2. 能源行业标准《电力建设工程施工安全管理导则》（NB/T 10096—2018）** 8.1 安全生产管理制度编制 8.1.1 基本要求 　a）参建单位应建立安全生产法律法规、标准规范的识别、获取制度，及时识别、获取适用的安全生产法律法规、标准规范	1. 安全生产法律法规、标准规范的识别、获取制度。 2. 项目部适用的法律法规、标准规范清单	法律法规、标准规范不应存在过期失效文件，每半年/年进行更新	项目部应有本单位安全生产法律法规、标准规范的识别、获取制度
2	规章制度	**1. 能源行业标准《电力建设工程施工安全管理导则》（NB/T 10096—2018）** 8.1 安全生产管理制度编制 8.1.1 基本要求 　b）建设单位以外的其他参建单位应依据国家有关安全生产的法律法规、标准规范及建设单位的安全生产管理制度要求，制定适	1. 安全生产管理制度。 2. 安全生产管理制度评审发布记录。 3. 安全生产管理制度宣贯学习记录	1. 安全管理制度不应该缺项。 2. 安全管理制度应由第一负责人签发。 3. 安全管理制度应发放到相	

序号	检查项目	标 准 要 求	形成资料	资料要求	备注
2	规章制度	合本项目的规章制度，使安全生产工作制度化、规范化、标准化。 **8.2 安全生产管理制度发布、宣传贯彻** **8.2.1** 安全生产管理制度应经过相关部门的评审，经项目安全第一责任人批准后发布实施，并及时传达到相关单位、部门、工作岗位，保证现场各单位人员能方便查询和学习。 **8.2.3** 各单位应专门组织相关人员对安全管理制度及安全操作规程进行学习和宣贯。 **2.《电力工程施工企业安全生产标准化规范及达标评级标准》（国能安全〔2014〕148号）** **5.4.2 规章制度** 项目部应根据工程实际和工程建设单位要求，建立和完善安全生产规章制度和实施细则，并发布实施。 安全生产规章制度应及时传达到相关单位、部门、工作岗位		关单位、部门和工作岗位	
3	上级要求	**《电力工程施工企业安全生产标准化规范及达标评级标准》（国能安全〔2014〕148号）** **5.4.1 法律法规、标准规范** 项目部应及时传达、部署上级安全生产工作要求	1. 上级来文收发记录。 2. 上级文件宣贯学习记录	上级重要安全生产工作要求文件的落实记录	
4	操作规程	**能源行业标准《电力建设工程施工安全管理导则》（NB/T 10096—2018）** **8.2 安全生产管理制度发布、宣传贯彻** **8.2.2** 施工单位应根据岗位、工种特点，引用或编制适用的安全操作规程，并发放到相关岗位。 **8.2.3** 各单位应专门组织相关人员对安全管理制度及安全操作规程进行学习和宣贯	1. 安全操作规程。 2. 安全操作规程的发放记录。 3. 宣贯学习记录	1. 安全操作规程要涵盖施工全过程所涉及的所有机械、所有工种，不能有缺项。 2. 安全操作规程要发放到相关岗位、工种	
5	定期评审	**1.《电力工程施工企业安全生产标准化规范及达标评级标准》（国能安全〔2014〕148号）** **5.4.4 定期评审** 项目部每年至少对安全生产法律法规、标准规范、规章制度、操作规程的执行情况和适用情况进行一次评审。 **2. 能源行业标准《电力建设工程施工安全管理导则》（NB/T 10096—2018）** **8.3 安全生产管理制度评审和修订** **8.3.1** 建设工程参建单位应建立对安全管理制度进行定期评审和修订的机制。	评审记录	1. 对安全生产法律法规、标准规范、规章制度、操作规程适用性和执行情况逐项进行评审。适用性评审主要是指国家、行业新颁布（更新）的标准、规范等要求是否已纳入制度中。	

序号	检查项目	标 准 要 求	形成资料	资料要求	备注
5	定期评审	**8.3.2** 各单位应每年至少对安全生产法律法规、标准规范、规章制度、操作规程的执行情况和适用情况进行一次评审，并根据评审情况、安全检查反馈的问题、生产安全事故案例、绩效评定结果等，对安全生产管理规章制度和操作规程进行修订，确保其有效和适用		2. 每年至少组织一次评审	
6	修订	**1.**《电力工程施工企业安全生产标准化规范及达标评级标准》（国能安全〔2014〕148号） **5.4.5** 修订 企业（项目部）应根据评审情况、安全检查反馈的问题、生产安全事故案例、绩效评定结果等，对企业安全生产管理规章制度和安全操作规程进行修订，确保其有效和适用。 **2.** 能源行业标准《电力建设工程施工安全管理导则》（NB/T 10096—2018） **8.3** 安全生产管理制度评审和修订 **8.3.1** 建设工程参建单位应建立对安全管理制度进行定期评审和修订的机制。 **8.3.2** 各单位应每年至少对安全生产法律法规、标准规范、规章制度、操作规程的执行情况和适用情况进行一次评审，并根据评审情况、安全检查反馈的问题、生产安全事故案例、绩效评定结果等，对安全生产管理规章制度和操作规程进行修订，确保其有效和适用	修订记录	根据评审结果进行修订	

第五节　安全生产教育培训

安全生产教育培训检查内容及要求见表3-3-5。

表3-3-5　　　　　　　　安全生产教育培训检查内容及要求

序号	检查项目	标 准 要 求	形成资料	资料要求	备注
1	教育培训管理	**1.** 能源行业标准《电力建设工程施工安全管理导则》（NB/T 10096—2018） **10.1** 安全生产教育培训的基本要求 **10.1.1** 参建单位应明确安全教育培训主管部门或责任人，定期识别安全教育培训需求，制订、实施安全教育培训计划，有相应的资源保证。 **10.1.2** 参建单位应做好安全教育培训记录，建立安全教育培训台账，实施分级管理，并对培训效果进行验证、评估和改进。	1. 安全教育培训制度。 2. 安全教育培训计划。 3. 安全教育培训记录	1. 安全教育培训管理制度要明确安全教育培训主管部门或责任人。 2. 安全教育培训计划要及时发布。 3. 安全教育培训记录完整，	

序号	检查项目	标　准　要　求	形成资料	资料要求	备注
1	教育培训管理	**2.《电力工程施工企业安全生产标准化规范及达标评级标准》（国能安全〔2014〕148号）** 5.5.1　教育培训管理 　　项目部应做好安全教育培训记录，建立安全教育培训台账，实施分级管理，并对培训效果进行验证、评估和改进		台账健全，包括培训时间、培训内容、参加培训人员及考核结果、培训效果验证、评估等内容	
2	教育培训实施	**1. 能源行业标准《电力建设工程施工安全管理导则》（NB/T 10096—2018）** 10.2　主要负责人和安全生产管理人员安全生产教育培训的基本要求 10.2.1　参建单位主要负责人和安全生产管理人员应具备相应的安全生产知识和管理能力并考核合格…… 10.2.2　参建单位应定期开展管理人员、技术人员的安全教育培训…… 10.3　从业人员安全生产教育培训的基本要求 10.3.1　参建单位应定期对从业人员进行与其所从事岗位相应的安全教育培训…… 10.3.6　特种作业人员和特种设备操作人员应按有关规定接受专门的培训，经考核合格并取得有效资格证书后，方可上岗作业，并定期进行资格审查。 **2. 建筑行业标准《建筑施工安全检查标准》（JGJ 59—2011）** 3.1.3　安全管理保证项目的检查评定应符合下列规定： 　　5. 安全教育 　　2）当施工人员入场时，工程项目部应组织进行以国家安全法律法规、企业安全制度、施工现场安全管理规定及各工种安全技术操作规程为主要内容的三级安全教育培训和考核； 　　3）当施工人员变换工种或采用新技术、新工艺、新设备、新材料施工时，应进行安全教育培训； 　　4）施工管理人员、专职安全员每年度应进行安全教育培训和考核。 **3.《电力工程施工企业安全生产标准化规范及达标评级标准》（国能安全〔2014〕148号）** 5.5.2　安全管理人员教育培训 　　企业主要负责人、项目负责人和安全生产管理人员应经相应资质的培训机构培训合格……	1. 主要负责人及安全管理人员 ABC 证件及台账。 2. 特种作业人员和特种设备操作人员证件及台账。 3. 全员安全教育培训及考试记录。 4. 工作票签发人、工作负责人、工作许可人安全培训及考试记录。 5. 三级安全教育培训及考试记录。 6. 重新上岗、调整工作岗位作业人员安全教育培训及考试记录。 7. 实施新技术、新标准、新工艺、新设备的有关作业人员安全教育培训记录。 8. 施工班组站班会记录。 9. 相关方人员安全教育或告知记录	1. 主要负责人及安全管理人员 ABC 证件、特种作业人员证件不应过期。 2. 班组站班会记录，有危险点告知记录，风险辨识及控制措施要有针对性。 3. 相关人员（包括送货、售后服务、参观、学习人员等）均应组织安全教育或告知，做好记录保存。 4. 入场三级安全教育培训的考试试卷要针对不同专业分别制定，三级安全教育卡片的教育时间要注意培训时长要求。 5. 各类人员管理台账要定期进行更新	工作票签发人、工作负责人、工作许可人由建设单位组织进行培训后，发布人员名单

序号	检查项目	标　准　要　求	形成资料	资料要求	备注
2	教育培训实施	**5.5.3　作业人员教育培训** 企业（项目部）应对从业人员每年至少进行一次安全教育培训，培训内容包括安全法规、规章制度、操作规程、生产技能、应急处置知识…… **5.5.4　其他人员教育培训** 项目部应组织或监督相关方人员进行安全教育培训和考试。 项目部对参观、学习、实习等外来人员，应进行有关安全规定、可能接触到的危害及应急知识的教育或告知，并做好相关监护工作			
3	人员配备与持证上岗	**1.《电力工程施工企业安全生产标准化规范及达标评级标准》(国能安全〔2014〕148号)** **5.2.3　作业人员教育培训** 特种作业人员应按有关规定接受专门的培训，经考核合格并取得有效资格证书后，方可上岗作业，并定期进行资格审查。 **2.《建筑施工企业安全生产管理机构设置及专职安全生产管理人员配备办法》（建质〔2008〕91号）** 第十三条　总承包单位配备项目专职安全生产管理人员应当满足下列要求： （一）建筑工程、装修工程按照建筑面积配备： 1. 1万平方米以下的工程不少于1人； 2. 1万～5万平方米的工程不少于2人； 3. 5万平方米及以上的工程不少于3人，且按专业配备专职安全生产管理人员。 第十四条　分包单位配备项目专职安全生产管理人员应当满足下列要求： （一）专业承包单位应当配置至少1人，并根据所承担的分部分项工程的工程量和施工危险程度增加。 （二）劳务分包单位施工人员在50人以下的，应当配备1名专职安全生产管理人员；50人～200人的，应当配备2名专职安全生产管理人员；200人及以上的，应当配备3名及以上专职安全生产管理人员，并根据所承担的分部分项工程施工危险实际情况增加，不得少于工程施工人员总人数的5‰。 **3.《特种作业人员安全技术培训考核管理规定》(国家安全生产监督管理总局令　第80号)** 第五条　特种作业人员必须经专门的安全技术培训并考核合格，取得《中华人民共和国特种作业操作证》(以下简称特种作业操作证)后，方可上岗作业。 附件　特种作业目录：电工作业、焊接与热切割作业、高处作业，……	1. 安全管理人员证件及台账。 2. 特种作业人员证件及台账	1. 安全管理人员、特种作业人员证件有效，不存在过期现象。 2. 安全管理人员配置人数满足法律法规要求	详细参照第五篇第一章第一节内容

第六节　安全风险管控与隐患排查治理

一、危险识别评价及控制

危险识别评价及控制检查内容及要求见表 3 - 3 - 6。

表 3 - 3 - 6　　　　　　　　危险识别评价及控制检查内容及要求

序号	检查项目	标　准　要　求	形成资料	资料要求	备注
1	风险识别与评估	**1. 能源行业标准《电力建设工程施工安全管理导则》（NB/T 10096—2018）** **16.2.1　危险源辨识** **16.2.1.1**　施工单位应按分部分项工程划分评价单元，对评价单元、作业活动过程中的危险源进行全面、充分的辨识…… **2.《电力工程施工企业安全生产标准化规范及达标评级标准》（国能安全〔2014〕148号）** **5.9.1　辨识与评估** 　企业及项目部应对本单位所承担的工程项目进行危险有害因素辨识与评估，确定重大风险及重大危险源	1. 项目总安全危险源辨识清单。 2. 项目年度安全危险源辨识清单。 3. 定期危险源辨识及风险评估记录。 4. 危险源辨识与评估会会议纪要	危险源辨识的范围应包括施工现场、生活区、宿舍区、办公区	
2	风险控制	**能源行业标准《电力建设工程施工安全管理导则》（NB/T 10096—2018）** **16.2.3　风险评估与控制** **16.2.3.3**　安全风险等级从高到低划分为重大风险、较大风险、一般风险和低风险，分别用红、橙、黄、蓝四种颜色标示。其中，重大安全风险应填写清单，汇总造册。 **16.2.3.4**　施工单位应采取工程技术措施、管理控制措施、个体防护措施等对安全风险进行控制，并登记建档。风险达到降级或销项条件时，应当办理审批手续，及时降级或销项。 **16.2.3.5**　施工单位应公布作业活动或场所存在的主要风险、风险类别、风险等级、管控措施和应急措施，……	1. 安全风险控制措施计划表。 2. 安全生产风险岗位告知卡	1. 安全风险按照等级高低实行分级控制，应注明风险管控的责任单位。 2. 安全生产风险岗位告知卡主要包含本岗位主要危险有害因素、后果、事故预防及应急措施、报告电话等内容	风险分级管控按照项目部所属单位的规定执行

二、隐患排查治理

隐患排查治理检查内容及要求见表 3 - 3 - 7。

表 3 - 3 - 7　　　　　　　　隐患排查治理检查内容及要求

序号	检查项目	标　准　要　求	形成资料	资料要求	备注
1	隐患排查	**1. 能源行业标准《电力建设工程施工安全管理导则》（NB/T 10096—2018）** **16.3.2　隐患排查** **16.3.2.1**　参建单位应建立事故隐患排查治	1. 事故隐患排查治理制度。 2. 隐患排查治理方案。	1. 事故隐患排查治理制度明确排查的目的、范围、时间、人	

序号	检查项目	标准要求	形成资料	资料要求	备注
1	隐患排查	理机制，定期组织开展建设工程的隐患排查治理工作，在开展隐患排查前应制定排查方案，明确排查的目的、范围、时间、人员和方法等内容，定期组织开展全面的隐患排查。 16.3.2.2 参建单位按照有关规定组织开展隐患排查治理工作，及时发现并消除隐患，实行隐患闭环管理。对排查出的重大事故隐患，组织单位应及时书面通知有关单位，落实整改责任、整改资金、整改措施、整改预案、整改期限进行整改，按照事故隐患的等级建立事故隐患信息台账，并按照职责分工实施监控管理。 **2.《电力工程施工企业安全生产标准化规范及达标评级标准》（国能安全〔2014〕148号）** **5.8.1 隐患排查** 项目部应建立隐患排查治理管理制度，明确责任部门、人员、范围、方法、程序等内容。 隐患排查前应制定实施方案，明确排查的目的、范围、时间、人员，并结合安全检查、安全性评价，组织隐患排查工作	3.重大隐患专题报告。 4.隐患排查记录	员和方法等内容。 2.隐患排查工作的范围应涵盖包括所有与工程施工相关的场所、环境、人员、设备设施和活动。 3.对排查出的隐患进行评估分级	
2	隐患治理	**1.能源行业标准《电力建设工程施工安全管理导则》（NB/T 10096—2018）** **16.3.3 隐患治理** 16.3.3.1 参建单位对排查出的事故隐患，应及时采取有效的治理措施…… 16.3.3.2 对重大事故隐患存在单位应成立由单位主要负责人为组长的事故隐患治理领导小组，制定重大事故隐患治理方案，并按照治理方案组织开展事故隐患的治理整改，应对治理全过程进行监督管理。 16.3.3.3 事故隐患存在单位在事故隐患整改过程中，应采取相应的安全防护措施。事故隐患治理、整改完毕后，应对事故隐患治理效果进行验证，并做好整改记录。 **2.《电力工程施工企业安全生产标准化规范及达标评级标准》（国能安全〔2014〕148号）** **5.8.3 隐患治理** 发现隐患后，及时采取有效的治理措施，形成"查找—分析—评估—报告—治理（控制）—验收"的闭环管理流程。 对于危害和整改难度较小，发现后能够立即整改排除的一般事故隐患，应立即组织整改排除。	1.隐患整改通知单。 2.隐患整改反馈单。 3.重大事故隐患治理方案。 4.重大隐患整改监督记录	1.重大事故隐患的治理方案不应有缺项。 2.重大事故隐患整改要有安全管理人员旁站监督。 3.要对隐患整改反馈单中提出的隐患治理情况进行验证或评估	

续表

序号	检查项目	标 准 要 求	形成资料	资料要求	备注
2	隐患治理	对于重大事故隐患，应制定专项隐患治理方案，隐患治理方案应包括目标和任务、方法和措施、经费和物资、机构和人员、时限和要求、安全措施和应急预案。 重大事故隐患治理前，应采取临时控制措施。控制措施应包括：工程技术措施、管理措施、教育措施、防护措施和应急措施；安全管理人员应对重大事故隐患治理过程进行整改监督。 项目部应保证隐患排查治理所需的各类资源。 隐患治理完成后，应对治理情况进行验证和效果评估			

三、重大危险源监控

重大危险源监控检查内容及要求见表3－3－8。

表3－3－8　　　　　　　　重大危险源监控检查内容及要求

序号	检查项目	标 准 要 求	形成资料	资料要求	备注
1	重大危险源监控	**1.《电力工程施工企业安全生产标准化规范及达标评级标准》（国能安全〔2014〕148号）** **5.9.1　辨识与评估** 企业及项目部应对本单位所承担的工程项目进行危险有害因素辨识与评估，确定重大风险及重大危险源。 **5.9.2　登记建档与备案** 企业及项目部应对重大危险源及时登记建档，进行定期检查、检测。 企业及项目部应按规定将本单位重大危险源的名称、地点、性质和可能造成的危害及有关安全措施、应急预案，报所在地有关主管部门备案。 **5.9.3　监控与管理** 企业应建立健全重大危险源安全管理制度，制定重大危险源安全管理技术措施。 企业及项目部应采取有效的技术措施对重大危险源实施监控。 **2.能源行业标准《电力建设工程施工安全管理导则》（NB/T 10096—2018）** **16.2.2.2** 施工单位应对本工程的重大危险源进行登记建档，将属于申报范围的重大危险源报建设单位和监理单位，由建设单位统一上报所在地县级以上人民政府安全生产监督管理部门备案。实行工程总承包的，由工程总承包单位统计上报。	1. 重大危险源安全管理制度。 2. 重大危险源辨识与分析记录。 3. 重大危险源登记台账、登记建档记录。 4. 重大危险源备案记录。 5. 重大危险源安全管理技术措施。 6. 重大危险源监控记录。 7. 重大危险源应急预案及演练记录	若本单位无重大危险源，此内容可不检查	

序号	检查项目	标　准　要　求	形成资料	资料要求	备注
1	重大危险源监控	**16.2.2.3** 重大危险源档案至少应包括本单位重大危险源的名称、地点、性质和可能造成的危害及有关安全措施、应急预案。 **16.2.2.8** 存在重大危险源的单位应在重大危险源现场设置明显的安全警示标志，并应设立重大危险源告知牌，将重大危险源可能发生事故时的危害后果、应急措施等信息告知周边单位和人员。 **16.2.2.9** 存在重大危险源的单位应制订有关重大危险源应急救援预案，配备必要的应急器材、装备，每年至少进行一次应急救援演练			

第七节 现场过程管理

一、承（分）包安全管理

承（分）包安全管理检查内容及要求见表3-3-9。

表3-3-9　　　　　承（分）包安全管理检查内容及要求

序号	检查项目	标　准　要　求	形成资料	资料要求	备注
1	入场审查	**1. 能源行业标准《电力建设工程施工安全管理导则》（NB/T 10096—2018）** **17.2** 分包计划管理 **17.2.3** 实行工程总承包的，工程总承包单位应将分包计划及分包单位的资质等相关材料上报监理单位、建设单位。 **17.3** 分包计划实施 **17.3.1** 分包单位必须在分包合同、安全生产协议签订后方可进场施工，…… **17.4** 分包单位资质要求及资源配备 **17.4.1** 分包单位的资质必须符合国家建筑业企业资质管理的相关规定，…… **2.《电力工程施工企业安全生产标准化规范及达标评级标准》（国能安全〔2014〕148号）** **5.7.4** 相关方管理 **5.7.4.2** 资质审查内容至少包括：企业法人营业执照、法人代表证书，……	1. 总承包单位分包计划及分包单位资质报审记录。 2. 施工合同及安全生产协议。 3. 分包单位关键岗位人员资质报审记录。 4. 分包单位自带施工机械、工器具、安全防护设施、用具等入场验收记录	1. 分包合同、安全生产协议的签字人必须是发、承包双方法定代表人或其授权委托人。 2. 关键岗位人员主要包括项目主要负责人、技术负责人、安全管理人员、技术人员等	
2	过程管理	**1. 能源行业标准《电力建设工程施工安全管理导则》（NB/T 10096—2018）** **17.5** 分包监督管理	1. 分包台账。 2. 项目负责人、安全管理及	分包单位台账里要明确分包范围、分包性质、	

序号	检查项目	标 准 要 求	形成资料	资料要求	备注

2	过程管理	17.5.2 施工单位对专业分包单位履行安全生产监督管理职责,分包单位对其承包的施工现场安全生产负责。
		17.5.6 工程总承包单位应监督分包单位,定期组织对分包单位开展现场安全检查和隐患排查治理,严格落实施工现场安全措施。
		17.5.8 施工单位对关键工序、隐蔽工程、危险性大、专业性强的专业分包工程项目施工,必须派人全过程监督。
		17.6 分包评价管理
		17.6.2 施工单位应保存以下内容的分包单位安全管理台账和记录(包括并不限于);
		  a)合格分包单位名册及分包项目目录。
		  i)分包单位安全考核、评价记录。
		2.《电力工程施工企业安全生产标准化规范及达标评级标准》(国能安全〔2014〕148号)
		5.7.4 相关方管理
		5.7.4.3 分包商必须按规定对入场人员进行身体检查,合格后方可录用。项目部对分包商入场人员体检状况进行核查。
		  应按规定对分包商人员进行安全教育培训,考核合格方可上岗。
		  对两个及以上相关方在同一作业区域内进行施工、可能危及对方生产安全的作业活动,项目部应组织相关方签订安全生产管理协议,并监督落实。
		  项目部应建立分包商档案
			特殊作业人员资格证件登记表。
			  3.施工人员三级安全教育记录。
			  4.安全考试成绩登记表。
			  5.施工人员健康体检登记表。
			  6.入场的施工机械、设备管理台账及定期检查维护记录。
			  7.分包施工项目安全技术措施交底记录。
			  8.分包施工项目安全检查及整改记录
				分包单位资质基本信息、合同签订及安全生产协议等内容	

3	检查考核	**1.能源行业标准《电力建设工程施工安全管理导则》(NB/T 10096—2018)** 17.6 分包评价管理 17.6.1 施工单位、工程总承包单位对分包管理工作进行定期考核、评价,应建立分包管理工作能力评价制度,从管理人员资格、施工技术、安全管理等方面制定评价标准。 **2.《电力工程施工企业安全生产标准化规范及达标评级标准》(国能安全〔2014〕148号)** 5.7.4 相关方管理 5.7.4.4 项目部定期对分包商的履责能力进行检查、考核、评估,适时更新分包商管理台账。 项目部应按合同中明确的安全管理模式、内容、要求、具体指标和奖惩机制,将分包方纳入项目管理,应定期进行安全检查、考核	分包单位安全考核、评价记录	分包单位安全考核、评价应按照项目部所属单位的分包管理办法进行检查	安全生产考核评价作为项目部分包方考核评价的内容之一统一进行

二、设备设施管理

设备设施管理检查内容及要求见表3-3-10。

表3-3-10　　　　　　　　设备设施管理检查内容及要求

序号	检查项目	标 准 要 求	形成资料	资料要求	备注
1	施工机械设备	能源行业标准《电力建设工程施工安全管理导则》（NB/T 10096—2018） 13.1.2.3　施工单位应建立完善的施工机械管理台账和管理档案。 　特种设备安全技术档案至少应包括使用登记证；特种设备使用登记表……特种设备运行故障和事故记录及事故处理报告。 13.2　施工机械设备运行管理 13.2.1　进出场管理 　施工机械设备整机进入施工现场后、投入使用前，施工单位应对整机的安全技术状况进行检查，…… 13.2.2　安装与拆除 13.2.2.1　施工机械设备安装前，安装单位应审核设备的制造许可证、产品质量合格证明、安装及使用维护说明、监督检验证明、定期检验证明等文件。 　特种设备安装前应向当地特种设备监督管理部门办理告知手续。 13.2.2.14　施工机械设备的拆除，由原安装单位或有资质的单位按机械设备拆除方案进行。 13.2.3　使用管理 13.2.3.1　施工机械设备的安全使用遵循"谁使用、谁负责"的原则，使用单位对施工机械设备的安全使用负主体责任。 13.2.3.15　施工单位应制定施工机械设备事故专项应急预案及相应的现场处置方案，并定期进行应急演练。 13.2.4　维修保养 13.2.4.1　施工单位应编制施工机械设备的维修保养计划，完善机械设备维修保养办法，明确日常检测、保养、检查、维修作业程序，并严格实施。 13.2.4.7　停用一个月以上或封存的机械，应认真做好停用或封存前的保养工作，并应采取预防风沙雨淋、水泡、锈蚀等措施。 13.2.5　危险作业控制 13.2.5.1　施工单位应根据工程项目的自然环境、地理位置、气候状况及所投入的施工机械设备、人员的配置等情况，进一步识别大型施工设备、设施的安装、调试、验收、使用、顶升、维修、拆除危险源（点），确	1. 施工机械管理机构设置文件及职责明确。 2. 施工机械设备安全管理制度。 3. 施工机械安全操作规程。 4. 施工机械设备管理台账。 5. 施工机械进场投入使用前的验收记录。 6. 特种设备安装前告知记录。 7. 外租施工机械施工合同及安全协议。 8. 施工机械安拆单位的资质证书。 9. 施工机械设备安拆专项施工方案及交底记录。 10. 大型起重机械安装前的轨道或基础验收记录。 11. 施工机械安拆人员特种证件及台账。 12. 施工机械设备安装后的自检报告。 13. 大型施工机械安拆过程中的旁站监督记录。 14. 特种设备使用登记证。 15. 施工机械	1. 安全操作规程至少应包括设备参数、操作程序和方法、维护保养要求、安全注意事项、巡回检查和异常情况处置规定。 2. 施工机械设备管理台账应明确机械设备来源、类型、数量、技术性能、使用年限、使用地点、状态、责任人等信息。 3. 大中型起重机械设备管理档案至少应包括：验收（检验）资料；安全附件、安全保护装置、测量调控装置及有关附属仪器仪表的日常维护保养记录；设备运行故障和事故记录；交接班记录、运转记录、定期自行检查记录等。 4. 特种设备安全技术档案至少应包括：使用登记证；特种设备使用登记表；特种设备设计、制造技术资料和文件，包括设计文件、产品质量合格证明（含合格证及其数据表、质量证明书）、安	

序号	检查项目	标　准　要　求	形成资料	资料要求	备注
1	施工机械设备	定风险等级，并编制相应的专项方案（控制措施）。 **13.2.5.3**　起重机械作业过程中，凡属下列情况之一者（包括但不限于），施工项目负责人、技术人员、安监人员以及专业监理工程师必须在场监督，并办理安全施工作业票，否则不得施工。 **13.2.6**　租赁管理 **13.2.6.1**　施工单位应将外租施工机械设备以及分包单位的施工机械设备纳入其施工机械设备安全管理体系中，实行统一管理。 **13.2.6.4**　不得租赁或出租国家明令淘汰或者禁止使用的、超过安全技术标准或者制造厂家规定的使用年限的、经检验达不到安全技术标准规定的、没有完整安全技术档案的、没有齐全有效的安全保护装置的施工机械设备。 **13.2.7**　使用登记与检验 **13.2.7.1**　特种设备使用单位应当在特种设备投入使用前或者投入使用后 30 日内，向负责特种设备安全监督管理的部门办理使用登记，取得使用登记证书。登记标志应当置于该特种设备的显著位置。 **13.3**　施工机械设备安全监督检查 **13.3.1**　基本要求 **13.3.1.1**　建设单位、工程总承包单位、监理单位、施工单位应制订施工机械设备安全监督检查计划，编制各类施工机械设备的日常、专项和定期检查表，并规范组织开展监督检查活动。 **13.3.1.3**　不同施工单位在同一施工现场使用多台塔式起重机作业时，建设单位应当协调组织制定防止塔式起重机相互碰撞的安全措施，并对措施的落实情况实施监督检查。 **13.3.2**　一般施工机械设备的监督检查 **13.3.2.2**　一般施工机械设备的检查由机械设备使用单位的管理部门组织，每月进行一次。 **13.3.3**　特种设备的监督检查 　特种设备使用单位应当根据所使用特种设备的类别、品种和特性进行定期检查，……	防碰撞措施。 16. 施工机械设备事故专项应急预案及处置方案，及演练记录。 17. 施工机械设备维护保养计划。 18. 施工机械定期检查维护记录。 19. 施工机械危险源辨识及风险评价清单。 20. 安全施工作业票。 21. 施工机械设备监督检查计划。 22. 施工机械监督检查记录	装及使用维护保养说明；特种设备安装、改造和修理的方案、图样、材料质量证明书和施工质量证明文件、安装改造修理监督检验报告、验收报告等技术资料；特种设备定期自行检查记录和定期检验报告；特种设备日常使用状况记录；特种设备及其附属仪器仪表维护保养记录；特种设备安全附件和安全保护装置校验、检修、变更记录和有关报告；特种设备运行故障和事故记录及事故处理报告。 5. 一般施工机械设备的检查由机械设备使用单位的管理部门组织，每月进行一次。 6. 特种设备使用单位每周必须组织相关专业人员对设备的安全装置进行一次检查。 7. 施工机械检查前应编制各类施工机械设备的日常、专项和定期检查表，并规范组织开展监督检查活动。 8. 对超过一定规模的危险性较大的施工机械设备专项方案应由施工单位组织召开专家论证会	

续表

序号	检查项目	标 准 要 求	形成资料	资料要求	备注
2	临时用电	**1. 建筑行业标准《施工现场临时用电安全技术规范》(JGJ 46—2005)** **3.2.1** 电工必须经过按国家现行标准考核合格后,持证上岗工作;其他用电人员必须通过相关安全教育培训和技术交底,考核合格后方可上岗工作。 **3.3** 安全技术档案 **3.3.1** 施工现场临时用电必须建立安全技术档案,并应包括下列内容: 　1. 用电组织设计的全部资料…… **3.3.3** 临时用电工程应定期检查。定期检查时,应复查接地电阻值和绝缘电阻值。 **3.3.4** 临时用电工程定期检查应按分部、分项工程进行,对安全隐患必须及时处理,并应履行复查验收手续。 **2. 建筑行业标准《建筑施工安全检查标准》(JGJ 59—2011)** **3.14** 施工用电 　3. 用电档案 　1) 总包单位与分包单位应签订临时用电管理协议,明确各方相关责任,……	1. 临时用电施工组织设计或专项施工方案。 2. 临时用电技术交底记录。 3. 临时用电投用前检查验收记录。 4. 接地电阻、绝缘电阻和漏电保护器漏电动作参数测定记录表。 5. 定期巡检记录。 6. 电工特种作业证件	1. 电工必须经过按国家现行标准考核合格后,持证上岗工作;其他用电人员必须通过相关安全教育培训和技术交底,考核合格后方可上岗工作。 2. 定期巡检应由用电管理部门电气技术人员、电工执行	
3	脚手架	**《电力工程施工企业安全生产标准化规范及达标评级标准》(国能安全〔2014〕148 号)** **5.7.1.5** 制定脚手架或跨越架搭拆、使用安全管理制度,并严格实施。脚手架材料(含脚手杆、脚手板及扣件等)的选材和脚手架、跨越架搭拆应符合有关规范要求。 　从事脚手架、跨越架搭设和拆除的架子工,必须持有有效证件。 　脚手架、跨越架搭拆前,应编制施工作业指导书或专项施工方案,经审批后,对作业人员进行安全技术交底、签字确认后方可施工。 　超过一定规模的危险性较大的大型、特殊形式的脚手架和跨越架的搭拆方案,应经论证、审批;搭拆过程中应实施监督。 　脚手架、跨越架搭设应经验收合格,挂牌使用。 　施工脚手架不得附加设计以外的荷载和用途。 　在暴雨、台风、暴风雪等极端天气前后,项目部应组织有关人员对脚手架进行检查或重新验收	1. 脚手架安全管理制度。 2. 脚手架材料检验报告及入场验收记录。 3. 脚手架专项施工方案及安全技术交底记录。 4. 脚手架搭拆人员特种作业证件及台账。 5. 脚手架投用前的验收记录。 6. 脚手架验收合格牌挂设。 7. 极端天气后的脚手架检查或验收记录	1. 超过一定规模的危险性较大的大型、特殊形式脚手架和跨越架的搭拆方案专家论证记录。 2. 特种作业人员台账定期进行更新。 3. 架体分段搭设、分段使用的要进行分段验收。 4. 脚手架验收记录要经各验收人员签字确认	现场脚手架工程是否需要编制专项方案,根据《危险性较大的分部分项工程安全管理规定》确定

序号	检查项目	标 准 要 求	形成资料	资料要求	备注
4	安全设施	《电力工程施工企业安全生产标准化规范及达标评级标准》（国能安全〔2014〕148号） 5.7.1.3 建立安全设施管理制度。 项目部应建立安全设施管理台账。 高处作业应根据作业类型、环境，选用手扶水平安全绳、速差自控器、攀登自锁器、安全网（带）、工具防坠绳、工具袋等设施。 在暴雨、台风、暴风雪等极端天气前后组织有关人员对安全设施进行检查或重新验收	1. 安全设施管理制度。 2. 安全设施管理台账。 3. 安全设施验收记录。 4. 安全设施检查维护记录。 5. 安全设施拆除申请记录	1. 安全设施投入使用前需组织相关单位进行验收，确认符合要求后方可投入使用。 2. 安全设施分为三大类十三小类，建筑施工过程中常用的主要为作业场所防护设施、安全警示标志和装备、检测、报警设施等	

三、安全技术管理

安全技术管理检查内容及要求见表3-3-11。

表3-3-11　　　　　　　　　　安全技术管理检查内容及要求

序号	检查项目	标 准 要 求	形成资料	资料要求	备注
1	安全技术方案	1. 能源行业标准《电力建设工程施工安全管理导则》（NB/T 10096—2018） 12 施工安全技术管理 12.2.6 施工单位应设立工程技术管理部门，制定安全技术管理制度，配备满足需要、具有安全技术管理技能的专业技术人员。 12.2.8 标段施工组织设计和专项施工方案的编、审、批要求。…… 12.4.4 施工单位应在施工前，应参照本导则附录A、B所列的危险性较大的分部分项工程清单进行识别，建立相应的危险性较大的分部分项工程清单，…… 12.4.5 施工单位应当在危险性较大的分部分项工程施工前编制专项施工方案。专项施工方案应包括下列基本内容（包括但不限于）： a）工程概况：危险性较大的工程概况和特点、施工平面布置、施工要求和技术保证条件。 f）施工管理及作业人员配备和分工：施工管理人员、专职安全生产管理人员、特种作业人员、其他作业人员等。 12.4.6 专项施工方案由施工单位审核合格	1. 安全技术管理制度。 2. 专业技术人员证件及台账。 3. 安全技术措施方案及清单。 4. 危大工程清单。 5. 危大（超危大）工程旁站监督记录。 6. 危大工程验收记录	1. 施工方案的编制、审批流程应符合本单位相关技术管理要求。 2. 专项施工方案应当由施工单位技术负责人审核签字、加盖单位公章，并由总监理工程师审查签字、加盖执业印章后方可实施。 3. 危大工程实行分包并由分包单位编制专项施工方案的，专项施工方案应当由总承包单位技术负责人及分包单位技术负责人共同审核签字并加盖单位公章。	1. 安全技术管理制度是指工程部门按照相关要求形成的与安全生产有关的技术管理文件。 2. 危险性较大的分部分项工程清单详见附录A、附录B

序号	检查项目	标 准 要 求	形成资料	资料要求	备注
1	安全技术方案	后报监理单位，经专业监理工程师审查后，由总监理工程师审核并签署意见后，报建设单位批准。 实行工程总承包的，专项施工方案上报监理单位前，应经工程总承包单位技术负责人审核。 12.4.7 超过一定规模的危险性较大的分部分项工程专项施工方案，由施工单位组织召开审查论证会（审查论证会前专项施工方案应通过施工单位审核和总监理工程师审查）。 12.4.13 危险性较大的分部分项工程完成后，监理单位应组织有关人员进行验收。验收合格的，经施工单位技术负责人、工程总承包单位负责人或技术负责人及总监理工程师签字后，方可进行后续工程施工。 **2.《电力工程施工企业安全生产标准化规范及达标评级标准》（国能安全〔2014〕148号）** **5.7 作业安全** 对达到一定规模的危险性较大的分部分项工程应编制专项施工方案。 对超过一定规模的危险性较大的分部分项工程专项施工方案，应组织专家进行论证、审查。 危险性较大的专项施工方案编制、审核、批准、备案应规范，作业前应对参与施工作业的员工进行交底，并设专人现场监督。 重要临时设施、重要施工工序、特殊作业、危险作业项目、季节性施工，应编制专项安全技术措施，并严格实施		4. 危大工程经施工单位技术负责人、工程总承包单位负责人或技术负责人及总监理工程师签字确认验收合格后，方可进行后续工程施工	
2	安全技术交底	**1. 能源行业标准《电力建设工程施工安全管理导则》（NB/T 10096—2018）** **12.6 安全技术交底的内容和方式** 12.6.1 工程开工前，实行工程总承包的，工程总承包单位应在工程开工前，组织分包单位就落实项目保证安全生产的措施、方案、安全管理要求等，进行全面系统的布置、交底，明确各方的安全生产责任，并形成会议纪要。 12.6.3 危险性较大的分部分项工程专项施工方案实施前，编制人员或技术负责人应当向现场管理人员和作业人员进行安全技术交底。 12.6.4 施工作业前班组长应向作业人员进行作业内容、作业环境、作业风险及措施的安全交底。	1. 工程项目开工前安全交底记录。 2. 分级安全技术交底记录。 3. 动态安全技术交底记录。 4. 班组站班会交底记录。 5. 安全技术交底执行情况监督检查记录	1. 专项施工方案实施前，编制人员或者项目技术负责人应当向施工现场管理人员进行方案交底。 2. 施工现场管理人员应当向作业人员进行安全技术交底，并由双方和项目专职安全生产管理人员共同签字确认。	

序号	检查项目	标　准　要　求	形成资料	资料要求	备注
2	安全技术交底	**12.6.5**　施工过程中，施工条件或作业环境发生变化的，应补充交底；连续施工超过一个月或不连续重复施工的，应重新交底。专职安全管理人员应对安全技术交底情况进行监督检查，应对发现的问题提出整改要求，并督促整改。 **12.6.6**　安全技术交底应按照相关技术文件要求进行。交底应有书面记录，交底双方应签字确认，交底资料应由交底双方及安全管理部门留存。 **12.7.1**　施工单位应定期组织对本单位和分包单位安全技术交底与执行情况以及相应的文件记录进行监督检查。 **2.《电力工程施工企业安全生产标准化规范及达标评级标准》（国能安全〔2014〕148号）** **5.7.1.1**　项目施工前应进行安全技术交底。全体作业人员必须参加，并在交底书上签字确认		3.安全技术交底的内容应包括：工程项目和分部分项工程的概况、施工工程中的危险部位和环节及可能导致生产安全施工的因素、针对危险因素的具体预防措施、作业中应遵守的安全操作规程及相应的安全注意事项、作业人员发现事故隐患应采取的措施、发生事故后应及时采取的避险和救援措施	
3	作业票	**《电力工程施工企业安全生产标准化规范及达标评级标准》（国能安全〔2014〕148号）** **5.7.1.1**　项目施工必须有施工方案或作业指导书，并严格实施。针对国家、行业和地方规定的危险作业项目施工前，须办理安全施工作业票，安全施工作业票填写、审查、签发应规范	安全施工作业票	1.需办理安全施工作业票的作业项目详见附录C。 2.注意作业票开票及销票时间是否在规定时间内。 3.作业票要发放至作业班组	

四、职业健康

职业健康检查内容及要求见表3-3-12。

表3-3-12　　　　　　　　　　职业健康检查内容及要求

序号	检查项目	标　准　要　求	形成资料	资料要求	备注
1	基本要求	**1.《中华人民共和国职业病防治法》（中华人民共和国主席令 第24号）** 第五条　用人单位应当建立、健全职业病防治责任制，加强对职业病防治的管理，提高职业病防治水平，对本单位产生的职业病危害承担责任。 第六条　用人单位的主要负责人对本单位的职业病防治工作全面负责。 第七条　用人单位必须依法参加工伤保险。	1.职业健康管理制度。 2.职业危害事故应急救援预案。 3.职业病防治计划和实施方案。 4.职业卫生档案。	1.职业健康管理制度内要明确管理职责、管理流程、管理要求等内容。 2.劳动合同内容要对岗位职业危害进行告知。 3.用人单位	1.项目部应可以获取到本单位职业健康管理制度。 2.职业健康培训计划可以在项目安全教育培训内容中体现

序号	检查项目	标 准 要 求	形成资料	资料要求	备注
1	基本要求	第十四条 用人单位应当依照法律、法规要求，严格遵守国家职业卫生标准，落实职业病预防措施，从源头上控制和消除职业病危害。 第三十三条 用人单位与劳动者订立劳动合同（含聘用合同，下同）时，应当将工作过程中可能产生的职业病危害及其后果、职业病防护措施和待遇等如实告知劳动者，并在劳动合同中写明，不得隐瞒或者欺骗。 第三十四条 用人单位应当对劳动者进行上岗前的职业卫生培训和在岗期间的定期职业卫生培训，普及职业卫生知识，督促劳动者遵守职业病防治法律、法规、规章和操作规程，指导劳动者正确使用职业病防护设备和个人使用的职业病防护用品。 **2.《关于印发职业卫生档案管理规范的通知》（安监总厅安健〔2013〕171号）** 二、用人单位应建立健全职业卫生档案，包括以下主要内容： （一）建设项目职业卫生"三同时"档案； （七）法律、行政法规、规章要求的其他资料文件。 **3. 能源行业标准《电力建设工程施工安全管理导则》（NB/T 10096—2018）** **18.1.1.2** 参建单位应制定职业卫生管理制度和操作规程，制定职业病防治计划和实施方案，建立、健全职业卫生档案和劳动者健康监护档案，工作场所职业病危害因素监测及评价制度和职业病危害事故应急救援预案。 **18.2.1.10** 参建单位与劳动者订立劳动合同时，应当将工作过程中可能产生的职业病危害及其后果、职业病防护措施和待遇等如实告知劳动者，并在劳动合同中写明。劳动者在履行劳动合同期间因工作岗位或者工作内容变更，从事与所订立劳动合同中未告知的存在职业病危害的作业时，用人单位应当向劳动者履行如实告知的义务。 **18.2.1.2** 参建单位应当对劳动者进行上岗前的职业卫生培训和在岗期间的定期职业卫生培训，……	5. 签订的劳动合同。 6. 工伤保险参保记录。 7. 职业健康培训计划。 8. 职业健康培训记录	职业卫生档案包括： （1）建设项目职业卫生"三同时"档案。 （2）职业卫生管理档案。 （3）职业卫生宣传培训档案。 （4）职业病危害因素监测与检测评价档案。 （5）用人单位职业健康监护管理档案。 （6）劳动者个人职业健康监护档案。 （7）法律、行政法规、规章要求的其他资料文件	
2	危害区域管理	**1.《中华人民共和国职业病防治法》（中华人民共和国主席令 第24号）** 第二十四条 产生职业病危害的用人单位，应当在醒目位置设置公告栏，公布有关职业病防治的规章制度、操作规程、职业病	1. 职业危害因素辨识及控制措施文件。 2. 职业危害评估记录。	1. 存在职业危害的场所每年至少进行一次职业病危害因素检测。	项目部进行危险源辨识时，对作业过程的职业危害因素一并进行辨识

序号	检查项目	标 准 要 求	形成资料	资料要求	备注
2	危害区域管理	危害事故应急救援措施和工作场所职业病危害因素检测结果。 对产生严重职业病危害的作业岗位，应当在其醒目位置，设置警示标识和中文警示说明。警示说明应当载明产生职业病危害的种类、后果、预防以及应急救治措施等内容。 **2. 能源行业标准《电力建设工程施工安全管理导则》（NB/T 10096—2018）** **18.2.4** 职业病危害因素辨识与评价 **18.2.4.1** 存在职业病危害的单位，应当开展职业病危害因素检测和职业病危害现状评价工作，每年至少进行一次职业病危害因素检测。 **18.2.5** 职业病危害因素检测 **18.2.5.1** 施工单位应当建立职业病危害因素定期检测制度，每年至少委托具备资质的职业卫生技术服务机构对其存在职业病危害因素的工作场所进行一次全面检测。 **3.《电力工程施工企业安全生产标准化规范及达标评级标准》（国能安全〔2014〕148号）** **5.10** 职业健康 项目部应对存在职业危害的作业场所定期进行检测，在检测点设置标识牌予以告知，并将检测结果存入职业健康档案	3. 存在职业病危害的场所定期检测记录。 4. 存在职业危害的作业场所职业危害警示标识牌设置情况（现场检查）	2. 职业病危害严重的单位，应当每3年至少进行1次职业病危害现状评价	
3	职业防护用品设施	**1.《中华人民共和国职业病防治法》（中华人民共和国主席令 第24号）** 第二十二条 用人单位必须采用有效的职业病防护设施，并为劳动者提供个人使用的职业病防护用品。 用人单位为劳动者个人提供的职业病防护用品必须符合防治职业病的要求；不符合要求的，不得使用。 第二十五条 对可能发生急性职业损伤的有毒、有害工作场所，用人单位应当设置报警装置，配置现场急救用品、冲洗设备、应急撤离通道和必要的泄险区。 对放射工作场所和放射性同位素的运输、贮存，用人单位必须配置防护设备和报警装置，保证接触放射线的工作人员佩戴个人剂量计。 对职业病防护设备、应急救援设施和个人使用的职业病防护用品，用人单位应当进行经常性的维护、检修，定期检测其性能和效果，确保其处于正常状态，不得擅自拆除或者停止使用。	1. 职业防护用品的发放记录。 2. 接触放射线的工作人员个人剂量计的配备记录。 3. 职业病防护用品的定期检查记录	重点检查职业防护用品是否合格，是否在有效期	

序号	检查项目	标 准 要 求	形成资料	资料要求	备注
3	职业防护用品设施	**2. 能源行业标准《电力建设工程施工安全管理导则》（NB/T 10096—2018）** **18.2.1.4** 参建单位应当督促、指导劳动者按照使用规则正确佩戴、使用；对职业病防护用品进行经常性的维护、保养，确保防护用品有效。 **18.2.1.7** 施工单位应当对职业病防护设备、应急救援设施进行经常性的维护、检修和保养，定期检测其性能和效果，确保其处于正常状态，不得擅自拆除或者停止使用。 **3.《电力工程施工企业安全生产标准化规范及达标评级标准》（国能安全〔2014〕148号）** **5.10 职业健康** **5.10.1.2** 项目部**应**为从业人员配备必要的职业健康防护设施、器具及防护用品。 对可能发生急性职业损伤的有毒、有害工作场所，**应**设置报警装置，配置现场急救用品、冲洗设备。 对现场急救用品、设施和防护用品设专人保管，并定期进行校验和维护，确认可靠有效。 对放射工作场所和放射源的运输、贮存，必须配置防护设备和报警装置，接触放射线的工作人员应配备个人剂量计			
4	职业健康检查	**1.《中华人民共和国职业病防治法》（中华人民共和国主席令 第24号）** 第三十六条 用人单位应当为劳动者建立职业健康监护档案，并按照规定的期限妥善保存。 职业健康监护档案应当包括劳动者的职业史、职业病危害接触史、职业健康检查结果和职业病诊疗等有关个人健康资料。 劳动者离开用人单位时，有权索取本人职业健康监护档案复印件，用人单位应当如实、无偿提供，并在所提供的复印件上签章。 **2. 能源行业标准《电力建设工程施工安全管理导则》（NB/T 10096—2018）** **18.2.3.1** 施工单位应建立年度职业卫生检查计划，编制职业卫生检查计划表，重点检查本单位从事接触职业病危害作业的从业人员的职业卫生监护情况。 **18.2.3.2** 职业卫生监督检查应与日常安全生产监督检查工作结合起来，认真组织实施，对在监督检查中查出的问题及时进行整改并形成闭环	1. 职业健康监护档案。 2. 职业健康安全检查记录	1. 职业健康监护档案应当包括作业人员的职业史、职业病危害接触史、职业健康检查结果和职业病诊疗等有关个人健康资料。 2. 职业健康检查由省级卫生行政部门批准从事职业健康检查的医疗卫生机构承担。 3. 重点检查是否有职业禁忌人员从事禁忌作业（比如焊工、喷砂工、油漆工等）。 4. 要进行岗前、岗中、离岗时健康检查	

第八节 应急管理

应急管理检查内容及要求见表 3-3-13。

表 3-3-13 应急管理检查内容及要求

序号	检查项目	标 准 要 求	形成资料	资料要求	备注
1	应急组织体系	**1.《生产安全事故应急条例》(国务院令 第708 号)** 第四条 生产经营单位应当加强生产安全事故应急工作，建立、健全生产安全事故应急工作责任制，其主要负责人对本单位的生产安全事故应急工作全面负责。 **2. 能源行业标准《电力建设工程施工安全管理导则》(NB/T 10096—2018)** 19.2.1 应急管理组织体系建设 施工(或工程总承包)单位应按照建设单位的要求，结合本单位的实际情况，建立本单位的应急管理工作领导机构，安排专人负责日常应急管理工作。 建立的应急管理工作领导机构以正式文件发布，并报监理单位、建设单位备案。 **3.《电力工程施工企业安全生产标准化规范及达标评级标准》(国能安全〔2014〕148 号)** 5.11 应急救援 5.11.1 项目部应建立健全本单位应急管理体系，建立突发事件应急领导机构，明确责任，并设专人负责	1. 应急管理组织机构成立及发布记录。 2. 应急管理组织机构备案记录。 3. 应急管理制度	应急管理组织机构领导小组组长应由本单位安全生产第一责任人担任	
2	应急预案	**1.《生产安全事故应急预案管理办法》(国家安全生产监督管理总局令 第88 号)** 第五条 生产经营单位主要负责人负责组织编制和实施本单位的应急预案，并对应急预案的真实性和实用性负责；各分管负责人应当按照职责分工落实应急预案规定的职责。 第六条 生产经营单位应急预案分为综合应急预案、专项应急预案和现场处置方案 **2.《生产安全事故应急条例》(国务院令 第708 号)** 第五条 生产经营单位应当针对本单位可能发生的生产安全事故的特点和危害，进行风险辨识和评估，制定相应的生产安全事故应急救援预案，并向本单位从业人员公布。 **3. 能源行业标准《电力建设工程施工安全管理导则》(NB/T 10096—2018)** 19.3 应急预案体系建设 19.3.1 基本要求	1. 项目应急预案文件。 2. 应急预案评审记录。 3. 应急预案发布记录。 4. 应急预案评估记录。 5. 应急预案的修订记录。 6. 应急预案的备案记录	1. 应急预案分为综合应急预案、专项应急预案和现场处置方案。项目部的应急预案应以现场处置方案为主。 2. 应急预案经审后，由本单位项目主要负责人签署公布。 3. 综合应急预案、专项应急预案应发放到本单位的管理部门及其管理的工程分包单位。项目应急预案文件应	有下列情形之一的，应急预案应当及时修订： (1)项目部因兼并、重组、转制等导致隶属关系、经营方式、项目经理发生变化的。 (2)项目部生产工艺和技术发生变化的。 (3)周围环境发生变化，形成新的重大风险的。

序号	检查项目	标 准 要 求	形成资料	资料要求	备注
2	应急预案	参建单位是应急预案管理工作的责任主体，应建立健全应急预案管理制度，…… **19.3.2 应急预案编制** b）施工单位、工程总承包单位应编制本单位的综合应急预案和相应的专项应急预案。…… **19.3.3 应急预案的评审** 应急预案审核内容主要包括预案是否符合有关法律、行政法规，是否与有关应急预案进行了衔接，…… **19.3.4 应急预案的发布** 参建单位的应急预案经评审后，由本单位项目主要负责人签署公布，并及时发放到本单位有关部门、岗位和相关应急救援队伍。…… **19.3.5 应急预案修订** 参建单位每年应进行一次应急预案评估。参建单位制订的各类应急预案应根据评估报告的意见进行修订，…… **19.3.6 应急预案的备案** 施工单位、工程总承包单位的专项应急预案和现场处置方案应向单位本部、建设单位进行报备。 **4.《电力工程施工企业安全生产标准化规范及达标评级标准》（国能安全〔2014〕148 号）** **5.11 应急救援** **5.11.2** 项目部应按规定结合工程实际，制定施工现场应急处置方案，并报公司本部及工程项目建设单位（项目部）备案。 应急预案应包括应急组织机构和人员的联系方式、应急物资储备清单等信息。 项目部的应急预案和处置方案应定期进行评审，并根据评审结果修订和完善		组织进行学习。 4. 应急预案评审包括形式评审和要素评审。 5. 每年进行一次应急预案评估。 6. 应急预案和现场处置方案应报备至单位本部及建设单位	（4）应急组织指挥体系或者职责已经调整的。 （5）依据的法律、法规、规章和标准发生变化的。 （6）应急预案演练评估报告要求修订的。 （7）应急预案管理部门要求修订的
3	应急培训及演练	**1.《生产安全事故应急条例》（国务院令 第708 号）** 第五条 易燃易爆物品、危险化学品等危险物品的生产、经营、储存、运输单位，矿山、金属冶炼、城市轨道交通运营、建筑施工单位，以及宾馆、商场、娱乐场所、旅游景区等人员密集场所经营单位，应当至少每半年组织 1 次生产安全事故应急救援预案演练，并将演练情况报送所在地县级以上地方人民政府负有安全生产监督管理职责的部门。	1. 应急演练计划。 2. 应急演练方案。 3. 应急演练记录。 4. 应急演练的评估记录。 5. 应急演练总结。 6. 针对应急	1. 每年至少组织一次综合应急预案演练，每半年至少组织一次专项应急预案演练。 2. 应急演练可组织桌面演练或实战演练，按照演练内容可进行综合演练、单项演练	应急培训有两种方式，一是要将应急知识作为安全教育培训的内容之一，一是在应急演练前组织进行应急培训

序号	检查项目	标 准 要 求	形成资料	资料要求	备注
3	应急培训及演练	**2. 能源行业标准《电力建设工程施工安全管理导则》（NB/T 10096—2018）** **19.4.3 应急预案的培训** 　a）参建单位的应急管理工作办公室应编制本单位项目培训计划，定期组织开展应急预案培训工作，…… 　2）施工单位、工程总承包单位的应急管理工作办公室每季度至少应组织一次应急管理工作领导小组、分色协作单位和专、兼职应急救援队伍或专人兼职应急救援人员参加的综合应急预案、专项应急预案交底、宣传贯彻与考试和提问。 　3）各层级作业单位每月应对适用的现场处置方案进行一次交底、考试或提问；班组安全日活动应对应急处置卡组织进行一次学习、考试或提问。 **19.4.4 应急演练** 　参建单位在制订年度安全生产工作计划的同时，对应急预案演练进行整体规划，并制订具体的年度应急预案演练计划。根据本单位项目综合、专项应急预案和现场处置方案，定期组织开展整体应急演练和单项（专业）应急演练，根据实际情况采取灵活多样的演练形式，…… **3.《电力工程施工企业安全生产标准化规范及达标评级标准》（国能安全〔2014〕148 号）** **5.11 应急救援** **5.11.4** 项目部每年至少应组织一次相关部门、单位负责人和人员开展应急管理能力、应急知识的培训。 　项目部应制定现场应急预案（处置方案）演练计划及方案，每年至少组织一次应急演练。 　应急演练前应进行培训（或交底）。 　项目部对演练效果应进行评估，根据评估结果，修订、完善应急预案，改进应急管理工作	演练提出问题的整改措施及改进实施记录。 　7. 应急预案修订记录		
4	应急队伍	**1.《生产安全事故应急条例》（国务院令 第708 号）** 　第十条 易燃易爆物品、危险化学品等危险物品的生产、经营、储存、运输单位，矿山、金属冶炼、城市轨道交通运营、建筑施工单位，以及宾馆、商场、娱乐场所、旅游景区等人员密集场所经营单位，应当建立应急救援队伍	1. 应急抢险救援队伍成立文件。 　2. 应急抢险救援队伍训练计划。 　3. 应急抢险救援队伍训练记录	每季度组织对专（兼）职应急救援队伍开展应急救援知识与救援能力培训和应急装备使用训练	

序号	检查项目	标　准　要　求	形成资料	资料要求	备注
4	应急队伍	**2. 能源行业标准《电力建设工程施工安全管理导则》（NB/T 10096—2018）** **19.4.1　应急队伍建设** 　a）参建单位的应急管理工作办公室应根据应急救援预案的规定，分别建立、管理与本单位项目安全生产特点相适应的专（兼）职应急救援队伍或专（兼）职应急救援人员，满足应急救援工作要求。 　b）参建单位应急管理工作办公室应根据本单位安全生产特点，制订训练计划，按季度组织对专（兼）职应急救援队伍开展应急救援知识与救援能力培训和应急装备使用训练。救援人员应全面掌握各类状况下的救援职能、救援流程，熟悉救援装备使用。 **3.《电力工程施工企业安全生产标准化规范及达标评级标准》（国能安全〔2014〕148号）** **5.11　应急救援** 　项目部应建立应急抢险救援队伍			
5	应急物资	**1. 能源行业标准《电力建设工程施工安全管理导则》（NB/T 10096—2018）** **19.4.2　应急设施、装备、物资储备与管理** 　参建单位应建立应急资金投入保障机制，应对应急设施，应急装备，应急物资进行定期检查和维护，确保其完好可靠，…… 　c）参建单位应急管理工作办公室对应急设施、装备、物资应定点存放、专人管理；并建立应急设施、装备、物资储备管理台账，确保施工现场应急救援工作的开展。应对应急设施、装备、物资进行经常性的检查、维护、保养，确保其完好可靠。保持完善的记录、资料。参建单位的应急设施、装备、物资至少每月保养、维护一次，并做好登记，发现应急物资损坏、破损以及功能达不到要求的，要及时进行更换，确保应急物资种类、数量满足应急救灾的需要。 **2.《电力工程施工企业安全生产标准化规范及达标评级标准》（国能安全〔2014〕148号）** **5.11.3　项目部应落实应急救援经费、医疗、交通运输、物资、治安和后勤等保障措施，确保施工现场应急救援工作实施。** 　项目部应对应急设施，应急装备，应急物资进行定期检查和维护，确保其完好可靠	1. 应急设施、装备、物资清单。 2. 应急物资定期检查和维护记录	1. 应急物资清单应与物资库房储备的物资相匹配。 2. 应急设施、装备、物资至少每月保养、维护一次	

续表

序号	检查项目	标 准 要 求	形成资料	资料要求	备注
6	应急能力建设评估	能源行业标准《电力建设工程施工安全管理导则》（NB/T 10096—2018） 19.4.5 应急能力建设评估 b）施工单位、工程总承包单位及其管理的分包协作单位，应按照建设单位、授权机构应急能力建设管理要求，规范组织开展应急能力建设。自主组建评估专家队伍、自主开展应急能力建设评估。 c）建设单位、监理单位应按季度对建设工程项目和施工单位、工程总承包单位的应急能力建设情况开展监督检查与指导。应对应急能力建设情况进行评估，编制评估报告，分别向建设工程主管部门、授权机构、行业监管机构报告	应急能力建设评估记录	每季度组织开展一次应急能力建设评估	
7	应急响应	1. 能源行业标准《电力建设工程施工安全管理导则》（NB/T 10096—2018） 19.5.2 建设工程项目发生突发事故时，参建单位应第一时间启动应急响应，按突发事件分级标准确定应急响应等级，开展事故救援，…… 2.《电力工程施工企业安全生产标准化规范及达标评级标准》（国能安全〔2014〕148 号） 5.11 应急救援 5.11.5 发生事故后，应立即启动相关应急预案，积极开展事故救援，按突发事件分级标准确定应急响应原则和等级。 紧急事件发生时，应迅速与当地专业应急救援队伍取得联系，确保提供足够的人力和设备开展救援。 要做好突发事件后果的影响消除、施工秩序恢复、污染物处理、善后理赔、应急能力评估、对应急预案的评价和改进等后期处置工作。应对应急救援进行总结	1. 应急预案启动记录。 2. 事故救援记录。 3. 应急救援评价记录。 4. 应急救援总结记录	注意应急预案启动时间：建设工程项目发生突发事故时，参建单位应第一时间启动应急响应	

第九节　安全文化建设

安全文化建设检查内容及要求见表 3-3-14。

表 3-3-14　　　　　　　　安全文化建设检查内容及要求

序号	检查项目	标 准 要 求	形成资料	资料要求	备注
1	安全文化活动	《电力工程施工企业安全生产标准化规范及达标评级标准》（国能安全〔2014〕148 号） 5.5.5 安全文化建设 开展多种形式的安全文化活动，采取可	1. 安全文化建设活动方案。 2. 安全文化活动策划方案及相关活动记录	安全文化活动包含如安全生产月活动、安全知识竞赛、演讲、征文等内容	

续表

序号	检查项目	标准要求	形成资料	资料要求	备注
1	安全文化活动	靠、有效的安全激励方式，引导从业人员安全态度和安全行为，形成全体员工所认同、共同遵守的安全价值观，实现在法律和政府监管要求之上的安全自我约束，保障企业安全管理水平持续提高			
2	班组安全建设	《关于加强中央企业班组建设的指导意见》（国资发群工〔2009〕52号） 四、主要内容 （一）班组基础建设。要根据生产（工作）需要，坚持人力资源合理配置、精干高效的原则，科学合理设置班组。建立健全以岗位责任制为主要内容的生产管理、安全环保与职业健康管理、劳动管理、质量管理、设备管理、成本管理、5S管理、操作规程、学习培训与思想教育管理等班组标准化作业和管理制度，…… （九）班组健康安全环保建设。要坚持以人为本，关爱员工生命，结合企业和岗位的特点，大力开展班组健康、安全、环保宣传教育活动，增强员工的健康、安全、环保意识；组织员工学习国家相关法律法规，增强员工遵章守纪的自觉性；加强安全操作技能培训，增强员工自我防范能力。认真落实健康、安全、环保责任，严格执行各项规章制度和操作规程。建立健全各项应急预案，开展应急预案的培训和演练，加强对危险源、污染源的控制	1. 班组每班前安全交底记录。 2. 班组安全日活动记录。 3. 班组每周隐患排查记录。 4. 班组工器具管理记录		项目部可获取本单位班组安全管理制度，并按此制度进行检查

第十节　事故管理

事故管理检查内容及要求见表3－3－15。

表3－3－15　　　　　　　　事故管理检查内容及要求

序号	检查项目	标准要求	形成资料	资料要求	备注
1	事故报告	**1.《生产安全事故报告和调查处理条例》（国务院令第493号）** 第九条　事故发生后，事故现场有关人员应当立即向本单位负责人报告；单位负责人接到报告后，应当于1小时内向事故发生地县级以上人民政府安全生产监督管理部门和负有安全生产监督管理职责的有关部门报告。	事故快报	1. 事故快报主要内容： （1）事故发生单位概况。 （2）事故发生的时间、地点以及事故现场情况。	注意报告时间：事故发生后，事故现场有关人员应当立即向本单位负责人报告；单位负责人接

序号	检查项目	标　准　要　求	形成资料	资料要求	备注
1	事故报告	**2. 能源行业标准《电力建设工程施工安全管理导则》（NB/T 10096—2018）** **20.1**　事故报告 **20.1.1**　参建单位应建立事故报告程序，明确事故内外部报告的责任人、时限、内容等，并教育、指导从业人员严格按照有关规定的程序报告发生的生产安全事故。 　　事故报告应当及时、准确、完整，任何单位和个人对事故不得迟报、漏报、谎报或者瞒报。 **20.1.2**　建设工程项目发生事故后，事故现场有关人员应当立即向本单位负责人报告，事故单位负责人接到报告后，应当立即向建设单位报告，并同时向单位本部的安全生产管理部门报告。 **3.《电力工程施工企业安全生产标准化规范及达标评级标准》（国能安全〔2014〕148号）** **5.12**　事故报告、调查和处理 　　发生事故后，按规定及时向上级单位、地方政府有关部门和电力监管机构报送安全信息，信息报送应做到及时、准确和完整。 　　对事故进行登记建档管理		（3）事故的简要经过。 （4）事故已经造成或者可能造成的伤亡人数（包括下落不明的人数）和初步估计的直接经济损失。 （5）已经采取的措施。 （6）其他应当报告的情况。 2. 事故报告后出现新情况的，应当及时补报。 3. 自事故发生之日起30日内，事故造成的伤亡人数发生变化的，应当及时补报。道路交通事故、火灾事故自发生之日起7日内，事故造成的伤亡人数发生变化的，应当及时补报	到报告后，应当于1小时内向事故发生地县级以上人民政府安全生产监督管理部门和负有安全生产监督管理职责的有关部门报告
2	调查和处理	**1. 能源行业标准《电力建设工程施工安全管理导则》（NB/T 10096—2018）** **20.3**　事故调查和处理 **20.3.1**　参建单位应建立内部事故调查和处理制度，按照有关规定、行业标准和国际通行做法，将造成人员伤亡（轻伤、重伤、死亡等人身伤害和急性中毒）和财产损失的事故纳入事故调查和处理范畴。 **20.3.3**　发生事故后，参建单位应及时成立内部事故调查组，明确其职责与权限，进行事故调查。事故调查应查明事故发生的时间、地点、经过、原因、波及范围、人员伤亡情况及直接经济损失等。 **20.3.4**　事故（事件）的调查应查明事故发生的时间、经过、原因、人员伤亡情况及直接经济损失等。 　　事故调查组应根据有关证据、资料，分析事故的直接、间接原因和事故责任，提出应	1. 事故调查、处理、统计、报告制度。 2. 安全事故月报表。 3. 安全事故年报表。 4. 事故档案。 5. 事故统计台账	事故调查报告应当包括下列内容： （1）事故发生单位概况。 （2）事故发生经过和事故救援情况。 （3）事故造成的人员伤亡和直接经济损失。 （4）事故发生的原因和事故性质。 （5）事故责任的认定以及对事故责任者的处理建议。	

序号	检查项目	标　准　要　求	形成资料	资料要求	备注
2	调查和处理	吸取的教训、整改措施和处理建议，编制事故调查报告。 20.3.8　施工单位、工程总承包单位应建立事故档案和管理台账，将协作单位等相关方内部发生的事故纳入本单位的事故管理。 20.3.9　参建单位应按照有关规定和国家、行业确定的事故统计指标开展事故统计分析。 **2.《电力工程施工企业安全生产标准化规范及达标评级标准》（国能安全〔2014〕148号）** 5.12.2　事故调查应查明事故发生的时间、经过、原因、人员伤亡情况及直接经济损失等。 　　事故调查应根据有关证据、资料，分析事故的直接、间接原因和事故责任，提出整改措施和处理建议，编制事故调查报告		（6）事故防范和整改措施	

第十一节　绩效评定和持续改进

绩效评定和持续改进检查内容及要求见表3-3-16。

表3-3-16　　　　　　　绩效评定和持续改进检查内容及要求

序号	检查项目	标　准　要　求	形成资料	资料要求	备注
1	绩效评定	**能源行业标准《电力建设工程施工安全管理导则》（NB/T 10096—2018）** 21.1　基本要求 　　参建单位应建立健全安全绩效的评价、奖惩与持续改进管理制度。 21.2　绩效评价的组织 21.2.1　施工（或工程总承包）单位组建安全绩效评价领导小组，评价的对象应包括本单位相关职能管理部门，以及施工（或工程总承包）单位所管理的分包单位主要负责人、技术负责人和安全分管负责人等。 21.2.2　参建单位每年至少应对安全生产标准化管理体系的运行情况进行一次自评，验证各项安全生产制度措施的适宜性、充分性和有效性，检查安全生产和职业卫生管理目标、指标的完成情况。 21.2.4　施工（或工程总承包）单位每季度应对本单位管理部门、分包单位及相关人员	1. 安全绩效考评管理办法。 2. 安全绩效评价领导小组成立文件。 3. 安全生产标准化管理体系自评报告。 4. 安全生产目标完成情况评价报告。 5. 安全生产履职情况评价报告。 6. 安全生产奖惩兑现记录	1. 管理制度应包括确定安全绩效评价和奖惩的对象、评价内容及奖罚的标准、评价组织实施、落实奖罚与持续改进等内容。 2. 安全绩效评价领导小组组长应为本单位主要负责人。 3. 安全生产标准化管理体系自评报告应正式发布，并发放至相关岗位，每年	安全绩效评价的范围如下： （1）安全生产法律法规执行情况。 （2）安全生产责任制建立与履职情况。 （3）安全生产管理目标的实现情况。 （4）安全生产事故控制情况。 （5）安全教育培训、安全投入、风险管控与隐患排查

序号	检查项目	标 准 要 求	形成资料	资料要求	备注
1	绩效评定	安全生产职责履行及安全生产目标完成情况的评价。 21.3 绩效评价的奖惩 21.3.1 参建单位根据安全绩效管理办法，建立安全绩效基金，依据年度内不同阶段的管理工作要求，组织开展相关的安全绩效考核与评价，提出奖惩意见（分优、良、合格、不合格）报本单位项目安全生产委员会批准，实施奖罚兑现。 21.3.3 施工（或工程总承包）单位根据本单位安全生产委员会审议通过的绩效评估报告，按季度落实考核兑现。 　施工（或工程总承包）单位的奖罚兑现对象应包括本单位相关职能管理部门、作业队及各岗位人员，按照合同约定，对分包单位进行奖惩。 21.3.4 参建单位的相关职能管理部门、作业队应定期按照员工的承诺，组织进行考核评价。按照考核评价结果，实施奖罚兑现		度开展一次。 4. 安全生产履职情况及安全生产目标完成情况评价报告应正式发布，并发放至相关岗位，每季度开展一次。 5. 安全生产奖惩兑现每季度实施一次	治理、应急管理、职业卫生、设备设施管理等管理活动。 （6）贯彻落实国家、行业及授权机构管理要求的情况。 （7）其他管理活动等
2	持续改进	**能源行业标准《电力建设工程施工安全管理导则》（NB/T 10096—2018）** 21.4 持续改进 21.4.1 参建单位应根据安全生产标准化管理体系的自评结果和安全生产预测预警系统所反映的趋势，以及绩效评定情况，客观分析企业安全生产管理体系的运行质量，及时调整完善相关制度文件和过程管控，持续改进，不断提高安全生产绩效。 21.4.2 参建单位的安全绩效评价报告中应对各项安全生产制度措施的适宜性、充分性和有效性进行验证，对安全生产工作目标、指标的完成情况进行明晰的说明。提出安全生产管理体系运行中存在的问题和缺陷以及所采取的改进措施，评价安全生产管理体系中各种资源的使用效果。 21.4.3 参建单位的安全生产监督管理部门应根据安全绩效评价结果和所反映的安全趋势，制订工作计划和措施，对安全生产目标与指标、规章制度、操作规程等进行修改完善，持续改进。 　应针对责任履行、施工安全、检查监控、隐患整改、考评考核等方面评估和分析出的问题提出纠正或预防措施，纳入下一周期的安全工作实施计划当中	1. 安全生产标准化管理体系自评报告中分析评价问题的纠正措施及改进记录。 2. 安全生产履职情况及安全生产目标完成情况评价报告分析评价问题的纠正措施及改进记录。 3. 周期性的安全工作实施计划	1. 改进记录包括对安全生产目标与指标、规章制度、操作规程等进行修改完善。 2. 纠正措施及改进记录要有相关的实施记录。 3. 要将责任履行、施工安全、检查监控、隐患整改、考评考核等方面评估和分析出的问题纳入周期性的安全工作实施计划中，下一周期进行绩效评价时应对上一周期问题改进情况进行说明	年度安全生产工作总结及下年度工作计划安排可作为绩效评价的报告

438

第四篇

事 故 案 例 剖 析

第一章

高 处 坠 落

第一节 **安全设施（用品）设置和使用不当高处坠落事故**

一、拆模作业高处坠落一般死亡事故

（一）事故概述

2016 年某月某日，某水电站项目部大坝施工队木工王××、邹××、杨××在 3 号溢流坝下游侧进行弧形板拆装，2 号门机辅助。15 时 40 分，2 号门机对要拆装的模板进行就位调挂，吊索钢丝绳尚未完全受力，木工邹××位于模板顶部右侧，王××位于模板顶部左岸侧，杨××位于模板底部护栏内；15 时 55 分左右，弧形板拉筋螺帽已经全部拆除，但拉筋尚未脱离板模；王××在拆完弧形模板于左侧边模之间的码丁后，由左侧模板向弧形模板上撤离，这时 2 号门机司机胡××因身体重心不稳无意间碰到操作杆，大臂突然大幅度向下游移动，钢丝绳带动弧形模板造成正在移动的王××失稳，同时王××移动过程中安全绳挂点摘除后没有及时挂靠，仅抓住一根钢筋，由于钢筋无法承受其体重，王××从约 5.9m 处坠落，头部着地，后脑受伤出血；另外两名木工悬在甩出的弧形模板上，邹××借助钢丝绳用腿夹住弧形模板，杨××受模板外的护栏保护，两人在模板静止后自行撤离，均未受到伤害。王××经送医院抢救无效死亡，事故直接经济损失 90.7 万元。

（二）事故直接原因分析

事后现场查看及综合分析认为，导致此次事故发生的直接原因如下：

（1）王××安全意识淡薄，移动过程中安全绳挂点摘除后没有及时靠挂，失去保护作用，而坠落前其正确佩戴的安全帽受到剐蹭后已经移位，失去了对头部的保护作用。

（2）司机胡××身体重心不稳，误碰到操作杆，造成大臂突然移动。

（三）违反的主要标准、规定、规程及其条款

1. 水利行业标准《水利水电工程施工作业人员安全操作规程》（SL 401—2007）

4.1.17 司机应听从起重作业指挥人员的指挥，确认信号后方可操作，操作前应鸣号。发现紧急停车信号（包括非指挥人员发出的信号）应立即停车。司机应关注其他作业人员的位置和动作。有疑问或察觉存在不安全因素时，应及时鸣铃并通知地面作业人员。

2. 水利行业标准《水利水电工程施工通用安全技术规程》（SL 398—2007）

5.6.4 高处临空作业应按规定架设安全网，作业人员使用的安全带，应挂在牢固的

物体上或可靠的安全绳上，安全带严禁低挂高用。拴安全带用的安全绳，不宜超过3m。

3. 电力行业标准《电力建设安全工作规程 第1部分：火力发电》（DL 5009.1—2014）

4.10.1 高处作业应符合下列规定：

2 高处作业应设置牢固、可靠的安全防护设施；作业人员应正确使用劳动防护用品。

8 高处作业应系好安全带，安全带应挂在上方的牢固可靠处。

4. 电力行业标准《门座起重机安全操作规程》（DL/T 5249—2010）

5.1.8 操作人员必须听从指挥人员的指挥，明确指挥意图，方可作业。

5. 电力行业标准《电力建设安全工作规程 第2部分：电力线路》（DL 5009.2—2013）

3.3.1 高处作业

9 高处作业人员在攀登或转移作业位置时不得失去保护。

6. 建筑行业标准《建筑施工高处作业安全技术规范》（JGJ 80—2016）

3.0.5 高处作业人员应按规定正确佩戴和使用高处作业安全防护用品、用具，并应经专人检查

二、无安全保护塔上作业高处坠落一般死亡事故

（一）事故概述

2016年某月某日，因上午下小雨，劳务施工班组小组长张×安排工人雨休，下午2时30分左右雨停，施工人员勒格××、吉克××、吉则××、阿及××、马卡××等7人未经班组长张×许可，在未办理作业票的情况下，雨休时擅自前往36号钢管铁塔处对塔身进行紧固螺栓作业。其中，吉克××等4人负责在钢管塔上进行高空紧固螺栓作业（分4个作业点，每人一个），另3人在地面负责辅助工作。17时左右，吉克××最先完成工作，在准备下塔时由于未做好安全防护措施，不慎坠落身亡。

（二）事故直接原因分析

事后现场查看及综合分析认为，导致此次事故发生的直接原因如下：

（1）劳务工人吉克××作业完成后，在移动下塔过程中，未采取防滑措施，造成高处坠落事故发生。

（2）施工单位未按规定配置带差速器保护绳，致使作业人员在下塔过程中，失去安全防护。

（3）吉克××等人在未经许可情况下自行登塔进行紧固螺栓作业。

（三）违反的主要标准、规定、规程及其条款

1. 国家标准《电力安全工作规程 电力线路部分》（GB 26859—2011）

5.5.5 工作班成员：

b）遵守安全规章制度、技术规程和劳动纪律，执行安全规程和实施现场安全措施。

9.2.1 ……，转移作业位置时不应失去安全带保护。

2. 电力行业标准《电力建设安全工作规程 第2部分：电力线路》（DL 5009.2—2013）

3.3.1 高处作业

5 高处作业时，作业人员必须正确使用安全带。

6 高处作业时，宜使用全方位防冲击安全带，并应采用速差自控器等后备保护措施。

9 高处作业人员在攀登或转移作业位置时不得失去保护。

13　在霜冻、雨雪后进行高处作业，人员应采取防冻和防滑措施。

三、未安装安全护栏致高处坠落一般死亡事故

（一）事故概述

2015 年某月某日，某厂当班作业长李××带领班组成员，开始对 2 号栈桥灰管桁架区域进行油漆防腐作业。作业前，李××对桁架上的钢围栏采取人工摇晃的方式进行检查，对于支撑桁架平台处的钢围栏采取目测的方式进行检查。

施工人员倪××在完成进厂培训后，来到 2 号栈桥灰管桁架区域参加油漆防腐施工作业。李××在未指派现场临时负责人的情况下离开现场，同时也未根据要求，落实现场施工人员变更手续。其间，倪××离开正在进行防腐油漆作业的桁架区域，独自一人站立在支撑桁架的平台区域，突然随同一段栏杆一起坠落到河道护坡上，并滚落至河塘内（坠落高度约 10m）。倪××随即被同在现场作业的人员从河道中救出，经 120 现场抢救无效死亡。

（二）事故直接原因分析

事后现场查看及综合分析认为，导致此次事故发生的直接原因是作业人员碰到处于不安全状态的围栏，导致发生高处坠落事故。

（三）违反的主要标准、规定、规程及其条款

1. 国家标准《电业安全工作规程　第 1 部分：热力和机械》（GB 26164.1—2010）

3.2.10　所有楼梯、平台、通道、栏杆都应保持完整，铁板必须铺设牢固。

3.2.13　所有升降口、大小空洞、楼梯和平台、必须装设不低于 1050mm 高栏杆。

2. 电力行业标准《电力建设安全工作规程　第 1 部分：火力发电》（DL 5009.1—2014）

4.2.22　防护栏杆

3）防护栏杆应能经受 1000N 水平集中力。

四、违规动火作业致高处坠落一般死亡事故

（一）事故概述

2017 年某月某日，宋××等 2 人对输煤岛 1 号栈桥进行电焊作业（作业高度距地面 10m）。作业过程中工人宋××将安全带系在身上，安全绳卡扣一端挂在栈桥钢绳上，脚踩在栈桥外侧作为立足点（外侧边缘约为 20cm），用安全绳承载全部自身重量，身体向外倾斜对栈桥檩条进行焊接作业。宋××在作业期间没有按照电火焊工安全操作规程，对产生的金属焊渣进行处理，使得带有高热量的金属焊渣多次掉落到安全绳上，造成安全绳多处损伤并烧焦。宋××发现安全绳烧焦冒烟后，急忙用手对安全绳进行处理，慌乱中从栈桥上失足。由于安全绳部分烧焦，导致开裂失效，无法承载人体全部重量而断裂，致使宋××直接从高处坠落至地面。宋××经 120 现场确认已当场死亡。

（二）事故直接原因分析

事后现场查看及综合分析认为，导致此次事故发生的直接原因如下：

（1）作业人员在施工过程中违反电火焊工安全操作规程，未对焊接时产生的高热量金属焊渣进行有效处理，导致安全绳受损断裂。

（2）施工单位作业中违反建筑施工高处作业安全技术规范，未搭设作业脚手架和水平防护，在对栈桥外侧檩条进行高处焊接作业过程中，安全防护措施不到位。

（三）违反的主要标准、规定、规程及其条款

1. 国家标准《焊接与切割安全》（GB 9448—1999）

4.1.3　为了防止作业人员或邻近区域的其他人员受到焊接及切割电弧的辐射及飞溅伤害，应用不可燃或耐火屏板（或屏罩）加以隔离保护。

2. 国家标准《电业安全工作规程　第1部分：热力和机械》（GB 26164.1—2010）

14.1.11　进行焊接工作时，必须设有防止金属熔渣飞溅、掉落引起火灾的措施以及防止烫伤、触电、爆炸等措施。焊接人员离开现场前，必须进行检查，现场应无火种留下。

15.1.3　高处作业应采取搭设脚手架、使用高处作业车、梯子、移动平台等措施，防止工作人员发生坠落。

3. 国家标准《建设工程施工现场消防安全技术规范》（GB 50720—2011）

6.3　焊接、切割、烘烤或加热等动火作业前，应对作业现场的可燃物进行清理；作业现场及其附近无法移走的可燃物，应采用不燃材料对其覆盖或隔离。

4. 国家标准《建筑施工安全技术统一规范》（GB 50870—2013）

5.5.1　在周边临空状态下进行高处作业时应有牢靠的立足处（如搭设脚手架或作业平台），并视作业条件设置防护栏杆、张挂安全网、佩戴安全带等安全措施。

5. 电力行业标准《电力建设安全工作规程　第1部分：火力发电》（DL 5009.1—2014）

4.13.1　通用规定：

5　进行焊接、切割与热处理作业时，应有防止触电、火灾、爆炸和切割物坠落的措施。

4.10.1　高处作业应符合下列规定：

2　高处作业应设置牢固、可靠的安全防护设施；作业人员应正确使用劳动防护用品。

17　悬空作业应使用吊篮、单人吊具或搭设操作平台，且应设置独立悬挂的安全绳、使用攀登自锁器，安全绳应拴挂牢固，索具、吊具、操作平台、安全绳应经验收合格后方可使用。

6. 建筑行业标准《建筑施工高处作业安全技术规范》（JGJ 80—2016）

5.2.3　严禁在未固定、无防护设施的构件及管道上作业及通行。

五、未正确使用安全带高压输电线路施工高处坠落事故

（一）事故概述

2017年某月某日，一高压输电线路工程直流部分组塔架线劳务分包施工工地，2名施工人员在固定地面拉线，1名施工人员张××上塔作业，从塔上距地面大约30m处坠落。后经120医生确认张××已当场死亡，直接经济损失205万元。

（二）事故直接原因分析

张××未遵守高处作业施工安全操作规程，未正确使用安全带，是造成这起事故的直接原因。

（三）违反的主要标准、规定、规程及其条款

1. 国家标准《电力安全工作规程　电力线路部分》（GB 26859—2011）

9.2.1　……，转移作业位置时不应失去安全带保护。

2. 国家标准《建筑施工安全技术统一规范》（GB 50870—2013）

5.1.2　悬空高处作业人员应挂牢安全带，安全带的选用与佩带应符合国家现行标准《安全带》（GB 6095）的有关规定。

3. 电力行业标准《电力建设安全工作规程　第2部分：电力线路》（DL 5009.2—2013）

3.3.1　高处作业

5　高处作业时，作业人员必须正确使用安全带。

6　高处作业时，宜使用全方位防冲击安全带，并应采用速差自控器等后备保护措施。

9　高处作业人员在攀登或转移作业位置时不得失去保护。

4. 建筑行业标准《建筑施工高处作业安全技术规范》（JGJ 80—2016）

3.0.5　高处作业人员应根据实际情况配备相应的高处作业安全防护用品，并按规定正确佩戴和使用相应的安全防护用品、用具。

5. 建筑行业标准《建筑施工易发事故防治安全标准》（JGJ/T 429—2018）

5.1.6　凡在2m以上的悬空作业人员，应佩戴安全带。

2　安全带应高挂低用，并应扣牢在牢固的物体上。

六、登高违规焊接作业高处坠落事故

（一）事故概述

2020年某月某日，安徽省某公司在进行污水三效处理设施尾气回收塔施工中，外包施工单位3名作业人员在5m多高的钢结构顶部及脚手架上进行钢结构焊接作业时，旁边的污水处理设备尾气吸收装置（塑料材质）炸裂，导致施工人员高处坠落，造成1人死亡，1人轻伤。

（二）事故直接原因分析

事故现场查看及调查分析认为，导致此次事故发生的直接原因是高处作业人员未系安全带；未按规程进行焊接作业。

（三）违反的主要标准、规定、规程及其条款

1. 国家标准《企业安全生产标准化基本规范》（GB/T 33000—2016）

5.4.2.1　作业环境和作业条件　企业应事先分析和控制生产过程及工艺、物料、设备设施、器材、通道、作业环境等存在的安全风险。企业应对临近高压输电线路作业、危险场所动火作业、有（受）限空间作业、临时用电作业、爆破作业、封道作业等危险性较大的作业活动，实施作业许可管理，严格履行作业许可审批手续。企业应采取可靠的安全技术措施，对设备能量和危险有害物质进行屏蔽或隔离。

5.4.2.2　作业行为　企业应为从业人员配备与岗位安全风险相适应的、符合GB/T 11651规定的个体防护装备与用品，并监督、指导从业人员按照有关规定正确佩戴、使用、维护、保养和检查个体防护装备与用品。

2. 电力行业标准《电力建设安全工作规程　第1部分：火力发电》（DL 5009.1—2014）

4.10.1　高处作业应符合下列规定：2 高处作业应设置牢固、可靠的安全防护设施；作业人员应正确使用劳动防护用品。

3. 建筑行业标准《建筑施工高处作业安全技术规范》（JGJ 80—2016）

3.0.5　高处作业人员应按规定正确佩戴和使用高处作业安全防护用品、用具，并应

经专人检查。

4. 建筑行业标准《建筑施工易发事故防治安全标准》（JGJ/T 429—2018）

5.1.6 凡在2m以上的悬空作业人员，应佩戴安全带。2 安全带应高挂低用，并应扣牢在牢固的物体上。

七、未挂牢安全带屋顶作业致高处坠落事故

（一）事故概述

2002年某月某日，某建筑公司承建某市某电厂钢结构厂房施工中，在屋架上部型钢檩条上部进行铺设钢板瓦作业。在铺完第1块板后，没进行固定，又进行第2块板铺设，为图省事，将第2块及第3块板咬合在一起同时铺设。因两块板不仅面积大且重量增加，操作不便，5名人员在钢檩条上用力推移，由于上面操作人未挂牢安全带，下面也未设置安全网，推移中3名作业人员从屋面（+33m）坠落至汽轮机平台上（+12.6m），造成3人死亡。

（二）事故直接原因分析

导致此次事故发生的直接原因如下：

（1）在铺完第1块板后，没有用螺丝固定，便继续同时铺第2块和第3块板，操作不便，给继续作业带来危险。

（2）作业人员未按要求将安全带系牢在安全绳上。

（三）违反的主要标准、规定、规程及其条款

1. 建筑行业标准《建筑施工易发事故防治安全标准》（JGJ/T 429—2018）

5.7.5 在轻质型材等屋面上作业，应搭设临时走道板，不得在轻质型材上行走；安装轻质型材板前，应采取在梁下张设安全平网或搭设脚手架等安全防护措施。

2. 建筑行业标准《建筑施工安全检查标准》（JGJ 59—2011）

3.13.3.3 高处作业人员应按规定系挂安全带；安全带的系挂应符合规范要求。

3. 建筑行业标准《建筑施工高处作业安全技术规范》（JGJ 80—2016）

3.0.1 建筑施工中凡涉及临边与洞口作业、攀登与悬空作业、操作平台、交叉作业及安全网搭设的，应在施工组织设计或施工方案中制定高处作业安全技术措施。

3.0.5 高处作业人员应根据作业的实际情况配备相应的高处作业安全防护用品，并应按规定正确佩戴和使用相应的安全防护用品、用具。

八、附着式升降脚手架下降作业坠落事故

（一）事故概述

2019年某月某日，某市经济技术开发区某工程电缆项目101a号交联立塔、101b号交联悬链楼新建工程工地，附着式升降脚手架下降作业时发生坠落，坠落过程中与交联立塔底部的落地式脚手架相撞，造成7人死亡、4人受伤。事故现场如图4-1-1所示。

图4-1-1 事故现场示意图

（二）事故直接原因分析

导致此次事故发生的直接原因是违规采用钢丝绳替代爬架提升支座，人为拆除爬架所有防坠器防倾覆装置，并拔掉同步控制装置信号线，在架体邻近吊点荷载增大，引起局部损坏时，架体失去超载保护和停机功能，产生连锁反应，造成架体整体坠落。作业人员违规在下降的架体上作业和在落地架上交叉作业导致事故后果扩大。

（三）违反的主要标准、规定、规程及其条款

建筑行业标准《建筑施工高处作业安全技术规范》（JGJ 80—2016）

3.0.1　建筑施工中凡涉及临边与洞口作业、攀登与悬空作业、操作平台、交叉作业及安全网搭设的，应在施工组织设计或施工方案中制定高处作业安全技术措施。

3.0.10　安全防护设施验收应包括下列主要内容：

2）攀登与悬空作业的用具与设施搭设。

3）操作平台及平台防护设施的搭设。

6）安全防护设施、设备的性能与质量、所用的材料、配件的规格。

7）设施的节点构造、材料配件的规格、材质及其与建筑物固定、连接状态。

第二节　违规作业失足高坠事故

一、超职责范围违章作业高处坠落一般死亡事故

（一）事故概述

2019年某月某日，四川某送电线路施工工程在搭设跨越某铁路的跨越架时，一名工人在中午现场停工休息期间，未经施工现场负责人许可，擅自攀爬至跨越架上作业，不慎失足坠落，经抢救无效死亡，直接经济损失150万元。

（二）事故直接原因分析

事故现场查看及调查分析认为，导致此次事故发生的直接原因是该工人在停工期间违章操作，未经施工现场负责人许可，同时未取得高处作业证且没有安全监护的情况下超职责范围擅自攀爬至2m以上的高空作业，不慎失足坠落死亡。

（三）违反的主要标准、规定、规程及其条款

1. 国家标准《电力安全工作规程　电力线路部分》（GB 26859—2011）

5.5.5　工作班成员：

b）遵守安全规章制度、技术规程和劳动纪律，执行安全规程和实施现场安全措施。

5.7.1　工作负责人、专责监护人应始终在工作现场，对工作班成员进行监护。

9.1　高处作业应使用安全带。

2. 国家标准《企业安全生产标准化基本规范》（GB/T 33000—2016）

5.3.2.2　从事特种作业、特种设备作业的人员应按照相关规定，经专门安全作业培训，考核合格，取得相应资格后，方可上岗作业，并定期参加复训。"

3. 电力行业标准《电力建设安全工作规程　第2部分：电力线路》（DL 5009.2—2013）

3.1.2　对从事电工、金属焊接与切割、高处作业、起重机械、爆破等特种作业施工人员，以及起重、厂内机动车等特种车辆驾驶人员，应进行安全技术理论的学习和实际操

作的培训，经有关部门考核合格后，方准上岗。

3.3.1　高处作业

1　遵照现行国家标准《高处作业分级》GB/T 3608 的规定，凡在距坠落高度基准面 2m 及以上有可能坠落的高度进行的作业均称为高处作业。高处作业应设安全监护人。

5　高处作业时，作业人员必须正确使用安全带。

9　高处作业人员在攀登或转移作业位置时不得失去保护。杆塔上水平转移时应使用水平绳或设置临时扶手，平直转移时应使用速差自控器或安全自锁器等装置。杆塔设计时应提供安全保护设施的安装用孔或装置。

7.1.1　一般规定

5　搭设或拆除跨越架应设安全监护人。

二、踩碎屋顶采光板高处坠落事故

（一）事故概述

2017 年某月某日，某公司临时雇佣员工周××和毛××在厂房屋顶调试光伏发电板清洗装置时，两人顺检修梯爬到 2 号厂房屋顶开始工作，结束后顺着厂房屋顶边缘雨棚依次走到 3 号、4 号厂房屋顶进行调试作业，在从 4 号厂房屋顶走到 5 号厂房屋顶过程中，周××踩碎屋顶采光板坠落至地面当场死亡，直接经济损失 84 万元。

（二）事故直接原因分析

周××未按规定从检修梯上下，且未意识到屋顶雨棚的承受能力及屋顶雨棚可能因被踩踏而破裂的危险性，导致踩碎屋顶采光板而坠落，是导致本起事故发生的直接原因。

（三）违反的主要标准、规定、规程及其条款

1. 国家标准《光伏发电站安全规程》（GB/T 35694—2017）

4.9　进入生产现场人员应遵守现场安全文明施工纪律，作业过程中减少交叉作业。

2. 建筑行业标准《建筑施工高处作业安全技术规范》（JGJ 80—2016）

5.1　登高作业应借助施工通道、梯子及其他攀登设施和用具。

3. 建筑行业标准《建筑施工易发事故防治安全标准》（JGJ/T 429—2018）

5.1.7　高处作业应设置专门的上下通道，攀登作业人员应从专门通道上下。

三、攀登塔机踏空坠落事故

（一）事故概述

2016 年某月某日，某公司作业人员在云南某电站安装塔机时，从塔机爬梯向下走的过程中，不慎踏空发生坠落，从第三个转接休息平台（距离基础平台约 13m）外侧护栏中间空隙坠落至塔机基础平台上，造成 1 人死亡。

（二）事故直接原因分析

事故现场查看及调查分析认为，导致此次事故发生的直接原因是作业人员未严格遵守塔机爬梯上下行走安全规程，不慎踩滑且未抓牢栏杆，导致高处坠落。

（三）违反的主要标准、规定、规程及其条款

1. 建筑行业标准《建筑施工高处作业安全技术规范》（JGJ 80—2016）

3.0.5　高处作业人员应按规定正确佩戴和使用高处作业安全防护用品、用具，并应经专人检查。

2. 电力行业标准《电力建设安全工作规程 第 1 部分：火力发电》(DL 5009.1—2014)

4.2 安全防护设施和劳动防护用品

7 进入施工现场人员必须正确佩戴安全帽，高处作业人员必须正确使用安全带、穿防滑鞋。

4.9.1 通用规定

5 高处作业人员使用软梯或钢爬梯上下攀登时，应使用攀登自锁器或速差自控器。攀登自锁器或速差自控器的挂钩应直接钩挂在安全带的腰环上，不得挂在安全带端头的挂钩上使用。

第二章

起 重 伤 害

第一节 履带起重机事故

一、130t 履带起重机倾覆事故

（一）事故概述

2014 年某月某日，在陕西省某电厂建设工地，发生一起 130t 履带起重机吊装空冷岛排汽管道就位时的倾覆事故。当时 130t 履带起重机的工况是主臂 64m，开始吊装时半径是 16.5m，排气管道重 18.5t。由于受场地限制，履带起重机需要吊起排汽管道高度超过主厂房侧面后才能到达空冷岛排汽管道就位侧。

图 4-2-1　事故救援现场

为节省时间，在没有降低被吊排汽管道高度的情况下，由履带起重机吊着排汽管道继续行走，行走 3～4m 后变幅回转半径至 22m，指挥人员见与就位位置还相差 3m 左右，指令继续行走，走了约 0.5m，吊车开始向前倾斜，司机感觉左侧履带下陷，随即往后走车，吊车开始向前倾翻，车身立起，臂杆摔倒向地面，损坏严重，幸未造成人员伤亡。事故救援现场如图 4-2-1 所示。

（二）事故直接原因分析

这是一起明显的无证违章操作而造成的起重机倾覆事故。事后现场查看及综合分析认为，导致此次事故发生的直接原因如下：

（1）履带起重机司机及监护人员均无证操作，尤其是不了解起重机的基本性能，根据履带起重机性能表计算出最后倾覆时属于超负荷行走，操作明显违章。

（2）地面承载力达到要求，但地面平整度超标。

（3）指挥人员发出的指令也违章，最后导致起重机超力矩而倾翻。

（三）违反的主要标准、规定、规程及其条款

1. 国家标准《起重机械安全规程　第 1 部分：总则》（GB/T 6067.1—2010）

12.3.2　基本要求　司机应具备以下条件：

f）在所操作的起重机械上受过专业培训，并有起重机及其安全装置方面的丰富知识。

j）具有操作起重机械的资质；出于培训目的在专业技术人员指挥监督下的操作除外。

12.5.2　基本要求　指挥人员应具备下列条件：

e）经过起重作业指挥信号的培训，理解并能熟练使用起重作业指挥信号。

f）熟悉起重机的性能及相关参数，具有指挥起重机和载荷安全移动的能力。

g）具有担负该项工作的资质。出于培训的目的在专业技术人员指挥监督下的操作除外。

2. 国家标准《履带起重机》（GB/T 14560—2016）

4.1.4　工作地面应坚实、平整，地面倾斜度不应大于1%。

3. 电力行业标准《履带起重机安全操作规程》（DL/T 5248—2010）

5.1.2　履带起重机从业人员应持证上岗。

5.3.18　起重机带载行走时，载荷不得超过允许起重量的70%，行走道路应坚实平整，坡度在2°范围以内，重物应在起重机正前方向，重物离地面不得大于0.5m，并应拴好拉绳，缓慢匀速行驶。不得长距离带载行驶。

4. 电力行业标准《电力建设安全工作规程　第1部分：火力发电》（DL 5009.1—2014）

4.6.5　起重机械应符合下列规定：

8　起重机械不得超负荷使用。

21　流动式起重机：

7）履带起重机主臂工况吊物行走时，吊物应位于起重机的正前方，并用绳索拉住，缓慢行走；吊物离地面不得超过500mm，吊物重量不得超过起重机当时允许重量的2/3。塔式工况严禁吊物行走。

二、650t 履带起重机超起塔式工况倾覆事故

（一）事故概述

2013年某月某日，山东省某化工园区施工现场，发生一起起重机倾覆事故，无人员伤亡，直接经济损失1000余万元，经认定为特种设备较大事故。事故前两天吊装第一节火炬塔（重量135t）吊装成功；事故前一天上午起吊第二节火炬塔（重量110t），在已起吊的情况下，因风力过大，于当日10时左右停止作业，此时未完全卸载，也没有稳固放置在地面。第二天早晨，副司机直接进入起重机操作室，在未有指挥的情况下副司机调整履带起重机，发生侧翻倾覆。事故现场如图 4-2-2 所示。

（二）事故直接原因分析

为什么吊装大的载荷没有出事，吊装小的载荷反而出事了呢？后经调查及第三方检测发现，导致此次事故发生的直接原因如下：

（1）一侧履带下的地耐力达不到方案规定的要求。

图 4-2-2　事故现场

（2）近 20h 载荷未卸载，也没有稳固放置在地面。

（3）副司机在没有起重指挥发出信号的情况下自行操作。

以上（1）、（2）两方面造成了在次日副司机早上上班调整之前履带起重机已发生了倾斜，而司机由于经验不足没有发现，在没有指挥的情况下自作主张操作起重机进行调整，导致倾覆。

（三）违反的主要标准、规定、规程及其条款

1. 国家标准《起重机械安全规程　第 1 部分：总则》（GB/T 6067.1—2010）

15.2　起重机械竖立或支撑条件：指派人员应确保地面或其他支撑设施能承受起重机械施加的载荷，主管人员应对此作出评估。"（即地基的处理和验收应当符合方案或履带起重机操作说明书的要求）

17.1　总则

c）司机应接受起重作业人员的起重作业指挥信号的指挥。当起重机的操作不需要信号员时，司机负有起重作业的责任。

d）司机应对自己直接控制的操作负责。无论何时，当怀疑有不安全情况时，司机在起吊物品前应和管理人员协商。

e）在离开无人看管的起重机之前，司机应做到下列要求：

1）载荷应下放到地面，不得悬吊。

17.2.4　悬停载荷应符合下列要求：

a）司机不能在载荷悬停时离开控制器。

c）当出现符合 17.2.4 a）要求的例外情况时，如果载荷悬停在空中的时间比正常提升操作时间长时，在司机离开控制器前应保证禁止起重机械做回转和运行等其他方向的运动并采取必要的预防措施。

12.3.1　职责司机应遵照制造商说明书和安全工作制度负责起重机的安全操作。除接到停止信号之外，在任何时候都只应服从吊装工或指挥人员发出的可明显识别的信号。

2. 国家标准《石油化工大型设备吊装工程规范》（GB 50798—2012）

3.0.24　被吊装的设备不宜在空中长时间悬空停留。

3. 国家标准《履带起重机》（GB/T 14560—2016）

4.1.4　工作地面应坚实、平整，地面倾斜度不应大于 1%。……，工作过程中支撑地面不应下陷，必要时根据不同地面允许的静载荷采取相应措施，以满足工作地面的承载要求。地面或支撑面的承载能力应大于起重机当前工况下最大接地比压。

4. 电力行业标准《电力建设安全工作规程　第 1 部分：火力发电》（DL 5009.1—2014）

4.12.2　起重机操作人员及操作应符合下列规定：

7　操作人员应按指挥人员的指挥信号进行操作。

三、450t 履带起重机倾覆事故

（一）事故概述

某年某月某日，某电厂发生一起 450t 履带起重机整体倾覆事故，事故导致该出厂不久的履带起重机部分臂杆报废，主机受损，幸无人员伤亡。事发前该履带起重机正处于停用待拆除状态，某天司机学徒黄×在司机王×短暂离开起重机时擅自上车进行操作学习，由于还不熟悉电脑调试操作，误将工况设置成了安装工况，在练习操作桅杆变幅时使桅杆工作角度超限，防后仰油缸受力。现场巡视人员发现异常后及时制止，黄×才停止了操作。经检查确认，桅杆因受力过大发生明显变形。几天后，场地满足条件后准备开始拆除，在未对变形桅杆采取任何措施的情况下，该履带起重机在行走至拆除位置过程中，桅杆突然折断，吊臂前倾，履带起重机整体倾覆。事故现场如图4-2-3所示。

图4-2-3 事故现场

（二）事故直接原因分析

事后现场查看及综合分析认为，导致此次事故发生的直接原因如下：

（1）司机学徒黄×未经过专业培训，亦未在司机王×监护下进行操作，擅自上车，不熟悉该履带起重机操作而致错误操作，违反了安全规程，导致桅杆变形是此次事故的主要原因。

（2）拆除前明知桅杆部件已变形受损，却未及时校正与消除，同时也未采取任何措施，是导致此次事故的直接原因。

（三）违反的主要标准、规定、规程及其条款

1. 国家标准《起重机械安全规程 第1部分：总则》（GB/T 6067.1—2010）

12.3.2 基本要求 司机应具备以下条件：

f）在所操作的起重机械上受过专业培训，并有起重机及其安全装置方面的丰富知识。

2. 电力行业标准《履带起重机安全操作规程》（DL/T 5248—2010）

4.1.5 安装与拆卸之前，应仔细检查起重机各部件、液压与电气系统等的现状是否符合要求，如有缺陷和安全隐患，应及时校正与消除。

3. 电力行业标准《电力建设安全工作规程 第1部分：火力发电》（DL 5009.1—2014）

4.12.1 通用规定：

3 起重机械操作人员、指挥人员（司索信号工）应经过技术培训并取得操作资格证书。

四、250t 履带起重机臂杆折断事故

（一）事故概述

某年某月某日，某电厂脱硫区域施工现场，脱硫烟道转运卸车吊装时发生一起250t履带起重机臂杆折断事故，无人员伤亡。事故发生时，履带坡度（沿履带行走方向）为1.78％（操作手册要求为不超过0.43％），额定起重量为31.3t，脱硫烟道实际重量为29t，吊钩及钢丝绳重量为2t。脱硫烟道在运输车上起吊时一切正常，起至超过电缆桥架高度，回转一定角度后，履带起重机司机发现吊钩与起重机吊臂中心不在同一平面内，且偏离距离较大，司机立即和起重指挥商量将烟道越过桥架后落下。烟道一端落至地面后，发现附近有一小石堆碍事，于是起重指挥指挥履带起重机重新起钩，烟道重新离地后，突然一声异响，主臂在根部7m处折断，主副臂与主机成90°方向倾覆。事故现场如图4-2-4所示。

图 4-2-4 事故现场

（二）事故直接原因分析

事后现场调查及综合分析认为，导致此次事故发生的直接原因如下：

（1）地面平整度达不到履带起重机规定的使用要求，在未满足要求的条件下满负荷进行吊装是本次事故的主要原因。

（2）负荷率达到 90% 的起重机械作业，没有管理人员在场，起重指挥不熟悉起重机的性能，司机发现危险后制止的态度不坚决。

（三）违反的主要标准、规定、规程及其条款

1. 国家标准《起重机械安全规程 第 1 部分：总则》（GB/T 6067.1—2010）

12.5.2 指挥人员应具备下列条件：

g）熟悉起重机的性能及相关参数，具有指挥起重机和载荷安全移动的能力。

17.1 总则 起重机械安全操作一般要求如下：

d）司机应对自己直接控制的操作负责。无论何时，当怀疑有不安全情况时，司机在起吊物品前应和管理人员协商。

2. 国家标准《履带起重机》（GB/T 14560—2016）

4.1.4 工作地面应坚实、平整，地面倾斜度不应大于 1%。

3. 电力行业标准《电力建设安全工作规程 第 1 部分：火力发电》（DL 5009.1—2014）

4.12.4 起重作业应符合下列规定：

1 凡属下列情况之一者，必须办理安全施工作业票，并应有施工技术负责人在场指导：

1）重量达到起重机械额定负荷的 90% 及以上。

4. 能源行业标准《电力建设工程施工安全管理导则》（NB/T 10096—2018）

13.2.5.3 起重机械作业过程中，凡属下列情况之一者（包括但不限于），施工项目负责人、技术人员、安监人员以及专业监理工程师必须在场监督，并办理安全施工作业票，否则不得施工：

b）重量达到起重机械额定负荷的 90% 及以上。

五、履带起重机结构件断裂导致倾覆事故

（一）事故概述

2014 年某月某日，某建筑公司承建的杭州某地下商城（地下空间开发）标段一工程工地，SCC3200 型履带起重机在配合地下连续墙施工起拔"反力箱"过程中，发生起重臂坠落事故。向南坠落的起重臂摔出工地围墙，横跨市政道路，压垮边上作业的一台挖掘机，压倒顶升"反力箱"用千斤顶，造成一地面作业人员死亡，市政道路交通中断 5h。事故现场如图 4-2-5 所示。

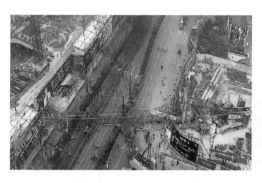

图 4-2-5　事故现场

（二）事故直接原因分析

（1）履带起重机左侧拉杆拉管下接头焊缝热影响区处发生断裂。

（2）履带起重机违章起拔"反力箱"，产生远超过额定起重量 71.2t 的载荷，拉管接头处被拉断，引发起重臂下坠。

（3）履带起重机力矩限制器维护检查不到位，超载保护功能失效，失去超载限制作用。

（三）违反的主要标准、规定、规程及其条款

1. 国家标准《起重机械安全规程　第 1 部分：总则》（GB/T 6067.1—2010）

17.2.1　起吊载荷的质量应符合下列要求：

a）除了按规定的实验要求之外，起重机械不得起吊超过额定载荷的物品。

b）当不知道载荷的精确质量时，负责作业的人员要确保吊起的载荷不超过额定载荷。

2. 电力行业标准《履带起重机安全操作规程》（DL/T 5248—2010）

5.1.9　对安全保护装置应做定期检查、维护保养，起重机上配备的安全限位、保护装置，要求灵敏可靠，严禁擅自调整、拆修。严禁操作缺少安全装置或安全装置失效的起重机，不得用限位开关等安全保护装置停车。

3. 电力行业标准《电力建设安全工作规程　第 1 部分：火力发电》（DL 5009.1—2014）

4.12.4　起重作业应符合下列规定：

13　埋在地下或冻结在地面上等重量不明的物件不得起吊。

第二节　塔式起重机事故

一、塔式起重机倾覆事故

（一）事故概述

某年某月某日，某在建电厂锅炉施工现场，发生一起塔式起重机倾覆事故。事故发生 2 天前，该塔式起重机已完成锅炉吊装安装任务，正处于降节拆除状态。在降节拆除某一节标准节过程中，降节主油缸突然漏油，施工人员迅速利用油缸行程调整用临时支撑杆支撑塔身上部（此时塔式起重机上、下部仍处于分离状态）。现场人员经过检查，确定漏

图 4-2-6 事故现场

油部位为油缸内部结构，因对该结构不了解同时配件缺乏无法现场完成维修，最终决定，做好拉设地锚的临时措施后人员撤离，待塔式起重机厂家专业人员进场进行维修，维修好后再继续进行降节拆除。在等待厂家人员的第 2 天，现场突起大风，塔式起重机上部整体瞬间发生倾覆，将附近已经建成准备投用的输煤栈桥部分砸塌。事故现场如图 4-2-6 所示。

（二）事故直接原因分析

事后现场调查及综合分析认为，导致此次事故发生的直接原因如下：

（1）起重机停止作业时未处于安全状态，即塔式起重机上、下部未连接成整体结构，起大风前，未按要求保持防风状态。拆卸作业不能连续进行时采取的安全措施未能充分考虑、论证是否满足要求。

（2）起重机拆卸前的检查不到位，出现问题后的检修恢复不及时。

（三）违反的主要标准、规定、规程及其条款

1. 国家标准《起重机械安全规程 第 1 部分：总则》（GB/T 6067.1—2010）

16.1 正确的安装与拆卸程序应保证：

g）起重机械的状态应符合制造商规定的各种限制。

2. 电力行业标准《电力建设安全工作规程 第 1 部分：火力发电》（DL 5009.1—2014）

4.1.8 安全技术应符合下列规定：

（5）达到或对超过一定规模的危险性较大的分部分项工程，应符合以下规定：1）对达到一定规模的危险性较大的分部分项工程应编制专项施工方案。2）对超过一定规模的危险性较大的分部分项工程的专项施工方案，应组织论证。

4.6.5 起重机械应符合下列规定：

16 天气预报将有六级及以上大风时，应做好停止起重机作业及各项安全措施的准备；风力达六级及以上时应停止起重作业，将起重臂转至顺风方向并松开回转制动器，风力达到七级时，应将臂架放下，汽车起重机宜将支腿全部支出。

3. 建筑行业标准《建筑施工塔式起重机安装、使用、拆卸安全技术规程》（JGJ 196—2010）

3.4.10 当遇特殊情况安装作业不能连续进行时，必须将已安装的部位固定牢靠并达到安全状态，经检查确认无隐患后，方可停止作业。

5.0.1 塔式起重机拆卸作业宜连续进行；当遇特殊情况拆卸作业不能继续时，应采取措施保证塔式起重机处于安全状态。

5.0.3 拆卸前应检查主要结构件、连接件、电气系统、起升机构、回转机构、变幅机构、顶升机构等项目。发现隐患应采取措施，解决后方可进行拆卸作业。

5.0.4　拆卸作业应符合本规程第 3.4.2～3.4.12 条的规定。

二、塔式起重机拆卸倒塌事故

(一) 事故概述

2016 年某月某日，某租赁公司在对某工地 1 号塔机（型号为 10CJ140，最大起重量为 8t，起重臂长度为 60m，已降至最低塔身高度）进行拆卸工作。现场作业人员在未对塔机配重进行拆卸的情况下，依次拆卸代号为 JS115、JS125、JS140 三节起重臂，在拆卸第四节 JS151 起重臂时导致塔机失衡倒塌，造成 2 人死亡、2 人受伤。事故现场如图 4-2-7 所示。

图 4-2-7　事故现场

(二) 事故直接原因分析

根据 10CJ140 型平头式塔式起重机使用说明书第 2 部分安装拆卸的要求："严格按照规定顺序安装臂架；再确认所有配重均在位的前提下，才开始臂架和平衡臂的安装，尽量避免中断。拆卸时顺序相反"。即安装时应依次按照①-⑪顺序安装；拆卸时顺序相反，依次按⑪-①照顺序拆卸，如图 4-2-8 所示。

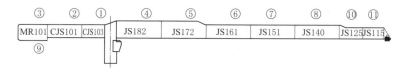

图 4-2-8　塔机臂架和平衡臂的安装顺序图

作业人员未按照施工方案进行作业，起重臂、配重拆卸顺序颠倒，致使塔顶结构杆件受到的载荷超过其极限强度而断裂，是该事故发生的直接原因。

(三) 违反的主要标准、规定、规程及其条款

1. 国家标准《塔式起重机安全规程》（GB 5144—2006）

10.1　塔机安装、拆卸及塔身加节或降节作业时，应按使用说明书中有关规定及注意事项进行。

2. 国家标准《起重机械安全规程　第 1 部分：总则》（GB/T 6067.1—2010）

16.1　施工计划

c) 整个安装和拆卸作业应按照说明书进行，并且由安装主管人员负责。

3. 国家标准《塔式起重机》（GB/T 5031—2019）

10.1.3.1　塔机安装人员负责根据制造商使用说明书安装塔机。在安装过程中应指定一人作为"安装主管"全过程监管安装工作。

10.1.3.2　塔机安装人员应符合以下条件：

f) 具有估计载荷质量、平衡载荷及判断距离、高度和净空的能力。

h) 具有根据载荷的情况选择吊具和附件的能力。

i）在塔机安装、拆卸以及所安装类型塔机的操作方面经过全面培训。

k）完全熟悉并掌握制造商使用说明书中相关章节的要求。

4．国家标准《塔式起重机 安装与拆卸规则》（GB/T 26471—2011）

7.8 塔式起重机安装和拆卸过程中，平衡重块的数量、重量、位置及臂架的安装和拆卸程序应严格遵循使用说明书的规定准确安装。

第三节 施工升降机事故

一、施工升降机吊笼坠落事故

（一）事故概述

2012年某月某日，武汉市某小区住宅楼建筑工地，在升降机司机午休期间，提前到工地施工的19名工人擅自将停在下终端站的施工升降机左侧吊笼打开，携施工物件进入左侧吊笼，操作施工升降机上升。该吊笼运行至33层顶楼平台附近时突然倾翻，连同导轨架及顶部4节标准节一起坠落地面，造成吊笼内19人当场死亡，直接经济损失约1800万元。

（二）事故直接原因分析

（1）事故施工升降机导轨架第66和第67节标准节连接处的4个连接螺栓只有左侧两个螺栓有效连接，而右侧（受力边）两个螺栓连接失效无法受力。

（2）事故升降机左侧吊笼超过备案额定承载人数（12人），承载19人和约245kg物件，上升到第66节标准节上部（33楼顶部）接近平台位置时，产生的倾翻力矩大于对重体、导轨架等固有的平衡力矩，造成事故施工升降机左侧吊笼顷刻倾翻，并连同第67～70节标准节坠落地面。

（三）违反的主要标准、规定、规程及其条款

1．国家标准《施工升降机安全使用规程》（GB/T 34023—2017）

10.2 安装 每安装一节导轨架，至少由两个安装工各检查一次导轨架节螺栓的紧固情况；在升降机设备安装好之后、专业人员全面检查之前，安装主管应至少保证：d）所有导轨架节都安装牢固。

11.3.1 只应授权熟悉该特定且经过培训的操作者来操作该升降机。

11.3.4 每班或每个工作日开始时，应进行使用前检查。

11.4 升降机应按照制造商使用说明书进行维护；升降机应在安装前进行维护、检查，并修复任何缺陷。

2．国家标准《吊笼有垂直导向的人货两用施工升降机》（GB/T 26557—2021）

5.4.1.3 导轨架或导轨或连杆之间的连接应能有效地传递载荷并保持对正。应只有在有意的手动操作下，才允许产生松动。

3．建筑行业标准《建筑施工升降机安装、使用、拆卸安全技术规程》（JGJ 215—2010）

4.1.8 施工升降机应安装超载保护装置。超载保护装置在载荷达到额定载重量的110％前应能中止吊笼启动，在齿轮齿条式载人施工升降机载荷达到额定载重量的90％时应能给出报警信号。

4.2.20 每次加节完毕后，应对施工升降机导轨架的垂直度进行校正，且应按规定

及时重新设置行程限位和极限限位，经验收合格后方能运行。

4.2.21　连接件和连接件之间的防松防脱件应符合使用说明书的规定，不得用其他物件代替。对有预紧力要求的连接螺栓，应使用扭力扳手或专用工具，按规定的拧紧次序将螺栓准确地紧固到规定的扭矩值。安装标准节连接螺栓时，宜螺杆在下，螺母在上。

5.1.1　施工升降机司机应持有建筑施工特种作业操作资格证书，不得无证操作。

5.2.3　施工升降机额定载重量、额定乘员数标牌应置于吊笼醒目位置。严禁在超过额定载重量或额定乘员数的情况下使用施工升降机。

4.　建筑行业标准《建筑机械使用安全技术规程》（JGJ 33—2012）

4.9.10　作业前应重点检查下列项目，并应符合相应要求：

1　结构不得有变形，连接螺栓不得松动。

2　齿条与齿轮、导向轮与导轨应接合正常。

3　钢丝绳应固定良好，不得有异常磨损。

4　运行范围内不得有障碍。

5　安全保护装置应灵敏可靠。

4.9.12　施工升降机应按使用说明书要求进行维护保养，……

5.　电力行业标准《电力建设安全工作规程　第1部分：火力发电》（DL 5009.1—2014）

4.6.4　施工升降机应符合下列规定：

5　施工升降机导轨架每段之间应连接牢固，固定支撑点应设置在建（构）筑物上，严禁设置在脚手架或设备上。

13　施工升降机应由具备资格的人员操作。

17　吊笼内乘人或载物时，不宜偏重。严禁超载运行。

二、施工升降机标准节折断吊笼坠落事故

（一）事故概述

2019年某月某日，河北衡水某建筑工地发生施工升降机标准节折断吊梯笼坠落事故，造成11人死亡，2人重伤的重大安全事故。

（二）事故直接原因分析

（1）根据标准节折断位置分析，只有两种情况下可能发生：①左笼坠落说明标准节右侧连接螺栓松动或脱落；②标准节螺栓连接不符合要求；③安装不完全（漏装或对角安装）。

（2）依据事故照片判断，该施工升降机运行最大高度距标准节顶端1.5m处，升降机底部超出最顶端附墙距离达到3.2m（悬臂9m－1.5m－4.3m＝3.2m）；该司机严重违反了升降机在正常运行工况下，最高行程只容许行驶到最顶端附墙的同一楼层的规定。

（3）限位碰铁安装不符合要求。安装规程规定，吊笼顶部距标准节顶端不少于1.8m。

（4）司机违反操作规程擅自将吊笼行驶到没有搭设安全防护门楼层。

（三）违反的主要标准、规定、规程及其条款

1.　国家标准《施工升降机安全使用规程》（GB/T 34023—2017）

10.2　安装

每安装一节导轨架，至少由两个安装工各检查一次导轨架节螺栓的紧固情况；在升降机设备安装好之后、专业人员全面检查之前，安装主管应至少保证：

d）所有导轨架节都安装牢固。

g）所有安全联锁装置，包括限位开关，都安装牢固，工作正常。

11.3.4　每班或每个工作日开始时，应进行使用前检查。

12.6.1　结构性检查　应检查升降机的承载部件，包括导轨架、导轨架螺栓、附墙架、固定锚固装置、吊笼/运载装置和底部支撑等，确认其有无裂纹、永久性变形、连接件松脱或损伤。

12.6.3　安全装置的检查　应检查安全部件，包括超速安全装置、超载检测装置、手动下降装置、报警装置、通信联络装置、极限开关、行程开关、安全钩、缓冲器、护栏扶手、紧急出口梯子和防护装置等，确认其功能是否正确、是否有明显恶化之处。

2. 国家标准《吊笼有垂直导向的人货两用施工升降机》（GB 26557—2021）

5.9.2.1　上、下行程开关　应设置上、下行程开关。上、下行程开关应使以额定速度运行的吊笼在接触到上、下极限开关前自动停止。但不应以触发上行程开关作为最高层站停靠的通常操作。

5.9.2.2　在行程上端和下端均应设置极限开关，其应能在吊笼与其他机械式阻装置接触前（如缓冲器）切断动力供应，使吊笼停止。

7.1.2.8.2.2　吊笼上方的净距。为预防吊笼在升降通道的顶端超出行程限度，应有充分的导向高度作为越程余量。越程余量应为：对于对重质量大于空吊笼质量的升降机：$\geqslant 2\mathrm{m}$；对于钢丝绳式或对重质量不大于空吊笼质量的升降机：$\geqslant 0.5\mathrm{m}$；对于齿轮齿条式升降机：$\geqslant 0.15\mathrm{m}$。越程余量应从上极限开关的动作触点算起。对于带对重的升降机，越程余量应从对重与其缓冲器的接触点算起。当吊笼运行到达越程余量终点时，其上还应有不小于$1.8\mathrm{m}$（如果吊笼顶部不允许上人，则应有至少$0.3\mathrm{m}$）的自由净空距离。此外，吊笼上任何高过吊笼的部件和设备，其上方应有不小于$0.3\mathrm{m}$的自由净空距离。

3. 国家标准《货用施工升降机 第1部分：运载装置可进人的升降机》（GB/T 10054.1—2021）

5.10.2.1　上、下行程开关　应设置能使以额定速度运行的运载装置在接触到上、下极限开关前自动停止在最高和最低层站的上、下行程开关。

5.10.2.2.1　应设有上极限开关限制向上运行，其应能在运载装置与任何机械式停止装置（如缓冲器）接触前起作用。

7.1.2.7.1.2　导轨越程余量和运载装置上方的净空　装有上极限开关的升降机应有足够的导向越程余量，以容纳在升降通道顶端超出限度的运载装置。越程余量应为：对钢丝绳式升降机或链条悬挂的升降机：$\geqslant 0.5\mathrm{m}$；对齿轮齿条式升降机和间接液压式升降机：$\geqslant 0.15\mathrm{m}$。越程余量应从升降机上极限开关的动作触点算起。当运载装置运行到达越程余量终点时，其上还应有不小于$1.8\mathrm{m}$的自由净空。

4. 建筑行业标准《建筑施工安全检查标准》（JGJ 59—2011）

3.16.3　施工升降机保证项目的检查评定应符合下列规定：

2　限位装置

2）应安装自动复位型上、下限位开关并灵敏可靠，上、下限位开关安装位置应符合规范要求。

3.16.4 施工升降机一般项目的检查评定应符合下列规定：

1 导轨架

4）标准节的连接螺栓使用应符合产品说明书及规范要求。

5. 建筑行业标准《建筑施工升降机安装、使用、拆卸安全技术规程》（JGJ 215—2010）

4.2.20 每次加节完毕后，应对施工升降机导轨架的垂直度进行校正，且应按规定及时重新设置行程限位和极限限位，经验收合格后方能运行。

6. 电力行业标准《电力建设安全工作规程 第1部分：火力发电》（DL 5009.1—2014）

4.6.4 施工升降机应符合下列规定：

2 导轨架上部必须装设限位开关，且不得少于两道；导轨架顶部应设置一道机械极限限位。

5 施工升降机导轨架每段之间应连接牢固。

第四节 汽车起重机事故

一、违章操作起重机致一般起重伤害事故

（一）事故概述

2017年某月某日，某风电场项目部8人在某风机机位进行主吊车（500t履带起重机）组装工作。在利用辅助吊车（70t汽车吊）进行第4车最后2块配重卸车时，70t汽车吊司机崔×在2块配重块（共计20t）吊挂完成后随即起吊，在未经任何人允许的情况下向右侧（风机平台外侧）旋转吊臂，随即吊车发生侧翻，吊车操作室被挤压在平板车车头与车板连接处，崔×被卡在变形的操作室中，后经抢救无效死亡。

（二）事故直接原因分析

事后现场查看及综合分析认为，70t汽车吊司机崔×为了方便吊卸，违反"十不吊"安全原则，在未将吊车第五条支腿伸出的情况下，操作吊车向右侧（风机平台外侧）旋臂，使重物进入前方区域，导致吊车失稳，是导致这起事故发生的直接原因。该型号70t汽车吊悬挂在操作室内的厂家操作说明第5条明确规定："360°回转前必须支好第五条腿，否则不允许在前方区域作业"。

（三）违反的主要标准、规定、规程及其条款

1. 国家标准《起重机械安全规程 第1部分：总则》（GB/T 6067.1—2010）

2.3.1 司机应遵照制造商说明书和安全工作制度负责起重机的安全操作。

2.3.2 司机应具备以下要求：在所操作的起重机械上受过专业训练，并有起重机及其安全装置方面的丰富知识。

4.1.52 作业前应将支腿全部伸出，并支垫牢固。调整支腿应在无载荷时进行，并将起重臂全部缩回转至正前或正后，方可调整。作业过程中发现支腿沉陷或其他不正常情况时，应立即放下吊物，进行调整后，方可继续作业。

2. 电力行业标准《电力建设安全工作规程 第1部分：火力发电》（DL 5009.1—2014）

4.6.5 起重机械应符合下列规定：

21 流动式起重机：

9）汽车起重机作业前应先支好全部支腿后方可进行其他操作。

4.12.2 起重机操作人员及操作应符合下列规定：

1 熟悉所操作起重机各机构的构造、技术性能、保养和维修的基本知识。

3．建筑行业标准《建筑机械使用安全技术规程》（JGJ 33—2012）

4.3.4 作业前，应全部伸出支腿，调整机体使回转支撑面的倾斜斜度在无载荷时不大于 1/1000（水准居中）。

二、汽车起重机超载吊装侧翻事故

（一）事故概述

2017 年某月某日，广东某地某路段，一辆 35t 汽车起重机在路边吊装打桩机时发生倾翻，起重臂砸中一路过面包车，造成 7 人死亡，3 人受伤。

（二）事故直接原因分析

（1）35t 汽车起重机司机设置起重机时，未考虑现场相邻市政道路的危险因素，未预估倾覆危险一旦发生，起重臂将覆盖到公共交通区域，错误选择在市政道路非机动车道路上作业及起重臂作业朝向市政道路。

（2）在起重操作前汽车起重机安全检查中发现显示重量、幅度的显示屏电脑线断了尚未修复，司机仍继续作业。

（3）作业中汽车起重机力矩超载，造成整车倾覆，导致起重臂下落，砸中市政道路正常行驶中的一辆面包车，最终酿成较大事故。

（三）违反的主要标准、规定、规程及其条款

1．国家标准《起重机械安全规程 第 1 部分：总则》（GB/T 6067.1—2010）

11.2 起重作业计划。所有起重作业计划应保证安全操作并充分考虑到各种危险因素。计划应由有经验的主管人员制定。如果是重复或例行操作，这个计划仅需首次制定就可以，然后进行周期性的复查以保证没有改变的因素。计划应包括如下：

a）载荷的特征和起吊方法。

b）起重机应保证载荷与起重机结构之间保持符合有关规定的作业空间。

c）确定起重机起吊的载荷质量时，应包括起吊装置的质量。

d）起重机和载荷在整个作业中的位置。

e）起重机作业地点应考虑可能的危险因素、实际的作业空间环境和地面或基础的适用性。

g）当作业地点存在或出现不适宜作业的环境情况时，应停止作业。

15.3.1 总则：起重机械作业应考虑其周围的障碍物，如附近的建筑、其他起重机、车辆或正在进行装卸作业的船只、堆垛的货物、公共交通区域包括高速公路、铁路和河流。

17.1 总则。起重机械安全操作一般要求如下：

d）司机应对自己直接控制的操作负责。无论何时，当怀疑有不安全情况时，司机在起吊物品前应和管理人员协商。

i）司机应熟悉设备和设备的正常维护。如起重机械需要调试或修理，司机应把情况迅速地报告给管理人员并应通知接班司机。

j）在每一个工作班开始，司机应试验所有控制装置，如果控制装置操作不正常，应

在起重机械运行之前调试和修理。

2. 建筑行业标准《建筑机械使用安全技术规程》(JGJ 33—2012)

4.3.11　作业中发现起重机倾斜、支腿不稳等异常现象时，应在保证作业人员安全的情况下，将重物降至安全的位置。

3. 电力行业标准《电力建设安全工作规程　第1部分：火力发电》(DL 5009.1—2014)

4.12.4　起重作业应符合下列规定：

10　起重工作区域内无关人员不得逗留或通过；起吊过程中严禁任何人员在起重机臂杆及吊物的下方逗留或通过。对吊起的物件必须进行加工时，应采取可靠的支承措施并通知起重机操作人员。

第五节　缆索起重机事故

一、缆索起重机操作失误事故

（一）事故概述

2006年某月某日，云南某工程缆索起重机（以下简称"缆机"）浇筑仓号，当重罐到达仓号上方下落过程中，由于司机注意力不集中，下落速度过快，未能顺利减速停钩，致使大罐落到仓面的喷雾机上后，连同大钩倾倒在仓面内。事后检查缆机提升绳，小车在距离主塔侧120m处有9丝隆起，吊钩位置在109m处2处轻微擦伤。事故现场如图4-2-9所示。

图4-2-9　事故现场

（二）事故直接原因分析

现场查看及综合分析认为，操作司机注意力不集中，目标位置观察不细，减速停钩过晚，处理不当，对现场的施工风险认识不够，是造成此次事件的主要原因。

（三）违反的主要标准、规定、规程及其条款

1. 国家标准《起重机械安全规程　第1部分：总则》(GB/T 6067.1—2010)

12.3　起重机司机

12.3.1　职责

司机应遵照设备说明书和安全工作制度，负责起重机的安全操作。除接到停止信号之外，在任何时候都只应服从吊装工或指挥人员发出的可明显识别的信号。

2.《缆索起重机使用说明书》

3.3.5.1　起重机司机操作

司机必须精神饱满，集中精力，根据指挥人员的指令进行操作。通信联络不畅通时，应停止工作以保证安全。

3.3.5.5　信号人员

吊运混凝土进入仓面时，稳定后的吊罐必须距离仓面1.0m以上；吊罐侧面应距离模

板1.5m以上，若须靠近时，吊罐底部必须高于模板，或以极低速度点动移位；防止由于索道的弹性使吊罐碰地、撞物、将人员碰伤或抛起，尤其是在夜间或有雨雾、能见度不佳条件下作业。

二、缆索起重机提升绳疲劳断裂事故

（一）事故概述

2010年某月某日，四川省某水电站工地，

图4-2-10 事故现场

发生一起30t缆索起重机运行过程中提升绳断裂事故。缆机大钩配置9m³吊罐，装满混凝土正在起钩做垂直运输时，提升绳突然断裂，造成大钩和提升绳突然坠落，掉到了缆机的装卸平台和仓面内，该部位下方无施工人员和其他设施，未造成严重后果。事故现场如图4-2-10所示。

（二）事故直接原因分析

现场查看及综合分析认为，导致此次事故发生的直接原因是缆索起重机提升绳疲劳失效断裂。

（三）违反的主要标准、规定、规程及其条款

1. 国家标准《缆索起重机》（GB/T 28756—2012）

5.5.2.4 钢丝绳保养、维护、安装、检验、报废应符合GB/T 5972的相关规定。

2. 建筑行业标准《施工现场机械设备检查技术规范》（JGJ 160—2016）

7.1.7 钢丝绳使用应符合下列规定：

3 钢丝绳不得有扭结、压扁、弯折、断股、断丝、断芯、笼状畸变等变形。

4 钢丝绳断丝根数的控制标准应按现行国家标准《起重机钢丝绳保养、维护、检验和报废》GB/T 5972规定执行。

三、缆索起重机行程限位失灵造成的碰撞事故

（一）事故概述

2007年某月某日夜班，缆机吊混凝土罐浇筑某坝段。操作司机王×在基坑报话员李×的指挥下将牵引小车运行到指定位置开始落罐，在到达下限位后未停止继续下落，未听到报话员的减速停止指挥，当操作司机发觉情况不对，停止操作，但为时已晚。大罐下落过低，混凝土罐撞在仓号内混凝土料堆上从而倾倒在仓号内。事故现场如图4-2-11所示。

（二）事故直接原因分析

现场查看及综合分析认为，导致此次事件发生的直接原因如下：

图4-2-11 事故现场

（1）大钩的起升下限位失灵，混凝土罐下落未及时停止。

（2）大罐接近某高程卸料时速度过快，没有及时减速，吊罐未及时调整至限定的可卸料安全高度，信号员报话不及时，未进行整车停机信号。

（三）违反的主要标准、规定、规程及其条款

1. 国家标准《起重机械安全规程 第 1 部分：总则》（GB/T 6067.1—2010）

12.3 起重司机

12.3.1 职责 司机应遵照设备说明书和安全工作制度，负责起重机的安全操作。除接到停止信号之外，在任何时候都只应服从信号指挥人员发出的可明显识别的信号。

12.4 信号指挥员

12.4.1 职责 指挥人员应有将信号从吊装工传递给司机的责任。

2. 设备厂家提供的《缆索起重机使用说明书》（DL 128.SM）

4.2.1 一般规程

8 不得故意用安全保护装置来达到停机的目的。

4.2.2 工作前的准备工作

8 检查各终端限位装置及讯号、显示装置是否正常与灵敏。

4.2.3 工作时安全操作规程

1 司机必须精神饱满，精力集中，根据指挥人员的指令进行操作。在通信联络不清时，应停止工作以保证安全。

6 如遇紧急情况，需立即停机时，可按联动操作台上紧急停机按钮，切断总电源。

第六节 其他起重机具事故

一、桥式起重机行走小车无制动致挤死人员事故

（一）事故概述

2021 年某月某日，某公司制造车间一桥式起重机（以下简称"桥机"）在吊运大型工字梁过程中，首先将工字梁从平板车的围栏内吊起，之后，大车行走约 3m，使其离开厂房端头，再由小车吊运工字梁向车间中部（横向）行走，当行走 5～6m 时，正好一工人在给另一件立着的工字梁划线，此时，由于车间内赶工数日，乌烟瘴气，视线不清，操作人员反映起升制动器失灵，造成重物下坠挤着了划线人员，后经抢救无效死亡。

（二）事故直接原因分析

事故发生后的试验分析认为，该桥机的起升制动器灵敏可靠，无任何问题。桥机的行走小车无任何行走制动，造成当操作人员观察到行走方向有人需要制动小车时，根本刹不住车，如图 4-2-12 所示。另外，据查此操作人员刚调入该公司月余，对此桥机车

图 4-2-12 小车行走制动器失灵

况不熟悉也是造成此次事故的重要原因；无指挥人员也是重要原因。

（三）违反的主要标准、规定、规程及其条款

1. 国家标准《起重机械安全规程　第1部分：总则》（GB/T 6067.1—2010）

4.2.6.1　动力驱动的起重机，其起升、变幅、运行、回转机构都应装可靠的制动装置。

4.2.6.4　制动器应便于检查，常闭式制动器的制动弹簧应是压缩式的，制动器应可调整，制动衬片应能方便更换。

12.3.2　基本要求

f) 在所操作的起重机械上受过专业培训，并有起重机及其安全装置方面的丰富知识。

2. 建筑行业标准《建筑施工易发事故防治安全标准》（JGJ/T 429—2018）

9.0.1　……，起重机作业应设专职信号指挥和司索人员，一人不得同时兼顾信号指挥和司索作业。

二、链条葫芦断裂导致人身伤亡事故

（一）事故概述

2009年某月某日，某电厂2号机组锅炉施工现场，施工人员在起吊前水冷壁中部刚性梁组合件时，先由吊车吊起刚性梁组合件（长15.2m、高8.5m、重18.4t）到就位高度后，施工人员用5个5t、2个3t的链条葫芦接钩（用钢丝绳把链条葫芦分别挂在上部刚性梁上，下端通过钢丝绳挂起刚性梁组合件）。接钩和就位过程中，共有7名作业人员站在上部刚性梁上拉葫芦，由一人统一指挥，协调葫芦提升步骤。作业过程中，2人将安全带挂在上部水冷壁葫芦链条上，5人将安全带挂在起吊刚性梁的链条葫芦上。当刚性梁组合件调整到快就位穿螺栓时，刚性梁左侧第一个5t链条葫芦上部钩子突然断裂，其余6个吊点的链条葫芦也相继断裂，导致刚性梁组件向下坠落，组件左侧先着地，垂直插入零米地面。站在刚性梁上的5人由于安全带挂在起吊刚性梁组件的链条葫芦上也随着一起下坠，其中1人落至零米，2人落在刚性梁上面校平装置梁上，1人落在炉前12.6m层钢架梁上，1人落在12.6m层前侧的安全网上；将安全带挂在上部水冷壁葫芦链条上的2人被安全带吊在空中。事故造成4人死亡，1人重伤，2人轻伤。

（二）事故直接原因分析

（1）7个链条葫芦的允许起重量的总和虽然超过吊件重量，但每个链条葫芦的允许起重量远远小于吊件重量。链条葫芦由作业人员手工操作，在实际操作中无法准确控制每个链条葫芦的均衡受力，不平衡状态下受力大的链条葫芦先破坏，继而产生连锁反应，其他链条葫芦相继断裂。

（2）未正确使用安全带。死亡的4人安全带均挂在起吊刚性梁组合件的链条葫芦上，葫芦一断裂，人就随吊件一起坠落，安全带没有起到保护作用。

（三）违反的主要标准、规定、规程及其条款

电力行业标准《电力建设安全工作规程　第1部分：火力发电》（DL 5009.1—2014）

4.7.3　链条葫芦

3）不宜采用两台或多台链条葫芦同时起吊同一重物。确需采用时，应制定可靠的安全技术措施，且单台链条葫芦的允许起重量应大于起吊重物的重量。

4.10.1　高处作业应符合下列规定：

8）高处作业应系好安全带，安全带应挂在上方牢固可靠处。

一、违规站位一般起重伤害事故

（一）事故概述

2015年某月某日，某公司6名施工人员进行电除尘器阴极框架、阳极板吊装作业。在起吊第4组阴极框架（该组阴极框架共4片，每片约150kg，总重约600kg）时，施工人员李××协助起重工杜××在第4组电除尘器阴极框架上端部系好钢丝绳（吊装索具为2×13mm钢丝绳及2t卸扣，卸扣由杜××旋拧）。然后，李××到阴极框架尾部绑缆绳，杜××负责起吊指挥。当第4组阴极框架上部端起吊至11m高度时（下端部尚未吊起，阴极框架与地面夹角约60°），阴极框架上部端吊点突然脱开，阴极框架向下坠落，将站在阴极框架下方指挥的杜××面朝下砸倒在路面上。杜××送往医院后经抢救无效死亡。

（二）事故直接原因分析

事后现场查看及综合分析认为，导致此次事故发生的直接原因是起重工杜××在起吊阴极框架过程中，卸扣横销与扣体连接不牢，违规站在起吊物下方。

（三）违反的主要标准、规定、规程及其条款

1. 国家标准《起重机械安全规程 第1部分：总则》（GB/T 6067.1—2010）

17.2.1 载荷在吊运前应通过各种方式确认起吊载荷的质量，同时，为了保证起吊的稳定性，应通过各种方式确认起吊载荷的质心，确立质心后，选择合适的系挂位置，保证载荷起升时均匀平衡，没有倾覆的趋势。

17.2.3 系挂物品应符合下列要求：

b）物品要通过吊索或其他有足够承载力的装置挂在吊钩上。

2. 电力行业标准《电力建设安全工作规程 第1部分：火力发电》（DL 5009.1—2014）

4.12.4 起重作业应符合下列规定：

4 起吊物应绑挂牢固。吊钩悬挂点应在吊物重心的垂直线上，吊钩绳索应保持垂直，不得偏拉斜吊。落钩时应防止由于吊物局部着地而引起吊绳偏斜。吊物未放置平稳时严禁松钩。

10 起重工作区域内无关人员不得逗留或通过；起吊过程中严禁任何人员在起重机臂杆及吊物的下方逗留或通过。

二、吊物绑扎不牢致一般起重伤害事故

（一）事故概述

2015年某月某日，某公司3名工人进行电焊条吊运作业。其中2人站在离地面垂直高度为40m的工作面上，通过安装在工作面上的滑轮装置，利用麻绳向上拉电焊条，另一人何××在地面捆扎电焊条。在何××捆扎好一包重约20kg的电焊条后，让上工作面的2人往上拉，电焊条在吊起离地高度约20m的地方散落，砸中地面的何××头部。何××送至医院经抢救无效死亡。

（二）事故直接原因分析

事后现场查看及综合分析认为，导致此次事故发生的直接原因是何××捆扎电焊条固定不牢，在吊运过程中散落。

（三）违反的主要标准、规定、规程及其条款

电力行业标准《电力建设安全工作规程　第1部分：火力发电》（DL 5009.1—2014）

4.12.4　起重作业应符合下列规定：

4　起吊物应绑挂牢固。吊钩悬挂点应在吊物重心的垂直线上，吊钩绳索应保持垂直，不得偏拉斜吊。落钩时应防止由于吊物局部着地而引起吊绳偏斜。吊物未放置平稳时严禁松钩。

10　起重工作区域内无关人员不得逗留或通过；起吊过程中严禁任何人员在起重机臂杆及吊物的下方逗留或通过。

三、违规站位一般起重伤害事故

（一）事故概述

2019年某月某日，某公司在某风电场风机大部件检修更换完毕后，现场作业人员开始进行吊装设备转场准备。作业人员刘××指挥吊车吊装轮毂工装架，并把吊车吊钩上的3根钢丝绳分别挂在工装架等距离的3个吊耳上各焊有1个反向钢筋的小钩上，而后指挥吊车慢慢起钩。吊车将钢丝绳慢慢拉直，刘××让其他工作人员离开吊车作业半径，指挥吊车试吊一次。随后，刘××开始指挥吊车起钩，当起重物离开地面3～4m时停止起钩，然后指挥吊车慢慢向运输板车方向转杆。此时，板车司机孟××不听从现场安全员刘××制止，擅自进入起吊作业下方（向板车方向走来）。当吊车大臂转到板车驾驶室位置时，为避免起重物与板车驾驶室发生碰撞，吊车司机温×起钩将起重物提升高度，在此过程中未能发现起重物下方有人。当起重物起钩5m左右时，起重物轮毂工装架突然脱钩坠落，将其下方的板车司机孟××砸中。现场作业人员立即展开施救，将压在孟××身上的轮毂工装架移开，并将其送往医院抢救。后孟××经抢救无效死亡。

（二）事故直接原因分析

事后现场查看及综合分析认为，导致此次事故发生的直接原因是在吊装作业过程中，孟××违章冒险进至起重物下方，被脱落起重物砸伤至死。

（三）违反的主要标准、规定、规程及其条款

1. 国家标准《风力发电机组吊装安全技术规程》（GB/T 37898—2019）

7.2.1　通用要求。吊装作业中通用要求如下：

c）设备吊装时应设置警戒区，无关人员及设备不应入内；起重机械工作期间，人员不应在吊臂下停留。

2. 电力行业标准《履带起重机安全操作规程》（DL/T 5248—2010）

5.3.8　起重作业范围内，严禁无关人员停留或通过。作业中起重臂下严禁站人。

3. 电力行业标准《风力发电场安全规程》（DL/T 796—2012）

6.1.6　吊装前应正确选择吊具，并确保起吊点无误；吊装物各部件保持完好，固定牢固。

6.1.7　在吊绳被拉紧时，不应用手接触起吊部位，禁止人员和车辆在起重作业半径内停留。

第三章

触 电 及 火 灾

第一节　触电事故

一、误登带电杆塔致触电一般死亡事故

（一）事故概述

2016 年某月某日，某供电所要在 A 变电站站内新立的电杆上进行 10kV 线路出站电杆金具、导线的安装和架设工作，向调度中心申请对 A 变电站内 10kV 线路停电。同时一施工单位也要对 A 变电站内 35kV 出线杆设备安装，也向调度中心申请对 A 变电站 35kV 线路停电。调度中心按照申请停电票的要求通知 A 变电站切断了变电站内 35kV 和 10kV 线路，随后告知施工单位技术员黄××，黄××接到停电通知后告知现场施工负责人张××，随即张××组织施工人员赵××和王××开始 35kV 线路电缆安装施工。在完成 35kV 电缆安装工作后，张××又安排赵××、王××上黄文线 653 号电塔进行电缆的安装工作。赵××在登塔作业过程中，突然接触到黄文线 653 号电塔，"嘭"的一声响后就没有了动静。地面张××听见王××呼救后，立即要求变电站工作人员停电。大约 10min 后变电站联系了调度中心后切断了黄文线 653 号线路。赵××被解救下来后，经抢救无效死亡。

（二）事故直接原因分析

事后现场查看及综合分析认为，导致此次事故发生的直接原因是施工人员安全意识淡薄，未明确停电申请票中的施工内容和停电范围，超出工作内容和停电范围作业施工，未严格遵守电力施工"两票三制"的工作流程，未严格按照验电接地流程操作。

（三）违反的主要标准、规定、规程及其条款

1. 国家标准《电力安全工作规程　电力线路部分》（GB 26859—2011）

4.3.3　在检修工作前应进行工作布置，明确工作地点、工作任务、工作负责人、作业环境、工作方案和书面安全要求，以及工作班成员的任务。

5.5.5　工作班成员：

b）遵守安全规章制度、技术规程和劳动纪律，执行安全规程和实施现场安全措施。

6.1.1　在线路和配电设备上工作，应有停电、验电、装设接地线及个人保安线、悬挂标示牌和装设遮拦等保证安全的技术措施。

10.2.3　不应穿越未停电接地的绝缘导线进行工作。

8.1.2　登杆作业时，应核对线路名称和杆号。

2. 电力行业标准《电力建设安全工作规程　第2部分：电力线路》(DL 5009.2—2013)

4.3.3　在检修工作前应进行工作布置，明确工作地点、工作任务、工作负责人、作业环境、工作方案和书面安全要求，以及工作班成员的任务。

二、擅自扩大作业范围致触电一般死亡事故

（一）事故概述

2016年某月某日，某单位线路工作票工作任务为10kV三都线组立杆塔及架设导线，工作地段为10kV三都线24～258号杆。8时45分，110kV木棠变电站10kV三都线停电并转检修。施工单位接到作业许可通知后，分别在10kV三都主线及10kV盛和支线、10kV羊宅支线、三都2号支线3处开展作业。12时50分，工作负责人于××安排谭××、张××（死者）、周××到10kV大山支线6号杆安装新耐张杆横担和导线直线开端改耐张工作（其他3处工作仍同时开展）。该项作业实施前于××指使人员在三都线187号杆与大山支线1号杆之间的跌落式熔断器处挂接了地线，该跌落式熔断器未断开。15时左右，张××站在电杆大号侧方向，安装西侧相导线大号侧耐张线夹后，在放松导线紧线器过程中，突然发生触电。当时张××所站横担下端，安全带绕过电杆扣在横担下端电杆上，位置略高于谭××。张××触电后身体后仰，双脚脚扣脱落，身体下滑后翻转悬空，安全带挂在谭××的安全带上没有继续滑落，谭××安全带受张××安全带向下挤压，身体出现半蹲状态无法移动。谭××身体瞬间也有电击的感觉，身体尽量向外倾斜，不敢触碰电杆，同时向杆下人员呼救。15时30分，地面其他工作人员将张××放至地面，谭××自行下杆。张××经现场抢救无效死亡。

（二）事故直接原因分析

事后现场查看及综合分析认为，导致此次事故发生的直接原因如下：

（1）施工单位违反安全操作规程，未采取有效保护措施；大山支线6号杆与9号杆之间未安装接地线，9号杆的变压器跌落式熔断器和变压器低压侧刀闸均未断开。

（2）施工单位在申报的工作票上未标注大山支线作业点，擅自扩大作业范围。

（3）施工人员张××在保护措施不完善的条件下，冒险作业，在低压侧反向来电时导致作业导线带电造成触电死亡。

（三）违反的主要标准、规定、规程及其条款

国家标准《电力安全工作规程　电力线路部分》(GB 26859—2011)

4.3.3　在检修工作前应进行工作布置，明确工作地点、工作任务、工作负责人、作业环境、工作方案和书面安全要求，以及工作班成员的任务。

5.5.5　工作班成员：

a）熟悉工作内容、工作流程，掌握安全措施，明确工作中的危险点，并履行确认手续。

5.6.5　工作许可人应在线路可能受电的各方面都拉闸停电、装设好接地线后，方可发出线路停电检修的许可工作命令。

6.2.1　线路停电工作前，应采取下列措施：

b）断开工作线路上各端（含分支）断路器、隔离开关和熔断器。

6.4.11　线路停电作业装设接地线应遵守下列规定：工作地段各端以及可能送电到检修线路工作地段的分支线都应装设接地线。

三、无证作业致一般触电死亡事故

（一）事故概述

2015年某月某日，某项目部施工队长张××安排班长杨××带领王××等6名作业人员到1号机组6kV配电室，进行1A段部分负荷开关检修和1B段电缆仓螺栓紧固作业。其中，王××与李××一组负责1B段电缆仓螺栓紧固作业。王××在完成紧固螺栓作业后，来到另一组正在检修的1E磨煤机开关柜前，清扫1E磨煤机开关室。王××在清扫开关室过程中发生触电，随即仰面倒在地上，后经抢救无效死亡。

（二）事故直接原因分析

事后现场查看及综合分析认为，导致事故发生的直接原因是项目部施工队长张××违章指挥无电工特种作业操作证和未经建设方电力安全交底的王××等作业人员，进入6kV配电室进行开关柜检修作业；王××冒险进行母线带电1E磨煤机开关室清扫作业。

（三）违反的主要标准、规定、规程及其条款

1. 国家标准《电力安全工作规程　发电厂和变电站电气部分》（GB 26860—2011）

4.1.3　工作人员应具备必要的电气知识和业务技能，熟悉电气设备及其系统

4.4.1　作业人员应被告知其作业现场存在的危险因素和防范措施。

5.6.2　工作负责人、专责监护人应始终在工作现场，对工作班成员进行监护。

2. 电力行业标准《电力建设安全工作规程　第1部分：火力发电》（DL 5009.1—2014）

4.1.7　宣传与教育培训应符合下列规定：

4　特种作业人员必须按照国家有关法律、法规的规定接受专门的安全技术培训，经体检、考核合格，无妨碍从事相应特种作业的生理缺陷和禁忌证，取得特种作业操作资格证书方可上岗作业。

3. 能源行业标准《电力建设工程施工安全管理导则》（NB/T 10096—2018）

14.3.2　施工单位应安排专人对特种作业人员进行现场安全管理，对上岗资格、条件等进行安全检查，确保特种作业人员持证上岗、遵守岗位操作规程和落实安全及职业病危害防护措施。

12.6.4　施工作业前班组长应向作业人员进行作业内容、作业环境、作业风险及措施交底。

14.2.3　应采取可靠的安全技术措施，对设备能量和危险有害物质进行屏蔽或隔离。

四、临近带电线路违规传递物体致一般触电死亡事故

（一）事故概述

2017年某月某日，某施工项目部安排安排7人进行跨越脚手架的搭设工作，工作地点位于某风电场35kV线路77号塔与78号塔之间（跨越带电运行的10kV线路）。9时10分，施工人员胡××在搭设脚手架架体过程中触电。该架体立杆高七层，当时死者站在第六层，预搭设第七层剪刀撑，在传递3m长的架子管时，架子管靠近带电导线，致使带电导线瞬间放电造成人员触电受伤，抢救无效死亡。

（二）事故直接原因分析

事后现场查看及综合分析认为，违章作业是本次事故发生的直接原因施工人员胡××在传递架子管作业过程中，未使用绝缘绳索，直接向第七层进行传递，致使架子管靠近10kV带电导线造成人员触电。

（三）违反的主要标准、规定、规程及其条款

1. 电力行业标准《电力建设安全工作规程 第1部分：火力发电厂》（DL 5009.1—2014）

4.10.4 邻近带电体作业应符合下列规定：

6 传递物品时应使用绝缘绳索。

2. 电力行业标准《跨越电力线路架线施工规程》（DL/T 5106—2017）

6.1.7 临近带电体作业时，上下传递物体必须用绝缘绳索，作业全过程应设专人监护。

五、违章作业触碰带电裸铜排触电死亡事故

（一）事故概述

2017年某月某日，某公司车间主任周××、装配工徐××、苏××3人在某热电联产2×12MW工程项目建设工地施工。由于时值下班时间，施工人员出入频繁，门卫疏于办理登记手续，三人径直进入锅炉补给水系统的化水车间进行气动阀维修、变频柜增加散热扇等工作。其间，苏××登上金属材质爬梯，整理变频器控制柜上方散热扇线路时，手碰到380V带电裸铜排造成触电，经抢救无效死亡。

（二）事故直接原因分析

事后现场查看及综合分析认为，导致本次事故发生的直接原因是作业人员苏××违章作业，在未停电又未采取有效防护措施的情况下，不慎触及带电裸铜排导致触电死亡。

（三）违反的主要标准、规定、规程及其条款

电力行业标准《电力建设安全工作规程 第1部分：火力发电厂》（DL 5009.1—2014）

4.10.4 2邻近带电体作业应办理安全施工工作票；4作业人员应穿棉质工作服和绝缘鞋，并站在干燥绝缘物上。

6.3.18 邻近带电体作业时，应使用绝缘梯子，严禁使用铝合金材质或其他易导电的梯子。

7.1.3 1进入试运区域进行设备安装、检修、消缺均应办理工作票，工作结束后应及时销票。严禁擅自操作试运范围内的设备及系统。

六、未经许可擅自进入带电箱变高压室检查触电死亡事故

（一）事故概述

2017年某月某日，某公司风电场按计划完成对35kV 8组集电单元送电后，对箱变逐台送电调试风机。风电场运维人员曾××随同箱变厂家现场服务人员黄××一起对6号风机箱变进行送电前检查时，黄××发现箱变高压室闭锁门上显示器指示灯不亮，欲对其进行检查。风电场随同人员曾××警告黄×该箱变高压侧已带电，禁止进入高压室。随后曾××走到低压侧查看，突然听到一声异响，发现高压室两道门均被打开，黄××未经许可已擅自用自带的解锁钥匙打开高压室闭锁门进入箱变高压室，曾××赶到时，黄××已倒在高压室内。事故发生后，曾××立即到旁边车上拿绝缘棒将黄×脱离到安全位置。

黄××经抢救无效死亡。

（二）事故直接原因分析

事后现场查看及综合分析认为，导致本次事故发生的直接原因是黄××未经许可擅自用自带的解锁钥匙打开高压室闭锁门进入箱变高压室进行检查。

（三）违反的主要标准、规定、规程及其条款

国家标准《电力安全工作规程 发电厂和变电站电气部分》（GB 26860—2011）

5.4.5 工作班成员：

a）熟悉工作内容、工作流程，掌握安全措施，明确工作中的危险点，并履行确认手续。

b）遵守安全规章制度、技术规程和劳动纪律，执行安全规程和实施现场安全措施。

c）正确使用安全工器具和劳动防护用品。

七、对未充分放电变压器进行检修触电死亡事故

（一）事故概述

2019年某月某日，某抽水蓄能电站工程3名工人在某隧道口，准备为箱式变电器送电时，段××负责拉闸合闸工作，赵××负责对箱式变压器本体进行通电操作，李××负责监护。先后两次合闸，变压器均未通电，赵××在进行检修后发现变压器还是没电，赵××在段××拉闸断电后确认无电情况下穿上绝缘鞋，戴上绝缘手套后钻进高压进线电缆终端底部进行检修，在检修过程中触电，经抢救无效死亡。

（二）事故直接原因分析

事故现场查看及综合分析认为，导致此次事故发生的直接原因是死者赵××作为施工现场安全员，同时又作为变压器通电工作操作人员，安全意识淡漠，在明知变压器送电后应该充分放电后才能进入机器检修的情况下，仍然冒险、违规操作，未对变压器完全、充分放电就进入机器内部检修。

（三）违反的主要标准、规定、规程及其条款

国家标准《电力安全工作规程 发电厂和变电站电气部分》（GB 26860—2011）

6.4.3 当验明设备确无电压后，应立即将检修设备接地（装设接地线或合接地刀闸）并三相短路。电缆及电容器接地前应逐相充分放电，星形接线电容器的中性点应接地。

15.2.1 电缆试验前后以及更换试验引线时，应对被试电缆（或试验设备）充分放电。

八、雨后作业绝缘失效、保护缺失触电事故

（一）事故概述

2015年某月某日，珠海市某厂区进行屋顶光伏发电节能改造，当天上午阵雨、中午大雨，下午14时左右雨停天晴。15时左右，光伏项目工地正常开工，3名施工人员在进行二号厂房屋顶用PVC电缆套管搬运作业。其间，1名施工人员搬运一捆PVC套管走到南坡第五列第九块光伏面板位置时，不慎滑倒在光伏组件上发生触电，后经抢救无效死亡。

（二）事故直接原因分析

事后现场查看及综合分析认为，导致此次事故发生的直接原因如下：

（1）施工人员滑倒时右脚触碰到淋雨后绝缘失效的正极接头，身体触碰到光伏组件铝边框，与接地网直接连接形成回路。由于第五列九块光伏面板已连成一个串组，输出电压约为270V，输出电流约为8.5A，最终导致施工人员触电死亡。

（2）劳动防护用品配备不足，施工人员在雨后作业时未穿戴绝缘鞋，在触电时处于无保护状态。

（3）现场安全隐患排查不到位，未及时发现接头可能发生雨后绝缘失效的问题。

（三）违反的主要标准、规定、规程及其条款

1. 国家标准《光伏发电站安全规程》（GB/T 35694—2017）

4.4　在光伏发电站生产区域进行安装、检修、维护、试验等工作，应有保证安全的组织措施和技术措施，需要对设备、系统采取安全措施或需要运行人员程运行方式上采取保障人身、设备安全的措施时，应使用统一格式填写与签发的工作票和操作票。

5.1.3　巡检过程中，要戴安全帽；在雨雪等天气下，应穿绝缘靴。

5.2.1　在光伏支架范围内作业前，应对作业范围内光伏组件的铝框、支架进行测试，确认无电压。

2. 国家标准《光伏发电站施工规范》（GB 50794—2012）

9.5　应急处理

9.5.1　在光伏发电站开工前，应根据项目特点编制防触电、防火等应急预案。

9.5.2　应急预案的编制应包括应急组织体系及职责、危险源分析、预防措施和应急响应等内容。

9.5.3　施工人员应进行应急救援培训，并进行演练。

九、钢模板压损电缆绝缘致人员触电事故

（一）事故概述

某年某月某日，某项目从二级总配电箱引出两条380V电缆电气线路为施工工地供电，其中一条线路沿某交通道路北侧的围挡敷设。因第二期交通导改，需拆除道路北侧的围挡。前一晚，项目部专职电工杨××将二级总配电箱电源断开，将原来挂在围挡上方的电缆沿围挡放在地面上。当天17时，于××驾驶叉车整理钢模板，钢模板压在电缆上，导致电缆绝缘破损。19时，4名施工人员因作业需要，通过电工杨××将门卫室空调和工地照明送电，杨××随后送上二级总配电箱开关。22时，陈××至堆放钢模板的地方工作，碰到钢模板触电，在场作业人员以为是陈××手提的角磨机带电，将角磨机断电后，郑××在对陈××进行施救时也触电，导致2人死亡。

（二）事故直接原因分析

导致此次事故发生的直接原因如下：

（1）电工杨××未按照国家标准设置临时用电，未正确敷设施工现场的电缆，电缆的防护措施不满足规范要求。

（2）叉车司机于××无证驾驶叉车，违规将施工现场的钢模板放置在电缆上，导致电缆护套和绝缘层破损，电缆内芯与钢模板接触，电缆通电后钢模板带电。

（3）事故电缆电源侧的二级总配电箱相应漏电保护装置功能缺失，在电缆接地时未能有效动作断开电源。

（4）二级总配电箱保护零线（PE线）虚接，接地电阻值为215Ω，接地保护线不能构成有效回路，接地保护装置处于失效状态。

（三）违反的主要标准、规定、规程及其条款

1. 国家标准《建设工程施工现场供用电安全规范》（GB 50194—2014）

6.4.9 剩余电流保护器每天使用前应启动试验按钮试跳一次，试跳不正常时不得继续使用。

7.1.2 配电线路的敷设方式应符合下列规定：

1 应根据施工现场环境特点，以满足线路安全运行、便于维护和拆除的原则来选择，敷设方式应能够避免受到机械性损伤或其他损伤。

2. 建筑行业标准《施工现场临时用电安全技术规范》（JGJ 46—2005）

5.3.2 TN系统中的保护零线除必须在配电室或总配电箱处重复接地外，还必须在配电系统的中间处和末端处重复接地。在TN系统中，保护零线每一处重复接地装置的接地电阻值不应大于10Ω。在工作接地电阻值允许达到10Ω的电力系统中，所有重复接地的等效电阻值不应大于10Ω。（条文说明：对TN系统保护零线重复接地、接地电阻值的规定是考虑到一旦PE线在某处断线，而其后的电气设备相导体与保护导体（或设备外露可导电部分）又发生短路或漏电时，降低保护导体对地电压并保证系统所设的保护电器可在规定时间内切断电源）

十、电动工具外壳带电致人触电死亡事故

（一）事故概述

2006年×月×日，某单位项目组朱××、王××、彭××、李××4人在工地安装室外管道。铺设一段后，天下雨，4人一起在建筑物内避雨，雨停后4人先准备管材，然后再划线打孔。电缆线铺设工作结束，准备钻孔。王××去工具箱拿电钻，把电源线接在靠路边的一个配电柜的空气开关下端。在二楼的朱××和彭××用绳子吊上电钻，试钻时发现电钻不钻，要求地面人员更换电钻。王××取来另一把电钻试了一下好用，然后又吊上去。李××在下面等着送电，彭××叫李××送电，朱××拿着电钻开始钻眼。此时，彭××突然发现朱××浑身颤抖，立即拔下电源线，过去观察发现朱××手里电钻不动了。朱××送医后，经抢救无效死亡。

（二）事故直接原因分析

导致此次事故发生的直接原因如下：

（1）使用电钻打眼作业前，王××、朱××未对电动工具的绝缘完好性进行检查，由于电钻电气绝缘损坏使电钻外壳带电，造成朱××在使用过程中发生触电。

（2）临时用电未落实三级配电二级保护的规定，配电柜上的漏电保护装置失灵，电钻发生漏电时未能起到应有的保护作用。

（三）违反的主要标准、规定、规程及其条款

1. 国家标准《建设工程施工现场供用电安全规范》（GB 50194—2014）

9.2.1 施工现场使用手持式电动工具应符合现行国家标准《手持式电动工具的管理、使用、检查和维修安全技术规程》（GB/T 3787）的有关规定。

6.1.1 低压配电系统宜采用三级配电，宜设置总配电箱、分配电箱、末级配电箱。

6.4.9 剩余电流保护器每天使用前应启动试验按钮试跳一次，试跳不正常时不得继

续使用。

2. 建筑行业标准《施工现场临时用电安全技术规范》(JGJ 46—2005)

9.6.5　手持式电动工具的外壳、手柄、插头、开关、负荷线等必须完好无损，使用前必须做绝缘检查和空载检查，在绝缘合格、空载运转正常后方可使用。

8.1.1　配电系统应设置配电柜或总配电箱、分配电箱、开关箱，实行三级配电。

8.3.10　漏电保护器每天使用前应启动漏电试验按钮试跳一次，试跳不正常时严禁继续使用。

第二节　火灾事故

一、隔离措施不到位违章焊接作业火灾死亡事故

（一）事故概述

2015 年某月某日，为赶工期，在未向建设单位和监理单位汇报，未申请动火工作票，未通知消防人员到场监护的情况下，施工项目部带班班长富××仅经过施工经理杨××批准同意，安排王海×带领 7 名工人进行脱硫吸收塔壁板焊接施工。张××、李×义、王建×和徐××4 人为一组在塔外 6 层距人孔门 3m 处作业，张××主焊（无特种作业证）、徐××在塔内负责现场防火监护。王海×、高××、范××、李×会 4 人为一组在塔内 6 层距人孔门 12m 处作业，王海×主焊（无特种作业证），范××负责现场防火监护。两个作业组均未按照规定对现场进行满铺防火隔离，且随身只携带一小桶水。在工作过程中，正在接挡焊渣的徐××突然发现其右侧人孔附近下方除雾器缝隙内向外冒烟并伴有火苗，在喊叫别人的同时，拿灭火器灭火，但由于不会使用，灭火剂没有喷出来，他赶快从人孔爬到塔外，准备到四层打开消防栓灭火。由于除雾器材料（聚丙烯）易燃，火由起火部位迅速向四周蔓延，同时燃烧产生的熔融物受重力作用滴落，引燃下层除雾器和未拆除的喷淋母管，进而形成整个脱硫吸收塔立体燃烧，现场灭火行动失败。失去了最初的关键扑火时机，短短几分钟，火势蔓延无法控制。8 名施工人员中 6 人成功逃离事故现场，1 人因故提前离开，王海×被烧死。

（二）事故直接原因分析

事后现场查看及综合分析认为，导致此次事故发生的直接原因是未经建设、监理方同意，未做好安全防护的情况下，施工项目部擅自违章动火作业，焊渣引燃塔内除雾器易燃材料；加之施工人员不会使用灭火器，失去了扑灭初起火灾的关键时机。

（三）违反的主要标准、规定、规程及其条款

1. 国家标准《焊接与切割安全》(GB 9448—1999)

6.3.3　工件及火源无法转移　工件及火源在无法转移时，要采取措施限制火源以免发生火灾。如：

a）易燃地板要请扫干净，并以撒水、铺盖湿沙、金属薄板或类似物品的方法加以保护。

b）地板上的所有开口或裂缝应覆盖或封好，或者采取其他措施以防地板下面的易燃物与可能由开口处落下的火花接触。对墙壁上的裂缝或开口、敞开或损坏的门、窗亦要采

取类似的措施。

6.4.2　火灾警戒人员的设置　在下列焊接或切割的作业点及可能引发火灾的地点，应设置火灾警戒人员：

a）靠近易燃物之处　建筑结构或材料中的易燃物距作业点 10m 以内。

b）开口　在墙壁或地板有开口的 10m 半径范围内（包括墙壁或地板内的隐蔽空间）放有外露的易燃物。

c）金属墙壁　靠近金属间壁、墙壁、天花板、屋顶等处另一侧易受传热或辐射而引燃的易燃物。

6.4.3　火灾警戒职责　火灾警戒人员必须经必要的消防训练，并熟知消防紧急处理程序。火灾警戒人员的职责是监视作业区域内火灾情况；在焊接或切割完成后检查并消灭可能存在的残火。火灾警戒人员可以同时承担其他职责，但不得对其火灾警戒任务有干扰。

2. 国家标准《电业安全工作规程　第 1 部分：热力和机械》（GB 26164.1—2010）

14.1.11　进行焊接工作时，必须设有防止金属熔渣飞溅、掉落引起火灾的措施以及防止烫伤、触电、爆炸等措施。焊接人员离开现场前，必须进行检查，现场应无火种留下。

3. 电力行业标准《电力建设安全工作规程　第 1 部分：火力发电》（DL 5009.1—2014）

4.13.1　通用规定：

1　从事焊接、切割与热处理的人员应经专业安全技术教育培训、考试合格、取得资格证。

5　进行焊接、切割与热处理作业时，应有防止触电、火灾、爆炸和切割物坠落的措施。

6　在焊接、切割的地点周围 10m 的范围内，应清除易燃、易爆物品，确实无法清除时，必须采取可靠的隔离或防护措施。

4. 能源行业标准《电力建设工程施工安全管理导则》（NB/T 10096—2018）

14.3.2　施工单位应安排专人对特种作业人员进行现场安全管理，对上岗资格、条件等进行安全检查，确保特种作业人员持证上岗、遵守岗位操作规程和落实安全及职业病危害防护措施。

二、违章焊接作业且完工后未检查消灭残火导致火灾事故

（一）事故概述

2014 年某月某日，某公司外包施工人员进行电厂 3 号吸收塔外部除雾器冲洗水管道阀门焊接安装施工。安装工作结束，外包施工人员离开现场。约 40min 后，现场施工值班人员发现吸收塔冒烟，立即告知电厂现场值班消防人员，同时启动吸收塔防腐消防水系统和现场消防车进行灭火。经过 1h，3 号吸收塔明火扑灭。经现场清点，吸收塔部分除雾器烧损、除雾器梁有一根变形、部分吸收塔防腐鳞片过火，直接经济损失约 26.3 万元，无人员伤亡。

（二）事故直接原因分析

事后现场查看及综合分析认为，导致此次事故发生的直接原因是外包施工人员在施工过程中隔离措施不到位、违章作业，将散落的焊渣掉入开口的下层除雾器冲洗水管内部，形成着火点，逐步聚积冒烟燃烧，最终造成 3 号吸收塔内部分除雾器烧损、吸收塔壁鳞片过火，发生火灾。

（三）违反的主要标准、规定、规程及其条款

1. 国家标准《焊接与切割安全》（GB 9448—1999）

6.3.3 工件及火源无法转移 工件及火源在无法转移时，要采取措施限制火源以免发生火灾。如：

b）地板上的所有开口或裂缝应覆盖或封好，或者采取其他措施以防地板下面的易燃物与可能由开口处落下的火花接触。对墙壁上的裂缝或开口、敞开或损坏的门、窗亦要采取类似的措施。

6.4.2 火灾警戒人员的设置 在下列焊接或切割的作业点及可能引发火灾的地点，应设置火灾警戒人员：

a）靠近易燃物之处 建筑结构或材料中的易燃物距作业点 10m 以内。

b）开口 在墙壁或地板有开口的 10m 半径范围内（包括墙壁或地板内的隐蔽空间）放有外露的易燃物。

c）金属墙壁 靠近金属间壁、墙壁、天花板、屋顶等处另一侧易受传热或辐射而引燃的易燃物。

6.4.3 火灾警戒职责 火灾警戒人员的职责是监视作业区域内火灾情况；在焊接或切割完成后检查并消灭可能存在的残火。

2. 国家标准《建设工程施工现场消防安全技术规范》（GB 50720—2011）

6.3.1 施工现场用火，应符合下列要求：

3 ……，作业现场及其附近无法移走的可燃物，应采用不燃材料对其覆盖或隔离。

4 ……，确需在使用可燃建筑材料的施工作业之后进行动火作业，应采取可靠防火措施。

8 动火作业后，应对现场进行检查，确认无火灾危险后，动火操作人员方可离开。

3. 电力行业标准《电力建设安全工作规程 第 1 部分：火力发电》（DL 5009.1—2014）

4.13.1 通用规定：

5 进行焊接、切割与热处理作业时，应有防止触电、火灾、爆炸和切割物坠落的措施。

6 在焊接、切割的地点周围 10m 的范围内，应清除易燃、易爆物品，确实无法清除时，必须采取可靠的隔离或防护措施。

17 焊接、切割与热处理作业结束后，必须清理场地、切断电源，仔细检查工作场所周围及防护设施，确认无起火危险后方可离开。

三、电缆竖井火灾事故

（一）事故概述

2018 年某月某日，某电厂在建项目并网后停机消缺。当晚，项目保卫在巡逻到磨煤机时，发现 2 号锅炉电缆竖井 5m 处起火，立即报警并呼叫其他保安前来扑救，经过一个半小时将火扑灭。事故造成 311 根、总长 27km 电缆损坏，直接经济损失约 80

万元。

（二）事故直接原因分析

事后现场查看及综合分析认为，导致此次事故发生的直接原因是锅炉专业作业班组动用火焊进行锅炉钢结构施工遗留物割除作业时，采取的防火花坠落措施不当，致使火花坠入电缆竖井损伤热控电缆，最终造成电缆短路后爆燃。

（三）违反的主要标准、规定、规程及其条款

1. 国家标准《焊接与切割安全》（GB 9448—1999）

6.3.3　工件及火源无法转移　工件及火源在无法转移时，要采取措施限制火源以免发生火灾。如：

b）地板上的所有开口或裂缝应覆盖或封好，或者采取其他措施以防地板下面的易燃物与可能由开口处落下的火花接触。对墙壁上的裂缝或开口、敞开或损坏的门、窗亦要采取类似的措施。

6.4.2　火灾警戒人员的设置　在下列焊接或切割的作业点及可能引发火灾的地点，应设置火灾警戒人员：

b）开口　在墙壁或地板有开口的10m半径范围内（包括墙壁或地板内的隐蔽空间）放有外露的易燃物。

6.4.3　火灾警戒职责　火灾警戒人员的职责是监视作业区域内火灾情况；在焊接或切割完成后检查并消灭可能存在的残火。

2. 国家标准《建设工程施工现场消防安全技术规范》（GB 50720—2011）

6.3.1　施工现场用火，应符合下列要求：

3　……，作业现场及其附近无法移走的可燃物，应采用不燃材料对其覆盖或隔离。

4　……，确需在使用可燃建筑材料的施工作业之后进行动火作业，应采取可靠防火措施。

8　动火作业后，应对现场进行检查，确认无火灾危险后，动火操作人员方可离开。

3. 电力行业标准《电力建设安全工作规程　第1部分：火力发电》（DL 5009.1—2014）

4.13.1　通用规定：

5　进行焊接、切割与热处理作业时，应有防止触电、火灾、爆炸和切割物坠落的措施。

6　在焊接、切割的地点周围10m的范围内，应清除易燃、易爆物品，确实无法清除时，必须采取可靠的隔离或防护措施。

17　焊接、切割与热处理作业结束后，必须清理场地、切断电源，仔细检查工作场所周围及防护设施，确认无起火危险后方可离开。

四、交叉作业违规焊接引发火灾事故

（一）事故概述

2013年某月某日，某水电站外包单位施工人员安××和肖××在大坝左岸效能区钢栈桥（俗称马道）用电焊机、氧焊机将原来施工期的临时木制悬梯改造为永久钢制悬梯时，另外施工单位张×和张××正在大坝坝体背侧下游面铺贴外立面保温层。由于安××、肖××在悬梯上焊接护栏时，未采取防护措施，违规进行电焊作业，造成电焊金属熔融物从木板缝隙中溅落到第二层平台，先后三次引发保温材料碎屑起火，因前两次火势较小，经安××、肖××采取措施及时将起火点扑灭，第三次因火势较大，扑救无果，安××、肖××逃离现场。火势进一步蔓延，正在上层吊篮中作业的张×和张××未能及时逃离，造成2人死亡。

（二）事故直接原因分析

事后现场查看及综合分析认为，导致此次事故发生的直接原因如下：

（1）电焊工无证、违章作业，交叉作业未采取防火隔离措施。

（2）可燃的挤塑型聚苯乙烯废旧保温材料未及时清理，电焊作业过程中产生的高温金属熔融物掉落到可燃的保温板上，引燃保温板。

（3）在已经发生了两次着火后仍未引起施工人员的重视，在未采取任何防火措施的情况下，继续违章野蛮作业，导致第三次着火，火势失去控制。

（三）违反的主要标准、规定、规程及其条款

1. 国家标准《焊接与切割安全》（GB 9448—1999）

6.3.3　工件及火源无法转移　工件及火源在无法转移时，要采取措施限制火源以免发生火灾。如：

b）地板上的所有开口或裂缝应覆盖或封好，或者采取其他措施以防地板下面的易燃物与可能由开口处落下的火花接触。对墙壁上的裂缝或开口、敞开或损坏的门、窗亦要采取类似的措施。

6.4.2　火灾警戒人员的设置　在下列焊接或切割的作业点及可能引发火灾的地点，应设置火灾警戒人员：

a）靠近易燃物之处　建筑结构或材料中的易燃物距作业点10m以内。

b）开口　在墙壁或地板有开口的10m半径范围内（包括墙壁或地板内的隐蔽空间）放有外露的易燃物。

2. 国家标准《电业安全工作规程　第1部分：热力和机械》（GB 26164.1—2010）

14.1.11　进行焊接工作时，必须设有防止金属熔渣飞溅、掉落引起火灾的措施以及防止烫伤、触电、爆炸等措施。

3. 电力行业标准《电力建设安全工作规程　第1部分：火力发电》（DL 5009.1—2014）

4.13.1　通用规定：

1　从事焊接、切割与热处理的人员应经专业安全技术教育培训、考试合格、取得资格证。

5　进行焊接、切割与热处理作业时，应有防止触电、火灾、爆炸和切割物坠落的措施。

6　在焊接、切割的地点周围10m的范围内，应清除易燃、易爆物品，确实无法清除时，必须采取可靠的隔离或防护措施。

4. 水利行业标准《水利水电工程施工通用安全技术规程》（SL 398—2007）

9.1.2　凡从事焊接与气割的工作人员，应熟知本标准及有关安全知识，并经过专业培训考核取得操作证，持证上岗。

9.1.4　焊接和气割的场所，应设有消防设施，并保证其处于完好状态。焊工应熟练掌握其使用方法，能够正确使用。

9.1.9　在距焊接作业点火源 10m 以内，在高空作业下方和火星所涉及范围内，应彻底清除有机灰尘、木材木屑、棉纱棉布、汽油、油漆等易燃物品。如有不能撤离的易燃物品，应采取可靠的安全措施隔绝火星与易燃物接触。对填有可燃物的隔层，在未拆除前不应施焊。

5. 水利行业标准《水利水电工程施工作业人员安全操作规程》（SL 401—2007）

9.1.2　焊接及切割作业人员应符合下列规定：

1　身体健康，经专业培训考试合格，取得操作证后方可上岗作业。

2　熟练掌握焊、割机具的性能和有关电气、防火安全知识以及触电急救常识。

3　遵守各项安全管理制度，并应按规定穿戴劳动防护用品。

五、违规电焊作业引燃材料及密目防护网火灾事故

（一）事故概述

2010 年某月某日，某市一公寓大楼节能综合改造项目，在 10 层脚手架增加悬挑支架施工中，电焊工吴×和工人王×在未申请动火许可证、无灭火器及接火盆的情况下，违规进行电焊作业，溅落的金属熔融物引燃下方材料及密目防护网，引起火灾，造成 58 人死亡、71 人受伤。火灾事故现场如图 4-3-1 所示。

图 4-3-1　火灾事故现场

（二）事故直接原因分析

导致此次事故发生的直接原因如下：

（1）施工人员违规进行电焊作业，电焊溅落的金属熔融物引燃下方材料及密目防护网引发火灾。

（2）未落实动火作业许可制度，使用非阻燃的安全防护网，未配备消防灭火器材。

（三）违反的主要标准、规定、规程及其条款

1. 国家标准《建设工程施工现场消防安全技术规范》（GB 50720—2011）

6.3.1　动火作业应办理动火许可证；动火许可证的签发人收到动火申请后，应前往现场查验并确认动火作业的防火措施落实后，方可签发动火作业许可证。裸露的可燃材料上严禁直接进行动火作业。

5.2.1　动火作业场所应配置灭火器。

4.3.5　高层建筑外脚手架的安全防护网应采用阻燃型安全防护网。

2. 国家标准《焊接与切割安全》（GB 9448—1999）

6.3.3　工件及火源无法转移　工件及火源在无法转移时，要采取措施限制火源以免发生火灾。如：

b）地板上的所有开口或裂缝应覆盖或封好，或者采取其他措施以防地板下面的易燃物与可能由开口处落下的火花接触。对墙壁上的裂缝或开口、敞开或损坏的门、窗亦要采取类似的措施。

3. 国家标准《电业安全工作规程 第1部分：热力和机械》(GB 26164.1—2010)

14.1.11 进行焊接工作时，必须设有防止金属熔渣飞溅、掉落引起火灾的措施以及防止烫伤、触电、爆炸等措施。

4. 电力行业标准《电力建设安全工作规程 第1部分：火力发电》(DL 5009.1—2014)

4.13.1 通用规定：

5 进行焊接、切割与热处理作业时，应有防止触电、火灾、爆炸和切割物坠落的措施。

6 在焊接、切割的地点周围10m的范围内，应清除易燃、易爆物品，确实无法清除时，必须采取可靠的隔离或防护措施。

第四章

坦　塌

一、钢结构厂房吊（安）装施工坍塌事故

（一）事故概述

2015 年某月某日，某公司 6 名施工人员进行某金属结构加工厂内侧第二段钢结构厂房吊（安）装施工。其中 4 人爬到厂房顶部从下往上安装横梁檩条，1 人在地面负责往上送檩条，1 人在厂房背后开展檩条焊接工作。其间，突然来一阵大风，第二段钢结构厂房开始发生倾斜，地面人员和焊接人员见状立即逃生。随后，第二段钢结构厂房全部垮塌，将厂房顶部作业的 4 名施工人员掩埋。后经现场救援，2 人受伤，1 人当场死亡，1 人经送医抢救无效死亡。

（二）事故直接原因分析

事后现场查看及综合分析认为，导致此次事故发生的直接原因是在钢结构吊（安）装时，未按照设计和有关标准规范的要求施工，钢结构吊（安）装固定措施缺失，在钢结构处于不稳定的状态下又遭遇强风袭击，且未停止施工作业或及时撤离作业人员等多种不利因素叠加的作用下，该钢机构厂房顺风向呈多米诺骨牌状垮塌。

（三）违反的主要标准、规定、规程及其条款

1. 水利行业标准《水利水电工程施工安全管理导则》（SL 721—2015）

10.3.5　施工单位进行高处作业前，应检查安全技术措施和人身防护用具落实情况，……，遇有六级及以上大风或恶劣气候时，应停止露天高处作业。

2. 建筑行业标准《建筑施工高处作业安全技术规范》（JGJ 80—2016）

3.0.8　当遇有 6 级以上强风、浓雾、沙尘暴等恶劣气候，不得进行露天攀登与悬空高处作业。

二、违规切割拆除作业坍塌事故

（一）事故概述

2017 年某月某日晚班，某发电厂改造工程项目，施工单位从业人员吴××、张××、许××、贾××受烟道系统改造班长沈×的安排，到达 3 号机组烟道拆除作业。在用吊车对第 6 段烟道进行捆绑后，吴××和贾××开始切割第 6 段烟道与第 7 段烟道顶部预留的

15cm连接部,当吴××在顶部一侧切割完后,贾××还有约15cm未切割完,贾××继续留在未与吊车连接并适当受力的第7段烟道顶部,切割6、7段顶部剩余的15cm烟道钢板。其间,烟道突然坍塌,贾××从14.5m高的烟道顶部坠落到烟道一层顶部(高度落差为10m,贾××在作业期间安全带的挂钩钩在支撑隔热层的三角铁上,该三角铁焊接于烟道钢板上,不能起保护作用),因脑出血经送医抢救无效死亡。

(二)事故直接原因分析

事后现场查看及综合分析认为,导致此次事故发生的直接原因是贾××未经建设单位准入电厂作业资格考试合格,违规进入电厂作业;未取得热切割和高处作业资格证违规从事高处作业;在高处作业时缺乏安全操作技能,没有正确挂钩安全带;没有在吊车受力的烟道顶部作业,违规操作。

(三)违反的主要标准、规定、规程及其条款

1. 国家标准《焊接与切割安全》(GB 9448—1999)

3.2.1　管理者必须对实施焊接及切割操作的人员及监督人员进行必要的安全培训。培训内容包括:设备的安全操作、工艺的安全执行及应急措施等。

3.2.3　操作者必须具备对特种作业人员所要求的基本条件,并懂得将要实施操作时可能产生的危害以及适用于控制危害条件的程序。操作者必须安全地使用设备,使之不会对生命及财产构成危害。操作者只有在规定的安全条件得到满足;并得到现场管理及监督者准许的前提下,才可实施焊接或切割操作。

2. 电力行业标准《电力建设安全工作规程　第1部分:火力发电》(DL 5009.1—2014)

4.10.1　高处作业应符合下列规定:

2　高处作业应设置牢固、可靠的安全防护设施;作业人员应正确使用劳动防护用品。

8　高处作业应系好安全带,安全带应挂在上方牢固可靠处。

4.13.1　通用规定:

1　从事焊接、切割与热处理的人员应经专业安全技术教育培训、考试合格、取得资格证。

15　在高处进行焊接与切割作业:应按本规定4.10.1的规定执行。

3. 能源行业标准《电力建设工程施工安全管理导则》(NB/T 10096—2018)

10.3.4　新入场人员在上岗前,必须经过岗前安全教育培训,经考试合格后方可上岗新入场人员在上岗前,必须经过岗前安全教育培训,经考试合格后方可上岗,……

10.3.6　特种作业人员和特种设备操作人员应按有关规定接受专门的培训,经考核合格并取得有效资格证书后,方可上岗作业,并定期进行资格审查。

4. 建筑行业标准《建筑施工高处作业安全技术规范》(JGJ 80—2016)

3.0.5　高处作业人员应根据作业的实际情况配备相应的高处作业安全防护用品,并应按规定正确佩戴和使用相应的安全防护用品、用具。

5.2.3　严禁在未固定、无防护设施的构件及管道上进行作业或通行。

5. 建筑行业标准《建筑拆除工程安全技术规范》(JGJ 147—2016)

5.2.7　当拆除屋架等大型构件时,必须采用吊索具将构件锁定牢固,待起重机吊稳后,方可进行切割作业。吊运过程中,应采用辅助措施使被吊物处于稳定状态。

6.0.2 拆除工程施工前，应对作业人员进行岗前安全教育和培训，考核合格后方可上岗作业。

6.0.7 拆除工程施工作业人员应按现行行业标准《建筑施工作业劳动防护用品配备及使用标准》JGJ 184 的规定，配备相应的劳动防护用品，并应正确使用。

第二节 物料坍塌事故

一、未正确使用安全带遭遇坍塌致人死亡事故

（一）事故概述

2015 年某月某日，某公司设备部机修班工人李××、朱××、崔××三人进行烟气脱硫脱硝系统 1 号石灰石料仓（该料仓高约 19.7m，其上部为高约 12m、内径约 12m 的空心圆柱体，其下部为高约 7.7m 的空心陀螺体，其下部高约 5.5m 处平均分支形成 A、B 两个料仓出口，其下部沿内壁分布 9 级 0.2m 宽的铁质台阶）清理作业。朱××和李××用一个钢质定滑轮和一根绳子自制的简易起吊设备将佩戴着安全带的崔××从仓顶人员进出口处放到仓内下部 A 侧第 4 级台阶上，听见崔××喊"停"后就将安全绳固定在仓顶的护栏上（崔××通过喊"放"或"停"让朱××和李××操纵系挂在安全带上的安全绳来控制自己的位置），崔××到达作业点后就用撬棍捅壁内黏附的石灰石石料，当崔××清理完他周边的石灰石石料后要移到其他位置时，李××就按崔××的喊话操纵安全绳。其间，监护人李××发现安全绳突然一下绷紧，就立即和现场监护人朱××向仓内喊话和查看，但无人应答且找不到站在仓内下部 A 侧第 4 级台阶上清理作业的崔××的身影，同时安全绳也拉扯不动。李××和朱××电话报告领导后，到仓内救援的人员发现佩戴着安全带的崔××在 A 侧料仓出口部位处（距作业位置垂直距离 4m）被仓内壁黏附坍塌的石灰石石料（约 2m³）掩埋。崔××被救出后，经送医抢救无效死亡。

（二）事故直接原因分析

事后现场查看及综合分析认为，导致此次事故发生的直接原因是工人崔××安全意识淡薄，自我保护能力不强，站在仓内下部 A 侧第 4 级台阶上清理作业时，未正确使用安全绳导致佩戴在安全带上的安全绳过长（他站立的作业位置距仓顶约 15m，而这时他佩戴在安全带上的安全绳末端距仓顶约 19m），且崔××作业时不小心从仓内下部 A 侧第 4 级台阶上坠落，同时被仓内壁黏附坍塌的石灰石石料掩埋。

（三）违反的主要标准、规定、规程及其条款

1. 国家标准《防护坠落安全带》（GB 6095—2021）

5.3.3.2 坠落悬挂用安全带的设计应至少符合下列要求：

e）包含未展开缓冲器的坠落悬挂安全绳长度应小于或等于 2m。

2. 电力行业标准《电力建设安全工作规程 第 1 部分：火力发电》（DL 5009.1—2014）

4.10.1 高处作业应符合下列规定：

2 高处作业应设置牢固、可靠的安全防护设施；作业人员应正确使用劳动防护用品。

9 高处作业人员在从事活动范围较大的作业时，应使用速差自控器。

3. 建筑行业标准《建筑施工高处作业安全技术规范》（JGJ 80—2016）

3.0.5 高处作业人员应根据作业的实际情况配备相应的高处作业安全防护用品，并应按规定正确佩戴和使用相应的安全防护用品、用具。

4. 建筑行业标准《建筑拆除工程安全技术规范》（JGJ 147—2016）

5.1.1 人工拆除施工应从上到下逐层拆除，并应分段进行，不得垂直交叉作业。

5.1.2 当进行人工拆除作业时，水平构件上严禁人员聚集或集中堆放物料，作业人员应在稳定的结构或脚手架上操作。

二、违反工序作业致坍塌事故

（一）事故概述

2017 年某月某日，某电厂在 1 号机组停运检修期间，需对 1 号锅炉原煤仓积煤进行清理。1 号锅炉原煤仓由 4 个煤仓组成，每个煤仓下部分支出 2～3 个小斗分别接引 10 台给煤机，中间两个煤仓接引 3 台给煤机，两侧两个煤仓接引 2 台给煤机。确定由锅炉主管蒋×作为该项作业总负责和指挥人。施工单位完成了施工方案的编审、安全技术交底，并办理了工作票、动火票、受限空间作业票。因 1 号原煤仓内积煤板结硬度大，未清理干净。几日后再次审核了施工方案，在 1 号原煤仓锥段上部开孔进行清煤，并在 1 号原煤仓内部搭设脚手架，从上往下逐步进行清煤工作。

蒋×带领肖××、黄×× 三人进入 1 号锅炉 1、2 号给煤机煤仓内部清理积煤。煤仓内部总共搭设三层脚手架，每层架子高度约 2.5m，蒋×当时在 1 号给煤机煤仓上部进行积煤清理工作，由于第三层架子靠积煤处已清理，人与积煤间距太大，无法继续进行，需更改脚手架方可继续进行清理，但蒋×未通知架子班长更改脚手架，自行移至第二层架子上并自下而上清理积煤。在清理积煤过程中，第二层架子以上积煤突然坍塌而下将蒋×掩埋。当时黄××处在 1、2 号给煤机煤仓中间二层架子上，肖××站在 2 号给煤机煤仓二层架子上，两人受积煤冲击，也被冲落至煤仓积煤处，由于 2 号给煤机煤仓积煤较少，肖××、黄×× 立即自救成功，在拨打求救电话后，开始挖煤进行施救，随后肖×× 感觉体力不支，从 2 号给煤机煤仓开孔处爬出。救援人员赶到后对 1 号给煤机煤仓内部积煤进行清理，将蒋×从 1 号给煤机煤仓上部开孔处救出。最终蒋×送医抢救无效死亡。

（二）事故直接原因分析

事后现场查看及综合分析认为，导致此次事故发生的直接原因是作业人员从下而上地清理积煤，导致积煤坍塌将其掩埋致死。

（三）违反的主要标准、规定、规程及其条款

1. 国家标准《电业安全工作规程 第 1 部分：热力和机械》（GB 26164.1—2010）

17.1.3 挖掘石方应自上而下施工。在挖掘前应将斜坡上得浮石或在斜坡上工作时发现的松动浮石或单块大石头，全部清除。严禁采用挖空底脚的方法挖掘土石，防止坍塌事故。

2. 电力行业标准《电力建设安全工作规程 第 1 部分：火力发电》（DL 5009.1—2014）

4.15.3 拆除工程应自上而下逐层拆除，分段进行，严禁数层同时拆除；当拆除某一部分时，应有防止其他部分发生倒塌的措施。

3. 建筑行业标准《建筑拆除工程安全技术规范》(JGJ 147—2016)

3.0.4 拆除工程施工应按有关规定配备专职安全生产管理人员，对各项安全技术措施进行监督、检查。

3.0.5 拆除工程施工作业前，应对拟拆除物的实际状况、周边环境、防护措施、人员清场、施工机具及人员培训教育情况等进行检查；施工作业中，应根据作业环境变化及时调整安全防护措施。

5.1.1 人工拆除施工应从上至下逐层拆除，并应分段进行，不得垂直交叉作业。

5.1.2 当进行人工拆除作业时，水平构件上严禁人员聚集或集中堆放物料，作业人员应在稳定的结构或脚手架上操作。

三、有限空间坍塌事故

(一)事故概述

2014 年某月某日，某热电厂锅炉检修车间副主任于××、安全员田××一同到 6 号炉 1 号除尘器现场查看清灰进度。当时，作业组人员已离开现场。为加快清灰作业进度，于××、田××在未经审批情况下，进入罐内进行清灰作业（清灰作业层位于罐内约 16m 高处），田××作业，于××在烟道出口处向内进行监护。其间，田××在使用电镐对其左侧烟道壁由下至上进行清灰过程中，左侧壁剩余灰块突然塌落，砸在田××头部左侧。被砸后田××趴在作业层跳板上，于××上前呼叫，见无反应，随后喊其他人一同救援。最终，田××因重度颅脑损伤经现场抢救无效死亡，事故直接经济损失 75 万元。

(二)事故直接原因分析

事后现场查看及综合分析认为，导致此次事故发生的直接原因是锅炉检修车间安全员田××安全意识淡薄，未履行岗位职责，在没有进行审批的前提下擅自进入有限空间作业。同时，田××使用电镐对由下至上进行清灰作业，导致上部剩余灰块突然塌落将其砸伤致死。

(三)违反的主要标准、规定、规程及其条款

1.《有限空间安全作业五条规定》（国家安全生产监督管理总局令 第 69 号）

一、必须严格实行作业审批制度，严禁擅自进入有限空间作业。

2.《工贸企业有限空间作业安全管理与监督暂行规定》国家安全生产监督管理总局令第 59 号

第八条 工贸企业实施有限空间作业前，应当对作业环境进行评估，分析存在的危险有害因素，提出消除、控制危害的措施，制定有限空间作业方案，并经本企业安全生产管理人员审核，负责人批准。

3. 电力行业标准《电力建设安全工作规程 第 1 部分：火力发电》(DL 5009.1—2014)

4.15.3 拆除工程应自上而下逐层拆除，分段进行，严禁数层同时拆除；当拆除某一部分时，应有防止其他部分发生倒塌的措施。

4. 能源行业标准《电力建设工程施工安全管理导则》(NB/T 10096—2018)

14.3.1 施工单位应对高处作业、……有限空间作业、张力架线作业等危险性较大的作业活动，实施作业许可管理，严格履行作业许可审批手续，实行闭环管理。

5. 建筑行业标准《建筑拆除工程安全技术规范》（JGJ 147—2016）

3.0.4 拆除工程施工应按有关规定配备专职安全生产管理人员，对各项安全技术措施进行监督、检查。

5.1.1 人工拆除施工应从上至下逐层拆除，并应分段进行，不得垂直交叉作业。

第三节 脚手架坍塌事故

一、建筑工程脚手架拆除作业较大坍塌事故

（一）事故概述

2014 年某月某日，某市行政中心项目幕墙玻璃班组长张×安排本班组邓×× 等 3 人到主办公楼 3 楼南侧房间安装玻璃，周××、邓×× 2 人到该楼南面 3 楼高的外架上进行清洁玻璃工作。14 时左右，某公司架子班组长王×× 带领江××、彭×× 2 人开始拆除主办公楼南面剩余的脚手架（负一楼至六楼）。15 时 10 分左右，当脚手架拆至 5～4 楼（16～12m）高时，脚手架突然产生晃动，随即向外倾倒，5 名作业人员随同脚手架倾倒至地坪上。造成 3 人死亡、2 人轻伤，直接经济损失约 222 万元。

（二）事故直接原因分析

事后现场查看及综合分析认为，导致此次事故发生的直接原因是王×× 带领架子班江××、彭×× 等 2 人，在行政中心项目主办公楼负一楼以上的所有连墙件已被截断或拆除的情况下，违章冒险拆除该外墙脚手架；幕墙玻璃工周××、邓×× 2 人违反规定，在外架上作业。当整片脚手架承受作业人员和堆放的已拆除架管和扣件的荷载时，脚手架产生晃动、失去稳定而倾覆。

（三）违反的主要标准、规定、规程及其条款

1. 国家标准《建筑施工脚手架安全技术统一标准》（GB 51210—2016）

9.0.8 脚手架的拆除作业必须符合下列规定：

3 作业脚手架连墙件必须随架体逐层拆除，严禁先将连墙件整层或数层拆除后再拆架体。拆除作业过程中，当架体自由端高度超过 2 个步距时，必须采取临时拉结措施。

2. 国家标准《建筑施工安全技术统一规范》（GB 50870—2013）

5.6.1 交叉施工不宜上下在同一垂直方向上的作业。下层作业的位置，宜处于上层高度可能坠落半径范围以外，当不能满足要求时，应设置安全防护层。

3. 建筑行业标准《建筑施工扣件式钢管脚手架安全技术规范》（JGJ 130—2011）

7.4.2 单、双排脚手架拆除作业必须由上而下逐层进行，严禁上下同时作业；连墙件必须随脚手架逐层拆除，严禁先将连墙件整层或数层拆除后再拆脚手架；分段拆除高差大于两步时，应增设连墙件加固。

9.0.5 作业层上的施工荷载应符合设计要求，不得超载。

9.0.19 搭拆脚手架时，地面应设围栏和警戒标志，并应派专人看守，严禁非操作人员入内。

4. 建筑行业标准《建筑施工易发事故防治安全标准》（JGJ/T 429—2018）

4.5.4 2 连墙件应随脚手架逐层拆除，不得先将连墙件整层或数层拆除后再拆架体。

二、重锤敲除黏附物致脚手架坍塌事故

（一）事故概述

2012 年某月某日，某劳务分包单位在承建的云南某煤电项目冷却塔施工时，施工电源出现故障停电，施工电梯不能运行。因脚手架拆除的正常程序是自上而下进行，若没有电梯，人员不能上去作业，拆下来的架管及扣件也无法运下来，故劳务分包单位管理人员未安排拆除脚手架工作，仅安排电工对施工电梯电源线路进行维修。但带班人员袁×考虑到架管在施工期间黏附了不少混凝土，在拆除架管过程中也需要敲除，于是在取得项目经理同意后，改变作业指导书的要求，带领 7 名施工人员从 0m 往上采用重锤敲除黏附在架管及扣件上的混凝土浆体。施工人员在离地面十八层，高约 20m 的脚手架上用重锤敲除黏附在架管及扣件上的混凝土浆体时，整个施工电梯附着脚手架（还未拆除的，高约100m）突然整体呈 S 扭曲形向冷却塔中心线方向坍塌（即背向附墙壁方向），造成 7 人死亡、1 人轻伤。

（二）事故直接原因分析

事后现场查看及综合分析认为，导致此次事故的直接原因是劳务分包单位项目经理、带班班长袁×违章指挥施工人员违章作业，从地面开始自下而上采用重锤敲除黏附在架管及扣件上的混凝土浆体，导致部分连接扣件松动，脚手架局部变形、架体失稳，发生坍塌。

（三）违反的主要标准、规定、规程及其条款

1. 电力行业标准《电力建设安全工作规程　第 1 部分：火力发电》（DL 5009.1—2014）

4.8.1　通用规定

28　脚手架搭设完成后，宜使用检定合格的扭力扳手抽查扣件紧固力矩，抽检数量应符合国家现行标准。

29　搭设好的脚手架应经相关管理部门及使用单位验收合格并挂牌后方可使用，使用中应定期检查和维护。

4.8.3　门式钢管脚手架应符合下列规定：

7　拆卸连接部件时，不得硬拉，严禁敲击。拆除作业中，严禁使用手锤等硬物击打、撬别。

2. 电力企业联合会标准《火电工程脚手架安全管理导则》（T/CEC 211—2019）

11.3.1　脚手架在使用过程中，应对其经常地检查和维护，并应及时清理架体上的杂物或垃圾。

11.4.3.1　脚手架的拆除工作应按专项施工方案及安全操作规程的有关要求进行。

11.4.3.5　应全面检查脚手架的扣件连接、连墙件、支撑体系等是否符合构造要求。

第四节　土石方坍塌事故

一、现场隐患排查缺失致在建隧道岩石垮塌事故

（一）事故概述

2012 年某月某日，某在建水电站交通工程 402 号公路隧道进行爆破作业，排险、出

渣完成并开始初喷。混凝土初喷工作结束后，支护班的 5 名施工人员在塌方部位下方进行系统锚杆的钻孔施工作业。钻孔作业不久，拱顶部位忽然发生塌方，造成 5 人被埋。施工现场其余施工人员立即采取应急救援措施，将被埋 5 人救出并送医院抢救，其中 3 人经抢救无效死亡，直接经济损失 168 万元。

（二）事故直接原因分析

隧道围岩在开挖爆破过程中，爆破震动促使隐性结构面的延伸、张开及贯通，使结构面形成很不利的组合，进而形成不稳定块体。隧道开挖后，在初期支护锚杆钻孔施工过程中，钻孔振动进一步扰动不稳定块体。不利组合的隐性贯穿节理面相互切割形成的倒三角体垮塌是引起本次事故的直接原因。

（三）违反的主要标准、规定、规程及其条款

1. 水利行业标准《水利水电工程土建施工安全技术规程》（SL 399—2007）

3.3　土方暗挖

2　作业人员到达工作地点时，应首先检查工作面是否处于安全状态，并检查支护是否牢固，如有松动的石、土块或裂缝应先予以清除或支护。

3.5　石方暗挖

7　暗挖作业中，在遇到不良地质构造或易发生塌方地段、有害气体逸出及地下涌水等突发事件，应即令停工，作业人员撤至安全地点。

9　每次放炮后，应立即进行全方位的安全检查，并清除危石、浮石，若发现非撬挖所能排除的险情时，应果断地采取其他措施进行处理。洞内进行安全处理时，应有专人监护，及时观察险石动态。

2. 铁道行业标准《铁路隧道工程施工安全技术规程》（TB 10304—2020）

6.1.8　隧道在开挖下一循环作业前，应检查初期支护施作情况，确保施工作业环境安全。

6.5.1　钻孔作业应符合下列规定：

1　钻孔前，应由专人对开挖作业面安全状况和作业人员安全防护进行检查，及时消除各种安全隐患。

3　钻孔作业中，若开挖时出现地下水突出、气体逸出、异常声响和围岩突变等情况，应立即停止钻孔作业，撤离洞内人员。

二、岩体滑塌较大事故

（一）事故概述

2016 年某月某日，某单位在安徽某抽水蓄能电站施工时，上水库左坝肩跳板上部边坡两组不利结构面切割形成的楔形岩体突然发生滑塌，塌方量约 60m³，造成下部进行大坝趾板锚筋施工作业的 3 人被埋，1 人轻伤；滑塌体下滑造成该部位脚手架倒塌，致使正在检查脚手架连墙件的 2 人受轻伤。被埋 3 名人员清理抢救出来后，经医护人员确认已无生命体征。

（二）事故直接原因分析

（1）电站上水库河谷两岸边坡陡峻，裂隙填充物为碎屑岩、泥岩，岩体稳定性较差，工程地质条件复杂。

（2）事故发生前该地区 81 天中降雨天数达 53 天，且事故前一日 20h 连续降雨 58mm。大量雨水持续渗入岩体裂隙，致使岩体之间摩擦阻力降低，岩体应力失去平衡而滑坡。

（三）违反的主要标准、规定、规程及其条款

1. 国家标准《建筑边坡工程技术规范》（GB 50330—2013）

3.1.6 山区工程建设时应根据地质、地形条件及工程要求，因地制宜设置边坡，避免形成深挖高填的边坡工程。对稳定性较差且边坡高度较大的边坡工程宜采用放坡或分阶放坡方式进行治理。

2. 水利行业标准《水利水电工程土建施工安全技术规程》（SL 399—2007）

3 土石方工程

3.2 土方明挖

3 施工过程当中应密切关注作业部位和周边边坡、山体的稳定情况，一旦发现裂痕、滑动、流土等现象，应停止作业，撤出现场作业人员。

3. 建筑行业标准《建筑施工土石方工程安全技术规范》（JGJ/T 180—2009）

7.2.2 对土石方开挖后不稳定或欠稳定的边坡应根据边坡的地质特征和可能发生的破坏形态，采取有效处置措施。

4. 电力行业标准《电力建设安全工作规程 第 1 部分：火力发电》（DL 5009.1—2014）

5.3.1 通用规定

14 土体不稳定，可能发生坍塌、沉陷、喷水、喷气危险时，应立即停止作业。

5.3.3 边坡及支撑应符合下列规定：

5 土方开挖时应随时注意边坡的变动情况，出现裂缝、滑动、流沙、塌落等滑坡迹象时，应立即采取下列措施：

1）暂停施工，所有人员和机械撤至安全地点。

2）做好观测并记录。

3）设计单位提出处理措施。

三、挡土墙质量缺陷坍塌事故

（一）事故概述

2020 年某月某日，某风电场道路施工现场，施工队伍负责人在未告知项目部的情况下，指派现场负责人带新招的作业人员 9 人（含司机）前往查看施工现场，了解后续作业环境事项。在去往现场的路上开始下大雨。在雨势减小后，现场负责人等到达挡土墙施工现场。新召集的 6 名农民工站在挡土墙上，现场负责人及另外 1 人站在距离事故挡土墙稍远位置介绍情况。约 20min 后，挡土墙局部瞬间坍塌，站立在挡土墙上的 6 人及原停留在现场的液压挖掘机随坍塌的挡土墙坠落，其中 3 人被石块压埋，3 人被砸受伤。后经抢救 4 人死亡，2 人轻伤。现场事故前后对比如图 4-4-1 所示。

（二）事故直接原因分析

施工人员仅按照标准图集某一形式，在未经设计单位进行安全性、适用性验算的情况下，盲目进行事故挡土墙的施工。施工中砌筑材料（砂浆）存在质量缺陷，且未按照操作规程砌筑、回填。道路靠近山体一侧路堑坡脚处未设置地表排水系统，又适逢强降雨并缺少集中降雨专项预防措施，致挡土墙摩阻力减小、侧压力增大，造成坍塌事故发生。

（a）事故前　　　　　　　　　　　　　　（b）事故后

图 4-4-1　事故现场前后对比图

（三）违反的主要标准、规定、规程及其条款

国家标准《砌体结构工程施工规范》（GB 50924—2014）

3.2.2　砌体结构工程施工所用的施工图应经审查机构审查合格；当需变更时，应由原设计单位同意并提供有效设计变更文件。

8.1.3　石砌体应采用铺浆法砌筑，砂浆应饱满，叠砌面的粘灰面积应大于80%。

8.3.5　挡土墙必须按设计规定留设泄水孔；当设计无具体规定时，其施工应符合下列规定：

1）泄水孔应在挡土墙的竖向和水平方向均匀设置，在挡土墙每米高度范围内设置的泄水孔水平间距不应大于2m。

2）泄水孔直径不应小于50mm。

3）泄水孔与土体间应设置长宽不小于300mm、厚不小于200mm的卵石或碎石疏水层。

8.3.6　挡土墙内侧回填土应分层夯填密实，其密实度应符合设计要求。墙顶土面应有排水坡度。

四、沟槽开挖未做支护致坍塌伤人事故

（一）事故概述

2019年某月某日，某市某工地作业工人进行雨污分流沟槽施工。首先用挖机清理开挖管沟沟槽，深度2.1m，宽度1.36m，长度约20m，没有进行支护。一名工人下到沟槽底部进行基底清理时，沟槽侧面突然坍塌，将作业工人压埋，后经抢救无效死亡。

（二）事故直接原因分析

造成此次坍塌事故的直接原因是沟槽未按要求支护，导致沟槽侧壁局部土方坍塌、人员被埋。

（三）违反的主要标准、规定、规程及其条款

1. 建筑行业标准《建筑施工土石方工程安全技术规范》（JGJ 180—2009）

6.3.4　对于人工开挖的狭窄基槽或坑井，开挖深度较大并存在边坡塌方危险时，应采取支护措施。

2. 水利行业标准《水利水电工程土建施工安全技术规程》（SL 399—2007）

3.2.2　有支撑的挖土作业应遵守下列规定：

1 挖土不能按规定放坡时，应采取固壁支撑的施工方法。

2 在土壤正常含水量下所挖掘的基坑（槽），如系垂直边坡，其最大挖深，在松软土质中不应超过 1.2m、在密实土质中不应超过 1.5m，否则应设固壁支撑。"

3. 水利行业标准《水利水电工程施工安全防护设施技术规程》（SL 714—2015）

5.1.2 在高边坡、滑坡体、基坑、深槽及重要建筑物附近开挖，应有相应可靠防止坍塌的安全防护和监测措施。

5.1.3 在土质疏松或较深的沟、槽、坑、穴作业时应设置可靠的挡土护栏或固壁支撑。

第五节 杆塔倒塌事故

一、输电线路工程导线紧线施工铁塔倒塔事故

（一）事故概述

2017 年某月某日，某公司承建的某输电工程施工中，在 181 号铁塔未经过验收，没有确认塔根连接是否牢固、拉线是否满足要求的情况下，该公司擅自改变施工计划，施工队负责人蒋××安排架线班组负责人李××对 181～151 号（抚罗Ⅰ回旧塔）导线进行紧线施工。在进行第二根子导线紧线时，181 号塔向抚罗Ⅰ回 151 号侧倾倒，同时 151 号铁塔塔头弯折，造成 181 号塔上 5 名高处作业人员随塔跌落，2 人当场死亡，2 人送医院后经抢救无效死亡，1 人受伤，直接经济损失 580 万元。

（二）事故直接原因分析

事后现场查看及综合分析认为，导致此次事故发生的直接原因是 181 号铁塔组立完成后，未经过验收，且施工队在未将 181 号铁塔地脚螺栓全部拧紧、151 号铁塔未打过轮临锚的情况下，施工队负责人就安排施工人员对 181～151 号进行紧线，导致塔失去平衡而向 151 号铁塔方向倾倒。

（三）违反的主要标准、规定、规程及其条款

1. 国家标准《电力安全工作规程 电力线路部分》（GB 26859—2011）

9.4.2 新立杆塔在杆基未完全牢固或做好拉线前，不应攀登。

9.6.3 紧线、撤线前，应检查拉线、桩锚及杆塔位置正确、牢固。

2. 电力行业标准《电力建设安全工作规程 第 2 部分：电力线路》（DL 5009.2—2013）

3.1.5 ……，杆塔组立（包括拆除或更换杆塔）、架线施工等作业应在施工前编写完整、有效的施工作业指导书，其中应有安全技术措施。现场施工应符合作业指导书的规定，未经审批人同意，不得擅自变更，并在施工前进行安全技术交底。

6.1.19 铁塔组立后，地脚螺栓应随即加垫板并拧紧螺帽及打毛丝扣。

7.6.1 紧线的准备工作遵守下列规定：

1 应按施工作业指导书的规定进行现场布置及配置工器具。

2 杆塔的部件应齐全，螺栓应紧固。

3 紧线杆塔的临时拉线和补强措施以及导线、地线的临锚准备应设置完毕。

7.6.10 分裂导线的锚线作业遵守下列规定：导线在完成地面临锚后应及时在操作

塔设置过轮临锚。

3. 能源行业标准《电力建设工程施工安全管理导则》（NB/T 10096—2018）

12.4.10　施工单位应按专项施工方案组织实施，不得擅自修改、调整，并明确专人对专项施工方案的实施进行指导。

二、输电线路工程光缆紧线施工铁塔倒塔事故

（一）事故概述

2017 年某月某日，某公司在某地境内铺集 110kV 输电工程施工过程中，施工人员开始对 9～15 号区段导、地线进行紧线和挂线，11 时 53 分，开始进行 8～15 号区段光缆（左侧地线）架线，在 9 号塔左侧地线支架悬挂防线滑车对光缆进行紧线施工。11 时 55 分，准备画印（标记）安装耐张金具时，9 号塔整体向转角内侧坍塌，造成正在铁塔上进行紧线施工的高×等 4 人随塔坠落，当场死亡。

（二）事故直接原因分析

事后现场查看及综合分析认为，导致此次事故发生的直接原因是施工人员在组立铁塔时错误地使用了与地脚螺栓不匹配的螺母，导致铁塔与地脚螺栓紧固力不足。

（三）违反的主要标准、规定、规程及其条款

1. 国家标准《电力安全工作规程　电力线路部分》（GB 26859—2011）

9.4.2　新立杆塔在杆基未完全牢固或做好拉线前，不应攀登。

9.6.3　紧线、撤线前，应检查拉线、桩锚及杆塔位置正确、牢固。

2. 电力行业标准《电力建设安全工作规程　第 2 部分：电力线路》（DL 5009.2—2013）

6.1.19　铁塔组立后，地脚螺栓应随即加垫板并拧紧螺帽及打毛丝扣。

7.6.1　紧线的准备工作遵守下列规定：2 杆塔的部件应齐全，螺栓应紧固。

三、铁塔倾倒至安装导线导致冲击死亡事故

（一）事故概述

2020 年某月某日，安徽省某公司分包单位在电力基塔改迁项目施工中，拆旧作业班组在未对铁塔设置临时拉线的情况下，割断塔腿主材，导致铁塔在倾倒过程中方向失控，倒向新建线路导线，导致 2 名新建线路附件安装人员受导线冲击死亡。

（二）事故直接原因分析

事故现场查看及调查分析认为，导致此次事故发生的直接原因是旧基塔拆除作业人员未对铁塔设置临时拉线就割断塔腿主材，铁塔倒向新建线路导线，导致安装人员受导线冲击死亡。

（三）违反的主要标准、规定、规程及其条款

电力行业标准《电力建设安全工作规程　第 2 部分：电力线路》（DL 5009.2—2013）

3.3.2　交叉作业

1　施工中应避免立体交叉作业。无法错开的立体交叉作业，应采取防高处落物、防坠落等防护措施。

6.1.23　拆除或更换杆塔时有可靠的安全措施。更换铁塔主材时，应先安装临时拉线或采取其他措施补强后再实施更换作业。

6.1.27　不得随意整体拉倒旧塔或在塔上有导、地线的情况下整体拆除。

第五章

机械伤害与物体打击

一、水电站高空坠物打击事故

（一）事故概述

2016 年某月某日，施工单位 3 名施工管理人员（含死者宋××），从 EL.988m 右坝肩沿上坝通道下行至 EL.945m 平洞，随后，继续下行至 EL.930m 右坝 7 号洞查看灌浆施工。在沿原路返回上行至上坝交通 EL.933m 左右时，宋××被 EL.965m 平台掉落的一根长度 0.6m 的钢绞线砸中头部，钢绞线穿透安全帽插入其颅内，导致颅脑损伤。同行人员随即将伤者背回至右坝 7 号洞口。伤者经送医抢救无效死亡。

（二）事故直接原因分析

事后现场查看及综合分析认为，导致此次事故发生的直接原因是右坝肩 EL.965m 锚索施工排架上废弃的钢绞线未及时收集、清理，在外力扰动下坠落，砸中下方通行人员，致其伤重不治身亡。

（三）违反的主要标准、规定、规程及其条款

水利行业标准《水利水电工程施工安全管理导则》（SL 721—2015）

10.1.4　施工单位应采取措施，控制施工过程及物料、设施设备、器材、通道、作业环境等存在的事故隐患。

10.1.14　施工单位应保证施工现场道路畅通，排水系统处于良好使用状态；应及时清理建筑垃圾，保持场容场貌整洁。

10.2.6　施工单位在高处施工通道的临边（栈桥、栈道、悬空通道、架空皮带机廊道、垂直运输设备与建筑物相连的通道两侧等）必须设置安全护栏；临空边沿下方需要作业或用作通道时，安全护栏底部应设置高度不低于 0.2m 的挡脚板；排架、井架、施工用电梯、大坝廊道、隧道等出入口和上部有施工作业通道的，应设置防护棚。

二、绑扎不牢物件脱落物体打击事故

（一）事故概述

2017 年某月某日，某工程施工局集中供风班组在未告知现场负责人、未申报作业的

情况下，对 975 高程马道上的风表、风管、保护风表的铁皮保护罩等进行拆除后，用一根绳子通过固定在 988 高程平台临边护栏上的导向轮往 988 高程平台转运。其间，一个铁皮保护罩在提升至 988 高程附近时与绳子脱离，掉落到 975 高程马道上后沿临边坠落至 925.5 高程左岸 3 号进水塔右闸墩混凝土仓面，击中某公司正在备仓的一名作业人员颈部，该作业人员经医院抢救无效死亡。

（二）事故直接原因分析

事后现场查看及综合分析认为，导致此次事故发生的直接原因是施工班组采用绳索吊运风表铁皮防护罩时，因绑扎不牢发生脱落，击中下方作业人员，导致其受伤后死亡。

（三）违反的主要标准、规定、规程及其条款

1. 国家标准《建筑施工安全技术统一规范》（GB 50870—2013）

5.6.1 交叉施工不宜上下在同一垂直方向上的作业。下层作业的位置，宜处于上层高度可能坠落半径范围以外，当不能满足要求时，应设置安全防护层。

2. 电力行业标准《电力建设安全工作规程 第 1 部分：火力发电》（DL 5009.1—2014）

4.12.4 起重作业应符合下列规定：

4 起吊物应绑挂牢固。

10 起重工作区域内无关人员不得逗留或通过。

3. 建筑行业标准《建筑施工易发事故防治安全标准》（JGJ/T 429—2018）

6.0.1 交叉作业时，下层作业位置应处于上层作业的坠落半径之外，在坠落半径内时，必须设置安全防护棚或其他隔离措施。

三、模板拆卸抛掷致物体打击事故

（一）事故概述

2006 年某年某月，某工地劳务作业队的李×、易×进行某桥墩模板拆除作业，需拆除四根槽钢，桥西南、北侧各两根，每根长 2.8m。拆除过程中，在地面设置了安全警戒线，作业人员直接将拆除的槽钢扔至桥面下，当扔第三根槽钢时，带班人员邱×刚好违章跨越警戒线走至槽钢坠落处，被从桥面南侧 8m 高空坠落的槽钢砸中头部。邱×被送往医院后，经抢救无效死亡。

（二）事故直接原因分析

造成此次机械伤害事故的直接原因如下：

（1）李×、易×未按施工安全技术交底的要求进行作业，野蛮施工，直接将槽钢从桥面扔下。

（2）邱×作为带班及作业警戒区域的安全监护人，无视安全纪律，随意进入警戒区域。

（三）违反的主要标准、规定、规程及其条款

建筑行业标准《建筑施工模板安全技术规范》（JGJ 162—2008）

7.1.7 模板的拆除工作应设专人指挥。作业区应设围栏，其内不得有其他工种作业，并应设专人负责监护。拆下的模板、零配件严禁抛掷。

第二节　机械伤害事故

一、卷扬机物体打击事故

（一）事故概述

2016 年某月某日，某水电站项目，施工单位在进行压力钢管及机电设备安装标段斜井段 13 单元施工时，施工人员聂××在中平洞段第八单元处操作 JM5B 型卷扬机负责向斜井段牵引台车运输加固材料，另外 5 名施工人员进入斜井段下平洞第 13 单元处，进行轨道修复和加固作业。在使用卷扬机向斜井段牵引台车运输加固材料时，距离施工人员 20m 处，钢丝绳突然从卷扬机锚固定装置中拔出，导致台车失控与加固材料一起沿轨道自由滑行，冲向正在施工的 5 名施工人员，最终造成台车下方 4 人死亡，其中 1 人由于在最外侧幸免于难。

（二）事故直接原因分析

事后现场查看及综合分析认为，JM5B 型卷扬机向斜井段牵引台车运输加固材料过程中，钢丝绳从卷扬机锚固定装置中拔出，导致台车失控与加固材料一起沿轨道自由滑行冲向正在施工的人员，是导致事故发生的直接原因。

（三）违反的主要标准、规定、规程及其条款

1. 国家标准《建筑卷扬机》（GB/T 1955—2019）

5.8.4　钢丝绳在卷筒上的固定应可靠，在保留二圈钢丝绳的条件下，绳端固定装置应在承受 2.5 倍额定载荷时不发生永久变形。

5.14.1　在卷扬机使用前，应注意和确认下列事项：

c）基准层及基准层以内各层钢丝绳所承受的最大载荷为额定载荷；基准层以外的各层钢丝绳所能承受的最大载荷小于额定载荷，且随着卷绕层数的增加而减少，因此在使用基准层以外的钢丝绳时应遵守使用说明书规定的载荷。

d）……，连接吊具、载荷等的钢丝绳绳端，应采用与钢丝绳直径相适应的绳卡、压制接头等装置固定，绳端固接的强度，不应低于钢丝绳破断拉力的 80%。

2. 建筑行业标准《建筑机械使用安全技术规程》（JGJ 33—2012）

4.7.4　作业前，应检查卷扬机与地面的固定、弹性联轴器的连接应牢固，并应检查安全装置、防护设施、电气线路、接零或接地装置、制动装置和钢丝绳等并确认全部合格后再使用。

4.7.8　钢丝绳卷绕在卷筒上的安全圈数不得少于 3 圈。钢丝绳末端应固定可靠。

3. 建筑行业标准《施工现场机械设备检查技术规范》（JGJ 160—2016）

7.1.7　钢丝绳使用应符合下列规定：

6　钢丝绳与卷筒连接应牢固，当吊钩处于最低位置时或小车处于起重臂最末端时，卷筒上应保留三圈以上。

7　钢丝绳端部固接应达到使用说明书规定的强度，并符合下列规定：

1）当采用楔与楔套固定时，固接强度不应小于钢丝绳破断拉力的 75%；楔套不应有裂纹，楔块不应有松动。

5) 当采用压板固定时，固接强度应达到钢丝绳的破断拉力。

6) 当采用绳卡固接时，固接强度应达到钢丝绳破断拉力的 85%。

二、输煤皮带运行中清理煤渣机械伤害事故

（一）事故概述

2019 年某月某日，某火电站输煤系统 1 号甲带头部挡板故障，造成煤渣大量洒落，燃料主值员吴×遂通知检修公司进行停机检修。当日夜间，检修公司白班运行值班人员将影响皮带运行的煤渣清开后，检修班班长张×电话通知燃料主值员吴×启动 1 号甲带运行上煤，运行班值班员继续清理抖落的煤渣。次日 0 时许，白班作业人员下班，安全员梁××、班长李×继续带领中班、大夜班值班员 12 人清理皮带下方掉落的煤渣。在此期间 1 号甲乙带均在运转中。1 时 45 分许，运行班中班人员与大夜班人员进行交班后，因为掉落的煤渣发生在中班，所以中班 12 人继续清理煤渣，大夜班员工正常对运煤皮带进行巡检。3 时 15 分，大夜班巡检工王×刚与中班巡检工魏×一同来到 1 号乙带头部清理下部掉落的煤渣。王×刚站在一旁负责打手电照明，魏×拿着铁锹站在 1 号乙带南侧清理乙带下方抖落的煤渣。清理了几铁锹后，魏×离开去换铁锹。3 时 18 分，魏×拿着一把换过的铁锹再次来到 1 号乙带后径直钻进 1 号乙带下方清煤，王×刚站在 1 号乙带南侧附近打手电照明，突然就看不到魏×了，王×刚立即查找，发现魏×在 1 号乙带底部托辊左侧。王×刚立即使用对讲机向集控室报告要求停机后，并向班长李×进行了汇报。集控室值班员接到停机报告后立即将 1 号乙带停机。值班员王×刚领着班长李×来到事故现场，发现魏×头朝东脚朝西躺在 1 号乙带头部下方底部托辊左侧处，呼叫其没有反应。班长李×立即叫来值班员合力将魏×从 1 号乙带下方拖出放至在 1 号乙带西侧平台处。后魏×经送医抢救无效死亡，直接经济损失 137 万余元。

（二）事故直接原因分析

事后现场查看及综合分析认为，导致此次事故发生的直接原因是检修公司燃运值班员魏×在 1 号乙带未停机情况下，违章从 1 号乙带南侧下方无防护栏的缺口处进入皮带下部进行清煤作业，被旋转的皮带卷入。

（三）违反的主要标准、规定、规程及其条款

1. 国家标准《电业安全工作规程　第 1 部分：热力和机械》（GB 26164.1—2010）

5.1.3 严禁在运煤设备运行中进行任何检修或清理工作。

5.1.4 各种运煤设备在许可开始检修工作前，运行值班人员必须将电源切断并挂上警告牌。检修工作完毕后，检修工作负责人必须检查工作场所已经清理完毕，所有检修人员已离开方可办理工作票终结手续。

5.5.4 ……，皮带在运行中不准对设备进行维修、人工取煤样或检出石块等杂物的工作。工作人员应站在栏杆外面，袖口要扎好，以防被皮带挂住。

5.5.7 运煤皮带和滚筒上，应装刮煤器。禁止在运行中人工清理皮带滚筒上的粘煤或对设备进行其他清理工作。

2. 电力行业标准《电力建设安全工作规程　第 1 部分：火力发电》（DL 5009.1—2014）

7.2.4 输料、除灰、除渣试运应符合下列规定：

2 带式输送机启动前应确认输送带及周边无人。

6　带式输送机运行时，严禁人工清理皮带滚筒上的粘煤和其他物料。

三、稳定土拌和站机械伤害事故

（一）事故概述

2021年某月某日，在某市施工工地，工人黄××先行前往稳定土拌和站生产线进行设备开机前的准备工作，随后来到生产线周边进行巡查。在巡查至搅拌缸时，黄××发现搅拌缸盖板未盖好，在没有通知操作人员的情况下，爬上搅拌缸边沿，想要关闭盖板。随后另一名工作韦×也来到稳定土拌和站，看到骨料仓已经装满，操作室的门已打开，进入操作室后，看到设备总电源呈打开状态，控制电脑显示屏已亮，搅拌缸电源开关已打开。此时韦×以为设备开机前的调试工作已经完成，于是输入配料参数，按下"斜皮带启动"按钮和"拌缸启动"的按钮。按钮按下后，韦×听到设备存在异响，于是按下"拌缸停止"按

图4-5-1　事故稳定土拌和站

钮，走出操作室前往生产线搅拌缸处查看情况，看到顶部盖子未关闭，遂通过梯子爬上搅拌缸边沿，发现黄××大部分身体已经被绞进了刚刚启动的搅拌缸内，一小部分躯体露在外面，大部分躯体卡在南侧输送轴与搅拌缸南侧内壁、搅拌缸底之间，已当场死亡。发生事故稳定土拌和站如图4-5-1所示。

（二）事故直接原因分析

导致此次事故发生的直接原因是操作工韦×开机前未检查生产线安全状况，没能发现搅拌缸顶部防护盖没有关闭，开机后造成在搅拌缸边缘作业的黄××被绞进了搅拌缸内致死。

（三）违反的主要标准、规定、规程及其条款

1. 建筑行业标准《建筑机械使用安全技术规程》（JGJ 33—2012）

8.2.8　搅拌机运转时，不得进行维修、清理工作。当作业人员需进入搅拌筒内作业时，应先切断电源，锁好开关箱，悬挂"禁止合闸"的警示牌，并应派专人监护。

2. 电力行业标准《水电水利工程施工通用安全技术规程》（DL/T 5370—2017）

7.3　拌和站（楼）安装运行，应遵守下列规定：

6　检修时，应切断相应的电源和气、油路，并悬挂"有人工作，严禁合闸"的标示牌。进入搅拌筒内工作时，应将其固定，同时外面应有专人监护。

四、站位不当致打桩机伤害事故

（一）事故概述

2019年某月某日，某施工单位在进行钢板桩拔桩施工过程中，由于施工区域狭窄桩机无法回转，打桩机需要移动放置钢板桩，指挥打桩机操作的人员崔×，站在打桩机右侧与PVC围挡之间的狭窄（约80cm）区域内指挥打桩机拔桩。崔×所在位置正处于打桩机两根大臂油缸遮挡范围，打桩机操作人员未注意到崔×，在夹桩行进过程中，履带将崔×

两条小腿压伤，后因流血过多，经抢救无效死亡。

（二）事故直接原因分析

造成此次机械伤害事故的直接原因如下：

（1）作业人员安全意识淡薄，违反机械操作规程站在打桩机作业危险区域内，且处于打桩机操作手视线盲区。

（2）打桩机操作手驾驶打桩机行进过程中，在没有确认周边环境安全的情况下操作设备，履带压伤作业人员。

（三）违反的主要标准、规定、规程及其条款

1. 国家标准《打桩设备安全规范》（GB 22361—2008）

4.10 在操作人员和/或司机的位置上应有良好的视野，即操作人员或司机在操作打桩设备时，不会给自己或其他人员造成危险。在必要时，应配备视觉辅助设施或采取其他措施。

5.2.6 应向司机和施工人员说明何处有可能出现危险，能采取什么类型的预防措施，并提供以下说明：对于打桩设备，靠近打桩设备的危险区域范围：在机器的后半部，回转半径加上 0.5m；在机器的前半部，桩的长度加上 1.0m。

2. 建筑行业标准《建筑施工机械使用安全技术规程》（JGJ 33—2012）

2.0.17 挖掘机、起重机、打桩机等重要作业区域，应设置警示标志及安全措施。

5.1.10 配合机械作业的清底、平整、修坡等人员，应在机械回转半径以外工作。当必须在回转半径以内工作时，应停止机械回转并制动好，方可作业。当机械需回转工作时，机械操作人员应确认其回转半径内无人时，方可进行回转作业。

7.1.11 桩锤在施打工程中，操作人员应在距离桩锤中心 5m 以外监视。

第三节 杆塔倾倒打击事故

一、人字抱杆吊装电杆倾倒物体打击事故

（一）事故概述

2016 年某月某日，某施工单位负责一配变工程施工，在施工单位负责人、现场作业负责人、安全员的安排指挥下，1 名施工人员负责开绞磨，谢××等 2 名施工人员负责两根风绳，1 名施工人员负责牵引绳，尹××等 2 名施工人员负责电杆的控制绳，张××等 3 名施工人员负责电杆入位后回填。在组立第二基 12m 电杆，用固定式人字抱杆将电杆吊起准备下到电杆坑时，电杆根部碰撞抱杆，人字抱杆与地面接触处滑动，人字抱杆向北方倾倒，导致电杆随人字抱杆一起向北方向倾倒，施工人员谢××跑动躲避时，被倒下的电杆砸中。后经 120 医务人员现场检查，谢××已无生命体征。

（二）事故直接原因分析

现场负责人、技术人员未到现场，施工人员在使用固定式人字抱杆组立电杆时，人字抱杆立在坚硬的水泥地面上，其根部采取的防滑措施不到位，并未用钢丝绳连接牢固，在立杆过程中人字抱杆根部滑动，从而导致倒杆发生，致使倒杆击中谢××（死者），是此次事故发生的直接原因。

（三）违反的主要标准、规定、规程及其条款

电力行业标准《电力建设安全工作规程 第2部分：电力线路》（DL 5009.2—2013）

6.4.6 用倒落式人字抱杆起立杆塔应遵循下列规定：

3 抱杆支立在坚硬或冰雪冻结的地面上时，其根部应有防滑措施。

6.8.10 抱杆就位后，四侧拉线应收紧并固定，组塔过程中应有专人职守。

二、输电线路立塔作业较大物体打击事故

（一）事故概述

2016年某月某日，某分包单位班组长吕××安排魏×等10人对12号杆（双杆）进行立杆施工。在完成双杆立杆后，设置四根永久拉线、两根以钢绞线为材质的临时拉线，临时拉线的地锚分别设置在周边桑树根部和柏树根部。第二日午后，吕××所带领的施工队在未填写安全施工作业票、未进行安全技术交底的情况下进场施工。周××（持登高作业证）、魏×（持登高作业证）、杨××（持登高作业证）、蒋××（无特种作业操作证）4人登杆作业安装横担，吕××现场指挥。周××、魏×先后登上B杆（面向13号杆的右边杆），杨××、蒋××先后登上A杆（面向13号杆的左边杆），周××、杨××到达中横担位置后便进行双杆中横担组装作业。在连接中横担与边横担时，由于横担间螺栓孔无法对位，于是，A杆作业人员杨××采取松A杆临时拉线的方式调整电杆位置。A杆临时拉线松动后，由于受力不均失去平衡便向B杆方向倒伏，A杆倒伏时碰倒B杆永久拉线，使B杆也失去平衡沿线路小号侧（11号杆）方向倒杆。B杆倒下后，致该杆作业人员周××、魏×当场死亡；A杆倒下后，致杨××受重伤，后经医院抢救无效死亡。A杆倒伏时，离地约1m的该杆作业人员蒋××立即跳下电杆，未受伤。

（二）事故直接原因分析

事后现场查看及综合分析认为，导致此次事故发生的直接原因如下：

（1）施工人员杨××、周××、魏×违规操作。杨××、周××、魏×无高压电工特种作业操作证，违规登杆作业。在安装横担过程中，因横担外包角钢与横担主材之间螺孔无法对位，杨××在杆上违规采用松动临时拉线的方式调整杆体倾斜促使横担螺栓对位。

（2）12号水泥双杆临时拉线落地端采用紧线器—手扳葫芦连接桑树（A杆）和柏树（B杆）固定。

（3）12号水泥双杆仅设2根临时拉线且选用钢绞线。

（三）违反的主要标准、规定、规程及其条款

电力行业标准《电力建设安全工作规程 第2部分：电力线路》（DL 5009.2—2013）

6.1.8 用于组立杆塔或抱杆的临时拉线均应用钢丝绳。

6.1.15 严禁在杆塔上有人时，通过调整临时拉线来校正杆塔倾斜或弯曲。

6.4.6 对从事电工、金属焊接与切割、高处作业、起重机械、爆破等特种作业施工人员，……，应进行安全技术理论的学习和实际操作的培训，经有关部门考核合格后，方准上岗。

6.5.3 电杆的临时拉线数量：单杆不得少于4根，双杆不得少于6根。

三、挖掘机违章吊装电杆倾倒致人死亡事故

（一）事故概述

2015 年某月某日，某施工单位实施某 35kV 线路 61 号杆塔组立工作。现场施工班组人员分别由工作负责人邓××、施工队兼职安全员唐××、挖掘机司机刘×、地面工作人员杨××（死者）等共计 11 人组成。当 61 号 ZⅡ-21 型电杆组立完毕后，发现电杆中心与定位中心桩偏移，便组织工作人员对电杆底盘进行校正。首先将放入坑内的电杆从杆坑中吊出放倒在地面，安排作业人员下坑调整底盘。地面作业人员杨××等进入坑内完成调整底盘工作后，杨××尚未从坑内撤离时，挖掘机驾驶员自行开始起吊电杆，并向坑边呈圆弧状拖动电杆，至终点的土堆时，起吊钢丝套突然拉断，电杆向杆坑方向倾倒，坑内作业人员杨××被倒落的电杆砸中头部。杨××经现场急救并送往医院抢救无效死亡。

（二）事故直接原因分析

事后现场查看及综合分析认为，导致此次事故发生的直接原因是挖掘机驾驶员刘×在未核实杆坑内是否有人时自行起吊电杆，违章作业，野蛮施工；违规用挖掘机进行吊装，在拖动电杆过程中，钢丝套拉断，导致电杆倒落砸死工作人员。

（三）违反的主要标准、规定、规程及其条款

1. 国家标准《电力安全工作规程　电力线路部分》（GB 26859—2011）

9.5.1　立、撤杆塔过程中基坑内不应有人工作。立杆及修整杆坑时，应采取防止杆身倾斜、滚动的措施。

9.5.5　整体立、撤杆塔前应检查各受力和联结部位全部合格方可起吊。立、撤杆塔过程中，吊件垂直下方、受力钢丝绳的内角侧不应有人。

2. 电力行业标准《电力建设安全工作规程　第 2 部分：电力线路》（DL 5009.2—2013）

3.1.5　土石方开挖、基础施工、杆塔组立（包括拆除或更换杆塔）、架线施工等作业应在施工前编写完整、有效的施工作业指导书，其中应有安全技术措施。现场施工应符合作业指导书的规定，未经审批人同意，不得擅自变更，并在施工前进行安全技术交底。

3. 建筑行业标准《建筑机械使用安全技术规程》（JGJ 33—2012）

2.0.2　机械必须按出厂使用说明书规定的技术性能、承载能力和使用条件，正确操作，合理使用，严禁超载、超速作业或任意扩大使用范围。

四、野蛮施工物体打击事故

（一）事故概述

2017 年某月某日，某光伏发电项目施工现场，班组长吉××安排杨××操作小型装载机拆除场区边界已安装好的光伏发电站边界围栏设施，因围栏栏杆底部被水泥基础固定，在拆除栏杆过程中杨××用装载机前部的叉尖挑住栏杆水泥基础底部，向上挑起过程中，由于基础埋于地下较为坚固，向上挑起栏杆的力度较大，导致带着水泥的栏杆突然弹出，击中 2.8m 外指挥作业的吉××头部，造成其头部受伤。后吉××经送医抢救无效死亡，直接经济损失 155 万元。

（二）事故直接原因分析

事后现场查看及综合分析认为，导致此次事故发生的直接原因是装载机操作人

杨××，违章操作装载机，在拆除围栏过程中，因栏杆基础牢固，未预先松动，野蛮施工，导致被拆除的栏杆弹出伤人造成事故。

（三）违反的主要标准、规定、规程及其条款

1. 电力行业标准《电力建设安全工作规程　第1部分：火力发电》（DL 5009.1—2014）

4.15.1　通用规定：

3　开工前应将被拆除建（构）筑物上及其周围的各种力能管线切断或迁移。

5　拆除区域周围应设硬质封闭围挡，悬挂警告牌，并设专人监护；危险区域严禁无关人员和车辆通过或逗留。

6　当拆除工程对相邻建（构）筑物安全可能产生危险时，必须采取保护措施。

4.15.13　地下构筑物拆除前应先将埋设在地下的力能管线切断。

2. 能源行业标准《电力建设工程施工安全管理导则》（NB/T 10096—2018）

16.2.3.1　建设单位在开工前，应组织施工、监理单位对本项目存在的危进行安全风险评估，对高处坠落、物体打击、机械伤害……事故类型的安全风险进行风险梳理、分析，……

16.2.3.4　施工单位应采取工程技术措施、管理控制措施、个体防护措施等对安全风险进行控制，……

3. 建筑行业标准《建筑机械使用安全技术规程》（JGJ 33—2012）

5.2.10　遇较大的坚硬石块或障碍物时，应待清除后方可开挖，不得用铲斗破碎石块、冻土，或用单边斗齿硬啃。

5.2.18　作业中，当发现挖掘力突然变化，应停机检查，严禁在未查明原因前擅自调整分配阀压力。

5.10.2　装载机不得在倾斜度超过出厂规定的场地上作业。作业区内不得有障碍物及无关人员。

第四节　构件滑落倾倒砸击事故

一、物体倾倒砸击事故

（一）事故概述

2019年某月某日，广东省某电厂工程建设工地，施工单位张×与常××两人到工地进行清理场地作业。两人准备搬开在工地上放着的二条钢梁（每条钢梁长约2m，高约0.8m，用三脚架支撑固定住）。当张×到另外一处拿工具的时候，常××先行违规拆除防止钢梁倾倒的支撑架导致钢梁失稳，随后被倾倒的钢梁挤压倒地，后经送医院抢救无效死亡，直接经济损失120万元。

（二）事故直接原因分析

事后现场查看及综合分析认为，导致此次事故发生的直接原因是死者常××安全意识不高，对现场安全风险及隐患分析辨识不足，未认识到一人作业，并且违规拆除防止钢梁倾倒的支撑管会导致钢梁架的失稳的危险，从而导致事故的发生。

（三）违反的主要标准、规定、规程及其条款

1. 建筑行业标准《建筑施工安全检查标准》（JGJ 59—2011）

3.18.4　起重吊装一般项目的检查评定应符合下列规定：

3　构件码放

1）构件码放荷载应在作业面承载能力允许范围内。

3）大型构件码放应有保证稳定的措施。

2. 电力企业联合会标准《电力建设工程起重施工技术规范》（T/CEC 5023—2020）

6.1.3　物件装卸应有防变形、防坠落和防倾倒措施。

3. 电力行业标准《电力建设安全工作规程　第1部分：火力发电》（DL 5009.1—2014）

4.15.3　拆除工程应自上而下逐层拆除，分段进行，严禁数层同时拆除；当拆除某一部分时，应有防止其他部分发生倒塌的措施。

二、装车时钢结构滑落导致物体打击事故

（一）事故概述

某年某月某日，某项目钢结构安装负责人吴×安排陈×带领薛×等3名作业人员及班组安全员冯×，到厂外临时堆场装运钢结构。装车完毕后，薛×在车上整理捆绑钢丝绳时不慎滑倒，引起钢梁失稳滑落，砸到站在车辆左后侧指挥的陈×，导致陈×受伤倒地。后陈×经送往医院抢救无效死亡。

（二）事故直接原因分析

事后现场查看及综合分析认为，导致此次事故发生的直接原因如下：

（1）带班作业负责人陈×安全意识淡薄，在钢梁装车过程存在码放不稳、码放高度超出车辆挡板有效防护高度等安全隐患时，不听班组安全员劝阻，继续违章冒险作业，让其他作业人员在超载超高的钢梁上操作，致使钢梁滑落。

（2）陈×在1名作业人员上车理顺捆绑钢丝绳时站位不当，站在运输车辆与堆场围栏之间的危险区域，导致钢梁滑落时无法避让。

（三）违反的主要标准、规定、规程及其条款

1. 电力行业标准《电力建设安全工作规程　第1部分：火力发电》（DL 5009.1—2014）

4.12.7　运输及搬运作业应符合下列规定：

6　使用厂（场）内专用机动车辆

3）装运物件应垫稳、捆牢，不得超载。

9　大型设备的运输及搬运：

10）被拖动物件的重心应放在拖板中心位置。拖运圆形物件时，应垫好枕木楔子；对高大而底面积小的物件，应采取防倾倒的措施；对薄壁或易变形的物件，应采取加固措施。

2. 电力企业联合会标准《电力建设工程起重施工技术规范》（T/CEC 5023—2020）

6.1.3　物件装卸应有防变形、防坠落和防倾倒措施。

6.1.6　被装卸的物件放在地面或运输车板上时，应采取支垫及防滑措施。

6.1.7　装车时，应使用钢丝绳、手拉葫芦或滑轮组等工具捆扎固定。

三、吊物坠落致人死亡事故

(一) 事故概述

2008年某月某日，某水电厂安排5名施工人员进行工程遗留脚手架管搬运工作。起吊采用分层堆吊方式进行，共分五层，一侧平行靠墙，另一侧为吊装工作面，呈斜面堆放。起吊时利用两个长约0.3m的风镐钻头分别与钢丝绳固定后插入一根脚手架管两端作为吊点进行起吊工作。当吊车起吊第25捆脚手架管进行第四层（距地面高1.7m）定位调整时，左端吊点部位脚手架管发生弯曲，与钢丝绳固定的风镐钻头脱落，整捆脚手架管自第四层向外滚落。站在第一层（距地面高0.7m）架管中间部位的潘××因来不及躲闪，被滚落的脚手架管击倒在地，重1.4t的整捆架管从其胸部碾过，在送往医院途中死亡。

(二) 事故直接原因分析

事后现场查看及综合分析认为，导致此次事故发生的直接原因如下：

（1）起吊器具和起吊方式的选择未按照技术规范进行。起吊脚手架钢管时，选择起吊的工具不正确，使用了长度过短的风镐钻头（0.3m）作为吊点，且左端风镐钻头插入位置错误（整捆脚手架钢管表层），导致在起吊过程中脚手架钢管单根受力产生疲劳而发生弯曲，与钢丝绳固定的风镐钻头脱落，整捆脚手架钢管自第四层向外滚落。

（2）潘××进行起重作业时，未与吊车和吊物保持足够的安全距离，且站立在吊物下方，脚手架钢管脱落时无法躲让。

(三) 违反的主要标准、规定、规程及其条款

1. 国家标准《起重机械安全规程 第1部分：总则》（GB/T 6067.1—2010）

17.2.5 移动载荷应符合下列要求：

a) 有关人员在指挥起吊作业时应注意下列要求：

1) 采用合适的吊索具。

2) 载荷刚被吊离地面时，要保证安全，而且载荷在吊索具或提升装置上要保持平衡。

2. 电力行业标准《电力建设安全工作规程 第1部分：火力发电》（DL 5009.1—2014）

4.12.1 通用规定：

3 起重机械操作人员、指挥人员（司索信号工）应经专业技术培训并取得操作资格证书。

5 起重作业前应对起重机械、工机具、钢丝绳、索具、滑轮、吊钩进行全面检查。

6 起吊前应检查起重机械及其安全装置：吊件吊离地面约100mm时应暂停起吊并进行全面检查，确认正常后方可正式起吊。

10 严禁以运行的设备、管道以及脚手架、平台等作为起吊重物的承力点。利用建（构）筑物或设备的构件作为起吊重物的承力点时，应经核算满足承力要求，并征得原设计单位同意。

4.12.4 起重作业应符合下列规定：

10 起重工作区域内无关人员不得逗留或通过；起吊过程中严禁任何人员在起重机臂杆及吊物的下方逗留或通过。

第六章

其 他 伤 害

第一节 灼伤、爆炸、溺亡、挤压事故

一、未办理作业票无证操作电弧灼伤事故

（一）事故概述

2015 年某月某日，某公司按培训计划由电气技术员陈××（无高压电工操作证）组织 16 名见习人员前往 1 号机 6kV 配电室进行 6126 号备用开关现场培训，见习值长谢××随同前往负责拍照。陈××安排见习人员谭××到主控室领取电气钥匙后，带领参加培训人员进入 1 号机 6kV 配电室，打开备用开关柜，开始进行备用开关示范性操作培训。陈××在对 6126 号备用开关进行示范性操作时，未检查该开关间隔接地刀闸的分、合位置（接地刀闸处于合闸状态时，接地刀闸操作轴上的连锁结构将阻挡手车移动，以使手车不能向工作位置推进），即对手车开关进行操作，且在操作受阻时，不加分析仍强行将手车开关由"试验"位置摇入"工作"位置，致使接地刀闸操作轴上闭锁挡板变形，使得手车偏离导轨，导致开关柜内挡板（活门）未能充分打开，电源侧动触头插入到静触头过程中对隔离挡板放电，造成二相短路引起电弧，电弧瞬间产生的高热量及巨大冲击爆炸力，烧坏 6216 号开关柜间隔，烧伤现场 15 名员工。最终事故造成 3 人死亡，12 人轻伤。

（二）事故直接原因分析

事后现场查看及综合分析认为，导致此次事故发生的直接原因是陈××在不具备高压电工作业资格证、未办理作业票的情况下，擅自违规操作；操作前未检查 6216 号备用间隔接地刀闸实际位置，在接地刀闸处于合闸状态时强行操作手车，导致手车开关合闸时偏离导轨，造成三相短路引起电弧，电弧瞬间产生的高热量及巨大冲击爆炸力，烧坏 6216 号开关柜间隔，烧伤现场人员。

（三）违反的主要标准、规定、规程及其条款

1. 国家标准《电力安全工作规程　发电厂和变电站电气部分》（GB 26860—2011）

4.3.1　在电气设备上工作应有保证安全的制度措施，包括工作申请、工作布置、书面安全要求、工作许可、工作监护，以及工作间断、转移和终结等工作程序。

5.7.3　检修工作结束以前，若需将设备试加工作电压，应按以下要求进行：

a）全体工作人员撤离工作地点。

b) 收回该系统的所有工作票，拆除临时遮栏、接地线和标示牌，恢复常设遮栏。

c) 应在工作负责人和运行人员全面检查无误后，由运行人员进行加压试验。

2．能源行业标准《电力建设工程施工安全管理导则》（NB/T 10096—2018）

10.3.6 特种作业人员和特种设备操作人员应按有关规定接受专门的培训，经考核合格并取得有效资格证书后，方可上岗作业，并定期进行资格审查。

3．安全生产行业标准《企业安全生产标准化基本规范》（AQ/T 9006—2010）

5.5.3 操作岗位人员教育培训

从事特种作业的人员应取得特种作业操作资格证书，方可上岗作业。

二、无票动火作业引发油罐爆炸事故

（一）事故概述

2015 年某月某日，某发电公司拟对 1 号油罐护栏进行安全隐患排查整改。项目部锅炉班组技术员提交热力机械二种工作票，工作内容为 1 号油罐顶部平台补焊。在一级动火工作票程序没有结束（处于待审批状态），工作负责人、工作许可人、消防监护人未接到通知到场验收安全措施执行情况下，项目部锅炉班班长解××带领维修工人陈××、苗××、柳××、赵××携带备好的花纹钢板、钢管以及动火工具凭热力机械一种工作票和二种工作票进入油罐区，先后两次反复登上 2 号油罐顶部搬运材料及动火工具。其间，苗××由储油罐区南门进入储油罐区，从燃油泵房 MCC 柜进行焊机电源接线。柳××在 2 号油罐顶部喊"电压不足。"苗××又单独进入储油罐区，赵××从 2 号油罐顶部下来与苗××一同检查线路，苗××进入燃油泵房配电室重新接线。随后，2 号油罐突然爆炸，顶盖掀起翻转 180°，落在两个罐体中间（1 号油罐西南），2 号油罐内燃起大火。罐顶上部三人落入防火堤，另外一人掉入油罐。解××、赵××、苗××等人先后从油区南门跑出。事故造成 4 人死亡（其中 1 人失踪，3 人当场死亡，失踪人员后在爆炸罐体内发现，确认死亡），250t 燃油废弃，2 号油罐报废。

（二）事故直接原因分析

事后现场查看及综合分析认为，导致此次事故发生的直接原因是项目部在未办理完动火作业票，便违章误登上 2 号柴油罐顶进行焊接动火作业。动火作业票办理和现场焊接平行进行，未起到危险作业票证对危险作业的管控作用。施工人员违章焊接时引燃 2 号柴油罐，油气与空气混合物发生爆炸，致使陈××等 4 人死亡。

（三）违反的主要标准、规定、规程及其条款

1．国家标准《焊接与切割安全》（GB 9448—1999）

5.1 充分通风

为了保作业人员在无害的呼吸氛围内工作，所有焊接、切割、钎焊及有关的操作必须要在足够的通风条件下（包括自然通风和机械通风）进行。

6.2 指定的操作区域

焊接及切割应在为减少火灾隐患而设计、建造（或特殊指定）的区域内进行，因特殊原因需要在非指定的区域内进行焊接或切割操作时，必须经检查、核准。

6.3 放有易燃物区域的热作业条件

焊接或切割作业只能在无火灾隐患的条件下实施。

6.3.3 工件及火源在无法转移时，要采取措施限制火源以免发生火灾。如：

a）易燃地板要请扫干净，并以洒水、铺盖湿沙、金属薄板或类似物品的方法加以保护。

b）地板上的所有开口或裂缝应覆盖或封好，或者采取其他措施以防地板下面的易燃物与可能由开口处落下的火花接触。对墙壁上的裂缝或开口、敞开或损坏的门、窗亦要采取类似的措施。

2. 国家标准《电力安全工作规程 发电厂和变电站电气部分》（GB 26860—2011）

5.6.1 ……，工作班成员履行确认手续后方可开始工作。

3. 国家标准《电业安全工作规程 第1部分：热力和机械》（GB 26164.1—2010）

14.1.11 进行焊接工作时，必须设有防止金属熔渣飞溅、掉落引起火灾的措施以及防止烫伤、触电、爆炸等措施。

4. 电力行业标准《电力建设安全工作规程 第1部分：火力发电》（DL 5009.1—2014）

4.13.1 通用规定

5 进行焊接、切割与热处理作业时，应有防止触电、火灾、爆炸和切割物坠落的措施。

6 在焊接、切割的地点周围10m的范围内，应清除易燃、易爆物品，确实无法清除时，必须采取可靠的隔离或防护措施。

10 在规定的禁火区内或已贮油的油区内进行焊接、切割与热处理作业时，必须严格按该区域安全管理的有关规定执行。

15 在高处进行焊接与切割作业：

2）严禁站在易燃物品上进行作业。

三、无船只操作证水上作业淹溺事故

（一）事故概述

2017年某月某日，某测绘公司使用本单位自行购买的橡皮艇对某水电站工程导流洞进口上游水下地形进行测量，参与测量人员共5人。其中，胡××和陈××（无船只操作证）2人在两河口下游150m处登上橡皮艇开始水下地形测量工作，其余3人在河岸上工作。其间，河岸上工作人员发现与船上测量人员失去了通信（对讲机）联系后，沿江寻找，均未发现人员和船只。后经多方搜救，先后找到两测量人员遗体，并确认死亡。

（二）事故直接原因分析

事后现场查看及综合分析认为，导致此次事故发生的直接原因是测绘公司擅自使用本单位自行购买的船只进行水上测绘，且船上两人（胡××、陈××）均未取得船只操作证，未采取切实可行的安全措施，临危处置不当。

（三）违反的主要标准、规定、规程及其条款

测绘标准《测绘作业人员安全规范》（CH 1016—2008）

4.3 作业人员（组）应遵守本单位安全生产管理制度和操作细则，爱护和正确使用仪器、设备、工具及安全防护装备，服从安全管理，了解其作业场所、工作岗位存在的危险因素及防范措施；外爷人员还应掌握必要的野外生存、避险相关应急技能。

5.3.8.5 乘小船或其他水运工具时，应检查其安全性能，并雇佣有经验的水手操纵，严禁超载。

5.3.9.2 应选择租用配有救生圈、绳索、竹竿等安全防护救生设备和必要的通信设备的船只，行船应听从船长指挥。

四、未穿戴救生防护用品溺亡事故

（一）事故概述

2007 年某月某日，某公司进行河道疏浚作业，作业人员在挖泥船上进行舷外作业时，在未系安全带的情况下翻越护栏后不慎从离河面约 5m 的高度落入河中，其他人员发现后立即下水施救，由于该作业人员未穿戴救生衣，在打捞上岸后，心肺复苏无效死亡。

（二）事故直接原因分析

导致此次事故发生的直接原因是作业人员未按要求穿戴救生衣，未系安全带，违规翻越护栏进行舷外作业。

（三）违反的主要标准、规定、规程及其条款

1. 水利行业标准《水利水电工程施工安全防护设施技术规范》（SL 714—2015）

9.2.2 水上作业应符合以下规定：

3 所有作业人员应穿戴防护衣服、防护手套、安全帽以及救生衣等防护和救生装备。

4 从事高处作业和舷外作业时，应系无损的安全带。

五、爆破引起巨石挤压事故

（一）事故概述

2007 年某月某日，某水电站砂石采料场作业人员杜××等 5 人按料场安排在料场内进行解石放炮作业。与此同时，爆破员代××、工人徐××在采面山上准备放炮作业。杜××等人点燃解石炮后跑到料场中两块巨石下躲避。解石炮响后 1min 左右，采面山的代××等人所放炸药也引爆掀翻了一块重约百吨的巨石，巨石翻滚而下将料场中的两块石头压翻，致使躲避于此的杜××等 4 人被挤压致死，一人轻伤。

（二）事故直接原因分析

导致此次事故发生的直接原因如下：

（1）石料场爆破员代××在进行爆破作业前，对爆破后的岩体状态估计不足，没有按照作业要求对爆破作业的危险区域进行清理、警戒，是导致此事故发生的直接原因。

（2）杜××等人未经过爆破专业和安全操作相关培训即上岗作业，缺乏相应的专业技能和安全意识，在明知山上开采面有爆破作业的情况下，仍然在料场中进行放炮解石作业，并且错误地选择避炮场所。

（三）违反的主要标准、规定、规程及其条款

1. 国家标准《爆破安全规程》（GB 6722—2014）

6.1.1 爆破前应对爆破区周围的自然条件和环境状况进行调查，了解危及安全的不利环境因素，采取必要的安全防范措施。

6.1.2 爆破作场所有下列情形之一时，不应进行爆破作业：危险区边界未设警戒的。

7.1.1 露天爆破作业时，应建立避炮掩体，避炮掩体应设在冲击破危险范围之外；掩体结构应坚固、紧密，位置方向能防止飞石和有害气体的危害。

13.1.2 确定爆破安全允许距离时，应考虑爆破可能诱发的滑坡、滚石、雪崩、涌浪、爆堆滑移等次生灾害的影响，适当扩大安全允许距离或针对具体情况划定附加的危险区。

2. 电力行业标准《水电水利工程爆破施工技术规范》（DL/T 5135—2013）

3.1.11 爆破前，按照爆破设计确定的危险区边界设置明显标志，规定爆破时间和信号，在爆破时应安排岗哨警戒。

3.1.12 爆破作业应统一起爆时间，由爆破负责人统一指挥；几个邻近工作面进行爆破作业时，应选择好起爆顺序，不得出现同起爆。

3. 水利行业标准《水利水电工程施工安全防护设施技术规范》（SL 714—2015）

5.1.6 爆破施工应按 GB 6722 规定执行，同时还应符合以下规定：

1 工程施工爆破作业周围 300m 区域为危险区域，危险区域内不得有非施工生产设施。

第二节 盲目施救致死亡扩大事故

一、有限空间违章作业、盲目施救中毒事故

（一）事故概述

2013 年某月某日，某水电站站长李××带领电站职工邱××、陈××、李××、刘××4 人对 2 号机组水轮机进行年度例行检修。李××用电风扇向蜗室吹风通气 15～20min 后，邱××进入蜗室涵管内作业，约 2min 后，陈××发现邱××从引水涵管内漂浮出来。陈××马上下到蜗室拉邱××，但未拉动，随即叫人下去帮忙。约 2min 陈××也晕倒，李×见状怀疑是触电，急忙将电站内电闸及电站门外的变压器总闸关闭（整个过程用时约 10min），回到电站内后，发现李××、刘××也不在蜗室外。此时其他救援人员赶到，李×与救援人员共同将邱××、陈××、李××、刘××4 人从蜗室内救到地面，随即送往医院抢救，但由于中毒时间过长，4 人先后经抢救无效死亡。

（二）事故直接原因分析

导致此次事故发生的直接原因是邱××未按照有限空间危险作业场所"先检测、后作业"的要求规范操作，未采取有效防护措施，吸入沼气中的窒息性气体中毒死亡。发生事故后刘××、李××、陈××在无任何防护措施的情况下盲目施救，施救方法不当，导致事故扩大。

（三）违反的主要标准、规定、规程及其条款

1. 国家标准《化学品生产单位特殊作业安全规范》（GB 30871—2014）

6.2 作业前，应根据受限空间盛装（过）的物料特性，对受限空间进行清洗或置换，并达到如下要求：

a）含氧量为 18%～21%，富氧环境下不应大于 23.5%。

b）有毒气体（物质）浓度应符合 GBZ 2.1 的规定。

c）可燃气体浓度要求同 5.4.2 规定。

6.3 应保持受限空间空气流通良好，可采取如下措施：

a）打开人孔、手孔、料孔、烟门等与大气相通的设施进行自然通风。

b）必要时，应采用风机强制通风或管道送风，管道送风前应对管道内介质和风源进

行分析确认。

6.4 应对受限空间内的气体浓度进行严格监测，监测要求如下：

a) 作业前30min内，应对受限空间进行气体采样分析，分析合格后方可进入，如现场条件不允许，时间可适当放宽，但不应超过60min。

b) 监测点应具有代表性，容积较大的受限空间，应对上、中、下各部位进行监测分析。

e) 作业中应定时监测，至少每2h监测一次，如监测分析结果有明显变化，应立即停止作业，撤离人员，对现场进行处理，分析合格后方可恢复作业。

f) 对可能释放有害物质的受限空间，应连续监测，情况异常时应立即停止作业，撤离人员，对现场处理，分析合格后方可恢复作业。

h) 作业中断时间超过30min时，应重新进行取样分析。

6.5 进入下列受限空间作业应采取如下防护措施：

a) 缺氧或有毒的受限空间经清洗或置换仍达不到要求的，应佩戴隔离式呼吸器，必要时应拴带救生绳。

b) 易燃易爆的受限空间经清洗置换仍达不到6.2要求的，应穿防静电工作服及防静电工作鞋，使用防爆型低压灯具及防爆工具。

2. 水利行业标准《水利水电工程施工通用安全技术规程》（SL 398—2007）

9.1.11 在金属容器内进行工作时应有专人监护，要保证容器内通风良好，并应设置防尘设施。

9.2.1 焊接场地1焊接与气割场地应通风良好（包括自然通风或机械通风），应采取措施避免作业人员直接呼吸到焊接操作所产生的烟气流。

3. 电力行业标准《电力建设安全工作规程 第1部分：火力发电》（DL 5009.1—2014）

4.10.3 受限空间作业应符合下列规定：

1 作业前，应对受限空间进行危险和有害因素辨识，制定安全技术措施，措施中应包括紧急情况下的处置方案。

2 受限空间作业应办理施工作业票，严格履行审批手续。

3 进入受限空间前，监护人应会同作业人员检查安全技术措施，统一联系信号。在风险较大的受限空间作业，应增设监护人员，并随时保持与受限空间内作业人员的联络。监护人员不得脱离岗位，并应掌握进入受限空间作业人员的数量和身份，对人员和工器具进行清点。

4 受限空间作业前，应确保其内部无可燃或有毒、有害等有可能引起中毒、窒息的气体，符合安全要求方可进入。

二、有限空间检漏、盲目施救中毒窒息事故

（一）事故概述

2012年某月某日，某工程公司生物发电工程项目部，专业分包队伍某钢结构有限工程公司施工人员王×、陈×2人从水塔下去查找循环水管道漏点，王×负责在水塔上部监护，陈×从水塔中心筒内下到10m处检查漏点时，突然感到呼吸困难，身体不适，赶紧向上攀爬返回，王×认为陈×不愿下去查漏，于是自己下去，当下到底部时，也同样感到呼吸困难，身体不适，就沿梯子向上攀爬，当爬到约 4m 高时，王×坠落至循环水管道底部，陈×看到王×坠落后，立即喊来施工人员马×实施救援，马×在救援过程中，也坠落至循环水管道底部。事故发生后，救援人员陆续赶到事故现场，把循环水管道切开，放出有毒气体，采取安全措施后开始救援。王×、马×被救出送至医院，经抢救无效死亡。

（二）事故直接原因分析

导致此次事故发生的直接原因是施工人员王×查找循环水管道漏点时，管道内缺少氧气、积存有毒气体和水，没有采取通风等安全措施，导致中毒窒息；在作业环境危险因素没有消除，马×盲目施救，导致伤亡扩大。

（三）违反的主要标准、规定、规程及其条款

1. 国家标准《化学品生产单位特殊作业安全规范》（GB 30871—2014）

6.2 作业前，应根据受限空间盛装（过）的物料特性，对受限空间进行清洗或置换，并达到如下要求：

a）含氧量为 18%～21%，富氧环境下不应大于 23.5%。

b）有毒气体（物质）浓度应符合 GBZ 2.1 的规定。

c）可燃气体浓度要求同 5.4.2 规定。

6.3 应保持受限空间空气流通良好，可采取如下措施：

a）打开人孔、手孔、料孔、烟门等与大气相通的设施进行自然通风。

b）必要时，应采用风机强制通风或管道送风，管道送风前应对管道内介质和风源进行分析确认。

6.4 应对受限空间内的气体浓度进行严格监测，监测要求如下：

a）作业前 30min 内，应对受限空间进行气体采样分析，分析合格后方可进入，如现场条件不允许，时间可适当放宽，但不应超过 60min。

b）监测点应具有代表性，容积较大的受限空间，应对上、中、下各部位进行监测分析。

e）作业中应定时监测，至少每 2h 监测一次，如监测分析结果有明显变化，应立即停止作业，撤离人员，对现场进行处理，分析合格后方可恢复作业。

f）对可能释放有害物质的受限空间，应连续监测，情况异常时应立即停止作业，撤离人员，对现场处理，分析合格后方可恢复作业。

h）作业中断时间超过 30min 时，应重新进行取样分析。

6.5 进入下列受限空间作业应采取如下防护措施：

a）缺氧或有毒的受限空间经清洗或置换仍达不到要求的，应佩戴隔离式呼吸器，必要时应拴带救生绳。

b）易燃易爆的受限空间经清洗置换仍达不到 6.2 要求的，应穿防静电工作服及防静电工作鞋，使用防爆型低压灯具及防爆工具。

c）酸碱等腐蚀性介质的受限空间，应穿戴防酸碱防护服、防护鞋、防护手套等防腐蚀护品。

2. 电力行业标准《电力建设安全工作规程 第 1 部分：火力发电》（DL 5009.1—2014）

4.10.3 受限空间作业应符合下列规定：

1 作业前，应对受限空间进行危险和有害因素辨识，制定安全技术措施，措施中应包括紧急情况下的处置方案。

2 受限空间作业应办理施工作业票，严格履行审批手续。

3 进入受限空间前，监护人应会同作业人员检查安全技术措施，统一联系信号。在风险较大的受限空间作业，应增设监护人员，并随时保持与受限空间内作业人员的联络。监护人员不得脱离岗位，并应掌握进入受限空间作业人员的数量和身份，对人员和工器具进行清点。

4 受限空间作业前，应确保其内部无可燃或有毒、有害等有可能引起中毒、窒息的气体，符合安全要求方可进入。

三、橡胶废水池清洗作业中毒事故

（一）事故概述

2015 年某月某日，某市某橡胶公司组织进行橡胶废水池清洗作业。在未通风检测的情况下，1 名员工未佩戴防护用具就在橡胶废水池中作业，其间，突然晕倒。其他 2 名员工和闻讯赶来的厂长在未佩戴防护用具的情况下先后下池救人，最终导致 3 人中毒死亡。

（二）事故直接原因分析

事后现场查看及综合分析认为，导致此次事故发生的直接原因如下：

（1）作业人员违章作业，作业前未对作业场所进行通风检测。

（2）作业人员和救援人员均未按照规定佩戴防护用具。

（三）违反的主要标准、规定、规程及其条款

1.《工贸企业有限空间作业安全管理与监督暂行规定》（国家安全生产监督管理总局令第 59 号）

第十六条 在有限空间作业过程中，工贸企业应当对作业场所中的危险有害因素进行定时检测或者连续监测。作业中断超过 30 分钟，作业人员再次进入有限空间作业前，应当重新通风、检测合格后方可进入。

2. 国家标准《化学品生产单位特殊作业安全规范》（GB 30871—2014）

6.2 作业前，应根据受限空间盛装（过）的物料特性，对受限空间进行清洗或置换，并达到如下要求：

a) 含氧量为 18%～21%，富氧环境下不应大于 23.5%。

b) 有毒气体（物质）浓度应符合 GBZ 2.1 的规定。

c) 可燃气体浓度要求同 5.4.2 规定。

6.3 应保持受限空间空气流通良好，可采取如下措施：

a) 打开人孔、手孔、料孔、烟门等与大气相通的设施进行自然通风。

b) 必要时，应采用风机强制通风或管道送风，管道送风前应对管道内介质和风源进行分析确认。

6.4 应对受限空间内的气体浓度进行严格监测，监测要求如下：

a) 作业前 30min 内，应对受限空间进行气体采样分析，分析合格后方可进入，如现场条件不允许，时间可适当放宽，但不应超过 60min。

b) 监测点应具有代表性，容积较大的受限空间，应对上、中、下各部位进行监测

分析。

e）作业中应定时监测，至少每 2h 监测一次，如监测分析结果有明显变化，应立即停止作业，撤离人员，对现场进行处理，分析合格后方可恢复作业。

f）对可能释放有害物质的受限空间，应连续监测，情况异常时应立即停止作业，撤离人员，对现场处理，分析合格后方可恢复作业。

h）作业中断时间超过 30min 时，应重新进行取样分析。

6.5 进入下列受限空间作业应采取如下防护措施：

a）缺氧或有毒的受限空间经清洗或置换仍达不到要求的，应佩戴隔离式呼吸器，必要时应拴带救生绳。

b）易燃易爆的受限空间经清洗置换仍达不到 6.2 要求的，应穿防静电工作服及防静电工作鞋，使用防爆型低压灯具及防爆工具。

c）酸碱等腐蚀性介质的受限空间，应穿戴防酸碱防护服、防护鞋、防护手套等防腐蚀护品。

第五篇

关键疑难解析

第一章

关键管理问题解读

第一节　特种设备作业人员、建筑施工特种作业人员、特种作业人员解读

目前，在电力建设工程施工安全检查中发现，包括管理人员在内的很多人员对于特种设备作业人员、建筑施工特种作业人员、特种作业人员的概念及使用范围认识不清，经常混淆，甚至出现用错的情况，在很多官方文件中也多统称"特种作业人员"，严格地讲是不规范的。本节的内容将对这些问题进行梳理，使得大家明白对于这三种不同的资格人员如何去正确地管理、使用。

一、定义概念

（1）特种设备作业人员（中华人民共和国国家市场监督管理总局《特种设备作业人员监督管理办法》）：锅炉、压力容器（含气瓶）、压力管道、电梯、起重机械、客运索道、大型游乐设施、场（厂）内专用机动车辆等特种设备的作业人员及其相关管理人员统称特种设备作业人员。特种设备作业人员作业种类与项目目录由国家市场监督管理总局统一发布。

（2）建筑施工特种作业人员（中华人民共和国住房和城乡建设部《建筑施工特种作业人员管理规定》）：建筑施工特种作业人员是指在房屋建筑和市政工程施工活动中，从事可能对本人、他人及周围设备设施的安全造成重大危害作业的人员。

（3）特种作业人员（中华人民共和国应急管理部《特种作业人员安全技术培训考核管理规定》）：特种作业是指容易发生事故，对操作者本人、他人的安全健康及设备、设施的安全可能造成重大危害的作业（特种作业的范围由特种作业目录规定），特种作业人员是指直接从事特种作业的从业人员。

从上面的定义可看出，三部门颁发的证件种类及适用范围不同。市场监督管理部门颁发特种设备安全管理及作业人员证；住建部门颁发建筑施工特种作业人员证件，证件仅适用于房屋建筑和市政工程（简称"两工地"）施工活动；应急管理部门颁发特种作业人员证，不发特种设备作业人员证。

二、从业条件

三者的从业条件基本相似，只要年满 18 岁，身体健康都可以申请，但在文化素质方面要求不同。

（1）特种设备作业人员，要求具有初中以上学历，并且满足相应申请作业项目要求的文化程度。

（2）建筑施工特种作业人员，要求初中及以上学历。

（3）特种作业人员，要求具有初中及以上文化程度；申请危险化学品特种作业人员应当具备高中或者相当于高中及以上文化程度。

三、发证机关

（1）特种设备作业人员。考核发证工作由县以上市场监督管理部门分级负责。省级市场监督管理部门决定具体的发证分级范围，负责对考核发证工作的日常监督管理。

（2）建筑施工特种作业人员。考核发证工作由省、自治区、直辖市人民政府建设主管部门或其委托的考核发证机构（以下简称"考核发证机关"）负责组织实施。

（3）特种作业人员。省、自治区、直辖市人民政府应急局管理部门负责本行政区域特种作业人员的考核、发证、复审工作。

四、法律依据

（1）特种设备作业人员证的法律依据包括《中华人民共和国行政许可法》《中华人民共和国特种设备法》《特种设备安全监察条例》《特种设备作业人员监督管理办法》《特种设备作业人员资格认定分类与目录》。

（2）建筑施工特种作业人员证的法律依据包括《安全生产许可证条例》《建筑起重机械安全监督管理规定》《建筑施工特种作业人员管理规定》。

（3）特种作业人员证的法律依据包括《中华人民共和国安全生产法》《中华人民共和国行政许可法》《特种作业人员安全技术培训考核管理规定》。

五、有效期

国家市场监督管理部门管理并颁发的"中华人民共和国特种设备安全管理和作业人员证"每4年复审一次；国家住房和城乡建设管理部门颁发的"建筑施工特种作业操作资格证书"有效期2年；国家应急管理部门颁发的"中华人民共和国特种作业操作证"有效期6年，每3年复审一次。

六、相关附件

（一）特种设备作业人员、建筑施工特种作业人员与特种作业人员取证情况对照表

特种设备作业人员、建筑施工特种作业人员与特种作业人员取证情况对照表见表5-1-1。

表5-1-1　特种设备作业人员、建筑施工特种作业人员与特种作业人员取证情况汇总对照表

证件名称	中华人民共和国特种设备安全管理和作业人员证	建筑施工特种作业操作资格证书（简称"资格证书"）	中华人民共和国特种作业操作证（简称"特种作业操作证"）
发证机关	国家市场监督管理总局（原国家质量监督检验检疫总局）	住房和城乡建设部	应急管理部（原国家安全生产监督管理总局）
	县以上市场监督管理部门分级负责。省级市场监督管理部门决定具体的发证分级范围。	由省、自治区、直辖市人民政府建设主管部门或其委托的考核发证机构负责组织实施	省、自治区、直辖市人民政府应急局管理部门负责本行政区域特种作业人员的考核、发证、复审工作

续表

证件名称	中华人民共和国特种设备安全管理和作业人员证	建筑施工特种作业操作资格证书（简称"资格证书"）	中华人民共和国特种作业操作证（简称"特种作业操作证"）
发证依据	1.《特种设备作业人员监督管理办法》（国家质检总局令第140号），自2011年7月1日起实施。 2.《特种设备作业人员考核规则》（TSG Z6001—2019）。 3.《市场监管总局关于特种设备行政许可有关事项的公告》（2021年第41号），附件2《特种设备作业人员资格认定分类与目录》，2022年6月1日起实施	《建筑施工特种作业人员管理规定》（建质〔2008〕75号），自2008年6月1日起施行	《特种作业人员安全技术培训考核管理规定》（国家安全生产监督管理总局令第80号），自2015年7月1日起实施
发证人员范围	特种设备作业人员	建筑施工特种作业人员	特种作业人员
证有效期及复审周期	每4年复审一次 持证人员应当在复审期届满3个月前，向发证部门提出复审申请	有效期2年 有效期满需要延期的，建筑施工特种作业人员应当于期满前3个月内向原考核发证机关申请办理延期复核手续。延期复核合格的，资格证书有效期延期2年	有效期6年，每3年复审一次 特种作业操作证需要复审的，应当在期满前60日内，由申请人或者申请人的用人单位向原考核发证机关或者从业所在地考核发证机关提出申请
取证应符合条件	应当符合下列条件： （一）年龄在18周岁以上； （二）身体健康并满足申请从事的作业种类对身体的特殊要求； （三）有与申请作业种类相适应的文化程度； （四）具有相应的安全技术知识与技能； （五）符合安全技术规范规定的其他要求。 作业人员的具体条件应当按照相关安全技术规范的规定执行。 ·《特种设备作业人员考核规则》（TSG Z6001—2019） 申请人应当符合下列条件： （一）年龄在18周岁以上且不超过60周岁，并且具有完全民事行为能力； （二）无妨碍从事作业的疾病和生理缺陷，并且满足相应申请作业项目对身体条件的要求； （三）具有初中以上学历，并且满足相应申请作业项目要求的文化程度； （四）符合相应的考试大纲的专项要求	应当具备下列基本条件： （一）年满18周岁且符合相关工种规定的年龄要求； （二）经医院体检合格且无妨碍从事相应特种作业的疾病和生理缺陷； （三）初中及以上学历； （四）符合相应特种作业需要的其他条件	应当符合下列条件： （一）年满18周岁，且不超过国家法定退休年龄； （二）经社区或者县级以上医疗机构体检健康合格，并无妨碍从事相应特种作业的器质性心脏病、癫痫病、美尼尔氏症、眩晕症、癔病、震颤麻痹、精神病、痴呆症以及其他疾病和生理缺陷； （三）具有初中及以上文化程度； （四）具备必要的安全技术知识与技能； （五）相应特种作业规定的其他条件。 危险化学品特种作业人员除符合前款第（一）项、第（二）项、第（四）项和第（五）项规定的条件外，应当具备高中或者相当于高中及以上文化程度

证件名称	中华人民共和国特种设备安全管理和作业人员证				建筑施工特种作业操作资格证书（简称"资格证书"）		中华人民共和国特种作业操作证（简称"特种作业操作证"）	
	序号	种类	作业项目	项目代号	序号	作业项目	序号	作业项目
证件明细目录	1	特种设备安全管理	特种设备安全管理	A	（一）	建筑电工	1	电工作业
	2	锅炉作业	工业锅炉司炉	G1	（二）	建筑架子工	1.1	高压电工作业
			电站锅炉司炉（注1）	G2	（三）	建筑起重信号司索工	1.2	低压电工作业
			锅炉水处理	G3	（四）	建筑起重机械司机	1.3	防爆电气作业
	3	压力容器作业	快开门式压力容器操作	R1	（五）	建筑起重机械安装拆卸工	2	焊接与热切割作业
			移动式压力容器充装	R2	（六）	高处作业吊篮安装拆卸工	2.1	熔化焊接与热切割作业
			氧舱维护保养	R3	（七）	经省级以上人民政府建设主管部门认定的其他特种作业	2.2	压力焊作业
	4	气瓶作业	气瓶充装	P			2.3	钎焊作业
	5	电梯作业	电梯修理（注2）	T		部分省份有建设主管部门，在住建部作业人员种类基础上有细化。如山东省建筑施工特种作业人员管理暂行办法（2008年7月21日印发）	3	高处作业
	6	起重机作业	起重机指挥	Q1	（一）	建筑电工	3.1	登高架设作业
			起重机司机（注3）	Q2	（二）	建筑架子工（普通脚手架）	3.2	高处安装、维护、拆除作业
	7	客运索道作业	客运索道修理	S1	（三）	建筑架子工（附着升降脚手架）	4	制冷与空调作业
			客运索道司机	S2	（四）	建筑起重司索信号工	4.1	制冷与空调设备运行操作作业
	8	大型游乐设施作业	大型游乐设施修理	Y1	（五）	建筑起重机械司机（塔式起重机）	4.2	制冷与空调设备安装修理作业
			大型游乐设施操作	Y2	（六）	建筑起重机械司机（施工升降机）	5	煤矿安全作业
	9	场（厂）内专用机动车辆作业	叉车司机	N1	（七）	建筑起重机械司机（物料提升机）	5.1	煤矿井下电气作业
			观光车和观光列车司机	N2	（八）	建筑起重机械安装拆卸工（塔式起重机）	5.2	煤矿井下爆破作业

续表

证件名称	中华人民共和国特种设备安全管理和作业人员证				建筑施工特种作业操作资格证书（简称"资格证书"）		中华人民共和国特种作业操作证（简称"特种作业操作证"）	
证件明细目录	序号	种类	作业项目	项目代号	序号	作业项目	序号	作业项目
	10	安全附件维修作业	安全阀校验	F	（九）	建筑起重机械安装拆卸工（施工升降机）	5.3	煤矿安全监测监控作业
	11	特种设备焊接作业	金属焊接操作	（注4）	（十）	建筑起重机械安装拆卸工（物料提升机）	5.4	煤矿瓦斯检查作业
			非金属焊接操作		（十一）	高处作业吊篮安装拆卸工	5.5	煤矿安全检查作业
	注1：资格认定范围为300MW以下（不含300MW）的电站锅炉司炉人员，300MW电站锅炉司炉人员由使用单位按照电力行业规范自行进行技能培训。 注2：电梯修理作业项目包括修理和维护保养作业。 注3：可根据报考人员的申请需求进行范围限制，具体明确限制为桥式起重机司机、门式起重机司机、塔式起重机司机、门座式起重机司机、缆索式起重机司机、流动式起重机司机、升降机司机。如"起重机司机（限桥门式起重机）"等。 注4：特种设备焊接作业人员代号按照《特种设备焊接操作人员考核规则》的规定执行				（十二）	建筑电气焊接（切割）工	5.6	煤矿提升机操作作业
作业项目相近或相同说明	起重机械司索作业人员：《特种设备作业人员考核规则》（TSG Z6001—2019）规定，从事起重机械司索作业人员、起重机械地面操作人员和遥控操作人员、桅杆式起重机和机械式停车设备的司机不需要取得"特种设备作业人员证"，使用单位可参照本大纲的内容，对相关人员的从业能力进行培训和管理				建筑起重司索信号工需要取证			
	特种设备焊接作业						焊接与热切割作业：指运用焊接或者热切割方法对材料进行加工的作业（不含《特种设备安全监察条例》规定的有关作业）	

续表

证件名称	中华人民共和国特种设备安全管理和作业人员证	建筑施工特种作业操作资格证书（简称"资格证书"）	中华人民共和国特种作业操作证（简称"特种作业操作证"）
作业项目相近或相同说明	根据市场监管总局关于特种设备行政许可有关事项的公告（2021年第41号）《特种设备作业人员资格认定分类与目录》规定，起重机械机械安装维修、起重机械电气安装维修人员不需要再持证。但《特种设备生产和充装单位许可规则》（TSG 07—2019）中部分许可项目，如附件H起重机械生产单位许可条件——H3安装（含修理）专项条件，作业人员对电工有明确要求，电工需要持有应急管理部门颁发的"电工作业"证	建筑电工	电工作业
证件查询路径	原国家质量技术监督部门发证。 进入国家市场监督管理总局政府网站 http://samr.saic.gov.cn，依次点击"全国特种设备公示信息查询"—"请点击此处进入"—"人员公示查询"	住建部门发证（进入各省住建部门网站）。 如：进入山东省住建厅政府网站 http://www.sdjs.gov.cn，进入办事大厅，依次点击"政务服务"—"山东省建筑施工特种作业人员考核管理系统"—"证书查询"。其他省份的需要进入其住建厅政府网站查询	原国家安监局发证。 进入应急管理部政府网站 http://www.chinasafety.gov.cn，依次点击"服务"—"政务服务平台"—"个人办事"—"特种作业操作证查询"
	证件查询的具体路径，随官网界面升级可能有不断变化		

（二）市场监督管理部门证样

特种设备安全管理和作业人员证样式如图 5-1-1 所示。

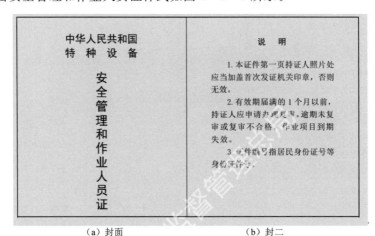

（a）封面 （b）封二

图 5-1-1（一） 特种设备安全管理和作业人员证样式

	考试合格作业项目（取证）		
（近期2寸正面免冠白底彩色照片）加盖发证机关印章	项目代号	有效期	发证机关（章）
			批准日期
		自 年 月	
		至 年 月	年 月 日
姓　　名：_____		自 年 月	
证件编号：_____		至 年 月	年 月 日
发证机关：_____		自 年 月	
		至 年 月	年 月 日
（二维码区域）		自 年 月	
		至 年 月	年 月 日

（c）第1页　　　　　　　　（d）第2页～第4页

复审记录	聘用记录		
复审项目代号：	项目代号	聘用起止日期	聘用单位（章）
		自 年 月 日	
有效期至：　年　月		至 年 月 日	
发证机关（章）：			
复审日期：　年　月　日		自 年 月 日	
复审项目代号：		至 年 月 日	
有效期至：　年　月		自 年 月 日	
发证机关（章）：		至 年 月 日	
复审日期：　年　月　日			

（e）第5页～第8页　　　　（f）第9页～第11页

特种设备作业人员资格认定分类与项目			
序号	种　类	作业项目	项目代号
1	特种设备安全管理	特种设备安全管理	A
2	锅炉作业	工业锅炉司炉	G1
		电站锅炉司炉	G2
		锅炉水处理	G3
3	压力容器作业	快开门式压力容器操作	R1
		移动式压力容器充装	R2
		氧舱维护保养	R3
4	气瓶作业	气瓶充装	P
5	电梯作业	电梯修理	T
6	起重机作业	起重机指挥	Q1
		起重机司机	Q2
7	客运索道作业	客运索道修理	S1
		客运索道司机	S2
8	大型游乐设施作业	大型游乐设施修理	Y1
		大型游乐设施操作	Y2
9	场（厂）内专用机动车辆作业	叉车司机	N1
		观光车和观光列车司机	N2
10	安全附件维修作业	安全阀校验	F
11	特种设备焊接作业	金属焊接操作	注
		非金属焊接操作	

注：按照特种设备焊接作业人员相关安全技术规范的规定执行。

（g）第12页

图5-1-1（二）　特种设备安全管理和作业人员证样式

（三）住房和城乡建设管理部门证样

建筑施工特种作业操作资格证书样式如图 5-1-2 所示。

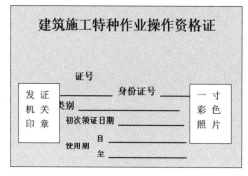
（a）正本

（b）副本

图 5-1-2　建筑施工特种作业操作资格证书样式

（四）应急管理部门证样

中华人民共和国特种作业操作证样式如图 5-1-3 所示。

（a）正面

（b）背面

图 5-1-3　中华人民共和国特种作业操作证样式

第二节　超过一定规模危险性较大的分部分项工程专家论证中的专家资格答疑

首先应明确房屋建筑和市政基础设施工程范围的界定。根据国务院安全生产委员会《关于 2006 年安全生产控制指标中房屋建筑及市政工程范围有关问题复函》（安委办函〔2006〕45 号）规定：电力工程施工与发电机组设备安装（如水力发电、火力发电、核能发电、风力发电等）厂房施工，高压电力线（电缆）输送施工、低压电力线及变电站（所）的施工中建筑物施工属于房屋建筑及市政工程范围，见表 5-1-2。

关于超过一定规模危险性较大的分部分项工程专家论证中的专家资格，若属于房屋建筑和市政基础设施工程，则按照《危险性较大的分部分项工程安全管理规定》（住房和城乡建设部令 第 37 号）和住房和城乡建设部办公厅《关于实施〈危险性较大的分部分项工程安全管理规定〉有关问题的通知》（建办质〔2018〕31 号）的要求执行，具体要求如下：

表 5 - 1 - 2　　房屋建筑和市政基础设施工程范围（在"建设"栏打勾部分）

负责监管相应工程的主管部门			建设
47		房屋和土木工程建筑业	
471	4710	房屋工程建筑：指房屋主体工程的施工活动，不包括主体施工前的准备活动。 ◇包括：	
		4 - 写字楼、办公用建筑物的施工	√
		8 - 厂房、仓库的施工	√
		9 - 其他房屋和公共建筑物的施工	√
472	4722	水利和港口工程建筑 ◇包括：	
		16 - 水库的施工	
		19 - 水利调水工程施工	
		24 - 水利与发电机组安装在一起的工程施工	
472	4723	工矿工程建筑：指除厂房外的矿山和工厂生产设施、设备的施工和安装，以及海洋石油平台的施工。 ◇包括：	
		26 - 电力工程施工与发电机组设备安装（如水力发电、火力发电、核能发电、风力发电等）	
		31 - 燃气、煤气、热力供应设施的施工	√
472	4724	架线和管道工程建筑：指建筑物外的架线、管道和设备的施工。 ◇包括：	
		34 - 高压电力线（电缆）输送施工，低压电力线及变电站（所）的施工	
		35 - 城市电力线和公共照明电力线施工	
		39 - 长距离输油、输气、供水及输送其他物品的管道施工	
		40 - 城市内天然气、煤气、液化石油气、水、热力、污水的管道施工及中转站、控制站（所）的施工	√
		42 - 建筑物外的其他设备安装施工	
48		建筑安装业	
480	4800	建筑安装业	
		指建筑物主体工程竣工后，建筑物内各种设备的安装。包括建筑物主体施工中的敷设线路、管道的安装，以及铁路、机场、港口、隧道、地铁的照明和信号系统的安装，不包括工程收尾的装饰，如对墙面、地板、天花板、门窗等处理	√〔不包括铁路、港口、公（铁）路、隧道、机场的照明和信号系统〕
		◇包括：	
		48 - 电力线路、照明和电力设备的安装	
		49 - 电气设备和信号设备的安装	

对于超过一定规模的危险性较大的工程，施工单位应当组织召开专家论证会对专项施工方案进行论证。实行施工总承包的，由施工总承包单位组织召开专家论证会。专家论证前专项施工方案应当通过施工单位审核和总监理工程师审查。

专家应当从地方人民政府住房城乡建设主管部门建立的专家库中选取，符合专业要求且人数不得少于 5 名。与本工程有利害关系的人员不得以专家身份参加专家论证会。

关于专家条件，设区的市级以上地方人民政府住房城乡建设主管部门建立的专家库专家应当具备以下基本条件：

（1）诚实守信、作风正派、学术严谨。

（2）从事相关专业工作 15 年以上或具有丰富的专业经验。

（3）具有高级专业技术职称。

对于电力建设工程，则按照《电力建设工程施工安全管理导则》（NB/T 10096—2018）相应的要求："超过一定规模的危险性较大的分部分项工程专项施工方案，由施工单位组织召开审查论证会。审查论证会的专家组成员应当由 5 名及以上符合专业要求且持有专家证明的专家组成。本项目参建各方的人员不得以专家身份参加审查论证会"。根据 2021 年 9 月 14 日国家能源局对"关于《电力建设工程施工安全管理导则》（NB/T 10096—2018）中危大方案论证专家资质的咨询"的回复意见，此处的"持有专家证明"主要包括两类：一是持有中国电力建设企业协会出具的专家证明；二是持有所在集团公司二级以上单位出具的专家证明。

第三节　起重机械检验事项解读

属于特种设备的起重机械的定期（含首检）、监督检验或验收检验（委托检验）应由法定的检验机构还是"两工地"检验机构来实施，在实际工作中经常有人搞不清楚，在此从我国有关法律法规的角度来做一解读。

国家规定的特种设备有八大类，实施目录许可管理，起重机械属于其中的一类，目前执行的是原质检总局关于修订《特种设备目录》的公告（2014 年第 114 号）目录。另外，属于特种设备的起重机械管理国家部委有分工：

（1）对在房屋建筑工地和市政工程工地（以下简称"两工地"）使用的起重机械的安装拆卸、使用等管理归住建部门负责（包括安装拆卸单位资质及人员资格等），其他的如修理改造仍归市场监管部门负责。

（2）在"两工地"以外使用的起重机械的监督管理属于市场监管部门负责。

与之相对应，对于第一种情况，起重机械的检验由"两工地"检验机构负责，"两工地"检验机构已经对社会开放，即通过有关机构评审取得市场监管部门核发的检验检测资质的单位均可对在"两工地"使用的起重机械进行检验，目前全国房屋建筑工地和市政工程工地起重机械检验机构 348 个（参见市场监管总局关于 2021 年全国特种设备安全状况的通告）；对于第二种情况，起重机械的检验由省或地市级特种设备检验检测研究院（分院、所）负责。

需要特别说明的是，目前多数省份"两工地"检验检测机构在对起重机械中的塔机、施工升降机实施检验时，执行的是《建筑施工升降设备设施检验标准》（JGJ 305—2013），实施委托检验；而此标准虽未包含的履带起重机、桥门式起重机等，但仍然需参照有关标准规范实施委托检验。另外，汽车起重机、全路面起重机不属于特种设备，不需要法定检验，要求企业自检即可；如需检验，也属于委托检验。目前，也有在"两工地"使用的起重机械调配到非"两工地"工程现场使用的情况，从法律的意义上讲，应由有资质的检验机构进行法定检验。

电力建设工程中的属于"两工地"范围的建筑物参考本章第二节的内容。

第四节 流动式起重机强制释放开关与安全使用的关系

流动式起重机发生倾覆事故，主要由基础不坚实、超载或风力过大等因素造成。其中超载有两个原因，一是力矩限制器损坏，不起作用；二是过载解除开关或强制释放开关解除使用。因此，《电力建设工程起重施工技术规范》（T/CEC 5023—2020）、《火电工程大型起重机械安全管理导则》（T/CEC 210—2019）和国家能源局即将发布实施《防止电力建设工程施工安全事故三十项重点要求》，都将"起重机正常作业时，过载解除开关或强制释放开关严禁使用"作为重要条款。

现对国内主要流动式起重机制造商过载解除开关或强制释放开关解除情况予以分析。

图 5-1-4 所示为国内流动式起重机制造商甲生产的汽车起重机过载解除开关（S20）。当力矩限制器系统检测到起重作业超出设计范围时，起重机的起升、向下变幅、起重臂外伸动作自动停止，按下过载解除开关（S20）解除上述限制。厂家提出警告词"注意"——过载解除开关（S20）仅为了解除报警后的锁止状态，让起重机在起重作业状态调整到设计范围内后继续工作。同时提出警告词"危险"——严禁利用过载解除开关（S20）进行超载作业。

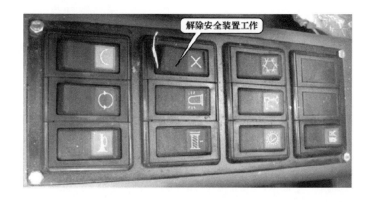

图 5-1-4 制造商甲生产的汽车起重机过载解除开关

对于国内流动式起重机制造商甲生产的大吨位全地面起重机，有关强制开关情况见表 5-1-3，力矩限制器强制解除开关位于控制箱上，如图 5-1-5 所示。一旦起重力矩限制器出现部件故障，或者因力矩限制器引起动作的限制等紧急情况时，可使用操作室外面的力矩限制器强制解除开关，该开关能够自动复位。操作时，操作室内其他手柄必须处于中位。拧一下该开关上的钥匙即可激活力矩限制器强制解除功能，解除所有动作限制，速度降为规定速度的 15%。三色报警灯的红灯闪烁，蜂鸣器持续报警，同时力矩限制器数据记录功能激活，实时记录工况。

表 5 - 1 - 3   全地面起重机强制开关图示和功能对照表

序号	名称	图示	功　能
1	拆装工况强制选择开关		一般在无性能表或力矩百分比在 110% 以内时，手柄在中位，力矩限制器传感器无故障情况下，按一下该开关，可强制激活拆装工况。当出现力矩百分比超过 110%、手柄回中位超过 10s、发动机熄火超过 10s、力矩限制器传感器故障、强制开关再次被按下中的任一条件时，该强制状态自动取消。该强制状态被激活后，所有动作的限制（过放和过卷除外）基本被取消。该开关在索具安装/拆卸过程才使用。其他任何情况严禁使用
2	带载变幅强制解除开关		变幅起强制解除开关仅在维修工况或空载超出起重机作业幅度范围情况下继续向上变幅使用。其他任何情况严禁使用
3	过放强制解除开关		当需要维护或更换钢丝绳时，按下拆装工况强制选择开关，再按下过放强制解除开关，可继续向下落卷扬，操作者应密切注意避免危险；该开关只有在更换或者维修钢丝绳且报 E02 故障的情况下才能使用。其他任何情况严禁使用
4	高度限位强制解除开关		按下拆装工况强制选择开关，再按下高度限位强制解除开关，可继续向上起卷扬，操作者应密切注意避免危险；该开关只有在维护或者更换吊钩且报 E02 故障的情况下才能使用。其他任何情况严禁使用

注：高度限位强制解除开关只有在更换钢丝绳或吊钩等"拆装工况"模式下才能使用。

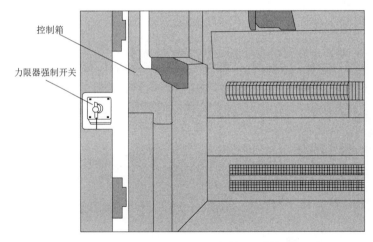

图 5 - 1 - 5　全地面起重机力矩限制器强制解除开关

如果出现以下任一种情况，则强制解除状态自动退出：①再拧一下钥匙；②发动机熄火；③手柄在中位 30min 以上。

国内流动式起重机制造商甲提出关于强制功能使用规范如下：

（1）强制功能，主要用于起重机突发状态的维修和保养，禁止使用此功能进行正常的吊装作业或超载作业。

（2）本产品在出厂后，不配置强制开关功能，如用户需要此功能，需与客服签订详细的功能需求协议，协议签订后客服传递相关部门为其开通强制功能。

（3）因使用强制功能进行吊装作业或超载作业，有起重机倾翻及损坏的重大危险，车载计算机系统将记录作业数据。

对于国内流动式起重机制造商甲生产的大吨位履带起重机，有关强制开关情况见表表5-1-4。

表 5-1-4 强制开关图示和功能对照表

序号	名　称	图　　　示	功　　能
1	安装模式开关		在主臂角度小于 50°（主臂工况）或小于 65°（变幅副臂）时，按下此开关，显示器显示安装模式字样，此时所有安全装置失效，手柄可执行任何动作。 警告：安装模式下，在有过载、倾翻危险或承载部件有产生裂纹危险时，不会自动停机，这是很危险的
2	三圈强制解除开关	LMI	按下此开关，强制解除三圈限制
3	变幅起强制解除开关		按下此开关，强制解除变幅起限制
4	高度限位强制解除开关		按下此开关，强制解除高度限位限制

图 5-1-6 所示为国内流动式起重机制造商乙制造的最新版汽车起重机检修开关。此开关打开后，力矩限制器显示"检修模式"。当起重机在调试、检修过程中发生过载、过放、过卷，或力矩限制器系统传感器故障时，可顺时针旋转此开关，使控制系统临时处于"检修模式"，暂停危险方向动作限制保护功能。警告：正常作业时，严禁使用此开关，以免造成人身伤害或财产损失。

图 5-1-6　检修开关

如图 5-1-7 所示，为国内流动式起重机制造商乙制造的旧版汽车起重机强制释放开关。当过载、过放、过卷时，需要往危险方向操作时把此开关向右旋转 45°。此开关的操作必须在调试和维修的时候使用，调试和维修完后应把钥匙取出。

图 5-1-8 所示，为国内流动式起重机制造商乙生产的全地面起重机强制开关。当主、副卷扬过卷时，电气箱内蜂鸣器发出连续蜂鸣，并切断吊钩起升、吊臂伸出、变幅向下动作的操作；当主卷扬过放时，电气箱内蜂鸣器发生连续蜂鸣，并切断吊钩下降动作的操作；当超过额定起重量的 100% 时，电气箱内蜂鸣器发生连续蜂鸣，并切断吊钩起升、变幅向内动作的操作。此时，如仍需作微量的起升或落钩动作，可操作右电控箱上的强制释放开关，限制的作用便解除，所有危险方向的操作都能进行。或转

图 5-1-7　制造商乙生产的汽车起重机强制释放开关

台销未缩到位指示灯不亮时，切断整车回转动作，如果确定转台销实际已拔出，可通过此强制开关，解除回转限制动作。

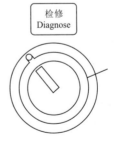

图 5-1-8　全地面起重机强制开关　　图 5-1-9　履带起重机检修开关

图 5-1-9 所示为国内流动式起重机制造商乙生产的履带起重机检修开关。右旋转此开关，起重机的安全装置会被屏蔽。当起重机某些动作受到限制时（起重机危险方向的部分限制动作失效），右旋转开关可以强制工作。"危险"提示："检修开关"的使用是非常危险的，只有在特殊情况下，经过管理人员许可操作，且操作时必须非常小心。未经许可，严禁操作此开关。

图 5-1-10 所示为国内流动式起重机制造商丙生产的汽车起重机超载解除开关

（S2）。当起重机处于超载状态（力矩超过100％额定力矩时），力矩限制器通过控制程序，快速切断起重机向危险方向的动作（起幅、落钩、回转可以动作，落臂、伸缩臂、起钩动作被保护），限制起重机只能向安全方向动作，打开此开关可解除保护。超载解除钥匙开关打开后，显示屏会出现超载报警页面，直到关闭超载钥匙开关。此开关仅用于检修调试的特殊场合，起重机正常作业时严禁使用此开关。起重机正常作业时强行使用此开关所造成的伤害，制造厂家将不承担任何责任。

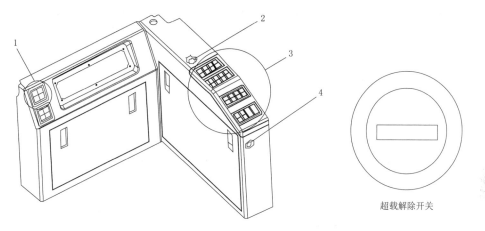

超载解除开关

图5-1-10 汽车起重机超载解除开关
1—指示灯面板；2—点火开关；3—控制面板；4—超载解除开关

图5-1-11所示为国内流动式起重机制造商丙生产的汽车起重机强制开关（S12）。当起重机处于危险状态（过卷、零角度、最大角度、带载伸缩）时，力矩限制器通过控制程序，快速切断起重机向危险方向的动作，限制起重机只能向安全方向动作，按下此开关可解除过卷、零角度、最大角度、带载伸缩保护，应谨慎使用。

图5-1-12所示为国内流动式起重机制造商丙生产的全地面起重机超载开关和强制开关。超载解除开关和强制开关按下，在没有任何动作后，延时30s复位。

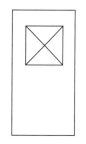

图5-1-11
强制开关

当起重机实际力矩不小于90％额定力矩时，力矩限制器发出预警信号。当达到100％额定力矩时，发出报警信号，并通过控制机构快速切断起重机械向危险方向的动作，限制起重机只能向安全方案动作，直到解除危险状态，但此时可使用超载开关解除限制。当达到130％额定力矩时，超载开关失效，只能通过减小力矩才能解除限制。

高度限位器由限位开关和重锤组成，目的是防止吊钩在起升过程中与臂端滑轮相撞。当吊钩接近起重臂滑轮时，高度限位开关自动打开，经控制器处理后，随即停止起重臂伸出和吊钩起升动作。同时力矩限制器显示器报警灯亮，蜂鸣器鸣叫，此时通过落钩可解除保护。只有在紧急情况下才允许旁路起升限位开关，并由专业人员进行！不能用起升限位来关闭起重机的操作。如果不遵守这一点，会损坏起重机元件或引起起重机倾覆。

图5-1-13所示为国内流动式起重机制造商丙生产的中小吨位履带起重机安装模式

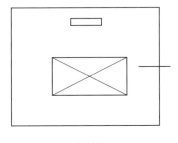

图 5-1-12 超载开关和强制开关

图 5-1-13 安装模式切换开关

切换开关。开关按下，启动安装模式，中间灯点亮；开关再次按下，启动工作模式，中间灯灭。安装模式开关只有在以下条件均满足时才能切换：显示器出现主臂下危险或副臂下限位报警；驾驶室强制解除允许开关接通。注意：当不满足以上任一条件时，不能切换到安装模式，如果处于安装模式状态，则自动切换为工作模式。安装模式只允许在拆装过程中使用，存在一定安全风险，应当谨慎操作。

图 5-1-14 所示为国内流动式起重机制造商丙生产的大吨位履带起重机右扶手箱上的限制解除开关。限制解除开关对应强制解除Ⅰ权限，当向右旋转时，开启强制限制解除Ⅰ，部分安全装置不起作用。

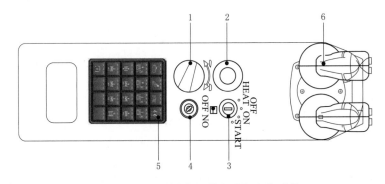

图 5-1-14 大吨位履带起重机右扶手箱

1—手油门；2—急停开关；3—点火锁；4—限制解除开关；5—由EPAD面板；6—右手柄

第五节 塔式起重机智能风险管控及隐患排查系统的应用

一、系统介绍

塔式起重机（以下简称"塔机"）智能风险管控及隐患排查系统是利用大数据分析技术对塔机信息化数据分析，实现对每台塔机的运行状态评估，信息化数据主要包括塔机信息、司机信息、电气系统运行数据、吊装运行数据、工作环境数据、塔机状态数据、司机操作数据等。此系统可构建全方位、立体化的塔机安全体系；实现塔机的风险评价和分级，排查重大隐患，发现和锁定具有重大危险源的塔机；对具有重大危险源的塔机进行跟踪监测，判定重大危险源的发展趋势及当前安全状态，为进一步采取安全措施提供数据依据。

具体的实现方法为运用"物联网"技术将塔机数据信息传输至"云端"，通过"大数据"分析形成塔机运行评估体系，对塔机的健康状态、寿命情况、司机的操作情况做出评估，是一套对塔机进行安全评估的智能化系统。

二、数据采集

塔机智能风险管控及隐患排查系统的设备终端由位移传感器、载荷传感器、刚度仪等组成，其中由安装在塔机回转平台上的刚度仪采集塔机顶端位移及振动情况，并通过物联网实时上传到"云端"服务器。刚度仪监测原理——损伤监测模拟图如图 5-1-15 所示，形成的损伤图谱如图 5-1-16 所示，系统的拓扑图如图 5-1-17 所示。

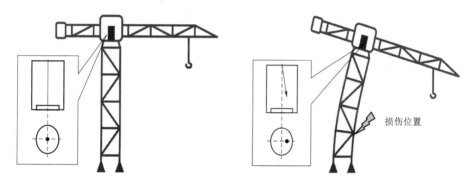

图 5-1-15　损伤监测模拟图

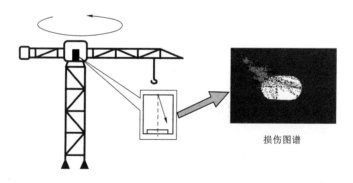

图 5-1-16　形成的损伤图谱

三、理论介绍

建立塔机完好状态下塔机塔身刚度模型，模型坐标系如图 5-1-18 所示。

（1）建立模型坐标系 $x'y'z'$，以 o' 为坐标系原点，其中 o' 为塔身回转平面与塔身中心垂线的交点，所述塔身回转平面为塔身回转支承回转平面，所述的塔身中心垂线为与垂直于地面且过塔身在地面固定截面的中心点的直线，坐标轴 x' 正方向为起重臂在平行于地面时，远离塔身方向，坐标轴 z' 正方向为垂直于地面向上，坐标轴 y' 正方向为垂直于起重臂方向且与 x'、z' 轴符合右手螺旋法则。

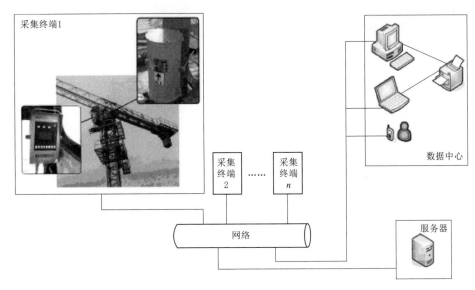

图 5 - 1 - 17 系统的拓扑图

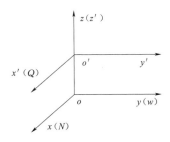

图 5 - 1 - 18 模型坐标系

（2）在模型坐标系 $x'y'z'$ 中，在保证整机稳定性前提下，塔机在带载时，塔身顶端端点沿塔机起重臂-平衡臂方向上极限的位移值为 S_0，塔机在空载时，塔身顶端端点沿塔机起重臂-平衡臂方向上极限的位移值为 S_1，则塔机塔身顶端端点在沿起重臂-平衡臂方向上极限位移值范围为

$$S_0 = \frac{\frac{b}{3}(F_V + F_g) - F_b h}{2EI} L^2$$

$$S_1 = L^2 \frac{\frac{b}{3}(F_{V1} + F_g) - F_h h}{2EI}$$

式中 E——塔身的弹性模量；

      I——塔身的惯性矩；

   F_V——带载时塔机基础以上部分自重相对地面产生的指向地心的正压力；

   F_g——地基的自重，N；

   F_h——风载荷等外水平力，N；

    h——地基的厚度；

    b——地基的宽度；

  F_{V1}——空载时塔机基础以上部分自重相对地面产生的指向地心的正压力；

    L——独立状态塔身高度。

根据国家标准要求，塔机轴心线的侧向垂直度允差为 4‰，即塔身顶端端点在坐标轴 y' 上的最大位移范围为：$-4‰L \sim 4‰L$，其中 L 为独立状态塔身高度。

塔机完好状态下，塔机塔身刚度模型在坐标系 $x'y'z'$ 中为一个长 $L = S_0 - S_1$，宽

$L' = 8‰L \times K$ 的矩形，如图 5-1-19 所示，其中 K 为安全刚度调整系数。

塔机在实际工况中，塔机塔身顶端端点在坐标系 $x'y'z'$ 中的坐标为 $(X，Y)$。判断塔机塔身顶端端点的坐标 $(X，Y)$ 与塔机塔身刚度模型的位置关系，判断塔机是否处于倾翻临界状态：

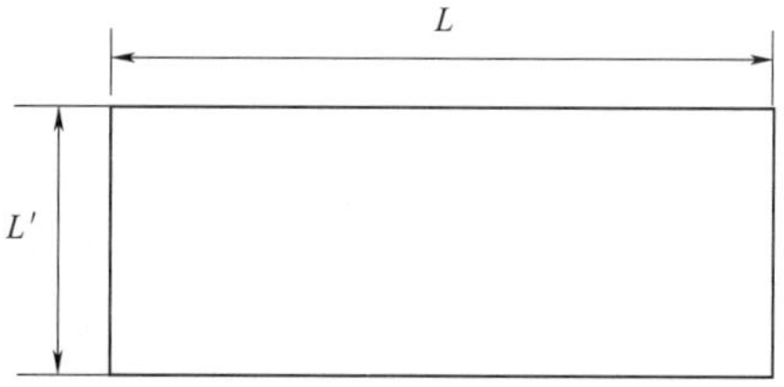

（1）若塔机塔身顶端端点的坐标 $(X，Y)$ 在塔机塔身刚度模型范围内，判断塔机不处于倾翻临界状态。

（2）若塔机塔身顶端端点的坐标 $(X，Y)$ 在塔机塔身刚度模型范围外，判断塔机处于倾翻临界状态。

图 5-1-19 安全区域示意图

四、运行评估功能

塔机智能风险管控及隐患排查系统是一项主动安全防护技术，利用刚度仪实时监测塔身顶部的移动轨迹，建立动态图谱，通过与图谱库进行智能对比，确定结构损伤程度、塔机安全状态，实现运行状态安全评估，提前预防安全事故的发生。如标准节损伤、标准节连接损伤（异常）、转台连接损伤（异常）、附着连接损伤（异常）、塔机配重重量异常、地基不均匀沉降、司机异常操作等。

通过塔机运行状态安全评估及时发现塔机机体存在的重大危险源、规范司机操作，将安全隐患及时处理，实现塔机视情维护。塔机运行状态安全评估能够进一步降低塔机重大事故风险，将现有的塔机出现重大安全事故的概率下降 70％以上；可以实现提前 30 天报警塔机倒塌，保障施工安全进行。

五、评估报告

系统根据塔机安全状态及隐患分级，出具相应的塔机运行状态评估报告，如图 5-1-20 所示，并设有定期报告或应急报告等，实现"云端"自动评估，对不同级别的安全风险并建有多级应急响应机制。

从管理平台的 PC 端、手机端可以实时了解塔机运行安全状态，对危险状态信息实时推送，及时掌握高风险塔机，提高管理效率，如图 5-1-21 所示。通过云端大数据分析，抓取塔机运行状态变化曲线，结合塔机信息化数据，进行塔司岗位评估，生成三个指数：规范性指数、技能指数、工作强度指数。三大指数有效的解决司机管理中的人情矛盾，提升管理水平，督促司机提高操作技能，规范操作。

另外，定期发布的塔机安全运行趋势报告如图 5-1-22 所示，对评估的塔机安全运行形势进行分析，给管理者提供有效的监督检查工具及准确数据，避免塔机重大安全事故，帮助行业完成应承担的社会责任。

六、典型应用案例

塔机智能风险管控及隐患排查系统应用后发现的塔机重大危险源包括地基不均匀沉降、基础（格构柱式）不稳、标准节损伤、标准节连接松动、附着连接损伤（异常）、附着墙体开裂、转台连接损伤（异常）、塔帽连接结构失效、平衡臂连接结构失效、起重臂连接结构失效塔机配重重量异常、塔身刚度不足、司机违章操作（如回转打反车、猛起、

工程名称	济宁****校区		
工程地址	山东省济宁市****		
工程塔机编号	5#	塔机规格型号	QTZ63（5610）
塔机备案编号	—	塔机生产日期	—
塔机生产单位	腾飞		
塔机高度	安装时高度：28米　　当前总高度：28米 最上层附着以上塔身高度：		
设备安装日期	2020-08-15	排查设备编号	46001065
排查时间区间	2021-08-16 00:00:00 至 2021-09-15 23:59:59		
排查主要依据	GB/T5031—2019 塔式起重机 Q/OPSFY001— 2017《塔机重大危险源排查及监测规程》		
排查项目	侧向垂直度、塔身刚度、配重、塔机倾翻报警、司机危险操作		
结　论	该塔机存在结构性重大安全隐患。		
建　议	该塔机结构异常，排查期间出现较多的前倾、后倾、侧向倾斜报警，应及时检查塔机、排除隐患。		
备注	—		

图 5-1-20　运行评估报告形式

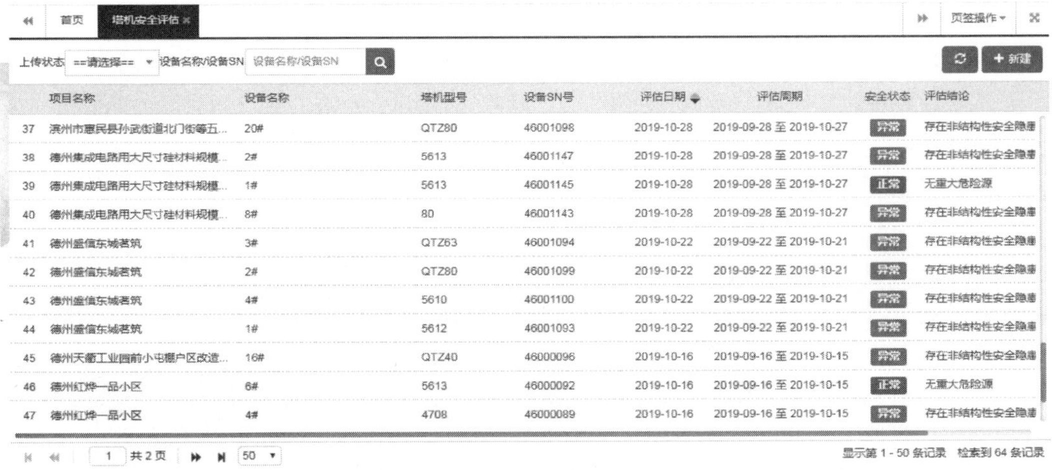

	项目名称	设备名称	塔机型号	设备SN号	评估日期	评估周期	安全状态	评估结论
37	滨州市惠民县孙武街道北门街等五...	20#	QTZ80	46001098	2019-10-28	2019-09-28 至 2019-10-27	异常	存在非结构性安全隐患
38	德州集成电路用大尺寸硅材料规模...	2#	5613	46001147	2019-10-28	2019-09-28 至 2019-10-27	异常	存在非结构性安全隐患
39	德州集成电路用大尺寸硅材料规模...	1#	5613	46001145	2019-10-28	2019-09-28 至 2019-10-27	正常	无重大危险源
40	德州集成电路用大尺寸硅材料规模...	8#	80	46001143	2019-10-28	2019-09-28 至 2019-10-27	异常	存在非结构性安全隐患
41	德州盛信东城茗筑	3#	QTZ63	46001094	2019-10-22	2019-09-22 至 2019-10-21	异常	存在非结构性安全隐患
42	德州盛信东城茗筑	2#	QTZ80	46001099	2019-10-22	2019-09-22 至 2019-10-21	异常	存在非结构性安全隐患
43	德州盛信东城茗筑	4#	5610	46001100	2019-10-22	2019-09-22 至 2019-10-21	异常	存在非结构性安全隐患
44	德州盛信东城茗筑	1#	5612	46001093	2019-10-22	2019-09-22 至 2019-10-21	异常	存在非结构性安全隐患
45	德州天衢工业园前小屯棚户区改造...	16#	QTZ40	46000096	2019-10-16	2019-09-16 至 2019-10-15	异常	存在非结构性安全隐患
46	德州红烨一品小区	6#	5613	46000092	2019-10-16	2019-09-16 至 2019-10-15	正常	无重大危险源
47	德州红烨一品小区	4#	4708	46000089	2019-10-16	2019-09-16 至 2019-10-15	异常	存在非结构性安全隐患

图 5-1-21　PC 端塔机实时运行安全状态显示

猛放、严重超载等）等异常情况。

（一）典型案例 1：地基不均匀沉降

山东济南某项目塔机，云端大数据分析后判定该塔机有重大危险源，如图 5-1-23 所示，经专业分析该塔机的地基存在不均匀沉降安全隐患。

通知施工单位后并给出整改建议如下：

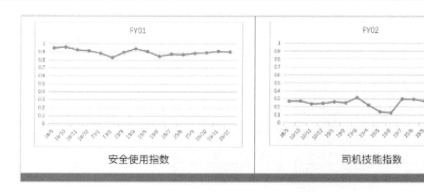

图 5-1-22 运行趋势报告形式

（1）临时降低塔机起重性能，降低额定起重力矩的 70% 使用，直至地基不均匀沉降隐患排除。

（2）通过浇筑地下室底板混凝土，将塔机基础与地下室底板混凝土连接为一体，对塔机基础进行加固。

（3）浇筑地下室底板混凝土时塔机停止运转，避免标准节晃动引起混凝土裂缝造成地下室漏水。

（4）待地下室底板混凝土强度达到 80% 以上时，地基不均匀沉降隐患排除，塔机恢复正常作业。

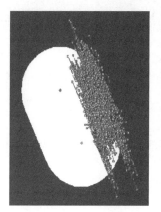

图 5-1-23 典型案例 1

（二）典型案例 2：附着墙体开裂

山东泰安某项目塔机，云端大数据分析后判定该塔机有重大危险源，如图 5-1-24 所示，经专业分析该塔机的附墙受损。经现场排查发现：该附墙底座与建筑物连接处松动，造成该附墙底座在承受拉力时强度不足，导致塔机在背离建筑物方向进行吊运时顶部的倾斜位姿超出安全线，刚度仪持续报警，专家团队根据施工要求给出了整改方案，确保塔机安全使用。

图 5-1-24 典型案例 2

典型案例 3：塔机钢结构损伤。

山东济宁某工地塔机，云端大数据分析后判定该塔机存在结构性隐患，如图 5 - 1 - 25 所示，经专业分析该塔机的结构连接异常。

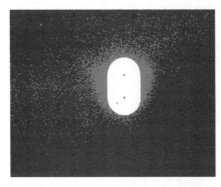

图 5 - 1 - 25　典型案例 3

评估结果及时反馈给施工现场，经自查发现塔帽、起重臂、平衡臂与回转塔身连接结构严重损伤、变形。由于无法排除隐患，施工单位决定拆除该塔机。

第六节　起重机与输电线路之间的最小安全距离详解

《中国电力百科全书输电与配电卷》（第三版）指出了电压等级、电网电压系列、特高压等概念。

（1）电压等级。中国的电压标准以系统标称电压表示，《标准电压》（GB/T 156—2007）中有关输电的交流电压等级为（括号内数字为设备最高电压）：35（40.5）kV、63（69）kV、110（126）kV、220（252）kV、330（363）kV、500（550）kV、750～765（800）kV、1000（1100）kV；高压直流输电系统标称电压为：±400kV、±500kV、±660kV、±800kV 等。

（2）电网电压序列。在同一个电网中采用的各层次的电压等级，组成了本网的电压序列。国家电压标准列举了允许使用的标准电压，不必按表逐级依次采用。中国大部分电网的电压序列是 500/220/110kV，西北电网有 750/330/110kV 和 750/220/110kV 两种模式同时并存。

电网电压序列是本网统一规定并形成的电压等级分层序列，但各电网可以根据自身的特点完全依次沿用，也可以越级使用，以利于减少降压层次，节约变电损失。例如，中国大多数电网的电压序列是：500/220/110/35/10/0.4kV，而有些城市和地区电网简化了降压层次，为 500/220/110/10/0.4kV 或 500/220/35/10/0.4kV，电压序列减少一级，可以获得较大的经济效益。

（3）特高压输电。指采用交流电压 1000kV 及以上和直流电压±800kV 及以上的电压等级的输电技术。与常规超高压输电相比，它具有容量大、距离远、耗损低、占地少等突出优点，特别适用于远距离、大规模电力输送和大范围能源资源优化配置，是一种资源节约、环境友好型输电技术。

对于起重机工作时，臂架、吊具、辅具、钢丝绳、缆风绳及载荷等，与输电线的最小距离，《起重机械安全规程 第1部分：总则》（GB/T 6067.1—2010）和《电力建设安全工作规程 第1部分：火力发电》（DL 5009.1—2014）只规定起重机与1～330kV输电线路电压的最小安全距离。从我国电压等级、电网电压序列、特高压输电考虑，应该对于起重机与500kV及以上交流输电线路，以及直流输电线路的最小安全距离作出规定。

对于起重机与500kV及以上交流输电线路以及直流输电线路的最小安全距离，可借鉴电力行业标准《电力建设安全工作规程 第3部分：变电站》（DL 5009.3—2013）、中国电力企业联合会标准《火电工程大型起重机械安全管理导则》（T/CEC 210—2019）和《电力建设工程起重施工技术规范》（T/CEC 5023—2020）。起重机与输电线的最小安全距离详见表5-1-5。

表 5-1-5 起重机与输电线的最小安全距离

输电线路电压/kV	最小安全距离/m	输电线路电压/kV	最小安全距离/m
<1.00	1.50	±50 及以下	4.50
1.00～20	2.00	±400	8.50
35～110	4.00	±500	10.00
154	5.00	±660	12.00
220	6.00	±880	13.00
330	7.00		
500	8.00		
750	11.00		
1000	13.00		

注：1. 电压等级750kV的数据是按海拔2000m校正的，其他电压等级数据按照海拔1000m校正的。
2. 表中未列电压等级按高一档电压等级的安全距离执行。

第七节 风电用动臂变幅塔机的特点、布置及使用

气候变暖是全球性问题，是人类面临的共同挑战。《巴黎协定》为2020年后的全球应对气候变化行动作出安排，提出的长期目标是将全球平均气温较前工业化时期上升幅度控制在2℃以内，并努力将温度上升幅度限制在1.5℃以内。中国是《巴黎协定》缔约方之一。2020年9月，习近平总书记在第七十五届联合国大会上宣布中国将提高国家自主贡献力度，采取更加有力的政策和措施，力争2030年前二氧化碳排放达到峰值，努力争取2060年前实现碳中和，即"3060"战略目标。当前世界能源发展正处于大变革时代，以风能为代表的新能源发展势头日趋迅猛．随着风电大规模开发利用，风力发电机组逐渐向大叶轮、高塔架方向发展。在低风速高塔架风电施工中面临着起升高度高、施工场地小，转场频繁等特殊市场需求，国内多个塔机制造厂家开发了用于风力发电的动臂变幅塔机。

一、风电动臂变幅塔机与流动式起重机作为主吊优劣势对比

(一) 风电动臂变幅塔机的优势

1. 占地空间小、绿色环保

尤其适用于复杂地形和山地，降低了征地成本和环境破坏，绿色风电施工。

2. 安全性高

塔机塔身刚度强、底架接地面积大（底座支腿间的间距一般是 18m×18m），地基承载要求低，与履带起重机、全地面起重机相比，工作稳定性优势明显，对于风电吊装安全性有较强优势。

与塔机相比，履带起重机需要更大的临时用地进行起重臂组合和扳起作业，履带起重机在山地风电等空间狭窄的区域将会面对困难，并带来了施工的风险，如某些山地需在悬崖外悬空组装，安装十分危险。而风电动臂变幅塔机组装所需场地较小，满足长度方向 70m 即可。

3. 吊装效率高

与履带起重机、全地面起重机相比，由于采用电驱，起升速度是流动式起重机起升速度的 2 倍。

4. 抗风能力强

塔机具有很强的抗风能力，这种优势来源于设计标准的不同，塔机设计标准要求的工作风速是 20m/s；流动式起重机大部分用于较低空间的作业，标准要求的工作风速是 9.8m/s。当然，对于大迎风面积的部件吊装，如机舱、轮毂和叶轮组件，实际的工作风速需要进行计算校核。

5. 造价较低、投资效益高

随着风电主机质量的增大和高度的增加，特别是轮毂中心高度达到了 150m 及以上高度，塔机的主要优势在于随着高度的增加，额定起重量不变。风电塔机的造价比同性能的履带起重机略低；是全地面起重机的一半左右。

(二) 风电动臂变幅塔机的劣势

1. 转场时间慢

塔机在工地的安装拆卸速度较慢，与全地面起重机相比，无法比拟，全地面起重机快很多；与履带起重机相比，通常安装拆卸周期是履带起重机的 2 倍。

可采取以下措施，加快风电动臂变幅塔机的转场速度：风电动臂变塔机通常选配两个底座模块，转机位时底座可提前安装，从而减少转场时间，大大提高转场速度。通常塔机进行吊装时，第二台底座已经可以同时进行安装作业。

风电塔机的安拆，辅助起重机建议选择全地面起重机。由于全地面起重机由于转场灵活方便，施工效率优于履带起重机。

塔机拆装作业人员的熟练程度也起到很关键的作用。

2. 辅助起重机要求较高

塔机的拆装需要更大的辅助起重机，通常需要 350t 全地面起重机或者 250t 履带起重机。

3. 不适应高寒天气

因塔机需要人员进攀爬，若高寒天气，下雪或下雨后结冰导致钢结构太滑，上塔工作存在安全风险，履带起重机与全地面起重机则不需要；另外液压油的工作温度要在20℃左右，高寒天气需要开机热油，至少需要1h以上，耗油量比较大。

二、风电动臂变幅塔机管理注意事项

（一）吊装施工方法

风力发电设备的安装一般使用履带起重机、全地面起重机等流动式起重机作为主力起重机，轮毂叶片组件吊装时，采用正装式施工工法，如图5-1-26（a）。风电动臂变幅塔机风电轮毂叶片组件吊装施工方法为后挂式施工方法，如图5-1-26（b）。

（a）正装式施工工法　　　　　　　　　　（b）后挂式施工方法

图5-1-26　风电轮毂叶片组件吊装施工方法

（二）平面布置

与流动式起重机平面布置相比，由于动臂变幅塔机位置是固定的，塔机一旦安装定位，无法移动，因此需提前做好吊装方案，对其平面布置策划要求更高，如塔机的站位、塔筒、机舱、叶片进场的顺序，机舱放置位置、轮毂叶轮组件的拼装和起吊，以及其他辅助起重机的站位与配合，都需要策划和统筹安排。某风电动臂变幅塔机作为主吊的项目，其机舱放置位置如图5-1-27所示。机舱在塔筒上就位需确保就位方向满足叶轮吊装要求，一般为45°为最佳方向。图5-1-28为轮毂叶片组装和起吊位置示意图。

（三）风电动臂变幅塔机基础

塔机基础多为回填土，地基承载力为地基土层天然地基承载力乘以地基承载力系数0.9，若塔机基础地基承载力要求为0.2MPa，回填土小于0.2MPa地耐力要求时，须进行地基的夯实处理。通过水平仪测量底架四支点地面的水平差，辅助压路机夯实，消除四支点水平误差。根据塔机站位方案图画线确定底架中心位置及路基板放置位置。在铺好的

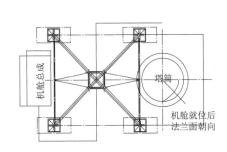

图 5-1-27　机舱放置位置图

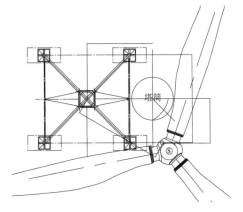

图 5-1-28　轮毂叶片组装和起吊的位置示意图

路基板上再次进行画线，确定垫板与底座的放置位置，然后依次吊装并放置四个垫板与底座。

如某风电动臂变幅塔机底架支腿中心距为 18m×18m，单个垫块占地为 3m×7m。单个垫块下需铺设路基板，铺设区域至少 4m×8m，如图 5-1-29 所示。

图 5-1-29　垫块和路基板铺设图

（四）风电动臂变幅塔机合法合规性要求

（1）安装拆卸单位必须持有许可项目为起重机械安装（含修理）、许可子项目为塔式起重机、升降机的特种设备生产许可证，并在有效期内，具体要求详见《特种设备生产和充装单位许可规则》（TSG 07—2019）。

（2）安装拆卸专项施工方案。由安装单位按照安全技术标准及风电动臂变幅塔机性能要求，编制风电动臂变幅塔机安装、拆卸工程专项施工方案，并由安装单位技术负责人审核签字，加盖安装单位公章。然后由总承包单位技术负责人审核签字并加盖其单位公章。

（3）每次风电动臂变幅塔机安装前进行安装告知，申请安装监督并受理后，方可进行塔机安装施工。具体要求详见《起重机械安装改造重大修理监督检验规则》（TSG Q7016—2016）。

（4）现场安全管理。塔机现场安拆、使用、监督检查等同其他大型起重机械，在此不再赘述。

（5）自检和检验。塔机安装完毕后，安装单位应当按照安全技术规范及安装使用说明书的有关要求对塔机进行自检、调试和试运转。自检合格的，应当出具自检合格证明，并向使用单位进行安全使用说明。

施工单位应对塔机进行验收，形成验收记录。

塔机应经施工所在地特种设备检验机构安装监督检验合格后，方可投入使用。

（6）使用登记。塔机安装监督检验合格后，按照《特种设备使用管理规则》（TSG 08—2017）的要求，在产权所在地办理使用登记。

（7）安全技术档案。安全技术档案包含的内容及要求同其他大型起重机械，在此不再赘述。

（五）其他注意事项

（1）严格遵循立塔和拆塔步骤。

（2）塔机安装和拆卸时，塔机最高处风速不大于 14m/s。

（3）拆塔降节根据现场情况可以是正降，也可以为反降，目的是避免塔机与风叶片发生干涉。反方向降塔区别于正方向降塔在于起重臂的朝向与引进方向相反，特别需要注意事项还是塔机的配平。

（4）顶升降节安全注意事项详见本篇第三章第四节。

第二章

关 键 技 术 问 题 答 疑

第一节 履带起重机与汽车起重机接地比压计算和地基承载力试验

一、起重机械地基处理的重要性

起重机尤其是流动式起重机，是靠履带或支腿支撑在基础上的，所有重量包括起重机自身重量和吊装的设备或构件重量通过履带或支腿传递到基础上。由于起重机要做变幅、回转运动，基础的不同部分受力也是不均匀的，并在不断地变化。如果基础在吊装过程中发生沉降，将发生重大吊装事故。

在起重机械事故原因分析及吊装专项方案评审中，发现有些起重机未配置随车显示起重机实时接地比压的软件，起重机司机无法观测到接地比压数据。有些起重机虽然配置有实时接地比压的软件，但也是在地基处理完成后，起重机站在基础上达到工作状态时才能显示，无法指导吊车地基的处理。

起重机技术说明书中大多没有推荐最大接地比压，只是提供了吊车基本工况下的平均接地比压，对吊车站位地基处理也没有实质性的指导意义。

地基基础的承载能力由吊装区域的地质状况决定，而起重机能否安全工作很大程度上取决于地基基础的承载能力能否满足起重机接地比压的要求。起重机对地的压力与起重机的行驶、工作状态直接相关。我国幅员辽阔，地质状况复杂，工程建设工地，因其建设性质的不同，地质状况的变化较大。如在一些改、扩建工地，地面往往浇筑了混凝土地面，给人以假象；而在一些新建工地，由于挖土、填方、地下结构等因素，地基承载能力被削弱。因此，在进行基础处理时，必须首先根据起重机的结构形式和不同工作状态，分析其对地的最大压力，再根据具体的地质状况进行承载能力的计算及地基处理方案设计。

流动式起重机一般有汽车式、轮胎式和履带式3种形式。吊装时，汽车起重机和轮胎起重机一般采用四个支腿将起重机支撑在基础上，其支腿是吊装专用支撑件，为提高起重机的整体抗倾覆能力，支腿的伸展尺寸较大，但支腿端部的支撑面积较小。上部荷载以集中力的形式通过支腿传递到基础，故各支腿一般相互独立。履带式的起重机则利用履带承重结构进行支撑。履带承重结构既是其行走结构，又是吊装时的支撑件，伸展尺寸不大，但履带与地面接触面积较大，上部荷载以分布力的形式通过履带传递到基础，其基础可根据情况采用整体或相互独立式。由于支腿和履带两种支承形式在吊装过程中接地压力各不相同，须分别加以分析。

二、履带起重机接地比压的计算

（一）履带起重机接地比压的计算

履带单位接地面积所承受的垂直载荷，称为履带接地比压。

履带接地比压计算模型如图 5-2-1 所示，以两条履带接地区段的几何中心为 O 点，通过该点引出相互垂直的纵向与横向中心线 x 和 y，这样便形成一个直角坐标系。

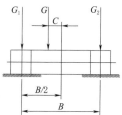

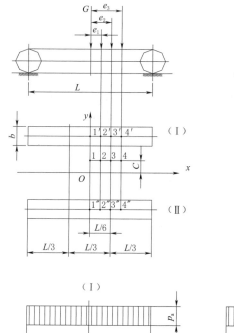

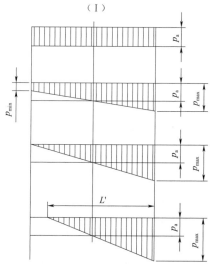

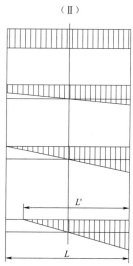

图 5-2-1　履带接地比压计算模型

图 5-2-1 中　C——起重机的横向偏心距；

e——起重机的纵向偏心距；

G_1——履带 Ⅰ 所承受的合力；

G_2——履带 Ⅱ 所承受的合力；

p_a——履带平均接地比压，kPa；

G——起重机工作重力与垂直外载荷所构成的合力，kN；

b——履带接地宽度，m；

L——履带接地区段长度，m；

B——两履带中心线间的横向距离，m。

（1）当 $C=0$ 时，则 $G_1=G_2$，工作重力与垂直外载荷所构成的合力按履带接地面积平均承载，所得的接地比压称为平均接地比压，如图 5-2-1 所示，计算公式为

$$p_a = \frac{G}{2bL}$$

平均接地比压并不代表起重机的实际接地比压。因为起重机的重心在水平地面上的投影，一般不会恰好与履带接地区段的几何中心相重合，因此计算平均接地比压意义不大，实际应用必须计算起重机的最大接地比压和最小接地比压。

（2）当 $C \neq 0$ 且 $e=0 \sim L/6$ 时，履带接地比压图为梯形，如图 5-2-1 所示。

履带 I 接地区段最大、最小和任意部位 x 的接地比压为

$$p_{\max}^{I} = \frac{G}{2bL}\left(1+\frac{2C}{B}\right)\left(1+\frac{6e}{L}\right)$$

$$p_{\min}^{I} = \frac{G}{2bL}\left(1+\frac{2C}{B}\right)\left(1-\frac{6e}{L}\right)$$

$$p_{x}^{I} = \frac{G}{2bL}\left(1+\frac{2C}{B}\right)\left(1+\frac{12e}{L^2}x\right)$$

履带 II 接地区段最大、最小和任意部位 x 的接地比压为

$$p_{\max}^{II} = \frac{G}{2bL}\left(1-\frac{2C}{B}\right)\left(1+\frac{6e}{L}\right)$$

$$p_{\min}^{II} = \frac{G}{2bL}\left(1-\frac{2C}{B}\right)\left(1-\frac{6e}{L}\right)$$

$$p_{x}^{II} = \frac{G}{2bL}\left(1-\frac{2C}{B}\right)\left(1+\frac{12e}{L^2}x\right)$$

（3）当 $C \neq 0$ 且 $e=L/6$ 时，履带接地比压图，是以履带接地区段长度 L 为底边的直角三角形，如图 5-2-1 所示。

履带 I 接地区段最大、最小和任意部位 x 的接地比压为

$$p_{\max}^{I} = \frac{G}{bL}\left(1+\frac{2C}{B}\right)$$

$$p_{\min}^{I} = 0$$

$$p_{x}^{I} = \frac{G}{2bL}\left(1+\frac{2C}{B}\right)\left(1+\frac{2x}{L}\right)$$

履带 II 接地区段最大、最小和任意部位 x 的接地比压为

$$p_{\max}^{II} = \frac{G}{bL}\left(1-\frac{2C}{B}\right)$$

$$p_{\min}^{II} = 0$$

$$p_x^{\mathrm{II}} = \frac{G}{2bL}\left(1 - \frac{2C}{B}\right)\left(1 + \frac{2x}{L}\right)$$

（4）当 $C \neq 0$ 且 $e > L/6$ 时，接地比压图为直角三角形，其底边较履带接地区段长度 L 短，如图 5-2-1 所示。

履带接地区段承受压力部分的长度为 L'，单位 m，计算公式为

$$L' = 3\left(\frac{L}{2} - e\right)$$

履带 I 接地区段最大、最小和任意部位 x 的接地比压为

$$p_{\max}^{\mathrm{I}} = \frac{2G}{3b(L-2e)}\left(1 + \frac{2C}{B}\right)$$

$$p_{\min}^{\mathrm{I}} = 0$$

$$p_x^{\mathrm{I}} = \frac{4G}{9b(L-2e)^2}\left(1 + \frac{2C}{B}\right)(L - 3e + x)$$

履带 II 接地区段最大、最小和任意部位的接地比压为

$$p_{\max}^{\mathrm{II}} = \frac{2G}{3b(L-2e)}\left(1 - \frac{2C}{B}\right)$$

$$p_{\min}^{\mathrm{II}} = 0$$

$$p_x^{\mathrm{II}} = \frac{4G}{9b(L-2e)^2}\left(1 - \frac{2C}{B}\right)(L - 3e + x)$$

（二）履带起重机接地比压的近似计算

1. 履带受力分析

履带起重机简图如图 5-2-2～图 5-2-4 所示。

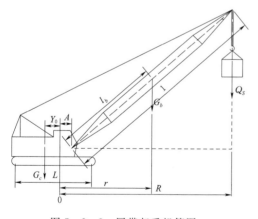

图 5-2-2　履带起重机简图一

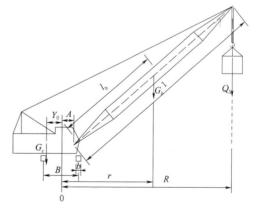

图 5-2-3　履带起重机简图二

图 5-2-2～图 5-2-4 中　b——履带接地宽度，m；

　　　　　　　　　　L——履带接地区段长度，m；

　　　　　　　　　　B——两履带中心线间的横向距离，m；

　　　　　　　　　　G_c——起重机除起重臂以外的自重；

　　　　　　　　　　G_b——起重臂自重；

G_{b1}——起重臂自重 G_b 折算到起重臂头部的
重量；

Q_s——实际吊载重量（包含吊钩、滑轮组、
钢丝绳重量）；

Q——额定总起重量；

A——吊臂铰点到回转中心距离；

Y_0——起重机除起重臂以外的自重 G_c 的重
心到回转中心的水平距离；

r——起重臂自重 G_b 的重心到回转中心的
水平距离；

R——起重臂臂杆杆头滑轮到回转中心的水平距离；

l_b——起重臂自重 G_b 重心到臂杆根部铰点距离；

l——起重臂臂杆杆头滑轮到臂杆根部铰点距离；

θ——起重臂与起重机纵向中心线的水平夹角。

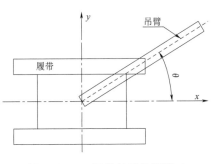

图 5-2-4 履带起重机简图三

作用在支承形心上向前方的净力矩为

$$M_x=[Q_sR+G_br-G_cY_0]\cos\theta \qquad (5-2-1)$$

侧向力矩为

$$M_y=[Q_sR+G_br-G_cY_0]\sin\theta \qquad (5-2-2)$$

总垂直载荷为

$$p=G_c+G_b+Q_s$$

总垂直载荷在履带下面产生的压应力为

$$p_1=\frac{P}{2Lb}=\frac{G_c+G_b+Q_s}{2Lb}$$

一条履带接地面积的对中性轴 y 的抗弯截面模量 W_1 可近似的按矩形计算，即

$$W_1=bL^2/6$$

M_x 作用在履带中心的前方压应力为

$$p_2=M_x/2W_1=M_x/\left(2\times\frac{bL^2}{6}\right)=\frac{3M_x}{bL^2}$$

p 和 M_x 的共同作用产生的对地面压应力如图 5-2-5 所示。

两条履带接地面积对中性轴 x 的组合截面的抗弯截面模量可近似的记为

$$W_2=bLB$$

侧向力矩 M_y 产生的压应力为

$$P_3=\frac{M_y}{W_2}=\frac{M_y}{bLB}$$

P 和 M_y 的共同作用产生的对地面压应力如图 5-2-6 所示。

将由集中力产生的履带压应力 P_1 和由偏心距产生的履带压应力 P_2、P_3 进行叠加，得到总压应力 $P_总$ 为

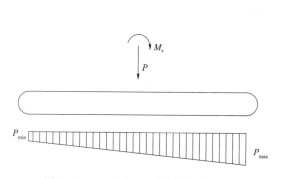

图 5-2-5　P 和 M_x 共同作用产生的
对地面压应力

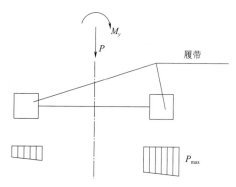

图 5-2-6　P 和 M_y 共同作用产生的
对地面压应力

$$P_{总}=P_1+P_2+P_3=\frac{G_c+G_b+Q_s}{2Lb}+\frac{3M_x}{bL^2}+\frac{M_y}{bLB} \qquad (5-2-3)$$

2. 起重机 G_c 的重心 Y_0 的计算

Y_0 的计算需要起重机各部位的重量和重心位置，但这些参数在起重机制造厂家提供的使用说明书中都查不到。

当不知道 G_c 的重心位置 Y_0，可以根据《履带起重机》（GB/T 14560—2016）5.10.2.3 条款中关于静稳定性的规定："臂架处于起重机稳定性最不利位置，臂架仰角处于产生最大倾覆力矩的工作幅度、起吊相应工况（$1.25Q+0.1G_{b1}$）的试验载荷，分别对不同的臂架组合形式进行试验，慢速起升载荷到一定的离地高度，停留 10min"，试验过程中起重机不倾覆则认为是稳定的，规定中 Q 为起重机制造厂规定的在不同幅度下起重机的额定总起重量的重力，从起重机性能表可以查到，G_{b1} 为由主臂质量或副臂质量换算到主臂端部或副臂端部的质量重力。因为起重机不倾覆的条件是稳定力矩必须大于或等于倾覆力矩，即 $M_{稳} \geq M_{倾}$，根据这条规定可近似的求得 Y_0。

$M_{稳}$ 为 G_c 在起重臂垂直于履带方向时的产生的稳定力矩，计算公式为

$$M_{稳}=G_c\left(Y_0+\frac{B+b}{2}\right)$$

$$M_{倾}=(1.25Q+0.1G_{b1})\left(R-\frac{B+b}{2}\right)+G_{b1}\left(R-\frac{B+b}{2}\right)$$

$$=(1.25Q+1.1G_{b1})\left(R-\frac{B+b}{2}\right)$$

式中的 $(1.25Q+0.1G_{b1})\left(R-\dfrac{B+b}{2}\right)$ 为试验载荷所产生的倾覆力矩；$G_{b1}\left(R-\dfrac{B+b}{2}\right)$ 为吊臂自重产生的倾覆力矩。

$$G_{b1}=\frac{r}{R}G_b$$

$$M_{稳}-M_{倾}\geq 0$$

$$G_c\left(Y_0+\frac{B+b}{2}\right)-(1.25Q+1.1G_{b1})\left(R-\frac{B+b}{2}\right)\geq 0$$

$$Y_0 = \frac{(1.25Q + 1.1G_{b1})\left(R - \dfrac{B+b}{2}\right)}{G_c} - \frac{B+b}{2}$$

3. 求 P 最大值

将式（5-2-1）和式（5-2-2）代入式（5-2-3）得

$$P = P_1 + P_2 + P_3 = \frac{G_c + G_b + Q_s}{2Lb} + \frac{3M_x}{bL^2} + \frac{M_y}{bLB}$$

$$= \frac{G_c + G_b + Q_s}{2Lb} + \frac{3 \times [(Q_s + G_{b1})R - G_c Y_0]\cos\theta}{bL^2} + \frac{[(Q_s + G_{b1})R - G_c Y_0]\sin\theta}{bLB}$$

$$(5-2-4)$$

为求 P 的最大值，对式（5-2-4）求导，并令导数值 $=0$，得 $\theta = \text{actan}\dfrac{L}{3B}$ 时，P 最大。

4. 计算实例

PR120 型履带起重机 $L = 6.8\text{m}$，$b = 1.31\text{m}$，$B = 5.09\text{m}$，$A = 1.3\text{m}$。58m 主臂工况：$G_c = 980\text{kN}$，$G_b = 106\text{kN}$，$R = 14\text{m}$，起吊重量（包含吊钩、滑轮组、钢丝绳重量）$Q_s = 100\text{kN}$，求最大接地比压 $P_{\max}$。

假定吊臂重心在吊臂中点，则

$$G_{b1} = \frac{l_{b1}}{l}G_b = \frac{58/2}{58} \times 106 = 53(\text{kN})$$

$$\theta = \text{actan}\frac{L}{3B} = \text{actan}\frac{6.8}{3 \times 5.09} = 24°$$

查 PR120 型履带起重机起重量性能表，58m 主臂工况，$R = 14\text{m}$ 时额定起重量 $Q = 254\text{kN}$。

$$M_倾 = (1.25Q + 1.1G_{b1}) \times \left(R - \frac{B+b}{2}\right)$$

$$= (1.25 \times 254 + 1.1 \times 53) \times \left(14 - \frac{5.09 + 1.31}{2}\right)$$

$$= 4058.64(\text{kN} \cdot \text{m})$$

$$Y_0 = \frac{(1.25Q + 1.1G_{b1}) \times \left(R - \dfrac{B+b}{2}\right)}{G_c} - \frac{B+b}{2}$$

$$= 0.94(\text{m})（说明重心在回转中心后面）$$

$$P_{\max} = \frac{G_c + G_b + Q_s}{2Lb} + \frac{3[(Q_s + G_{b1})R - G_c Y_0]\cos\theta}{bL^2} + \frac{[(Q_s + G_{b1})R - G_c Y_0]\sin\theta}{bLB}$$

$$= 0.132(\text{MPa})$$

（三）履带起重机履带下铺设路基板后接地比压的换算

在现场吊装施工中，可利用已知的起重机最大接地比压，进行铺设路基板后的接地比压换算，进而提出对吊车地基的地耐力要求。起重机最大接地比压可通过起重机技术说明书中推荐的最大接地比压、起重机随车计算软件计算得出的最大接地比压或通过本节本项（一）"履带起重机接地比压的计算"或（二）"履带起重机接地比压的近似计算"计算得出的最大接地比压取得。

如 ZCC9800/800t 履带起重机履带宽度 1.5m，操作手册推荐的超起工况下最大接地比压为 $70t/m^2$，现场配备 14 块专用路基板，单块路基板重量 5.0t，尺寸为 $5.0m \times 2.5m \times 0.2m$，每条履带下方横向铺设 7 块路基板，路基板铺设平整、无间隙。

因此，铺设路基板后，ZCC9800/800t 履带起重机最大接地比压换算为：$70t/m^2 \times 1.5m \div 5m + 5t/(2.5m \times 5m) = 21.4t/m^2$。

三、汽车起重机接地比压的计算

（一）汽车起重机接地比压的计算

汽车起重机支承简图如图 5-2-7 所示。起重机旋转中心为坐标原点，横向轴线为 X，其所在的铅锤面为 X 平面；纵向轴线为 Y，其所在的铅锤面为 Y 平面。

如果起重机吊装位置在与 X 平面内成 θ 角的位置，起重机的上部载荷（机身自重 Q_1、平衡重 Q_2、起重臂自重 Q_3、吊装载荷 Q_4、吊装偏角产生的横向力）对支腿的作用力可等效为作用于旋转中心的垂直集中力 Q 和一个偏心力矩 M，如图 5-2-8 所示，则

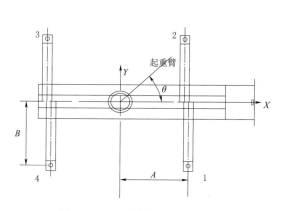

图 5-2-7 汽车起重机支承简图

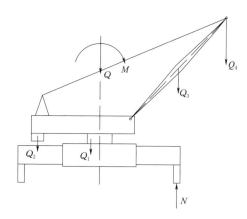

图 5-2-8 汽车起重机受力图

$$Q = Q_1 + Q_2 + Q_3 + Q_4$$
$$M = M_1 + M_2 + M_3 + M_4 + M_5$$

式中　Q_1——起重机机身自重；

　　　Q_2——起重机平衡重；

　　　Q_3——起重机起重臂重；

　　　Q_4——吊装载荷（包含吊钩、滑轮组、钢丝绳重量）；

　　　M_1——起重机机身自重对起重机旋转中心的力矩；

　　　M_2——起重机平衡重对起重机旋转中心的力矩；

　　　M_3——起重机起重臂重对起重机旋转中心的力矩；

　　　M_4——吊装载荷对起重机旋转中心的力矩（垂直方向）；

　　　M_5——吊装偏角产生的横向力对起重机旋转中心的力矩。

每一支腿受力由两部分组成，集中垂直力作用产生的力 N_1 和一个偏心力矩 M 作用产生的力 N_2，即

$$N = N_1 + N_2$$

支腿相对中心回转轴线成轴对称布置，集中垂直力作用产生的力 N_1 由四个支腿平均分配，则

$$N_1 = \frac{Q}{4}$$

偏心力矩 M 作用产生的力 N_2，可由四个支腿共同承担。

起重机旋转 θ 角度（假设为逆时针）时，偏心力矩 M 偏离 X 平面，我们可以将 M 分解为 X 平面内的分量 M_x 和 Y 平面内的分量 M_y，则

$$M_x = M\cos\theta$$
$$M_y = M\sin\theta$$

M_x 由四个支腿支反力共同承担，每个支腿产生的支反力为

$$N_{2x} = \frac{M_x}{4A} = \frac{M\cos\theta}{4A}$$

M_y 由四个支腿支反力共同承担，每个支腿产生的支反力为

$$N_{2Y} = \frac{M_y}{4B} = \frac{M\sin\theta}{4B}$$

该工况下支腿最大支反力为

$$N = N_1 + N_{2x} + N_{2Y} = \frac{Q}{4} + \frac{M\cos\theta}{4A} + \frac{M\sin\theta}{4B}$$

该工况下支腿最小支反力为

$$N = N_1 - N_{2x} - N_{2Y} = \frac{Q}{4} - \frac{M\cos\theta}{4A} - \frac{M\sin\theta}{4B}$$

当起重臂开始旋转到支腿对角线时，即 $\theta = \text{arctg}(B/A)$ 时支腿支反力达到最大值和最小值。

$$N_{max} = N_1 + N_{2x} + N_{2Y} = \frac{Q}{4} + \frac{M\cos[\arctan(B/A)]}{4A} + \frac{M\sin[\arctan(B/A)]}{4B}$$

$$(5 - 2 - 5)$$

则该工况下支腿最小支反力为

$$N_{min} = N_1 - N_{2x} - N_{2Y} = \frac{Q}{4} - \frac{M\cos[\arctan(B/A)]}{4A} - \frac{M\sin[\arctan(B/A)]}{4B}$$

$$(5 - 2 - 6)$$

汽车起重机接地比压为

$$p = \frac{N}{S} \qquad\qquad (5 - 2 - 7)$$

式中　S——支腿踏靴接地面积。

根据式（5-2-5）和式（5-2-7）可计算出汽车起重机最大接地比压。

（二）汽车起重机支腿下铺设垫板后接地比压的换算

在现场吊装施工中，可利用已知的汽车起重机最大接地比压，进行铺设垫板后的接

地比压换算，进而提出对吊车地基的地耐力要求。起重机最大接地比压可通过起重机技术说明书中推荐的支腿最大支反力、起重机随车计算软件计算得出的最大接地比压或通过本节本项（一）"汽车起重机接地比压"计算得出的最大接地比压取得。

如根据徐工 XCA1600 型全地面起重机使用说明书及厂家确认，该起重机采用 80.8m 主臂＋39.5m 副臂＋195t 平衡配重工况，现场配备 4 块由厂家配备的专用支角垫板，单块支角垫板重量 4.0t，尺寸为 4.5m×2.5m×0.2m。根据以往相同构件相同吊车工况吊装时汽车吊压力数据表显示单个支腿对地最大压力为 200t。现场铺设垫板后接地比压计算为

$$200t/(4.5m×2.5m)＋4t/(4.5m×2.5m)≈18.13t/m^2$$

四、吊车地基现场处理及承载力试验

（一）不同地域常用吊车地基处理方式

1. 山地、丘陵地域

此种类区域吊车地基一般会利用原山地、丘陵地貌进行切坡修筑，或一部分利用原山地，一部分回填，形成平整的吊车地基。此类区域地基一般的处理方式是强夯法、分层碾压法。

2. 平原地区耕地地域

此种类区域一般采用开挖换填、原土夯实、水泥搅拌地基处理方式。

3. 海边、湖边、江河边等泥滩地域

此种类区域的一般采用桩基、开挖换填、水泥搅拌地基处理方式。

（二）吊车地基的合格性试验

吊车地基检查经常用到处理后地基静载荷试验、复合地基静载荷试验、重型动力触探等几种方法。

1. 处理后地基静载荷试验

（1）适用于确定采用换填垫层、预压地基、压实地基、夯实地基和注浆加固等方式处理的地基试验承压板影响范围内土层的承载力和变形参数。

（2）平板静载荷试验采用的压板面积应按需检验土层的厚度确定，且不应小于 1.0m²，对夯实地基，不宜小于 2.0m²。

（3）试验基坑宽度不应小于承压板宽度或直径的 3 倍。应保持试验土层的原状结构和天然湿度。宜在拟试压表面用粗砂或中砂层找平，其厚度不超过 20mm。基准梁及加荷平台支点（或锚桩）宜设在试坑以外，且与承压板边的净距不应小于 2m。

（4）加荷分级不应少于 8 级。最大加载量不应小于设计要求的 2 倍。

（5）每级加载后，按间隔 10min、10min、10min、15min、15min，以后为每隔 0.5h 测读一次沉降量，当在连续 2h 内，每小时的沉降量小于 0.1mm 时，则认为已趋稳定，可加下一级荷载。

（6）当出现下列情况之一时，即可终止加载。当满足下列三种情况之一时，其对应的前一级荷载定为极限荷载：

1）承压板周围的土明显地侧向挤出，周边岩土出现明显隆起或径向裂缝持续发展。

2）本级荷载的沉降量大于前级荷载沉降量的 5 倍，压力-沉降曲线出现陡降段。

3）在某一级荷载下，24h内沉降速率不能达到相对稳定标准；承压板的累计沉降量已大于其宽度或直径的6%。

2. 复合地基静载荷试验

（1）适用于单桩复合地基静载荷试验和多桩复合地基静载荷试验。

（2）复合地基静载荷试验用于测定承压板下应力主要影响范围内复合土层的承载力。复合地基静载荷试验承压板应具有足够刚度。单桩复合地基静载荷试验的承压板可用圆形或方形，面积为一根桩承担的处理面积；多桩复合地基静载荷试验的承压板可用方形或矩形，其尺寸按实际桩数所承担的处理面积确定。单桩复合地基静载荷试验桩的中心（或形心）应与承压板中心保持一致，并与荷载作用点相重合。

（3）试验应在桩顶设计标高进行。承压板底面以下宜铺设粗砂或中砂垫层，垫层厚度可取100~150mm。如采用设计的垫层厚度进行试验，试验承压板的宽度对独立基础和条形基础应采用基础的设计宽度，对大型基础试验有困难时应考虑承压板尺寸和垫层厚度对试验结果的影响。垫层施工的夯填度应满足设计要求。

（4）试验标高处的试坑宽度和长度不应小于承压板尺寸的3倍。基准梁及加荷平台支点（或锚桩）宜设在试坑以外，且与承压板边的净距不应小于2m。

（5）试验前应采取防水和排水措施，防止试验场地地基土含水量变化或地基土扰动，影响试验结果。

（6）加载等级可分为8~12级。测试前为校核试验系统整体工作性能，预压荷载不得大于总加载量的5%。最大加载压力不应小于设计要求承载力特征值的2倍。

（7）每加一级荷载前后均应各读记承压板沉降量一次，以后每0.5h读记一次。当1h内沉降量小于0.1mm时，即可加下一级。

（8）当出现下列现象之一时可终止试验：

1）沉降急剧增大，土被挤出或承压板周围出现明显的隆起。

2）承压板的累计沉降量已大于其宽度或直径的6%。

3）当达不到极限荷载，而最大加载压力已大于设计要求压力值的2倍。

4）卸载级数可为加载级数的一半，等量进行，每卸一级，间隔0.5h，读记回弹量，待卸完全部荷载后间隔3h读记总回弹量。

3. 重型动力触探试验

适用于砂土、粉土、黏性土、中密以下的碎石土及处理后地基的均匀性试验。

（1）检测流程：平整试点→安放试验设备→锤击与观测→数据分析→评定检测结论→签发检测报告。

（2）动力触探试验方法：

1）采用固定落距自动落锤装置。

2）触探杆最初5m最大偏斜度不超过1%，大于5m后最大偏斜度不超过2%，锤击贯入应连续进行；同时防止锤击偏心、探杆倾斜和侧向晃动，保持探杆垂直度；锤击速率每分钟宜为15~30击。

3）每贯入10cm记录相应的锤击数，当连续三次锤击数大于50击时，应停止试验。

4．现场施工简易的地基承载力验证方法

以设计承载力为 $10t/m^2$ 的地基为例，根据本节本项（二）条"1．处理后地基静载荷试验"中（2）和（4）的规定，假设用底面积 $2m^2$ 的重量为 40t 的配重块（$40t/2m^2 = 20t/m^2$）进行压载试验（配重块应多块分次叠加），具体试验步骤如下：

（1）平整场地，并用中粗砂找平。

（2）把配重块分次堆好，做好安全防范措施。

（3）确定一个基准点，均布找出压重块上的 4 个位置作为测量点，并做好标志。

（4）堆完配重块后，静放 24h。

（5）如未出现下列情形之一，则视为地基可以达到设计的 $10t/m^2$ 的承载力：

1）配重块四个测量点的最大沉降量大于配重块底面积宽度或直径的 6%。

2）配重块周围的土明显地侧向挤出。

3）周边岩土出现明显隆起或径向裂缝持续发展。

（6）该简易验证方法的不足：

1）测量精度不高，无法一次测量出地基承载力的数值。

2）对地基处理的深度及不同深度的压力不能测量。

3）不能测量某个时刻的沉降量。

4）要靠检测人员的经验进行测量，测试结果的准确性受现场测试人员技术水平影响较大。

第二节　起重机额定起重量是否包含吊钩重量答疑

额定起重量是最基本、最重要、最能表征起重机械工作承载能力的技术参数，俗称起重量。

定义起重量参数的基本目的就是确定起重机械所能起升重物的最大质量，以及作用在其相关零部件上的载荷——荷重（承载）能力，因此起重量就是起升荷重链上所能够起吊重物的质量（单位 t 或 kg）。对于起升荷重链上的不同部位，其起吊重物的质量是不一样的，如图 5 - 2 - 9 所示。起升荷重链一般包括被搬运物品（物料）、可分吊具、固定吊具、起重挠性件、起重小车/臂架头部。

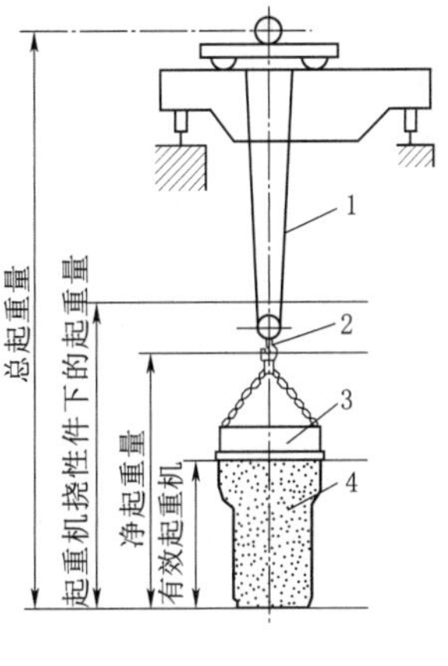

《起重机 术语 第 1 部分：通用术语》（GB/T 6974.1—2008）中规定了起重量的相关术语及定义，如图 5 - 2 - 10 所示。

一、可分吊具、固定吊具、起重挠性件

（1）可分吊具（non - fixed load - lifting attachment）是指用于起吊有效起重量，且不包含在起重机的质量之内的质量 m_{NA} 的装置。可分吊具能方便地从起重机上拆下并与有效起重量分开的某些吊具装置。

图 5 - 2 - 9　起重量与
起升荷重链
1—起重挠性件；2—固定吊具；
3—可分吊具；4—物料

总起重量 m_{GL}	起重挠性件 m_{HM}			从臂架头部垂下的起升钢丝绳			从起重小车垂下的起升钢丝绳	
	起重挠性件下的起重量 m_{HL}	固定吊具 m_{FA}		吊钩滑轮组	吊钩滑轮组	下滑轮	下滑轮	下滑轮
		净起重量 m_{NL}	可分吊具 m_{NA}	料斗与链条	网扣	钢丝绳吊具	电磁吸盘与链条	抓斗
			有效起重量 m_{PL}	料斗与链条	网扣内物料	包装箱与内含物	碎铁块	抓斗物料

图 5-2-10 起重量的相关术语及定义

（2）固定吊具（fixed load-lifting attachment）是指能吊挂净起重量，并永久固定在起重挠性件下端的质量为 m_{FA} 的装置，如吊钩组等。固定吊具是起重机整机的一部分。

（3）起重挠性件（hoist medium）是指从起重机上垂下，例如从起重小车或臂架头部垂下，并由起升机构等设备驱动，使挂在其下端的重物升降质量为 m_{HM} 的钢丝绳、链条或其他设备。起重挠性件及是起重机整机的一部分。

二、有效起重量（payload）

有效起重量是指吊挂在起重机可分吊具上或无此类吊具，直接吊挂在起重机械固定吊具上起升的重物质量 m_{PL}。当从水中起吊重物（或闸门）时还应计及水的吸附（或负压）作用所产生的影响。

三、净起重量（net load）

净起重量是指吊挂在起重机固定吊具上的被起升重物质量 m_{NL}，它是有效起重量和可分吊具质量之和，即 $m_{NL}=m_{PL}+m_{NA}$。如无可分吊具时（$m_{NA}=0$），则净起重量即为有效起重量（被起升物品的质量）。

四、起重挠性件下的起重量（hoist medium load）

起重挠性件下的起重量是指吊挂在起重挠性件下端的起升重物的质量 m_{HL}，它是有效起重量 m_{PL}、可分吊具质量 m_{NA} 与固定吊具质量 m_{FA} 之和，即 $m_{HL}=m_{PL}+m_{NA}+m_{FA}$。

五、总起重量（gross load）

总起重量是指直接吊挂在起重机械（如起重小车或臂架头部）上的被起升重物的总质量 m_{GL}，它是有效起重量、可分吊具质量、固定吊具质量与起重挠性件质量之和，即 $m_{GL}=m_{PL}+m_{NA}+m_{FA}+m_{HM}$。总起重量可用于整机和金属结构计算等。

六、额定起重量（rated capacity）与最大起重量（maximum capacity）

额定起重量 m_{RC} 是指在正常工作条件下，对于给定的起重机类型和载荷位置，起重机设计能起升的最大净起重量。最大起重量 m_{MC} 是指额定起重量的最大值。

额定起重量通常可简称为起重量。桥架类型起重机械的额定起重量是定值；臂架类型起重机械的额定起重量可以是一个定值，也可以是与臂架幅度（或长度）相对应的可变化的值，此时的额定起重量可能是多个值或是一条可变化的曲线。在不加特殊说明时，"起重量"一般都表示最大起重量，即最大额定起重量。

根据《起重机 术语 第1部分：通用术语》（GB/T 6974.1—2008），对于流动式起重机，其额定起重量为起重挠性件下的起重量。对于塔式起重机、门座起重机、桅杆起重机、桥式起重机和门式起重机，额定起重量不包含吊钩重量。

第三节　国内外楔形接头与钢丝绳的连接方法解析

众所周知，钢丝绳端部固定与连接方法有钢丝绳夹连接、楔形接头（楔块、楔套）连接、编结连接、锥形套浇铸法连接、铝合金套管压制接头、快速连接索节（袋式绳头）等。本节着重解读楔形接头（楔块、楔套）连接。

关于楔形接头与钢丝绳的连接方法，国内标准没有明确说明。

《起重机械安全规程 第 1 部分：总则》（GB/T 6067.1—2010）涉及楔块、楔套连接时，仅仅提到"楔套应用钢材制造。连接强度不应小于钢丝绳最小破断拉力的 75%。"

《钢丝绳用楔形接头》（GB/T 5973—2006）规定了楔形接头使用时应合理安装，并规定了楔形接头与钢丝绳的连接方法，如图 5-2-11 所示，但是未说明绳夹如何固定。

《钢丝绳索扣 安全性 第 6 部分：非对称楔套》（BS EN13411-6：2004）中给出了楔形接头与钢丝绳的连接时用钢丝绳绳夹固定示意图，如图 5-2-12 所示。

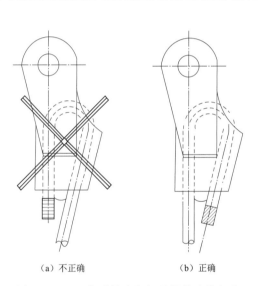

（a）不正确　　　　（b）正确

图 5-2-11　楔形接头与钢丝绳的连接方法

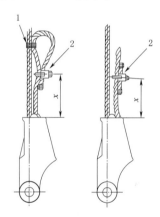

图 5-2-12　楔形接头与钢丝绳的连接
时用钢丝绳绳夹固定示意图
1—软绳；2—钢丝绳绳夹
注：图 5-2-11 中的尺寸 X，应
不超过楔块长度的 75%。

《移动式起重机和机车起重机》（*Mobile and Locomotive Cranes*）（ASME B30.5—2018）、《装配五金件》（*Rigging Hardware*）[ASME B30.26—2015（R2020）]都给出了楔形接头与钢丝绳的连接时用钢丝绳绳夹固定示意图，如图 5-2-13～图 5-2-14 所示。并说明，采用楔形接头固定时，钢丝绳绳夹应固定在钢丝绳的自由端（图 5-2-15），严禁使用钢丝绳夹同时固定钢丝绳的自由端和受力端（图 5-2-14）。但并不排除使用楔形接头时专门为固定钢丝绳自由端设计专用绳夹。

注意：当停止载荷传递到钢丝绳固定端时，这种类型钢丝绳应防止损坏钢丝绳受力端或防止钢丝绳受力端变成波浪形。

在欧洲、北美、澳大利亚、日本、新加坡等发达国家和地区，都采用《钢丝绳索扣 安全性 第 6 部分：非对称楔套》（BS EN13411-6：2004）中的楔形接头与钢丝绳的连接

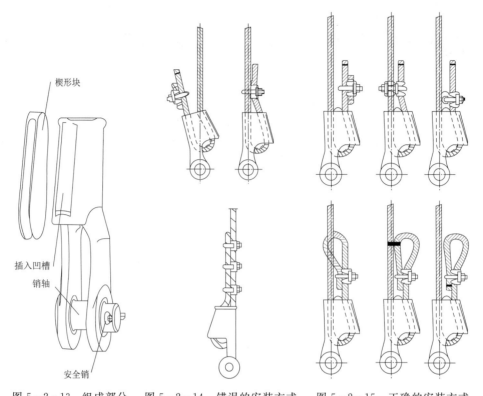

楔形块

插入凹槽

销轴

安全销

图 5 - 2 - 13 组成部分　　图 5 - 2 - 14 错误的安装方式　　图 5 - 2 - 15 正确的安装方式

时用钢丝绳绳夹固定方式。著名的美国起重机图书 *CRANES and DERRICKS (FOURTH EDITION)* 说明钢丝绳绳端的固定方法时也与 BS EN13411 - 6：2004 一致，如图 5 - 2 - 16 所示。

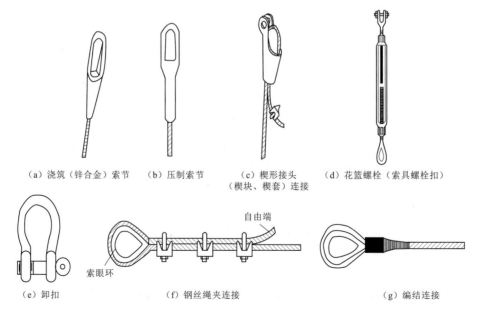

（a）浇筑（锌合金）索节　　（b）压制索节　　（c）楔形接头　　（d）花篮螺栓（索具螺栓扣）
　　　　　　　　　　　　　　　　　　　　　　　（楔块、楔套）连接

自由端

索眼环

（e）卸扣　　　　　（f）钢丝绳夹连接　　　　　（g）编结连接

图 5 - 2 - 16 钢丝绳绳端的固定方法

关于双机抬吊有关技术问题答疑

在施工现场，经常存在单台起重机起重能力有限，需要双机抬吊的情况。双机抬吊与单独用一台起重机吊装比较，增加了危险性。使用双机抬吊有两个方面的问题需要搞清楚，其一是每台起重机的负荷率为什么要求不要超过 75%～80%？其二是在抬吊过程中，一定是速度快的（高端）起重机的负荷大吗？针对这两个问题我们进行分析解读。

一、第一个问题

针对第一个问题，可以看一下《起重机械安全规程 第 1 部分：总则》（GB/T 6067.1—2010）中的相关规定：

17.3.2 多台起重机械的起升操作应考虑的主要因素

17.3.2.1 重物的质量

应了解或计算重物的总质量及其分布。对于从图样中获得的相关参数，应给出在铸件和轧制件的预留公差和制造公差。

17.3.2.2 质心

由于制造公差和轧制裕度、焊接金属的质量等各种因素的影响，可能确定不了精确的质心，造成分配到每台起重机械的载荷比例是不准确的。必要时，应采用有关方法精确地确定质心。

17.3.2.3 取物装置的质量

取物装置的质量应作为起重机计算起升载荷的一部分。当搬运较重的或形状复杂的重物时，从起重机械额定起重量中扣除取物装置的质量可能更重要。因而应该准确地了解取物装置以及必要的吊钩组件的质量及其分布情况。

17.3.2.4 取物装置的承载能力

应确定在起升操作中取物装置内部产生的力的分布。取物装置应留有超过所需均衡载荷的充分的载荷裕度。除非有针对特殊起升操作的专门要求。为适应联合起升操作过程中产生的载荷或作用力的分布与方向的最大变化，可能有必要使用特殊取物装置。

17.3.2.5 起重机械的同步动作

多台起重机械的起升过程中，应使作用在起重机械上力的方向和大小变化保持到最小；应尽可能使用额定起重量相等和相同性能的起重机械；应采取措施使各种不均衡降至最小，例如起重机械难于达到精确同步、起升速度的不均衡等。

17.3.2.6 监控设备

监控设备用于监控载荷的角度和每根起重绳稳定地通过起升操作的垂直度和作用力。这种监控设备的使用有助于将起重机上的载荷控制在规定值之内。

17.3.2.7 起升操作的监督

应有被授权人员参加并全面管理多台起重机的联合起升操作，只有该人员才能发出作业指令。但在突发事件中，目睹险情发生的人可以给出常用停止信号的情况除外。

如果从一个位置无法观察到全部所需的观测点，安排在其他地点的观察人员应把有关情况及时向指派人员报告。

17.3.2.8 联合起升操作过程中的承载能力要求

如果当17.3.2.1～17.3.2.6的相关因素达到规定的合格要求并被指派人员所认可，那么，每台起重机操作就可以达到其额定载荷。

当上述有关因素不能达到规定的合格要求时，指派人员应根据具体情况决定对起重机降低额定载荷使用。可降低到额定载荷的75%或更多。

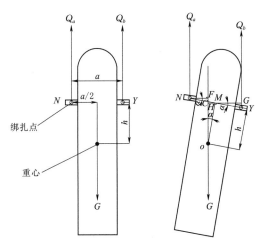

图 5-2-17 双机抬吊受力分析图

从以上可以看出，对于双机抬吊的起重机作业来讲，由于诸多限制条件（以上标准的17.3.2.1～17.3.2.6条）在实际工作中很难做到，所以各行业标准一般规定双机抬吊都是不超过单机负荷的75%或80%。留出的这个安全裕度考虑的就是以上因素及抬吊过程中不均衡时造成的负荷影响。

二、第二个问题

针对第二个问题，我们以两台吊车抬吊长形立式静置设备，当设备倾斜时两吊车负荷分配的变化来进行分析解读。

设绑扎点到设备重心的垂直距离为 h，设备吊耳左右绑扎点的距离为 a（水平距离），如图 5-2-17 所示，则对此设备有

$$Q_a + Q_b = G \tag{5-2-8}$$

$$Q_a \cdot NF = Q_b \cdot HG \tag{5-2-9}$$

而 $NF = NC\cos\alpha$，$NC = \dfrac{a}{2} - MC$，$MC = h\tan\alpha$，$NC = \dfrac{a}{2} - h\tan\alpha$，故

$$NF = \cos\alpha\left(\frac{a}{2} - h\tan\alpha\right) \tag{5-2-10}$$

因为 $HG = MG + MH$，$MG = \dfrac{a}{2}\cos\alpha$，$MH = h\sin\alpha$，故

$$HG = \frac{a}{2}\cos\alpha + h\sin\alpha \tag{5-2-11}$$

将式（5-2-10）、式（5-2-11）代入式（5-2-9），得

$$Q_a \cos\alpha \left(\frac{a}{2} - h\tan\alpha\right) = \left(\frac{a}{2}\cos\alpha + h\sin\alpha\right)Q_b$$

$$Q_b = \frac{Q_a \cos\alpha \left(\dfrac{a}{2} - h\tan\alpha\right)}{\dfrac{a}{2}\cos\alpha + h\sin\alpha} = \frac{Q_a \left(\dfrac{a}{2}\cos\alpha - h\sin\alpha\right)}{\dfrac{a}{2}\cos\alpha + h\sin\alpha} \qquad (5-2-12)$$

将式（5-2-12）代入式（5-2-8），得

$$Q_a + \frac{Q_a \left(\dfrac{a}{2}\cos\alpha - h\sin\alpha\right)}{\dfrac{a}{2}\cos\alpha + h\sin\alpha} = G$$

整理得

$$aQ_a \cos\alpha = G\left(\frac{a}{2}\cos\alpha + h\sin\alpha\right)$$

$$Q_a = \frac{G}{2} + \frac{Gh\tan\alpha}{a}$$

将其代入式（5-2-12）得

$$Q_b = \frac{G}{2} - \frac{Gh\tan\alpha}{a}$$

可见，绑扎点高于设备重心 G 时，起吊速度较快的起重机上的载荷就增加。由 Q_a、Q_b 表达式不难看出，h/a 和 α 角越大，超前起重机上的载荷增加越大。因此，当在吊装立式静置设备时，设法使 h/a 和 α 角的绝对比值减小，一方面可以使绑扎绳索的装置（如吊耳等）接近重心，同时使两绑扎吊点的距离加大。

如果起重机的起重能力裕度不大，其中一台起重机显得已经过载较多，而且调节设备倾斜度也困难，此时，应当使用平衡梁。

当使用三台或三台以上不同起重量的起重机同时进行设备吊装时，应使用不均衡臂杆的平衡梁。

当绑扎点在设备下部时，起吊速度慢的起重机上的载荷将增加；如绑扎点在设备的上部时，起吊速度慢的起重机上的载荷将减少。

因此，我们不要想当然地认为，不管什么情况，都是起升速度快的（高端）的起重机负荷增加。

第五节　高强度螺栓与铰制孔螺栓的异同及使用特点

在电力建设工程施工中，高强度螺栓连接副（简称"高强度螺栓"）和铰制孔螺栓在使用中经常遇到一些问题，比如，使用多少次就不能再用了？安装或更换过程中需要注意什么问题？等等。对此，我们从以下几个方面逐一展开描述。

一、高强度螺栓的使用

（一）工作性能

高强度螺栓连接按受力特性分为摩擦型连接和承压型连接两种。高强度螺栓与普通螺栓相比，其受剪和受拉两方面的性能均较好。高强度螺栓连接不仅具有普通螺栓连接的优点，而且具有传力均匀、应力集中小、刚度好、承载能力大以及疲劳强度高等特点。

摩擦型高强度螺栓连接的传力机理如图 5-2-18（a）所示，这种连接是依靠高强度螺栓的预拉力（约为屈服点的 80%），使连接构件之间压紧产生静摩擦力来传递外力。在外力作用下，螺栓杆与孔壁并不接触，连接的承载能力取决于连接构件接触面间摩擦力的大小。应力流通过接触面平顺传递，无应力集中现象，其承载能力的极限状态是接触面开始发生剪切滑动（即相当于高强度螺栓剪切力等于摩擦力）。而普通螺栓连接在受外力后，连接接头连接板即产生滑动，外力通过螺栓杆受剪和连接板孔壁承压来传递，如图 5-2-18（b）所示。

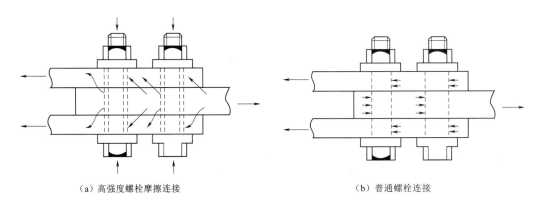

（a）高强度螺栓摩擦连接   （b）普通螺栓连接

图 5-2-18　不同螺栓连接传力机理对比

包括铰制孔螺栓在内的几种常用螺栓连接性能对比见表 5-2-1。

表 5-2-1　　　　　　　　　　　不同螺栓连接工作性能对比

螺栓类别	普通螺栓	摩擦型高强度螺栓	承压型高强度螺栓	铰制孔螺栓
材料	材质一般，强度低	材质好，强度高，一般不低于 10.9 级	材质好，强度高，一般不低于 10.9 级	材质好，强度高，一般不低于 8.8 级
传力方式	螺栓直接传力	依靠连接板件摩擦传力	允许外剪力超过最大摩擦力，靠螺栓杆身剪切和孔壁承压以及板件接触面间的摩擦力共同传力	螺栓光杆与连接件孔壁接触，直接传力
变形	连接变形大，螺栓易松动	连接变形小，螺栓不易松	连接变形小，螺栓不易松	连接变形小，螺栓不易松
安装	一般常用扳手，手感拧紧	需专门扳手施加预拉力	需专门扳手施加预拉力	一般常用扳手，手感拧紧

（二）高强度螺栓及使用要求

（1）高强度螺栓宜采用1个螺栓、2个螺母和2个平垫圈。

（2）高强度螺栓安装紧固后，螺栓外漏螺纹长度应为螺距的2倍～5倍。

（3）高强度螺栓预紧完成后，应在外露的螺纹部分涂抹润滑脂。

（三）预紧方法

高强度螺栓的预拉力由控制拧紧螺母获得。高强度螺栓的可控拧紧方法主要有扭矩法、转角法、扭剪法和拉伸紧固法。

（1）扭矩法。采可直接显示扭矩的特制扳手（力矩扳手），其原理是根据施加于力矩扳手上的扭矩与螺栓轴向力的线性关系，从而可控得到所规定的螺栓预拉力。

（2）转角法。先用人工扳手初拧螺母至拧不动为止，再终拧，即以初拧时的位置为起点，根据螺栓直径和连接板重叠厚度所确定的终拧角度，自动或人工控制旋拧螺母至预定的角度，即为达到螺栓规定的预拉力值。

（3）扭剪法。采用扭剪型高强度螺栓，如图5-2-19所示，其螺杆末端带有梅花型尾部，尾部与螺杆之间有环形切口，用于控制连接副的紧固轴力。拧紧螺栓时靠拧断螺栓梅花型尾部环形切口处截面来控制预拉力值。这种方法可不受各种因素的影响，拧紧螺栓时只要达到规定的预拉力值，螺栓的预留段被扭剪断开，操作方便，比较可靠。扭剪型高强度螺栓应符合《钢结构用扭剪型高强度螺栓连接副》（GB/T 3632—2008）技术条件的要求。

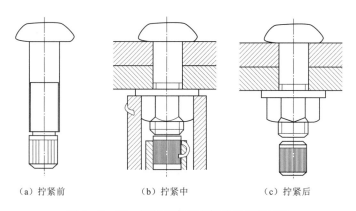

（a）拧紧前　　　　　　（b）拧紧中　　　　　　（c）拧紧后

图5-2-19　扭剪型高强度螺栓的拧紧过程

（4）拉伸紧固法：

1）清洗螺栓连接副。

2）按连接副的装配顺序将螺栓连接副与被连接件安装在一起，并用扳手进行初拧使其贴紧。

3）将液压拉伸器安装在相应的螺栓上（建议使用四支拉伸头同时对四支螺栓紧固）进行预拉伸紧固。

4）预拉伸紧固完成后应用色漆作拉伸标记。

5）按要求对紧固螺栓进行复检。

6）复检完成后应用色漆作检验标记，该标记不应与预拉伸标记同色。

粗牙、细牙螺纹的高强度螺栓的预紧力及预紧扭矩见表 5-2-2、表 5-2-3。

表 5-2-2　　　　　粗牙螺纹高强度螺栓的预紧力及预紧扭矩

参　　数	单位	规　格					
		M24	M27	M30	M33	M36	M39
螺栓有效计算面积 A_1	mm²	353	459	561	694	817	976
8.8 级预紧力 F_1	kN	158	205	250	310	366	437
10.9 级预紧力 F_1	kN	223	290	354	437	515	615
8.8 级预紧扭矩 T_2	N·m	750	1100	1500	2100	2700	3500
10.9 级预紧扭矩 T_2	N·m	1050	1550	2150	2950	3800	4900

注：1. 预紧力或预紧扭矩的设计值，由制造商提供。
　　2. 无预紧力或预紧扭矩设计值的，可采用表中的值。表中预紧力与 GB/T 13752—2017 中表 32 一致。

表 5-2-3　　　　　细牙螺纹高强度螺栓的预紧力及预紧扭矩

参　　数	单位	规　格					
		M24×2	M27×2	M30×2	M33×2	M36×3	M39×3
螺栓有效计算面积 A_1	mm²	384	496	621	761	865	1030
8.8 级预紧力 F_1	kN	172	222	278	341	387	461
10.9 级预紧力 F_1	kN	242	313	391	479	545	649
8.8 级预紧扭矩 T_2	N·m	750	1100	1550	2150	2750	3550
10.9 级预紧扭矩 T_2	N·m	1050	1550	2250	3050	3900	5050

注：1. 预紧力或预紧扭矩的设计值，由制造商提供。
　　2. 无预紧力或预紧扭矩设计值的，可采用表中的值。表中预紧力值按 $0.7\sigma_{s1}A_1$ 计算，其中 σ_{s1} 为屈服点，取各档中的最小值。

（四）高强度螺栓连接摩擦面抗滑移系数 f

采用摩擦型高强度螺栓连接时，被连接构件间的摩擦力不仅与螺栓的预拉力有关，还与被连接构件材料及接触面处理方法所确定的摩擦面抗滑移系数 f 有关。连接构件的接触面必须进行适应处理，常用的处理方法和规范规定的摩擦面抗滑移系数 f 值见表 5-2-4。

表 5-2-4　　　　　　　　摩　擦　系　数

连接处构件接触面的处理方法	构件的钢号		
	Q235 钢	Q345 钢、Q390 钢	Q420 钢
喷砂（丸）	0.45	0.50	0.50
喷砂（丸）后涂无机富锌漆	0.35	0.40	0.40
喷砂（丸）后生赤锈	0.45	0.50	0.50
钢丝刷清除浮锈或未经处理的干净轧制表面	0.30	0.35	0.40

（五）安装

（1）高强度螺栓连接处摩擦面如采用喷砂（丸）后生赤锈处理方法时，安装前应以细钢丝刷除去摩擦面上的浮锈。

（2）在安装过程中，不得使用螺纹损伤及沾染脏物的高强度螺栓连接副，不得用高强度螺栓兼作临时螺栓。

（3）高强度螺栓连接副组装时，螺母带圆台面的一侧应朝向垫圈有倒角的一侧。对于大六角头高强度螺栓连接副组装时，螺栓头下垫圈有倒角的一侧应朝向螺栓头。

（4）安装高强度螺栓时，严禁强行穿入螺栓（如用锤敲打）。如不能自由穿入时，该孔应用铰刀进行修整，修整后孔的最大直径应小于 1.2 倍螺栓直径。修孔时，为了防止铁屑落入板迭缝中，铰孔前应将四周螺栓全部拧紧，使板迭密贴后再进行。严禁气割扩孔。

（5）安装高强度螺栓时，构件的摩擦面应保持干燥，不得在雨中作业。

（6）高强度螺栓拧紧时，只准在螺母上施加扭矩。只有在空间受限制时，才允许拧螺栓。

（7）高强度螺栓的拧紧应分为初拧、终拧。对于大型节点应分为初拧、复拧、终拧。初拧扭矩为施工扭矩的 50% 左右，复拧扭矩等于初拧扭矩。为防止遗漏，对初拧或复拧后的高强度螺栓，应使用记号笔在螺母上涂上标记。对终拧后的高强度螺栓，再用另一种颜色的记号笔在螺母上涂上标记。高强度大六角头螺栓连接副的初拧、复拧、终拧宜在一天内完成。

（8）高强度大六角头螺栓拧紧时，应只在螺母上施加扭矩。

（9）高强度螺栓在初拧、复拧和终拧时，连接处的螺栓应按一定顺序施拧，一般应由螺栓群中央顺序向外拧紧。

注意事项如下：

1）高强度螺栓施工前所用的扭矩扳手，在使用前必须校正，其扭矩误差不得大于 ±5%，合格后方准使用。校正用的扭矩扳手，其扭矩误差不得大于 ±3%。

2）每次安装前，所有螺栓组件必须使用二硫化钼进行润滑。螺栓预紧时良好的润滑能提供均匀的摩擦力以及达到规定的预紧力。

3）润滑螺栓和螺母的螺纹以及螺母的接触表面。如果预紧力矩施加在螺栓头上，那么螺栓头的接触表面也需润滑。

4）结合面处理是高强度螺栓连接的关键工序，检查人员应对其施工质量进行检查。已处理的结合面，如产生锈蚀或积有污物，必须重新处理。

5）出厂超过 6 个月，重新测定扭矩系数。

（六）防松

（1）宜采用细牙螺纹的螺栓、螺母。

（2）应采用双螺母防松，两个螺母宜相同。在保证可靠性和可行性的前提下，可采用其他防松方式，如使用洛帝牢防松垫圈。

（3）应定期检查预紧扭矩、防松。在第一次安装后使用 100h 时，应普遍检查拧紧，以后每工作 500h 均应检查一次。在检查中如发生螺母、螺栓松动，应立即拧紧；螺纹部分有损伤的应立即更换。

（七）检查

螺栓使用的过程中由于经常受到交变载荷，可能会产生松动，另外为了减少受交变载荷螺栓的应力幅，常常需要将螺栓预紧到规定的程度。定期检查的目的是确保所有的螺栓受力比较均匀，并且在螺栓疲劳断裂前更换那些已经发生屈服并伸长或者怀疑有问题的螺栓。

检查时必须在起重机停机的时候进行，螺栓的检查方法通常有两种：目测和扭力扳手法，其中目测最为常用。

1. 目测法

目测主要通过以下方法进行，如图 5-2-20 所示。

（1）用锥形锤敲击螺栓头部的声音可以反映出螺栓的松弛度、紧固度。

（2）判断螺母和连接件之间的相对位置是否发生变化（在 HCHI 设备的制造过程中，有些关键螺栓副和连接件之间的位置会用记号笔标出）。如果记号位置出现了偏离，这表明螺栓松了。

（3）目视检查螺母和连接件的油漆膜也可以判断螺栓是否松动．如果螺栓副周围漆膜出现裂纹，就应检查螺栓紧固度。

2. 力矩扳手法

（1）检查前，螺栓连接应处于无工作应力状态下。

（2）如果有的话，应先清除紧固件上的污物及油漆，然后在螺母及垫圈上喷上一层薄薄的油性润滑松锈剂（比如 CRC 或其他等同产品）。并且等 10~20min 以使润滑松锈剂起作用。

（3）用记号笔在螺母及与垫片站台面附件的结构上标记螺母最初的位置，如图 5-2-21 所示。

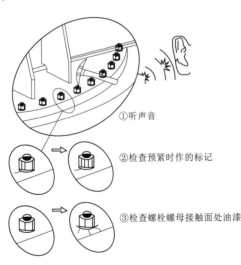

①听声音

②检查预紧时作的标记

③检查螺栓螺母接触面处油漆

图 5-2-20 检查松弛螺栓的方案

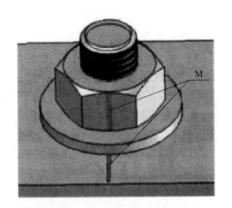

图 5-2-21 标记螺栓

（4）使用标定过的扭力扳手对每组螺栓的螺母施加一个 75% 的拧紧力矩。

（5）检查螺母是否转动，如果转动，则必须用记号笔或油漆将此螺母另外标记以便稍后更换。

（6）重复步骤（3）~（5）以检查其余剩下的螺栓连接。

（7）清点所有标记有旋转需更换的螺栓的总数量。

（8）如果有超过 20% 的螺栓标记需要更换，那么必须用新的同规格螺栓更换此连接部位所有的螺栓。

（9）如果有少于20%的螺栓标记需要更换，那么除了标记的螺栓外，标记螺栓两侧的相邻螺栓均必须更换。

（10）对于那些没有旋转的螺母必须按以下（11）～（13）步骤重新拧紧。

（11）用扭力扳手旋转螺母约30°以松开螺母。

（12）然后重新将螺母拧紧到全部的预紧力矩。

（13）清除所有的污物，用适当的溶剂清洁螺栓、螺母、垫片及相应的钢结构接触面周围，按照"油漆修补程序"修补破坏的油漆。

（八）更换

（1）为了确保相同的扭矩系数，同一次更换的高强度螺栓应采用同一批次的产品。

（2）更换前一定要确保有足够数量的紧固件并确保正确的紧固件等级、拧紧力矩。使用的扭矩扳手必须经过校正。

（3）检查垫片是否平整，并且无油污、毛刺等。

（4）清洁结构与螺栓垫片的结合面处，并且确保该面平整。

（5）清洁螺栓及螺母。

（6）松开一个标记需要更换的螺栓，然后立即更换上新的螺栓并立即初拧至75%的终拧力矩。注意任何时候都必须确保只有一个螺栓是松开并被拆下，依次一个一个地更换所有的螺栓。

（九）关于高强度螺栓重复使用的说明

以下标准对于高强度螺栓重复使用的表述如下：

1.《塔式起重机高强度螺栓的预紧与防松》（JB/T 13915）

7.2 使用 摩擦型高强度螺栓不应重复使用，除非塔机制造商提供的使用说明书另有规定。

2.《水利电力建设用起重机》（DL/T 946）

3.17.3 高强度螺栓连接副的螺栓、螺母、垫圈均不应重复使用。

3.《水电站门式起重机》（JB/T 6128）（《水电站桥机标准》SL 673没有提及）

4.5.1 构件拼接头采用高强度连接副时，应使用力矩扳手拧紧，拧紧后应达到所要求的拧紧力矩，被连接件的接触面应紧密贴合，高强度螺栓连接副不得重复使用。

4.《水电工程启闭机制造安装及验收规范》（NB/T 35051）

5.3.11 在安装过程中，不得使用螺纹损伤及沾染脏物的高强螺栓连接副，不得用高强度螺栓兼作临时螺栓，高强度螺栓不得重复使用。

二、铰制孔螺栓的使用

铰制孔用螺栓是一种配合螺栓，起定位作用，除了要像普通螺栓一样受拉力外，还要经常受到剪切力。对于与其配合的孔，最后成孔时是用铰刀铰出的。

常用于在振动载荷条件下，定位精度要求高的结构，宜用铰制孔螺栓。

铰制孔螺栓能承受横向和轴向载荷，横向载荷的承受方法是靠螺栓本身的抗剪强度，它的横向承载能力远高于普通螺栓，而轴向承载能力和普通螺栓相同。

使用铰制孔用螺栓连接，螺杆部分的直径与其孔之间的基本尺寸相同，采用过渡公差配合，当被连接件间有相对滑动时，除螺纹预紧后产生的摩擦阻力外，铰制孔用螺栓能够依靠螺栓本身的结构发挥抗剪抗滑动作用，使螺栓产生最大能力防止其相对滑动。

根据铰制孔螺栓的结构性能和使用要求，在其没有受到损伤的情况下可重复使用。

第六节 塔式起重机回转制动剖析

一、塔式起重机回转机构的组成

塔式起重机回转机构由回转支承装置和回转驱动装置两部分组成。塔式起重机上一般采用电动回转驱动装置，由电动机、制动器、风标装置、减速机等组成。通常安装在塔机的回转部分上，电动机经减速器带动最后一级小齿轮，小齿轮与装在塔机固定部分上的大齿圈相啮合，以实现回转运动。

二、塔式起重机回转驱动的特点

塔式起重机回转机构运行的特点是需要承受较大的惯性力，启动或制动过快会对起重机结构、机构造成很大的冲击，因此回转机构启制动不允许过快过急，更不允许通过打反转制动，否则不仅运转不平稳，还会损坏起重机的结构和机构。塔式起重机一般采用电动机驱动，有些先进的塔式起重机采用变频电机，采用变频无级调速，启制动较为平稳；制动器一般为带风标装置的盘式制动器，安装于电动机尾部。液压控制的回转机构一般由液压马达、多片摩擦制动器、减速机组成，通过调速节流阀调速，特点是可以无级调速，启制动平稳。

三、塔式起重机回转制动器的分类

塔式起重机回转制动器为工作制动器，用于在工作或安拆顶升时的塔机上车回转部分停车定位。通常塔式起重机盘式制动器分为常开或常闭式两种，常开制动器为常开状态，通电制动，常闭制动器为常闭状态，通电打开解除制动。液压多片摩擦制动器也分常开和常闭式两种，常闭制动器为常闭状态，接通液压控制油路打开制动器；常开制动器为常开状态，需接通制动器控制油路进行制动。

四、带风标装置的盘式制动器工作原理

塔式起重机回转制动器采用常闭制动器时，为避免塔机超过工作允许风力停机对起重机结构及稳定性造成破坏，一般需要将制动器打开，使塔式起重机上车随风回转，塔机所受风载最小，以保证起重机停机安全。停机时打开制动器的装置通常称为风标装置。图5-2-22所示为一种典型的带风标装置的盘式制动器。其工作原理如下：

（1）当电磁制动器励磁线圈 16 通入直流电时，产生电磁吸力，吸合衔铁 14，压缩制动弹簧 15，带动摩擦盘 10 向上移动，使摩擦盘 10 与制动盘 11 分离，制动盘在弹簧作用下向上移动，制动盘 11 与摩擦片 12 分离，制动器处于释放状态，电机轴可自由转动。断电时，电磁制动器励磁线圈 16 失磁吸力消失，制动弹簧 15 推动衔铁 14 及摩擦盘 10 向下移动，压紧制动盘 11 及摩擦片 12，制动器处于制动状态，电机轴不能自由转动。

电风标与电磁制动器配合使用，可以实现电磁制动器电动释放和手动释放的功能。

（2）电磁制动器电动释放。电磁制动器励磁线圈 16 通入直流电，制动器处于释放状

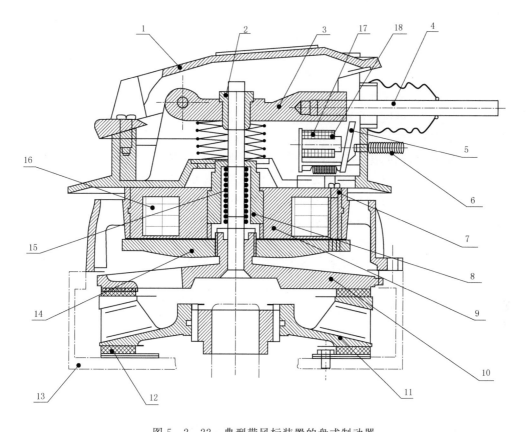

图 5-2-22 典型带风标装置的盘式制动器

1—风标盖；2—调节螺母；3—风标释放杆；4—风标释放手柄；5—风标衔铁；6—电风标推柄；

7—定位螺钉；8—弹簧室；9—励磁铁芯；10—摩擦盘；11—制动盘；12—摩擦片；

13—壳体；14—衔铁；15—制动弹簧；16—电磁制动器励磁线圈；

17—电风标线圈；18—微型开关

态，然后电风标电磁铁励磁线圈 17 再通入直流电，风标电磁铁衔铁 5 吸合，再断开电磁制动器励磁线圈 16 直流电，电磁制动器励磁线圈 16 失磁吸力消失，制动弹簧 8 推动衔铁 14 及摩擦盘 10 向下移动，此时电风标衔铁 5 撑住电风标释放杆 3 使其不能向下移动，从而使摩擦盘 10 与制动盘 11 处于稳定的分离状态，最后及时断开电风标电磁铁励磁线圈 17 直流电，使电磁制动器长久保持释放状态。

（3）电磁制动器手动释放。向上搬动电风标释放手柄 4，带动合衔铁 14，压缩制动弹簧 15，带动摩擦盘 10 向上移动，使摩擦盘 10 与制动盘 11 分离，制动盘在弹簧作用下向上移动，制动盘 11 与摩擦片 12 分离，制动器处于释放状态，同时向内推动电风标推柄 6，然后先松开电风标释放手柄 4，使电风标器电磁铁衔铁 5 撑住电风标释放杆 3，再松开电风标推柄 6，此时电风标衔铁 5 撑住电风标释放杆 3 使其不能向下移动，从而使摩擦盘 10 与制动盘 11 与摩擦片 12 处于稳定的分离状态，使电磁制动器长久保持释放状态。

五、塔机回转制动使用注意事项

（1）电动释放需按住"风标释放"按钮（带灯按钮）5s以上，听到带制动器的回转电机上的制动器"咚"地响两声，然后"风标释放"按钮灯变亮，才表示电动释放成功。

（2）电动释放只有在回转电机停稳（或者手柄归零）后30s以上，方能操作，否则会造成电机制动器工作不正常，严重时会影响塔机的安全性。

（3）电磁制动器电风标的电动释放和手动释放的功能用于塔机长期不工作时使回转机构处于自由回转状态，从而使塔机臂架能随风自由回转到顺风方向，此时塔机迎风面积最小，风载最小，塔机保持在安全停机状态。

（4）塔机正常工作时不能使用风标装置处于释放状态，否则会导致塔机回转制动不正常，影响塔机安全使用。

（5）手动释放是非常可靠的释放方式，如果在电动释放不成功，或者电动释放不放心的情况下可以采用手动释放。

（6）为了保证起重机回转机构安全使用，必须定期检查衔铁与励磁铁芯的间隙，当静制动力矩小于规定值或间隙大于1.2mm时，应及时调整静制动力矩或间隙值。摩擦片磨损到接近铆钉头时还应及时更换摩擦片，如图5-2-23所示。

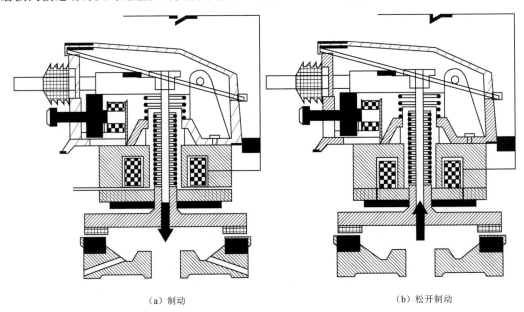

（a）制动   （b）松开制动

图5-2-23 塔机回转制动器工作原理图

六、塔机回转制动操作注意事项

塔式起重机回转机构运行的特点是需要承受较大的惯性力，启动或制动过快会对起重机结构、机构造成很大的冲击，因此回转机构启制动不允许过快过急，更不允许通过打反转制动，否则不仅运转不平稳，还会损坏起重机的结构和机构；且臂端吊物线速度大，要想准确就位就更加困难。因此回转机构操作一定要缓慢平稳。这就要求操作者掌握回转机构操作技巧。一般情况下，操作应注意下列事项：

（1）回转机构启制动，一定按从低到高或从高到低的顺序逐档均匀变速，禁止越档操作。回转加速度越大，惯性力也就越大，扭振摆动也就越严重。

（2）在回转到位前，就要求提早降速和停车。对于不同车型的回转操作需要多次熟练，掌握大致适宜的加减速的提前量。带涡流制动器的回转机构操作方便一些，但是在操作过程中，禁止使用回转定位的常开式电磁制动器来进行制动，避免产生过大扭摆。

（3）在低速下，可以使用逐步点动回转就位。

（4）调频调速回转机构起制动，也应按从低到高或从高到低的顺序逐渐均匀变速。降速停车时，可先操作到低频档保持一定时间，利用电动机电磁转矩使速度降下来再打到停车档位，避免产生过大振摆。

第七节　电力驱动起重机械制动器常见问题及解决方案

制动装置是起重机各种驱动机构中重要的组成部分，对起重机作业安全和作业性能具有重要影响。在项目现场施工中，经常发生一些电力液压鼓式制动器、盘式制动器在工作中由于制动衬垫（片）不断磨损，操作维护人员对制动力、补偿行程等调整检查不到位，制动失灵等造成的机械事故。本节以现场实际工作常见的鼓式制动器、盘式制动器为例，从制动器的原理、调整、检查等方面简要说明一下实际工作中的注意要点。

一、制动器主要作用

（1）支持制动使重物保持在某一位置不动。

（2）停止制动利用摩擦消耗运动部分的动能，使其减速直至停止。

（3）下降制动消耗下降重物的位能，以调节重物下降速度。

二、常用制动器类型

制动器按其构造形式可分为鼓式制动器、盘式制动器、带式制动器。

三、电力液压鼓式制动器构造、原理、调整及检查

（一）构造

常用电力液压鼓式制动器结构如图 5 - 2 - 24 所示。

（二）原理

当机构断电，停止工作时，制动器的驱动机构（推动器）也同时断电（或延时断电），停止驱动（推力消除），这时制动弹簧的弹簧力通过两侧制动臂传递到制动瓦上，使制动覆面产生规定的压力，并建立规定的制动力矩，起到制动作用；当机构通电驱动时，制动器的推动器也同时通电驱动并迅速产生足够的推力推起推杆，迫使制动弹簧进一步压缩，制动臂向两侧外张，使制动衬垫脱离制动轮，消除制动覆面的压力和制动力矩，停止制动作用。当断电时，电力液压推动器的推杆在制动弹簧力的作用下，迅速下降，并通过杠杆作用把制动瓦合拢（抱闸）。当通电时，电力液压推动器动作，其推杆迅速升走起，并通过杠杆作用把制动瓦打开（松闸）。

（三）调整

1. 推动器工作行程的调整

首先应将弹簧力释放到最小值，然后再旋转拉杆 7，使制动器处于闭合状态，继续旋

571

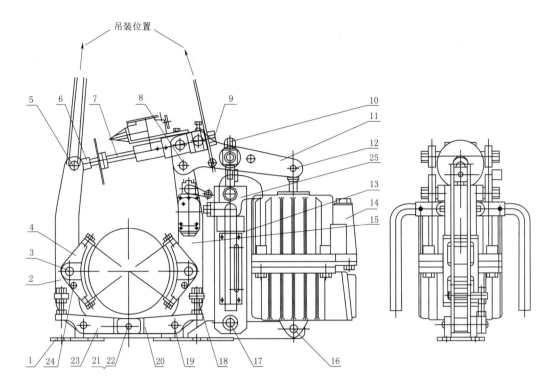

图 5-2-24　电力液压鼓式制动器

1—底座；2—制动臂 A；3、8、17、19—带孔销；4—制动瓦；5—防松螺母 2；6—防松螺母 1；
7—制动拉杆和自动补偿装置；9—退距调整螺母；10—力矩调整螺母；11—三角板；
12—推动器上端带孔销；13—制动弹簧组件；14—推动器；15—制动臂 B；
16—推动器下端带孔销；18—退距均等装置连接螺栓；20—均等杠杆；21—连锁
销；22—滑块；23—均等杠杆；24—随位装置；25—手动释放装置

转，这时推动器推杆慢慢升起，当升起高度达到规定尺寸时，即完成调整。

2. 瓦块随位的调整

制动器处于抱闸状态时，旋转瓦块随位装置 24 中的螺栓，使其顶端与制动瓦筋板轻轻接触，并背紧螺母。

3. 制动力矩的调整

旋转力矩调整螺母 10 使弹簧压缩，并使弹簧下座上边沿对准所需要的制动力矩。

4. 补偿机构的调整

单独给推动器通电打开制动器，对于不带自动补偿装置的制动器，可先拧松两侧防松螺母再逆时针旋转制动拉杆 3～5 圈后闭合制动器；对于带自动补偿装置的制动器，可先拧下拔销，再逆时针旋转退距调整螺母 3～5 圈后闭合制动器；观察并测量此时推动器的补偿行程，如符合规定则停止调整，否则继续重复以上步骤，直至符合要求为止（调整到位后需拧紧防松螺母或拔销）。

（四）检查

（1）操作中是否出现制动时间和制动距离异常增加的情况。

（2）各铰接处是否磨损。

（3）制动器的构件运动是否正常，各螺母是否紧固。

（4）推动器的升起高度是否符合规定。

（5）推动器的工作是否正常，液压油是否足量，有无漏油和渗油现象，引入电线的绝缘是否良好。

（6）销轴及心轴磨损量超过原直径的 5％或椭圆度超过 0.5mm 时，应及时更新。

（7）杠杆和弹簧发现裂纹应更新。

（8）制动轮的温度不应超过 200℃，制动轮上如有 0.5mm 深裂纹应重新修磨。

（9）制动瓦是否正常的贴合在制动轮上摩擦表面的状态是否完好，有无油腻，脏物痕迹，当制动衬垫的厚度 σ 达到表 5-2-5 中 σ_{min}（插入式闸瓦摩擦片不包括凸台厚度）数值时，则应更换新的制动衬垫。

表 5-2-5　　　　　　　　　　　制动衬垫厚度 σ_{min} 值

轮径 D/mm	100	160	200	300	400	500	600	700	800
厚度 σ_{min}/mm	2.5	3	4	4	5	5	5	5	6

四、××公司塔式起重机盘式制动器构造、原理、调整及检查

（一）构造

主要由液压泵站与盘式制动器两大部分组成，如图 5-2-25 所示。

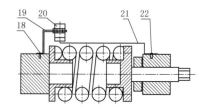
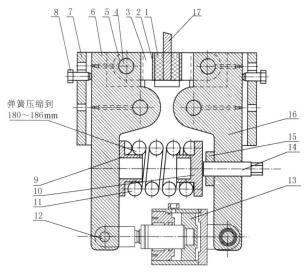

弹簧压缩到
180～186mm

序号	名　称	数量	序号	名　称	数量
1	制动摩擦片	2	12	油缸联接销	2
2	调整垫片	12	13	制动油缸	1
3	制动摩擦片底座	2	14	调整螺杆	1
4	转轴	4	15	调节螺母	1
5	制动器耐磨铜套	4	16	右夹头	1
6	左夹头	1	17	制动盘	1
7	制动器座	1	18	外六角螺栓M5×10	2
8	M24外六角螺栓	2	19	M30近接开关支架	1
9	弹簧支座1	1	20	近接开关	1
10	弹簧支座2	1	21	感测片	1
11	弹簧	1	22	外六角螺栓M5×10	2

图 5-2-25　××公司塔式起重机盘式制动器

（二）原理

当液压泵站中的压力油通过液压系统中电磁阀的控制进入制动器液压缸 13，液压油推动活塞进一步压缩弹簧 11，同时活塞杆向液压缸内缩回带动左、右夹头 6、16，制动摩擦片 1 脱离制动盘 17，制动力矩消除；当电磁阀失电复位时，液压油在弹簧力的作用下

回流至液压泵站油箱,同时弹簧力经活塞杆通过左、右夹头 6 和 16 施于制动盘上,建立规定的制动力矩。制动力来源于弹簧的预紧力,制动力的解除来源于油缸进油产生的拉力。

(三) 调整

(1) 停机时吊钩头部需落地。

(2) 检查制动摩擦片的磨损情况,如果单片磨损大于 3mm,即厚度小于 27mm 应采取以下措施:

1) 更换新的制动摩擦片。

2) 增加制动摩擦片垫片(制动摩擦片垫片仅能增加一次,下次磨损值到达 3mm 时,必须更换制动摩擦片)。

(3) 测量此时弹簧长度,计算出差值,松开 M24 螺母 15,旋转调节螺杆 14 至需要的长度,调节螺杆 14 牙距为 2mm。

(4) 旋紧 M24 螺母 15 至初始位置。

(5) 查看销 12 与腰型孔间隙,如间隙有误,操作步骤如下:

1) 取下销 12,使制动油缸 13 铰耳脱离左夹头 6 位置。

2) 旋转铰耳可获得所需调节铰耳距离,铰耳牙距为 2mm。

(6) 制动打开时,检查左右制动摩擦片 1 与制动盘 17 的间距,如果间距有误,操作方法如下:

1) 查看两侧间距误差值,判断出所需调整间距。

2) 制动关闭时,调节 M24 外六角螺栓 8。

3) 再次检验间距,如此反复,至完全符合要求为止。

(四) 检查

(1) 刹车动作应与塔吊动作保持同步,但工作刹和应急刹有时间差,应急刹稍微迟后于工作刹夹住制动盘,而松开时则二者同时松开制动盘(无时间差则说明时间延时继电器损坏)。

(2) 检查弹簧压缩长度 180~186mm。

(3) 刹车关闭时,轻轻敲击销轴 12 能活动。验证此时制动器液压缸 13 处于浮动不受力状态,盘式制动器有足够的补偿余量,否则一旦销轴 12 活动困难,制动器液压缸 13 受力,盘式制动器没有补偿余量,则刹车弹簧力无法完全释放,造成刹车制动力不足。

(4) 检查制动摩擦片的磨损情况,当制动摩擦片单片磨损量到达 2mm 时,即油缸杆伸出长度大于 48mm,塔机将发出报警信号。如果单片磨损大于 3mm,即厚度小于 27mm 应予以更换。

(5) 检查刹车系统电磁换向阀是否完好。

(6) 制动打开时,摩擦片和制动盘的间隙在 0.5~1.5mm 之间且左右均匀,不宜过大,以摩擦片不磨制动盘为止。

(五) 案例

××公司塔式起重机在 2013 年某项目吊装一约 13t 重的钢梁,起升停止后发现起升高度不够，又起升了 9m。此时，在操作手柄回到零位（此时吊钩停止）大约 3、4s 后，吊钩突然向下滑落，操作工立即按下急停开关，可吊钩依然下滑，而且下滑速度越来越快，不到十几秒吊钩和梁已经滑落到地面。

经检查判定主要是刹车制动力不足造成，原因分析如下：

（1）经检查应急刹车的延时继电器已经损坏，在此状态下工作刹和应急刹同步工作，造成失去应急刹的安全保护作用，给刹车失灵埋下了隐患。

（2）操作人员调整盘式制动器弹簧压缩 11 长度大于标准 186mm，导致刹车制动力不足。

（3）剪刀刹关闭时，销轴 12 不能活动，制动器油缸 13 受力，盘式制动器没有足够的补偿余量，从而导致刹车弹簧力无法完全释放，造成吊物下滑。

第八节 塔式起重机附着的系列问题解析

塔式起重机事故中，由于附着装置安装、设置不当所引起的事故也占有一定比例。下面对塔式起重机附着装置的使用及事故案例进行分析。

一、附着重点注意事项

（1）塔式起重机安装的高度超过最大独立高度或最大塔身悬臂时，应按照使用说明书的要求安装附着装置。

（2）当塔式起重机附着状态使用时，应根据建（构）筑物结构、附着间距限制确定附着型式、附着位置，其附着装置的安装高度、间距和附着以上自由端高度等应符合使用说明书的要求。

（3）当附着水平距离、附着间距等不满足使用说明书要求时，应由专业设计人员进行设计和计算、绘制制作图和编写相关安装制作说明。

（4）附着装置的构件和预埋件应由原制造厂家或具有相应资质的企业制作，严禁私自设计、改装、制作。

（5）附着装置设计时，应考虑塔式起重机所有载荷工况、建（构）筑物的允许附着锚固点以及锚固点的承载力和刚度等因素，附着设计工作宜与建（构）筑物的施工组织设计和塔式起重机的使用选型同步进行。建筑物附着点处的承载能力应满足使用说明书的要求。

（6）附着框架应尽可能在靠近标准节有水平支撑的位置安装，或根据使用说明书要求安装。

（7）附着装置安装拆卸作业应由具备相应资质的单位和相应资格的人员进行。

（8）附着支座处的钢筋混凝土结构的强度达到设计强度的 80% 后方可施工。对于柔性附着，锚固点墙体混凝土强度达到设计强度的 95% 后方可施工。

（9）安装附着装置时，应先在同一高度平面内安装附着框和附着连接件，待调整起重臂的方位和变幅小车在起重臂上的位置，使塔身相对于塔身中心处于最佳平衡状态后再安装支承杆。安装方法和顺序应按使用说明书的规定进行。

（10）支承构件与附着框架和建筑物之间应按使用说明书规定可靠连接。

附着支座与结构主体连接，采用焊接连接方式时，应由具有焊接资质的专业人员进行焊接操作，并应采取措施保证焊接质量，焊后进行焊接质量检查；采用螺栓连接方式时，螺栓或螺杆等级不得低于 8.8 级，螺母必须有可靠的防松措施，螺母紧固后宜保证有 3 圈以上螺纹外露。

（11）附着装置安装后，最高附着点以下塔身轴心线对水平面的垂直度不大于 2/1000 或按设备厂家说明书，应执行两者中的最严标准。

（12）附着装置安装完成后，宜保证附着框及附着杆中心线在同一高度，水平安装的附着杆倾斜角允许偏差为 ±5°。

（13）附着装置应至少每月进行一次检查维护，发现问题及时解决，确保满足安全使用要求后方可允许使用。

（14）拆卸附着装置前应先降低塔身，当塔身下降至爬升套架下端与最高附着装置之间的安全距离时，并保证在其下面的附着装置处于夹紧有效状态，下一道附着装置处于工作状态，才能拆卸该道附着装置。拆卸方法和顺序应按使用说明书的规定进行。

（15）附着装置主要承载结构件由于腐蚀或磨损而使结构的承载能力减弱，当超过原计算应力的 15% 时应予以报废，对无计算条件的当腐蚀深度达原厚度的 10% 时应予以报废。

（16）附着装置主要承载结构件产生塑性变形时，应予以报废。

（17）附着装置构件焊缝出现裂纹时，应根据受力和裂纹情况采取加强或重新施焊等措施，并在使用中定期检查，对无法消除裂纹影响的应予以报废。

二、塔机附着引起事故常见原因

（1）附着点以上塔机独立起升高度超出说明书要求。

（2）附着杆、附着间距未经计算、设计随意加大或减小。

（3）附着梁跨度或悬臂过大，未进行设计计算。

（4）附着梁和附着撑杆加工在项目工地由无资质人员焊接，为省费用，未经有资质的单位设计和制作。

（5）附着安装人员无资质，岗位操作能力不足。

（6）未按期进行附着装置检查，或附着装置存在安全隐患未及时处理。

（7）附着装置拆除时，未先将塔身降低至安全高度。

（8）塔身垂直度超标准使用，造成附着装置受力增大。

（9）附着装置结构存在缺陷，焊接质量存在缺陷，附着装置各结构未可行连接。

三、事故案例

【案例 1】塔机的附着点选择不当导致的附着事故。附着点处结构强度不符合附着要求，没有由专业人员设计验算，采取补强措施。

东沙花园 15 号楼建设采用塔式起重机，附墙支座选择在建筑物结构剪力墙的框架柱上，剪力墙框架柱配筋少，水平承载力强度达不到塔机附墙支点所需要求，同时，预埋件与剪力墙框架柱连接不符合要求。因此附墙支撑点在事发时，因风荷载作用，剪力墙框架柱被贯穿，塔机附着失效，造成塔身上部整体变形倒塌，附着失效。

【案例2】自制附墙件，不符合技术标准要求导致的附着事故。附着装置的构件和预埋件私自设计、改装、制作，没有由原制造厂家或具有相应资质的企业制作，附着杆件不符合技术标准要求，附着失效，导致塔机附着发生事故。

在堤角幸福村改造扩建工程中，8号楼塔式起重机使用的附着装置均为设备产权单位自制，其附着撑杆采用 $\phi 108$ 钢管代替方形格构柱，且采用无衬对接焊，杆件强度及结构稳定性均达不到原厂设计和标准要求，致使塔式起重机上端附着装置中的2根附墙撑杆折断，导致附着失效，塔机失稳倒塌。事故现场如图5-2-26所示。

自制的上端附着撑杆折断

图5-2-26　事故案例2现场

第九节　脚手架设计计算

脚手架在建筑工程施工中是必备的临时性结构措施，但由于建筑工程主体或上部结构（设备）的多样性和复杂性，对脚手架的结构形式、结构稳定性的要求等也不尽相同。受工程行业技术管理以及项目管控水平的影响，工程所用脚手架结构的计算情况千差万别，甚至个别工程所用脚手架不经计算设计，单凭经验进行搭设，给工程施工带来了巨大的安全隐患。为确保脚手架结构受力及稳定性等满足使用要求，本节根据国家现行有关规程规范，给定了脚手架设计的计算依据，并结合行业使用情况，介绍了主流的脚手架计算软件，供大家选择使用，但软件提供的计算结果务必与规程规范给定的计算依据进行校核后方可用于现场施工。

一、支撑结构设计计算

根据建筑行业标准《建筑施工临时支撑结构技术规范》（以下简称"《规范》"）（JGJ 300—2013）第4章的规定：建筑施工临时支撑结构的设计计算应包括水平杆设计计算、构件长细比验算、稳定性计算、抗倾覆验算、地基承载力验算等五项内容。以下计算说明仅供参考，具体计算时需以现行有效的标准要求为准。

（一）水平杆设计计算

当水平杆承受外荷载时，应进行水平杆的抗弯强度验算、变形验算及水平杆端部节点的抗剪强度验算。

（1）水平杆抗弯强度验算公式为

$$\sigma = M/W \leqslant f$$

式中 M——水平杆弯矩设计值，N·mm，应按《规范》第 4.3.5 条计算；

  W——杆件截面模量，mm²；

  f——钢材强度设计值，N·mm²，应按《规范》表 4.1.5 采用。

（2）节点抗剪强度验算公式为

$$R \leqslant V_R$$

式中 R——水平杆剪力设计值，N；

  V_R——节点抗剪承载力设计值，应按《规范》表 4.3.3 确定。

（3）水平杆变形验算公式为

$$v \leqslant [v]$$

式中 v——挠度，mm，应按《规范》第 4.3.5 条计算；

  $[v]$——受弯构件容许挠度，为跨度的 1/150 和 10mm 中的较小值。

（二）构件长细比验算

构件长细比计算公式为

$$\lambda = L_0/i$$

式中 L_0——立杆计算长度，mm，应按《规范》第 4.4.9 条～第 4.4.11 条计算；

  i——杆件截面回转半径，mm。

支撑结构受压构件的长细比不应大于 180；受拉构件及剪刀撑等一般连系构件的长细比不应大于 250。

（三）稳定性计算

立杆稳定性计算公式应符合下列规定：

（1）不组合风荷载时

$$\frac{N}{\phi A} \leqslant f$$

（2）组合风荷载时

$$\frac{N}{\phi A} + \frac{M}{W\left(1 - 1.1\phi\dfrac{N}{N'_E}\right)} \leqslant f$$

式中 N——立杆轴力设计值，N，应按《规范》第 4.4.5 条计算；

  ψ——轴心受压构件的稳定系数，应根据长细比 λ 按规范附录 A 取值；

  A——杆件截面积，mm²；

  f——钢材的抗压强度设计值，N/mm²；

  M——立杆弯矩设计值，N·mm，应按《规范》第 4.4.7 条计算；

W——杆件截面模量，mm^3；

N'_E——立杆的欧拉临界力，N，$N'_E = \dfrac{\pi^2 EA}{\lambda^2}$；

λ——计算长细比，$\lambda = L_0/i$；

E——钢材弹性模量，N/mm^2。

（四）抗倾覆验算

（1）抗倾覆验算应符合下式要求

$$\frac{H}{B} \leqslant 0.54 \frac{g_k}{w_k}$$

式中 g_k——支撑结构自重标准值与受风面积的比值，$N \cdot mm^2$，$g_k = \dfrac{G_{2k}}{LH}$；

G_{2k}——支撑结构自重标准值，N；

L——支撑结构纵向长度，mm；

B——支撑结构横向宽度，mm；

H——支撑结构高度，mm；

w_k——风荷载标准值，N/mm^2，应按《规范》第4.2.5条计算。

（2）符合下列情况之一时，可不进行支撑结构的抗倾覆验算：

1）支撑结构与既有结构有可靠连接时。

2）支撑结构高度（H）小于或等于支撑结构横向宽度（B）的3倍时。

（五）地基承载力验算

（1）支撑结构立杆基础底面的平均压力应符合下式要求：

$$p \leqslant f_g$$

式中 p——立杆基础底面的平均压力设计值，$N \cdot mm^2$，$p = N/A_g$；

N——支撑结构传至立杆基础底面的轴力设计俏，N；

f_g——地基承载力设计值，$N \cdot mm^2$；

A_g——立杆基础底面积，mm^2。

（2）支撑结构地基承载力应符合下列规定：

1）支承于地基土上时，地基承载力设计值应按下式计算：

$$f_g = k_c f_{ak}$$

式中 f_{ak}——地基承载力特征值。岩石、碎石土、砂土、粉土、黏性土及回填土地基的承载力特征值，应按现行国家标准《建筑地基基础设计规范》（GB 50007）的规定确定；

k_c——支撑结构的地基承载力调整系数，宜按《规范》表4.6.2确定。

2）当支承于结构构件上时，应按现行国家标准《混凝土结构设计规范》（GB 50010）或《钢结构设计规范》（GB 50017）的有关规定对结构构件承载能力和变形进行验算。

（3）立杆基础底面积（A_g）的计算应符合下列规定：

1）当立杆下设底座时，立杆基础底面积（A_g）取底座面积。

2）当在夯实整平的原状土或回填土上的立杆，其下铺设厚度为50～60mm、宽度不小于 200mm 的木垫板或木脚手板时，立杆基础底面积可按下式计算：

$$A_g = ab$$

式中　A_g——立杆基础底面积，mm^2，不宜超过 $0.3m^2$；

　　　a——木垫板或木脚手板宽度，mm；

　　　b——沿木垫板或木脚手板铺设方向的相邻立杆间距，mm。

二、常用计算软件

模板支撑架（含脚手架）常用的计算软件包括品茗、建书、PKPM 筑业等计算软件。

（一）品茗建筑云安全计算软件

品茗建筑云安全计算软件包含脚手架工程、模板工程、临时工程、土石方工程、塔吊计算、降排水工程、起重吊装、冬期施工、混凝土工程、钢结构工程、基坑工程、垂直运输设施、施工图以及地基处理、顶管施工、临时围堰、桥梁支模架、智绘施工图共计 18 大模块，300 余个计算子模块。软件依据《危险性较大的分部分项工程安全管理规定》（住房和城乡建设部令第 37 号）、《关于实施〈危险性较大的分部分项工程安全管理规定〉有关问题的通知》（建办质〔2018〕31 号）等相关文件标准规范编制，基于云端智能分析，运用智能推荐快速创建设计计算模型。

（二）建书脚手架计算软件

建书脚手架计算软件是一款专业的建筑施工安全脚手架计算软件，支持落地式脚手架、悬挑脚手架、落地卸料平台、悬挑卸料平台的计算。软件允许用户自己根据实际施工情况手工设置支撑与荷载，突破各种固定施工方法的限制，计算更加灵活。可自动生成计算简图、弯矩图、剪力图、变形图，并将最大弯矩与剪力值自动在图形上。计算方案书直接在 WORD 中生成，从目录到各级标题，结构清晰，格式美观。

（三）PKPM 筑业安全计算软件

PKPM 筑业安全计算软件包含脚手架工程、模板工程、塔吊基础工程、边坡支护工程、临时用电、冬季施工等各类危险性较大的分部分项工程的设计计算。

脚手架工程模块可以解决扣件式钢管脚手架（含单排、双排、单立杆、双立杆）、碗扣式、盘扣式、门式及木脚手架等常见脚手架的计算，包括悬挑脚手架（含钢管悬挑、型钢悬挑）、多排悬挑脚手架主梁、满堂脚手架（含扣件式、盘扣式和门式）、卸料平台（含落地式、悬挑式）、附着式升降脚手架（爬架）、高处作业吊篮等 20 余种脚手架模型的计算。常用模型可自动生成计算书并完成施工专项方案的编制。

模板工程模块可提供丰富的计算模型，依据用户输入的各项参数自动计算墙、梁、板、柱模板、大梁侧模的多种支撑形式是否满足设计要求，对竹、木、组合小钢模面板强度和刚度进行验算，同时可将计算书直接插入到方案中。

第三章

技术保障安全剖析

第一节　安全与技术的关系（避免重大吊装事故案例剖析）

大家都清楚，重大吊装项目需要提前制订完善细致可行的技术方案，而且在过程之中要严格落实，这是保证吊装顺利完成不可或缺的。同时，还有关键的一点是方案执行的前提是所涉及的"机"是可靠的，即机械、吊索具等都是满足要求、合格的。而如果所涉及的"机"不合格、有问题，那就可能存在巨大隐患，甚至发生机毁人亡的大事故。这绝不是危言耸听。下面通过一个真实的案例来分析一下，技术是如何支撑安全工作的。

2017年某月，GS省某电厂的1号桥机大钩在吊装某小件时发生滑钩，物件坠落受损，事故现场如图5-3-1所示。

后经专门检验机构鉴定，原因为减速机高速轴断裂所致，如图5-3-2所示，而高速

图5-3-1　GS省项目桥机大钩坠落事故现场　　图5-3-2　GS省项目桥机减速机高速轴断裂

轴断裂原因为"该轴是典型的旋转弯曲疲劳断裂，裂纹起源于轴杆表面变截面部位，且该变截面部位无 R 角，受力过程将产生明显的应力集中……。"所幸的是，就在月余前该桥机刚刚参与了抬吊发电机定子就位（两台机组两个施工总包单位均是此方案）。其中一个施工总承包单位 SD 省公司人员在去现场安全检查时得知主钩出事后，记下了此桥机所配减速机为 tXL 厂出品，随后通知各相关部门和项目，以后凡此厂出产的减速机均要引起高度重视，不允许再使用配有此减速机的起重机吊装重大件。因为 SD 省公司主管技术人员清楚 TX 和 TL 减速机厂是 JS 省减速机知名品牌厂家，而 tXL 也是 JS 省的，可想而知，可能存在一些打品牌"擦边球"的问题。

历史总是有相似之处。2020 年某月，在 XJ 省某电厂工地，桥机小钩在未带载的情况下突然失去控制，如图 5 - 3 - 4 所示。

后经拆解减速机发现小钩减速机高速轴（即输入轴）断裂，如图 5 - 3 - 3 所示，在完全失去制动系统保护的情况下，导致小钩自由落钩。两月余 SD 省公司负责大件吊装的技术人员到现场检查定子吊装准备工作，得知桥机前段时间出现小钩滑落后，随即检查减速机厂家，一看是 tXL 厂家生产的，当即汇报公司总部后决定不再用两台桥机抬吊发电机定子方案，而采用桥架上布置液压提升装置方案。虽然重新准备可能影响定子吊装的就位计划，安全第一，不容犹豫！但在给建设方汇报此种减速机在三年前 GS 省出现的问题后，现在本项目又出现小钩同样的原因的坠落问题，绝对不能再用原方案，即两桥机抬吊发电机定子了。从技术到各相关部门，建设方却不同意，后又与起重机厂联系 tXL 减速机厂出证明，讲绝对没有问题了。但是，技术就是技术，在没有充分证据表明厂家改正问题后，安全就是没有保证的！不能靠承诺，即使书面的承诺也不行！没有商量的余地，方案必须要改！

图 5 - 3 - 3　XJ 省项目桥机减速机高速轴断裂

图 5 - 3 - 4　XJ 省项目桥机大钩坠落

后经多次努力，终于更改了方案，定子顺利就位。三个月后，桥机大钩又出现了坠落问题，建设方负责人感到无比震惊，为此重奖了坚持方案更改的 SD 省技术人员。此次事件充分说明了技术与安全的关系，技术是如何保证安全的，技术是如何避免重大吊装事故的。

第二节　链条葫芦使用与较大事故的关系

链条葫芦的使用在电力建设工程施工中比较普遍，但因忽视其特点未按照规范使用导致事故时有发生。下面通过规范条款及事故案例进行剖析。

在《电力建设安全工作规程　第 1 部分：火力发电》（DL 5009.1—2014）中规定：

2　链条葫芦

1）使用前检查吊钩、链条、传动及制动器应可靠。

2）吊钩应经过索具与被吊物连接，严禁直接钩挂被吊物。

3）不宜采用两台或多台链条葫芦同时起吊同一重物。确需采用时，应制定可靠的安全技术措施，且单台链条葫芦的允许起重量应大于起吊重物的重量。

4）起重链不得打扭，并且不得拆成单股使用。

5）制动器严防沾染油脂。

6）不得超负荷使用，起重能力在 5t 以下的允许一人拉链，起重能力在 5t 以上的允许两人拉链，不得随意增加人数猛拉。操作时，人不得站在链条葫芦的正下方。

7）吊起的重物确需在空中停留较长时间时，应将手拉链拴在起重链上，并在重物上加设安全绳，安全绳选择应符合本标准 4.12 的规定。

8）在使用中如发生卡链情况，应将重物固定牢固后方可进行检修。

以上都是基于链条葫芦的材质及结构特点制定的安全使用注意事项。尤其是第 3）条款，多数人员并不注意或没有深刻理解，认为只要所用链条葫芦的总起重量大于被吊物的重量即可，且没有使用保险绳，造成多起较大人员伤亡的事故。两次高度雷同的事故如下：

（1）2005 年"4·30"南方某电厂 4 死 3 伤事故。2005 年 4 月 30 日，南方某电厂的锅炉刚性梁组合件 18.4t，在 5 个 5t、2 个 3t 链条葫芦接钩和就位过程中，共有 7 名作业人员站在上部刚性梁上拉葫芦，其中 2 人安全带挂在上部水冷壁葫芦链条上，5 人安全带挂在起吊刚性梁的链条葫芦上，由一人统一指挥，协调链条葫芦提升。19 时 35 分左右，刚性梁左侧第一个 5t 链条葫芦上部钩子突然断裂，其余 6 个吊点的链条葫芦也相继断裂，导致刚性梁组件坠落。安全带挂在起吊刚性梁组件的链条葫芦上的 5 人随着一起坠落到地面；安全带挂在上部水冷壁葫芦链条上的 2 人被安全带吊在空中。事故最终造成分包单位 4 人死亡，3 人受伤。

（2）2014 年"4·1"北方某电厂的 4 死 2 伤事故。2014 年 4 月 1 日 18 时 10 分左右，施工人员对吊挂在 37.53m 处后侧水冷壁右侧中段上部组件（长 9.309m、高 8.533m、重 21.26t）用三个 10t 的链条葫芦进行对口焊接调整时，水冷壁组件作业人员为 3 人，2 人将安全带挂在水冷壁对口脚手架管上，1 人将安全带悬挂于锅炉右侧平台栏杆上。调整对口时，第一个链条葫芦（10t）突然断裂，因受力不均，其他两处链条葫芦超负荷也相继断裂，水冷壁组件由 37.53m 处向下坠落，地面锅炉零米有 5 人在作业，最后

图 5-3-5　事故现场

造成上面 3 人中有 2 人死亡，安全带挂平台栏杆的 1 人幸免于难，地面 5 人中有 2 死 2 伤 1 人幸免于难。事故现场如图 5-3-5 所示。

以上两个事故案例都是因为违反规范标准而造成的。同时，这个违规的安全带挂法也造成了人员的伤亡，这两个案例同时证明了安全带的挂法是何等重要。任何操作都不能违章，否则，就有可能造成事故。

第三节　正确捆绑方式与滑轮组的安全使用

起重吊装的捆绑看似简单，实际上是一个技术含量很高的问题。因为它涉及捆绑之后的吊装，是一个动态的过程。对有些情形，随着吊装高度的变化，被吊物及吊索具的受力大小及方向是在变化的。因此，如果捆绑不正确，则有可能发生始料未及的吊装事故。下面通过一个真实的案例进行剖析。

此案例中的被吊物为较长的圆柱体，一端采用起重机械吊装，另外一端采用动、定滑轮组吊装，下面分析采用动、定滑轮组吊装的这一端由于捆绑方式不正确而发生的问题。采用动、定滑轮组吊装时，定滑轮一般是在上部固定好的，在下部的动滑轮需要采用钢丝绳扣与动滑轮下部的承力销轴连接。由于滑轮组在使用时，受力后动、定滑轮的轴应该是处于平行的状态。而定滑轮一旦固定后，其滑轮轴的方向就确定了，此时，动滑轮的轴却受制于捆绑的钢丝绳的方式，可能与定滑轮轴平行，如图 5-3-6、图 5-3-7 所示，也可能成一定角度甚至垂直，如图 5-3-8、图 5-3-9 所示。而当两者不平行甚至垂直时，

图 5-3-6　演示捆绑方式（一）

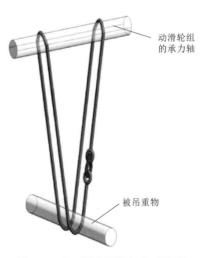

动滑轮组的承力轴

被吊重物

图 5-3-7　图示捆绑方式（正确）

图 5 - 3 - 8　演示捆绑方式（二）

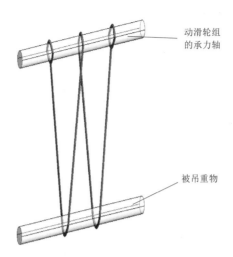

动滑轮组的承力轴

被吊重物

图 5 - 3 - 9　图示捆绑方式（错误）

动、定滑轮相处距离较大（开始吊装）时，没什么问题，但随着吊装的进行当两者距离较小（一般是就位）时，就会出现卷扬机起升绳严重斜拉滑轮一侧边沿的情况（此过程是随着吊装的进行逐步加剧的），严重时会拉崩滑轮边沿进而割断起升钢丝绳发生事故，如图 5 - 3 - 10、图 5 - 3 - 11 所示。

图 5 - 3 - 10　演示错误的方式
（动、定滑轮组轴垂直）

图 5 - 3 - 11　错误的方式导致滑轮单边非正常
受力（动滑轮组局部放大）

第四节　防止塔式起重机顶升降节事故的关键问题

塔式起重机具有垂直运输效率高、水平运输范围大、费用低等优点，被广泛应用于工程建设领域。在我国，塔式起重机安全事故在起重机械事故中一直占有很高的比例，使用过程中出现了很多安全事故，尤其在塔式起重机安装、拆卸及顶升时发生事故较多。

近些年国家有关部委下发了《建筑起重机械安全监督管理规定》（建设部令第 166 号）、《塔式起重机安全规程》（GB 5144—2006）、《塔式起重机 安装与拆卸规则》（GB/T 26471—2011）、《建筑施工塔式起重机安装、使用、拆卸安全技术规程》（JGJ 196—2010）、《建筑施工易发事故防治安全标准》（JGJ/T 429—2018）等法规规章和标准规范，旨在加强塔式起重机安装拆卸及使用安全管理。

一、塔式起重机顶升降节重点注意事项

（1）制订切实可行的顶升降节作业施工方案，每次顶升降节前应对施工人员进行安全技术交底，要求施工人员必须掌握相关的技术文件和顶升降节环节中的安全控制点，熟悉掌握岗位操作规程。

（2）塔机安装、拆卸及顶升降节作业必须由具有相应资质的单位及人员进行施工，不得无资质或超资质许可范围作业。

（3）塔机安装、拆卸及顶升降节作业时，应按设备厂家提供的设备使用说明书中有关规定及注意事项进行；施工前对机械设备进行全面检查，发现问题及时消除缺陷，机械设备要做到本质安全。

（4）遇有大风、大雾、雷电、雨天、低温等恶劣气候，禁止安装拆卸塔机，具体要求按国家标准规范及设备厂家提供的使用说明书的规定执行。

（5）液压爬升系统：

1）液压系统应设置防止过载和液压冲击的装置。

2）液压系统中应设置滤油和其他防止污染的装置，过滤精度应符合系统中选定的液压元件的要求。

3）油箱应有足够的容量，在连续作业中最高温度不超过 80℃。

4）液压元件的技术要求应符合有关标准的规定。

5）液压传动应平稳，不得有异常噪声。

6）应保证液压缸在有效行程内的任意位置上能准确、平稳地停止。

（6）顶升前的检查：

1）要检查顶升液压系统工作情况。液压管路必须充分排气，油液保持足够，接头连接可靠，进油口和出油口不能接反。顶升时，液压系统的油压过高，顶升阻力比设计值增大很多，不仅容易损坏液压系统，而且可能造成重大事故。液压爬升机构应保证安全，溢流阀的调整压力应不大于系统额定工作压力的 110%。发现油压升高异常时，立即停机检查，排除危险因素后再继续顶升；下降时，回油必须通过平衡阀或液控单向阀控制下降速度，防止产生过大的震动、冲击以及管路爆裂而自由下落；溢流阀的设定压力要符合使用说明书的要求，太小则无法顶升，太大可能发生意外事故损坏液压系统。油缸液压锁应安全可靠，液压缸的顶升速度要平稳。

2）要检查滚轮间隙。间隙应符合使用说明书要求，间隙过小，顶升过程容易出现卡涩，间隙过大，滚轮容易脱轨，发生危险。

3）要检查踏步和油缸顶升横梁，不能有变形、开裂等缺陷。

4）检查爬升套架支承系统，应确保各部分运动灵活、承重可靠。

5）塔机在安装、增加塔身标准节之前应对结构件和高强度螺栓进行检查，若发现下列问题应修复或更换后方可进行安装：①目视可见的结构件裂纹及焊缝裂纹；②连接件的轴、孔严重磨损；③结构件母材严重锈蚀；④结构件整体或局部塑性变形，销孔塑性变形。

（7）顶升前配平。每次爬升前，应按使用说明书的规定调整平衡；爬升过程中严禁任何吊装作业。严格按使用说明书中规定的数据，将变幅小车开至指定位置或变幅至要求幅度，吊钩按说明书要求吊荷载，停在指定的幅度来保证塔机上部的平衡，需要吊配重的严格执行使用说明书规定。塔身没有与回转支座连接时，不允许臂架回转及开动变幅小车行走，不允许除塔身配平所需之外的任何吊荷载作业。

（8）顶升过程应由专人负责指挥，专人操作液压系统，专人紧固连接件。不得在夜间进行顶升，如必须夜间进行塔机安装拆卸，现场应配备足够亮度的照明。要注意电缆放松长度是否满足需要，注意检查电缆移动有无卡阻。不得超过规定风速进行顶升作业。顶升操作人员在顶升过程中必须精力集中，注意观察，如遇卡阻或其他故障，必须停止检查，直到故障排除。顶升过程要安排专人监护套架最上端滚轮不能超出标准节塔身轨道。

（9）塔机爬升作业时，应确保爬升套架上支承在塔身上的受力部位与塔身爬升支承部位应可靠定位和结合；检查、调试并确认爬升机构工作正确、可靠，应保证爬升套架能按塔身爬升规定的程序上升、下降、可靠停止；升降过程中应平稳，无爬行、振动现象。塔机在爬升过程中，一定要严禁套架装置出现脱轨现象。

（10）塔机加节与下部塔身可靠连接后，应将加节上部与下支座按使用说明书规定进行连接。塔身上部与下支座所有连接件可靠连接后，塔机方可回转。

（11）顶升结束后，检查和紧固塔身标准节的连接螺栓或连接销。重新调整顶升套架导轨间隙，使导轮与塔身标准节主弦杆完全脱离接触。检查液压系统操作手柄是否拨回零位并断电。

（12）遵守和理解有关标准规范的条文：

1）《建筑施工塔式起重机安装、使用、拆卸安全技术规程》（JGJ 196—2010）在"塔式起重机的安装"章节有如下规定：

自升式塔式起重机的顶升加节应符合以下规定：

1）顶升系统必须完好。

2）结构件必须完好。

3）顶升前，塔式起重机下支座与顶升套架应可靠连接。

4）顶升前，应确保顶升横梁搁置正确。

5）顶升前，应将塔式起重机配平；顶升规程中，应确保塔式起重机的平衡。

6）顶升加节的顺序，应符合说明书的规定。

7）顶升过程中，不应进行起升、回转、变幅等操作。

8）顶升结束后，应将标准节与回转下支座可靠连接。

9）塔式起重机加节后需进行附着的，应按照先装附着装置、后顶升加节的顺序进行，附着装置的位置和支撑点的强度应符合要求。

2）《建筑施工易发事故防治安全标准》（JGJ/T 429—2018）在"起重伤害"章节有如下规定：

塔式起重机的使用应符合下列规定：塔式起重机顶升加节应符合使用说明书要求；顶升前，应将回转下支座与顶升套架可靠连接，并应将塔式起重机配平；顶升时，不得进行起升、回转、变幅等操作；顶升结束后，应将标准节与回转下支座可靠连接；塔式起重机加节后需进行附着的，应按先安装附着装置、后顶升加节的顺序进行。拆除作业时，应先降节，后拆除附着装置。

3）《塔式起重机》（GB/T 5031—2019）在"安全装置"章节对"爬升装置防脱功能"有如下规定：

爬升式塔机爬升装置应有直接作用于其上的预订工作位置锁定装置。在加节、降节作业中，塔机未到达稳定支撑状态（塔机回落到安全状态或被换步支撑装置安全支撑）被人工解除锁定前，即使爬升装置有意外卡阻，爬升支撑装置也不应从支撑处（踏步或爬梯）脱出。爬升式塔机换步支撑装置工作承载时，应有预订工作位置保持功能或锁定装置。

二、顶升降节事故常见原因

（1）顶升作业施工单位无资质，无证承揽施工任务。施工人员、设备、技术等方面均不符合要求。

（2）顶升作业无方案、无安全技术交底，凭经验施工。施工单位不编制方案，不进行安全技术交底，凭经验违章蛮干。

（3）顶升作业施工中违反程序。施工单位不按塔式起重机使用说明书中规定的程序、不按施工方案和安全技术交底要求作业，图省事，凭想象，凭经验。

（4）塔式起重机存在安全隐患，施工前未进行全面检查及整改，或存在不易检查到的设备部件质量问题。

（5）恶劣天气施工，超出说明书或规范要求的环境条件施工。

三、事故案例

2019年1月23日9时15分，华容县华容明珠三期在建工程项目10号楼塔式起重机在进行拆卸作业时发生一起坍塌事故，事故造成2人当场死亡，3人受伤送医院经抢救无效后死亡，事故直接经济损失580余万元。

1. 事故发生经过

2019年1月23日，经华容明珠三期工程项目劳务分包人吴××联系，湖南某建筑机械设备租赁有限公司谭××派出严××（塔机司机）、贺××（地面司索指挥）、王××、王×、田××、张××等6名人员对华容明珠三期10号栋塔式起重机进行拆除作业。7时30分左右施工人员到达拆卸现场后，在未向施工单位和监理单位汇报的情况下，司机严××从10号栋楼顶通道进入司机室操作塔式起重机，分两次吊运施工升降机附着架（9套、共重935.8kg）、混凝土料斗至附近围墙处，期间又应吴××的要求，分三次吊运竹夹板、钢管至围墙内。完成前期准备工作后（包括于距塔身约 20m 处吊起 9 套施工升降机附着架做为平衡起重臂和平衡臂用），于上午 9 时左右开始实施拆除作业，除司索指挥贺××在地面指挥，其余五人均登上塔机进行拆除作业。开始拆除作业 15min 后，拆卸工人在拆除距离地面 80m 的塔机第 29 节标准节（事发现场已散体为两个单独主肢及一个两主肢相连片状节）上下高强螺栓后，操作液压顶升机构顶升，由于顶升横梁销轴未可靠放入第 28 节主肢踏步圆弧槽，未将顶升横梁防脱装置推入踏步下方小孔内，同时平衡臂与起重臂未能一直保持平衡（司机操作小车吊运 935.8kg 重的 9 套施工升降机附着架，由距塔身约 20m 处回收至距塔身 4.9m 处。而《山东大汉 QTZ63 型塔机使用说明书》规定小车应在距塔身 15m 处吊一节 735kg 标准节保持不动），且其他作业人员同步将第 29 节标准节往引进平台方向推出，导致顶升横梁销轴一端从第 28 节标准节 4 号主肢踏步处滑脱，造成塔机上部载荷由顶升横梁一端承担而失稳，上部结构墩落引发塔式起重机从第 14 节标准节处断裂坍塌。司索指挥贺××听到类似金属炸裂"咔"的一声异响，看到塔式起重机剧烈摇晃，赶忙跑进裙楼内躲避，塔式起重机随后坍塌。

2. 事故直接原因

塔式起重机安拆人员严重违规作业，违反《建筑施工塔式起重机安装、使用、拆卸安全技术规程》（JGJ 196—2010）第 5.0.4 条、《山东大汉 QTZ63 型塔机使用说明书》第 8.2.1 条等规定是导致本起事故发生的直接原因。

（1）在顶升过程中未保证起重臂与平衡臂配平，同时有移动小车的变幅动作。

（2）未使用顶升防脱装置。

（3）且未将横梁销轴可靠落入踏步圆弧槽内。

（4）在进行找平变幅的同时将拟拆除的标准节外移。

以上违规操作行为引起横梁销轴从西北侧端踏步圆弧槽内滑脱，造成塔式起重机上部荷载由顶升横梁一端承重而失稳，导致塔式起重机上部结构墩落，引发此次塔式起重机坍塌事故。

3. 事故间接原因

湖南某建筑机械设备租赁有限公司，一是作为事故塔吊产权出租单位，无安装拆卸资质擅自进行塔吊拆卸作业；二是安排无特种作业资格的人员进行塔吊拆卸作业，现场塔吊拆卸作业人员 6 人中有 2 人无塔吊拆卸资格证书；三是未将塔吊拆除的有关资料报施工总承包和监理单位审核并通过开工安全生产条件审查，未告知工程所在地施工安全监督机构；四是私刻某某建筑机械设备有限公司公章并伪造塔吊安装拆卸的合同及安全协议，安排资料员伪造塔吊工程技术资料和他人签字；五是未落实企业安全生产责任，未对塔吊拆卸作业人员进行安全教育和技术交底，未安排专门人员进行现场安全管理。其他方面在此省略。

第五节　防止施工升降机常见事故的关键措施

一、施工升降机坠落较大事故的原因

（一）直接原因

统计分析 2013—2020 年住房与城乡建设部门公布的 11 起施工升降机坠落较大事故显

示，直接原因为施工升降机导轨架标准节高强度螺栓部分缺失、安装或加节附着后未按规定进行自检、未进行验收即违规使用情况达 9 起之多；1 起事故直接原因为上限位开关和上极限开关不起作用，导致升降机发生冲顶，造成吊笼上传动小车越出导轨倾翻，在吊笼失去动力滑落过程中，防坠安全器未能有效制停吊笼；1 起事故直接原因为事故升降机齿轮齿条与传动及防坠装置齿轮脱离啮合，导致吊笼在重力作用下沿轨道坠落地面。

（二）间接原因

11 起施工升降机坠落较大事故的间接原因，按照租赁单位、安装拆卸单位、施工总承包单位、监理单位整理区分如下。

1. 租赁单位和安装拆卸单位的主要间接原因

（1）无资质安拆。冒用其他有资质的单位起重设备安装资质证书，派遣无建筑施工特种作业操作资格证人员进行违规安装、维护和保养。

（2）安全生产教育培训不到位，对临时雇佣人员未经培训即安排上岗作业；未建立员工安全教育培训档案，未定期组织对员工培训。

（3）事故升降机安装专项施工方案未完成审批，不能指导安装作业；编制的事故施工升降机安装专项施工方案内容不完整且与事故施工升降机机型不符，不能指导安装作业，方案审批程序不符合相关规定；事故施工升降机安装前，未按规定进行方案交底和安全技术交底。

（4）事故施工升降机安装过程中，未安排专职安全生产管理人员进行现场监督；施工现场管理缺失，无施工升降机顶升加节施工专项方案。

（5）未经验收合格的施工升降机投入使用、施工升降机司机违规操作；违规将超过设计使用年限未评估、没有安全技术档案的施工升降机租赁给使用单位。

2. 施工总承包及监理单位的主要间接原因

未按相关法规、标准进行有效的监督、管理，或所做管理流于形式，从而使得事故钻了空子，造成悲剧的发生。具体情况在此不再赘述。

二、防止常见施工升降机事故的措施

根据对标准规范的理解，提出以下防范措施：

（1）《施工升降机安全使用规程》（GB/T 34023—2017）提出，施工升降机安装拆卸工应集中精力将导轨架节紧固在导轨架上。曾发生的一些灾难性事故就是因为吊笼/运载装置行驶到未紧固的导轨架节上。为了防止此类事故，建议同时采取下列措施：

1）导轨架节的连接螺栓由下向上穿出螺栓孔。

2）每安装一节导轨架节，至少由两个安装拆卸工各检查一次导轨架节螺栓的紧固情况。

3）在导轨架节安装（包括任何增加导轨架高度的加节）完成之后运行之前，用一个吊笼/运载装置载有额定安装载荷进行运行检查，吊笼/运载装置至少运行到允许的最大高度并静止 5min，在运行过程中和吊笼/运载装置静止时，观察导轨架是否有未紧固的倾斜（必要时应借助望远或显示设备）；双吊笼/运载装置的，交替运行各一次，一个运行时，另一个静止在升降机的最下部；检查时不带对重（如有）运行；运行和检查时，吊笼/运载装置不得载人，操作者和观察者均在安全区域，并禁止其他人员接近。

（2）吊笼空载位于最低位置时，导轨架轴心线对底座水平基准面的安装垂直度偏差应符合表5-3-1的规定，但在设计允许倾斜的方向上除外。

表5-3-1　　　　　　　　　　　导轨架安装垂直度偏差

导轨架架设高度 h/m	$h \leqslant 70$	$70 < h \leqslant 100$	$100 < h \leqslant 150$	$150 < h \leqslant 200$	$h > 200$
垂直度偏差/mm	不大于导轨架架设高度的/1000	$\leqslant 70$	$\leqslant 90$	$\leqslant 110$	$\leqslant 130$

（3）应有防止吊笼驶出轨道的机械措施（导轨架顶部是否安装一节无齿条标准节以防吊笼冒顶）。这些措施在升降机正常作业、安装、拆卸或维护/检查时，均应起作用。

（4）所有安全联锁装置，包括限位开关，都已经牢固，工作正常；所有防护装置已正确安装。

（5）施工升降机应安装防坠安全器，防坠安全器应在1年有效标定期内使用，不得使用超过有效标定期的防坠安全器。

（6）使用期间，每3个月应进行不少于1次的额定载荷坠落试验。

（7）升降机额定起重量、额定乘员数标牌应置于吊笼醒目位置，并应安装超载保护装置。不得用行程开关作为停止运行的控制开关。

（8）施工升降机应设置附墙架，附墙架应采用配套标准产品，附墙架与结构连接方式、角度应符合产品说明书要求；当标准附墙架产品不满足施工现场要求时，应对附墙架另行设计。

（9）施工升降机附着装置自由端高度应符合厂家说明要求，严禁私自调整。

（10）升降机底部防护围栏应围成一周，高度不应小于2.0m；底部防护围栏应设有围栏门，围栏门应视为全高度层门，其开口的净高度不应小于2.0m。

（11）对于全高度层门，层门开口的净高度在层站上方不应小于2.0m。当建筑物入口的净高度小于2.0m时，允许降低层门开口的高度，但任何情况下层门在层站上方开口的净高度均不应小于1.8m。

（12）施工升降机使用合法合规方面，应符合以下要求：

1）施工升降机司机、起重机指挥、电工等作业人员应取得特种设备作业人员和特种作业人员作业资格证；施工升降机安装拆卸人员宜持有建筑施工特种作业资格证。

2）从事施工升降机安装拆卸、顶升加节的单位应具有相应的资质。

3）施工升降机安装拆卸应由安装拆卸单位编制专项施工方案，并由安装单位技术负责人审核签字，加盖安装单位公章。然后由总承包单位技术负责人审核签字并加盖其单位公章；超过一定规模的危险性较大的分部分项工程，其专项施工方案应经组织专家论证。

4）安装前进行安装告知，申请安装监督并受理后，方可进行施工升降机安装施工。

5）专项施工方案实施前，编制人员或者项目技术负责人应当向施工现场管理人员进行方案交底。

6）施工现场管理人员应当向作业人员进行安全技术交底，并由双方和项目专职安全生产管理人员共同签字确认。

7）施工单位应当严格按照专项施工方案组织施工，不得擅自修改专项施工方案。

8）安装单位的专业技术人员、专职安全生产管理人员应当进行现场监督，技术负责人应当定期巡查。

9）自检和检验。施工升降机安装完毕后，安装单位应当按照安全技术规范及安装使用说明书的有关要求对升降机进行自检、调试和试运转。自检合格的，应当出具自检合格证明，并向使用单位进行安全使用说明。施工单位应对施工升降机进行验收，形成验收记录。施工升降机应经施工所在地特种设备检验机构安装监督检验合格后，方可投入使用。

10）使用登记。施工升降机安装监督检验合格后，按照《特种设备使用管理规则》（TSG 08—2017）的要求，在产权所在地办理使用登记。

11）按照《特种设备使用管理规则》（TSG 08—2017）的要求，建立施工升降机安全技术档案。

附　　录

附录 A　危险性较大的分部分项工程

一、通用部分包括（但不限于）

1. 特殊地质地貌条件下施工。

2. 人工挖孔桩工程。

3. 土方开挖工程：开挖深度超过 3m（含 3m）的基坑（槽）的土方开挖工程。

4. 基坑支护、降水工程：开挖深度超过 3m（含 3m）或虽未超过 3m 但地质条件和周边环境复杂的基坑（槽）支护、降水工程。

5. 边坡支护工程。

6. 模板工程及支撑体系：

1）各类工具式模板工程：包括大模板、滑模、爬模、飞模、翻模等工程。

2）混凝土模板支撑工程：搭设高度 5m 及以上，搭设跨度 10m 及以上，施工总荷载 $10kN/m^2$ 及以上，集中线荷载 15kN/m 及以上，高度大于支撑水平投影宽度且相对独立无联系构件的混凝土模板支撑工程。

3）承重支撑体系：用于钢结构安装等满堂支撑体系。

7. 起重吊装及安装拆卸工程：

1）采用非常规起重设备、方法，且单件起吊重量在 10kN 及以上的起重吊装工程。

2）采用起重机械进行安装的工程。

3）起重机械设备自身的安装、拆卸。

8. 脚手架工程：

1）搭设高度 24m 及以上的落地式钢管脚手架工程。

2）附着式整体和分片提升脚手架工程。

3）悬挑式脚手架工程。

4）吊篮脚手架工程。

5）自制卸料平台、移动操作平台工程。

6）新型及异型脚手架工程。

9. 拆除、爆破工程：

1）建（构）筑物拆除工程。

2）采用爆破拆除的工程。

10. 临近带电体作业。

11. 其他：

1）建筑幕墙安装工程。

2）钢结构、网架和索膜结构安装工程。

3）地下暗挖、顶管、盾构、水上（下）、滩涂及复杂地形作业。

4）预应力工程。

5）用电设备在 5 台及以上或设备总容量在 50kW 及以上的临时用电工程。

6）厂用设备带电。

7）主变压器就位、安装。

8）高压设备试验。

9）厂、站（含风力发电）设备整套启动试运行。

10）有限空间作业。

11）采用新技术、新工艺、新材料、新设备的分部分项工程。

二、火电（含核电常规岛）工程包括（但不限于）

1. 锅炉水压试验。

2. 汽包就位。

3. 锅炉板梁吊装就位。

4. 锅炉受热面吊装就位。

5. 汽轮机本体安装。

6. 燃机模块吊装就位。

7. 发电机定子吊装就位。

8. 除氧器吊装就位。

9. 氢系统充氢。

10. 燃气管道置换及充气。

11. 锅炉酸洗作业。

12. 锅炉、汽机管道吹扫。

13. 燃油系统进油。

14. 液氨罐充氨。

15. 烟囱、冷却塔筒壁施工。

三、水电工程包括（但不限于）

1. 隧道、竖井、大坝、地下厂房、防渗墙、灌浆平洞、主动（被动）防护网、松散体、危岩体等开挖、支护、混凝土浇筑等工程。

2. 水轮机安装及充水试验。

3. 尾水管、座环、发电机转子定子吊装。

4. 缆机设备自身的安装、拆卸工程。

5. 岩壁梁工程。

6. 竖（斜）井载人（载物）提升机械安装工程。

7. 上下游围堰爆破拆除工程。

8. 水下岩坎爆破工程。

四、送变电及新能源工程包括（但不限于）

1. 运行电力线路下方的线路基础开挖工程。

2. 10kV 及以上带电跨（穿）越工程。

3. 15m 及以上跨越架搭拆作业工程。

4. 跨越铁路、公路、航道、通信线路、河流、湖泊及其他障碍物的作业工程。

5. 铁塔组立，张力放线及紧线作业工程。

6. 采用无人机、飞艇、动力伞等特殊方式作业工程。

7. 铁塔、线路拆除工程。

8. 索道、旱船运输作业工程。

9. 塔筒及风机运输、安装工程。

10. 山地光伏安装（含设备运输）工程。

附录 B 超过一定规模的危险性较大的分部分项工程

一、通用部分包括（但不限于）

1. 深基坑工程

1）开挖深度超过 5m（含）的基坑（槽）的土方开挖、支护、降水工程。

2）开挖深度虽未超过 5m，但地质条件、周围环境和地下管线复杂，或影响毗邻建（构）筑物安全的基坑（槽）的土方开挖、支护、降水工程。

2. 模板工程及支撑体系

1）各类工具式模板工程：包括大模板、滑模、爬模、飞模、翻模等工程。

2）混凝土模板支撑工程：搭设高度 8m 及以上，搭设跨度 18m 及以上，施工总荷载 15kN/m² 及以上，集中线荷载 20kN/m 及以上的混凝土模板支撑工程。

3）承重支撑体系：用于钢结构安装等满堂支撑体系，受单点集中荷载 700kg 以上。

3. 起重吊装及安装拆卸工程

1）采用非常规起重设备、方法，且单件起吊质量在 100kg 及以上的起重吊装工程。

2）起重量 600kN 及以上的起重设备安装工程；高度 200m 及以上内爬起重设备的拆除工程。

4. 脚手架工程

1）搭设高度 50m 及以上落地式钢管脚手架工程。

2）提升高度 150m 及以上附着式整体和分片提升脚手架工程。

3）架体高度 20m 及以上悬挑式脚手架工程。

5. 拆除、爆破工程

1）采用爆破拆除的工程。

2）码头、桥梁、高架、烟囱、冷却塔拆除工程。

3）容易引起有毒有害气（液）体、粉尘扩散造成环境污染及易引发火灾爆炸事故的建、构筑物拆除工程。

4）可能影响行人、交通、电力设施、通信设施或其他建人构）筑物安全的拆除工程。

5）文物保护建筑、优秀历史建筑或历史文化风貌区控制范围的拆除工程。

6. 其他

1）施工高度 50m 及以上的建筑幕墙安装工程。

2）跨度大于 36m 及以上的钢结构安装工程；跨度大于 60m 及以上的网架和索膜结构安装工程。

3）开挖深度超过 8m 的人工挖孔桩工程。

4）复杂地质条件的地下暗挖工程、顶管、盾构、水下作业工程。

5）高度在 30m 及以上的高边坡支护工程。

6）采用新技术、新工艺、新材料、新设备且无相关技术标准的分部分项工程。

二、水电工程

1. 缆机设备自身的安装、拆卸作业工程。

2. 岩壁梁施工作业工程。

3. 竖（斜）井载人提升机械安装工程。

4. 隧道开挖作业工程。

5. 上下游围堰爆破拆除工程。

6. 水下岩坎爆破工程。

三、送变电及新能源工程

1. 高度超过 80m 及以上的高塔组立工程。

2. 运输质量在 20kg 及以上、牵引力在 10kN 及以上的重型索道运输作业工程。

3. 风机（含海上）吊装工程。

附录 C 应办理安全施工作业票的分部分项工程

一、通用危险作业项目包括（但不限于）

1. 特殊地质地貌条件下基础施工。

2. 3m 及以上基坑在复杂地质条件施工，5m 及以上基坑施工，人工挖孔桩作业。

3. 高边坡开挖和支护作业。

4. 多种施工机械交叉作业的土石方工程。

5. 爆破作业。

6. 悬崖部分混凝土浇筑。

7. 24m 及以上落地钢管脚手架搭设及拆除。

8. 大型起重机械安装、移位及负荷试验。

9. 卷扬机提升系统组装、拆除作业。

10. 两台及以上起重机械抬吊作业。

11. 厂（站）内超载、超高、超宽、超长物件和重大、精密、价格昂贵的设备装卸及运输。

12. 起吊危险品作业。

13. 起重机械达到额定负荷 90% 的起吊作业。

14. 变压器（换流变、高抗）就位及安装。

15. 大型构件（架）吊装。

16. 厂（站）设备带电。

17. 临近带电体作业。

18. 高压试验作业。

19. 发电机定子、转子组装及调整试验。

20. 水上（下）作业。

21. 有限空间作业。

22. 重点防火部位的动火作业。

二、火电工程（核电常规岛）包括（但不限于）

1. 发电机定子吊装就位、汽轮机扣缸。

2. 锅炉顶板梁吊装、就位。

3. 锅炉水压试验。

4. 磨煤机、送引风机等重要辅机的试运。

5. 锅炉、汽机管道吹扫。

6. 燃机模块吊装就位。

7. 机组的启动及试运行。

三、水电工程包括（但不限于）

1. 洞室开挖遇断层处理。

2. 岩壁梁施工。

3. 充排水检查。

4. 危石、塌方处理。

5. 液氨管道检修焊接。

6. 坝体渗水处理。

7. 机组的启动及试运行。

四、送变电及新能源工程包括（但不限于）

1. 换流阀安装。

2. 运行电力线路下方的线路基础开挖。

3. 10kV 及以上带电跨（穿）越作业。

4. 15m 及以上跨越架搭拆作业。

5. 跨越铁路、公路、航道、通信线路、湖泊及其他障碍物的作业。

6. 杆塔组立，张力放线及紧线施工。

7. 特殊施工方式作业（无人机、飞艇、动力伞等）。

8. 杆塔、线路拆除工程。

9. 索道、旱船运输作业。

10. 塔筒及风机在山区道路运输。

11. 风机吊装。

五、其他

国家、行业和地方规定的其他重要及危险作业。

附录 D　电力建设工程施工安全检查相关法规标准

中华人民共和国主席令第八十八号　中华人民共和国安全生产法

国家发展与改革委员会令第 28 号　电力建设工程施工安全监督管理办法

电监安全〔2012〕39 号　电力工程建设项目安全生产标准化规范及达标评级标准（试行）

NB/T 10096—2018　电力建设工程施工安全管理导则

DL/T 5370—2017　水电水利工程施工通用安全技术规程

DL 5009.1—2014　电力建设安全工作规程 第 1 部分：火力发电

GB 50720—2011　建设工程施工现场消防安全技术规范

GB 5144—2006　塔式起重机安全规程

JGJ 146—2013　建筑施工现场环境与卫生标准

GB 50201—2012　土方与爆破工程施工及验收规范

DL 5190.1—2012　电力建设施工技术规范 第 1 部分：土建结构工程

JGJ 59—2011　建筑施工安全检查标准

GB 50202—2018　建筑地基基础工程施工质量验收标准

GB 50497—2019　建筑基坑工程监测技术标准

GB 51004—2015　建筑地基基础工程施工规范

JGJ 120—2012　建筑基坑支护技术规程

GB 50666—2011　混凝土结构工程施工规范

JGJ/T 429—2018　建筑施工易发事故防治安全标准

JGJ 300—2013　建筑施工临时支撑结构技术规范

住房和城乡建设部令第 37 号　危险性较大的分部分项工程安全管理规定

建办质〔2018〕31 号　关于实施《危险性较大的分部分项工程安全管理规定》有关问题的通知

JGJ 130—2011　建筑施工扣件式钢管脚手架安全技术规范

JGJ 162—2008　建筑施工模板安全技术规范

GB 50078—2008　烟囱工程施工验收规范

国务院令第 393 号　建设工程安全生产管理条例

国家安全生产监督管理总局令第 30 号（2015 年 5 月 29 日，国家安全生产监督管理总局令第 80 号，第二次修订）　特种作业人员安全技术培训考核管理规定

建质〔2008〕75 号　建筑施工特种作业人员管理规定

GB 51210—2016　建筑施工脚手架安全技术统一标准

JGJ/T 128—2019　建筑施工门式钢管脚手架安全技术标准

JGJ/T 231—2021　建筑施工承插型盘扣式钢管脚手架安全技术标准

JG/T 503—2016　承插型盘扣式钢管支架构件

JGJ 202—2010　建筑施工工具式脚手架安全技术规范

GB/T 19155—2017 高处作业吊篮

JGJ 160—2016 施工现场机械设备检查技术规范

JB/T 11699—2013 高处作业吊篮安装、拆卸、使用技术规程

JGJ 33—2012 建筑机械使用安全技术规程

GB 2811—2019 头部防护 安全帽

GB 6095—2021 防护坠落安全带

JGJ 80—2016 建筑施工高处作业安全技术规范

GB 5725—2009 安全网

GB 30871—2014 化学品生产单位特殊作业安全规范

DL/T 819—2010 火力发电厂焊接热处理技术规程

DL/T 869—2021 火力发电厂焊接技术规程

CJJ/T 275—2018 市政工程施工安全检查标准

SL 398—2007 水利水电工程施工通用安全技术规程

GB 9448—1999 焊接与切割安全

GB 50194—2014 建设工程施工现场供用电安全规范

GB 8965.2—2009 防护服装 阻燃防护 第2部分：焊接服

DL 5162—2013 水电水利工程施工安全防护设施技术规范

JGJ 184—2009 建筑施工作业劳动防护用品配备及使用标准

GB/T 2550—2016 气体焊接设备 焊接、切割和类似作业用橡胶软管

DL/T 5371—2017 水电水利工程土建施工安全技术规程

SL 399—2007 水利水电工程土建施工安全技术规程

GBZ 2.2—2007 工作场所有害因素职业接触限值 第2部分：物理因素

DL/T 5373—2017 水电水利工程施工作业人员安全操作规程

GB 2894—2008 安全标志及其使用导则

DL/T 5250—2010 汽车起重机安全操作规程

DL/T 5199—2019 水电水利工程混凝土防渗墙施工规范

SL 714—2015 水利水电工程施工安全防护设施技术规范

SL 721—2015 水利水电工程施工安全管理导则

交通运输部令 2021 年第 24 号 中华人民共和国水上水下作业和活动通航安全管理规定

国务院令第 466 号 民用爆炸物品安全管理条例

DL/T 5135—2013 水电水利工程爆破施工技术规范

AQ 2005—2005 金属非金属矿山排土场安全生产规则

DL/T 5243—2010 水电水利工程场内施工道路技术规范

DL/T 1887—2018 水电水利工程砂石破碎机械安全操作规程

DL/T 1886—2018 水电水利工程砂石筛分机械安全操作规程

GB 6722—2014 爆破安全规程

GA 837—2009 民用爆炸物品储存库治安防范要求

Q/GDW 11957.2—2020 电力建设安全工作规程 第2部分：线路

DL 5009.2—2013 电力建设安全工作规程 第2部分：电力线路

DL/T 733—2014 输变电工程用绞磨

DL/T 319—2018 架空输电线路施工抱杆通用技术条件及试验方法

DL/T 5285—2018 输变电工程架空导线及地线液压压接工艺规程

DL/T 5106—2017 跨越电力线路架线施工规程

中华人民共和国主席令第79号 中华人民共和国海上交通安全法

国务院令第561号 防治船舶污染海洋环境管理条例

GB/T 35204—2017 风力发电机组 安全手册

GB/T 37898—2019 风力发电机组 吊装安全技术规程

NB/T 10393—2020 海上风电场工程施工安全技术规范

NB/T 10219—2019 风电场工程劳动安全与职业卫生设计规范

DL/T 796—2012 风力发电场安全规程

GB/T 50571—2010 海上风力发电工程施工规范

SY/T 10046—2018 船舶靠泊海上设施作业规范

GB/T 19568—2017 风力发电机组 装配和安装规范

GB/T 33628—2017 风力发电机组高强度螺纹连接副安装技术要求

NB/T 10216—2019 风电机组钢塔筒设计制造安装规范

GB/T 37443—2019 海洋平台起重机一般要求

CB/T 4289—2013 船用克令吊

T/CEC 5023—2020 电力建设工程起重施工技术规范

JB/T 9008.1—2014 钢丝绳电动葫芦 第1部分：型式与基本参数、技术条件

JB/T 7334—2016 手拉葫芦

GB/T 27697—2011 立式油压千斤顶

GB 50798—2012 石油化工大型设备吊装工程规范

GB/T 25854—2010 一般起重用D形和弓形锻造卸扣

GB/T 5972—2016 起重机钢丝绳保养、维护、检验和报废

JB/T 8521.1—2007 编织吊索安全性 第1部分：一般用途合成纤维扁平吊装带

XF 95—2015 灭火器维修

GB 50140—2005 建筑灭火器配置设计规范

GB/T 8918—2006 重要用途钢丝绳

GB/T 5973—2006 钢丝绳用楔形接头

GB/T 5976—2006 钢丝绳夹

GB/T 10051.3—2010 起重吊钩 第3部分：锻造吊钩使用检查

GB/T 14560—2016 履带起重机

GB/T 27546—2011 起重机械 滑轮

GB/T 6067.5—2014 起重机械安全规程 第5部分 桥式和门式起重机

GB/T 6067.1—2010 起重机械安全规程 第1部分：总则

GB/T 1955—2019　建筑卷扬机

GB/T 3811—2008　起重机设计规范

JB/T 6406—2006　电力液压鼓式制动器

JB/T 13479—2018　工业制动器　制动衬垫

GB 50231—2009　机械设备安装工程施工及验收通用规范

GB/T 12602—2020　起重机械超载保护装置

GB 50278—2010　起重设备安装工程施工及验收规范

GB/T 26471—2011　塔式起重机　安装与拆卸规则

国务院令第 549 号　特种设备安全监察条例

GB/T 23723.1—2009　起重机　安全使用　第 1 部分：总则

TSG Z6001—2019　特种设备作业人员考核规则

GB/T 31052.1—2014　起重机械　检查与维护规程　第 1 部分：总则

GB/T 26557—2021　吊笼有垂直导向的人货两用施工升降机

GB/T 10054.1—2021　货用施工升降机　第 1 部分：运载装置可进人的升降机

GB/T 34023—2017　施工升降机安全使用规程

GB/T 10054.2—2014　货用施工升降机　第 2 部分：运载装置不可进人的倾斜式升降机

GB/T 37537—2019　施工升降机安全监控系统

JGJ 125—2010　建筑施工升降机安装、使用、拆卸安全技术规程

GB/T 14405—2011　通用桥式起重机

市监特设发〔2021〕16 号　关于开展起重机械隐患排查治理工作的通知

T/CEC 210—2019　火电工程大型起重机械安全管理导则

GB/T 5905—2011　起重机　试验规范和程序

GB/T 20303.1—2016　起重机　司机室和控制站　第 1 部分：总则

GB/T 3799.2—2005　商用汽车发动机大修竣工出厂技术条件　第 2 部分：柴油发动机

GB/T 24810.1—2009　起重机　限制器和指示器　第 1 部分：总则

TSG Q7015—2016　起重机械定期检验规则

GB 7258—2017　机动车运行安全技术条件

GB/T 6068—2008　汽车起重机和轮胎起重机试验规范

JB/T 6042—2016　汽车起重机专用底盘

JB 8716—2019　汽车起重机和轮胎起重机安全规程

JB/T 9738—2015　汽车起重机

TSG 08—2017　特种设备使用管理规则

GB/T 28756—2012　缆索起重机

GB/T 16178—2011　场（厂）内机动车辆安全检验技术要求

GB/T 3787—2017　手持式电动工具的管理、使用、检查和维修安全技术规程

GB/T 39747—2021　举升式升降工作平台安全使用规程

GB/T 27548—2011　移动式升降工作平台　安全规则、检查、维护和操作

GB 50173—2014　电气装置安装工程　66kV 及以下架空电力线路施工及验收规范

JGJ 46—2005　施工现场临时用电安全技术规范

GB 50169—2016　电气装置安装工程　接地装置施工及验收规范

DL/T 572—2010　电力变压器运行规程

国能安全〔2014〕148 号　电力工程施工企业安全生产标准化规范及达标评级标准

财企〔2012〕16 号　企业安全生产费用提取和使用管理办法

建质〔2008〕91 号　建筑施工企业安全生产管理机构设置及专职安全生产管理人员配备办法

中华人民共和国主席令第 24 号　中华人民共和国职业病防治法

安监总厅安健〔2013〕171 号　关于印发职业卫生档案管理规范的通知

国务院令第 708 号　生产安全事故应急条例

国家安全生产监督管理总局令第 88 号　生产安全事故应急预案管理办法

国资发群工〔2009〕52 号　关于加强中央企业班组建设的指导意见

国务院令第 493 号　生产安全事故报告和调查处理条例

GB 26859—2011　电力安全工作规程　电力线路部分

GB/T 33000—2016　企业安全生产标准化基本规范

SL 401—2007　水利水电工程施工作业人员安全操作规程

DL/T 5249—2010　门座起重机安全操作规程

GB 26164.1—2010　电业安全工作规程　第 1 部分：热力和机械

GB 50870—2013　建筑施工安全技术统一规范

GB/T 35694—2017　光伏发电站安全规程

DL/T 5248—2010　履带起重机安全操作规程

JGJ 196—2010　建筑施工塔式起重机安装、使用、拆卸安全技术规程

JGJ 215—2010　建筑施工升降机安装、使用、拆卸安全技术规程

GB/T 5031—2019　塔式起重机

GB 26860—2011　电力安全工作规程　发电厂和变电站电气部分

GB 50794—2012　光伏发电站施工规范

JGJ 147—2016　建筑拆除工程安全技术规范

国家安全生产监督管理总局令第 69 号　有限空间安全作业五条规定

国家安全生产监督管理总局令第 59 号　工贸企业有限空间作业安全管理与监督暂行规定

T/CEC 211—2019　火电工程脚手架安全管理导则

CH 1016—2008　测绘作业人员安全规范

TB 10304—2020　铁路隧道工程施工安全技术规程

GB 50330—2013　建筑边坡工程技术规范

JGJ/T 180—2009　建筑施工土石方工程安全技术规范

GB 50924—2014　砌体结构工程施工规范

GB 22361—2008　打桩设备安全规范

AQ/T 9006—2010　企业安全生产标准化基本规范

BS EN 13411：6—2004　钢丝绳索扣　安全性　第 6 部分：非对称楔套

ASME B30.5—2018　移动式起重机和机车起重机（*Mobile and Locomotive Cranes*）

ASME B30.26—2015（R2020）　装配五金件（*Rigging Hardware*）

GB/T 3632—2008　钢结构用扭剪型高强度螺栓连接副

国家质检总局令第 140 号　特种设备作业人员监督管理办法

国家市场监督管理总局公告 2021 年第 41 号　特种设备作业人员资格认定分类与目录

GB/T 6974.1—2008　起重机　术语　第 1 部分：通用术语

国能发安全〔2022〕55 号　防止电力建设工程施工安全事故三十项重点要求

TSG N0001—1017　场（厂）内专用机动车辆安全技术监察规程

山东众联大件吊装运输有限公司

　　山东众联大件吊装运输有限公司创建于2020年,注册地址山东省东营市,注册资金2000万元,由山东省四大吊装公司出资成立。主要经营:石油化工、核电、桥梁、电力工程等大型设备吊装、安装;风力发电机组安装、综合性检修项目专业施工。公司拥有中联2000t、1600t、800t、650t、400t、320t、260t、85t等数十台履带吊及750t、600t、350t、300t、260t、130t、80t多台汽车吊和大型运输车辆,业务遍布全国。

　　公司遵循以诚为本、信守合同、合作双赢的宗旨,营造诚信、团结、高效的工作氛围,坚持严谨、求实的工作作风,不断探索先进的管理方法, 以高质量的专业技术水平,服务于客户及各界友人。公司愿与社会各界携手共创美好未来。

山东众联大件吊装运输有限公司
联系人:张金虎 158 0546 5533
　　　　张乐滨 136 1546 7999
　　　　张奎祥 138 6365 0777

山东富友科技有限公司
SHANDONG FORYOU TECHNOLOGY CO., LTD

公司推出了"塔机CT"技术，创建了"塔机损伤数据库"，拥有"塔机运行安全评估系统""……桅式钢结构状态评估系统""高大模板支护坍塌预警系统"。公司集软件开发、硬件研发、系统集成为一体，产品涵盖塔机安全监控管理系统、施工升降机安全管理系统、智慧工地管理系统等……

全巡宝
COMPREHENSIVE INSPECTION

巡检高效

过程留痕

功能模块

资料模板

 400-066-7977　　 www.fysaf.cn　　 huiming7977@163.cm